U1073826

《现代物理基础丛书》编委会

主　编　杨国桢

副主编　阎守胜　聂玉昕

编　委　（按姓氏笔画排序）

王　牧　王鼎盛　朱邦芬　刘寄星

邹振隆　宋菲君　张元仲　张守著

张海澜　张焕乔　张维岩　侯建国

侯晓远　夏建白　黄　涛　解思深

国家科学技术学术著作出版基金资助出版

现代物理基础丛书·典藏版

微分几何入门与广义相对论

(下册·第二版)

梁灿彬　周　彬　著

科学出版社

北京

内 容 简 介

本书下册包含两章(第15及16章)和三个附录(附录H, I, J). 第15章讲授拉氏和哈氏理论, 第16章介绍黑洞(热)力学, 包括传统(稳态)黑洞热力学及其后续发展, 特别是比较详细地讲解了(弱)孤立视界和动力学视界等重要概念, 并对近代有关文献的许多公式给出了详细的推证. 附录H讲授Noether定理的证明(包括用几何语言和坐标语言的证明)以及有关问题(例如正则能动张量), 附录I讲授对理论物理工作者非常有用的主纤维丛和伴纤维丛, 并着意于这些数学知识与物理应用之间的“架桥”工作. 附录J介绍德西特时空和反德西特时空. 本册仍然贯彻上册深入浅出的写作风格, 为降低难度采取了多种措施.

本书适用于物理系高年级本科生、硕博士研究生和物理工作者, 特别是相对论研究者.

图书在版编目(CIP)数据

微分几何入门与广义相对论. 下册/梁灿彬, 周彬著. —2版. —北京: 科学出版社, 2009

(现代物理基础丛书; 28)

ISBN 978-7-03-025231-9

Ⅰ. ①微…　Ⅱ. ①梁…　②周…　Ⅲ. ①微分几何–研究生–教材　②广义相对论–研究生–教材　Ⅳ. ①O186.1　②O412.1

中国版本图书馆CIP数据核字(2009)第142810号

责任编辑: 胡　凯/责任校对: 陈玉凤

责任印制: 吴兆东/封面设计: 王　浩

科学出版社 出版

北京东黄城根北街16号

邮政编码: 100717

http://www.sciencep.com

北京天宇星印刷厂印刷

科学出版社发行　各地新华书店经销

*

2000年 4月北京师范大学出版社第一版

2009年 8月第二版　开本: 720×1000　1/16

2026年 1月印　刷　印张: 25 1/4

字数: 490 000

定价: 99.00 元

(如有印装质量问题, 我社负责调换)

下 册 前 言

本书(第二版)下册在上册和中册的基础上进一步介绍经典(非量子)广义相对论及其有关数学工具的更为深入的内容，包含两章(第15章和16章)和3个附录(附录H, I, J).

第15章比较详尽地介绍了广义相对论的拉氏和哈氏形式. 基于教学法的考虑，我们先简单复习有限自由度系统的拉氏和哈氏理论，再介绍如何推广到场系统(无限自由度系统)，最后介绍广义相对论的拉氏和哈氏形式. 广义相对论的一个特点是引力场是约束系统(指非完整约束). 为了打好基础，我们先介绍Dirac-Bergmann关于约束系统的哈氏理论，再以闵氏时空的电磁场为例推广到无限自由度系统(电磁场是比引力场简单得多的无限自由度约束系统)，然后讨论广义相对论的哈氏形式. 几何语言是清晰、准确和深刻地阐明拉、哈氏理论的必不可少的犀利武器，我们将首先用物理语言介绍拉、哈氏理论，然后循序渐进地引入和使用几何语言，并专辟三节对有关的几何内容做专题性的、比较详细的介绍，具体地说，§15.3介绍有限自由度系统的拉、哈氏理论的几何表述，§15.6介绍张量密度，§15.7介绍辛几何的理论及其在拉、哈氏理论中的应用.

黑洞(热)力学既是广义相对论的一个非常重要的近代内容，又是众多相关交叉学科的交汇点，而且还是一个极其活跃的近代前沿研究课题. 本书第二版增补了很长的一章(第16章)，以便对这一课题进行专题介绍. 本章第一节(§16.1)首先比较详细地讲授稳态黑洞的热力学(即传统的黑洞热力学)，后续各节则陆续介绍非稳态黑洞力学研究中的若干非常重要的进展(包括近期进展). 黑洞力学涉及一系列的视界概念，例如事件视界、表观视界、弱孤立视界、孤立视界和动力学视界，其中后三者在黑洞力学的近期进展中特别有用. 我们将在§16.4中介绍表观视界，然后用后续三节(§16.5–§16.7)比较详细地介绍(弱)孤立视界和动力学视界. 据不完全了解，国内有一批研究生在导师指导下正准备或已开始在这些方面做研究工作，他们感到原始近代文献并不好“啃”(包括概念的理解和公式的推导都有颇高的难度)，所以本章着力于尽量详尽仔细地讲解概念并尽量给出“步距”小得多的公式推导. 要深刻准确地理解这些概念和结论还必须对类光测地线汇的理论有很好的理解，由于涉及类光，这一理论相当抽象难懂，而且参考文献寥寥无几，我们专辟一节(§16.2)对这一重要基础知识做一个相当详细的讨论. (弱)孤立视界是满足某些条件的类光超曲面，而类光面上的几何与只涉及正定度规的黎曼几何既有某些共性，更有许多非常不同的性质(源于类光面上的诱导“度规”的退化性)，后者特别值得引起注意，§16.6 的前两个小节就是专为阐明这些特殊性质而写的.

下面简介三个附录.

Noether 定理是场论教材几乎必讲的重要基础性定理. 多数教材在讲授该定理的证明时都使用坐标语言，证明手法五花八门. 据笔者所知，许多有志于彻底弄懂这一证明的学生学习后都不同程度地感到并未真懂. 然而用几何语言可以给出清晰简洁的证明. 本书附录 H 首先讲解用几何语言的证明，然后以此为基础介绍笔者对坐标语言证明的理解.

纤维丛理论对理论物理工作者的重要性与日俱增，本书第一版的数学基础(特别是李群李代数知识)本来就足以保证读者学习这一理论，仅仅因为当时写作时间不足而被迫割爱，未能将纤维丛理论纳入书中. 这一遗憾终于在现在的第二版中得以祛除：纤维丛理论及其物理应用已经比较详尽地单独写成一个附录(附录 I). 我们以尽量好懂的方式讲解主纤维丛和伴纤维丛的概念和性质，特别是主丛和伴丛上的联络. 为了帮助读者了解纤维丛理论在规范场论中的应用，我们先专辟两节(§I.4, §I.5)对没有场论知识的读者介绍规范场论，再用三节(§I.6 , §I.7 和 §I.8)讲解规范场论的丛语言表述，注重在两种理论之间的"架桥"工作，特别强调几个对应:主丛的截面对应于规范选择，伴丛的截面对应于粒子场；主丛的联络和曲率分别代表规范势和规范场强；伴丛的联络则对应于粒子场的协变导数. 鉴于本书上、中、下三册篇幅颇大，笔者建议急于学习纤维丛理论的读者不妨"单刀直入"，即略去所有各章各附录，在学习附录 G (§G.9 除外)之后直接阅读附录 I .

广义相对论(特别是宇宙论)以及量子场论(特别是超弦理论)的现代发展使德西特时空和反德西特时空再度变得十分重要,这是第二版中添加附录 J (德西特时空和反德西特时空)的原因.

关于选读内容以及习题的说明见上册前言.

与上册类似，作者在写作第一版下册时曾邀请为数众多的专家、同行和学生分别阅读初稿的部分章节，他们是(以姓氏汉语拼音为序)：敖滨，曹周键，戴陆如，高长军，高思杰，贺晗，黄超光，邝志全，刘旭峰，马永革，强稳朝，田贵花，吴小宁，杨学军，张红宝，张芃，郑驻军，周彬，周美柯，作者已在第一版下册前言中表示了谢意. 在第二版中册和下册的写作过程中，作者又与许多同行(含前学生)做过多次讨论，并吸收了他们许多宝贵的意见和建议，他们主要有(以姓氏汉语拼音为序)：曹周键，高思杰，邝志全，马永革，吴小宁，杨学军，张昊，张红宝，在此再次鸣谢. 以上诸君中的吴小宁和张红宝对第 16 章的内容(特别是孤立视界和动力学视界)相当熟悉，他们在作者写作本章时曾提供过非常重要的帮助，作者在此要格外鸣谢.

作者梁灿彬还要特别感谢对写作本书有重要帮助的两位朋友，第一位是美国国家科学院院士、芝加哥大学教授 Robert Wald 先生，他不但是梁步入本领域的优秀启蒙导师，而且对梁回国后的教学和写作工作不断提供无私帮助. 第二位是中科院数学所的邝志全研究员，他不仅审阅过本书的不少章节并提出过许多十分宝贵的意见和建议，而且在与梁的无数次讨论中以他对问题所特有的深刻思考和领悟使梁受益殊深.

作者还要感谢国家科学技术学术著作出版基金的资助，正是这一资助使本书的上、中、下册得以再版. 此外，本书(第二版)中、下册还受到国家自然科学基金资助项目10505004以及10675019的部分资助，在此一并鸣谢.

梁灿彬　周　彬

2009年4月于北京师范大学

目　　录

第 15 章　广义相对论的拉氏和哈氏形式

§15.1　拉 氏 理 论

15.1.1　有限自由度系统的拉氏理论

先对有限自由度系统(如多粒子系统)的拉氏理论作一复习. N 维系统有 N 个独立的广义坐标，每组广义坐标 $(q^1,q^2,\cdots,q^N)$ 确定系统的一个**位形**(configuration), 因此广义坐标又称**位形变量**(configuration variables). 所有可能位形的集合 $\mathscr{C}$ 称为系统的**位形空间**(configuration space), 是个 N 维流形. ① 系统的演化(q^i 随时间 t 的变化)对应于位形空间 $\mathscr{C}$ 中一条以 t 为参数的曲线 $\eta(t)$, 其参数式为 $q^i=q^i(t)$. 曲线的切矢代表演化的速度, 其坐标分量 $\dot{q}^i(t)\equiv \mathrm{d}q^i(t)/\mathrm{d}t$ 就是通常所称的**广义速度**. 设 $Q_0\equiv\eta(t_0)$, $Q_1\equiv\eta(t_1)$ 且 $t_1>t_0$, 则 $\eta(t)$ 介于 Q_0 和 Q_1 之间的一段反映系统从初始位形 Q_0 到终了位形 Q_1 的演化. 从 Q_0 到 Q_1 的每一曲线称为一条**路径**(path), 由 N 个排了序的一元函数 $q^i(t)$ 决定, 满足

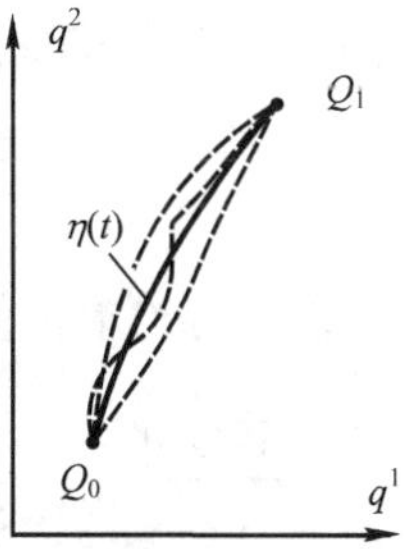

图 15-1　系统的演化可用位形空间(图中只画成两维)的曲线 $\eta(t)$ (正路)代表. 虚曲线代表运动学(而不是动力学)上可能的从 Q_0 到 Q_1 的途径(旁路)

$$(q^1(t_0),\cdots,q^N(t_0))=Q_0\,,\qquad (q^1(t_1),\cdots,q^N(t_1))=Q_1\,.$$

所有路径中只有 $\eta(t)$ 才是演化曲线, 才代表由动力学规律决定的演化过程. 为陈述方便, 把演化曲线 $\eta(t)$ 称为**正路**, 其他路径称为**旁路**(图15-1). 一个最简单的例子是牛顿力学中由一个自由质点构成的系统, 其位形空间就是 $\mathbb{R}^3$, 任给 Q_0 和 Q_1 (满足 $t_0<t_1$)后, 两点之间的直线[$q^i(t)$ 为线性函数]便是正路. 为了得到寻找正路的法则, 引入拉氏函数和作用量的概念. 系统的**拉氏函数**(Lagrangian function, 又称**拉氏量**) L 是广义坐标 q^i 和广义速度 $\dot{q}^i$ 的函数(共有 $2N$ 个自变量), 即 $L=L(q^i,\dot{q}^i)$. 对每一路径 $\{q^1(t),\cdots,q^N(t)\}$, L 又通过宗量 q^i, $\dot{q}^i$ 成为 t 的一元函数, 其积分 S 称

① 在更一般的情况下, 位形空间未必能被一个坐标域覆盖. §15.3 将简介用几何语言的讨论.

为该路径的**作用量**(action):

$$S := \int_{t_0}^{t_1} L(q^i(t),\ \dot{q}^i(t))\,\mathrm{d}t\ . \tag{15-1-1}$$

正路的与众不同之处由拉氏理论中的**哈氏原理**(Hamilton principle, 亦称**变分原理**)给出, 它要求正路的作用量取极值(亦称稳定值). 对“极值”一词应作解释. 决定作用量 S 的自变因素不是一个(或几个)量而是一条曲线, 因此 S 不是普通函数而是曲线的函数(“自变量”是曲线), 是**泛函**(functional). 对普通函数求极值只涉及微分运算, 而对泛函求极值则涉及变分运算. 考虑任一(从 Q_0 到 Q_1 的)单参路径族 $q^i = q^i(t,\lambda)$, 参数 $\lambda = 0$ 给出正路 $\eta(t)$, $\lambda \neq 0$ 给出旁路. [应分清两种参数: 参数 λ 的一个值 $\hat{\lambda}$ 决定族中的一条曲线 $q^i = q^i(t,\hat{\lambda})$; 其中参数 t 的一个值 $\hat{t}$ 则决定该曲线的一点 $q^i = q^i(\hat{t},\hat{\lambda})$.] 族中曲线的作用量 S 由于 q^i, $\dot{q}^i$ 依赖于 λ 而成为 λ 的函数:

$$S(\lambda) = \int_{t_0}^{t_1} L\,(q^i(t,\lambda), \dot{q}^i(t,\lambda))\mathrm{d}t\ , \tag{15-1-2}$$

于是 S 在单参族内的求极值问题便归结为一元函数 $S(\lambda)$ 的求导问题:

$$\left.\frac{\mathrm{d}S(\lambda)}{\mathrm{d}\lambda}\right|_{\lambda=0} = \int_{t_0}^{t_1} \left.\frac{\partial L}{\partial \lambda}\right|_{\lambda=0} \mathrm{d}t = \int_{t_0}^{t_1} \left.\left(\frac{\partial L}{\partial q^i}\frac{\partial q^i}{\partial \lambda} + \frac{\partial L}{\partial \dot{q}^i}\frac{\partial \dot{q}^i}{\partial \lambda}\right)\right|_{\lambda=0} \mathrm{d}t\ .$$

令 $\delta S \equiv \mathrm{d}S(\lambda)/\mathrm{d}\lambda\,|_{\lambda=0}$, $\delta q^i \equiv \partial q^i(t,\lambda)/\partial\lambda\,|_{\lambda=0}$, $\delta\dot{q}^i \equiv \partial\dot{q}^i(t,\lambda)/\partial\lambda\,|_{\lambda=0}$, 并把 δS, δq^i 和 $\delta\dot{q}^i$ 分别称为 S, q^i 和 $\dot{q}^i$ 在所选单参族内的**变分**(variation),① 则上式对应于如下变分关系:

$$\delta S = \int_{t_0}^{t_1} \left(\frac{\partial L}{\partial q^i}\delta q^i + \frac{\partial L}{\partial \dot{q}^i}\delta\dot{q}^i\right)\mathrm{d}t\ . \tag{15-1-3}$$

其中 $\partial L/\partial q^i$ 和 $\partial L/\partial\dot{q}^i$ 是 $\partial L/\partial q^i\,|_{\lambda=0}$ 和 $\partial L/\partial\dot{q}^i\,|_{\lambda=0}$ 的简写. 因为正路 $\eta(t)$ 有 $\lambda = 0$, 哈氏原理的含义就是所有单参路径族的 $\delta S \equiv \mathrm{d}S(\lambda)/\mathrm{d}\lambda\,|_{\lambda=0}$ 都为零. 下面导出 $\delta S = 0$ (对所有单参族)的等价条件. 由于对 λ 求导与对 t 求导可交换顺序, 被积函数的第二项可改写为

$$\frac{\partial L}{\partial \dot{q}^i}\delta\dot{q}^i = \frac{\partial L}{\partial \dot{q}^i}\frac{\mathrm{d}}{\mathrm{d}t}(\delta q^i)\ ,$$

---

① 通常把泛函 S 的变分 δS 定义为 S 的增量的线性主部(对应于函数的微分), 我们[在选定单参路径族 $q^i = q^i(t,\lambda)$ 的情况下]更偏爱于把 δS 定义为 $\mathrm{d}S(\lambda)/\mathrm{d}\lambda\,|_{\lambda=0}$ [见Wald(1984)], 并称之为“ S 在所选单参族内的变分”. 除了 $\delta S, \delta q^i, \cdots$ 的含义有区别外, 两种处理给出相同结果.

由分部积分法得

$$\int_{t_0}^{t_1}\frac{\partial L}{\partial\dot{q}^i}\delta\dot{q}^i\mathrm{d}t=\int_{t_0}^{t_1}\left[\frac{\mathrm{d}}{\mathrm{d}t}\left(\frac{\partial L}{\partial\dot{q}^i}\delta q^i\right)-\left(\frac{\mathrm{d}}{\mathrm{d}t}\frac{\partial L}{\partial\dot{q}^i}\right)\delta q^i\right]\mathrm{d}t\,.$$

因为所有曲线的起、止点都是 Q_0 和 Q_1，所以有

$$\delta q^i|_{t_0}=\lim_{\lambda\to 0}\frac{1}{\lambda}[q^i(t_0,\lambda)-q^i(t_0,0)]=0\qquad \text{和}\quad \delta q^i|_{t_1}=0\,,$$

因而上式右边第一项积分为零. 代回式(15-1-3)得

$$\delta S=\int_{t_0}^{t_1}\left(\frac{\partial L}{\partial q^i}-\frac{\mathrm{d}}{\mathrm{d}t}\frac{\partial L}{\partial\dot{q}^i}\right)\delta q^i\mathrm{d}t\,. \tag{15-1-4}$$

把上式右边括号内的量记作 Λ_i，则上式可简记为

$$\delta S=\int_{t_0}^{t_1}\Lambda_i\delta q^i\mathrm{d}t\,. \tag{15-1-4$'$}$$

于是有如下命题:

命题 15-1-1　设 $\eta(t)$ 是一条路径, 则

$\eta(t)$ 为正路 $\Leftrightarrow$ $\delta S=0\ \forall$ 含 $\eta(t)$ 的单参路径族 $\Leftrightarrow$ $\eta(t)$ 的 $\Lambda_i=0\ (i=1,\cdots,N)$.

证明　第一个 $\Leftrightarrow$ 号其实就是哈氏原理, 真正待证的是第二个 $\Leftrightarrow$ 号. 由式(15-1-4′)显见第二个 $\Leftrightarrow$ 号的“$\Leftarrow$”部分成立, 故只须证明“$\Rightarrow$”部分. 用反证法. 设 $\exists\tilde{t}\in(t_0,t_1)$ 使 $\Lambda_1(\tilde{t})\neq 0$ [不妨设 $\Lambda_1(\tilde{t})>0$], 则 $\tilde{t}$ 有邻域 $\varDelta$ [作为区间 (t_0,t_1) 的真子集]使 $\Lambda_1|_\varDelta>0$. 取单参族 $q^i=q^i(t,\lambda)$ [$\lambda=0$ 给出 $\eta(t)$]使① δq^1 在 $\varDelta$ 内为正, 在 $(t_0,t_1)-\varDelta$ 内为零(且从正到零为可微过渡); ② $\delta q^2,\cdots,\delta q^N$ 在 (t_0,t_1) 内为零, 则 $\int_{t_0}^{t_1}\Lambda_i\delta q^i\mathrm{d}t>0$，与 $\delta S=0$ (对任一单参族)矛盾. 这就证明了 $\Lambda_1=0$. 同理可证 $\Lambda_2,\cdots,\Lambda_N=0$. □

上述命题表明 $\eta(t)$ 为正路的充要条件是它的拉氏函数 $L=L(q^i,\dot{q}^i)$ 满足

$$\frac{\partial L}{\partial q^i}-\frac{\mathrm{d}}{\mathrm{d}t}\frac{\partial L}{\partial\dot{q}^i}=0,\qquad i=1,\cdots,N\,. \tag{15-1-5}$$

在 $L(q^i,\dot{q}^i)$ 的函数形式给定后, 上式是关于 N 个待求函数 $q^i(t)$ 的 N 个 2 阶常微分方程, 称为**欧拉-拉格朗日方程**, 简称**拉氏方程**, 是系统的演化(运动)方程. 在给定初始条件 $q^i(t_0)$ (初始位形)和 $\dot{q}^i(t_0)$ (初始速度)后有唯一解 $\{q^i(t)\}$，[①] 对应于 $\mathscr{C}$ 中

① 此结论只对正规情况成立.非正规情况的讨论见小节 15.3.2 .

的一条以t为参数的曲线(**演化曲线**, 即正路). 拉格朗日在1788年的著作中就曾写下这组方程, 但他不知道它等价于作用量取极值. 这一等价性是数十年后由哈密顿发现的, 哈氏原理故此得名.

拉氏函数L也可以显含时间, 即$L = L(q^i, \dot{q}^i, t)$, 这时L通过$2N+1$个宗量成为时间t的函数. 以上讨论和结论仍然适用, 只须把有关式子中的$L = L(q^i, \dot{q}^i)$改为$L = L(q^i, \dot{q}^i, t)$.

对牛顿引力理论的一个质点, 如果取动能减引力势能作为拉氏函数, 则不难验证拉氏方程与牛顿第二定律(其中的力等于势能的梯度的负值)等价. 一般地说, 所谓把某一物理理论(有限自由度)改铸为拉氏形式, 就是要找出适当的拉氏函数$L = L(q^i, \dot{q}^i)$使得由哈氏变分原理导出的拉氏方程与该理论的演化方程一致.

15.1.2 经典场论的拉氏形式

读者最熟悉的经典场是闵氏时空$(\mathbb{R}^4, \eta_{ab})$的电磁场, 它可由对偶矢量场(电磁4势)$A_a$描述. 无源电磁场在洛伦兹规范下的演化方程为

$$\partial^a \partial_a A_b = 0\,. \text{(其中}\ \partial_a\ \text{是与}\ \eta_{ab}\ \text{适配的导数算符)} \tag{15-1-6}$$

还有两种重要的经典场, 其发现过程颇为特别. 在研究量子力学时, 人们早就注意到薛定谔方程$\mathrm{i}\hbar\partial\psi/\partial t = H\psi$不是洛伦兹协变的, 因为它含有波函数$\psi$对$t$的一阶导数和$\psi$对$x^i$的二阶导数($H\psi$中含$\nabla^2\psi$), 从而时、空坐标互不平权. 第一种修改方案是把ψ对t的导数也改为二阶, 结果是

$$\partial^a \partial_a \phi - m^2 \phi = 0\,, \quad \text{(其中}\ m\ \text{是常数)} \tag{15-1-7}$$

称为 **Klein - Gordon 方程**(简称KG方程). 它虽然洛伦兹协变, 但却有两大问题: ①存在负能解; ②概率密度可以为负. 这两者都在物理上无法接受. 第二种修改方案是把ψ对x^i的导数也改为一阶, 结果得到Dirac方程. 这一方程不存在负概率密度问题, 但仍存在负能解. Dirac引入"负能海"和空穴的概念对此加以解释, 经发展后就导致从量子力学到量子场论的过渡. 量子力学研究粒子数不变的量子系统, 而在量子场论中粒子数是可变的. 人们发现用量子场论的观点可给KG方程及Dirac方程以清晰的解释, 而且原来的困难不复存在. 先看KG方程. 现在的ϕ不再被看作粒子的波函数而是看作与电磁场的A_a类似的场量(经典标量场), 量子化后所得的量子是自旋为零的粒子(标量粒子), 例如π介子, 而KG方程则被视为这个标量场ϕ的演化方程, 其中的常数m代表量子化后每一量子的(静)质量. 另一方面, 量子场论中的Dirac方程则是自旋为1/2的粒子(如电子)的演化方程. 以上只是非常粗略的简介, 本章无意涉及量子场论.

下面把拉氏理论推广到经典场(看作物理系统), 即讨论经典场论的拉氏形式.

最简单的例子是闵氏时空的实标量场(ϕ 为实数). 设 $\{x^0 \equiv t,\ x^i\}$ 为(右手)惯性坐标系, 则同时面 $\Sigma_{\hat{t}}$ 代表 $\hat{t}$ 时刻的全空间. 光滑地指定标量场 ϕ 在 $\Sigma_{\hat{t}}$ 上各点的值就相当于指定了系统在 $\hat{t}$ 时刻的位形, 因此 $\hat{t}$ 时刻的位形变量(广义坐标)可记作 $\phi(x,\hat{t})$, 其中 x 代表 $\Sigma_{\hat{t}}$ 的任一点. 可以认为 $\phi(x,\hat{t})$ 与前面的 $q^i(\hat{t})$ 对应, 其中 ϕ 对应于 q, 而 x 则对应于指标 i. 不同的是, i 只能从 1 取到 N (取有限个分立值), 而 x 则可取遍 $\Sigma_{\hat{t}}$ 上各点, 即 x 是可连续取值的指标, 因此标量场(其实任何场都一样)是无限自由度系统. 所谓把标量场论改铸为拉氏形式, 就是要找到适当的拉氏量使得由哈氏变分原理可得出演化方程(15-1-7). 拉氏量以及哈氏原理在场论中的提法可仿照其在有限自由度系统的提法得到. 设 Σ_0 和 Σ_1 分别是惯性时刻 t_0 和 $t_1 > t_0$ 的同时面, U 是介于两者之间的时空开域(称为"三明治"式开域). 适当给定初始位形 $\phi|_{\Sigma_0}$ 和终了位形 $\phi|_{\Sigma_1}$ (相当于有限自由度系统的 Q_0 和 Q_1 点)后, 欲求与演化方程(15-1-7)吻合的中间演化过程, 亦即欲求定义于 $\overline{U}$ (U 的闭包)上的满足如下条件的标量场 $\phi(x,t)$:(a)在 U 的任一点满足方程(15-1-7); (b) 在 Σ_0 和 Σ_1 上分别等于所指定的初始和终了位形. 这样的 $\phi(x,t)$ 称为正路, 而只满足条件(b)的 $\phi(x,t)$ 则称为旁路. 正路和旁路统称路径. 在有限自由度理论中, 路径 $\{q^i(t)\}$ 在时刻 t 的拉氏量为 $L(t) = L(q^i(t), \dot{q}^i(t))$, 与此类似, 标量场 ϕ 在时刻 t 的拉氏量可以表为

$$L(t) = L[\phi(x,t), \dot{\phi}(x,t)], \tag{15-1-8}$$

其中 $\dot{\phi}(x,t) \equiv \partial\phi(x,t)/\partial t$. 应该注意的是, L 在任一时刻 $\hat{t}$ 的值依赖于该时刻的全空间 $\Sigma_{\hat{t}}$ 上的场 $\phi(x,\hat{t})$ 和 $\dot{\phi}(x,\hat{t})$ [而不再是有限个自变数 $q^i(\hat{t})$ 和 $\dot{q}^i(\hat{t})$], 所以 L 是空间场 ϕ 和 $\dot{\phi}$ 的泛函. 在此基础上就不难接受路径的作用量的如下定义:

$$S = \int_{t_0}^{t_1} L(t)\mathrm{d}t \ . \tag{15-1-9}$$

仿照力学中对连续弹性体的讨论, 把 Σ_t 分成许多小格 d^3x, 假定 ϕ 场对全空间 Σ_t 贡献的拉氏量 $L(t)$ 是其对每一小格的贡献之和, 即

$$L(t) = \int_{\Sigma_t} \mathscr{L}\mathrm{d}^3x \,, \tag{15-1-10}$$

其中 $\mathscr{L}$ 可解释为单位体积的拉氏量, 称为**拉氏密度**(Lagrangian density),① 是场量 $\phi(x,t)$ 及其时间导数 $\dot{\phi}(x,t)$ 和空间导数 $\partial_i\phi(x,t)$ 的局域函数:

$$\mathscr{L} = \mathscr{L}(\phi(x,t), \dot{\phi}(x,t), \partial_i\phi(x,t)) \,.② \tag{15-1-11}$$

"局域函数"的含义是 $\mathbb{R}^4$ 中任一点 p 的 $\mathscr{L}$ 值按某种函数关系(也记作 $\mathscr{L}$)取决于

① 通常遇到的几乎所有场都满足这一假定, 即存在拉氏密度 $\mathscr{L}$ 使 $L(t)$ 可表为式(15-1-10).

② $\mathscr{L}$ 还可显含时空点, 即更一般地有 $\mathscr{L} = \mathscr{L}(\phi, \dot{\phi}, \partial_i\phi, p)$.

$\phi, \dot{\phi}$ 和 $\partial_i \phi$ 在 p 点的值(与这些场在 p 点以外的值无关):

$$\mathscr{L}|_p = \mathscr{L}(\phi|_p, \dot{\phi}|_p, \partial_i \phi|_p) . ^{①} \qquad (15\text{-}1\text{-}12)$$

把式(15-1-10)代入(15-1-9)得

$$S = \int_{t_0}^{t_1} \mathrm{d}t \int_{\Sigma_t} \mathscr{L}\, \mathrm{d}^3 x = \int_U \mathscr{L}\, \mathrm{d}^4 x\,, \quad (\mathrm{d}^4 x \text{可写可不写}) \qquad (15\text{-}1\text{-}13)$$

哈氏原理推广到场论后的提法自然是:初始位形 $\phi|_{\Sigma_0}$ 与终了位形 $\phi|_{\Sigma_1}$ 之间的正路的充要条件是其作用量 S 取极值.

上面的讨论默认了时空的某种 $3+1$ 分解[涉及某时刻 t 的场位形 $\phi(x,t)$ 以及某路径在某时刻的拉氏量 $L(t)$], 这只是便于初学者接受的讲法. 事实上, 拉氏场论可改用不依靠 $3+1$ 分解的(时空协变的)语言表述. 哈氏原理的功用是寻求场量的演化方程, 这是时空流形 $\mathbb{R}^4$ 上的微分方程, 只涉及每一时空点 p 及其任意"小"邻域, 因此可把"三明治"式的 U 改为任意开域 $U \subset \mathbb{R}^4$ (还要求 U 的闭包 $\overline{U}$ 紧致), 把作用量直接定义为 $\mathscr{L}$ 在 U 上的 4 维积分:

$$S := \int_U \mathscr{L}\,, \qquad (15\text{-}1\text{-}14)$$

把 $\mathscr{L}$ 看作场量 ϕ 及其时空导数 $\partial_a \phi$ (不再分为 $\dot{\phi}$ 和 $\partial_i \phi$)的局域函数:

$$\mathscr{L} = \mathscr{L}(\phi, \partial_a \phi)\,, \qquad (15\text{-}1\text{-}15)$$

并把问题的提法相应改为:给定 ϕ 场在 U 的边界 $\dot{U}$ 上的适当值 $\phi|_{\dot{U}}$ 后, 欲求定义在 $\overline{U}$ 上的、满足如下两个条件的标量场 ϕ (正路): (a)在 U 内满足演化方程(15-1-7); (b)在 $\dot{U}$ 的值等于所给边界值 $\phi|_{\dot{U}}$. 哈氏变分原理仍可表述为"正路的充要条件是作用量取极值". 这样就摆脱了对 $3+1$ 分解的依赖. 我们将逐渐看到拉氏理论本质上是直接与时空(而不是其 $3+1$ 分解)打交道的理论(与此相反, 后面介绍的哈氏理论则是"天生"就依赖于 $3+1$ 分解的.) 同拉氏密度 $\mathscr{L}$ 相较, 拉氏量 $L(t)$ 在拉氏场论中退居到可有可无的地位. $\mathbb{R}^4$ 上的一个标量场 ϕ 称为一个 **4 维场位形**. 给定一个 4 维场位形 ϕ 后, 每一时空点的 $\mathscr{L}$ 值便由式(15-1-15)确定, 代入式(15-1-14)便得一个 S 值, 所以 S 是 4 维场位形 ϕ 的泛函, 记作 $S[\phi]$.② 以 $\mathscr{F}$ 代表所有(满足适当条件的) 4 维场位形的集合, 便有 $S: \mathscr{F} \to \mathbb{R}$. 为了考虑变分, 也要引入参数 λ , 不过现在 λ 的用处不是区分从 Q_0 到 Q_1 的不同曲线而是区分不同的 4 维场位形, 因此以

① 此处的"局域函数"与微分几何中的通常含义不同. 按照通常含义, 流形 M 上的局域函数 f 是定义在某个开子集 $U\,(\neq M)$ 上的函数, 即 $f: U \to \mathbb{R}$.

② $\mathscr{L} = \mathscr{L}(\phi, \partial_a \phi)$ 是 ϕ 和 $\partial_a \phi$ 的局域函数, 即 $\mathscr{L}$ 在任一点 p 的值取决于 $\phi|_p$ 和 $\partial_a \phi|_p$. 反之, S 则依赖于整个 ϕ 场, 只有给定 $\mathbb{R}^4$ (至少 U)上的 ϕ 场才可确定 S 的值. 因为自变的 ϕ 不是数而是场, 所以 S 是 ϕ 的泛函.

前的单参曲线族 $q^i(t,\lambda)$ 现在应为单参 4 维场位形族 $\phi(\lambda)$ (也可看作 $\mathscr{F}$ 中的曲线[①]). ϕ 在族中的变分 $\delta\phi$ 定义为

$$\delta\phi := \lim_{\lambda\to 0}\frac{\phi(\lambda)-\phi(0)}{\lambda} \equiv \left.\frac{\mathrm{d}\phi(\lambda)}{\mathrm{d}\lambda}\right|_{\lambda=0} . \tag{15-1-16}$$

请注意 $\delta\phi$ 也是 $\mathbb{R}^4$ 上的标量场. 给定单参族 $\phi(\lambda)$ 后, 把映射 $S: \mathscr{F}\to\mathbb{R}$ 限制在族内便诱导出一元函数 $S[\phi(\lambda)]$ [简记为 $S(\lambda)$], $S(\lambda)$ 在 $\lambda=0$ 的导数值就称为 S 在该族内的变分:

$$\delta S := \left.\frac{\mathrm{d}S(\lambda)}{\mathrm{d}\lambda}\right|_{\lambda=0} . \tag{15-1-17}$$

哈氏原理可以表为: $\phi\in\mathscr{F}$ 在 U 内满足演化方程的充要条件是 $\mathscr{F}$ 中所有满足下面两个条件的单参族 $\phi(\lambda)$ 对应的 δS 为零. 这两个条件是

$$\text{(a) } \phi(0)=\phi ; \quad \text{(b) } \phi(\lambda)|_{\dot U}=\phi(0)|_{\dot U} ,\ \forall\lambda . \tag{15-1-18}$$

由此便可推出闵氏时空中标量场 ϕ 的演化方程[亦称**拉氏方程**, 试与式(15-1-5)对比]

$$\frac{\partial\mathscr{L}}{\partial\phi}-\partial_a\frac{\partial\mathscr{L}}{\partial(\partial_a\phi)}=0 , \tag{15-1-19}$$

推导如下. 作用量 $S(\lambda)=\int_U\mathscr{L}(\lambda)$ 的变分

$$\delta S \equiv \left.\frac{\mathrm{d}S}{\mathrm{d}\lambda}\right|_{\lambda=0} = \int_U \left.\frac{\mathrm{d}\mathscr{L}}{\mathrm{d}\lambda}\right|_{\lambda=0} .$$

由 $\mathscr{L}(\lambda)=\mathscr{L}(\phi(\lambda),\partial_a\phi(\lambda))$ 得

$$\begin{aligned}\left.\frac{\mathrm{d}\mathscr{L}}{\mathrm{d}\lambda}\right|_{\lambda=0} &= \frac{\partial\mathscr{L}}{\partial\phi}\left.\frac{\mathrm{d}\phi(\lambda)}{\mathrm{d}\lambda}\right|_{\lambda=0} + \frac{\partial\mathscr{L}}{\partial(\partial_a\phi)}\left.\frac{\mathrm{d}(\partial_a\phi(\lambda))}{\mathrm{d}\lambda}\right|_{\lambda=0} \\ &= \frac{\partial\mathscr{L}}{\partial\phi}\delta\phi + \frac{\partial\mathscr{L}}{\partial(\partial_a\phi)}\delta(\partial_a\phi) = \frac{\partial\mathscr{L}}{\partial\phi}\delta\phi + \frac{\partial\mathscr{L}}{\partial(\partial_a\phi)}\partial_a(\delta\phi),\end{aligned}$$

故

$$\delta S = \int_U(\partial\mathscr{L}/\partial\phi)\delta\phi + \int_U[\partial\mathscr{L}/\partial(\partial_a\phi)]\partial_a(\delta\phi) .$$

$$\text{上式右边第二项} = \int_U \partial_a\left[\frac{\partial\mathscr{L}}{\partial(\partial_a\phi)}\delta\phi\right] - \int_U\left[\partial_a\frac{\partial\mathscr{L}}{\partial(\partial_a\phi)}\right]\delta\phi ,$$

---

① 本书不讲无限维流形, 本章涉及的无限维流形的若干概念(如曲线及其切矢, 光滑性……)只好借有限维流形作直观想象.

取积分域U使其边界面$\dot{U}$处处非类光，则上式右边第一项可用高斯定理化为$\int_{\dot{U}} n_a[\partial\mathscr{L}/\partial(\partial_a\phi)]\delta\phi=0$（因$\delta\phi|_{\dot{U}}=0$）. 所以

$$\delta S=\int_U\left[\frac{\partial\mathscr{L}}{\partial\phi}-\partial_a\frac{\partial\mathscr{L}}{\partial(\partial_a\phi)}\right]\delta\phi=0\,.$$

于是有式(15-1-19). 由此可知闵氏时空中标量场ϕ的拉氏密度可取如下形式:

$$\mathscr{L}=-\frac{1}{2}[\eta^{ab}(\partial_a\phi)\partial_b\phi+m^2\phi^2]\,, \tag{15-1-20}$$

因为它与式(15-1-19)结合给出标量场ϕ的演化方程(15-1-7).

下面介绍上述讨论的推广. 设系统由平直或弯曲时空(M,g_{ab})的一个或一组张量场组成(原则上还可讨论其他场, 但我们只讨论张量场.）略去抽象指标, 以ψ代表这组场. M上一组指定的ψ场叫做一个4维场位形. 我们只讨论所谓的“局域”理论(许多重要物理系统都可纳入这一范畴), 其中拉氏密度$\mathscr{L}$是场量ψ及其一、二阶直到k阶导数的局域函数:

$$\mathscr{L}=\mathscr{L}(\psi,\nabla\psi,\cdots,\nabla^k\psi)\,.\quad(\nabla^k\psi \text{ 是 } \nabla_{a_1}\cdots\nabla_{a_k}\psi \text{ 的简写}) \tag{15-1-21}$$

以上关于标量场ϕ的讨论可以自然地推广到现在的张量场组ψ, 只须以ψ代替ϕ, 用上式代替$\mathscr{L}=\mathscr{L}(\phi,\partial_a\phi)$以及用$M$代替$\mathbb{R}^4$.

例1　把闵氏时空的无源麦氏电磁场论改铸为拉氏形式.

令

$$\mathscr{L}=-\frac{1}{16\pi}F^{ab}F_{ab}=-\frac{1}{4\pi}(\partial^{[a}A^{b]})\partial_a A_b\,. \tag{15-1-22}$$

把A_a看作场量(即$\psi=A_a$), 设$A_a(\lambda)$是满足式(15-1-18)(其中的ϕ改为A_a)的任一单参族, 则

$$\left.\frac{\mathrm{d}\mathscr{L}}{\mathrm{d}\lambda}\right|_{\lambda=0}=-\frac{1}{2\pi}(\partial^{[a}A^{b]}(0))\partial_a\delta A_b\,.$$

略去“(0)”并代入$\delta S=\int \mathrm{d}\mathscr{L}/\mathrm{d}\lambda|_{\lambda=0}$得

$$\begin{aligned}2\pi\,\delta S&=-\int_U(\partial^{[a}A^{b]})\partial_a\delta A_b=-\int_U\{\partial_a[(\partial^{[a}A^{b]})\delta A_b]-(\partial_a\partial^{[a}A^{b]})\delta A_b\}\\&=-\int_U\partial_a[(\partial^{[a}A^{b]})\delta A_b]+\frac{1}{2}\int_U(\partial_a\partial^a A^b-\partial^b\partial_a A^a)\delta A_b=\frac{1}{2}\int_U(\partial_a\partial^a A^b)\delta A_b\,.\end{aligned}$$

(最末一步用到高斯定理、$\delta A_b|_{\dot{U}}=0$及洛伦兹条件$\partial_a A^a=0$）于是由哈氏原理便知演化方程为$\partial_a\partial^a A^b=0$. 这正是无源麦氏方程用(满足洛伦兹条件的)4势的表达式

[式(6-6-32)], 所以式(15-1-22)的 $\mathscr{L}$ 可用作无源电磁场的拉氏密度.

15.1.3　广义相对论的拉氏形式

式(15-1-14)的积分 $\int\mathscr{L}$ 没有写出体元, 按照约定(见 §5.5), 它是 $\int\mathscr{L}\boldsymbol{\varepsilon}$ 的简写, 其中 $\boldsymbol{\varepsilon}\equiv\varepsilon_{abcd}$ 是与度规适配的体元, 满足 $g^{ae}g^{bf}g^{cg}g^{dh}\varepsilon_{abcd}\varepsilon_{efgh}=-4!$. 这意味着体元 ε_{abcd} 依赖于度规. 这是度规作为时空背景的描述者的结果. 然而在广义相对论的拉氏形式中, 度规 g_{ab} 又扮演着引力场的场量(动力学量) ψ 的角色, 计算时要对它作变分. 既然 $\boldsymbol{\varepsilon}$ 依赖于 g_{ab}, 对 g_{ab} 变分时就必须考虑 $\boldsymbol{\varepsilon}$ 的相应变分, 从而给计算带来麻烦. 处理这一问题的一个方法是在定义积分时改用与 g_{ab} 无关的 4 形式场 e_{abcd} (例如任一局部对偶右手基底场 $\{(e^\mu)_a\}$ 的体元 $\boldsymbol{e}\equiv\boldsymbol{e}^0\wedge\boldsymbol{e}^1\wedge\boldsymbol{e}^2\wedge\boldsymbol{e}^3$)作体元. 适配体元 $\boldsymbol{\varepsilon}$ 与体元 $\boldsymbol{e}$ 的关系为[见式(5-4-4)]

$$\boldsymbol{\varepsilon}=\sqrt{-g}\ \boldsymbol{e}\,, \tag{15-1-23}$$

其中 g 是 g_{ab} 在该基底的分量的行列式. 在这种做法中, 真空引力场作用量定义为 $S=\int\mathscr{L}\boldsymbol{e}$. 因为 δS 为零对应于运动方程, 而运动方程不应依赖于基底, 所以作用量 S 不应依赖于基底. 由式(15-1-23)可知 $\boldsymbol{e}$ 对基底的依赖源于 $\sqrt{-g}$ 对基底的依赖, 为使 S 不依赖于基底可令 $\mathscr{L}$ 以如下方式依赖于基底:

$$\mathscr{L}=\sqrt{-g}\,\tilde{\mathscr{L}}\,, \tag{15-1-24}$$

其中 $\tilde{\mathscr{L}}$ 是不依赖于基底的标量场. 请注意本小节第一行的 $\int\mathscr{L}\boldsymbol{\varepsilon}$ 与式(15-1-23)后第 2 行的 $S=\int\mathscr{L}\boldsymbol{e}$ 中的 $\mathscr{L}$ 有不同含义. 为与式(15-1-24)统一, 前者应改为 $\int\tilde{\mathscr{L}}\boldsymbol{\varepsilon}$, 即引力场作用量应为

$$S=\int\tilde{\mathscr{L}}\boldsymbol{\varepsilon}=\int\frac{1}{\sqrt{-g}}\mathscr{L}\boldsymbol{\varepsilon}=\int\mathscr{L}\boldsymbol{e}\,.$$

用 $S=\int\mathscr{L}\boldsymbol{e}$ 的好处在于把对度规的依赖全部转入 $\mathscr{L}$ 中, 变分度规时 $\boldsymbol{e}$ 不随之而变.

本章后面多处用到按式(15-1-24)的方式依赖于 $\sqrt{-g}$ 的标量场 $\mathscr{L}$ 和张量场, 因此有必要介绍如下定义: 在 (M,g_{ab}) 的某开域给定体元 $\boldsymbol{e}$ 后, 与 $\boldsymbol{e}$ 有关的张量 $T^{a_1\cdots a_k}{}_{b_1\cdots b_l}$ 叫做**张量密度**(tensor density), 若存在与 $\boldsymbol{e}$ 无关的张量 $\tilde{T}^{a_1\cdots a_k}{}_{b_1\cdots b_l}$ 使

$$T^{a_1\cdots a_k}{}_{b_1\cdots b_l}=\sqrt{-g}\ \tilde{T}^{a_1\cdots a_k}{}_{b_1\cdots b_l}\,, \tag{15-1-25}$$

其中 $\sqrt{-g}$ 与 $\boldsymbol{e}$ 的关系为式(15-1-23). 按照这一定义, 引力场的拉氏密度 $\mathscr{L}$ 是标量密度； $\sqrt{-g}$ 也是标量密度[因它可表为 $\sqrt{-g}=\sqrt{-g}\cdot 1$, 而 1 是与 $\boldsymbol{e}$ 无关的标量.] 因

为$\sqrt{-g}$取决于基底，所以张量密度$T^{a_1\cdots a_k}{}_{b_1\cdots b_l}$是基底依赖的张量(是小节12.6.3所讲的赝张量的一种). 应该注意，与基底无关的张量的分量在基底变换时遵从张量分量变换律，而基底依赖的张量的分量在基底变换时遵从另一变换律，因为基底变换时张量自身也变. 为了对张量密度有较好理解并避免可能误解，需要更严格的定义和讨论，详见§15.6 .

命题 15-1-2 设R为g_{ab}的标量曲率，则$\mathscr{L}\equiv\sqrt{-g}R=\sqrt{-g}\,g^{ab}R_{ab}$与真空引力场的拉氏密度只差一个边界项.

注1 与$\mathscr{L}\equiv\sqrt{-g}\,g^{ab}R_{ab}$相应的作用量称为 **Hilbert** 作用量.

证明 为方便起见，以g^{ab}代替g_{ab}作为场量，即取$\psi\equiv g^{ab}$. 设$g^{ab}(\lambda)$是满足式(15-1-18) (其中ϕ改为g^{ab})的任一单参族，则

$$\left.\frac{\mathrm{d}\mathscr{L}}{\mathrm{d}\lambda}\right|_{\lambda=0}=\left[\sqrt{-g}\,g^{ab}\frac{\mathrm{d}R_{ab}(\lambda)}{\mathrm{d}\lambda}+R\frac{\mathrm{d}\sqrt{-g(\lambda)}}{\mathrm{d}\lambda}+\sqrt{-g}R_{ab}\frac{\mathrm{d}g^{ab}(\lambda)}{\mathrm{d}\lambda}\right]_{\lambda=0}$$

$$=\sqrt{-g(0)}\,g^{ab}(0)\delta R_{ab}+R(0)\,\delta\sqrt{-g}+\sqrt{-g(0)}\,R_{ab}(0)\delta g^{ab}$$

$$=\sqrt{-g}\,g^{ab}\delta R_{ab}+R\,\delta\sqrt{-g}+\sqrt{-g}\,R_{ab}\delta g^{ab}\equiv B_1+B_2+\sqrt{-g}\,R_{ab}\delta g^{ab}\,,\quad(15\text{-}1\text{-}26)$$

其中第三步只是为了简写而略去(0)，最后一步无非是把≡号前的第一、二项依次记作B_1和B_2. 首先计算B_1. 设$\overset{\lambda}{\nabla}_a$和$\nabla_a$分别与$g_{bc}(\lambda)$和$g_{bc}\equiv g_{bc}(0)$适配，即$\overset{\lambda}{\nabla}_a g_{bc}(\lambda)=0$和$\nabla_a g_{bc}=0$. 令$C^c{}_{ab}(\lambda)$代表$\overset{\lambda}{\nabla}_a$和$\nabla_a$的“差别”，即

$$(\nabla_a-\overset{\lambda}{\nabla}_a)\omega_b=C^c{}_{ab}(\lambda)\omega_c\,.$$

分别以$R_{abc}{}^d(\lambda)$和$R_{abc}{}^d$代表$\overset{\lambda}{\nabla}_a$和$\nabla_a$的黎曼张量，即

$$R_{abc}{}^d(\lambda)\,\omega_d=2\overset{\lambda}{\nabla}_{[a}\overset{\lambda}{\nabla}_{b]}\,\omega_c\,,\quad R_{abc}{}^d\omega_d=2\nabla_{[a}\nabla_{b]}\omega_c\,,\quad\forall\omega_c\,,$$

则由式(12-1-8)得

$$R_{abc}{}^d(\lambda)=R_{abc}{}^d-2\nabla_{[a}C^d{}_{b]c}(\lambda)+2C^e{}_{c[a}(\lambda)C^d{}_{b]e}(\lambda)\,,$$

故

$$R_{ac}(\lambda)\equiv R_{abc}{}^b(\lambda)=R_{ac}-2\nabla_{[a}C^b{}_{b]c}(\lambda)+2C^e{}_{c[a}(\lambda)C^b{}_{b]e}(\lambda)\,.\quad(15\text{-}1\text{-}27)$$

以$C^e{}_{ca}$简记$C^e{}_{ca}(0)$，则$C^e{}_{ca}\omega_e=(\nabla_c-\nabla_c)\omega_a=0\ \forall\omega_a$，故$C^e{}_{ca}=0$，由此易证式(15-1-27)右边第三项的变分为零，所以

$$\delta R_{ac} = -2\nabla_{[a}\delta C^b{}_{b]c} = \nabla_b \delta C^b{}_{ac} - \nabla_a \delta C^b{}_{bc} . \tag{15-1-28}$$

$C^a{}_{bc}(\lambda)$ 反映 ∇_a 与 $\overset{\lambda}{\nabla}_a$ 的差别, 分别相应于上册定理 3-2-3 证明中的 $C^a{}_{bc}$, $\tilde{\nabla}_a$ 和 ∇_a, 故由式(3-2-10)得 $C^b{}_{ac}(\lambda) = g^{bd}(\lambda)\,[\nabla_a g_{cd}(\lambda) + \nabla_c g_{ad}(\lambda) - \nabla_d g_{ac}(\lambda)]/2$, 于是

$$\begin{aligned}\delta C^b{}_{ac} &= \frac{1}{2}\left\{\frac{\mathrm{d}g^{bd}(\lambda)}{\mathrm{d}\lambda}[\nabla_a g_{cd}(\lambda) + \nabla_c g_{ad}(\lambda) - \nabla_d g_{ac}(\lambda)]\right.\\ &\left.\left.\quad + g^{bd}(\lambda)\left[\nabla_a \frac{\mathrm{d}g_{cd}(\lambda)}{\mathrm{d}\lambda} + \nabla_c \frac{\mathrm{d}g_{ad}(\lambda)}{\mathrm{d}\lambda} - \nabla_d \frac{\mathrm{d}g_{ac}(\lambda)}{\mathrm{d}\lambda}\right]\right\}\right|_{\lambda=0}\\ &= \frac{1}{2}g^{bd}(\nabla_a \delta g_{cd} + \nabla_c \delta g_{ad} - \nabla_d \delta g_{ac}) ,\end{aligned} \tag{15-1-29}$$

其中第二步用到 $\nabla_c g_{db}(0) = 0$. 由此又得

$$\begin{aligned}\delta C^b{}_{bc} &= \frac{1}{2}g^{bd}(\nabla_b \delta g_{cd} + \nabla_c \delta g_{bd} - \nabla_d \delta g_{bc})\\ &= \frac{1}{2}g^{bd}(\nabla_c \delta g_{bd} + 2\nabla_{[b}\delta g_{d]c}) = \frac{1}{2}g^{bd}\nabla_c \delta g_{bd} .\end{aligned} \tag{15-1-30}$$

将式(15-1-29)及(15-1-30)代入式(15-1-28)得

$$\delta R_{ac} = \frac{1}{2}g^{bd}(\nabla_b\nabla_a \delta g_{cd} + \nabla_b\nabla_c \delta g_{ad} - \nabla_b\nabla_d \delta g_{ac} - \nabla_a\nabla_c \delta g_{bd}) ,$$

从而

$$\begin{aligned}g^{ac}\delta R_{ac} &= \frac{1}{2}(\nabla^d\nabla^c \delta g_{cd} + \nabla^d\nabla^a \delta g_{ad} - g^{ac}\nabla^d\nabla_d \delta g_{ac} - g^{bd}\nabla^c\nabla_c \delta g_{bd})\\ &= \nabla^a\nabla^b \delta g_{ab} - g^{bd}\nabla^a\nabla_a \delta g_{bd} = \nabla^a(\nabla^b \delta g_{ab} - g^{bc}\nabla_a \delta g_{bc}) .\end{aligned}$$

令

$$v_a \equiv \nabla^b \delta g_{ab} - g^{bc}\nabla_a \delta g_{bc} = g^{bc}(\nabla_c \delta g_{ab} - \nabla_a \delta g_{bc}) , \tag{15-1-31}$$

则

$$B_1 \equiv \sqrt{-g}\; g^{ac}\delta R_{ac} = \sqrt{-g}\;\nabla^a v_a . \tag{15-1-32}$$

再计算 B_2.

$$B_2 \equiv R\,\delta\sqrt{-g} = R\left.\frac{\mathrm{d}\sqrt{-g(\lambda)}}{\mathrm{d}\lambda}\right|_{\lambda=0}$$

$$= R\left\{\frac{1}{2\sqrt{-g(\lambda)}}\frac{\mathrm{d}[-g(\lambda)]}{\mathrm{d}\lambda}\right\}\bigg|_{\lambda=0} = -\frac{R}{2\sqrt{-g}}\delta g\ , \tag{15-1-33}$$

最右端的 $\sqrt{-g}$ 照例是 $\sqrt{-g(0)}$ 的简写. 仿照式(3-4-24)的证明不难证得

$$\delta g = g g^{ab}\delta g_{ab}\ , \tag{15-1-34}$$

代入式(15-1-33)得

$$B_2 = \frac{R}{2\sqrt{-g}} g^{ab}\delta g_{ab}\ . \tag{15-1-35}$$

因为场变量是 g^{ab} 而非 g_{ab}，我们想用 δg^{ab} 而非 δg_{ab} 表示 B_2. 这似乎很容易：只须把 $g^{ab}\delta g_{ab}$ 换为 $g_{ab}\delta g^{ab}$. 然而这不正确. 由 $\delta^a{}_b = g^{ac}g_{cb}$ 得 $0 = g^{ac}\delta g_{cb} + g_{cb}\delta g^{ac}$，与 g_{ad} 缩并得

$$\delta g_{db} = -g_{ad}g_{cb}\delta g^{ac}\ ,\text{[①]} \tag{15-1-36}$$

再与 g^{db} 缩并便给出

$$g^{ab}\delta g_{ab} = -g_{ab}\delta g^{ab}\ . \tag{15-1-37}$$

代入式(15-1-35)得

$$B_2 = -\frac{1}{2}\sqrt{-g}\ R g_{ab}\delta g^{ab}\ . \tag{15-1-38}$$

把式(15-1-38)和(15-1-32)代入式(15-1-26)得

$$\frac{\mathrm{d}\mathscr{L}}{\mathrm{d}\lambda}\bigg|_{\lambda=0} = \sqrt{-g}\ \nabla^a v_a + \sqrt{-g}\ (R_{ab} - \frac{1}{2}R g_{ab})\delta g^{ab}\ , \tag{15-1-39}$$

因而

$$\delta S \equiv \frac{\mathrm{d}S}{\mathrm{d}\lambda}\bigg|_{\lambda=0} = \int_U \boldsymbol{e}\frac{\mathrm{d}\mathscr{L}}{\mathrm{d}\lambda}\bigg|_{\lambda=0} = \int_U \boldsymbol{e}\,[\sqrt{-g}\ \nabla^a v_a + \sqrt{-g}\ G_{ab}\delta g^{ab}]\ , \tag{15-1-40}$$

其中 G_{ab} 是爱氏张量. 如果上式右边第一项可化成为零的边界项, 则 $\delta S = 0$ [对任一满足式(15-1-18)的单参族]便等价于真空爱氏方程 $G_{ab} = 0$，从而 $\mathscr{L} \equiv \sqrt{-g}\ g^{ab}R_{ab}$ 和 $S = \int \mathscr{L}\boldsymbol{e}$ 便可分别用作真空引力场的拉氏密度和作用量. 然而情况与此略有歧离. 假定 $\dot{U}$ 除在测度为零的点外为非类光, 其单位法矢为 n^a，则由高斯定理可知

① 这表明 δg_{ab} 并非用度规 g_{ab} 对 δg^{ab} 降指标的结果.事实上，δg_{ab} 和 δg^{ab} 是独立定义的[分别定义为 $\mathrm{d}g_{ab}(\lambda)/\mathrm{d}\lambda|_{\lambda=0}$ 和 $\mathrm{d}g^{ab}(\lambda)/\mathrm{d}\lambda|_{\lambda=0}$], 经正文的推导发现 $\delta g_{db} = -g_{ad}g_{cb}\delta g^{ac}$ 而非去掉负号的该式.

$$式(15\text{-}1\text{-}40)右边第一项 = \int_U \varepsilon\, \nabla^a v_a = \int_{\dot U} n_a v^a\,, \tag{15-1-41}$$

由式(15-1-31)可知 v_a 含 δg_{ab} 的导数(如 $\nabla_a \delta g_{bc}$), 式(15-1-18b)[即 $g^{ab}(\lambda)|_{\dot U}$ 同 λ 无关]只导致 $\delta g_{ab}|_{\dot U}=0$ 而不保证 $\nabla_a \delta g_{bc}|_{\dot U}=0$, 所以式(15-1-40)右边第一项未必为零. 可见 $\mathscr{L}$ 与真空引力场的拉氏密度差一个边界项.[①] □

[选读 15-1-1]

只要给 $\mathscr{L}$ 添补一项以抵消 δS 中的多余边界项 $\int_{\dot U} v_a n^a$, 便可得到真空引力场的作用量. 该项可求之如下. 由式(15-1-31)可知在 $\dot U$ 上有

$$v_a n^a = n^a g^{bc}(\nabla_c \delta g_{ab} - \nabla_a \delta g_{bc}) = n^a h^{bc}(\nabla_c \delta g_{ab} - \nabla_a \delta g_{bc}) = -h^{bc} n^a \nabla_a \delta g_{bc}, \tag{15-1-42}$$

其中第二步用到 $n^a n^b n^c(\nabla_c \delta g_{ab} - \nabla_a \delta g_{bc}) = 2n^b n^{(a} n^{c)} \nabla_{[c} \delta g_{a]b} = 0$, 第三步是因 $\delta g_{ab}|_{\dot U}=0$ 导致 $h^{bc}\nabla_c \delta g_{ab}=0$ (请注意 $h^{bc}\nabla_c$ 代表沿 $\dot U$ 切向求导, 见中册14.4.4 小节). 式(15-1-42)右边可用 $\dot U$ (作为非类光超曲面)的外曲率简洁表出. 外曲率因为依赖于度规而依赖于 λ, 应记作 $K_{ab}(\lambda)$, 其迹

$$K(\lambda) \equiv h^{ab} K_{ab}(\lambda) = h^a{}_b \overset{\lambda}{\nabla}_a n^b = h^a{}_b[\nabla_a n^b + C^b{}_{ac}(\lambda) n^c]\,. \tag{15-1-43}$$

上式中的 h^{ab}, $h^a{}_b$ 及 n^b 与 λ 无关, 因为 $\dot U$ 上的 g_{ab} 不依赖于 λ. 对 $K(\lambda)$ 求变分, 注意到式(15-1-29), 得

$$\delta K = h^a{}_b(\delta C^b{}_{ac}) n^c = \frac{1}{2} n^c h^a{}_b g^{bd}(\nabla_a \delta g_{cd} + \nabla_c \delta g_{ad} - \nabla_d \delta g_{ac})$$

$$= \frac{1}{2} n^c h^{ad} \nabla_c \delta g_{ad} = -\frac{1}{2} v_a n^a\,, \tag{15-1-44}$$

其中第三步用到 $h^{ad}=h^{(ad)}$, 最末一步用到式(15-1-42). 代回式(15-1-40)和(15-1-39)便得

$$\delta S = -2\int_{\dot U} \delta K + \int_U \boldsymbol{e} \sqrt{-g}\, G_{ab} \delta g^{ab}\,. \tag{15-1-45}$$

定义新的作用量

$$S' := S + 2\int_{\dot U} K\,, \tag{15-1-46}$$

则 $\delta S'=0$ 便等价于真空爱因斯坦方程. 于是得出结论: 由式(15-1-46)定义的 S' 可

---

① 有些文献[如 Hawking and Ellis(1973)P.65]把式(15-1-18b)改为"对 $M-U$ 中任一点有 $\psi(\lambda)=\psi_0$", 此新条件既保证 $\delta g_{ab}|_{\dot U}=0$ 又保证 $\nabla_a \delta g_{bd}|_{\dot U}=0$, 于是 $\mathscr{L}$ 和 S 可用作真空引力场的拉氏密度和作用量.

用作真空引力场的作用量.　　**[选读 15-1-1 完]**

§15.2　有限自由度系统的哈氏理论

15.2.1　有限自由度正规系统的哈氏理论

拉氏理论的基本变量是广义坐标 q^i 和广义速度 $\dot{q}^i$，它们的一组值代表系统的一个状态. 哈氏理论的基本变量则是广义坐标(位形变量) q^i 和广义动量(动量变量) p_i. 给定拉氏函数 $L(q^i,\dot{q}^i)$ 后，动量变量由下式定义：

$$p_i := \frac{\partial L(q,\dot{q})}{\partial \dot{q}^i}, \qquad i=1,\cdots,N. \tag{15-2-1}$$

位形变量和动量变量称为互相共轭的一对**正则变量**(canonical variables)，它们的一组值 (q^i, p_i) 代表系统的一个状态. 量 $p_i\dot{q}^i - L(q,\dot{q})$ 在哈氏理论中有重要地位，其微分为

$$\mathrm{d}[p_i\dot{q}^i - L(q,\dot{q})] = \dot{q}^i\mathrm{d}p_i + p_i\mathrm{d}\dot{q}^i - \frac{\partial L}{\partial q^i}\mathrm{d}q^i - \frac{\partial L}{\partial \dot{q}^i}\mathrm{d}\dot{q}^i = \dot{q}^i\mathrm{d}p_i - \frac{\partial L}{\partial q^i}\mathrm{d}q^i. \tag{15-2-2}$$

上式右边不含 $\mathrm{d}\dot{q}^i$，这意味着 $p_i\dot{q}^i - L(q,\dot{q})$ 可用 q^i 和 p_i 表出. 量 $p_i\dot{q}^i - L(q,\dot{q})$ 表为 q^i, p_i 的函数后称为系统的**哈氏量**(Hamiltonian)，记作 $H(q,p)$，即

$$H(q,p) := p_i\dot{q}^i - L(q,\dot{q}). \tag{15-2-3}$$

以下的讨论取决于 N 个 $\dot{q}^i$ 可否从式(15-2-1)中被反解出，而这又取决于 $L(q^i,\dot{q}^i)$ 的函数形式. 原始的哈氏理论假设全部 $\dot{q}^i$ 都可反解出，即每个 $\dot{q}^i$ 都可表为 q^j 和 p_j 的函数：

$$\dot{q}^i = \dot{q}^i(q,p), \qquad i=1,\cdots,N. \tag{15-2-4}$$

在现代理论中，满足这一要求的拉氏函数 $L(q^i,\dot{q}^i)$ 称为**正规**(regular)**的**，相应的哈氏理论称为**有正规拉氏量的哈氏理论**. 这时式(15-2-3)可以表为

$$H(q,p) = p_i\dot{q}^i(q,p) - L(q,\dot{q}(q,p)), \tag{15-2-5}$$

故

$$\frac{\partial H}{\partial p_i} = \frac{\partial p_j}{\partial p_i}\dot{q}^j + p_j\frac{\partial \dot{q}^j}{\partial p_i} - \frac{\partial L}{\partial \dot{q}^j}\frac{\partial \dot{q}^j}{\partial p_i} = \delta^i{}_j\dot{q}^j = \dot{q}^i,$$

$$\frac{\partial H}{\partial q^i} = p_j \frac{\partial \dot{q}^j}{\partial q^i} - \frac{\partial L}{\partial q^i} - \frac{\partial L}{\partial \dot{q}^j}\frac{\partial \dot{q}^j}{\partial q^i} = -\frac{\partial L}{\partial q^i},$$

其中第一式的第二步用到式(15-2-1). 利用拉氏方程(15-1-5)可把上式的第二式改写为 $\partial H/\partial q^i = -\dot{p}_i$, 因此有

$$\dot{q}^i = \frac{\partial H}{\partial p_i}, \qquad \dot{p}_i = -\frac{\partial H}{\partial q^i}, \qquad i = 1,\cdots,N . \tag{15-2-6}$$

请注意各式中偏导数的含义. 例如, $\partial H/\partial q^1$ 是指函数 $H(q^1,\cdots,q^N;\ p_1,\cdots,p_N)$ 对 q^1 的偏导数, 求导时保持 $q^2,\cdots,q^N$ 和 $p_1,\cdots,p_N$ 不变; 而 $\partial L/\partial q^1$ 则是指函数 $L(q^1,\cdots,q^N;\dot{q}^1,\cdots,\dot{q}^N)$ 对 q^1 的偏导数, 求导时保持 $q^2,\cdots,q^N$ 和 $\dot{q}^1,\cdots,\dot{q}^N$ 不变.

式(15-2-6)还有另一推导途径: 用拉氏方程把式(15-2-2)改写为

$$\mathrm{d}H = \dot{q}^i \mathrm{d}p_i - \dot{p}_i \mathrm{d}q^i, \tag{15-2-2$'$}$$

注意到

$$\mathrm{d}H = \frac{\partial H}{\partial q^i}\mathrm{d}q^i + \frac{\partial H}{\partial p_i}\mathrm{d}p_i, \tag{15-2-7}$$

便可从式(15-2-2′)直接读出式(15-2-6).

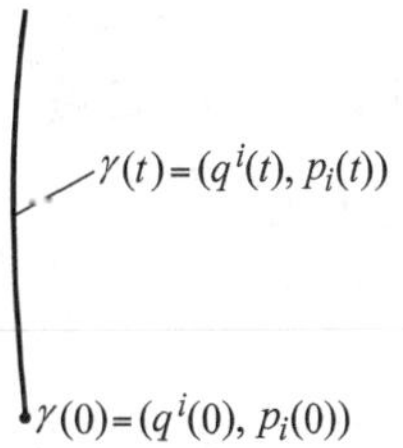

图 15-2　在正规情况下, 相空间中一点(初态)确定一条演化曲线 $\gamma(t)$

系统的拉氏函数 $L(q^i,\dot{q}^i)$ 给定后, 其哈氏函数 $H(q,p)$ 便也确定, 式(15-2-6)就成为关于 $2N$ 个待求函数 $q^i(t), p_i(t)$ 的 $2N$ 个一阶常微分方程, 称为**哈氏正则方程**(Hamiltonian canonical equations), 是哈氏形式中描述系统演化规律的方程, 等价于拉氏形式中关于 N 个待求函数 $q^i(t)$ 的 N 个 2 阶常微分方程(15-1-5)(拉氏方程). (从拉氏方程到哈氏方程的推导已在上面给出, 反向推导请读者完成) q^i 和 p_i 的一组值 (q^i,p_i) 代表一个状态, 所有 (q^i,p_i) 的集合称为系统的**相空间**(phase space), 记作 Γ, 是个 $2N$ 维流形, 其中每点 (q^i,p_i) 的 N 个 q^i 和 N 个 p_i 可充当该点的 $2N$ 个坐标. 指定初态 $(q^i(0), p_i(0))$ 相当于指定 Γ 的一点, 以此为初值就可确定一阶常微分方程组(15-2-6)的唯一解 $(q^i(t), p_i(t))$, 相应于 Γ 中过点 $(q^i(0), p_i(0))$ 的一条以时间 t 为参数的曲线 $\gamma(t)$ (图 15-2), 它描写系统的演化.

以上是有正规拉氏量的哈氏理论的简单复习. 引力场的拉氏密度属于非正规(奇异)形式, 因此本节的以下三个小节将讨论有非正规拉氏量(亦称有约束)的哈氏理论.

15.2.2 有限自由度约束系统的哈氏方程

式(15-2-1)右边是 q 和 $\dot{q}$ 的函数, 可改写为

$$p_i = p_i(q^1,\cdots,q^N, \dot{q}^1,\cdots,\dot{q}^N), \qquad i=1,\cdots,N . \tag{15-2-1′}$$

把上式看作 N 个未知量 $\dot{q}^1,\cdots,\dot{q}^N$ 的方程组, 并试图由此反解出 $\dot{q}^1,\cdots,\dot{q}^N$. 反解的可能性取决于上式右边关于 $\dot{q}^1,\cdots,\dot{q}^N$ 的雅可比行列式 $\det(\partial p_i/\partial\dot{q}^j)$ 是否为零, 也就是 $J_{ij}\equiv\partial^2 L/\partial\dot{q}^i\partial\dot{q}^j$ 所排成的 $N\times N$ 矩阵的秩 Z 是否等于 N. 先看一个特例: 设 $L=\Lambda_{ij}\dot{q}^i\dot{q}^j$, 其中 Λ_{ij} 与 $\dot{q}^i$ 无关, 则

$$p_i \equiv \frac{\partial L}{\partial\dot{q}^i} = \Lambda_{jk}\left(\frac{\partial\dot{q}^j}{\partial\dot{q}^i}\dot{q}^k + \dot{q}^j\frac{\partial\dot{q}^k}{\partial\dot{q}^i}\right) = 2\Lambda_{(ij)}\dot{q}^j , \tag{15-2-8}$$

故 $J_{ij}=2\Lambda_{(ij)}$, 于是上式可表为

$$J_{ij}\dot{q}^j = p_i , \qquad i=1,\cdots,N . \tag{15-2-9}$$

上式可看作 N 个未知量 $\dot{q}^j$ 的 N 个非齐次线性代数方程. 设 $N=3$, 矩阵 (J_{ij}) 的秩 $Z=2$, 则 (J_{ij}) 中有两行线性独立. 不失一般性, 设划掉矩阵 (J_{ij}) 的第1行和第1列后的 2×2 矩阵有逆, 便可用第二、三个方程把 $\dot{q}^2$ 和 $\dot{q}^3$ 表为 $q^1, q^2, q^3, p_1, p_2, \dot{q}^1$ 的函数(即 $\dot{q}^2$ 和 $\dot{q}^3$ 可被“反解”出), 以此代入第一方程 $J_{1j}\dot{q}^j=p_1$, 则 $\dot{q}^1$ 消失, 该方程便可表为

$$\phi(q^1,q^2,q^3,p_1,p_2,p_3)=0 . \ (\phi\text{ 代表某种函数关系}) \tag{15-2-10}$$

这说明 q^i, p_i 并非互相独立, 它们要受上式的限制. 上例可推广至一般情形(利用隐函数存在定理), 结论是: N 个 $\dot{q}^i$ 中只有 Z 个 $\dot{q}^i$ 可(局部地)被反解出(可表为 q, p 以及其余 $N-Z$ 个 $\dot{q}^j$ 的函数), 式(15-2-1′)的其余信息将表现为只含 q 和 p 的 $N-Z$ 个独立方程:

$$\phi_m(q,p)=0, \qquad m=1,\cdots,M\ (\equiv N-Z) , \tag{15-2-11}$$

其中 $\phi_m(q,p)$ 是 q 和 p 的某种函数. 这意味着 $2N$ 个 q 和 p 受到 M 个方程的限制, 因此说系统存在**约束**(constraint). $\phi_m(q,p)$ 称为**约束函数**, $\phi_m(q,p)=0$ 称为**约束方程**(简称约束). 读者熟悉的是用方程 $f(q^1,\cdots,q^N)=0$ 或 $f(q^1,\cdots,q^N,t)=0$ 对位形变量 $q^1,\cdots,q^N$ 加以限制的约束(不涉及速度 $\dot{q}^i$ 或动量 p_i), 称为**完整约束**(holonomic constraint), 例如, 牛顿力学中被限制于某曲面上的质点所受的约束以及能把质点结合为刚体的约束, 其特点是(各)质点的笛卡儿坐标要满足若干方程,

可通过选择适当的(数目较少的)非笛卡儿坐标(广义坐标)来消除约束. Dirac 等人从 20 世纪 40 年代开始为研究引力量子化而提出一套涉及动量 p_i 的非完整约束(动力学约束)理论[后称 Dirac-Bergmann 理论, 见 Dirac(1964)], 理论中出现约束的前提是拉氏函数的形式使 $\dot{q}^i$ 不能全部被“反解出”(奇异拉氏函数). ① 本书只讨论这种约束. 有约束时的哈氏量 H 仍由式(15-2-3)定义, 而且, 由于式(15-2-2)仍成立, H 仍只是 q 和 p 的函数(重要的是不含任一 $\dot{q}$). ②

约束的几何意义是系统在相空间 Γ 中的代表点必须位于由约束方程(15-2-11)决定的**约束面**(constraint surface) $\Gamma_1 \subset \Gamma$ 上. 如果只有一个独立约束 $\phi(q,p)=0$, 则约束面 Γ_1 是 Γ 中的 $2N-1$ 维子流形(超曲面③). 如果有 M 个独立约束, Γ_1 便是 M 个超曲面之交, 是 $2N-M$ 维子流形. 系统状态的代表点必须落在 Γ_1 上, 描述演化的曲线 $\gamma(t)$ 只能躺在 Γ_1 上, 它服从的演化方程不再像式(15-2-6)这么简单. 由于 H 表达式(15-2-3)中的 $\dot{q}^i$ 不再能表为 $\dot{q}^i(q,p)$, 式(15-2-6)的推导不再成立. 第二种推导, 即从式(15-2-2′)和(15-2-7)直接读出式(15-2-6)的做法也由于 $(\mathrm{d}q^i, \mathrm{d}p_i)$ 不完全独立而失效: 由式(15-2-2′)和(15-2-7)只能得到

$$\left(\dot{q}^i - \frac{\partial H}{\partial p_i}\right)\mathrm{d}p_i - \left(\dot{p}_i + \frac{\partial H}{\partial q^i}\right)\mathrm{d}q^i = 0, \qquad (15\text{-}2\text{-}12)$$

而不能进一步宣称两个括号内的表达式分别为零, 因为状态代表点必须落在 Γ_1 上, 而 Γ_1 的独立坐标[因而 $(\mathrm{d}q^i, \mathrm{d}p_i)$ 中的独立微分]只有 $2N-M$ 个. 为了克服这一困难, 可改而采用 Γ_1 的独立坐标. 先讨论只有一个约束 $\phi(q,p)=0$ 的情况, 这时约束面 Γ_1 是 $2N-1$ 维超曲面. 设 $\{r^\alpha(\alpha=1,\cdots,2N-1)\}$ 是 Γ_1 上的一个坐标系, 则 Γ_1 上的点的 q^i 和 p_i 都可看作 r^α 的函数, 由式(15-2-12)可知对 $\gamma(t)$ 上任一点有

$$\left[\left(\dot{q}^i - \frac{\partial H}{\partial p_i}\right)\frac{\partial p_i}{\partial r^\alpha} - \left(\dot{p}_i + \frac{\partial H}{\partial q^i}\right)\frac{\partial q^i}{\partial r^\alpha}\right]\mathrm{d}r^\alpha = 0 . \qquad (15\text{-}2\text{-}12')$$

r^α 是 Γ_1 上的独立坐标保证 $2N-1$ 个 $\mathrm{d}r^\alpha$ 互相独立, 因而上式给出 $2N-1$ 个方程:

---

① 这种理论既可用拉氏形式也可用哈氏形式研究. Dirac-Bergmann 理论通常是指用哈氏形式对这种约束系统作研究的理论.小节 15.3.2 将简要介绍笔者用拉氏形式研究这种约束系统的主要结果.既用拉氏形式又用哈氏形式对这种系统的讨论还可在 Sudarshan and Mukunda(1974); 李子平(1993)中找到.

② 有约束时 H 并不唯一(见小节 15.3.1), 但总可选一 H 使之只是 N 个 q^i 和 $Z(<N)$ 个 p_i 的函数.Sudarshan and Mukunda(1974)的 H 就是一例[还可参见式(15-3-9)所在段].

③ 要使每个 $\phi_m(q,p)=0$ 给出一张超曲面还须 $\mathrm{d}\phi_m \neq 0$.式(15-2-11)的函数 $\phi_m(q,p)$ 的确满足此条件.仍以正文的特例为例.式(15-2-9)的第一方程 $J_{1j}\dot{q}^j = p_1$ 左边是 q^1, q^2, q^3, p_2, p_3 的函数, 记作 $\varsigma(q^1, q^2, q^3, p_2, p_3)$, 令 $\phi(q^1,q^2,q^3,p_1,p_2,p_3) \equiv p_1 - \varsigma(q^1,q^2,q^3,p_2,p_3)$, 则至少 $\partial\phi/\partial p_1 = 1 \neq 0$.

$$\left(\dot{q}^i-\frac{\partial H}{\partial p_i}\right)\frac{\partial p_i}{\partial r^\alpha}-\left(\dot{p}_i+\frac{\partial H}{\partial q^i}\right)\frac{\partial q^i}{\partial r^\alpha}=0\,,\quad \alpha=1,\cdots,2N-1\,. \qquad (15\text{-}2\text{-}12'')$$

用大写拉丁字母代表 Γ 上张量场的抽象指标. Γ_1 上任一点的坐标基矢 $(\partial/\partial r^\alpha)^A$ 可用坐标系 $\{q^i, p_i\}$ 的坐标基矢 $(\partial/\partial q^i)^A$ 和 $(\partial/\partial p_i)^A$ 表出:

$$\left(\frac{\partial}{\partial r^\alpha}\right)^A=\frac{\partial q^i}{\partial r^\alpha}\left(\frac{\partial}{\partial q^i}\right)^A+\frac{\partial p_i}{\partial r^\alpha}\left(\frac{\partial}{\partial p_i}\right)^A. \qquad (15\text{-}2\text{-}13)$$

(对 i 从1至 N 求和; $\alpha=1,\cdots,2N-1$.) 定义 $\gamma(t)\subset\Gamma_1$ 上的对偶矢量场

$$\xi_A:=-\left(\dot{p}_i+\frac{\partial H}{\partial q^i}\right)(\mathrm{d}q^i)_A+\left(\dot{q}^i-\frac{\partial H}{\partial p_i}\right)(\mathrm{d}p_i)_A\,, \qquad (15\text{-}2\text{-}14)$$

则由式(15-2-12″)和(15-2-13)可知对 $\gamma(t)$ 的任一点有

$$\xi_A\left(\frac{\partial}{\partial r^\alpha}\right)^A=0\,,\qquad \alpha=1,\cdots,2N-1\,. \qquad (15\text{-}2\text{-}15)$$

$\{(\partial/\partial r^\alpha)^A\}$ 是超曲面 Γ_1 上的坐标基底场, 所以 ξ_A 是定义在 $\gamma(t)$ 上的一个法于 Γ_1 的余矢场(对偶矢量场). 另一方面, Γ_1 由约束方程 $\phi(q,p)=0$ 定义又表明 $\nabla_A\phi$ 是 Γ_1 上的法余矢场, 因而 $\gamma(t)$ 上必有实函数 $\lambda(t)$ 使

$$\xi_A=\lambda\nabla_A\phi=\lambda\frac{\partial\phi}{\partial q^i}(\mathrm{d}q^i)_A+\lambda\frac{\partial\phi}{\partial p_i}(\mathrm{d}p_i)_A\,. \qquad (15\text{-}2\text{-}16)$$

与式(15-2-14)对比得

$$\dot{q}^i=\frac{\partial H}{\partial p_i}+\lambda\frac{\partial\phi}{\partial p_i}\,,\quad \dot{p}_i=-\frac{\partial H}{\partial q^i}-\lambda\frac{\partial\phi}{\partial q^i}\,,\quad i=1,\cdots,N\,. \qquad (15\text{-}2\text{-}17)$$

这就是有一个约束时的哈氏正则方程. 以上手法不难推广到有 M 个约束的情况, 不同之处只在于约束面 Γ_1 变为 Γ 的一个 $2N-M$ 维子流形. 这时 Γ_1 上每点有 M 个线性独立的法余矢 $\nabla_A\phi_1,\cdots,\nabla_A\phi_M$, 而 ξ_A 作为曲线 $\gamma(t)\subset\Gamma_1$ 上与 Γ_1 正交的余矢场, [见式(15-2-15), 只需把 $\alpha=1,\cdots,2N-1$ 改为 $\alpha=1,\cdots,2N-M$.] 在线上每点总可由 M 个 $\nabla_A\phi_m$ 线性表出:

$$\xi_A=\lambda^m\nabla_A\phi_m=\lambda^m\frac{\partial\phi_m}{\partial q^i}(\mathrm{d}q^i)_A+\lambda^m\frac{\partial\phi_m}{\partial p_i}(\mathrm{d}p_i)_A\,. \qquad (15\text{-}2\text{-}18)$$

[对 i 从 1 至 N 求和, 对 m 从 1 至 M 求和, 下同.] 于是哈氏正则方程(15-2-17)现在成为

$$\dot{q}^i = \frac{\partial H}{\partial p_i} + \lambda^m(t)\frac{\partial \phi_m}{\partial p_i}, \quad \dot{p}_i = -\frac{\partial H}{\partial q^i} - \lambda^m(t)\frac{\partial \phi_m}{\partial q^i}, \quad i = 1, \cdots, N, \tag{15-2-19}$$

其中 $\lambda^m(t)$ 是 M 个待定函数, 称为**拉氏待定乘子**(Lagrange undetermined multiplier), 与 $2N$ 个 $q^i(t)$, $p_i(t)$ 一起合共 $2N+M$ 个待定函数, 原则上可由 $2N$ 个演化方程(15-2-19)和 M 个约束方程(15-2-11)联立解出. 下一小节讨论与解有关的一系列问题.

15.2.3　初级约束和次级约束

Γ 上的标量场 $f: \Gamma \to \mathbb{R}$ 可看作 q^i, p_i 的函数. 设 $\gamma(t)$ 是 Γ 中的一条演化曲线, 则 f 通过 $\gamma(t)$ 诱导出一元函数 $f(t) = f(q^i(t), p_i(t))$, 其时间导数为

$$\dot{f} \equiv \frac{\mathrm{d}f}{\mathrm{d}t} = \frac{\partial f}{\partial q^i}\dot{q}^i + \frac{\partial f}{\partial p_i}\dot{p}_i = \frac{\partial f}{\partial q^i}\left(\frac{\partial H}{\partial p_i} + \lambda^m \frac{\partial \phi_m}{\partial p_i}\right) - \frac{\partial f}{\partial p_i}\left(\frac{\partial H}{\partial q^i} + \lambda^m \frac{\partial \phi_m}{\partial q^i}\right), \tag{15-2-20}$$

其中第三步用到式(15-2-19). 为便于简洁地表达 $\dot{f}$, 可定义泊松括号. Γ 上两个函数 $f(q,p)$ 和 $g(q,p)$ 的**泊松括号**(Poisson bracket) $\{f,g\}$ 定义为

$$\{f,g\} := \frac{\partial f}{\partial q^i}\frac{\partial g}{\partial p_i} - \frac{\partial f}{\partial p_i}\frac{\partial g}{\partial q^i}. \tag{15-2-21}$$

请注意 Γ 上任意两个函数的泊松括号仍是 Γ 上的函数. 不难证明泊松括号有以下性质:

(a)反称性 $\{f,g\} = -\{g,f\}$;

(b)对每个槽都有线性性, 例如

$$\{f_1 + f_2, g\} = \{f_1, g\} + \{f_2, g\};$$

(c)服从莱布尼兹律, 例如

$$\{f_1 f_2, g\} = f_1\{f_2, g\} + f_2\{f_1, g\};$$

(d)满足雅可比恒等式, 即

$$\{f, \{g,h\}\} + \{h, \{f,g\}\} + \{g, \{h,f\}\} = 0. \tag{15-2-22}$$

利用泊松括号可把式(15-2-20)简洁地表为

$$\dot{f} = \{f,H\} + \{f,\phi_m\}\lambda^m. \text{①} \tag{15-2-23}$$

请注意 ϕ_m 在 Γ_1 上为零不导致 $\{f,\phi_m\}$ 在 Γ_1 上为零, 因为 $\{f,\phi_m\}$ 涉及导数 $\partial\phi_m/\partial p_i$

---

① 如果 f 只是演化曲线 $\gamma(t) \subset \Gamma_1$ 上的函数["态函数" $f(t)$]而非 Γ 或 Γ_1 上的函数, 则 $\{f,H\}$ 和 $\{f,\phi_m\}$ 均无定义, 但仍可用式(15-2-23)求 $\dot{f}$, 为此只须把 f 任意延拓为 Γ 上的函数, 记作 $\bar{f}$. (若演化线自相交, 则 f 只能分段延拓.) 式(15-2-23)当然可用于求 $\dot{\bar{f}}$, 而 $\bar{f}(t) = f(t)$ 保证 $\dot{\bar{f}} = \dot{f}$ 在 $\gamma(t)$ 上成立.

和 $\partial\phi_m/\partial q^i$. 为了防止以为 $\phi_m(q,p)=0$ 会导致 $\{f,\phi_m\}=0$ 的这种可能误解, 仿照 Dirac(1964), 我们把 $\phi_m(q,p)=0$ 改写为 $\phi_m(q,p)\approx 0$ (“弱等于” 号 $\approx$ 代表 “在约束面上等于”), [①] 并强调只有算出泊松括号后才能用约束方程 $\phi_m(q,p)\approx 0$.

式(15-2-23)是 Γ 上任一函数 $f:\Gamma\to\mathbb{R}$ 同演化曲线 $\gamma(t)$ 结合而得的一元函数 $f(t)$ 的时间导数表达式. 令 f 分别为 q^i 和 p_i , 则式(15-2-23)给出

$$\dot{q}^i=\{q^i,H\}+\{q^i,\phi_m\}\lambda^m,\quad \dot{p}_i=\{p_i,H\}+\{p_i,\phi_m\}\lambda^m,\quad i=1,\cdots,N. \tag{15-2-24}$$

这无非是约束系统正则方程(15-2-19)用泊松括号的重新表述. 再令 f 为约束函数 $\phi_m(q,p)$, 则式(15-2-23)给出

$$\dot{\phi}_m=\{\phi_m,H\}+\{\phi_m,\phi_n\}\lambda^n,\qquad m=1,\cdots,M. \tag{15-2-25}$$

演化的自洽性要求演化曲线 $\gamma(t)$ 躺在约束面 Γ_1 上, 故 $\gamma(t)$ 上任一点的 ϕ_m 应为零, 因而 $\dot{\phi}_m\approx 0$, 相当于要求

$$\{\phi_m,H\}+\{\phi_m,\phi_n\}\lambda^n\approx 0,\qquad m=1,\cdots,M. \tag{15-2-26}$$

这称为**自洽性条件**(consistency condition). 对此有必要详加讨论. 首先, 自洽性条件能否满足取决于拉氏函数 $L(q^i,\dot{q}^i)$ 是否选得恰当. 例如, 如果选 $L=q^1+(\dot{q}^2)^2$, 则 $\partial L/\partial q^1=1$ 而 $\partial L/\partial\dot{q}^1=0$, 于是拉氏方程给出 $1=0$ 的不自洽结果. 这一不自洽性在哈氏形式中的表现就是自洽性条件(15-2-26)无法满足[详见式(15-2-54)后的一段]. 可见拉氏函数 $L(q^i,\dot{q}^i)$ 的选择并不完全任意. 下面讨论拉氏函数选择得当(系统不存在不自洽性)时自洽性条件(15-2-26)的后果[包括对拉氏待定乘子 $\lambda^m(t)$ 以及对演化曲线经过的范围所提出的可能限制]. 令 $\varPhi_{mn}\equiv\{\phi_m,\phi_n\}$, 则 $\varPhi_{mn}$ 组成 $M\times M$ 反称矩阵 $(\varPhi_{mn})$. 再令 $h_m\equiv-\{\phi_m,H\}$, 则式(15-2-26)可表为

$$\varPhi_{mn}\lambda^n\approx h_m,\qquad m=1,\cdots,M. \tag{15-2-26$'$}$$

这是关于 M 个未知量 λ^n 的 M 个非齐次线性方程组, 其表现因 $\det(\varPhi_{mn})$ 是否为零而有质的区别. 当 Γ_1 上任一点的 $\det(\varPhi_{mn})$ 都非零时, 每点的方程组(15-2-26′)有唯一解. 设 $(\varPhi^{-1})^{mn}$ 是 $\varPhi_{mn}$ 的逆矩阵, 则以 $(\varPhi^{-1})^{mn}$ 作用于 $\varPhi_{np}\lambda^p\approx h_n$ 两边便可解得

$$\lambda^m\approx(\varPhi^{-1})^{mn}h_n,\qquad m=1,\cdots,M. \tag{15-2-27}$$

注意到泊松括号是 q , p 的函数, 可知上式把 λ^m 确定为 Γ_1 上的函数. 代入式(15-2-23)便有

---

① 但是, 对于只在 $\gamma(t)\subset\Gamma_1$ 上成立的公式, 我们仍用普通等号.

$$\dot{f}=\{f,H\}+\{f,\phi_m\}(\Phi^{-1})^{mn}h_n\,. \tag{15-2-28}$$

把 $f(t)$ 分别取作 $q^i(t)$ 和 $p_i(t)$ 便可得到不含待定乘子的演化方程:

$$\left.\begin{aligned}\dot{q}^i&=\{q^i,H\}+\{q^i,\phi_m\}(\Phi^{-1})^{mn}h_n\\ \dot{p}_i&=\{p_i,H\}+\{p_i,\phi_m\}(\Phi^{-1})^{mn}h_n\end{aligned}\right\}\qquad i=1,\cdots,N. \tag{15-2-29}$$

上两式右边都是 q^i 和 p_i 的函数, 把函数关系分别记作 F^i 和 G^i,便可改写为

$$\left.\begin{aligned}\dot{q}^i(t)&=F^i(q(t),\,p(t))\\ \dot{p}_i(t)&=G^i(q(t),\,p(t))\end{aligned}\right\}\qquad i=1,\cdots,N\,. \tag{15-2-29$'$}$$

这是关于 $2N$ 个待求函数 $q^i(t)$ 和 $p_i(t)$ 的 $2N$ 个一阶常微分方程, 只要给定 Γ_1 上任一点作为初态, 便可求得唯一解 $(q^i(t),\,p_i(t))$, 对应于唯一的、躺在 Γ_1 上的演化曲线 $\gamma(t)$, M 个 λ^m (作为 Γ_1 上的确定函数)限制在 $\gamma(t)$ 上便得 M 个一元函数 $\lambda^m(t)$. 在这种情况下, 自洽性条件对 M 个拉氏待定乘子的限制作用是把它们完全确定, 而对 Γ_1 上初态点(因而演化所经历的范围)则毫无限制. 这是一个极端情况.

物理上更常见的情况是 $\det(\Phi_{mn})\approx 0$. 一个最简单(且常见)的例子是所有泊松括号 $\{\phi_m,\phi_n\}$ 都弱为零, 即

$$\Phi_{mn}\approx 0\,,\qquad m,n=1,\cdots,M\,. \tag{15-2-30}$$

这时自洽性条件(15-2-26′)简化为

$$h_m\approx 0\,,\qquad m=1,\cdots,M\,. \tag{15-2-31}$$

如果 M 个函数 $h_m(q,p)$ 在 Γ_1 上点点为零, 则自洽性条件自动满足, 拉氏乘子 λ^m 因而不受任何限制, 求解也就变得简单:对任一初态 $(q^i(0),\,p_i(0))\in\Gamma_1$, 任意指定 M 个一元函数 $\lambda^m(t)$ 代入演化方程(15-2-19)所得唯一解 $(q^i(t),\,p_i(t))$ 必自动满足约束方程(15-2-11), 所以待定乘子 $\lambda^m(t)$ 在此情况下完全自由. 这里出现一个问题:给定初态 $(q^i(0),\,p_i(0))\in\Gamma_1$ 而任选两组拉氏乘子 $\{\lambda^m(t)\}$ 和 $\{\lambda'^m(t)\}$, 便得到两条演化曲线 $\gamma(t)\equiv(q^i(t),\,p_i(t))$ 和 $\gamma'(t)\equiv(q'^i(t),\,p'_i(t))$. 系统到底沿哪条曲线演化? 答案是都可以. 初态不能决定唯一演化线的这一现象表明 Γ_1 上的点同物理状态的关系不是一一对应而是多一对应. 这其实是物理系统存在某种规范自由性的反映. 为了有利于心存疑虑的读者理解这一结论, 这里举一个人为例子. 设系统的 $N=2$, 拉氏函数 $L=(\dot{q}^2)^2-q^2$(不含 q^1 和 $\dot{q}^1$), 则 $p_1=0$, $p_2=2\dot{q}^2$, $H=p_2{}^2/4+q^2$, 其中 $p_1=0$ 可看作约束方程, 约束函数 $\phi=p_1$, 代入式(15-2-17)得 4 个哈氏方程:

$$\dot{q}^1=\lambda(t),\quad \dot{q}^2=\frac{1}{2}p_2,\quad \dot{p}_1=0,\quad \dot{p}_2=-1\,.$$

任意指定函数 $\lambda(t)$ 作为拉氏乘子,在指定初态 $q^1(0)=q^2(0)=p_1(0)=p_2(0)=0$ 下便得唯一解:

$$q^1(t)=\int_0^t \lambda(t')\,\mathrm{d}t', \quad q^2(t)=-\frac{1}{4}t^2, \quad p_1(t)=0, \quad p_2(t)=-t\,.$$

如果另选拉氏乘子 $\lambda'(t)$, 则 $q^1(t)$ 改变, 所以演化曲线也要改变. 然而, 从物理上看, $L=(\dot{q}^2)^2-q^2$ 表明这其实是个1维问题(实质上无非是地球引力场中自由下落质点的拉氏量), 把它说成2维问题只不过是故弄玄虚, 所得结果中的另一维运动有任意性并不影响物理实质.

如果式(15-2-30)成立而某些 h_m 不在 Γ_1 上点点为零, 为满足自洽性条件式(15-2-26′)就要把 q 和 p 的取值范围限制在 Γ_1 中 h_m 为零的子集 $\Gamma_2\subset\Gamma_1$ 上(除某些点外 Γ_2 通常可看作 Γ_1 的维数较低的子流形), 这相当于给出进一步的约束. 这种为保证原有约束的自洽性而出现的新约束称为**次级约束**(secondary constraint), 而原来的约束 $\phi_m\approx 0(m=1,\cdots,M)$ 则称为**初级约束**(primary constraint). 初级约束仅由拉氏量 $L(q^i,\dot{q}^i)$ 的函数形式以及动量定义 $p_i=\partial L/\partial\dot{q}^i$ 所导致, 是对 q 和 p 的变动范围的限制, 而次级约束则只在用了演化方程后才出现, 其存在表明初级约束面 Γ_1 上并非所有点都有演化曲线经过. 次级约束同样要满足类似于式(15-2-26)的自洽性条件(只是"$\approx$"应理解为"在 Γ_2 上等于"), 这可能又给出对 λ^n 的限制以及导致新的约束(仍称次级约束). 对新约束的自洽性还应仿此再作讨论. 如此追查下去, 直至所有约束的自洽性条件都得到满足. 最终的约束面由全部初级约束(M 个)和全部次级约束决定, 记作 $\bar{\Gamma}$ (勿把 $\bar{\Gamma}$ 误作 Γ 的闭包). 应该强调, 无论有无次级约束, 演化方程(15-2-19)都成立, 而且其中的 ϕ_m 都只代表初级约束.

根据Dirac的建议, Γ 上的函数 f 称为**第一类**(first class)**的**, 若 f 与所有约束函数(包括初、次级约束)的泊松括号弱为零(现在的"弱"是指"在 $\bar{\Gamma}$ 上"); 否则称为**第二类**(second class)**的**. 约束函数为第一(二)类函数的约束称为**第一(二)类约束**. 把全部约束按这一标准分为两大类后, 就可证明关于 M 个拉氏乘子 $\lambda^m(t)$ 的自由性的一个重要结论:有多少个第一类初级约束就有多少个自由拉氏乘子. 详见选读15-2-2.

为了更好地理解约束系统的理论, 笔者曾编就并仔细研究过一批具体例子. 限于篇幅, 只能挑选其中有代表性的、很有帮助的三例作为习题(本章习题1, 2及3), 以饷读者.

[选读 15-2-1]

式(15-2-30)和(15-2-31)都满足时 $\lambda^m(t)$ 的完全自由性可用几何语言给出解释. 利用 Γ 上的 $1+M$ 个函数 H 和 $\phi_m(m=1,\cdots,M)$ 可在 Γ 上定义 $1+M$ 个矢量场:

$$X_H{}^A := \frac{\partial H}{\partial p_i}\left(\frac{\partial}{\partial q^i}\right)^A - \frac{\partial H}{\partial q^i}\left(\frac{\partial}{\partial p_i}\right)^A, \tag{15-2-32}$$

$$X_m{}^A := \frac{\partial \phi_m}{\partial p_i}\left(\frac{\partial}{\partial q^i}\right)^A - \frac{\partial \phi_m}{\partial q^i}\left(\frac{\partial}{\partial p_i}\right)^A, \quad m=1,\cdots,M. \tag{15-2-33}$$

因为 $\nabla_A \phi_n$ 是第 n 个约束 $\phi_n = 0$ 决定的超曲面的法余矢，而

$$X_H{}^A\nabla_A \phi_n = X_H{}^A\left[\frac{\partial \phi_n}{\partial q^i}(\mathrm{d}q^i)_A + \frac{\partial \phi_n}{\partial p_i}(\mathrm{d}p_i)_A\right] = \{\phi_n, H\} \approx 0, \quad n=1,\cdots,M,$$

[最末一步用到式(15-2-31).] 所以 $X_H{}^A$ 切于由 $\phi_n = 0$ 定义的超曲面. 上式对所有 $n\,(=1,\cdots,M)$ 成立表明 $X_H{}^A|_{\Gamma_1}$ 切于 Γ_1. 利用式(15-2-30)则可类似地证明 M 个矢量场 $X_m{}^A$ 也切于 Γ_1. 任意指定 M 个函数 $\lambda^m(q,p)\ (m=1,\cdots,M)$ 作为式(15-2-19)的 λ^m，则式(15-2-19)便成为关于 $2N$ 个待求函数 $q^i(t)$，$p_i(t)$ 的 $2N$ 个 1 阶常微分方程，对任意指定初态 $(q^i(0), p_i(0)) \in \Gamma_1$ 便有唯一解 $(q^i(t), p_i(t))$，对应于 Γ 上的一条曲线 $\gamma(t)$，其在任一时刻 t 的切矢为

$$w^A = \dot{q}^i\left(\frac{\partial}{\partial q^i}\right)^A + \dot{p}_i\left(\frac{\partial}{\partial q^i}\right)^A.$$

w^A 由于满足式(15-2-19)而满足矢量场等式

$$w^A = X_H{}^A + \lambda^m X_m{}^A, \tag{15-2-34}$$

可见 $\gamma(t)$ 是矢量场 $X_H{}^A + \lambda^m X_m{}^A$ 过点 $(q^i(0), p_i(0)) \in \Gamma_1$ 的积分曲线. $(X_H{}^A + \lambda^m X_m{}^A)|_{\Gamma_1}$ 是 Γ_1 上切于 Γ_1 的矢量场，积分曲线的存在唯一性定理保证对 Γ_1 的任一点有从它出发并躺在 Γ_1 上的唯一积分曲线，所以 $\gamma(t)$ 自动满足约束方程 $\phi_m(q,p)=0$. 可见任意指定的 M 个函数 $\lambda^m(q,p)$ 通过 $\gamma(t)$ 诱导的 M 个函数 $\lambda^m(t)$ 都可充当拉氏乘子，这说明在式(15-2-30)和(15-2-31)成立时拉氏乘子 $\lambda^m(t)$ 有很大程度的任意性. 为了证明 $\lambda^m(t)$ 有完全的任意性，即任意指定的 M 个一元函数 $\lambda^m(t)$ [而不是先指定 $\lambda^m(q,p)$]及初态点 $(q^i(0), p_i(0)) \in \Gamma_1$ 所决定的方程组(15-2-19)的唯一解曲线 $\gamma(t) \equiv (q^i(t), p_i(t))$ 也一定躺在 Γ_1 上，可以借用"增广相空间" $\mathbb{R}\times\Gamma$ (以代替 Γ)为背景流形并仿照上面的做法[把 $\lambda^m(t)$ 看作 $\mathbb{R}\times\Gamma$ 上的函数]证明(练习)以 $\mathbb{R}\times\Gamma_1$ 的任一点为初态点、满足方程组

$$\frac{\mathrm{d}q^i(s)}{\mathrm{d}s} = \frac{\partial H}{\partial p_i} + \lambda^m(t(s))\frac{\partial \phi_m}{\partial p_i}, \quad \frac{\mathrm{d}p_i(s)}{\mathrm{d}s} = -\frac{\partial H}{\partial q^i} - \lambda^m(t(s))\frac{\partial \phi_m}{\partial q^i}, \quad \frac{\mathrm{d}t(s)}{\mathrm{d}s} = 1$$

的演化曲线 $\tilde{\gamma}(s) \equiv (t(s), q^i(s), p_i(s))$ 必躺在 $\mathbb{R} \times \Gamma_1$ 上.　　**[选读 15-2-1 完]**

[选读 15-2-2]

正文中对 $\det(\Phi_{mn}) \approx 0$ 的情况只讨论了最简单的特例，即 $\Phi_{mn} \approx 0$. 现在讨论一般情形. 设矩阵 (Φ_{mn}) 的秩为 z，① 则 $\det(\Phi_{mn}) \approx 0$ 要求 $z < M$，故 $\Phi_{mn}\lambda^n \approx h_m$ 对应的齐次方程组 $\Phi_{mn}\lambda^n \approx 0$ 有 $M-z$ 个线性独立解，即存在 $M-z$ 个线性独立的行向量 $l_{(s)}{}^m (s = 1, \cdots, M-z)$ 使

$$l_{(s)}{}^m \Phi_{mn} \approx 0, \qquad n = 1, \cdots, M, \quad s = 1, \cdots, M-z. \tag{15-2-35}$$

与式(15-2-26′)结合得

$$l_{(s)}{}^m h_m \approx 0, \qquad s = 1, \cdots, M-z. \tag{15-2-36}$$

为行文方便，把 $l_{(s)}{}^m$ 称为 (Φ_{mn}) 的**消灭行向量**. 因 Γ_1 上每点有一个矩阵 (Φ_{mn})，故每点有 $M-z$ 个线性独立的消灭行向量，把它们任意地延拓为 Γ 上的行向量，则 $l_{(s)}{}^m h_m$ 成为 q，p 的函数，其函数形式归根结底取决于拉氏量 $L(q^i, \dot{q}^i)$ 的函数形式. 如果 $M-z$ 个函数 $l_{(s)}{}^m h_m$ 中有若干个在 Γ_1 上不点点为零，式(15-2-36)便对 q, p 的取值范围提出了进一步的限制，即出现次级约束. 正文中由满足式(15-2-30)而不满足式(15-2-31)所导致的次级约束可看作 $z=0$ 的特例. 设不弱为零的 $l_{(s)}{}^m h_m$ 共有 $U(\leqslant M-z)$ 个，以 $\psi_u(q,p)(u = 1, \cdots, U)$ 代表这些函数 $l_{(s)}{}^m h_m$，便有如下 U 个次级约束：

$$\psi_u(q,p) \approx 0, \qquad u = 1, \cdots, U. \tag{15-2-37}$$

次级约束使约束面从 Γ_1 缩到维数较低的子流形 Γ_2. 现在的弱等于号是指“在 Γ_2 上等于”.（一般习惯是：讨论涉及哪个约束面时，$\approx$ 就指“在该约束面上等于”. 但含 λ^m 的公式例外，它们只在最终约束面 $\bar{\Gamma}$ 上成立.）次级约束同初级约束一样必须满足自洽性条件 $\dot{\psi}_u \approx 0$ $(u = 1, \cdots, U)$，因此应把初、次级约束的自洽性条件

$$\begin{aligned} &\{\phi_m, H\} + \{\phi_m, \phi_n\}\lambda^n \approx 0, \qquad m = 1, \cdots, M, \\ &\{\psi_u, H\} + \{\psi_u, \phi_n\}\lambda^n \approx 0, \qquad u = 1, \cdots, U \end{aligned} \tag{15-2-38}$$

作为一个整体仿照前面对式(15-2-26)的讨论方式进行讨论，不同之处在于现在涉及的矩阵不是方阵而是 $M+U$ 行、M 列矩阵. 讨论中还有可能出现新的次级约束，每个新约束还要满足自己的自洽性条件，从而又可能添加新的、关于 λ^n 的线性方

---

① 我们只关心 z 在约束面上点点相同的情况. 这其实不失一般性，因为对不满足此条件的情况可以分区处理，参见 Gotay, Nester, and Hinds(1978)及其所引有关文献.

程或者给出更新的约束. 如此下去, 经过有限次类似操作后得到的最终约束面(记作 $\overline{\Gamma}$, 不代表 Γ 的闭包)原则上有两种可能: ① $\overline{\Gamma}=\varnothing$, 表明系统的拉氏函数选择不当而导致不自洽性, 以下不讨论这种情况; ② $\overline{\Gamma}$ 由 M 个初级约束和 $\overline{U}$ 个次级约束决定, 即

$$\phi_m(q,p)\approx 0\,,\quad \psi_u(q,p)\approx 0\,,\quad m=1,\cdots,M,\ u=1,\cdots,\overline{U}\,, \tag{15-2-39}$$

而且 M 个拉氏乘子 λ^n 必须且只须满足如下方程:①

$$\begin{aligned}&\{\phi_m,H\}+\{\phi_m,\phi_n\}\lambda^n\approx 0\,, &&m=1,\cdots,M,\\&\{\psi_u,H\}+\{\psi_u,\phi_n\}\lambda^n\approx 0\,, &&u=1,\cdots,\overline{U}\,.\end{aligned} \tag{15-2-40}$$

上式可看作关于 M 个未知量 λ^n 的 $M+\overline{U}$ 个线性方程, 其系数矩阵

$$(\overline{\Phi}_{\overline{m}\overline{n}})\equiv\begin{bmatrix}\Phi_{mn}\\\{\psi_u,\phi_n\}\end{bmatrix}$$

是 $M+\overline{U}$ 行、M 列矩阵. 如果 $(\overline{\Phi}_{\overline{m}\overline{n}})$ 在 $\overline{\Gamma}$ 上的秩为最大值, 即等于 M, 式(15-2-40)便含有关于 λ^n 的 M 个线性独立方程, 从而可把 M 个 λ^n 作为 q,p 的函数解出. 全部待定乘子便一一确定. 反之, 设 $(\overline{\Phi}_{\overline{m}\overline{n}})$ 的秩为 $\overline{z}<M$, 这时只有 $\overline{z}$ 个由 λ^n 构成的线性组合可被作为 q,p 的函数解出, 而其余 $M-\overline{z}$ 个线性组合则完全任意. 这些线性组合可用下法构造. 因为矩阵的行秩等于列秩(并称为矩阵的秩), 所以 $(\overline{\Phi}_{\overline{m}\overline{n}})$ 的线性独立的行数和列数都是 $\overline{z}$, 于是 M 个列向量之间存在 $M-\overline{z}$ 个独立关系, 即存在 $M-\overline{z}$ 个独立的消火列向量 $\xi_{(\alpha)}{}^n(\alpha=1,\cdots,M-\overline{z})$, 使下式成立:

$$\left.\begin{aligned}&\Phi_{mn}\xi_\alpha{}^n\approx 0\,, &&m=1,\cdots,M,\\&\{\psi_u,\phi_n\}\xi_\alpha{}^n\approx 0\,, &&u=1,\cdots,\overline{U},\end{aligned}\right\}\quad \alpha=1,\cdots,M-\overline{z}\,. \tag{15-2-41}$$

Γ_1 是由 M 个初级约束 $\phi_m=0$ 决定的. 令 $\phi'_m=C_m{}^n\phi_n$ [其中矩阵 $(C_m{}^n)$ 有非零行列式], 则 $\phi'_m=0$ $(m=1,\cdots,M)$ 当且仅当 $\phi_n=0$ $(n=1,\cdots,M)$, 故 $\phi'_m=0$ 与 $\phi_n=0$ 决定同一约束面. 现在先用式(15-2-41)的 $\xi_\alpha{}^n$ 作为组合系数生成前 $M-\overline{z}$ 个独立组合 ϕ_α, 即

$$\phi_\alpha=\xi_\alpha{}^n\phi_n\,,\qquad \alpha=1,\cdots,M-\overline{z}\,, \tag{15-2-42}$$

(ϕ_α 不再写作 ϕ'_α, 其与 ϕ_n 的区别体现在下标 α 上.) 再用其他适当系数从 $\{\phi_1,\cdots,\phi_M\}$ 生成其他 $\overline{z}$ 个独立组合(记作 ϕ_β), 即

---

① ψ_u 原本是在 Γ_1 上定义的. 为使含 ψ_u 的泊松括号有意义, 应将 ψ_u 的定义域延拓至 Γ_1 的一个邻域. 我们关心的结果与延拓方式无关.

$$\phi_\beta = \eta_\beta{}^n \phi_n, \qquad \beta = M - \bar{z} + 1, \cdots, M, \tag{15-2-43}$$

则 $\xi_\alpha{}^n$ 和 $\eta_\beta{}^n$ 构成的 $M \times M$ 矩阵非奇异, 从式(15-2-42)和(15-2-43)可反解出 ϕ_n:

$$\phi_n = \mu_n{}^\alpha \phi_\alpha + \nu_n{}^\beta \phi_\beta, \tag{15-2-44}$$

其中 $\mu_n{}^\alpha$ 和 $\nu_n{}^\beta$ 构成的矩阵与 $\xi_\alpha{}^n$ 和 $\eta_\beta{}^n$ 构成的矩阵互逆. 初级约束面 Γ_1 可用 $\phi_\alpha = \phi_\beta = 0$ 作等价描述. 这样构造的 $M - \bar{z}$ 个 ϕ_α 有一大优点: 式(15-2-41)保证每个 ϕ_α 同所有约束函数(包括初、次级)的泊松括号在 $\bar{\Gamma}$ 上为零:

$$\{\phi_\alpha, \phi_{\alpha'}\} \approx \{\phi_\alpha, \phi_\beta\} \approx \{\phi_\alpha, \psi_u\} \approx 0. \tag{15-2-45}$$

证明上式时应注意 $\xi_\alpha{}^m$(和 $\eta_\beta{}^n$)也是 q, p 的函数, 但由泊松括号的性质可知凡以它为一个因子的泊松括号都与 ϕ_m 相乘(例如 $\phi_m\{\xi_\alpha{}^m, \psi_u\}$), 借助于 $\phi_m \approx 0$ 便可使这些项全部消失, 从而使 $\xi_\alpha{}^m$ 和 $\eta_\beta{}^n$ 在计算式(15-2-45)的泊松括号时可像常数一样从括号中提出.

式(15-2-45)表明上述 $M - \bar{z}$ 个初级约束函数 ϕ_α 都是第一类的. 反之, ϕ_β 及其线性组合则必为第二类的, 因为如果它们属于第一类, 则除式(15-2-41)外还会存在 $(\overline{\Phi}_{\overline{m}\overline{n}})$ 的列之间的其他独立关系. 如果一开始就用 M 个 ϕ_α, ϕ_β 代替 M 个 ϕ_m 描述 Γ_1, 则自洽性条件中的拉氏乘子也将不是 λ^m 而是它们的某种线性组合. 事实上, 若以式(15-2-44)中的 $\mu_n{}^\alpha$ 和 $\nu_n{}^\beta$ 作为组合系数按下式构造 $M - \bar{z}$ 个 λ^α 和 $\bar{z}$ 个 λ^β:

$$\lambda^\alpha \equiv \mu_n{}^\alpha \lambda^n, \quad \lambda^\beta \equiv \nu_n{}^\beta \lambda^n, \quad \alpha = 1, \cdots, M - \bar{z}, \ \beta = (M - \bar{z}) + 1, \cdots, M, \tag{15-2-46}$$

则利用 ϕ_α 为第一类约束的性质可把式(15-2-40)的第一式重新表为

$$\mu_m{}^\alpha \{\phi_\alpha, H\} + \nu_m{}^\beta (\{\phi_\beta, H\} + \{\phi_\beta, \phi_{\beta'}\}\lambda^{\beta'}) \approx 0. \tag{15-2-47}$$

把 $\{\phi_\alpha, H\}$ 和 $\{\phi_\beta, H\} + \{\phi_\beta, \phi_{\beta'}\}\lambda^{\beta'}$ 合起来看作 M 个未知量, 则上式是关于它们的 M 个齐次线性代数方程, $\mu_n{}^\alpha$ 和 $\nu_n{}^\beta$ 构成的 $M \times M$ 矩阵的非奇异性导致这一方程组没有非零解, 所以式(15-2-40)的第一式又可重新表为

$$\{\phi_\alpha, H\} \approx 0, \qquad \{\phi_\beta, H\} + \{\phi_\beta, \phi_{\beta'}\}\lambda^{\beta'} \approx 0. \tag{15-2-48a}$$

类似地, 式(15-2-40)的第二式可重新表为

$$\{\psi_u, H\} + \{\psi_u, \phi_\beta\}\lambda^\beta \approx 0. \tag{15-2-48b}$$

式(15-2-48)便是以 ϕ_α, ϕ_β 代替 M 个 ϕ_m 描述 Γ_1 时的自洽性条件表达式, 其中本应存在的某些项, 例如 $\{\phi_\beta, \phi_\alpha\}\lambda^\alpha$ 和 $\{\psi_u, \phi_\alpha\}\lambda^\alpha$, 由于 ϕ_α 为第一类而自动消失. 拉氏乘子

所应受到的限制体现在自洽性条件之中, 而这一条件重新表述为式(15-2-48)表明拉氏乘子 λ^α 不受任何限制. 注意到 λ^α 的个数与 ϕ_α 的个数一样, 便可得出结论: 有多少个(独立的)第一类初级约束就有多少个自由的拉氏乘子.

此处有必要说明一点. 因为同一初级约束面 $\varGamma_1$ 既可用这样 M 个初级约束刻画, 也可用那样 M 个初级约束刻画, 我们说初级约束函数组的选择具有规范自由性. 上面的 $\{\phi_m \mid m=1,\cdots,M\}$ 和 $\{\phi_\alpha,\phi_\beta \mid \alpha=1,\cdots,M-\bar{z};\ \beta=(M-\bar{z})+1,\cdots,M\}$ 就是两种不同的规范(描述同一约束面 $\varGamma_1$). 每种规范中的第一类初级约束的个数可以不同, 就是说, 第一类初级约束的个数不具有规范不变性. 不妨把第一类初级约束个数最多的规范称为最大规范. 这样, 上段末的结论准确地应理解为: 自由拉氏乘子的个数等于最大规范中(独立的)第一类初级约束的个数. 下面证明前面从 $\{\phi_m\}$ 出发用式(15-2-42)和(15-2-43)所作变换(重组)的结果:

$$\{\phi_\alpha,\phi_\beta \mid \alpha=1,\cdots,M-\bar{z},\ \beta=(M-\bar{z})+1,\cdots,M\}$$

正是一个最大规范. 证明分作两步. 第一步, 证明矩阵 $(\overline{\varPhi}_{\overline{m}\overline{n}})$ 的秩 $\bar{z}$ 有规范不变性. 设 $\{\phi_m \mid m=1,\cdots,M\}$ 和 $\{\phi'_i \mid i=1,\cdots,M\}$ 是任意两个规范. $\phi'_i|_{\varGamma_1}=0$ 表明 $\nabla_A\phi'_i$ 是 $\varGamma_1$ 的法余矢, 故可用基矢 $\nabla_A\phi_m$ 线性表出:

$$\nabla_A\phi'_i \approx A_i{}^m\nabla_A\phi_m.\quad（A_i{}^m \text{为展开系数, “}\approx\text{” 代表在“在}\varGamma_1\text{上等于”}）$$

令 $\Omega^{AB}\equiv(\partial/\partial q^i)^A(\partial/\partial p_i)^B-(\partial/\partial p_i)^A(\partial/\partial q^i)^B$, 则不难验证 $\varGamma$ 上函数 f 和 g 的泊松括号可表为 $\{f,g\}=\Omega^{AB}(\nabla_A f)\nabla_B g$, 因此

$$\{\phi'_i,\phi'_j\}=\Omega^{AB}(\nabla_A\phi'_i)\nabla_B\phi'_j\approx A_i{}^m A_j{}^n\Omega^{AB}(\nabla_A\phi_m)\nabla_B\phi_n=A_i{}^m\{\phi_m,\phi_n\}\tilde{A}^n_j,$$

其中 $\tilde{A}$ 是 A 的转置矩阵, “≈” 号指“在 $\varGamma_1$ 上等于”. 设 $\{\psi_u \mid u=1,\cdots,\bar{U}\}$ 和 $\{\psi'_v \mid v=1,\cdots,\bar{U}\}$ 分别是与 $\{\phi_m\}$ 和 $\{\phi'_i\}$ 相应的次级约束函数组, 则类似地有

$$\{\psi'_v,\phi'_j\}\approx B_v{}^m\{\phi_m,\phi_n\}\tilde{A}^n_j+C_v{}^u\{\psi_u,\phi_n\}\tilde{A}^n_j.$$

所以有矩阵等式:

$$\underbrace{\begin{bmatrix}\{\phi'_i,\phi'_j\}\\ \{\psi'_v,\phi'_j\}\end{bmatrix}}_{M+\bar{U}\text{行}M\text{列}}-\begin{bmatrix}A_i{}^m & 0\\ B_v{}^m & C_v{}^u\end{bmatrix}\begin{bmatrix}\{\phi_m,\phi_n\}\\ \{\psi_u,\phi_n\}\end{bmatrix}\begin{bmatrix}\tilde{A}^n_\beta\end{bmatrix}.$$

上式右方第一、三个方阵满秩, 所以矩阵 $\begin{bmatrix}\{\phi'_i,\phi'_j\}\\ \{\psi'_v,\phi'_j\}\end{bmatrix}$ 与 $\begin{bmatrix}\{\phi_m,\phi_n\}\\ \{\psi_u,\phi_n\}\end{bmatrix}$ 同秩. 第二步, 设已通过某种途径找到一个最大规范, 记作 $\{\phi'_\alpha,\phi'_\beta \mid \alpha=1,\cdots,A;\ \beta=A+1,\cdots,M\}$,

其中第一类初级约束共 A 个. 配以全部次级约束 $\{\psi'_\upsilon \mid \upsilon=1,\cdots,\overline{U}\}$，则所关心的 $M+\overline{U}$ 行、M 列矩阵为

$$\begin{bmatrix}\{\phi',\phi'\}\\ \{\psi',\phi'\}\end{bmatrix}=\begin{bmatrix}0 & 0\\ 0 & \{\phi'_\beta,\phi'_{\beta'}\}\\ \underbrace{0}_{A\text{列}} & \underbrace{\{\psi'_\upsilon,\phi'_{\beta'}\}}_{M-A\text{列}}\end{bmatrix}.$$

由于有 A 列为零, 其秩 $\overline{z}\leqslant M-A$，或 $A\leqslant M-\overline{z}$. 另一方面, 用前面式(15-2-42)和(15-2-43)的做法求得的约束函数组中至少有 $M-\overline{z}$ 个第一类初级约束, 表明 $A\geqslant M-\overline{z}$. 与 $A\leqslant M-\overline{z}$ 结合得 $A=M-\overline{z}$. 于是可得结论: ①最大规范中的第一类初级约束共有 $M-\overline{z}$ 个; ②自由拉氏乘子的个数等于 $M-\overline{z}$. **[选读 15-2-2 完]**

15.2.4 L 不含 $\dot{\boldsymbol{q}}^1$ 的特别情况

本小节讨论一种特殊情况, 对后面关于电磁场和引力场的讨论大有帮助. 设 N 个位形变量 q^i 中有这么一个(记作 q^1), 其广义速度 $\dot{q}^1$ 不出现于拉氏量 L 的表达式中, 即

$$L=L(q^1,q^k;\dot{q}^k),\qquad k=2,\cdots,N. \tag{15-2-49}$$

则与 q^1 共轭的动量变量 $p_1=\partial L/\partial\dot{q}^1=0$，所有动量表达式 $p_i=\partial L/\partial\dot{q}^i$ 都不含 $\dot{q}^1$，因此 $\dot{q}^1$ 不能被反解出, 即 $\dot{q}^1$ 无法表为 q^i, p_i (及 $\dot{q}^k$)的函数. 令 $\phi(q,p)\equiv p_1$，便得初级约束

$$\phi(q,p)\equiv p_1=0. \tag{15-2-50}$$

进一步假定 $\dot{q}^k\,(k=2,\cdots,N)$ 都可从 $p_k=\partial L/\partial\dot{q}^k$ 反解出, 即除式(15-2-50)外再无初级约束, 因此只有一个拉氏乘子 λ. 这时哈氏量

$$H=\sum_{k=2}^{N}p_k\dot{q}^k-L \tag{15-2-51}$$

不是 p_1 的函数, 即 $H=H(q^1,\cdots,q^N,p_2,\cdots,p_N)$. ① 哈氏演化方程(15-2-19)现在取如下形式:

$$\dot{q}^1=\frac{\partial H}{\partial p_1}+\lambda\frac{\partial\phi}{\partial p_1}=\lambda,\quad \dot{p}_1=-\frac{\partial H}{\partial q^1}-\lambda\frac{\partial\phi}{\partial q^1}=-\frac{\partial H}{\partial q^1}, \tag{15-2-52}$$

---

① 小节 15.3.1 将证明, Γ 上的两个哈氏量 H 和 H' 只要满足 $H|_{\Gamma_1}=H'|_{\Gamma_1}$ 就等价, 可见 H 在 Γ 上有很大程度的任意性, 式(15-2-51)的 H 只是最简单的选择.

$$\dot{q}^k = \frac{\partial H}{\partial p_k} + \lambda \frac{\partial \phi}{\partial p_k} = \frac{\partial H}{\partial p_k}, \quad \dot{p}_k = -\frac{\partial H}{\partial q^k} - \lambda \frac{\partial \phi}{\partial q^k} = -\frac{\partial H}{\partial q^k}, \quad k = 2, \cdots, N. \tag{15-2-53}$$

式(15-2-53)表明共轭变量$(q^k, p_k)(k=2,\cdots,N)$的演化方程在外形上与$N-1$维无约束系统一样. [但其H除依赖于动力学变量$(q^k, p_k)(k=2,\cdots,N)$外还可能依赖于变量q^1, 这是与$N-1$维无约束系统的不同之处.] 式(15-2-52)第一式给出拉氏乘子λ的物理意义: 原来它就是q^1的广义速度$\dot{q}^1$. 式(15-2-52)第二式左边是初级约束函数$\phi(q,p) \equiv p_1$在演化过程中的时间导数, 该式与自洽性条件$\dot{\phi} \approx 0$相结合给出如下条件:

$$\frac{\partial H}{\partial q^1} \approx 0. \tag{15-2-54}$$

上式左边是q^k, p_k和q^1的函数. 只要拉氏函数选择得当, 则要么$\partial H/\partial q^1$在Γ_1上点点为零, 要么式(15-2-54)成为次级约束, 它把演化限制在比Γ_1低一维的$\Gamma_2 \subset \Gamma_1$内. 电磁场和引力场都可看作后一种情况向无限自由度的推广(详见§15.4 和§15.5). 然而, 如果拉氏函数L从一开始就选择不当, 那么式(15-2-54)将根本无法满足, 即系统无自洽解. 式(15-2-26)后面所举的不自洽拉氏函数$L = q^1 + (\dot{q}^2)^2$便是一例. 从哈氏观点看来, 对这样的L有

$$p_1 = 0, \quad p_2 = 2\dot{q}^2, \quad (\text{因而}\ \dot{q}^2\ \text{可反解出}: \dot{q}^2 = \frac{1}{2}p_2 .)$$

$$H = p_2 q^2 - L = \frac{1}{4}(p_2)^2 - q^1,$$

从而$\partial H/\partial q^1 = -1$, 代入式(15-2-54)便得出$1 \approx 0$的不自洽结果.

我们只关心L选择得当且$\partial H/\partial q^1$在Γ_1上不全为零的情况. 令

$$\psi(q^k, p_k; q^1) \equiv \partial H/\partial q^1,$$

则$\psi \approx 0$就是次级约束, 还应关心其自洽性条件

$$0 \approx \dot{\psi} = \{\psi, H\} + \{\psi, \phi\}\lambda \tag{15-2-55}$$

是否得到满足.上式中的$\{\psi, \phi\}$满足

$$\{\psi, \phi\} = \{\psi, p_1\} = \frac{\partial \psi}{\partial q^1} = \frac{\partial^2 H}{(\partial q^1)^2}. \tag{15-2-56}$$

一种重要的简单特例是H对q^1的依赖关系为线性(电磁场和引力场都如此), 这时有$\{\psi, \phi\} \approx 0$. 如果还有$\{\psi, H\} \approx 0$(电磁场和引力场恰恰也如此), 则$\dot{\psi} \approx 0$, 于是约束已经穷尽. $\{\psi, \phi\} \approx 0$表明全部约束(ϕ和ψ)为第一类, 因此λ [即$\dot{q}^1$, 见式

(15-2-52)]是自由乘子. 这时 $q^1(t)$ 由于完全任意而没有什么物理意义, 其地位类似于自由拉氏乘子, 不如索性把 q^1, p_1 从正则变量的行列中开除, 于是系统的相空间降为 $2(N-1)$ 维, 而且没有初级约束. 然而, 如果 H 对 q^1 的依赖关系为线性而 $\{\psi, H\}$ 不弱为零, 则 $0 \approx \dot{\psi} = \{\psi, H\}$ 就会给出进一步的次级约束, 对其自洽性就还应追究, 直至穷尽. 这时不能根据 $\{\psi, \phi\} = 0$ 就说 ϕ, ψ 是第一类的. 反之, 当 H 对 q^1 的依赖为非线性时, $\partial\psi/\partial q^1$ 非零导致 $\{\psi, \phi\}$ 非零, 故 ϕ 和 ψ 一定不是第一类的, 这时 $\lambda(t)$ [因而 $q^1(t)$]并不自由!

§15.3　有限自由度拉、哈氏理论的几何表述[选读]

15.3.1　Legendre 变换

拉氏和哈氏理论(尤其是约束系统的哈氏理论)存在若干微妙问题, 例如, ① $L(q^i, \dot{q}^i)$ 中的 $q^i(t)$ 与 $\dot{q}^i(t)$ 应被看作 $2N$ 个独立宗量, 但 $\dot{q}^i(t)$ 无非是 $q^i(t)$ 的导数, 何言独立?②哈氏量 H 到底是相空间 Γ 上的函数(因而是 $2N$ 元函数)还是约束面 Γ_1 上的函数(因而只是 $2N-M$ 元函数)?③哈氏量 H 是唯一的还是很多?④如何从拉氏角度看约束系统?用几何语言有助于澄清这些问题. 先简略介绍切丛的概念. 设 M 是 n 维流形, V_m 是点 $m \in M$ 的切空间. 以水平直线代表 M, 以 m 点上方的一段竖直线(见图 15-3)代表集合

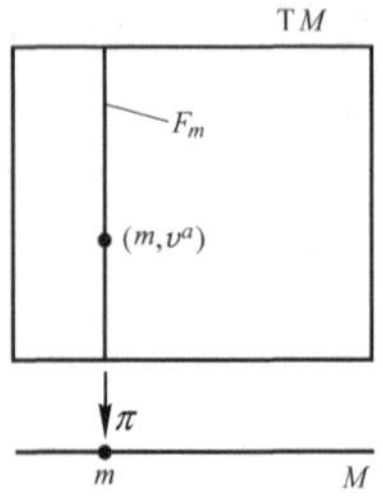

图 15-3　切丛示意

$$F_m \equiv \{(m, v^a) \mid v^a \in V_m\},$$

则 M 中每点的上方都有一段竖直线, 所有竖直线的并记作 $\mathrm{T}M$. 设 $\{x^\mu\}$ 是 M 的一个坐标系(坐标域含 m), 则 m 点对应于 n 个坐标 $x^1, \cdots, x^n$, 且 v^a 也对应于 n 个实数 $v^\mu \equiv v^a(\mathrm{d}x^\mu)_a$. 以 (x^μ, v^μ) 作为点 (m, v^a) 的 $2n$ 个坐标便得 $\mathrm{T}M$ 的一个坐标系, 从而把 $\mathrm{T}M$ 定义成一个 $2n$ 维流形, 称为流形 M 的**切丛**(tangent bundle), 每一竖直线 F_m 称为一条纤维(fiber). 以上构造表明存在自然的投影映射 π : $\mathrm{T}M \to M$, 满足 $\pi((m, v^a)) = m$. 类似地不难理解 M 的余切丛(cotangent bundle) T^*M , 它在 m 点上方的纤维可表为

$$F_m{}^* \equiv \{(m, \omega_a) \mid \omega_a \in V_m{}^*\} .$$

切丛和余切丛都是**纤维丛**(fiber bundle)的特例(附录 I 对纤维丛理论有详细的讲述).

现在用几何语言表述拉氏和哈氏理论. 设 $\mathscr{C}$ 是位形空间, $T\mathscr{C}$ 是其切丛, $\pi: T\mathscr{C} \to \mathscr{C}$ 是投影映射, 则任一 $\sigma \in T\mathscr{C}$ 可表为 $\sigma = (Q, v^a)$, 其中 $Q \in \mathscr{C}$, $v^a \in V_Q$. 拉氏量 L 从一开始就被定义为 $T\mathscr{C}$ 上的实函数(实标量场), 即 $L: T\mathscr{C} \to \mathbb{R}$. 设 $\{q^i\}$ 是 $\mathscr{C}$ 的一个坐标系, 坐标域含 Q, 则 Q 有 N 个坐标 $q^1, \cdots, q^N$ 和 N 个坐标基矢 $(\partial/\partial q^1)^a, \cdots, (\partial/\partial q^N)^a$, v^a 有 N 个坐标分量 $v^1, \cdots, v^N$, 于是 $\sigma = (Q, v^a)$ 就可表为 $\sigma = (q^i, v^i)$, 拉氏量 L 就可局域地表为 $2N$ 元函数 $L(q^i, v^i)$. 选定 q^i 后仍可任意指定 v^i, 两者显然独立[此时尚无函数 $q^i(t)$ 可言, 更谈不上 v^i 是 $q^i(t)$ 的导数 $\dot{q}^i$.] 以 $O \subset T\mathscr{C}$ 代表坐标系 $\{q^i, v^i\}$ 的坐标域, $\forall \sigma \in O$ 定义

$$p_i := \partial L(q, v)/\partial v^i,$$

则不难证明(习题)当 $\mathscr{C}$ 上有坐标变换 $\{q^i\} \mapsto \{q'^i\}$ 时 p_i 按下式变换:

$$p'_j = (\partial q^i/\partial q'^j) p_i,$$

故 σ 点的 N 个实数 $(p_1, \cdots, p_N)$ 构成点 $Q = \pi(\sigma)$ 的一个余矢量 $p_a \equiv p_i (\mathrm{d}q^i)_a \in V_Q{}^*$, 称为 σ 点的**动量**, 它与 $\sigma = (Q, v^a)$ 中的 v^a 的缩并是实数, 所以 $T\mathscr{C}$ 上有实标量场 $p_a v^a$, 它与实标量场 L 之差

$$\tilde{H} \equiv p_a v^a - L \tag{15-3-1}$$

也是 $T\mathscr{C}$ 上的实标量场, 其重要意义将在稍后揭示.

另一方面, 位形空间 $\mathscr{C}$ 的余切丛 $T^*\mathscr{C}$ 构成系统的相空间, 记作 Γ. 任一 $P \in \Gamma$ 可表为 $P = (Q, \omega_a)$, 其中 $Q \in \mathscr{C}$, $\omega_a \in V_Q{}^*$, 在 $\mathscr{C}$ 选定坐标系 $\{q^i\}$ 后又可记作

$$P = (q^i, \omega_i) \in \Gamma.$$

在拉氏量 L 选定后, 可以自然地定义映射 $f: T\mathscr{C} \to \Gamma$ 如下: $\forall \sigma = (Q, v^a) \in T\mathscr{C}$, 定义 $f(\sigma)$ 为

$$f(\sigma) := (Q, p_a), \quad \text{其中 } p_a \text{ 是 } \sigma \text{ 点的动量.}$$

这一定义也可用坐标语言表述: $\forall \sigma = (q^i, v^i)$, 定义 $f(\sigma)$ 为 Γ 中满足以下条件的点 (q^i, ω_i):

$$q^i|_{f(\sigma)} = q^i|_\sigma, \qquad \omega_i|_{f(\sigma)} = p_i|_\sigma, \qquad i = 1, \cdots, N. \tag{15-3-2}$$

这样定义的映射 $f: T\mathscr{C} \to \Gamma$ 称为 **Legendre 变换**, 是从拉氏形式过渡到哈氏形式的关键, 其表现及后果密切依赖于其雅可比矩阵 $(\partial \omega_j/\partial v^i) = (\partial^2 L/\partial v^j v^i) = (J_{ij})$ 的秩 Z. 不难证明(习题) J_{ij} 在坐标变换 $\{q^i\} \mapsto \{q'^i\}$ 时按下式变换:

$$J'_{kl} = \frac{\partial q^i}{\partial q'^k} \frac{\partial q^j}{\partial q'^l} J_{ij} ,$$

因此构成点 $Q \equiv \pi(\sigma)$ 的一个 $(0,2)$ 型张量, 即 $J_{ab} \equiv J_{ij}(\mathrm{d}q^i)_a(\mathrm{d}q^j)_b$, 由此可知 Z 与坐标系无关. 令 $J \equiv \det(J_{ij})$, 若 $\mathrm{T}\mathscr{C}$ 的任一点都有 $J \neq 0$, 则由反函数定理[见陈省身, 陈维桓(1983)第一章定理3.1]可知 f 至少为局部一一映射, 因而有局部逆 f^{-1}, 所以有 Γ 上的函数 $f^{-1*}\tilde{H}: \Gamma \to \mathbb{R}$, 这就是无约束的情况(即 L 为正规的情况①), $f^{-1*}\tilde{H}$ 就是前面定义的哈氏量 H. 然而, 如果 $\mathrm{T}\mathscr{C}$ 上任一点都有 $J=0$, 则映射 $f: \mathrm{T}\mathscr{C} \to \Gamma$ 不是一一的, 因而也不到上. 这就是有约束(L 为非正规)的情况. $J=0$ 意味着 $Z<N$ (只讨论 Z 在 $\mathrm{T}\mathscr{C}$ 上为常数的情形), 由式(15-2-11)前一段可知 $\mathrm{T}\mathscr{C}$ 的任一点 σ 的 q^i 和 p_i 要满足 $M(\equiv N-Z)$ 个独立方程:

$$\phi_m(q^i, p_i) = 0 , \qquad m = 1, \cdots, M , \tag{15-3-3}$$

于是式(15-3-2)要求 σ 的像点 $f(\sigma)$ 的 $2N$ 个坐标 q^i, ω_i 必须满足

$$\phi_m(q^i, \omega_i) = 0 , \qquad m = 1, \cdots, M , \tag{15-3-4}$$

可见 f 把整个 $2N$ 维流形 $\mathrm{T}\mathscr{C}$ 映为 Γ 中由式(15-3-4)定义的 $2N-M$ 维子流形 Γ_1, 这正是初级约束面. f 无逆使 Γ 上的哈氏量 H 的定义变得微妙, 这时可以先借 $\tilde{H}: \mathrm{T}\mathscr{C} \to \mathbb{R}$ 和 $f: \mathrm{T}\mathscr{C} \to \Gamma$ 给 Γ_1 定义一个"哈氏量", 再把定义域延拓至 Γ. $\forall P \in \Gamma_1 = f[\mathrm{T}\mathscr{C}]$, $f^{-1}[P] \subset \mathrm{T}\mathscr{C}$ 可能含有不止一个弧连通分支(相应于 $J \neq 0$ 时 f 可能非整体一一的情形), 我们把讨论限制于 $f^{-1}[P]$ 只含一个弧连通分支的情况. 设

$$(q^i, v_1{}^i),\ (q^i, v_2{}^i) \in f^{-1}[P],$$

则 $f^{-1}[P]$ 的弧连通性保证存在曲线 $\beta: [0,1] \to f^{-1}[P]$ 使

$$\beta(0) = (q^i, v_1{}^i), \quad \beta(1) = (q^i, v_2{}^i), \quad \beta(s) = (q^i, v^i(s)), \quad \forall s \in [0,1] .$$

作为 $f^{-1}[P]$ 的子集, 曲线 $\beta(s)$ 上任一点 (q^i, v^i) 的 p_i 满足 $p_i|_{\beta(s)} = \omega_i|_P$, 故

$$\tilde{H}(q, v_2) - \tilde{H}(q, v_1) = \omega_i|_P\,(v_2{}^i - v_1{}^i) - L(q, v_2) + L(q, v_1) . \tag{15-3-5}$$

另一方面,

$$\begin{aligned} L(q, v_2) - L(q, v_1) &= \int_0^1 \frac{\mathrm{d}}{\mathrm{d}s} L(q, v(s))\mathrm{d}s = \int_0^1 \frac{\partial}{\partial v^i} L(q, v(s)) \frac{\mathrm{d}v^i(s)}{\mathrm{d}s} \mathrm{d}s \\ &= \int_0^1 p_i(\beta(s))\mathrm{d}v^i = \omega_i|_P\,(v_2{}^i - v_1{}^i) , \end{aligned}$$

① L 称为超正规的(hyperregular), 若 $f: \mathrm{T}\mathscr{C} \to \mathrm{T}^*\mathscr{C}$ 是微分同胚. [见, 例如, Marsden and Ratiu(1994).]

代入式(15-3-5)得 $\tilde{H}(q,v_2)-\tilde{H}(q,v_1)=0$，可见 $\tilde{H}|_{f^{-1}[P]}=$常数. 因此 $\tilde{H}:\mathrm{T}\mathscr{C}\to\mathbb{R}$ 自然诱导出 $\varGamma_1$ 上的函数 $H:\varGamma_1\to\mathbb{R}$，其定义为

$$H(P):=\tilde{H}|_\sigma,\quad \forall P\in\varGamma_1,\ \text{其中}\ \sigma\in\mathrm{T}\mathscr{C}\ \text{满足}\ f(\sigma)=P. \tag{15-3-6}$$

稍后再介绍如何把 H 的定义域从 $\varGamma_1$ 拓展为 $\varGamma$.

以上是数学框架，现在注入物理内容，即说明如何用于描述物理系统的动力学演化.

先讨论拉氏形式. 设 Q 是 $\mathscr{C}$ 中曲线 $\eta(t)$ 的一点，v^a 是曲线在 Q 点的切矢，则 $(Q,v^a)\in\mathrm{T}\mathscr{C}$，而且 $\pi(Q,v^a)=Q\in\mathscr{C}$. 假定 $\eta(t)$ 躺在某坐标系 $\{q^i\}$ 的坐标域内，则 $\eta(t)$ 可用参数式 $q^i(t)$ 表出，而线上任一点 $q^i(t)$ 的切矢的分量便是 $\dot{q}^i(t)$，所以曲线 $\eta(t)$ 自然给出 $\mathrm{T}\mathscr{C}$ 中的一条曲线 $(q^i(t),\dot{q}^i(t))$，不妨称之为 $\eta(t)$ 的提升曲线，并记作 $\tilde{\eta}(t)$. 如果 $\eta(t)$ 是 $\mathscr{C}$ 中描述系统演化的曲线(简称为 $\mathscr{C}$ 中的演化线，即正路)，则 $\tilde{\eta}(t)$ 也可称为 $\mathrm{T}\mathscr{C}$ 中的演化线. 于是拉氏理论的基本命题可以表为：$\mathrm{T}\mathscr{C}$ 中的曲线 $(q^i(t),v^i(t))$ 是演化线当且仅当①对每一 t 值有 $v^i(t)=\dot{q}^i(t)$；②满足拉氏方程：

$$\frac{\partial}{\partial q^i}L(q(t),v(t))-\frac{\mathrm{d}}{\mathrm{d}t}\frac{\partial}{\partial v^i}L(q(t),v(t))=0,\quad i=1,\cdots,N. \tag{15-3-7}$$

条件①保证 $(q^i(t),v^i(t))$ 是 $\mathscr{C}$ 中某线 $\eta(t)$ 的提升曲线；条件②保证 $\eta(t)$ 是 $\mathscr{C}$ 中的演化线(正路). 上述讨论清楚地表明：拉氏量 $L(q^i,v^i)$ 的两组宗量 q^i 和 v^i 本来就是独立的，只当涉及 $\mathscr{C}$ 中曲线的提升曲线时才有 $v^i(t)=\dot{q}^i(t)$，而此时的 $v^i(t)$ [作为 $q^i(t)$ 的导函数]当然不再独立于 $q^i(t)$.

再讨论哈氏形式. 设 $\tilde{\eta}(t)\subset T\mathscr{C}$ 是演化线，则无论有无约束，$\gamma(t)\equiv f(\tilde{\eta}(t))$ 都是 $\varGamma_1$ 上的曲线(无约束时 $\varGamma_1=\varGamma$)，而且重复小节 15.2.2 的推导过程便可证明它服从哈氏方程(15-2-19). 但存在一个问题：方程涉及 H 对所有 p_i 的偏导数 $\partial H/\partial p_i$，而 H 只是 $\varGamma_1$ 上的函数，有些 $\partial H/\partial p_i$ 并无意义. 解决的办法是把 $H:\varGamma_1\to\mathbb{R}$ 任意延拓为 $\varGamma$ 上的哈氏量 $H:\varGamma\to\mathbb{R}$. 然而，设 H 和 H' 是两个不同延拓，则 $\partial H/\partial p_i|_{\varGamma_1}$ 未必等于 $\partial H'/\partial p_i|_{\varGamma_1}$，由哈氏方程岂非得出不同的 $\dot{q}^i$？答案是否定的，理由是：设 $H''\equiv H'-H$，则 $\nabla_A H''|_{\varGamma_1}$ 是 $\varGamma_1$ 的法余矢，于是 $\varGamma_1$ 上存在函数 μ^m $(m=1,\cdots,M)$ 使

$$\nabla_A H''=\mu^m\nabla_A\phi_m,$$

用对偶坐标基底展开并比较系数便得

$$\frac{\partial H''}{\partial q^i}=\mu^m\frac{\partial\phi_m}{\partial q^i},\qquad \frac{\partial H''}{\partial p_i}=\mu^m\frac{\partial\phi_m}{\partial p_i},$$

所以

$$\frac{\partial H'}{\partial q^i}=\frac{\partial H}{\partial q^i}+\mu^m\frac{\partial \phi_m}{\partial q^i}, \qquad \frac{\partial H'}{\partial p_i}=\frac{\partial H}{\partial p_i}+\mu^m\frac{\partial \phi_m}{\partial p_i},$$

由此可知 $(q^i(t), p_i(t), \lambda^m(t))$ 是方程

$$\dot{q}^i=\frac{\partial H}{\partial p_i}+\lambda^m\frac{\partial \phi_m}{\partial p_i}, \qquad \dot{p}_i=-\frac{\partial H}{\partial q^i}-\lambda^m\frac{\partial \phi_m}{\partial q^i}$$

的解当且仅当 $(q^i(t), p_i(t), \lambda'^m(t))$ [其中 $\lambda'^m(t)\equiv\lambda^m(t)+\mu^m(t)$]是方程

$$\dot{q}^i=\frac{\partial H'}{\partial p_i}+\lambda'^m\frac{\partial \phi_m}{\partial p_i}, \qquad \dot{p}_i=-\frac{\partial H'}{\partial q^i}-\lambda'^m\frac{\partial \phi_m}{\partial q^i}$$

的解. 注意到一组 $(q^i(t), p_i(t))$ 对应于一条演化线, 可知: 无论以 H 还是 H' 为哈氏量, 各种可能的演化线构成的集合 $\{q^i(t), p_i(t)\}$ 一样, 唯一区别只在于线上的函数 $\lambda^m(t)$ 可不同于 $\lambda'^m(t)$.

以上讨论表明哈氏量 H (作为 $\varGamma$ 上的函数)的定义有很大的规范自由性. 本书的做法是允许 $H: \varGamma\to\mathbb{R}$ 为 $H: \varGamma_1\to\mathbb{R}$ 的任意延拓[与 Dirac(1964) 实质一致], 而 Sudarshan and Mukunda(1974) 则对延拓方式有所限制. 该书的实质是: 首先论述 $\tilde{H}\equiv p_i\dot{q}^i-L(q,\dot{q})$ 仅是 N 个 q^i 和 $Z\,(<N)$ 个 p_i 的函数, 即

$$\tilde{H}=\tilde{H}(q^1,\cdots,q^N,p_1,\cdots,p_Z), \tag{15-3-8}$$

再用下式定义一个 $2N$ 元函数 $\tilde{H}'(q^i, p_i)$:

$$\tilde{H}'(q^1,\cdots,q^N,p_1,\cdots,p_Z,\underbrace{p_{Z+1},\cdots,p_N}_{\text{无论取何值}}):=\tilde{H}(q^1,\cdots,q^N,p_1,\cdots,p_Z), \tag{15-3-9}$$

最后定义哈氏量 H 为 $\varGamma$ 上满足如下条件的函数:

$$H|_{\varGamma_1}=\tilde{H}'|_{\varGamma_1} \text{ 且 } \nabla_A H|_{\varGamma_1}=\nabla_A\tilde{H}'|_{\varGamma_1}. \tag{15-3-10}$$

可见它的哈氏量的自由范围比本书的要窄. 此外, 该书对初级约束函数 ϕ_m 的选择也做了规范固定, 基本思路是: 由矩阵 $\partial^2 L/\partial\dot{q}^i\partial\dot{q}^j$ 的秩为 $Z<N$ 出发说明 $2N$ 个 q^i, p_i 之间存在 $M\,(\equiv N-Z)$ 个关系式:

$$\varOmega_m(q^1,\cdots,q^N,p_1,\cdots,p_N)=0, \qquad m=1,\cdots,M, \tag{15-3-11}$$

由此可把与“不可反解”的 M 个 $\dot{q}^m$ 对应的 M 个 p_m 表为 N 个 q 和 Z 个 p 的函数:

$$p_m=\psi_m(q^1,\cdots,q^N,p_1,\cdots,p_Z), \tag{15-3-12}$$

再定义初级约束函数 ϕ_m 为

$$\phi_m := p_m - \psi_m(q^1,\cdots,q^N,p_1,\cdots,p_Z), \quad m=1,\cdots,M. \tag{15-3-13}$$

这种对初级约束函数的特定选法配以 H 的特定定义[式(15-3-10)]导致一个后果: M 个拉氏乘子 $\lambda^m(t)$ 恰等于系统的 M 个不能被“反解”的广义速度 $\dot{q}^m(t)$.

借助几何语言的上述讨论使我们对位形空间 $\mathscr{C}$ 的切丛 T$\mathscr{C}$ 和余切丛 $\mathrm{T}^*\mathscr{C}$ (即相空间 Γ)的区别和联系有了更为清晰的了解. 反观式(15-2-19)的推导, 发现存在某些含糊之处有待澄清. 该段先从式(15-2-2′)与(15-2-7)的比较出发得出下式[原编号为(15-2-12)]:

$$\left(\dot{q}^i - \frac{\partial H}{\partial p_i}\right)\mathrm{d}p_i - \left(\dot{p}_i + \frac{\partial H}{\partial q^i}\right)\mathrm{d}q^i = 0. \tag{15-3-14}$$

现在要提出两点质疑. 首先, 式(15-2-2′)来自式(15-2-2), 后者中的 H (即 $p_i\dot{q}^i - L$) 其实是 $\tilde{H}$, 所以式(15-2-2′)是 T$\mathscr{C}$ 上的(对偶矢量场)等式; 然而式(15-2-7)却是 $\Gamma \equiv \mathrm{T}^*\mathscr{C}$ 上的等式(式中的 p_i 按本节的符号应改为 ω_i). 从这两个在不同流形上成立的等式如何得出 Γ 上的等式(15-2-12)(式中的 p_i 也应改为 ω_i)?其次, 式(15-2-12)中的 $\dot{q}^i$ 应如何理解(须知 $\dot{q}^i$ 并非 Γ 或 Γ_1 上的函数)?回答这些质疑的关键是 Legendre 变换式(15-3-2). 注意到 $p_i := \partial L(q,v)/\partial v^i$, 由 $\tilde{H} := p_i v^i - L(q,v)$ 得

$$\mathrm{d}\tilde{H} = v^i \mathrm{d}p_i - \frac{\partial L}{\partial q^i}\mathrm{d}q^i. \tag{15-3-15}$$

另一方面, 由 $\tilde{H}$ 与 H 的关系式 $\tilde{H} = f^*H$ 又得 $\mathrm{d}\tilde{H} = f^*(\mathrm{d}H)$. 而 H 是 Γ 上的标量场, 可表为 $q^1,\cdots,q^N;\omega_1,\cdots,\omega_N$ 的 $2N$ 元函数 $H(q,\omega)$, 于是

$$\begin{aligned}\mathrm{d}\tilde{H} &= f^*\left[\left(\frac{\partial H}{\partial q^i}\right)\mathrm{d}q^i + \left(\frac{\partial H}{\partial \omega_i}\right)\mathrm{d}\omega_i\right] = f^*\left(\frac{\partial H}{\partial q^i}\right)\mathrm{d}(f^*q^i) + f^*\left(\frac{\partial H}{\partial \omega_i}\right)\mathrm{d}(f^*\omega_i)\\ &= f^*\left(\frac{\partial H}{\partial q^i}\right)\mathrm{d}q^i + f^*\left(\frac{\partial H}{\partial \omega_i}\right)\mathrm{d}p_i,\end{aligned} \tag{15-3-16}$$

其中最末一步是因为式(15-3-2)导致

$$f^*q^i = q^i \quad 和 \quad f^*\omega_i = p_i. \tag{15-3-17}$$

对比式(15-3-15)和(15-3-16)得

$$\left(v^i - f^*\frac{\partial H}{\partial \omega_i}\right)\mathrm{d}p_i - \left(\frac{\partial L}{\partial q^i} + f^*\frac{\partial H}{\partial q^i}\right)\mathrm{d}q^i = 0. \tag{15-3-18}$$

把讨论限制在演化线 $\eta(t) \subset \mathscr{C}$, $\tilde{\eta}(t) \subset \mathrm{T}\mathscr{C}$ 和 $\gamma(t) = f[\tilde{\eta}(t)] \subset \Gamma_1$ 上, 则 $\dot{q}^i(t)$ 有意义,

而且由式(15-3-6)后面“注入物理内容”一段可知 $\forall\sigma\in\tilde{\eta}(t)$ 有 $v^i(t)=\dot{q}^i(t)$ 以及

$$\frac{\partial L}{\partial q^i}=\frac{\mathrm{d}p_i}{\mathrm{d}t}=\dot{p}_i\,,\qquad \text{[来自拉氏方程(15-3-7)]}$$

故由式(15-3-18)得

$$\left[\left(\dot{q}^i-f^*\frac{\partial H}{\partial\omega_i}\right)\mathrm{d}p_i-\left(\dot{p}_i+f^*\frac{\partial H}{\partial q^i}\right)\mathrm{d}q^i\right]\Bigg|_\sigma=0,\quad \forall\sigma\in\tilde{\eta}(t)\,. \tag{15-3-19}$$

由式(15-3-17)又可求得 $\mathrm{d}q^i=\mathrm{d}(f^*q^i)=f^*\mathrm{d}q^i$ 及 $\mathrm{d}p_i=\mathrm{d}(f^*\omega_i)=f^*\mathrm{d}\omega_i$. 因为 $(f^*\mathrm{d}q^i)|_\sigma$ 和 $(f^*\mathrm{d}\omega_i)|_\sigma$ 都是 σ 点的对偶矢量, 所以式(15-3-19)在补上抽象指标 A 后可表为

$$\left[\left(\dot{q}^i-f^*\frac{\partial H}{\partial\omega_i}\right)(f^*\mathrm{d}\omega_i)_A-\left(\dot{p}_i+f^*\frac{\partial H}{\partial q^i}\right)(f^*\mathrm{d}q^i)_A\right]_\sigma=0\,. \tag{15-3-20}$$

上式左边是 σ 点的零对偶矢量, 它作用于任一 $u^A\in V_\sigma$ 得零:

$$\left[\left(\dot{q}^i-f^*\frac{\partial H}{\partial\omega_i}\right)(f^*\mathrm{d}\omega_i)_A-\left(\dot{p}_i+f^*\frac{\partial H}{\partial q^i}\right)(f^*\mathrm{d}q^i)_A\right]_\sigma u^A=0\,. \tag{15-3-21}$$

由式(15-3-2)及 $\gamma(t)\equiv f(\tilde{\eta}(t))$ 可知 $\dot{q}^i\,|_\sigma=\dot{q}^i\,|_{f(\sigma)}$, $\dot{p}_i\,|_\sigma=\dot{\omega}_i\,|_{f(\sigma)}$, 再由函数的拉回映射 f^* 的定义得 $(f^*\partial H/\partial q^i)|_\sigma=(\partial H/\partial q^i)|_{f(\sigma)}$ 和 $(f^*\partial H/\partial\omega_i)|_\sigma=(\partial H/\partial\omega_i)|_{f(\sigma)}$, 于是式(15-3-21)又可改写为(从而把 $\mathrm{T}\mathscr{C}$ 上的等式变成 $\varGamma_1$ 上的等式)

$$\left[\left(\dot{q}^i-\frac{\partial H}{\partial\omega_i}\right)(\mathrm{d}\omega_i)_A-\left(\dot{\omega}_i+\frac{\partial H}{\partial q^i}\right)(\mathrm{d}q^i)_A\right]_{f(\sigma)}(f_*u)^A=0\,. \tag{15-3-22}$$

以 $W_{f(\sigma)}$ 代表 $V_{f(\sigma)}$ 中切于 $\varGamma_1$ 的元素构成的子空间, 则 u^A 跑遍 V_σ 导致 $(f_*u)^A$ 跑遍 $W_{f(\sigma)}$, 故上式表明方括号内的对偶矢量是 $\varGamma_1$ 在点 $f(\sigma)$ 的法余矢, 因而 $\exists\lambda^m(t)$ 使

$$\left(\dot{q}^i-\frac{\partial H}{\partial\omega_i}\right)(\mathrm{d}\omega_i)_A-\left(\dot{\omega}_i+\frac{\partial H}{\partial q^i}\right)(\mathrm{d}q^i)_A=\lambda^m(t)\nabla_A\phi_m\,.$$

这其实就是式(15-2-18)中 $\xi_A=\lambda^m\nabla_A\phi_m$ 的准确化, 于是就有式(15-2-19).

15.3.2　从拉氏角度看约束

本小节简要介绍笔者用几何语言从拉氏角度研究约束的某些结果.

无论从哈氏角度看来是否存在约束, 只要 N 个位形变量 $q^1,\cdots,q^N$ 完全独立

(就是说没有完整约束), 由小节 15.1.1 便知系统的演化必定服从拉氏方程(15-1-5). 或者说, 演化可由 T$\mathscr{C}$ 中的演化曲线 $\tilde{\eta}(t)\equiv(q^i(t),v^i(t))$ 描述, 它满足拉氏方程(15-3-7), 其中 $v^i(t)=\dot{q}^i(t)$. 再令 $A^i(t)\equiv\dot{v}^i(t)$ (加速度), 则拉氏方程可重新表述为

$$A^j\frac{\partial^2 L}{\partial v^i\partial v^j}+v^j\frac{\partial^2 L}{\partial v^i\partial q^j}-\frac{\partial L}{\partial q^i}=0,\quad i=1,\cdots,N. \tag{15-3-23}$$

注意到 $J_{ij}\equiv\partial^2 L/\partial v^i\partial v^j$, 令 $C_i\equiv\partial L/\partial q^i-v^j\partial^2 L/\partial v^i\partial q^j$, 则拉氏方程又可表为

$$J_{ij}A^j=C_i,\quad i=1,\cdots,N. \tag{15-3-24}$$

如前所述, 系统存在哈氏初级约束当且仅当 $J\equiv\det(J_{ij})=0$. 虽然初级约束在 $\Gamma\equiv\mathrm{T}^*\mathscr{C}$ 中划出了维数较低的子流形 Γ_1, 在 T$\mathscr{C}$ 中却并不划出与 Γ_1 对应的"初级约束面". 事实上, Legendre 变换把整个 T$\mathscr{C}$ 变为 Γ_1. 约束的存在当然也会使系统在 T$\mathscr{C}$ 中的表现与正规系统不同, 现在探讨这些表现. 设 $\tilde{\eta}(t)$ 是起自 $\sigma\in\mathrm{T}\mathscr{C}$ 的一条演化线["起自 σ"是指 $\tilde{\eta}(0)=\sigma$], 把方程(15-3-24)用于 $t=0$ 得

$$J_{ij}|_\sigma A^j|_\sigma=C_i|_\sigma,\quad i=1,\cdots,N. \tag{15-3-25}$$

若 $J|_\sigma\neq 0$, 则借用 $(J_{ij})|_\sigma$ 的逆矩阵 $(J^{-1})^{ij}|_\sigma$ 可求得 $A^i|_\sigma$ 的唯一解

$$A^i|_\sigma=(J^{-1})^{ij}|_\sigma C_j|_\sigma,\quad i=1,\cdots N. \tag{15-3-26}$$

如果 T$\mathscr{C}$ 上处处 $J\neq 0$ (无约束情况), 则坐标域 $O\subset\mathrm{T}\mathscr{C}$ 内的每点 σ 有确定的 A^i, 故 T$\mathscr{C}$ 上局域存在 N 个函数 $A^i\,(i=1,\cdots,N)$, 借此可在 T$\mathscr{C}$ 上定义一个**演化矢量场**

$$Y^a:=v^i\left(\frac{\partial}{\partial q^i}\right)^A+A^i\left(\frac{\partial}{\partial v^i}\right)^A, \tag{15-3-27}$$

其积分曲线族就是演化曲线族. 然而, 如果 T$\mathscr{C}$ 上处处 $J=0$ (有约束情况), 则 $Z<N$ (只讨论 Z 在 T$\mathscr{C}$ 上为常数的情形), 故与式(15-3-25)相应的齐次方程组 $J_{ij}|_\sigma A^j|_\sigma=0$ 有 $S\equiv N-Z$ 个线性独立解, 即存在 $N-Z$ 个非零的 ${\beta_{(s)}}^i|_\sigma$ 使

$$({\beta_{(s)}}^i J_{ij})|_\sigma=0,\quad s=1,\cdots,N-Z,$$

与式(15-3-25)结合给出 ${\beta_{(s)}}^i C_i=0,\ s=1,\cdots,N-Z$. 此式左边是 $O\subset\mathrm{T}\mathscr{C}$ 上的函数, 令 $\mu_s(q,v)\equiv{\beta_{(s)}}^i C_i$, 则

$$\mu_s(q,v)=0,\quad s=1,\cdots,N-Z. \tag{15-3-28}$$

T$\mathscr{C}$ 中不满足上式的点不会有演化曲线经过(因为演化曲线经过的点都满足上式), 可见 T$\mathscr{C}$ 中存在约束[除非 $\mu_s(q,v)$ 处处自动为零(对所有 s)]. 从哈氏角度看,

这既可能对应于哈氏次级约束(如习题1和2)，也可能对应于其他情况(例如习题3)．事实上，哈氏次级约束一定表现为T$\mathscr{C}$中的约束．然而，即使系统从哈氏角度看来只有初级约束而无次级约束(即$\bar{\Gamma}=\Gamma_1$)，从拉氏角度看来在T$\mathscr{C}$中也一定存在约束(例如习题3)，可见T$\mathscr{C}$中的约束未必与哈氏次级约束对应．与Γ中的约束类似，T$\mathscr{C}$中的约束也应满足自洽性条件，即$\dot{\mu}_s(q(t),\upsilon(t))$必须为零[$\mu_s(q(t),\upsilon(t))$是函数$\mu_s(q,\upsilon)$与演化线$\tilde{\eta}(t)\equiv(q^i(t),\upsilon^i(t))$结合而得的一元函数]．$\mu_s$(以下简记作$\mu$)不含$\upsilon^i$的约束$\mu(q)=0$称为A**型约束**，否则称为B型．线性独立解$\beta_{(s)}{}^i$的选择有相当的自由性，不同选法可以导致A型约束的数目不同，我们约定取这样的选择，使A型约束的数目最大．A型约束函数$\mu(q)$的时间导数$\dot{\mu}(q,\upsilon)$仍是T$\mathscr{C}$上的函数，因而$\dot{\mu}_s(q,\upsilon)=0$给出进一步的约束．B型约束函数$\mu(q,\upsilon)$的时间导数$\dot{\mu}_s(q,\upsilon,A)$含有$A^i$，故$\dot{\mu}(q,\upsilon,A)=0$不是约束而是关于$A^i$的方程，应该与拉氏方程(15-3-24)联立求解．新约束也应满足自洽性条件，因而还可能导致进一步的约束．以$\bar{S}\subset$T$\mathscr{C}$代表最终约束面，则①$\bar{S}$是T$\mathscr{C}$的某个子集；②$\sigma\in$T$\mathscr{C}$有演化线经过当且仅当$\sigma\in\bar{S}$；③$f[\bar{S}]=\bar{\Gamma}$．

前已述及，无约束时过任一$\sigma\in$T$\mathscr{C}$的演化线不但存在而且唯一，它无非是演化矢量场Y^a过σ的积分曲线．然而，约束的存在不仅使T$\mathscr{C}$的某些点没有演化线经过，而且导致过$\sigma\in\bar{S}$的演化线可能不止一条．设$\tilde{\eta}(t)$和$\tilde{\eta}'(t)$都是起自$\sigma\in\bar{S}$的演化线，它们在σ点的加速度分别是$A^i|_\sigma$和$A'^i|_\sigma$，则由式(15-3-25)得

$$[J_{ij}(A'^j-A^j)]|_\sigma=0,\qquad j=1,\cdots,N. \tag{15-3-29}$$

当$J|_\sigma=0$时$(A'^j-A^j)|_\sigma=0$可以有非零解，于是$\bar{S}$上可能存在无数个演化矢量场．

约束系统哈氏理论的一个重要概念是拉氏乘子$\lambda^m(t)$．它一开始就是作为t的函数引入的，一般不是Γ_1上的函数．如果指定$P\in\bar{\Gamma}$，则在某些情况下P点的λ^m被完全确定，在某些情况下它(们)又完全自由，此外还有更多更复杂的居中情况．这些扑朔迷离的表现使λ^m不容易被把握．然而，如果从T$\mathscr{C}$与Γ的关系的角度考察，这些表现就较为容易理解．这里的一个关键结论是：λ^m可被视为$\bar{S}\subset$T$\mathscr{C}$上的函数．讨论如下．

由$f[\bar{S}]=\bar{\Gamma}$可知$\forall P\in\bar{\Gamma}$，$\exists\sigma\in\bar{S}$使$f(\sigma)=P$．设Y^A是T$\mathscr{C}$上的一个演化矢量场，则f_*把$Y^A|_\sigma$变为$f(\sigma)$点的矢量$Z^A\equiv f_*(Y^A|_\sigma)$，而且

$$Z^A=\upsilon^i|_\sigma\left(\frac{\partial}{\partial q^i}\right)^A\bigg|_{f(\sigma)}+\left(A^jJ_{ji}+\upsilon^j\frac{\partial^2 L}{\partial q^j\partial\upsilon^i}\right)\bigg|_\sigma\left(\frac{\partial}{\partial\omega_i}\right)^A\bigg|_{f(\sigma)}. \tag{15-3-30}$$

为证明上式，只须验证两边作用于$(\mathrm{d}q^i)_A|_{f(\sigma)}$及$(\mathrm{d}\omega_i)_A|_{f(\sigma)}$分别给出相同结果．

以 Y'^A 代表 $\mathrm{T}\mathscr{C}$ 上的另一演化矢量场，$Z'^A \equiv f_*(Y'^A|_\sigma)$，则由式(15-3-30)及(15-3-29)得

$$Z'^A - Z^A = [(A'^j - A^j)J_{ji}]|_\sigma \left(\frac{\partial}{\partial\omega_i}\right)^A\Bigg|_{f(\sigma)} = 0\,,$$

可见过 σ 的所有演化线的切矢 Y^A 在 f_* 下有相同的像 Z^A. 注意到 $\gamma(t)=f[\tilde{\eta}(t)]$ 是 $\overline{\Gamma}$ 上与 $\gamma(t)=f[\tilde{\eta}(t)]$ 相应的、过 $f(\sigma)$ 的演化线，便知 Z^A 是 $\gamma(t)$ 在 $f(\sigma)$ 点的切矢. σ 点的所有 Y^A 的像 Z^A 相同并不意味着 $\overline{\Gamma}$ 上过 $f(\sigma)$ 的演化线只有一条，因为有约束时起自 P 的、以 Z^A 为切矢的演化线未必唯一，而且 $f(\sigma)$ (作为 $\overline{\Gamma}$ 的独点子集)的逆像 $f^{-1}[f(\sigma)]$ 未必是 $\overline{S}$ 的独点子集. 设 $\exists\hat{\sigma}\in\overline{S}$ 使 $f(\hat{\sigma})=f(\sigma)$，则过 $\hat{\sigma}$ 点的所有演化线在 $\hat{\sigma}$ 的切矢 $Y^A|_{\hat{\sigma}}$ 的像为

$$\hat{Z}^A = v^i|_{\hat{\sigma}}\left(\frac{\partial}{\partial q^i}\right)^A\Bigg|_{f(\sigma)} + \left(A^j J_{ji} + v^j\frac{\partial^2 L}{\partial q^j\partial v^i}\right)\Bigg|_{\hat{\sigma}}\left(\frac{\partial}{\partial\omega_i}\right)^A\Bigg|_{f(\sigma)}\,,$$

只要 $\hat{\sigma}\neq\sigma$，就不会有 $v^i|_{\hat{\sigma}}=v^i|_\sigma\ (i=1,\cdots,N)$，故 $\hat{Z}^A\neq Z^A$. 为了弄清有关问题，应当弄清 $P\in\overline{\Gamma}$ (作为独点子集)的逆像 $f^{-1}[P]$ 是个怎样的子集. 设 $\sigma\in f^{-1}[P]$，$\hat{\sigma}$ 是与 σ "无限邻近"的点，则

$$\hat{\sigma}\in f^{-1}[P] \ \Leftrightarrow\ q^i|_{\hat{\sigma}}=q^i|_\sigma \text{ 和 } p_i|_{\hat{\sigma}}=p_i|_\sigma\,.$$

如果 D^A 是从 σ "指向" $\hat{\sigma}$ 的矢量，则上式右边两条件可分别表为 $D^A\nabla_A q^i=0$ 和 $D^A\nabla_A p_i=0$. 把 D^A 写成坐标分量展开式:

$$D^A = D^j\left(\frac{\partial}{\partial v^j}\right)^A + \tilde{D}^j\left(\frac{\partial}{\partial q^j}\right)^A,$$

则条件 $D^A\nabla_A q^i=0$ 等价于 $\tilde{D}^j=0$，于是条件 $D^A\nabla_A p_i=0$ 等价于

$$0 = D^j\left(\frac{\partial}{\partial v^j}\right)^A\nabla_A\frac{\partial L}{\partial v^i} = J_{ij}D^j\,. \qquad (15\text{-}3\text{-}31)$$

现在把上述直观思考准确化. $\forall\sigma\in\mathrm{T}\mathscr{C}$，用下式定义 σ 的切空间 V_σ 的一个子空间:

$$\mathscr{D}_\sigma := \{D^A\in V_\sigma \mid D^A = D^j(\partial/\partial v^j)^A,\ J_{ij}D^j=0\}\,,^{①} \qquad (15\text{-}3\text{-}32)$$

① 虽然此定义借用了坐标系，但不难证明(习题)定义出的 $\mathscr{D}_\sigma$ 与坐标系无关.

则 $2N$ 维流形 $T\mathscr{C}$ 上有一个 $N-Z$ 维的子空间场，亦称 $N-Z$ 维分布(见中册附录 F)，记作 $\mathscr{D}$. 不难验证 $\mathscr{D}$ 满足命题 F-1 的条件，因而可积，就是说，$\forall\sigma\in T\mathscr{C}$，有 $T\mathscr{C}$ 的一个含 σ 的 $N-Z$ 维子流形 $\mathscr{S}_\sigma$，其任一点 ρ 的、切于 $\mathscr{S}_\sigma$ 的切空间与 $\mathscr{D}_\rho$ 重合. $\mathscr{S}_\sigma$ 称为 $\mathscr{D}$ 的一个积分子流形，其重要性在于 $\forall\sigma\in T\mathscr{C}$ 有 $f^{-1}[f(\sigma)]=\mathscr{S}_\sigma$. 于是我们弄清了任一 $P\in\bar{\varGamma}$ 的逆像 $f^{-1}[P]$ 是个怎样的子集：它无非是 $\mathscr{D}$ 的、过某点 σ [满足 $f(\sigma)=P$]的那个积分子流形 $\mathscr{S}_\sigma$ (即 $f^{-1}[P]=\mathscr{S}_\sigma$)，原则上可由 $\mathscr{D}$ 的定义出发计算.

$\forall\sigma\in\bar{S}$，有 $f(\sigma)\in\bar{\varGamma}$. 起自 σ 的所有演化曲线在 σ 的切矢 $Y^A|_\sigma$ 在 f_* 下的像是同一矢量 Z^A. 设 $\gamma(t)$ 是起自 $f(\sigma)$ 的任一演化曲线，其在点 $f(\sigma)$ 的切矢为 Z^A. 上小节末已证明存在 M 个一元函数 $\lambda^m(t)$ 使 $\gamma(t)$ 的方程可表为式(15-2-19)，该式在 $t=0$ 取值后也可改写为点 $f(\sigma)$ 的一个矢量等式：

$$Z^A = X_H{}^A|_{f(\sigma)} + \lambda^m(0)X_m{}^A|_{f(\sigma)}, \tag{15-3-33}$$

其中 $X_H{}^A$ 和 $X_m{}^A$ 的定义见式(15-2-32)和(15-2-33). 设 $\gamma'(t)$ 是起自 $f(\sigma)$ 的另一演化曲线，在点 $f(\sigma)$ 的切矢也是 Z^A. 由于式(15-3-22)中的 $(\dot{q}^i-\partial H/\partial\omega_i)|_{f(\sigma)}$ 以及 $(\dot{\omega}_i-\partial H/\partial q^i)|_{f(\sigma)}$ 对两线一样[只取决于点 $f(\sigma)$]，由该式便知两线的 $\lambda^m(0)$ 相同. 所以，指定 $\sigma\in\bar{S}$ 后就可通过

$$Y^A|_\sigma \xrightarrow{f_*} Z^A \xrightarrow{(15-3-33)} \lambda^m(0)\quad(\text{简记作 }\lambda^m)$$

获得一组 λ^m，于是可视 λ^m 为 $\bar{S}$ 上的 M 个函数(标量场). 请注意 λ^m 不能看作 $\bar{\varGamma}$ 上的函数，因为任一 $P=f(\sigma)$ 虽可通过“继承” σ 点的 λ^m 值而获得一组 λ^m，但 $f^{-1}[P]$ 未必是独点子集，其不同点不会有全同的 v^i，再由式(15-3-30)及(15-3-33)便知不会有全同的 λ^m. 由于只关心 $\bar{S}\subset T\mathscr{C}$ 和 $\bar{\varGamma}\subset\varGamma$，所以可把 f 的定义域限制于 $\bar{S}$. 等式 $f[\bar{S}]=\bar{\varGamma}$ 表明映射 $f:\bar{S}\to\bar{\varGamma}$ 是到上的，但却未必一一，因为现在有 $f^{-1}[P]=\mathscr{S}_\sigma\cap\bar{S}$. 这正是哈氏理论中 λ^m 问题复杂性的重要根源. 我们不拟深入探讨全部细节，只想对两种重要又较简单的情况用拉氏观点(强调 λ^m 是 $\bar{S}$ 上的函数)作出解释. 第一种是 $\det(\varPhi_{mn})\neq 0$ 的情况，这时 $\bar{\varGamma}$ 上每点 P 有一组确定的 λ^m，因此有唯一的演化线 $\gamma(t)$ 经过 P 点(哈氏理论的已有结论). 从拉氏角度看，这是因为在这种情况下 $f:\bar{S}\to\bar{\varGamma}$ 是一一映射，每点 $P\in\bar{\varGamma}$ 由于继承了它的唯一逆像点 $f^{-1}[P]$ 的 λ^m 而获得确定的 λ^m 值(见习题 2 和 3). 第二种情况是所有(M 个)初级约束都属于第一类，这时 $\bar{\varGamma}$ 的每点 P 的全部(M 个) λ^m 完全自由. 从拉氏角度看，这是因为在这种情况下 $f:\bar{S}\to\bar{\varGamma}$ 并非一一映射，而且子集 $f^{-1}[P]$ 的所有点的 λ^m

构成一个 M 维仿射空间[每点的 $(\lambda^1,\cdots,\lambda^M)$ 是此空间的一个元素](例如习题1)(仿射空间与线性空间在定义上的唯一区别就是它没有特定的零元). 总之, 拉氏理论强调 λ^m 是 $\overline{S}$ 上的函数, λ^m 在哈氏理论中的复杂性在相当程度上来自 $f:\overline{S}\to\overline{\Gamma}$ 的非一一性.

本节用几何语言对拉氏和哈氏理论作了一定程度的重新表述, 主要目的之一是澄清本节开头提出的几个问题. 我们只限于讨论有限维位形空间和相空间. 然而, 只要涉及经典场(本章实际关心的正是电磁场和引力场), 就必然遇到无限维位形空间和相空间, 问题就变得复杂. 仿照 Dirac , 我们将把有限维的理论直接用到电磁场和引力场而不过多地涉及可能存在的数学严格性问题. 此处只想指出, 数十年来借助于几何语言所做的研究已经(或正在)建立起越来越严格(和深入)的有关理论. 对 Dirac-Bergmann 理论的几何语言再表述的早期代表作也许要数 Gotay, Nester, and Hinds(1978) 及其姐妹篇. 据笔者所知, 这也许是有 Dirac-Bergmann 理论以来首次出现的既正确又优雅的用整体微分几何语言对该理论的再表述和推广, 从这一高度看来, Dirac-Bergmann 理论无非是它的一个局域表现. Dirac-Bergmann 理论还存在某些深层次的理论问题, 例如拉氏方程与哈氏方程的等价性问题. 这一等价性对无约束系统毫无疑问(至少局域地说), 但对约束系统则变得微妙. (本节的讨论证明了拉氏方程的解是哈氏方程的解, 但对逆命题并未涉及.)长期以来人们默认这一等价性成立, 但似乎无人给出过严格证明. Gotay 等. (1998)首次对这一问题(以及一系列相关问题)做了深入探讨, 明确指出并证明了如下结论: 只要系统满足某些正规性条件[物理上有兴趣的许多系统(包括电磁场和引力场)都满足这些条件], 则拉氏方程与哈氏方程等价, 即: 拉氏方程的解对应于哈氏方程的解, 反之亦然. 该文对带约束的经典场论的拉氏和哈氏结构做了空前深入的研究, 提出了**能动量映射**(energy-momentum map)这一重要概念, 从而在有关领域中带来重大进展.

§15.4　经典场论的哈氏形式

15.4.1　哈氏理论离不开 3+1 分解

由 §15.1 可知拉氏理论是明显的 4 维协变理论, 不必对时空作 3+1 分解. 反之, 哈氏理论从一开始就把时间 t 放在特殊地位(见 §15.2), 而相对论中不存在绝对时间, 所以要把 4 维时空的场论改铸成哈氏形式必须先选择一个对时空的 3+1 分解. 中册 §14.4 已为此打下基础, 而本章对哈氏场论的讨论则反过来为 §14.4 展示一个重要的应用实例. 对闵氏时空, 通常采用最简单、物理意义最明晰的标准 3+1 分解. 对整体双曲的弯曲时空, 通常选择单参类空柯西面族 $\{\Sigma_t\}$ 为分层面, 并任意选择一个类时矢量场 t^a, 其积分曲线与各 Σ_t 的交点被视为“同一空间点”. 时空度规场

g_{ab} 在每一 Σ_t 上诱导出空间度规场 h_{ab}，用以描述空间几何. 哈氏场论涉及许多函数的积分, 为此应事先指定体元. 按照习惯, 计算函数在 M 上的积分时通常都用与 g_{ab} 适配的体元 ε_{abcd}，计算函数在 Σ_t 上的积分时则用与 h_{ab} 适配的体元 ${}^3\boldsymbol{\varepsilon}=n^a\varepsilon_{abcd}$ (其中 n^a 是 Σ_t 的单位法矢). 然而现在出现这样一个问题: $\mathscr{L}_{\vec{t}}\,\varepsilon_{abcd}$ 和 $\mathscr{L}_{\vec{t}}\,{}^3\varepsilon_{abc}$ 未必为零. 例如, 对空间平直的 RW 时空有

$$\boldsymbol{\varepsilon}=a^3(t)\,\mathrm{d}t\wedge\mathrm{d}x\wedge\mathrm{d}y\wedge\mathrm{d}z \qquad 和 \qquad {}^3\boldsymbol{\varepsilon}=a^3(t)\,\mathrm{d}x\wedge\mathrm{d}y\wedge\mathrm{d}z\,,$$

选 $t^a=(\partial/\partial t)^a$，则

$$\mathscr{L}_{\vec{t}}\,\boldsymbol{\varepsilon}=3\,a^2\dot{a}\,\mathrm{d}t\wedge\mathrm{d}x\wedge\mathrm{d}y\wedge\mathrm{d}z\neq0 \quad 和 \quad \mathscr{L}_{\vec{t}}\,{}^3\boldsymbol{\varepsilon}=3\,a^2\dot{a}\,\mathrm{d}x\wedge\mathrm{d}y\wedge\mathrm{d}z\neq0\,.$$

由于空间张量场 $T^a{}_b$ 沿 t^a 的李导数(的投影, 即 $\tilde{\mathscr{L}}_{\vec{t}}T^a{}_b$)可解释为 $T^a{}_b$ 的时间导数 $\dot{T}^a{}_b$ (见小节14.4.5), $\mathscr{L}_{\vec{t}}\,{}^3\boldsymbol{\varepsilon}\neq0$ (更准确地是 $\tilde{\mathscr{L}}_{\vec{t}}\,{}^3\boldsymbol{\varepsilon}\neq0$)表明观者测得的3维体元随时间而变, 这给讨论带来不便. 克服这一困难的办法之一是在计算 M 及 Σ_t 上的积分时分别使用坐标体元

$$\boldsymbol{e}=\mathrm{d}t\wedge\mathrm{d}x^1\wedge\mathrm{d}x^2\wedge\mathrm{d}x^3$$

及

$$t^a(\mathrm{d}t)_a\wedge(\mathrm{d}x^1)_b\wedge(\mathrm{d}x^2)_c\wedge(\mathrm{d}x^3)_d=\mathrm{d}x^1\wedge\mathrm{d}x^2\wedge\mathrm{d}x^3\,.$$

这里的 $\{t,x,y,z\}$ 是所选 $3+1$ 分解的共动坐标系(§14.4), 所以自然有 $\mathscr{L}_{\vec{t}}\,\boldsymbol{e}=0$ 和 $\mathscr{L}_{\vec{t}}\,(\mathrm{d}x^1\wedge\mathrm{d}x^2\wedge\mathrm{d}x^3)=0$. 然而还要注意在非正交分解中 $\mathrm{d}x^1\wedge\mathrm{d}x^2\wedge\mathrm{d}x^3$ 并非空间张量场. (读者不妨以2维闵氏时空的非正交分解为例验证, 也可参阅选读14-4-5.) 因此, 准确地说, 应选 $\mathrm{d}x^1\wedge\mathrm{d}x^2\wedge\mathrm{d}x^3$ 在 Σ_t 的投影作为3维坐标体元 ${}^3\boldsymbol{e}$，即定义

$${}^3\boldsymbol{e}:=(t^a e_{abcd})^{\sim}=(\mathrm{d}x^1\wedge\mathrm{d}x^2\wedge\mathrm{d}x^3)^{\sim}.\quad(\sim代表取投影) \qquad (15\text{-}4\text{-}1)$$

今后不加声明时 $\int_M f$ 和 $\int_{\Sigma_t} f$ 将分别代表 $\int_M f\boldsymbol{e}$ 和 $\int_{\Sigma_t} f\,{}^3\boldsymbol{e}$.[①] 由命题5-4-1可知 ${}^3\boldsymbol{\varepsilon}=\sqrt{h}\,{}^3\boldsymbol{e}$. 此式还有助于证明如下有用关系(习题): 设 g 和 h 分别是 g_{ab} 和 h_{ab} 在共动系的行列式, N 为时移, 则

$$\sqrt{-g}=N\sqrt{h}\,. \qquad (15\text{-}4\text{-}2)$$

提示: 因

① 但是, 为保证结果与坐标系无关, $\int_M f$ 和 $\int_{\Sigma_t} f$ 中的 f 应为标量密度场. 例如稍后出现的式(15-4-6)中的 $\mathscr{H}$ 就是标量密度场.

$$t^a e_{abcd} = \frac{1}{\sqrt{-g}} t^a \varepsilon_{abcd} = \frac{1}{\sqrt{-g}} (N n^a \varepsilon_{abcd} + N^a \varepsilon_{abcd}) ,$$

注意到(试证) $N^a e_{abcd}$ 的投影为零, 便得

$$^3e_{bcd} = (t^a e_{abcd})^\sim = \frac{1}{\sqrt{-g}} N\, ^3\varepsilon_{bcd} = \frac{\sqrt{h}}{\sqrt{-g}} N\, ^3e_{bcd} .$$

15.4.2　从拉氏场论到哈氏场论

拉氏场论的场位形变量 ψ 是时空中的一组张量场(我们不讨论其他场), 哈氏场论关心的则是 ψ 场在每一时刻 t 的表现, 记作 $q(t)$, 称为**空间场位形变量**, 代表 $\psi|_{\Sigma_t}$ 在 $3+1$ 分解后的各分量(都是空间张量场). 我们关心的是 $q(t)$ 的演化. 满足适当边界条件的所有空间场位形 $q(t)$ 的集合记作 $\mathscr{C}$. 设所选 $3+1$ 分解的类时矢量场为 t^a, 则 $\dot{q} \equiv \mathscr{L}_{\vec{t}} q$ 称为广义速度. 下面介绍如何从拉氏场论发展出哈氏场论. 对拉氏场论中的拉氏密度 $\mathscr{L}$ 有两种处理方式, 其一是把 $\mathscr{L}$ 看作标量场, 其二是把 $\mathscr{L}$ 看作标量密度场, 我们约定采用后者, 即是从一开始就把式(15-1-21)的 $\mathscr{L}$ 理解为标量密度场("密度场"一词中的密度与"拉氏密度"中的密度是两回事). 正如该式所表明的那样, 拉氏场论中的 $\mathscr{L}$ 是场量 ψ 及其导数 $\nabla\psi, \cdots, \nabla^K\psi$ 的局域函数. 然而, 哈氏场论的特点是把时间和空间分开, 因此建立哈氏场论的第一步就是要把 $\nabla\psi, \cdots, \nabla^K\psi$ 分解为 q 的各种时、空导数. 我们只讨论这样的情况, 其中 $\mathscr{L}$ 所含的 q 的时间导数只允许到一阶, 而且不含时、空混合导数, 即

$$\mathscr{L} = \mathscr{L}(q, \dot{q}, \mathrm{D}q, \cdots, \mathrm{D}^K q) . \tag{15-4-3}$$

请注意上式右边的 $\mathscr{L}$ 与式(15-1-21)右边的 $\mathscr{L}$ 代表不同的函数关系(甚至自变量也不同). 用下式定义与位形变量 q 共轭的**动量密度** π:

$$\pi := \frac{\partial \mathscr{L}(q,\dot{q},\mathrm{D}q,\cdots,\mathrm{D}^K q)}{\partial \dot{q}} , \tag{15-4-4}$$

(偏导数 $\pi \equiv \partial\mathscr{L}/\partial\dot{q}$ 的准确定义见选读15-4-1.) 则 π 是 Σ_t 上的空间张量密度场(因 $\mathscr{L}$ 是标量密度场). 若 q (因而 $\dot{q}$)是 (k,l) 型, 则 $\pi \equiv \partial\mathscr{L}/\partial\dot{q}$ 是 (l,k) 型. 例如, 设 q 是对偶矢量场, 记作 q_a, 则 π 是矢量密度场, 记作 π^a, 其含义可用分量作如下定义: 设 q_i 和 π^i 分别为 q_a 和 π^a 在共动系的分量, 则有

$$\pi^i = \frac{\partial \mathscr{L}}{\partial \dot{q}_i}, \qquad i = 1, 2, 3 . \tag{15-4-5}$$

满足适当边界条件的全体(q,π)的集合就是系统的相空间Γ. 定义哈氏密度$\mathscr{H}$和哈氏量H如下:

$$\mathscr{H} := \pi\dot{q} - \mathscr{L} \quad (\text{其中}\ \pi\dot{q}\ \text{代表}\ \pi\ \text{与}\ \dot{q}\ \text{的缩并}), \qquad H := \int_{\Sigma_t} \mathscr{H}\ {}^3\boldsymbol{e}. \tag{15-4-6}$$

请注意$\mathscr{H}$是标量密度场. 同有限自由度系统一样, 经典场的H也是相空间上的函数, 即$H: \Gamma \to \mathbb{R}$, 不过现在Γ的每点(q,π)由Σ_t上的张量场q和张量密度场π决定, H所依赖的不是自变数而是Σ_t上的(自变)场, 因此H是q和π的泛函, 记作$H[q,\pi]$. 因为要决定一个q场(或π场)需要知道Σ_t上每点的q值, 所以经典场的相空间是无限维流形. 我们将不加证明地把有限自由度系统的哈氏演化方程推广到场系统, 关键是把有限元函数$H(q,p)$的偏导数$\partial H/\partial q^i$和$\partial H/\partial p_i$改为"无限多元函数"H的泛函导数$\delta H/\delta q^i$和$\delta H/\delta p_i$. 泛函导数可直观地看作偏导数概念向无限元函数的推广. 设H是有限维相空间Γ上的函数, $(q^i(\lambda),\ p_i(\lambda))$是$\Gamma$中的一条曲线, 则把$H$的定义域限制在曲线上便得一元函数$H(\lambda) \equiv H(q^i(\lambda),\ p_i(\lambda))$, 其在$\lambda=0$的导数值为

$$\left.\frac{\mathrm{d}H(\lambda)}{\mathrm{d}\lambda}\right|_{\lambda=0} = \sum_i \left[\frac{\partial H}{\partial q^i}\left.\frac{\mathrm{d}q^i(\lambda)}{\mathrm{d}\lambda}\right|_{\lambda=0} + \frac{\partial H}{\partial p_i}\left.\frac{\mathrm{d}p_i(\lambda)}{\mathrm{d}\lambda}\right|_{\lambda=0}\right], \tag{15-4-7}$$

即

$$\delta H = \sum_i \left[\left(\frac{\partial H}{\partial q^i}\right)\delta q^i + \left(\frac{\partial H}{\partial q^i}\right)\delta p_i\right]. \tag{15-4-7$'$}$$

推广至无限维相空间Γ的情况(把求和换为积分)便有如下定义: $\forall (q,\pi) \in \Gamma$, 考虑$\Gamma$中满足如下条件(及适当边界条件)的单参族$(q(\lambda), \pi(\lambda))$:

(a) $q(0)=q,\ \pi(0)=\pi$;　　(b) $\mathrm{d}H(\lambda)/\mathrm{d}\lambda\,|_{\lambda=0}$存在,

如果Σ_t上存在空间张量(密度)场χ_q和χ_π使得对每个满足上述条件的单参族有

$$\delta H \equiv \left.\frac{\mathrm{d}H(\lambda)}{\mathrm{d}\lambda}\right|_{\lambda=0} = \int_{\Sigma_t} {}^3\boldsymbol{e}(\chi_q \delta q + \chi_\pi \delta\pi), \tag{15-4-8}$$

则称 H 是在(q,π)点**泛函可微**的(functionally differentiable), 称χ_q和χ_π为H在(q,π)点的**泛函导数**(functional derivative), 记作

$$\frac{\delta H}{\delta q} = \chi_q, \qquad \frac{\delta H}{\delta \pi} = \chi_\pi. \tag{15-4-9}$$

注1　① χ_q与δq的张量型号应互相"对偶", 就是说, 设q(因而δq)为(k,l)型,

则 χ_q 应为 (l,k) 型. 类似说法也适用于 χ_π 和 $\delta\pi$. ②式(15-4-8)中积分的体元是 ${}^3\boldsymbol{e}$, 所以 $\chi_q\delta q$ 和 $\chi_\pi\delta\pi$ 都应为标量密度场. 又因 δq 是 (k,l) 型张量场, 所以 χ_q 应为 (l,k) 型张量密度场. 反之, $\delta\pi$ 是 (l,k) 型张量密度场, 为保证 $\chi_\pi\delta\pi$ 为标量密度场, χ_π 应为 (k,l) 型张量场.

经典场论的哈氏形式也分为无约束和有约束两种. 若 $\dot{q}$ 可从式(15-4-4)反解出, 即 $\dot{q}$ 可表为 $\dot{q}\,(q, \pi, \mathrm{D}q, \cdots, \mathrm{D}^K q)$, 则系统无约束, 哈氏演化方程便为

$$\dot{q} \equiv \mathscr{L}_t q = \frac{\delta H}{\delta \pi}, \qquad \dot{\pi} \equiv \mathscr{L}_t \pi = -\frac{\delta H}{\delta q} . \text{①} \tag{15-4-10}$$

作为无约束经典场的例子, 下面讨论闵氏时空 KG 标量场论的哈氏形式.

选用与惯性系 $\{t, x^i\}$ 相应的标准 $3+1$ 分解. 设 ε_{abcd} 是与 η_{ab} 适配的体元, e_{abcd} 是坐标体元, 则 $\boldsymbol{\varepsilon} = \boldsymbol{e} = \mathrm{d}t \wedge \mathrm{d}x^1 \wedge \mathrm{d}x^2 \wedge \mathrm{d}x^3$. 选场量 ϕ 在 Σ_t 上的值为位形变量 q , 则拉氏密度 $\mathscr{L}$ 可表为[见式(15-1-20)]

$$\begin{aligned}\mathscr{L} &= -\frac{1}{2}(\partial_a\phi\,\partial^a\phi + m^2\phi^2) = -\frac{1}{2}(\partial_0\phi\,\partial^0\phi + \partial_i\phi\,\partial^i\phi + m^2\phi^2) \\ &= -\frac{1}{2}(-\dot{\phi}^2 + \partial_i\phi\,\partial^i\phi + m^2\phi^2)\,,\end{aligned}$$

与 ϕ 共轭的动量变量则为

$$\pi = \frac{\partial \mathscr{L}}{\partial \dot{\phi}} = \dot{\phi}\,, \tag{15-4-11}$$

故 $\dot{\phi}$ 可由上式反解出, 即 $\dot{\phi} = \dot{\phi}(\phi, \pi) = \pi$. 哈氏密度按定义为

$$\mathscr{H} = \pi\dot{\phi} - \mathscr{L} = \pi^2 + \frac{1}{2}(-\pi^2 + \partial_i\phi\,\partial^i\phi + m^2\phi^2) = \frac{1}{2}(\pi^2 + \partial_i\phi\,\partial^i\phi + m^2\phi^2)\,,$$

哈氏量按定义为

$$H[\phi, \pi] = \int_{\Sigma_t} \mathscr{H} = \frac{1}{2}\int_{\Sigma_t} (\pi^2 + \partial_i\phi\,\partial^i\phi + m^2\phi^2)\,.$$

由式(15-4-10)可知为得哈氏演化方程应先求泛函导数 $\delta H/\delta\pi$ 和 $\delta H/\delta\phi$. 考虑相空间 Γ 中从某点 (ϕ, π) 出发的任一光滑曲线 $(\phi(\lambda), \pi(\lambda))$ [满足 $\phi(0) = \phi,\ \pi(0) = \pi$], 则变分可化为对参数 λ 的微分:

$$\delta H \equiv \left.\frac{\mathrm{d}H}{\mathrm{d}\lambda}\right|_{\lambda=0} = \int_{\Sigma_t} [\pi\delta\pi + \partial_i\phi\,\partial^i(\delta\phi) + m^2\phi\delta\phi]\,, \tag{15-4-12}$$

---

① 式中的 $\mathscr{L}_t q$ (及 $\mathscr{L}_t \pi$)其实是 $\tilde{\mathscr{L}}_t q$ (及 $\tilde{\mathscr{L}}_t \pi$)的空间投影的简写, 见式(14-4-27)及其下一段.

右边第二项可化为

$$\int_{\Sigma_t} \partial_i\phi\, \partial^i(\delta\phi) = \int_{\Sigma_t} \partial^i(\partial_i\phi\, \delta\phi) - \int_{\Sigma_t} (\partial^i\partial_i\phi)\, \delta\phi\,, \tag{15-4-13}$$

上式右边第一项又可用高斯定理化为 $\lim\limits_{r\to\infty}\int_S n^i(\partial_i\phi)\delta\phi$, 其中 S 是 Σ_t 上半径为 r 的球面, n^i 是 S 的单位外向法矢. 通常要求 ϕ 场满足适当的边界条件以保证这一面积分的极限为零. 代回式(15-4-12)得 $\delta H = \int_{\Sigma_t}[\pi\delta\pi + (-\partial^i\partial_i\phi + m^2\phi)\,\delta\phi]$. 由泛函导数定义便有 $\delta H/\delta\pi = \pi$ 和 $\delta H/\delta\phi = -\partial^i\partial_i\phi + m^2\phi$, 故哈氏方程(15-4-10)给出

$$\dot\phi = \pi, \qquad \dot\pi = \partial^i\partial_i\phi - m^2\phi\,. \tag{15-4-14}$$

上式第一式与动量 π 的定义式(15-4-11)一致, 第二式则给出

$\partial^i\partial_i\phi - m^2\phi = \partial_0\dot\phi = -\partial_0\partial^0\phi$, 即 Klein-Gordon 方程 $\partial^\mu\partial_\mu\phi - m^2\phi = 0$.

可见标量场论的拉氏和哈氏形式给出同样的演化方程.

15.4.3 约束系统的例子——麦氏理论的哈氏形式

如果 $\dot q$ 不能从式(15-4-4)反解出, 则系统存在初级约束. 这时可仿照有限自由度约束系统的讨论处理. 本书最关心的是引力场, 它虽然也是约束系统, 但其初级约束仅源于拉氏密度 $\mathscr{L}$ 不含某些广义速度, 因此不拟涉及约束系统的一般理论. 电磁场也是初级约束仅源于 $\mathscr{L}$ 不含某些广义速度的约束系统, 与引力场有不少共性, 却又比引力场简单得多, 因此本小节先对它作一介绍. 只讨论闵氏时空的无源电磁场.

借惯性系 $\{t, x^i\}$ 作标准 $3+1$ 分解. 选电磁 4 势 A_a 为时空场位形变量 ψ , 则其在时刻 t 的表现 $A_a|_{\Sigma_t}$ 在 $3+1$ 分解后的分量 $A_\mu = (A_0, A_i)$ 就是空间场位形变量 q , 其中 $A_0 = A_a(\partial/\partial t)^a$ 等于标势 V 的负值(即 $A_0 = -V$), $A_i = A_a(\partial/\partial x^i)^a$ 是3矢势 $\vec a$ 的 i 分量, 即 $A_i = a_i$. 拉氏密度[见式(15-1-22)]可表为

$$\mathscr{L} = -\frac{1}{16\pi}F^{\mu\nu}F_{\mu\nu} = -\frac{1}{16\pi}(2F^{0i}F_{0i} + F^{ij}F_{ij}) = \frac{1}{16\pi}[2(\dot a^i + \partial^i V)(\dot a_i + \partial_i V) - F^{ij}F_{ij}], \tag{15-4-15}$$

其中最后一步用到

$$F^{0i}F_{0i} = (\partial^0 a^i - \partial^i A^0)(\partial_0 a_i - \partial_i A_0) = -(\dot a^i + \partial^i V)(\dot a_i + \partial_i V)\,.$$

由于 $\mathscr{L}$ 不含 $\dot V$, 与 V 共轭的动量 $\pi_V = \partial\mathscr{L}/\partial\dot V = 0$. 这 $\pi_V = 0$ 就是初级约束. 与 a_j 共轭的动量则为

$$\pi^j=\frac{\partial\mathscr{L}}{\partial\dot{a}_j}=\frac{1}{4\pi}(\dot{a}^i+\partial^i V)\frac{\partial(\dot{a}_i+\partial_i V)}{\partial\dot{a}_j}=\frac{1}{4\pi}(\dot{a}^i+\partial^i V)\delta_i{}^j=\frac{1}{4\pi}(\dot{a}^j+\partial^j V).\quad(15\text{-}4\text{-}16)$$

$\dot{a}_j$ 显然可由上式反解出:

$$\dot{a}_j(V,\pi_j)=4\pi\pi_j-\partial_j V,\quad 即\ \dot{\vec{a}}=4\pi\vec{\pi}-\vec{\nabla}V,\quad(15\text{-}4\text{-}17)$$

(请注意正体π代表圆周率而斜体的 π_j 和 $\vec{\pi}$ 代表动量.) 可见初级约束只有 $\pi_V=0$ 一个. 另一方面, 电场 $\vec{E}$ 的 j 分量

$$E_j=-F_{0j}=-(\partial_0 A_j-\partial_j A_0)=-(\dot{a}_j+\partial_j V),$$

即 $-\vec{E}=\dot{\vec{a}}+\vec{\nabla}V$, 与式(15-4-17)对比可知 $4\pi\vec{\pi}=-\vec{E}$, 说明与 $\vec{a}$ 共轭的动量 $\vec{\pi}$ 正比于电场 $\vec{E}$. 把式(15-4-17)代入(15-4-15)得

$$\mathscr{L}=2\pi\pi^i\pi_i-\frac{1}{16\pi}F_{ij}F^{ij},\quad(15\text{-}4\text{-}18)$$

故

$$\mathscr{H}=(\pi_V\dot{V}+\pi^i\dot{a}_i)-\mathscr{L}=2\pi\pi^i\pi_i+\frac{1}{16\pi}F_{ij}F^{ij}-\pi^i\partial_i V,\quad(15\text{-}4\text{-}19)$$

及

$$H[V,a_i;\pi_V,\pi^i]=\int_{\Sigma_t}[2\pi\pi^i\pi_i+\frac{1}{16\pi}F_{ij}F^{ij}+V\partial_i\pi^i-\partial_i(\pi^i V)].\quad(15\text{-}4\text{-}20)$$

由右边可知 H 实际上不依赖于 π_V. 上式右边最后一项可用高斯定理化为边界项 $-\lim_{r\to\infty}\int_S n_i\pi^i V$, 通常电动力学对 V 和 $\vec{E}$ 所要求的边界条件保证此项为零, 故

$$H[V,a_i;\pi_V,\pi^i]=\int_{\Sigma_t}[2\pi\pi^i\pi_i+\frac{1}{16\pi}F_{ij}F^{ij}+V\partial_i\pi^i].\quad(15\text{-}4\text{-}21)$$

由以上讨论可知电磁场类似于 L 不含 $\dot{q}^1$ 的有限自由度系统(其中 V 起到 q^1 的作用), 仿照式(15-2-52)和(15-2-53)便可写出电磁场的哈氏方程

$$(a)\ \dot{V}=\lambda\ (拉氏乘子),\quad (b)\ \dot{\pi}_V=-\frac{\delta H}{\delta V},\quad(15\text{-}4\text{-}22)$$

$$(a)\ \dot{a}_i=\frac{\delta H}{\delta\pi^i},\qquad (b)\ \dot{\pi}^i=-\frac{\delta H}{\delta a_i}.\quad(15\text{-}4\text{-}23)$$

先计算 $\delta H/\delta V$, $\delta H/\delta\pi^i$ 和 $\delta H/\delta a_i$. 考虑 Γ_1 中从某点出发、以 μ 为参数的任一光滑曲线, 则 H 的变分

$$\delta H = \frac{\mathrm{d}H}{\mathrm{d}\mu}\bigg|_{\mu=0} = \int_{\Sigma_t}[4\pi\pi_i\delta\pi^i + \frac{1}{8\pi}F^{ij}\delta F_{ij} + (\partial_i\pi^i)\delta V + V\partial_i\delta\pi^i]$$

$$= \int_{\Sigma_t}[4\pi\pi_i\delta\pi^i + \frac{1}{2\pi}(\partial^{[i}a^{j]})\partial_i\delta a_j + (\partial_i\pi^i)\delta V + V\partial_i\delta\pi^i]$$

$$= \int_{\Sigma_t}\{4\pi\pi_i\delta\pi^i + \frac{1}{2\pi}[\partial_i((\partial^{[i}a^{j]})\delta a_j) - (\partial_i\partial^{[i}a^{j]})\delta a_j]$$
$$+ (\partial_i\pi^i)\delta V + \partial_i(V\delta\pi^i) - (\partial_i V)\delta\pi^i\}$$

$$= \int_{\Sigma_t}[(4\pi\pi_i - \partial_i V)\delta\pi^i - \frac{1}{2\pi}(\partial_i\partial^{[i}a^{j]})\delta a_j + (\partial_i\pi^i)\delta V],$$

其中最后一步是由于倒数第二行中的第二、五项可用高斯定理化为边界项, 而且通常的边界条件保证它们为零. 由上式得

$$\frac{\delta H}{\delta V} = \partial_i\pi^i = \vec{\nabla}\cdot\vec{\pi}\,, \tag{15-4-24}$$

$$\frac{\delta H}{\delta\pi^i} = 4\pi\pi_i - \partial_i V, \quad 即 \quad \frac{\delta H}{\delta\vec{\pi}} = 4\pi\vec{\pi} - \vec{\nabla}V\,, \tag{15-4-25}$$

$$\frac{\delta H}{\delta a_i} = -\frac{1}{2\pi}\partial_j\partial^{[j}a^{i]}, \quad 即 \quad \frac{\delta H}{\delta\vec{a}} = \frac{1}{4\pi}\vec{\nabla}\times\vec{B}\,, \tag{15-4-26}$$

从式(15-4-26)第一式到第二式是由于

$$(\vec{\nabla}\times\vec{B})^i = [\vec{\nabla}\times(\vec{\nabla}\times\vec{a})]^i = [\vec{\nabla}(\vec{\nabla}\cdot\vec{a}) - \nabla^2\vec{a}]^i = \partial^i\partial_j a^j - \partial_j\partial^j a^i = -2\partial_j\partial^{[j}a^{i]}.$$

把式(15-4-24)~(15-4-26)代入式(15-4-22)、(15-4-23)得

$$(a)\ \dot{V} = \lambda\,, \qquad (b)\ \dot{\pi}_V = -\vec{\nabla}\cdot\vec{\pi}\,, \tag{15-4-27}$$

$$(a)\ \dot{\vec{a}} = 4\pi\vec{\pi} - \vec{\nabla}V, \quad (b)\ \dot{\vec{\pi}} = -\frac{1}{4\pi}\vec{\nabla}\times\vec{B}\,. \tag{15-4-28}$$

注意到 $4\pi\vec{\pi} = -\vec{E}$, $\vec{B} = \vec{\nabla}\times\vec{a}$ 和 $\vec{\nabla}\times(\vec{\nabla}V) = 0$, 式(15-4-28)便可改写为常见的麦氏演化方程

$$(a)\ \frac{\partial\vec{B}}{\partial t} = -\vec{\nabla}\times\vec{E}\,, \qquad (b)\ \frac{\partial\vec{E}}{\partial t} = \vec{\nabla}\times\vec{B}\,. \tag{15-4-29}$$

另一方面, 初级约束 $\pi_V = 0$ 的自洽性 $\dot{\pi}_V = 0$ 与式(15-4-27b)结合给出次级约束

$$\vec{\nabla}\cdot\vec{\pi} = 0 \quad 即 \quad \vec{\nabla}\cdot\vec{E} = 0\,. \tag{15-4-30}$$

这正是在中册 §14.5 已经见过的约束. 由于现在的正则变量是 $\vec{a}$ 和 $\vec{\pi}$, 引入 3 矢势

$\vec{a}$ (定义为 $\vec{\nabla}\times\vec{a}=\vec{B}$)本身已使 $\vec{\nabla}\cdot\vec{B}=0$ 成为恒等式, 因此在这种理论框架中不再把 $\vec{\nabla}\cdot\vec{B}=0$ 看作约束.

任一物理态 $(\vec{a},\vec{\pi})$ 都应满足约束方程 $\vec{\nabla}\cdot\vec{\pi}=0$, 所以由式(15-4-21)得

$$H=\int_{\Sigma_t}[2\pi\pi^i\pi_i+\frac{1}{16\pi}F_{ij}F^{ij}]=\int_{\Sigma_t}\frac{1}{8\pi}(E^2+B^2),$$

可见作为麦氏方程的解的电磁场的哈氏量在数值上等于电磁场的总能量.

同有限自由度系统一样, 无限自由度系统的约束函数也应是 Γ 上的函数(也就是泛函), 即从 Γ 到 $\mathbb{R}$ 的映射. 然而电磁场的约束 $\vec{\nabla}\cdot\vec{\pi}=0$ 却不符合这一要求: $\vec{\pi}$ 给定后 $\vec{\nabla}\cdot\vec{\pi}$ 是 Σ_t 上的标量场, 故 $\vec{\nabla}\cdot\vec{\pi}$ 是从 Γ 到集合 $\{\Sigma_t$ 上标量场$\}$(而不是 $\mathbb{R}$)的映射. 这一问题可通过改变约束的表达式来解决. 事实上, 由 Σ_t 上的标量场 $\vec{\nabla}\cdot\vec{\pi}$ 可产生 Γ 上的一系列(无限个)函数. 为此, 令 χ 为 Σ_t 上任一满足适当边界条件(而且与 t 无关)的标量场(称为**试验标量场**), 定义

$$C_\chi:=\int_{\Sigma_t}\chi\,\vec{\nabla}\cdot\vec{\pi}\,,\ (\text{积分的收敛性由 }\chi\text{ 的适当边界条件保证})\qquad(15\text{-}4\text{-}31)$$

则 C_χ 是 Γ 上的函数, 即 $C_\chi:\ \Gamma\to\mathbb{R}$. [任意给定 $(V,\vec{a};\pi_V,\vec{\pi})\in\Gamma$ 后便有 Σ_t 上的矢量场 $\vec{\pi}$, 其散度 $\vec{\nabla}\cdot\vec{\pi}$ 与标量场 χ 乘积的积分(一个实数)便是 C_χ.] 因此可以写成 $C_\chi[V,\vec{a};\pi_V,\vec{\pi}]$. 又因为 χ 场有无限多个, 所以有无限多个泛函 C_χ. 由式(15-4-31)可知

$$\Sigma_t\text{上标量场 }\vec{\nabla}\cdot\vec{\pi}=0\Leftrightarrow C_\chi=0,\ \forall\chi\ (\text{指对任一满足适当边界条件的 }\chi),\qquad(15\text{-}4\text{-}32)$$

可见一个方程 $\vec{\nabla}\cdot\vec{\pi}=0$ 对应于无限多个约束方程 $C_\chi=0$. 当我们说 $\vec{\nabla}\cdot\vec{\pi}=0$ 是“一个约束”时, 其实是指一组(无限多个)约束 $C_\chi=0$. 这也可以从另一个角度直观理解: $\vec{\nabla}\cdot\vec{\pi}=0$ 意味着对 Σ_t 的每点 x 都有 $\vec{\nabla}\cdot\vec{\pi}|_x=0$, 又因为 Σ_t 有无限多个 x 点, 所以 $\vec{\nabla}\cdot\vec{\pi}=0$ 代表无限多个约束. 由于 Σ_t 是3维流形, 直观上也说 $\vec{\nabla}\cdot\vec{\pi}=0$ 代表“∞^3 个”约束.

对次级约束 $\vec{\nabla}\cdot\vec{\pi}=0$ 也应进行自洽性检验, 即检查它在演化中能否自动保持. 为此只须检查 $\dot{C}_\chi\equiv \mathrm{d}C_\chi/\mathrm{d}t$ 是否自动为零. 给定 χ 后, $C_\chi[V,\vec{a};\pi_V,\vec{\pi}]$ 的值依赖于 Σ_t 上的8个场 $a_1, a_2, a_3, \pi^1, \pi^2, \pi^3, V, \pi_V$, 其中每个在 Σ_t 上的每点 x 都可“自变”, 因此可直观地认为 C_χ 是“$8\times\infty^3$”个“自变量”的函数, 每个自变量随 t 而变, 都对 $\mathrm{d}C_\chi/\mathrm{d}t$ 提供贡献, 总贡献既要对8类自变量求和, 又要对每类自变量在 Σ_t 上的每点求积分, 于是

$$\dot{C}_\chi \equiv \frac{\mathrm{d}C_\chi}{\mathrm{d}t} = \int_{\Sigma_t}\left(\frac{\delta C_\chi}{\delta a_i}\dot{a}_i + \frac{\delta C_\chi}{\delta \pi^i}\dot{\pi}^i + \frac{\delta C_\chi}{\delta V}\dot{V} + \frac{\delta C_\chi}{\delta \pi_V}\dot{\pi}_V\right), \tag{15-4-33}$$

(重复指标已代表对各类自变量求和.) 由式(15-4-31)得

$$C_\chi = \int_{\Sigma_t}[\vec{\nabla}\cdot(\chi\vec{\pi}) - (\vec{\nabla}\chi)\cdot\vec{\pi}] = -\int_{\Sigma_t}(\partial_i\chi)\,\pi^i\ , \tag{15-4-34}$$

故

$$\frac{\delta C_\chi}{\delta \pi^i} = -\partial_i\chi, \quad \frac{\delta C_\chi}{\delta a_i} = 0, \quad \frac{\delta C_\chi}{\delta V} = 0, \quad \frac{\delta C_\chi}{\delta \pi_V} = 0\,. \tag{15-4-35}$$

把上式及 $\dot{\pi}^i = (2\pi)^{-1}\partial_j\partial^{[j}a^{i]}$ [来自式(15-4-23b)和(15-4-26)]代入式(15-4-33)得

$$\dot{C}_\chi = -\frac{1}{2\pi}\int_{\Sigma_t}(\partial_i\chi)\ \partial_j\partial^{[j}a^{i]} = -\frac{1}{2\pi}\int_{\Sigma_t}[\partial_i(\chi\,\partial_j\partial^{[j}a^{i]}) - \chi\partial_{(i}\partial_{j)}\partial^{[j}a^{i]}] = 0\,.$$

(右边第一项因为可化成为零的边界项而为零.) 可见约束泛函 C_χ 自动满足自洽性条件, 因而不会再出现其他次级约束.

作为本节最后一个问题, 我们证明初级约束 $\pi_V = 0$ 和次级约束 $\vec{\nabla}\cdot\vec{\pi} = 0$ 都是第一类的. 为此, 应注意初级约束也不是一个而是“∞^3 个”. 仿照 C_χ, 可定义与 π_V 相对应的约束泛函

$$C_\xi := \int_{\Sigma_t}\xi\,\pi_V\ , \tag{15-4-36}$$

其中 ξ 是 Σ_t 上满足适当边界条件的任一(与 t 无关的)试验标量场. 由上式可知

$$\frac{\delta C_\xi}{\delta \pi_V} = \xi\,, \qquad \frac{\delta C_\xi}{\delta V} = \frac{\delta C_\xi}{\delta \pi^i} = \frac{\delta C_\xi}{\delta a_i} = 0\,.$$

把泊松括号定义式(15-2-21)推广到无限维的情况, 可知任意两个初级约束泛函 C_ξ 和 $C_{\xi'}$ 的泊松括号为零:

$$\{C_\xi, C_{\xi'}\} = \int_{\Sigma_t}\left(\frac{\delta C_\xi}{\delta V}\frac{\delta C_{\xi'}}{\delta \pi_V} + \frac{\delta C_\xi}{\delta a_i}\frac{\delta C_{\xi'}}{\delta \pi^i} - \frac{\delta C_\xi}{\delta \pi_V}\frac{\delta C_{\xi'}}{\delta V} - \frac{\delta C_\xi}{\delta \pi^i}\frac{\delta C_{\xi'}}{\delta a_i}\right) = 0\,.$$

注意到 $\delta C_\chi/\delta\pi^i = -\partial_i\chi$, $\delta C_\chi/\delta a_i = \delta C_\chi/\delta\pi_V = \delta C_\chi/\delta V = 0$, 便知任意两个次级约束泛函 C_χ 和 $C_{\chi'}$ 的泊松括号也为零:

$$\{C_\chi, C_{\chi'}\} = \int_{\Sigma_t}\left(\frac{\delta C_\chi}{\delta a_i}\frac{\delta C_{\chi'}}{\delta \pi^i} - \frac{\delta C_\chi}{\delta \pi^i}\frac{\delta C_{\chi'}}{\delta a_i}\right) = 0\,.$$

最后, H 对 V 的依赖为线性[见式(15-4-21)]使 C_χ 中不含 V, 因而次级约束泛函 C_χ

与初级约束泛函 C_ξ 的泊松括号也为零(参见小节15.2.4末的讨论). 可见电磁场是第一类约束系统, 拉氏乘子 λ 有完全自由性, 与式(15-4-22a)结合表明 $\dot{V}$ 完全任意, 这正是电磁场的规范自由性的部分表现. 为简单起见不妨选 $\lambda=0$ 以使 V 不随 t 而变. 人们甚至常把 (V,π_V) 开除出正则变量的行列, 使系统的自由度从"$8\times\infty^3$"减为"$6\times\infty^3$". 在这种处理中, 谈到相空间时是指初级约束面 $\varGamma_1$, 谈到约束时则只指次级约束 $\vec{\nabla}\cdot\vec{\pi}=0$.

[选读 15-4-1]

式(15-1-19)(标量场 ϕ 的拉氏演化方程) $\dfrac{\partial\mathscr{L}}{\partial\phi}-\partial_a\dfrac{\partial\mathscr{L}}{\partial(\partial_a\phi)}=0$ 涉及偏导数 $\partial\mathscr{L}/\partial(\partial_a\phi)$, 由于 $\partial_a\phi$ 不是自变数而是自变张量场, $\mathscr{L}$ 对 $\partial_a\phi$ 的"偏导数"的含义其实并不清楚. 类似地, 式(15-4-4)(简写为 $\pi=\partial\mathscr{L}/\partial\dot{q}$)中的 $\dot{q}$ 也是自变张量场, 故 $\partial\mathscr{L}/\partial\dot{q}$ 的含义也不清楚. 本选读旨在给出张量场对其所依赖的张量场的偏导数的准确定义.

先从最简单的情况入手. 设 ϕ 是闵氏时空 $(\mathbb{R}^4,\eta_{ab})$ 的标量场, 则其拉氏密度只是 ϕ 和 $\partial_a\phi$ 的局域函数, 即 $\mathscr{L}=\mathscr{L}(\phi,\partial_a\phi)$ [式(15-1-15)]. 如前所述, "局域函数"一词中的"局域"体现为 $\mathscr{L}$ 在每点 $p\in\mathbb{R}^4$ 的值只取决于 ϕ 及 $\partial_a\phi$ 在 p 点的值而与这两个场在 p 点以外的值无关, 即

$$\mathscr{L}|_p=\mathscr{L}(\phi|_p,\partial_a\phi|_p),\qquad\forall p\in\mathbb{R}^4. \tag{15-4-37}$$

这就区别于泛函 $S=\int\mathscr{L}(\phi,\partial_\mu\phi)$, 后者依赖于场 ϕ 在全 $\mathbb{R}^4$ 上的值. 再谈对"偏导数" $\partial\mathscr{L}/\partial(\partial_a\phi)$ 的理解. 在分量语言中这是清楚的: 因 ϕ 是标量场, 故 $\partial_a\phi$ 是余矢场, 选定基底后有 4 个分量 $\partial_\mu\phi$, 于是 $\mathscr{L}$ 可表为 $\mathscr{L}=\mathscr{L}(\phi,\partial_\mu\phi)$. 给定 $p\in\mathbb{R}^4$ 后, ϕ_p (是 $\phi|_p$ 的简写)和 $(\partial_\mu\phi)_p$ 都是数, 故 $\mathscr{L}_p=\mathscr{L}(\phi_p,(\partial_\mu\phi)_p)$ 是 5 元函数, 其中每一个元[包括 ϕ_p 和 4 个 $(\partial_\mu\phi)_p$]都可独立地变(充当独立自变数, 但若去掉下标 p, 则 $\partial_\mu\phi$ 被 ϕ 场完全确定, 不能独立地变), 因而偏导数 $\partial\mathscr{L}_p/\partial(\partial_\mu\phi)_p$ 就是普通多元函数的偏导数. 然而, 在几何语言中 $(\partial_a\phi)_p$ 是 p 点的张量而不是数, 于是 $\partial\mathscr{L}_p/\partial(\partial_a\phi)_p$ 就远不如 $\partial\mathscr{L}_p/\partial(\partial_\mu\phi)_p$ 含义清晰. 现在给它下一个明确定义. 首先把偏导数 $\partial\mathscr{L}/\partial(\partial_a\phi)$ 定义为 $\mathbb{R}^4$ 上的矢量场(我们仍借用偏导数一词而不愿杜撰出"偏导张量"和"偏导张量场"一类罕见术语), 记作 $\varLambda^a$, 然后只须对每一 $p\in\mathbb{R}^4$ 定义 $\varLambda^a|_p$ 的值. $\mathscr{L}$ 可看作一部有两个槽的机器 $\mathscr{L}(\cdot,\cdot)$, 定义偏导数时自然要强调每个槽的变量可以独立地变. 给定 ϕ 场后 $\partial_a\phi$ 场也就确定, 因此, 为强调独立性, 最好把两槽的变量改记作 α 和 β_a (分别是 $\mathbb{R}^4$ 上的标量场和余矢场), 而为表达它们自变的方式则应对 p 点引入单参族 $\{\alpha(\lambda),\beta_a(\lambda)\}$. 为了定义 $\varLambda^a|_p$, 这些单参族应满足三个条件:

(a) $\alpha(0)=\phi,\ \beta_a(0)=\partial_a\phi$；

(b) $\alpha(\lambda)|_p$ 与 λ 无关，即 $\mathscr{L}|_p$ 的两槽中只有第二槽 $\beta_a(\lambda)|_p$ (是 p 点的余矢)随 λ 而变(从而体现“偏”字)；

(c)对每一 λ，标量场 $\alpha(\lambda)$ 和余矢场 $\beta_a(\lambda)$ 都是光滑的，而且 $\delta\beta_a|_p$ 及 $\delta\mathscr{L}|_p$ 存在，其中 $\delta\beta_a \equiv \mathrm{d}\beta_a(\lambda)/\mathrm{d}\lambda|_{\lambda=0}$，$\delta\mathscr{L} \equiv \mathrm{d}\mathscr{L}(\alpha(\lambda),\beta_a(\lambda))/\mathrm{d}\lambda|_{\lambda=0}$.

我们称满足上述条件的单参族为 A_p 类单参族. 请注意：①每点 $p\in\mathbb{R}^4$ 都有无数个不同的 A_p 类单参族；②若 $p'\neq p$，则 A_p 类单参族很可以不是 $\mathrm{A}_{p'}$ 类单参族.

定义 1　满足下式的 Λ^a 称为 $\mathscr{L}$ **对** $\partial_a\phi$ **的偏导数**：

$$(\delta\mathscr{L})|_p=(\Lambda^a\delta\beta_a)|_p,\quad \forall p\in\mathbb{R}^4, \forall \mathrm{A}_p\text{ 类单参族}. \tag{15-4-38}$$

就是说，我们把偏导数 $\partial\mathscr{L}/\partial(\partial_a\phi)$ 定义为满足式(15-4-38)的 Λ^a：

$$\frac{\partial\mathscr{L}}{\partial(\partial_a\phi)}:=\Lambda^a. \tag{15-4-39}$$

注 2　可以证明 $\Lambda^a|_p$ 在任一基底的 μ 分量 $\Lambda^\mu|_p$ 等于 $\partial\mathscr{L}_p/\partial(\partial_\mu\phi)_p$，所以定义 1 合理.

定义 1 还可在以下三方面做推广：① $(\mathbb{R}^4,\eta_{ab})$ 推广为任意 4 维时空 (M,g_{ab})；② $\mathscr{L}$ 可以是有限多个自变场(M 上的张量场)的局域函数，例如，弯曲时空 (M,g_{ab}) 的电磁场 F_{ab} 的

$$\mathscr{L}=-\frac{1}{16\pi}F^{ab}F_{ab}=-\frac{1}{4\pi}(\nabla^{[a}A^{b]})\nabla_a A_b$$

就是 3 个自变场 $A_a, \nabla_a A_b, g_{ab}$ 的局域函数，即 $\mathscr{L}=\mathscr{L}(A_a,\nabla_a A_b,g_{ab})$，而且可定义 $\mathscr{L}$ 对任一自变场[而不像式(15-4-39)那样只对 $\partial_a\phi$]的偏导数；③还可定义 4 维张量场(而不限于标量场 $\mathscr{L}$)对张量场的偏导数.

在以上讨论中，$\mathscr{L}$ 所依赖的自变场都是 M 上的(4 维)张量场，丝毫不涉及时空的 3+1 分解，适用于拉氏(而不是哈氏)形式. 然而在哈氏形式中会出现更多的“空间张量场对空间张量场的偏导数”，如式(15-4-4)就含偏导数 $\partial\mathscr{L}/\partial\dot{q}$：

$$\pi=\frac{\partial\mathscr{L}(q,\dot{q},\mathrm{D}q,\cdots,\mathrm{D}^K q)}{\partial\dot{q}},\quad [\text{原式(15-4-4)}] \tag{15-4-40}$$

由于事先已对时空及其上的张量场做了 3+1 分解，$\mathscr{L}$ 已被看作空间位形变量 q (空间张量场)及其时间和空间导数 $q;\dot{q};\mathrm{D}q,\cdots,\mathrm{D}^K q$ (每个都是空间张量场)的局域函数，定义 1(及其推广)不适用于定义 $\mathscr{L}$ 对任一自变场的偏导数(如 $\partial\mathscr{L}/\partial\dot{q}$). 更有甚者，后面还将遇到除 $\mathscr{L}$ 外的其他型空间张量场对自变场的偏导数(如 §15.5 的

$\partial K_{cd}/\partial\dot{h}_{cd}$)，因此有必要对这类偏导数给出一个较为一般的定义.

设 Y 是 M 上的任意型空间张量场(略去抽象指标)，它局域地依赖于空间位形变量 q 及其时间导数 $\dot{q}$ 和空间导数 $\mathrm{D}q, \cdots, \mathrm{D}^K q$，即

$$Y = Y(q; \dot{q}; \mathrm{D}q, \cdots, \mathrm{D}^K q). \tag{15-4-41}$$

所谓局域地“依赖于”，是指 Y 在每点 $p\in M$ 的值只取决于 $q; \dot{q}; \mathrm{D}q, \cdots, \mathrm{D}^K q$ 在 p 点的值，即

$$Y|_p = Y(q|_p; \dot{q}|_p; \mathrm{D}q|_p, \cdots, \mathrm{D}^K q|_p).\ (\text{显然是“局域函数”的推广}) \tag{15-4-42}$$

例如，对闵氏时空的电磁场有 $\mathscr{L} = \mathscr{L}(V, a_i; \dot{a}_i; \partial_i V, \partial_i a_j)$ [式(15-4-15)]，把 $\mathscr{L}$ 看作 Y，便可说 $\mathscr{L}$ 是局域依赖于 $V, a_i, \dot{a}_i, \partial_i V, \partial_i a_j$ 的标量场. 其实此式的 $\mathscr{L}$ 所依赖的场也可改用抽象指标表述，即改为 $\mathscr{L} = \mathscr{L}(V, a_a; \dot{a}_a; \partial_a V, \partial_a a_b)$. §15. 5 还有更多的例子.

虽然式(15-4-41)右边的自变量可分为空间位形变量、其时间导数和空间导数等三类，但 Y 对每一自变量都可求偏导数，各个自变量在这个意义上平权. 把它们依次记作 $X_1, \cdots, X_N$，则式(15-4-41)又可表为

$$Y = Y(X_1, \cdots, X_N).\ (\text{其中只有前 } C \text{ 个是位形变量}) \tag{15-4-41'}$$

现在给 Y 对任一自变场 X_n 的偏导数 $\partial Y/\partial X_n$ 下定义. 仿照定义 1 前的做法，为了强调每点 $p\in M$ 的 $Y|_p$ 所依赖的各个自变张量可以独立地变，我们对 p 点引入单参空间张量场族 $\{\alpha_1(\lambda), \cdots, \alpha_N(\lambda)\}$，并要求它满足三个条件：

(a) $\alpha_1(0) = X_1,\ \cdots,\ \alpha_N(0) = X_N$；

(b) $\alpha_1(\lambda)|_p, \cdots, \alpha_N(\lambda)|_p$ 中除 $\alpha_n(\lambda)|_p$ 外都与 λ 无关，即 p 点的 N 个空间张量场中只有 $\alpha_n(\lambda)|_p$ 随 λ 而变(从而体现“偏”字)；

(c) 对每一 λ，空间张量场 $\alpha_1(\lambda), \cdots, \alpha_N(\lambda)$ 都是光滑的，而且 $(\delta Y)|_p$ 及 $(\delta X_n)|_p \equiv \mathrm{d}\alpha_n(\lambda)/\mathrm{d}\lambda|_{\lambda=0}$ 存在.

我们称满足上述条件的单参族为 B_p 类单参族.

定义 2　若 M 上存在空间张量场 Λ 使得 $\forall p\in M$ 以及对每一 B_p 类单参族有

$$(\delta Y)|_p = (\Lambda\,\delta X_n)|_p,\quad \text{其中 } \Lambda\delta X_n \text{ 代表 } \Lambda \text{ 与 } \delta X_n \text{ 的缩并}, \tag{15-4-43}$$

则称 Λ 为 $\boldsymbol{Y}$ 对 $\boldsymbol{X}_n$ 的**偏导数**，即

$$\frac{\partial Y}{\partial X_n} := \Lambda. \tag{15-4-44}$$

把式(15-4-40)的 $\mathscr{L}$ 和 $\dot{q}$ 分别看作 Y 和 X_n，则该式右边(作为标量密度场 $\mathscr{L}$ 对

张量场 $\dot{q}$ 的偏导数)就有准确含义.

一个微妙问题出现在 X_n 是对称张量场的情况. 先讨论最简单的例子: Y 是标量场且自变场只有 X_{ab}, 满足 $X_{ab}=X_{(ab)}$. 这时应要求所选的 B_p 类单参族也对称, 于是式(15-4-43)具体化为 $\delta Y|_p=\Lambda^{ab}\delta X_{ab}|_p$. 因 $\delta X_{ab}=\delta X_{(ab)}$, 故由 $\delta Y|_p=\Lambda^{ab}\,\delta X_{ab}|_p$ 定义的 Λ^{ab} 不唯一(可差到任一反对称张量 $\Phi^{ab}=\Phi^{[ab]}$), 为使之唯一, 自然规定 Λ^{ab} 为对称张量, 即规定 $\Lambda^{ab}=\Lambda^{(ab)}$. 推广至一般便知对定义 2 还应补充一句:

定义 2 补充规定　当 X_n 有对称(或反称)指标时 Λ 的相应指标应有对称(或反称)性, 即 Λ 关于这些指标是对称(或反称)的.

在不含对称(或反称)指标时, 可以证明定义 2 所定义的偏导数 $\partial Y/\partial X_n$ 与用分量语言定义的偏导数一致: 后者是前者的分量. 然而, 一旦涉及对称(或反称)指标, 用分量语言表达的偏导数公式却容易出现佯谬. 例如, 设 h_{ab} 是 3+1 分解后的空间度规场(自然有 $h_{ab}=h_{(ab)}$), 则由定义 2 及其补充规定得

$$\frac{\partial h_{cd}}{\partial h_{ab}}=\delta^{(a}{}_c\delta^{b)}{}_d\,,\tag{15-4-45}$$

例如下节推导式(15-5-10)时就用到一个类似公式

$$\frac{\partial \dot{h}_{cd}}{\partial \dot{h}_{ab}}=\delta^{(a}{}_c\delta^{b)}{}_d\,.\tag{15-4-46}$$

然而有人对此提出质疑: 把此式的抽象指标改为具体指标便有分量等式

$$\frac{\partial h_{\rho\sigma}}{\partial h_{\mu\nu}}=\delta^{(\mu}{}_\rho\delta^{\nu)}{}_\sigma=\frac{1}{2}(\delta^\mu{}_\rho\delta^\nu{}_\sigma+\delta^\nu{}_\rho\delta^\mu{}_\sigma)\,,\tag{15-4-47}$$

从而导致 $\partial h_{12}/\partial h_{12}=1/2$, 与他们认为的正确答案 $\partial h_{12}/\partial h_{12}=1$ 相悖. 下面介绍我们对这一"悖论"的看法.

如果说 h_{12} 对 h_{12} 的导数等于 1, 那是指一元函数 $h_{12}(h_{12})$ 的导数 $\mathrm{d}h_{12}(h_{12})/\mathrm{d}h_{12}=1$. 而只要写成偏导数 $\partial h_{12}/\partial h_{12}$, 就意味着 h_{12} 不是一元函数. 注意到 $h_{12}=h_{21}$, 自然想到可把 h_{12} 看作二元函数

$$h_{12}=f(h_{12},h_{21})=\frac{1}{2}(h_{12}+h_{21})\,,\tag{15-4-48}$$

于是 $\partial h_{12}/\partial h_{12}$ 自然是指 $f(h_{12},h_{21})$ 对第一自变数 h_{12} 的偏导数, 因而

$$\begin{aligned}\frac{\partial h_{12}}{\partial h_{12}}&=\frac{\partial}{\partial h_{12}}\left[\frac{1}{2}(h_{12}+h_{21})\right]\equiv\lim_{\Delta h_{12}\to 0}\frac{1}{\Delta h_{12}}[f(h_{12}+\Delta h_{12},\ h_{21})-f(h_{12},\ h_{21})]\\&=\lim_{\Delta h_{12}\to 0}\frac{1}{\Delta h_{12}}\left[\frac{1}{2}(h_{12}+\Delta h_{12}+h_{21})-\frac{1}{2}(h_{12}+h_{21})\right]=\frac{1}{2}\,.\end{aligned}$$

由此看来应有 $\partial h_{12}/\partial h_{12}=1/2\neq 1$. 然而上式又可改写为

$$\frac{\partial h_{12}}{\partial h_{12}}=\frac{\partial}{\partial h_{12}}\left[\frac{1}{2}(h_{12}+h_{21})\right]=\frac{1}{2}\frac{\partial h_{12}}{\partial h_{12}}+0,\text{(因为 }h_{21}\text{ 应被视为独立于 }h_{12}\text{)}\qquad(15\text{-}4\text{-}49)$$

从而导致 $\partial h_{12}/\partial h_{12}=0$ 的矛盾结果. 主张 $\partial h_{12}/\partial h_{12}=1/2$ 者可能会争辩说式(15-4-49)右端的 $\frac{1}{2}(\partial h_{12}/\partial h_{12})$ 实为 $\frac{1}{2}(\mathrm{d}h_{12}/\mathrm{d}h_{12})=\frac{1}{2}$, 故仍得 $\partial h_{12}/\partial h_{12}=1/2$. 但为什么可以这样看?须知在把 h_{12} 和 h_{21} 看作独立变量时 $\partial(h_{12}+h_{21})/\partial h_{12}$ 确实就是 $\partial h_{12}/\partial h_{12}$. 再看 $\partial h_{21}/\partial h_{12}$. 因 $h_{21}=h_{12}=(h_{12}+h_{21})/2$, 故

$$\frac{\partial h_{21}}{\partial h_{12}}=\frac{\partial}{\partial h_{12}}\left[\frac{1}{2}(h_{12}+h_{21})\right]=\frac{1}{2}\frac{\partial h_{12}}{\partial h_{12}}+\frac{1}{2}\frac{\partial h_{21}}{\partial h_{12}}=\frac{1}{2}\frac{\partial h_{12}}{\partial h_{12}}+0,\text{ (仍是因为 }h_{21}\text{ 独立于 }h_{12}\text{)}$$

于是, 无论认为 $\partial h_{12}/\partial h_{12}$ 等于1/2还是1, 上式都给出 $\partial h_{21}/\partial h_{12}\neq 0$, 而上式末步分明用到 $\partial h_{21}/\partial h_{12}=0$. 类似的“两难等式”不胜枚举. 也许有人还能找到“理由”逐一争辩, “排除”悖论, 但这终究不是办法. 其实, 造成所有这些两难问题的总祸根都是: 先用 $h_{12}=h_{21}$ 得出式(15-4-48), 再用该式求 $f(h_{12},h_{21})$ 对一个自变数的偏导数, 而这个“偏”字偏偏要求你把 h_{12} 和 h_{21} 看作独立变数, 从而有悖于 $h_{12}=h_{21}$ (因而互不独立)的初衷. 这一总祸根导致对偏导数 $\partial h_{12}/\partial h_{12}$ 等无法给出一个明确而且自洽的定义, 因而从根本上就不应(也无法)提出“$\partial h_{12}/\partial h_{12}$ 到底等于几?”一类的问题. 试问: 如果一个“二元”函数 $f(x,y)$ 的两个自变数互不独立, 它对任一自变数的偏导数还能有意义吗?不过, 读者对这个看似十分消极的结论大可不必沮丧. 首先, 只要用抽象指标按定义1, 2 (及其补充规定)行事, 一切都很清晰正确(抽象指标的优越性由此可见一斑). 其次, 虽然大量文献都用具体指标, 但都只停留在带着指标 $\mu,\nu,\cdots$ (而不是取 μ 为1或2)的公式上(对“具体指标”并未具体取值). 事实上, 文献中存在着两种不同的体系, 分别默认以下两类不同公式:

$$\text{(a)}\ \frac{\partial h_{\rho\sigma}}{\partial h_{\mu\nu}}=\delta^{\mu}{}_{\rho}\delta^{\nu}{}_{\sigma}+\delta^{\nu}{}_{\rho}\delta^{\mu}{}_{\sigma},\qquad \text{(b)}\ \frac{\partial h_{\rho\sigma}}{\partial h_{\mu\nu}}=\frac{1}{2}(\delta^{\mu}{}_{\rho}\delta^{\nu}{}_{\sigma}+\delta^{\nu}{}_{\rho}\delta^{\mu}{}_{\sigma}).\qquad(15\text{-}4\text{-}50)$$

但是, 只要不把指标具体到取1, 2, ⋯, 而且坚持按同一体系写出其他公式, 最后结果仍然一致(殊途同归). 据笔者所见, 在用具体指标的大量文献中的所有计算过程都处于地下状态[甚至明确写出式(15-4-50a)或(15-4-50b)者也少见], 但只要始终坚持一个体系, 结果就正确. 如果一定要把 μ,ν 取具体数值, 例如问 $\partial h_{12}/\partial h_{12}$ 为何值, 两个体系给出的答案当然不同. 不过, 据笔者经验, 在实际应用中这种问题出现的机会几乎不存在. 至于纯理论探讨中专为举反例而问及 $\partial h_{12}/\partial h_{12}$ 为何值, 我们的回答不是给出数字答案而是要指出: 承认 $h_{12}=h_{21}$ 就是承认两者互不独立, 偏导数 $\partial h_{12}/\partial h_{12}$ 就没有意义. 除非你能先给出确切而且自洽的定义, 然而(就我们所知而言)

又给不出. 结论: 对“$\partial h_{12}/\partial h_{12}$到底等于几?”一类的问题的最好回答是“这个问题无意义, 因为其中的关键概念$\partial h_{12}/\partial h_{12}$并未(也无法)定义.”

最后还想说明一点: 只要把由式(15-4-47)引起的上述“悖论”拿出来认真讨论, 就难免出现“仁者见仁, 智者见智”的情况. 以上只是我们的看法, 权作引玉之砖.

[选读 15-4-1 完]

§15.5　广义相对论的哈氏形式

把广义相对论重铸为哈氏形式有一系列重要意义. 例如, 在经典物理方面, 它有助于更好地从动力学演化(几何动力学)角度理解广义相对论, 有助于 ADM 能量概念的提出; 在量子物理方面, 它为引力的正则量子化程序打下不可或缺的基础.

爱因斯坦方程并不涉及时空流形的整体拓扑性质和边界条件, 而哈氏形式则对这两方面都提出一定要求. 我们只讨论整体双曲(见 §11.5)真空时空的哈氏形式, 至于整体拓扑和边界条件, 将在适当地方(选读15-5-1开头)提及.

设 Σ 是某一3维流形, M 是这样一个4维定向流形 M, 其上有光滑函数 t 使每一等 t 面 Σ_t 都是微分同胚于 Σ 的超曲面. 在 M 上定义光滑矢量场 t^a 使 $t^a\nabla_a t=1$. 至此尚未涉及 M 上的度规. 如果给 M 指定洛伦兹度规 g_{ab} 使每一等 t 面 Σ_t 为类空超曲面, 且 t^a 为指向未来的类时矢量场, 则 $\{\Sigma_t\}$ 和 t^a 构成时空 (M,g_{ab}) 的一个 $3+1$ 分解(见 §14.4), t^a 便可表为

$$t^a = Nn^a + N^a\,, \tag{15-5-1}$$

其中 n^a 是 Σ_t 的指向未来单位法矢, N 和 N^a 分别为时移和位移. 因为 g^{ab} 是拉氏形式中的场位形变量, 所以 $g^{ab}|_{\Sigma_t}$ 在 $3+1$ 分解后的各分量就构成哈氏形式中的空间场位形变量, 统一记作 $q(t)$. 设 h_{ab} 是 g_{ab} 在 Σ_t 上的诱导度规, 即 $h_{ab}=g_{ab}+n_a n_b$, 我们来说明, 在 t 和 t^a 已知的前提下只用 $(N,N_a,h_{ab})|_{\Sigma_t}$ 就能决定 $g^{ab}|_{\Sigma_t}$, 因而 $(N,N_a,h_{ab})|_{\Sigma_t}$ 可充当 $q(t)$. 令

$$h^{ab} \equiv g^{ab} + n^a n^b\,, \tag{15-5-2}$$

则

$$g^{ab} = h^{ab} - n^a n^b = h^{ab} - N^{-2}(t^a - N^a)(t^b - N^b)\,. \tag{15-5-3}$$

先说明由 h_{ab} 如何决定 h^{ab}. 首先, 式(15-5-2)的 h^{ab} 满足

$$(h^{ab}h_{bc})w^c = w^a \quad \forall w^c \in W_q\,; \quad (\text{但满足此式的 } h^{ab} \text{ 很多}) \tag{15-5-4}$$

其次, h^{ab} 还应是空间张量,即 $h^{ab}\nabla_b t=0$.这一要求从满足式(15-5-4)的众多 h^{ab} 中

挑出了唯一的一个. 有了 h^{ab} 又可从 N_a 求得 $N^a(=h^{ab}N_b)$, 代入式(15-5-3)便得 g^{ab}. 可见 $(N,N_a,h_{ab})|_{\Sigma_t}$ 的确可充当空间场位形变量.

把引力理论重铸为哈氏形式的第一步是把 Hilbert 拉氏密度 $\mathscr{L}=(-g)^{1/2}R$ 用位形变量 N, N_a, h_{ab} 及其时、空导数表出. 由 $G_{ab}=R_{ab}-Rg_{ab}/2$ 得

$$R=2(G_{ab}n^a n^b - R_{ab}n^a n^b)=({}^3R-K_{ab}K^{ab}+K^2)-2R_{ab}n^a n^b, \tag{15-5-5}$$

其中第二步用到中册命题14-5-1. 上式右边第二项可求之如下:

$$\begin{aligned} n^a R_{ab} n^b &= n^a R_{acb}{}^c n^b = -n^a(\nabla_a\nabla_c-\nabla_c\nabla_a)n^c \\ &= -\nabla_a(n^a\nabla_c n^c)+(\nabla_a n^a)\nabla_c n^c+\nabla_c(n^a\nabla_a n^c)-(\nabla_c n^a)\nabla_a n^c \\ &= -\nabla_a(n^a\nabla_c n^c)+K^2+\nabla_c(n^a\nabla_a n^c)-K_{ac}K^{ac}, \end{aligned}$$

其中最末一步用到 $K^{ac}=K^{ca}$. 代入式(15-5-5)再代入 $\mathscr{L}=\sqrt{-g}\,R$ 并利用式(15-4-2)便得

$$\mathscr{L}=\sqrt{h}\,N\,({}^3R+K_{ab}K^{ab}-K^2)+2\sqrt{-g}\,[\nabla_a(n^a\nabla_c n^c)-\nabla_c(n^a\nabla_a n^c)]. \tag{15-5-6}$$

在对 $\mathscr{L}$ 积分时, 上式右边后两项可用高斯定理化为边界积分. 后面还会多次出现边界项. 为了突出主线, 暂时略去所有边界项, 留待最后统一讨论. 上式在略去边界项后简化为

$$\mathscr{L}=\sqrt{h}N({}^3R+K_{ab}K^{ab}-K^2), \tag{15-5-7}$$

其中的 K_{ab} 可由命题14-4-5 (并注意 $\mathrm{D}_c h_{ab}=0 \Rightarrow \mathscr{L}_{\vec{N}}h_{ab}=2\mathrm{D}_{(a}N_{b)}$)求得:

$$K_{ab}=\frac{1}{2}N^{-1}(\dot{h}_{ab}-2\mathrm{D}_{(a}N_{b)}). \tag{15-5-8}$$

代入式(15-5-7)便可看出 $\mathscr{L}$ 确是位形变量 (N,N_a,h_{ab}), h_{ab} 的一阶时间导数 $\dot{h}_{ab}$ 以及 h_{ab} 和 N_a 的空间导数的局域函数(${}^3R$ 中含有 h_{ab} 的坐标分量 h_{ij} 对空间坐标的偏导数). 然而 $\mathscr{L}$ 不含 $\dot{N}$ 和 $\dot{N}_a$, 故相应的动量变量

$$\pi_N\equiv\frac{\partial\mathscr{L}}{\partial\dot{N}}=0, \qquad \pi_{N_a}\equiv\frac{\partial\mathscr{L}}{\partial\dot{N}_a}=0.$$

于是 $\pi_N=0$ 及 $\pi_{N_a}=0$ 就给出两个初级约束. 另一方面, 注意到式(15-5-7)中只有 $K_{ab}K^{ab}$ 和 K^2 含 $\dot{h}_{ab}$, 可知与 h_{ab} 共轭的动量变量

$$\pi^{ab}\equiv\frac{\partial\mathscr{L}}{\partial\dot{h}_{ab}}=2\sqrt{h}N\left(K^{cd}\frac{\partial K_{cd}}{\partial\dot{h}_{ab}}-K\frac{\partial K}{\partial\dot{h}_{ab}}\right), \tag{15-5-9}$$

其中 $\partial K_{cd}/\partial\dot{h}_{ab}$ 可由式(15-5-8)求得:

$$\frac{\partial K_{cd}}{\partial \dot{h}_{ab}}=\frac{1}{2N}\frac{\partial \dot{h}_{cd}}{\partial \dot{h}_{ab}}=\frac{1}{2N}\delta^{(a}{}_{c}\delta^{b)}{}_{d}\,,$$

(其中第二步用到$\partial\dot{h}_{cd}/\partial\dot{h}_{ab}=\delta^{(a}{}_{c}\delta^{b)}{}_{d}$，此式的来源见选读15-4-1.) 从而又有

$$\frac{\partial K}{\partial \dot{h}_{ab}}=\frac{\partial (h^{cd}K_{cd})}{\partial \dot{h}_{ab}}=h^{cd}\frac{1}{2N}\delta^{(a}{}_{c}\delta^{b)}{}_{d}=\frac{1}{2N}h^{ab}\,,$$

故

$$\pi^{ab}=\sqrt{h}\,(K^{ab}-Kh^{ab})\,. \tag{15-5-10}$$

由此得

$$K=-\frac{\pi}{2\sqrt{h}},\quad (\text{其中}\ \pi\equiv h^{ab}\pi_{ab}) \tag{15-5-11}$$

从而 K_{ab} 可用 π_{ab} 表出：

$$K_{ab}=\frac{1}{\sqrt{h}}(\pi_{ab}-\frac{1}{2}\pi h_{ab})\,, \tag{15-5-12}$$

因而 $\dot{h}_{ab}$ 可由位形和动量变量表出(即 h_{ab} 相应的速度变量 $\dot{h}_{ab}$ 可被反解出)：

$$\dot{h}_{ab}=2NK_{ab}+2\,\mathrm{D}_{(a}N_{b)}=2N\frac{1}{\sqrt{h}}(\pi_{ab}-\frac{1}{2}\pi h_{ab})+2\mathrm{D}_{(a}N_{b)}\,, \tag{15-5-13}$$

可见除 $\pi_N=0$ 和 $\pi_{N_a}=0$ 外没有其他初级约束.

把式(15-5-12)、(15-5-11)代入(15-5-7)得

$$\mathscr{L}=\sqrt{h}N\left[{}^3R+\frac{1}{h}\left(\pi^{ab}\pi_{ab}-\frac{1}{2}\pi^2\right)\right], \tag{15-5-14}$$

与 Hilbert 拉氏密度相应的哈氏密度在忽略边界项时可表为

$$\mathscr{H}=\pi^{ab}\dot{h}_{ab}-\mathscr{L}=\sqrt{h}N\left[-{}^3R+\frac{1}{h}\left(\pi^{ab}\pi_{ab}-\frac{1}{2}\pi^2\right)\right]+2\pi^{ab}\mathrm{D}_a N_b\,. \tag{15-5-15}$$

因而与 Hilbert 作用量相应的哈氏量在忽略边界项时可表为

$$\begin{aligned}H=\int_{\Sigma_t}\mathscr{H}&=\int_{\Sigma_t}\sqrt{h}N\left[-{}^3R+\frac{1}{h}\left(\pi^{ab}\pi_{ab}-\frac{1}{2}\pi^2\right)\right]\\&-2\int_{\Sigma_t}\sqrt{h}N_b\mathrm{D}_a\left(\frac{1}{\sqrt{h}}\pi^{ab}\right)+2\int_{\Sigma_t}\sqrt{h}\,\mathrm{D}_a\left(\frac{1}{\sqrt{h}}N_b\pi^{ab}\right).\end{aligned} \tag{15-5-16}$$

积分号下没有写出的体元按小节15.4.1的约定一律为 ${}^3\boldsymbol{e}$ 而非 ${}^3\boldsymbol{\varepsilon}$. 注意到

${}^3\boldsymbol{e}\, h^{1/2} = {}^3\boldsymbol{\varepsilon}$, 便知最后一个积分实为 $2\int_{\Sigma_t} {}^3\boldsymbol{\varepsilon}\, \mathrm{D}_a(h^{-1/2}N_b\pi^{ab})$, 可用高斯定理化为 Σ_t 边界上的积分并留待最后一并讨论(见选读15-5-1). 暂时忽略这一积分, 则

$$H[N,N_b;h_{ab},\pi^{ab}] = \int_{\Sigma_t} \sqrt{h}N[-{}^3R + h^{-1}(\pi^{ab}\pi_{ab} - \frac{1}{2}\pi^2)] - 2\int_{\Sigma_t} \sqrt{h}N_b \mathrm{D}_a(\frac{1}{\sqrt{h}}\pi^{ab}),$$

或

$$H = \int_{\Sigma_t} \sqrt{h}(NC + N_b C^b), \qquad (15\text{-}5\text{-}17)$$

其中

$$C \equiv -{}^3R + h^{-1}(\pi^{ab}\pi_{ab} - \frac{1}{2}\pi^2), \qquad C^b \equiv -2\mathrm{D}_a(h^{-1/2}\pi^{ab}). \qquad (15\text{-}5\text{-}18)$$

仿照小节15.2.4 及15.4.3, 只要 $\delta H/\delta N$ 和 $\delta H/\delta N_b$ 不在整个初级约束面 Γ_1 上为零, 则要求它们为零便给出次级约束. 由式(15-5-17)易得

$$\delta H/\delta N = h^{1/2}C, \qquad \delta H/\delta N_b = h^{1/2}C^b,$$

所以次级约束为

$$C = -{}^3R + h^{-1}(\pi^{ab}\pi_{ab} - \frac{1}{2}\pi^2) = 0 \qquad (15\text{-}5\text{-}19)$$

和

$$C^b = -2\mathrm{D}_a(h^{-1/2}\pi^{ab}) = 0. \qquad (15\text{-}5\text{-}20)$$

利用 π_{ab} 同 K_{ab} 的关系式(15-5-12)不难验证式(15-5-19)、(15-5-20)与§14.5 曾推出的约束方程(14-5-9)、(14-5-10)一致.

真空爱因斯坦方程 $G_{ab}=0$ 当然满足约束方程(15-5-19)、(15-5-20), 于是由式(15-5-17)有 $H=0$. 这是否表明相应的引力场的总能量为零? 问题在于式(15-5-17)是忽略边界项的结果. 考虑边界项后的答案见选读15-5-1.

仿照小节15.2.4 (及小节15.4.3)还可知道

$$\dot{h}_{ab} = \frac{\delta H}{\delta \pi^{ab}}, \qquad \dot{\pi}^{ab} = -\frac{\delta H}{\delta h_{ab}} \qquad (15\text{-}5\text{-}21)$$

代表演化方程. 所以欲得演化方程应先计算泛函导数 $\delta H/\delta\pi^{ab}$ 和 $\delta H/\delta h_{ab}$. 为此, 把式(15-5-15)改写为

$$\mathscr{H} = \mathscr{H}_1 + \mathscr{H}_2 + \mathscr{H}_3, \qquad (15\text{-}5\text{-}22)$$

其中

$$\mathscr{H}_1 \equiv -N\sqrt{h}\,{}^3R, \quad \mathscr{H}_2 \equiv \frac{N}{\sqrt{h}}\left(\pi^{ab}\pi_{ab} - \frac{1}{2}\pi^2\right), \quad \mathscr{H}_3 \equiv 2\pi^{ab}\mathrm{D}_a N_b. \qquad (15\text{-}5\text{-}23)$$

先考虑 N, N_b, h_{ab}, π^{ab} 中只有 $\delta\pi^{ab}\neq 0$ 的情况. 这时

$$\delta\mathscr{H}_1|_{\delta\pi^{ab}\neq 0}=0\,,\qquad \delta\mathscr{H}_3|_{\delta\pi^{ab}\neq 0}=2(\mathrm{D}_a N_b)\delta\pi^{ab}\,,$$

$$\delta\mathscr{H}_2|_{\delta\pi^{ab}\neq 0}=\frac{N}{\sqrt{h}}(2\pi_{ab}\delta\pi^{ab}-\pi\delta\pi)=\frac{N}{\sqrt{h}}(2\pi_{ab}-\pi h_{ab})\delta\pi^{ab}\,,$$

其中第二步用到 $\pi=\pi^{ab}h_{ab}\Rightarrow\delta\pi=h_{ab}\delta\pi^{ab}$. 于是

$$\delta H|_{\delta\pi^{ab}\neq 0}=\int_{\Sigma_t}\left[\frac{N}{\sqrt{h}}(2\pi_{ab}-\pi h_{ab})+2\mathrm{D}_a N_b\right]\delta\pi^{ab}\,,$$

从而

$$\frac{\delta H}{\delta\pi^{ab}}=\frac{2N}{\sqrt{h}}\left(\pi_{ab}-\frac{1}{2}\pi h_{ab}\right)+2\,\mathrm{D}_{(a}N_{b)}\,. \tag{15-5-24}$$

上式最末一项加圆括号是出于如下考虑: 设 $\delta H=\int\chi_{ab}\delta\pi^{ab}$, 在 $\pi^{ab}=\pi^{(ab)}$ 的情况下, 若 χ_{ab} 满足上式, 则 $\chi_{ab}+\varLambda_{ab}$ (其中 $\varLambda_{ab}=\varLambda_{[ab]}$)也满足. 为消除泛函导数的这一不确定性, 我们约定在 $\pi^{ab}=\pi^{(ab)}$ 的情况下把 $\delta H/\delta\pi^{ab}$ 定义为 $\chi_{(ab)}$.

再考虑只有 $\delta h_{ab}\neq 0$ 的情况. 这时式(15-5-23)最好明确表为

$$\mathscr{H}_1(\lambda)\equiv -N\sqrt{h(\lambda)}\,{}^3R(\lambda),\ \mathscr{H}_2(\lambda)\equiv\frac{N}{\sqrt{h(\lambda)}}\left[\pi^{ab}\pi_{ab}(\lambda)-\frac{1}{2}\pi^2(\lambda)\right],\ \mathscr{H}_3(\lambda)\equiv 2\pi^{ab}\overset{\lambda}{\mathrm{D}}_a N_b\,. \tag{15-5-23$'$}$$

仿照式(15-1-40)的推导可推得(当时用到 $\delta g=gg^{ab}\delta g_{ab}$, 现在要用 $\delta h=hh^{ab}\delta h_{ab}$)

$$\delta\mathscr{H}_1|_{\delta h_{ab}\neq 0}=-N\sqrt{h}\,\mathrm{D}^a v_a-N\sqrt{h}\left({}^3R_{ab}-\frac{1}{2}{}^3Rh_{ab}\right)\delta h^{ab}\,, \tag{15-5-25}$$

其中

$$v_a\equiv\mathrm{D}^b\delta h_{ab}-h^{cd}\mathrm{D}_a\delta h_{cd}\,. \tag{15-5-26}$$

$$\begin{aligned}\text{式(15-5-25)右边第一项}&=-\sqrt{h}\,[\mathrm{D}^a(Nv_a)-v_a\mathrm{D}^a N]=\sqrt{h}\,v_a\mathrm{D}^a N\\&=\sqrt{h}(\mathrm{D}^a N)\mathrm{D}^b\delta h_{ab}-\sqrt{h}(\mathrm{D}^a N)h^{cd}\mathrm{D}_a\delta h_{cd}\\&=-\sqrt{h}(\mathrm{D}^b\mathrm{D}^a N)\delta h_{ab}+\sqrt{h}\,h^{cd}(\mathrm{D}_a\mathrm{D}^a N)\delta h_{cd}\\&=(-\sqrt{h}\,\mathrm{D}^a\mathrm{D}^b N+\sqrt{h}\,h^{ab}\mathrm{D}_c\mathrm{D}^c N)\,\delta h_{ab}\,,\end{aligned} \tag{15-5-27}$$

其中第二、四步都略去了边界项. 仿照(15-1-36)的推导可得 $\delta h^{ab}=-h^{ac}h^{bd}\delta h_{cd}$, 故

$$\text{式(15-5-25)右边第二项} = N\sqrt{h}\left({}^3R_{ab} - \frac{1}{2}{}^3Rh_{ab}\right)h^{ac}h^{bd}\delta h_{cd}$$

$$= N\sqrt{h}\left({}^3R^{cd} - \frac{1}{2}{}^3Rh^{cd}\right)\delta h_{cd}.$$

代入式(15-5-25)得

$$\delta\mathscr{H}_1|_{\delta h_{ab}\neq 0} = \left[-\sqrt{h}(\mathrm{D}^a\mathrm{D}^b N - h^{ab}\mathrm{D}_c\mathrm{D}^c N) + N\sqrt{h}\left({}^3R^{ab} - \frac{1}{2}{}^3Rh^{ab}\right)\right]\delta h_{ab}. \tag{15-5-28}$$

由式(15-5-23′)第二式得(再次用 $\delta h = hh^{ab}\delta h_{ab}$)

$$\delta\mathscr{H}_2|_{\delta h_{ab}\neq 0} = -\frac{N}{2\sqrt{h^3}}\left(\pi^{ab}\pi_{ab} - \frac{1}{2}\pi^2\right)\delta h + \frac{N}{\sqrt{h}}\delta\left[\pi^{ab}\pi^{cd}h_{ac}h_{bd} - \frac{1}{2}(\pi^{ab}h_{ab})^2\right]$$

$$= -\frac{N}{2\sqrt{h}}h^{ab}\left(\pi^{cd}\pi_{cd} - \frac{1}{2}\pi^2\right)\delta h_{ab} + \frac{N}{\sqrt{h}}(2\pi^{ab}\pi^{cd}h_{ac}\delta h_{bd} - \pi\pi^{ab}\delta h_{ab})$$

$$= \left[-\frac{N}{2\sqrt{h}}h^{ab}\left(\pi^{cd}\pi_{cd} - \frac{1}{2}\pi^2\right) + \frac{2N}{\sqrt{h}}\left(\pi^{ac}\pi^b{}_c - \frac{1}{2}\pi\pi^{ab}\right)\right]\delta h_{ab}. \tag{15-5-29}$$

此外, 由式(15-5-23′)第三式得

$$\delta\mathscr{H}_3|_{\delta h_{ab}\neq 0} = 2\pi^{ab}\delta(\overset{\lambda}{\mathrm{D}}_a N_b) = 2\pi^{ab}\delta[\mathrm{D}_a N_b - {}^3C^c{}_{ab}(\lambda)N_c]$$

$$= -2\pi^{ab}(\delta\,{}^3C^c{}_{ab})N_c = -\pi^{ab}N^d(2\mathrm{D}_a\delta h_{bd} - \mathrm{D}_d\delta h_{ab})$$

$$= 2\sqrt{h}\,\mathrm{D}_a\left(\frac{1}{\sqrt{h}}\pi^{ab}N^d\right)\delta h_{bd} - \sqrt{h}\,\mathrm{D}_d\left(\frac{1}{\sqrt{h}}\pi^{ab}N^d\right)\delta h_{ab}$$

$$= 2\pi^{ab}(\mathrm{D}_a N^d)\delta h_{bd} - \sqrt{h}\,\mathrm{D}_d\left(\frac{1}{\sqrt{h}}\pi^{ab}N^d\right)\delta h_{ab}$$

$$= \left[2\pi^{cb}\mathrm{D}_c N^a - \sqrt{h}\mathrm{D}_c\left(\frac{1}{\sqrt{h}}\pi^{ab}N^c\right)\right]\delta h_{ab}, \tag{15-5-30}$$

其中第四步用到 $\delta\,{}^3C^c{}_{ab} = h^{cd}(\mathrm{D}_a\delta h_{bd} + \mathrm{D}_b\delta h_{ad} - \mathrm{D}_d\delta h_{ab})/2$ [其推导类似于式(15-1-29)关于 $\delta C^b{}_{ac}$ 的推导], 第五步略去了两个边界项, 第六步用到分部积分及约束方程(15-5-20). 于是由式(15-5-28)、(15-5-29)和(15-5-30)得

$$\frac{\delta H}{\delta h_{ab}} = -\sqrt{h}\,(\mathrm{D}^a\mathrm{D}^b N - h^{ab}\mathrm{D}_c\mathrm{D}^c N) + N\sqrt{h}\left({}^3R^{ab} - \frac{1}{2}{}^3Rh^{ab}\right)$$

$$-\frac{N}{2\sqrt{h}}h^{ab}\left(\pi^{cd}\pi_{cd}-\frac{1}{2}\pi^2\right)+\frac{2N}{\sqrt{h}}\left(\pi^{ac}\pi^b{}_c-\frac{1}{2}\pi\pi^{ab}\right)$$

$$+2\pi^{c(a}\mathrm{D}_c N^{b)}-\sqrt{h}\,\mathrm{D}_c\left(\frac{1}{\sqrt{h}}\pi^{ab}N^c\right). \qquad (15\text{-}5\text{-}31)$$

由式(15-5-21)和(15-5-24)、(15-5-31)得演化方程

$$\dot{h}_{ab}=\frac{\delta H}{\delta\pi^{ab}}=\frac{2N}{\sqrt{h}}\left(\pi_{ab}-\frac{1}{2}\pi h_{ab}\right)+2\,\mathrm{D}_{(a}N_{b)} \qquad (15\text{-}5\text{-}32)$$

及

$$\dot{\pi}^{ab}=-\frac{\delta H}{\delta h_{ab}}$$

$$=\sqrt{h}(\mathrm{D}^a\mathrm{D}^b N-h^{ab}\mathrm{D}_c\mathrm{D}^c N)-N\sqrt{h}\left({}^3R^{ab}-\frac{1}{2}\,{}^3Rh^{ab}\right)+\frac{N}{2\sqrt{h}}h^{ab}\left(\pi^{cd}\pi_{cd}-\frac{1}{2}\pi^2\right)$$

$$-\frac{2N}{\sqrt{h}}\left(\pi^{ac}\pi^b{}_c-\frac{1}{2}\pi\pi^{ab}\right)-2\pi^{c(a}\mathrm{D}_c N^{b)}+\sqrt{h}\,\mathrm{D}_c\left(\frac{1}{\sqrt{h}}\pi^{ab}N^c\right). \qquad (15\text{-}5\text{-}33)$$

利用π_{ab}同K_{ab}的关系(15-5-10)便可验证以$\dot{h}_{ab}$, $\dot{\pi}^{ab}$表出的演化方程(15-5-32)、(15-5-33)同以$\dot{h}_{ab}$, $\dot{K}_{ab}$表出的演化方程(14-5-11)、(14-5-12)一致. 由此可知约束方程(15-5-19)、(15-5-20)和演化方程(15-5-32)、(15-5-33)等价于真空爱因斯坦方程$G_{ab}=0$.

第14章末已经指出, 计算表明约束在演化中自动保持, 即

$$\mathscr{L}_t({}^3R-K_{ab}K^{ab}+K^2)=0, \qquad \mathscr{L}_t(\mathrm{D}_aK^a{}_c-\mathrm{D}_cK)=0,$$

用本章的符号表示也就是$\dot{C}=0$和$\dot{C}^b=0$, 即次级约束$C=0$和$C^b=0$满足自洽性条件, 因此不会再有进一步的次级约束, 终极约束面$\overline{\varGamma}$就是由初级约束$\pi_N=0$, $\pi_{N_a}=0$和次级约束$C=0$, $C^b=0$所决定的子流形. 还可证明(见小节15.7.4)所有这些约束都为第一类. 仿照小节15.4.3的讨论, 引力场的全部约束为第一类表明N和N_a可看作自由拉氏乘子, 因而N和N_a及其共轭动量π_N和π_{N_a}可从动力学变量的行列中开除出去, 这时的相空间往往是指初级约束面$\varGamma_1$. N和N_a的自由性的物理意义见小节15.7.4.

[选读 15-5-1]

现在讨论一直被忽略的边界项问题. 由于有3+1分解, 定义作用量所用的开域U自然取"三明治"式[见式(15-1-8)前的一段], 即U是介于分层面$\varSigma_1$和$\varSigma_2$的

时空区域. 广义相对论的哈氏形式对整体拓扑和边界条件提出如下要求: Σ_t 要么是紧致且无边界的(例如3维球面 S^3), 要么 Σ_t 存在一个紧致子集, 其补集微分同胚于 $\mathbb{R}^3$ 中的一个闭球的补集 (即在足够远处有最简单的拓扑), 而且 Σ_t 上的场量的边界条件足以保证它在空间无限远为渐近平直. ①

先讨论 Σ_t 为紧致而且没有边界的情况(相应的时空称为**封闭宇宙**), 这时 $\dot{U}=\Sigma_1\cup\Sigma_2$. 现在对前面计算 H 时所有略掉的边界项算一笔总帐.

首先, Hilbert 作用量 S 比正确作用量 S' [见式(15-1-46)]少一附加项 $2\int_{\dot{U}}K$, 我们来证明它与式(15-5-6)中被略去的 $2\nabla_a(n^a\nabla_c n^c)$ 的贡献恰好相消. $\int_{\dot{U}}K$ 中的 K 是边界 $\dot{U}$ 的外曲率 K_{ab} 的迹, 而 K_{ab} 的定义涉及 $\dot{U}$ 的单位法矢[正因如此才可能与 $\nabla_a(n^a\nabla_c n^c)$ 相消]. 但法矢的方向问题现在比较微妙. 由于涉及高斯定理

$$\int_U \boldsymbol{\varepsilon}\,\nabla^a v_a=\int_{\dot{U}} n_a v^a, \qquad [\text{见式}(15\text{-}1\text{-}41)]$$

而现在 $\dot{U}=\Sigma_1\cup\Sigma_2$ 的法矢类时, 根据上册§5.5注2, 定义 K 时要用 $\dot{U}$ 的内向法矢. 然而从 $\nabla_a(n^a\nabla_c n^c)$ 的来源考察, 法矢应指向未来, 在 Σ_1 上固然向内, 但在 Σ_2 上却向外, 与 $\int_{\dot{U}}K$ 对法矢的要求不尽相同, 有必要用不同符号区分两种法矢. 我们用 n^a 代表指向未来法矢, 而用 $\tilde{n}^a$ 代表内向法矢, 于是对 Σ_1 和 Σ_2 分别有 $\tilde{n}^a=n^a$ 和 $\tilde{n}^a=-n^a$. 既然 $\int_{\dot{U}}K$ 涉及的 K_{ab} 是用 $\tilde{n}^a$ 定义的, 不如把 K_{ab} 和 K 相应改记为 $\tilde{K}_{ab}$ 和 $\tilde{K}$, 后者又可表为

$$\tilde{K}\equiv h^{ab}\tilde{K}_{ab}=h^{ab}h_a{}^c\nabla_c\tilde{n}_b=g^{cb}\nabla_c\tilde{n}_b+\tilde{n}^c\tilde{n}^b\nabla_c\tilde{n}_b=\nabla_c\tilde{n}^c.$$

于是下式表明略去 $2\nabla_a(n^a\nabla_c n^c)$ 与略去 $2\int_{\dot{U}}K$ 的效果相消:

$$\int_U 2\nabla_a(n^a\nabla_c n^c)=2\int_{\dot{U}}(n^a\nabla_c n^c)\,\tilde{n}_a=2\int_{\dot{U}}(\tilde{n}^a\nabla_c\tilde{n}^c)\,\tilde{n}_a=-2\int_{\dot{U}}\nabla_c\tilde{n}^c=-2\int_{\dot{U}}\tilde{K},$$

其中第一步用到高斯定理. 若要补写积分体元, 则 U 上的积分应补与 g_{ab} 适配的 $\boldsymbol{\varepsilon}$, 而 $\dot{U}$ 上的积分应补 $\boldsymbol{\varepsilon}$ 在 $\dot{U}$ 上的诱导体元 $\hat{\boldsymbol{\varepsilon}}$, 满足 $\hat{\varepsilon}_{abc}=n^d_{外}\varepsilon_{dabc}$, 其中 $n^d_{外}$ 是 $\dot{U}$ 的外向单位法矢, 见式(5-5-6)及其说明.

其次, 式(15-5-6)中曾被略去的 $-2\nabla_c(n^a\nabla_a n^c)$ 的贡献为零, 因为

$$\int_U 2\nabla_c(n^a\nabla_a n^c)=2\int_{\dot{U}}(n^a\nabla_a n^c)\tilde{n}_c=2\int_{\dot{U}}(\tilde{n}^a\nabla_a\tilde{n}^c)\tilde{n}_c=\int_{\dot{U}}\tilde{n}^a\nabla_a(\tilde{n}^c\tilde{n}_c)=0.$$

第三, 由于 Σ_t 没有边界, 式(15-5-16)最末一项贡献为零. 因此, 即使计算 H 时

---

① 这一要求可弱化为允许 Σ_t 包含不止一个渐近平直区, 以便适用于诸如施瓦西时空的 Kruskal 延拓.

不略去任一可化为边界项的项，所得结果仍为式(15-5-17). 同理，在计算 $\delta H/\delta h_{ab}$ 的过程中略掉的各项也都因 Σ_t 没有边界而可略去.

下面讨论 Σ_t 为非紧致且渐近平直的情况. 选读15-1-1(结果为 $S \equiv S + 2\int_{\dot{U}} K$)是对任意形状的 U 讨论的，现在 $\dot{U} = \Sigma_1 \cup \Sigma_2$，关于 $\dot{U}$ 的边界条件是 Σ_1 和 Σ_2 上的场要渐近平直. 如果仿照紧致情况的思路从作用量所应添补的边界项谈起，势必更加复杂. 但我们可直接从哈氏形式着手. 把引力场论重铸为哈氏形式的关键是找出适当的哈氏量 H，使由 $\dot{h}_{ab} = \delta H/\delta\pi^{ab}$ 和 $\dot{\pi}^{ab} = -\delta H/\delta h_{ab}$ 求得的演化方程恰为式(15-5-32)和(15-5-33)，因为§14.5 已经证明它们配以约束方程(15-5-19)、(15-5-20)等价于真空爱因斯坦方程. 因此，我们不必逐项追究对拉氏密度以及从它出发求得 H 表达式(15-5-17)的过程中所作的添加和忽略，只须检查从该式的 H 出发通过计算泛函导数 $\delta H/\delta\pi^{ab}$ 和 $\delta H/\delta h_{ab}$ 导出演化方程(15-5-32)和(15-5-33)的过程中所略去的边界项，然后考虑如何修改 H 的表达式以使在保留这些项时恰能得出式(15-5-32)和(15-5-33). 利用空间渐近平直条件可在 Σ_t 上选择渐近笛卡儿系 $\{x^i\}$. 令

$$r \equiv \sqrt{(x^1)^2 + (x^2)^2 + (x^3)^2}\,,$$

则 $r \to \infty$ 代表趋于空间无限远. 选择 $3+1$ 分解所用的类时矢量场 t^a 使得在 $r \to \infty$ 时 $N_a \to 0$, $N - \hat{N} \to 0$ (其中 $\hat{N}$ 为某常数)，而且各量的分量(及其对坐标的导数)趋于零的速率满足 Regge and Teitelboim(1974) 的渐近为零条件(例如 $N^i \sim r^{-1}$, $N - \hat{N} \sim r^{-1}$). 以 S 代表半径为 r 的坐标球面，把在 $\delta H/\delta h_{ab}$ 计算中略去的各项表达为 S 上的面积分，利用渐近为零条件便可发现除一个面积分外都在 $r \to \infty$ 时趋于零. 例如，式(15-5-27)中第三个等号后的第一项曾被表为

$$\sqrt{h}(\mathrm{D}^a N)\,\mathrm{D}^b\delta h_{ab} = \sqrt{h}\,\mathrm{D}_b[(\mathrm{D}_a N)\,\delta h^{ab}] - \sqrt{h}(\mathrm{D}^b\mathrm{D}^a N)\,\delta h_{ab} = -\sqrt{h}(\mathrm{D}^b\mathrm{D}^a N)\,\delta h_{ab}\,,$$

其中最后一步略去的一项在 S 面内(开球)的积分为

$$\int_{S\text{面内}} {}^3\boldsymbol{e}\,\sqrt{h}D_b[(\mathrm{D}_a N)\,\delta h^{ab}] = \int_S \hat{r}_b[(\mathrm{D}_a N)\,\delta h^{ab}] \to 0 \quad \text{当}\ r \to \infty\,,$$

其中 $\hat{r}^b$ 是 S 的单位法矢. 上式第一步用到高斯定理，第二步是由于 N 在 $r \to \infty$ 时足够快地趋于常数. 上面提到的唯一非零面积分来自式(15-5-27)第一个等号后的第一项，即 $-\sqrt{h}\,\mathrm{D}^a(Nv_a)$. 它在 S 面内的积分可由高斯定理化为 $-\int_S Nv_a\hat{r}^a$，以式(15-5-26)代入得

$$-\int_S Nv_a\hat{r}^a = -\int_S N\hat{r}^a h^{bc}[\mathrm{D}_c(\delta h_{ab}) - \mathrm{D}_a(\delta h_{bc})]\,.$$

以 $-\delta C$ 代表上式在 $r \to \infty$ 时的极限，因 $r \to \infty$ 时 $N \to \hat{N}$ (常数)，$h^{bc} \to \delta^{bc}$，

$\mathrm{D}_c \to \partial_c$ (与欧氏度规适配),

$$\delta C = \hat{N} \lim_{r\to\infty} \sum_{i,j=1}^{3} \int_S \left[\partial\left(\frac{\delta h_{ij}}{\partial x^j}\right) - \partial\left(\frac{\delta h_{jj}}{\partial x^i}\right) \right] \hat{r}^i = \hat{N}\,\delta \left[\lim_{r\to\infty} \sum_{i,j=1}^{3} \int_S \left(\frac{\partial h_{ij}}{\partial x^j} - \frac{\partial h_{jj}}{\partial x^i} \right) \hat{r}^i \right]. \tag{15-5-34}$$

前面从式(15-5-17)的 H 表达式出发略去所有边界项得

$$\delta H = \int_{\Sigma_t} (T_{ab}\delta\pi^{ab} - S^{ab}\delta h_{ab}), \tag{15-5-35}$$

其中 T_{ab} 和 S^{ab} 分别是式(15-5-32)和(15-5-33)最右边的长式的简写. 现在看到, 如果不忽略边界项, 则上式不成立而应代之以下式:

$$\delta H = \int_{\Sigma_t} (T_{ab}\delta\pi^{ab} - S^{ab}\delta h_{ab}) - \delta C. \tag{15-5-36}$$

令

$$H' \equiv H + C = H + \hat{N} \lim_{r\to\infty} \sum_{i,j=1}^{3} \int_S \left(\frac{\partial h_{ij}}{\partial x^j} - \frac{\partial h_{jj}}{\partial x^i} \right) \hat{r}^i, \tag{15-5-37}$$

则

$$\delta H' = \int_{\Sigma_t} (T_{ab}\delta\pi^{ab} - S^{ab}\delta h_{ab}), \tag{15-5-38}$$

故 $\delta H'/\delta\pi^{ab} = T_{ab}$, $\delta H'/\delta h_{ab} = -S^{ab}$. 若选 H' 为哈氏量, 则由哈氏方程

$$\dot{h}_{ab} = \frac{\delta H}{\delta\pi^{ab}} \qquad \text{和} \qquad \dot{\pi}^{ab} = -\frac{\delta H}{\delta h_{ab}}$$

便得引力场的演化方程(15-5-32)和(15-5-33). 所以 H' 可用作真空引力场的哈氏量.

应该强调, 哈氏量的必要条件是存在张量场 T_{ab} 和张量密度场 S^{ab} 使

$$\delta\,(\text{哈氏量}) = \int_{\Sigma_t} (T_{ab}\delta\pi^{ab} - S^{ab}\delta h_{ab}). \tag{15-5-39}$$

因为只有这样方可定义泛函导数 δ(哈氏量)$/\delta\pi^{ab}$ 和 δ(哈氏量)$/\delta h_{ab}$, 而只有这两个导数有意义方可导出哈氏演化方程. 然而由式(15-5-17)定义的 H 在渐近平直情况下的变分 δH (不忽略边界项)并不满足这一要求, 所以 H 根本不是哈氏量. 反之, H' 的变分 $\delta H'$ 不但可表为式(15-5-39)的形式, 而且式中的 T_{ab} 和 S^{ab} 分别等于式(15-5-32)和(15-5-33)最右边的长式, 因而由 $\dot{h}_{ab} = \delta H'/\delta\pi^{ab}$ 和 $\dot{\pi}^{ab} = -\delta H'/\delta h_{ab}$ 给出的演化方程正是引力场的演化方程, 所以说 H' 才是真空引力场的正确的哈氏量.

现在就可以回答前面[式(15-5-20)后]提出的问题. 对空间渐近平直的情况, 哈

氏量应为 H' 而非 H. 因为 H 在约束面上的值为零, 所以 H' 在约束面上的值为

$$C = \hat{N} \lim_{r\to\infty} \sum_{i,j=1}^{3} \int_S \left(\frac{\partial h_{ij}}{\partial x^j} - \frac{\partial h_{jj}}{\partial x^i} \right) \hat{r}^i \ . \tag{15-5-40}$$

与式(12-7-5)对比可知此值正比于渐近平直时空的 ADM 能量. 只要把 $\hat{N}$ 所渐近趋于的常数取作 $1/16\pi$, 则 C 正好等于 ADM 能量. 于是得到"哈氏量 H' 在约束面 $\bar{\Gamma}$ 上的数值等于 ADM 能量"这一满意结论. 事实上, 正是哈氏形式的这一讨论为 ADM 能量的创意提供了动机, 而式中的系数 $1/16\pi$ 则只须把该式用于施瓦西时空并要求所得的 ADM 能量 E 等于施瓦西度规的参数 M 便可得到. **[选读 15-5-1 完]**

[选读 15-5-2]

考虑到引力场能的非定域性(见小节 12.6.3), 许多相对论学者长期以来致力于寻找准局域能(动)量和角动量的合理定义, 其中不少人采用哈氏方法. 下面非常简略地介绍 Nester 等在这方面的工作的要点: 既然全空间 Σ_t 的哈氏量 H' 的数值(在满足引力场方程的前提下)等于边界面积分, 即 ADM 能量, 自然可以认为 Σ_t 的任一有限 3 维区域 σ_t (其边界 $\partial\sigma_t$ 为闭合 2 维面)的哈氏量 $H'(\sigma_t)$ 的数值代表该区域内的准局域引力场能. 与 Σ_t 的能量值类似, $H'(\sigma_t)$ 也可表为两项之和:

$$H'(\sigma_t) = \int_{\sigma_t} \boldsymbol{e}\, h^{1/2} \mathscr{H} + \int_{\sigma_t} \mathrm{d}\boldsymbol{B} \quad ,$$

其中 $\mathscr{H} = NC + N_b C^b$ [参见式(15-5-17)], $\boldsymbol{B}$ 是一个 2 形式场. 由于引力场满足约束方程, 上式右边第一个积分为零, 于是由 Gauss 定理得

$$H'(\sigma_t) = \int_{\partial\sigma_t} \boldsymbol{B} \quad .$$

因此, 任一时刻 t 的任一 2 维闭曲面 $\partial\sigma_t$ 内的准局域能量等于一个边界面积分 $\int_{\partial\sigma_t} \boldsymbol{B}$. 然而被积 2 形式 $\boldsymbol{B}$ 并不唯一, 事实上, 他们发现前人求得的每种赝张量都对应于现在的一个边界项. 他们还进一步对边界项的唯一性做了深入讨论, 发现在满足合理条件的情况下这一边界项(准局域量)被确定到只有两种选择的程度, 详见 Chen and Nester(2000)和 Nester(2004)及其所引文献. **[选读 15-5-2 完]**

§15.6 张量密度 [选读]

张量密度在广义相对论的拉氏、哈氏形式(特别是§15.7)以及许多数学物理问题(例如几何量子化)中都有重要应用, 本节对此作一比较详细的介绍. [可参阅 Ashtekar(1991), Woodhouse(1980), Lee and Wald(1990).]

设 $e_{a_1\cdots a_n}$ 是定向流形 M 上与定向相容的一个体元(称为右手体元), 则它依下

式决定唯一的全反称 $(n,0)$ 型张量场 $\bar{e}^{a_1\cdots a_n}$：

$$\bar{e}^{a_1\cdots a_n}e_{a_1\cdots a_n}=n!\ . \tag{15-6-1}$$

我们称 $\bar{e}^{a_1\cdots a_n}$ 为与体元 $e_{a_1\cdots a_n}$ 相伴的(右手)**上标体元**. $e_{a_1\cdots a_n}$ 和 $\bar{e}^{a_1\cdots a_n}$ 又分别简记为 $\boldsymbol{e}$ 和 $\bar{\boldsymbol{e}}$.

定义1　设 M 是 n 维定向流形, $\mathscr{F}_M(k,l)$ 是 M 上全体光滑 (k,l) 型张量场的集合, $\varPhi_M$ 是 M 上全体右手上标体元的集合, 即 $\varPhi_M\equiv\{\bar{\boldsymbol{e}}\equiv\bar{e}^{a_1\cdots a_n}\}$, 则映射

$$\hat{T}\ :\ \varPhi_M\to\mathscr{F}_M(k,l)$$

称为 M 上的**权**(weight)**为 $\boldsymbol{m}$** $(\in\mathbb{R})$ **的 $\boldsymbol{(k,l)}$ 型张量密度场**(tensor density field), 若

$$\hat{T}(\alpha\bar{\boldsymbol{e}})=\alpha^m\hat{T}(\bar{\boldsymbol{e}}),\quad \forall\bar{\boldsymbol{e}}\in\varPhi_M,\ \alpha\in\mathscr{F}_M(0,0),\ \alpha>0\,. \tag{15-6-2}$$

定义1中的“**场**”字来源于 $\hat{T}$ 可逐点定义. 设 $p\in M$, 则 $\hat{T}|_p$ 定义为把 $\bar{\boldsymbol{e}}|_p$ 变为 p 点的 (k,l) 型张量的映射. 而 $\bar{\boldsymbol{e}}|_p$ 又可表为 $\bar{\boldsymbol{e}}(p)$, 故 $\hat{T}(\bar{\boldsymbol{e}}(p))$ 就是 p 点的一个 (k,l) 型张量. 在这个意义上也可把 $\hat{T}(\bar{\boldsymbol{e}})$ 改写为复合映射 $\hat{T}\circ\bar{\boldsymbol{e}}$, 于是式(15-6-2)又可表为

$$\hat{T}\circ(\alpha\bar{\boldsymbol{e}})=\alpha^m(\hat{T}\circ\bar{\boldsymbol{e}}),\quad \forall\bar{\boldsymbol{e}}\in\varPhi_M,\ \alpha\in\mathscr{F}_M(0,0),\ \alpha>0\,. \tag{15-6-2$'$}$$

张量密度 $\hat{T}$ 是一个非常特别的映射: 只要指定其定义域 $\varPhi_M$ 的一个元素 $\bar{\boldsymbol{e}}$ 的像 $\hat{T}\circ\bar{\boldsymbol{e}}$, 整个映射就被式(15-6-2′)完全确定(因为 $\varPhi_M$ 的任意两个元素只差一个乘子). 这一特点给讨论带来许多方便. 例如, 为定义权为 m 的张量密度只须指明它作用于某一 $\bar{\boldsymbol{e}}\in\varPhi_M$ 的像, 为证明某张量密度为零只须证明它作用于某一 $\bar{\boldsymbol{e}}\in\varPhi_M$ 得零张量.

权相同的张量密度的加法以及张量密度的数乘按最自然的方法定义. 权为 m 的 (k,l) 型张量密度 $\hat{T}$ 与权为 m' 的 (k',l') 型张量密度 $\hat{T}'$ 的乘积 $\hat{T}\hat{T}'$ ($\otimes$ 号略)也是张量密度, 定义为

$$(\hat{T}\hat{T}')\circ\bar{\boldsymbol{e}}:=(\hat{T}\circ\bar{\boldsymbol{e}})\otimes(\hat{T}'\circ\bar{\boldsymbol{e}}), \tag{15-6-3}$$

易证 $\hat{T}\hat{T}'$ 是权为 $(m+m')$ 的 $(k+k',\,l+l')$ 型张量密度.

设 $\bar{\boldsymbol{e}}$ 是与体元 $\boldsymbol{e}$ 相伴的上标体元, $\hat{T}$ 是任一张量密度场, 则

$$T\equiv\hat{T}\circ\bar{\boldsymbol{e}} \tag{15-6-4}$$

随体元 $\bar{\boldsymbol{e}}$ 的选择而变, 因此是体元依赖的张量场, 称为张量密度场 $\hat{T}$ 在体元 $\bar{\boldsymbol{e}}$ 上的**表示**. 设 $\{(e_\mu)^a\}$ 是一个右手基底场, (一般只能局域定义, 即只定义在 M 的某一开集上.) $\{(e^\mu)_a\}$ 是其对偶基底场, 则

$$e_{a_1\cdots a_n} := (e^1)_{a_1} \wedge \cdots \wedge (e^n)_{a_n} \tag{15-6-5}$$

和

$$\overline{e}^{a_1\cdots a_n} := (e_1)^{a_1} \wedge \cdots \wedge (e_n)^{a_n} \tag{15-6-6}$$

便是由该基底定义的局域体元及其相伴的上标体元(上标形式的 $\wedge$ 积的定义与下标形式的 $\wedge$ 积的定义相仿). 用上式的 $\overline{e}^{a_1\cdots a_n}$ 作为式(15-6-4)的 $\overline{\boldsymbol{e}}$ 所得的 T 也可称为 $\widehat{T}$ 在基底 $\{(e_\mu)^a\}$ 上的表示, 是基底依赖的张量场. 把张量密度与普通张量(指非基底依赖的张量)作一对比有助于加深理解. 张量密度是绝对的, 但其表示却基底依赖. 这与张量的绝对性及其分量的基底依赖性非常类似. 在坐标语言中, 知道了张量的全部分量也就知道了张量本身, 而且对张量的所有陈述都用分量来表达. 类似地, 对张量密度也可用其表示来表达. 如果说张量可分为张量自身及其分量两个层次, 那么张量密度可分为密度自身、其表示以及表示的分量等三个层次, 例如, 张量密度 $\widehat{T}^a{}_b$ 的表示是 $T^a{}_b \equiv \widehat{T}^a{}_b \circ \overline{\boldsymbol{e}}$, 表示的分量则是 $T^\mu{}_\nu \equiv (e^\mu)_a (e_\nu)^b (\widehat{T}^a{}_b \circ \overline{\boldsymbol{e}})$. 对同一 $\widehat{T}$, 当基底改变时其表示从一个张量变为另一张量, 因此表示的分量不服从张量分量变换律. 下面给出(证明)表示在基底变换时的变换规律, 由此易得表示的分量的变换规律.

命题 15-6-1　设两个右手基底 $\{(e_\mu)^a\}, \{(e'_\mu)^a\}$ 有如下关系: $(e'_\mu)^a = A^\nu{}_\mu (e_\nu)^a$, 它们的上标体元分别为 $\overline{\boldsymbol{e}}$ 和 $\overline{\boldsymbol{e}}'$, 则权为 m 的张量密度 $\widehat{T}$ 的表示在基底变换 $\{(e_\mu)^a\} \mapsto \{(e'_\mu)^a\}$ 下的变换规律为

$$\widehat{T} \circ \overline{\boldsymbol{e}}' = J^m \widehat{T} \circ \overline{\boldsymbol{e}}, \tag{15-6-7}$$

其中 J 为两基底间的雅可比行列式, 即 $J \equiv \det(A^\nu{}_\mu) > 0$.

证明　先看 $n = 2$ 的情况. 这时

$$\begin{aligned}\overline{e}'^{ab} &= (e'_1)^a \wedge (e'_2)^b = [A^1{}_1(e_1)^a + A^2{}_1(e_2)^a] \wedge [A^1{}_2(e_1)^a + A^2{}_2(e_2)^a] \\ &= (A^1{}_1 A^2{}_2 - A^2{}_1 A^1{}_2)(e_1)^a \wedge (e_2)^b = J\,\overline{e}^{ab}.\end{aligned}$$

这一证明思路可推广至 n 为任意正整数的情况, 结论是

$$\overline{e}'^{a_1\cdots a_n} = J \overline{e}^{a_1\cdots a_n}, \quad 或 \quad \overline{\boldsymbol{e}}' = J \overline{\boldsymbol{e}}. \tag{15-6-8}$$

于是 $\widehat{T} \circ \overline{\boldsymbol{e}}' = \widehat{T} \circ (J\overline{\boldsymbol{e}}) = J^m \widehat{T} \circ \overline{\boldsymbol{e}}$. □

由于本书涉及的张量密度场大都与度规有关, 我们对 M 上有度规 g_{ab} 时的张量密度作一讨论. 以 $\varepsilon_{a_1\cdots a_n}$ 代表与 g_{ab}(及定向)适配的唯一体元, 则其相伴上标体元 $\overline{\varepsilon}^{a_1\cdots a_n}$ 满足下式(右边对任何号差的度规都不加负号):

$$\overline{\varepsilon}^{a_1\cdots a_n} \varepsilon_{a_1\cdots a_n} = n!\ . \tag{15-6-9}$$

$\varepsilon_{a_1\cdots a_n}$ 与任一基底的体元 $e_{a_1\cdots a_n}$ 的关系为[见式(5-4-4)]

$$\varepsilon_{a_1\cdots a_n} = \sqrt{|g|}\, e_{a_1\cdots a_n}, \tag{15-6-10}$$

其中 g 是 g_{ab} 在该基底的行列式. 由此易得两个上标体元之间的关系

$$\bar{\varepsilon}^{a_1\cdots a_n} = \frac{1}{\sqrt{|g|}}\bar{e}^{a_1\cdots a_n}. \tag{15-6-11}$$

式(15-6-5)、(15-6-6)、(15-6-10)、(15-6-11)又可分别简写为

$$\boldsymbol{e} = e^1 \wedge \cdots \wedge e^n,\quad \bar{\boldsymbol{e}} = e_1 \wedge \cdots \wedge e_n,\quad \boldsymbol{\varepsilon} = |g|^{1/2}\,\boldsymbol{e},\quad \bar{\boldsymbol{\varepsilon}} = \frac{1}{\sqrt{|g|}}\bar{\boldsymbol{e}}. \tag{15-6-12}$$

请注意 $e_{a_1\cdots a_n}$, $\bar{e}^{a_1\cdots a_n}$ 依赖于基底而 $\varepsilon_{a_1\cdots a_n}$, $\bar{\varepsilon}^{a_1\cdots a_n}$ 与基底无关.

用下式定义权为1的标量密度场 γ :

$$\hat{\gamma} \circ \bar{\boldsymbol{\varepsilon}} := 1, \tag{15-6-13}$$

则由式(15-6-11)易知

$$\hat{\gamma} \circ \bar{\boldsymbol{e}} = \sqrt{|g|}. \tag{15-6-14}$$

可见 $\hat{\gamma}$ 的表示就是 $\sqrt{|g|}$. 因为 g 是度规在所论基底的行列式[由式(15-6-7)可知 $\sqrt{|g'|} = J\sqrt{|g|}$], 所以标量密度场 $\hat{\gamma}$ 的表示式基底依赖的标量场. 正如在分量语言中常把张量的分量称为张量那样, 人们也常把密度的表示称为密度. 例如, 人们常说 $\sqrt{|g|}$ 是权为1的标量密度场.

设 $\hat{T}$ 是任一权为1的 (k,l) 型张量密度场, 则其表示

$$T \equiv \hat{T} \circ \bar{\boldsymbol{e}} = \hat{T} \circ (\sqrt{|g|}\,\bar{\boldsymbol{\varepsilon}}) = \sqrt{|g|}\,\hat{T} \circ \bar{\boldsymbol{\varepsilon}}.$$

令 $\tilde{T} \equiv \hat{T} \circ \bar{\boldsymbol{\varepsilon}}$, 则 $\tilde{T}$ 是一个与基底无关的 (k,l) 型张量场, 于是上式可改写为

$$T = \sqrt{|g|}\,\tilde{T}. \tag{15-6-15}$$

既然常把密度的表示称为密度, 在简易讲法中不妨用上式作为权为1的张量密度的定义. 我们在小节15.1.3 中正是这样做的[式(15-1-25)及其前后]. 类似地, 对权为 m 的张量密度 $\hat{T}$ 有

$$T = \sqrt{|g|}^{\,m}\,\tilde{T},\quad \text{其中 } \tilde{T} \equiv \hat{T} \circ \bar{\boldsymbol{\varepsilon}}. \tag{15-6-16}$$

式(15-6-15)和(15-6-16)的优点是把 T 的“密度味”和“张量味”分别体现于因子 $\sqrt{|g|}$ (或 $\sqrt{|g|}^{\,m}$)和 $\tilde{T}$ 上, 其中 $\tilde{T}$ 是不带密度味的张量. 因此, 也可把式(15-6-15)和(15-6-16)的操作称为**退密度化**(dedensitization).

标量场 f 是最特殊的张量场，它的分量同基底无关，因而可认为分量等于 f 自身. 类似地，设 $\widehat{T}$ 是权为 0 的张量密度，则它作用到任一 $\overline{\boldsymbol{e}}\in\Phi_M$ 都得同一张量，这表明它的表示 $T\equiv\widehat{T}\circ\overline{\boldsymbol{e}}$ 同基底无关，所以可把 $m=0$ 的张量密度认同为张量. 任何张量 T 都可看作 $m=0$ 的同型张量密度 $\widehat{T}$，且 $\widehat{T}\circ\overline{\boldsymbol{e}}=T\ \ \forall\overline{\boldsymbol{e}}\in\Phi_M$. 这种认同的一大好处是使张量密度与张量的乘积(及缩并)有意义.

用下式定义权为 -1 的 $(0,n)$ 型全反称张量密度场 $\widehat{e}$：

$$\widehat{e}\circ\overline{\boldsymbol{\varepsilon}}:=\boldsymbol{\varepsilon},\tag{15-6-17}$$

则

$$\widehat{e}\circ\overline{\boldsymbol{e}}=\widehat{e}\circ(\sqrt{|g|}\,\overline{\boldsymbol{\varepsilon}})=\frac{1}{\sqrt{|g|}}\boldsymbol{\varepsilon}=\boldsymbol{e},\tag{15-6-18}$$

于是 $\boldsymbol{e}$ 也可看作 $\widehat{e}$ 在上标体元 $\overline{\boldsymbol{e}}$ 的表示，因此常说 $e_{a_1\cdots a_n}$ 是权为 -1 的 n 形式密度场. 由于 $\widehat{e}$ 和 $\widehat{\gamma}$ 的权分别为 -1 和 $+1$，其积 $\widehat{\gamma}\widehat{e}$ 是权为零的张量密度，即张量. 这也可从它的表示的体元无关性看出：设 $\overline{\boldsymbol{e}}$ 是任一基底的上标体元，则

$$(\widehat{\gamma}\widehat{e})\circ\mathring{\boldsymbol{e}}=(\widehat{\gamma}\circ\mathring{\boldsymbol{e}})(\widehat{e}\circ\mathring{\boldsymbol{e}})=\sqrt{|g|}\frac{1}{\sqrt{|g|}}\boldsymbol{\varepsilon}=\boldsymbol{\varepsilon}\ (\text{与体元无关}).$$

此式还说明 $\widehat{\gamma}\widehat{e}$ 正是与 g_{ab} 适配的体元 $\varepsilon_{a_1\cdots a_n}$，即

$$\widehat{\gamma}\widehat{e}=\boldsymbol{\varepsilon}.\tag{15-6-19}$$

借此可对真空引力场拉氏密度 $\sqrt{|g|}\,R$ 的引入加深理解. 真空引力场的 Hilbert 作用量定义为 $S=\int R\boldsymbol{\varepsilon}$. 由于积分体元 $\boldsymbol{\varepsilon}$ 依赖于场变量 g^{ab}，应用哈氏原理时还须考虑 $\boldsymbol{\varepsilon}$ 的变分. 为免去这一麻烦，可借式(15-6-19)把 $S=\int R\boldsymbol{\varepsilon}$ 改写为 $S=\int R\widehat{\gamma}\widehat{e}$. 令 $\widehat{\mathscr{L}}\equiv R\widehat{\gamma}$ (把 R 看作 $m=0$ 的标量密度场)，便有

$$S=\int\widehat{\mathscr{L}}\widehat{e}.\tag{15-6-20}$$

这种做法的实质是把 $\widehat{e}$ 和 $\widehat{\mathscr{L}}$ 分别看作新的体元和拉氏密度，好处在于新体元 $\widehat{e}$ 与 g^{ab} 无关(不论 g^{ab} 如何，$\widehat{e}$ 作用到任一上标体元 $\overline{\boldsymbol{e}}$ 都给出其相伴的 $\boldsymbol{e}$)，因而不必参与变分，所付出的代价则是新拉氏密度 $\widehat{\mathscr{L}}$ 是标量密度场，不像普通标量场 R 那样简单. 因 $\widehat{\mathscr{L}}\widehat{e}$ 的表示为 $(\widehat{\mathscr{L}}\widehat{e})\circ\overline{\boldsymbol{e}}=R\sqrt{|g|}\,\boldsymbol{e}$，故式(15-6-20)亦可表为 $S=\int R\sqrt{|g|}\,\boldsymbol{e}$，与小节15.1.3 实质一致.

下面介绍张量密度场的导数，这时不要求流形 M 上有度规场. 先对张量场的导数定义做一回顾. 设 ∇_a 是 M 上任一协变导数算符，则 (1,0) 型张量场 v^b 的协变导数 $\nabla_a v^b$ 是 (1,1) 型张量场. 以 v^ν 代表 v^b 在某(坐标)基底的分量，则它有两种导数，即 $v^\nu{}_{,\mu}$ 和 $v^\nu{}_{;\mu}$. 虽然 v^ν 是张量场 v^b 的分量(这些分量“组装”成张量 v^b)，$v^\nu{}_{,\mu}$ 却

不是任何(非基底依赖的)(1,1)型张量的分量，我们说张量经这样一求导就“散架”了．然而$v^\nu{}_{;\mu}$却有本质不同：它定义为(非基底依赖的)张量$\nabla_a v^b$的分量，就是说它能组装成张量$\nabla_a v^b$，因而不散架．设$\widehat{T}$是张量密度场，$T\equiv\widehat{T}\circ\overline{e}$是其表示，我们想借助于对应关系$\widehat{T}\leftrightarrow v^b$，$\widehat{T}\circ\overline{e}\leftrightarrow v^\nu$寻求$\widehat{T}$的协变导数$\nabla_a\widehat{T}$的合理定义．$\nabla_a\widehat{T}$自然对应于$\nabla_a v^b$．(坐标)基底固定后，$v^\nu$是普通标量场，它有一种自然的导数(对坐标的偏导数)，此即$v^\nu{}_{,\mu}$．类似地，基底固定后，$\widehat{T}\circ\overline{e}$是普通张量场，它也有一种自然的导数，即用$\nabla_a$的求导结果，自然记作$\nabla_a(\widehat{T}\circ\overline{e})$．可见$\nabla_a(\widehat{T}\circ\overline{e})\leftrightarrow v^\nu{}_{,\mu}$．关键问题是：与$v^\nu{}_{;\mu}$对应的是什么?注意到$v^\nu{}_{;\mu}$是$\nabla_a v^b$的坐标分量，即

$$v^\nu{}_{;\mu}=(\nabla_a v^b)(\partial/\partial x^\mu)^a(\mathrm{d}x^\nu)_b\,,$$

可知它对应于$\nabla_a\widehat{T}$的表示，即$(\nabla_a\widehat{T})\circ\overline{e}\leftrightarrow v^\nu{}_{;\mu}$．仿照$v^\nu{}_{;\mu}=v^\nu{}_{,\mu}+\Gamma^\nu{}_{\mu\sigma}v^\sigma$，(附加项$\Gamma^\nu{}_{\mu\sigma}v^\sigma$保证$v^\nu{}_{;\mu}$是某张量的分量，即保证$v^\nu$求导后不散架．)我们把$(\nabla_a\widehat{T})\circ\overline{e}$定义为$\nabla_a(\widehat{T}\circ\overline{e})$与一个适当的附加项之和，请看如下定义．

定义 2　设∇_a是定向流形M上的任一无挠协变导数算符，则M上权为m的(k,l)型**张量密度场$\widehat{T}$的协变导数**$\nabla_a\widehat{T}$是权为m的$(k,l+1)$型张量密度场，定义为

$$(\nabla_a\widehat{T})\circ\overline{e}:=\nabla_a(\widehat{T}\circ\overline{e})-m\psi_a(\overline{e},\nabla)\,\widehat{T}\circ\overline{e}\,,\qquad\forall\,\overline{e}\in\Phi_M\,,\tag{15-6-21}$$

其中$\psi_a(\overline{e},\nabla)$是由下式定义的唯一对偶矢量场：

$$\nabla_a\,\overline{e}^{a_1\cdots a_n}=\psi_a(\overline{e},\nabla)\,\overline{e}^{a_1\cdots a_n}\,.\tag{15-6-22}$$

在ψ_a的括号里写$\overline{e}$和∇旨在强调ψ_a依赖于$\overline{e}$和∇_a．作为习题，请读者验证由式(15-6-21)定义的$\nabla_a\widehat{T}$的确是权为m的$(k,l+1)$型张量密度场(求导后不散架)，即验证

$$(\nabla_a\widehat{T})\circ(\alpha\overline{e})=\alpha^m(\nabla_a\widehat{T})\circ\overline{e},\quad\forall\overline{e},\alpha\overline{e}\in\Phi_M\,.\tag{15-6-23}$$

注 1　由定义 2 可知：①张量密度场的协变导数有线性性并满足莱布尼兹律．②把张量场T看作权为 0 的张量密度场$\widehat{T}$，则$\nabla_a\widehat{T}$与T的协变导数$\nabla_a T$一致．

注 2　由式(15-6-22)可知，当∇_a与$\overline{e}$相适配(即$\nabla_a\,\overline{e}^{a_1\cdots a_n}=0$)时$\psi_a(\overline{e},\nabla)=0$．

式(15-6-21)虽然给出$\nabla_a\widehat{T}$的定义，但却带着$\nabla_a\widehat{T}$的作用对象$\overline{e}$，不是$\nabla_a\widehat{T}$的显表达式，不便应用．为了甩掉$\overline{e}$，我们先对矢量密度场$\widehat{v}^a$作一讨论．把式(15-6-21)用于$\widehat{v}^a$得

$$(\nabla_a\widehat{v}^b)\circ\overline{e}=\nabla_a(\widehat{v}^b\circ\overline{e})-m\psi_a(\overline{e},\nabla)\,\widehat{v}^b\circ\overline{e}\,.\tag{15-6-24}$$

任选坐标系$\{x^\mu\}$，以$\Gamma^c{}_{ab}$代表∇_a在该系的克氏符，令上式的$\overline{e}$为

$$\overline{e}^{a_1\cdots a_n} \equiv \left(\frac{\partial}{\partial x^1}\right)^{a_1} \wedge\cdots\wedge \left(\frac{\partial}{\partial x^n}\right)^{a_n}, \tag{15-6-25}$$

则可证明(习题)

$$\psi_a(\overline{\boldsymbol{e}},\nabla) = \Gamma^c{}_{ca}. \tag{15-6-26}$$

[提示:用∂_a和$\Gamma^c{}_{ab}$表出$\nabla_a \overline{e}^{a_1\cdots a_n}$,令其等于$\psi_a(\overline{\boldsymbol{e}},\nabla)\,\overline{e}^{a_1\cdots a_n}$,再同$e_{a_1\cdots a_n}$缩并.] 于是

$$(\nabla_a \widehat{\upsilon}^b)\circ\overline{\boldsymbol{e}} = \nabla_a(\widehat{\upsilon}^b\circ\overline{\boldsymbol{e}}) - m\Gamma^c{}_{ca}\,\widehat{\upsilon}^b\circ\overline{\boldsymbol{e}} = \partial_a(\widehat{\upsilon}^b\circ\overline{\boldsymbol{e}}) + \Gamma^b{}_{ac}\,\widehat{\upsilon}^c - m\Gamma^c{}_{ca}\,\widehat{\upsilon}^b\circ\overline{\boldsymbol{e}}$$

$$= (\partial_a\widehat{\upsilon}^b + \Gamma^b{}_{ac}\,\widehat{\upsilon}^c - m\Gamma^c{}_{ca}\,\widehat{\upsilon}^b)\circ\overline{\boldsymbol{e}}, \tag{15-6-27}$$

其中第三步是因为$\partial_a\overline{e}^{a_1\cdots a_n} = 0$导致$\psi_a(\overline{\boldsymbol{e}},\partial) = 0$. 由上式便可得到$\nabla_a\widehat{\upsilon}^b$的(甩掉了作用对象$\overline{\boldsymbol{e}}$的)显表达式:

$$\nabla_a\widehat{\upsilon}^b = \partial_a\widehat{\upsilon}^b + \Gamma^b{}_{ac}\widehat{\upsilon}^c - m\Gamma^c{}_{ca}\widehat{\upsilon}^b. \tag{15-6-28}$$

上式表明矢量密度场和矢量场的协变导数表达式在形式上只差含$-m\Gamma^c{}_{ca}$的一项. 不难看出这一规律对任意型张量密度场也适用. 注意到(k,l)型普通张量场$T^{\cdots}{}_{\cdots}$的协变导数表达式(3-1-8), 便有

$$\nabla_a\widehat{T}^{\cdots}{}_{\cdots} = [\underbrace{\partial_a\widehat{T}^{\cdots}{}_{\cdots} + (k+l\text{个含}\Gamma^{\cdot}{}_{\cdot\cdot}\text{的项})}_{\text{与普通张量场导数公式形式一样}}] - m\Gamma^c{}_{ca}\widehat{T}^{\cdots}{}_{\cdots}\quad, \tag{15-6-29}$$

其中∂_a是坐标系$\{x^\mu\}$的普通导数算符, $\Gamma^c{}_{ba}$是∇_a在$\{x^\mu\}$系的克氏符.

为了便于具体计算, 我们来找出式(15-6-29)的坐标分量表达式. 仍先以式(15-6-28)为例. 令$\upsilon^b \equiv \widehat{\upsilon}^b\circ\overline{\boldsymbol{e}}$, 用式(15-6-28)作用于式(15-6-25)的$\overline{\boldsymbol{e}}$并再次利用$\psi_a(\overline{\boldsymbol{e}},\partial) = 0$得

$$(\nabla_a\widehat{\upsilon}^b)\circ\overline{\boldsymbol{e}} = \partial_a\upsilon^b + \Gamma^b{}_{ac}\,\upsilon^c - m\Gamma^c{}_{ca}\,\upsilon^b.$$

以$(\partial/\partial x^\mu)^a(\mathrm{d}x^\nu)_b$缩并全式得

$$[(\nabla_a\widehat{\upsilon}^b)\circ\overline{\boldsymbol{e}}]\left(\frac{\partial}{\partial x^\mu}\right)^a(\mathrm{d}x^\nu)_b = \upsilon^\nu{}_{,\mu} + \Gamma^\nu{}_{\mu\sigma}\upsilon^\sigma - m\Gamma^\sigma{}_{\sigma\mu}\upsilon^\nu. \tag{15-6-30}$$

上式左边是$\widehat{\upsilon}^b$的协变导数$\nabla_a\widehat{\upsilon}^b$的表示$(\nabla_a\widehat{\upsilon}^b)\circ\overline{\boldsymbol{e}}$的坐标分量, 记作$\upsilon^\nu{}_{;\mu}$, 便有

$$\upsilon^\nu{}_{;\mu} = \upsilon^\nu{}_{,\mu} + \Gamma^\nu{}_{\mu\sigma}\upsilon^\sigma - m\Gamma^\sigma{}_{\sigma\mu}\upsilon^\nu. \tag{15-6-31}$$

这就是矢量密度场$\widehat{\upsilon}^b$的协变导数的坐标分量(其实是其表示的坐标分量)的表达式, 与普通矢量场的协变导数的坐标分量表达式相较, 上式在形式上多出一项$-m\Gamma^\sigma{}_{\sigma\mu}\upsilon^\nu$. 不难看出这一规律适用于任意$(k,l)$型张量密度场的协变导数, 即

$$(T^{\cdots}{}_{\cdots})_{;\mu} = [\underbrace{(T^{\cdots}{}_{\cdots})_{,\mu} + (k+l\text{ 个含 }\Gamma^{\cdot}{}_{\cdot\cdot}\text{ 的项})}_{\text{与普通张量场导数公式形式一样}}] - m\Gamma^{\sigma}{}_{\sigma\mu}T^{\cdots}{}_{\cdots}\,. \tag{15-6-32}$$

其中 $(T^{\cdots}{}_{\cdots})_{;\mu}$ 代表 $(\nabla_a T^{\cdots}{}_{\cdots})\circ\bar{\boldsymbol{e}}$ 的坐标分量.

以上关于协变导数的讨论并未涉及度规. 设 g_{ab} 是 M 上的度规场, ∇_a 和 $\bar{\boldsymbol{\varepsilon}}$ 分别是与 g_{ab} 适配的导数算符和上标体元, $\hat{\gamma}$ 是由 $\hat{\gamma}\circ\bar{\boldsymbol{\varepsilon}}:=1$ 定义的、权为1的标量密度场, 则 $\psi_a(\bar{\boldsymbol{\varepsilon}},\nabla)=0$, 因而 $(\nabla_a\hat{\gamma})\circ\bar{\boldsymbol{\varepsilon}}=\nabla_a(\hat{\gamma}\circ\bar{\boldsymbol{\varepsilon}})=\nabla_a(1)=0$. 可见 $\hat{\gamma}$ 的协变导数为零, 即

$$\nabla_a\hat{\gamma}=0\,. \tag{15-6-33}$$

在文献中通常把上式表为

$$\sqrt{|g|}_{;\mu}=0\,. \tag{15-6-33$'$}$$

$\sqrt{|g|}$ 是 $\hat{\gamma}$ 的表示, 要使上式有意义应先做如下补充: 张量密度的表示的协变导数定义为张量密度的协变导数的表示. 据此便可由 $\nabla_a\hat{\gamma}=0$ 推出 $\sqrt{|g|}_{;\mu}=0$. 还应注意, 如果取定一个 $\bar{\boldsymbol{e}}$, 则 $\sqrt{|g|}_{;\mu}=0=\hat{\gamma}\circ\bar{\boldsymbol{e}}$ 是固定的标量场(不能再充当 $\hat{\gamma}$ 的表示), 其协变导数 $\sqrt{|g|}_{;\mu}$ 一般非零.

最后介绍张量密度场的李导数.

定义 3　定向流形 M 上权为 m 的 (k,l) 型**张量密度场 $\hat{T}$ 关于矢量场 v^a 的李导数** $\mathscr{L}_v\hat{T}$ 是同权、同型张量密度场, 定义为

$$(\mathscr{L}_v\hat{T})\circ\bar{\boldsymbol{e}} := \mathscr{L}_v(\hat{T}\circ\bar{\boldsymbol{e}}) - m\xi(\bar{\boldsymbol{e}},v)\,\hat{T}\circ\bar{\boldsymbol{e}}, \qquad \forall\,\bar{\boldsymbol{e}}\in\Phi_M\,, \tag{15-6-34}$$

其中 $\mathscr{L}_v(\hat{T}\circ\bar{\boldsymbol{e}})$ 是 $\hat{T}\circ\bar{\boldsymbol{e}}$ (作为普通张量场)的李导数, $\xi(\bar{\boldsymbol{e}},v)$ 则是由下式定义的唯一标量场:

$$\mathscr{L}_v\bar{e}^{a_1\cdots a_n} = \xi(\bar{\boldsymbol{e}},v)\,\bar{e}^{a_1\cdots a_n}\,. \tag{15-6-35}$$

作为习题, 请读者验证由式(15-6-34)和(15-6-35)定义的 $\mathscr{L}_v\hat{T}$ 的确是权为 m 的 (k,l) 型张量密度场(求导后不散架), 即验证

$$(\mathscr{L}_v\hat{T})\circ(\alpha\bar{\boldsymbol{e}}) = \alpha^m(\mathscr{L}_v\hat{T})\circ\bar{\boldsymbol{e}}\,, \qquad \forall\,\bar{\boldsymbol{e}},\alpha\bar{\boldsymbol{e}}\in\Phi_M\,. \tag{15-6-36}$$

注 3　由定义 3 可知: ①张量密度场的李导数有线性性并满足莱布尼兹律. ②把张量场 T 看作权为 0 的张量密度场 $\hat{T}$, 则 $\mathscr{L}_v\hat{T}$ 与 T 的李导数 $\mathscr{L}_v T$ 一致.

为了找到式(15-6-34)在甩掉作用对象 $\bar{\boldsymbol{e}}$ 后的表达式, 先看标量密度场 $\hat{f}$ 这一特例. 我们来证明它的李导数可以表为

$$\mathscr{L}_v\hat{f} = v^a\nabla_a\hat{f} + m\hat{f}\,\nabla_a v^a\,. \tag{15-6-37}$$

任意指定度规场 g_{ab}，设 ε 和 ∇_a 分别是其适配体元和导数算符，$\bar{\varepsilon}$ 是与 ε 相伴的上标体元[即满足式(15-6-9)]，先证明式(15-6-37)对此 ∇_a 成立. 该式左边作用于 $\bar{\varepsilon}$ 得

$$(\mathscr{L}_v \hat{f}) \circ \bar{\varepsilon} = \mathscr{L}_v (\hat{f} \circ \bar{\varepsilon}) - m\xi(\bar{\varepsilon}, v)(\hat{f} \circ \bar{\varepsilon}) . \tag{15-6-38}$$

由式(15-6-35)可证(习题)

$$\xi(\bar{\varepsilon}, v) = -\nabla_a v^a , \tag{15-6-39}$$

(提示：写出 $\mathscr{L}_v \bar{\varepsilon}^{a_1 \cdots a_n}$ 的展开式，令其等于 $\xi(\bar{\varepsilon}, v)\bar{\varepsilon}^{a_1 \cdots a_n}$，再同 $\varepsilon_{a_1 \cdots a_n}$ 缩并.) 于是

$$(\mathscr{L}_v \hat{f}) \circ \bar{\varepsilon} = v^a \nabla_a (\hat{f} \circ \bar{\varepsilon}) + m(\hat{f} \circ \bar{\varepsilon}) \nabla_a v^a . \tag{15-6-40}$$

另一方面，由 $\psi_a(\bar{\varepsilon}, \nabla) = 0$ 可知式(15-6-37)右边作用于 $\bar{\varepsilon}$ 给出

$$v^a \nabla_a (\hat{f} \circ \bar{\varepsilon}) + m(\hat{f} \circ \bar{\varepsilon}) \nabla_a v^a ,$$

与式(15-6-40)对比便知式(15-6-37)对满足 $\nabla_a g_{bc} = 0$ 的 ∇_a 成立. 为证明它对任意 ∇'_a 也成立，只须补证(习题)

$$v^a \nabla'_a \hat{f} + m\hat{f} \nabla'_a v^a = v^a \nabla_a \hat{f} + m\hat{f} \nabla_a v^a . \tag{15-6-41}$$

式(15-6-37)表明标量密度场的李导数公式比标量场的李导数公式多一含 $m\nabla_a v^a$ 的附加项. 不难证明这一结论也适用于任意张量密度场 $\hat{T}^{\cdots}{}_{\cdots}$，例如

$$\mathscr{L}_v \hat{\omega}_a = v^b \nabla_b \hat{\omega}_a + \hat{\omega}_b \nabla_a v^b + m\hat{\omega}_a \nabla_b v^b , \tag{15-6-42}$$

$$\mathscr{L}_v \hat{T}^{ab} = v^c \nabla_c \hat{T}^{ab} - \hat{T}^{cb} \nabla_c v^a - \hat{T}^{ac} \nabla_c v^b + m\hat{T}^{ab} \nabla_c v^c . \tag{15-6-43}$$

一般地有

$$\mathscr{L}_v \hat{T}^{\cdots}{}_{\cdots} = \underbrace{(v^c \nabla_c \hat{T}^{\cdots}{}_{\cdots} + \cdots - \cdots)}_{\text{与普通张量场李导数公式形式一样}} + m\hat{T}^{\cdots}{}_{\cdots} \nabla_c v^c . \tag{15-6-44}$$

文献中也常出现张量密度场的表示的李导数[例如式(15-7-48)的 $\mathscr{L}_v \pi^{ab}$]，只要约定“表示的李导数定义为李导数的表示”，其含义同样是清楚的.

§15.7　辛几何及其在哈氏理论的应用[选读]

15.7.1　辛几何简介

定义1　$2N$ 维流形(N 是正整数) $\varGamma$ 上的非退化的闭 2 形式场 $\varOmega_{AB}$ 称为 $\varGamma$ 上的辛形式(symplectic form)，$(\varGamma, \varOmega_{AB})$ 称为辛流形(symplectic manifold).

此外也存在无限维的辛流形. 我们只讨论有限维辛流形.

注 1

① $A, B, \cdots$ 是 Γ 上张量场的抽象指标.

② Ω_{AB} 为非退化是指 $\Omega_{AB}v^A u^B = 0\ \forall u^B \Rightarrow v^A = 0$. Ω_{AB} 的非退化性保证它有唯一逆 Ω^{AB},① 其定义为 $\Omega^{AB}\Omega_{BC} = \delta^A{}_C$. Ω_{AB} 的非退化性还保证它在任一基底的分量排成的矩阵非退化(逆命题也成立). 后面的式(15-7-18)就是一例.

定义 2　微分同胚 $\psi: \Gamma \to \Gamma$ 称为**正则变换**(canonical transformation), 若

$$\psi^* \Omega_{AB} = \Omega_{AB}. \tag{15-7-1}$$

注 2　可见正则变换保持辛几何(体现为 Ω_{AB})不变.

定义 3　(Γ, Ω_{AB}) 上的矢量场 v^A 称为**无限小对称性**(infinitesimal symmetry), 若它生出的单参微分同胚族的每个微分同胚都是正则变换. 等价地, v^A 称为无限小对称性, 若

$$\mathscr{L}_v \Omega_{AB} = 0. \tag{15-7-2}$$

注 3　广义黎曼空间 (M, g_{ab}) 是配有度规 $g_{ab} = g_{(ab)}$ 的流形, 辛流形 (Γ, Ω_{AB}) 是配有辛形式 $\Omega_{AB} = \Omega_{[AB]}$ 的流形, 两者有类似之处, 也有许多不同. (M, g_{ab}) 上的无限小对称性是指满足 $\mathscr{L}_v g_{ab} = 0$ 的矢量场 v^a, 亦即 Killing 矢量场. (M, g_{ab}) 上的独立 Killing 矢量场最多只有 $n(n+1)/2$ 个(n 是 M 的维数), 而命题 15-7-1(见稍后)则表明 (Γ, Ω_{AB}) 上的独立无限小对称性有无限多个.

利用 Ω_{AB} 的唯一逆 Ω^{AB} 可从 Γ 上的每个实函数 $f: \Gamma \to \mathbb{R}$ 生成 Γ 上的一个矢量场, 定义如下.

定义 4　设 f 是 Γ 上的实函数, 则矢量场

$$X_f{}^A := \Omega^{AB} \nabla_B f \tag{15-7-3}$$

称为 ***f* 的哈氏矢量场**(Hamiltonian vector field of f), 其中 ∇_B 是 Γ 上任一(无挠)导数算符.

命题 15-7-1　局域地说, Γ 上的矢量场 v^A 是无限小对称性当且仅当它是某函数 f 的哈氏矢量场.

证明　由第 5 章习题 6(a) 得

$$\mathscr{L}_v \Omega_{AB} = \mathrm{d}_A(v^C \Omega_{CB}) + (\mathrm{d}\Omega)_{CAB} v^C = \mathrm{d}_A(v^C \Omega_{CB}), \tag{15-7-4}$$

其中第二步用到 Ω_{AB} 的闭性, 即 $\mathrm{d}\Omega = 0$.

设 Γ 上局域存在函数 f 使 $v^C = \Omega^{CD}\nabla_D f$ (即 v^A 局域地是 f 的哈氏矢量场),

---

① 对无限维辛流形, Ω_{AB} 的非退化性分为弱、强两个档次. 弱非退化性不保证 Ω_{AB} 有逆, 见下小节末.

则由式(15-7-4)可知对Γ的任一点有

$$\mathscr{L}_{\upsilon}\Omega_{AB} = \mathrm{d}_A(\Omega_{CB}\Omega^{CD}\nabla_D f) = -\mathrm{d}_A(\mathrm{d}_B f) = 0,$$

故υ^A是无限小对称性. 反之, 设υ^A是无限小对称性, 则$\mathscr{L}_{\upsilon}\Omega_{AB}=0$, 故式(15-7-4)导致$\mathrm{d}_A(\upsilon^C\Omega_{CB})=0$, 即1形式$\upsilon^C\Omega_{CB}$为闭, 所以至少是局域恰当的: 至少局域存在函数$f$使$\upsilon^C\Omega_{CB}=\mathrm{d}_B f=\nabla_B f$. 以$\Omega^{BA}$缩并两边得$\upsilon^A=-\Omega^{AB}\nabla_B f$, 可见$\upsilon^A$是哈氏矢量场. □

定义 5　(Γ,Ω_{AB})上两个函数f, g的**泊松括号**(Poisson bracket)定义为

$$\{f,g\} := \Omega^{AB}(\nabla_A f)\nabla_B g. \tag{15-7-5}$$

注 4

①泊松括号是把Γ上的任意两个函数变为Γ上的一个函数的映射;

②易见

$$\{f,g\} = X_g{}^A\nabla_A f = \mathscr{L}_{X_g} f = -X_f{}^B\nabla_B g = -\mathscr{L}_{X_f} g = -X_f(g). \tag{15-7-5′}$$

③式(15-7-5)与(15-2-21)定义的泊松括号等价, 见命题 15-7-5.

可以证明(Darboux 定理), $\forall P\in\Gamma$, 必有局域坐标系

$$\{x^1,\cdots,x^N;y_1,\cdots,y_N\}\ (\text{其坐标域含}\ P)$$

使Ω_{AB}可表为如下的简单形式:

$$\Omega_{AB} = (\mathrm{d}y_i)_A \wedge (\mathrm{d}x^i)_B.\quad (\text{对}\ i\ \text{从 1 到}\ N\ \text{取和}) \tag{15-7-6}$$

满足上式的坐标x^i, y_i称为**正则坐标**. 在这个意义上, 辛流形的辛形式Ω_{AB}比广义黎曼流形的度规g_{ab}简单得多. 这是辛流形与黎曼流形的又一重要不同.

命题 15-7-2　设$\psi:\Gamma\to\Gamma$是正则变换, x^i, y_i是$O\subset\Gamma$上的正则坐标, 则ψ^*x^i, ψ^*y_i是$\psi^{-1}[O]$上的正则坐标.

证明　$\forall p\in\psi^{-1}[O]$, 记$q\equiv\psi(p)\in O$, 则

$$\begin{aligned}\Omega_{AB}|_p &= (\psi^*\Omega_{AB})|_p = \psi^*(\Omega_{AB}|_q) = \psi^*[(\mathrm{d}_A y_i)|_q\wedge(\mathrm{d}_B x^i)|_q] = \psi^*[(\mathrm{d}_A y_i)|_q]\wedge\psi^*[(\mathrm{d}_B x^i)|_q]\\ &= [\mathrm{d}_A(\psi^* y_i)]_p\wedge[\mathrm{d}_B(\psi^* x^i)]_p = [\mathrm{d}_A(\psi^* y_i)\wedge\mathrm{d}_B(\psi^* x^i)]_p,\end{aligned}$$

[第一步用到式(15-7-1), 第三步用到式(15-7-6), 第五步用到$\mathrm{d}(\psi^*F)=\psi^*(\mathrm{d}F)$ (其中F代表函数), 此式的证明见注 5 .] 上式表明ψ^*x^i, ψ^*y_i是$\psi^{-1}[O]$上的正则坐标. □

命题15-7-2印证了本科理论力学教程中的说法: 正则变换就是把正则坐标变为正则坐标的坐标变换.

注5　命题15-7-2证明中用到的结论$\psi^*(\mathrm{d}F)=\mathrm{d}(\psi^*F)$在本书下册里不止一处要用，此处补做证明．此结论(定理)的准确提法是：

定理1　设N, M是流形，$\psi: N\to M$是光滑映射，F是M上的光滑函数，则

$$\mathrm{d}(\psi^*F)=\psi^*(\mathrm{d}F)\,. \tag{15-7-7}$$

证明　$\forall p\in N$，记$q\equiv\psi(p)$，$f\equiv\psi^*F$．以v代表p点的任一矢量(略去抽象指标)，则由式(2-3-7)得

$$(\mathrm{d}f)|_p\,(v)=v(f)\,. \tag{15-7-8}$$

设$C(t)$是N中的曲线(看作映射$C: I\to N$的像)，满足：① $C(0)=p$；② $C(t)$在p点的切矢为v，则$C'\equiv\psi\circ C: I\to M$是$M$中的曲线，满足：① $C'(0)=\psi(p)\equiv q$；② $C'(t)$在q点的切矢为ψ_*v(曲线切矢的像等于曲线像的切矢)．于是由曲线切矢定义[式(2-2-6)]得

$$v(f)=\left.\frac{\mathrm{d}}{\mathrm{d}t}\right|_{t=0}(f\circ C)\qquad 及\qquad (\psi_*v)(F)=\left.\frac{\mathrm{d}}{\mathrm{d}t}\right|_{t=0}(F\circ C')\,.$$

但$F\circ C'=F\circ(\psi\circ C)=(F\circ\psi)\circ C=f\circ C$，故

$$v(f)=(\psi_*v)(F)\,. \tag{15-7-9}$$

再把式(2-3-7)用于$q\in M$又得

$$(\psi_*v)(F)=(\mathrm{d}F)|_q\,(\psi_*v)=[\psi^*(\mathrm{d}F)]_p(v)\,. \tag{15-7-10}$$

上式两个等号之间的量代表对偶矢量$(\mathrm{d}F)|_q$对矢量ψ_*v的作用结果．式(15-7-8)、(15-7-9)及(15-7-9)联立给出

$$(\mathrm{d}f)|_p\,(v)=[\psi^*(\mathrm{d}F)]_p(v)\,.$$

再由p和v的任意性便得$\mathrm{d}f=\psi^*(\mathrm{d}F)$，此即待证等式(15-7-7).　□

注6　上述命题其实适用于M上的任意l形式场，证明详于命题16-3-1的证明中．

命题 15-7-3　函数f, g的泊松括号的哈氏矢量场等于f, g的哈氏矢量场的对易子(之负值)，即

$$X_{\{f,g\}}{}^A=-[X_f, X_g]^A\,. \tag{15-7-11}$$

证明　令$v^A\equiv X_{\{f,g\}}{}^A+[X_f, X_g]^A$，则由$\Omega_{AB}$的非退化性(见注1之②)可知只须证明$\Omega_{AB}v^A=0$，即只须证明

$$\Omega_{AB}(X_{\{f,g\}}{}^A + [X_f, X_g]^A) = 0 \, . \tag{15-7-12}$$

上式左边第二项 $= \Omega_{AB}[X_f, X_g]^A = \Omega_{AB}\mathscr{L}_{X_f} X_g{}^A$

$$= \mathscr{L}_{X_f}(\Omega_{AB}X_g{}^A) - X_g{}^A \mathscr{L}_{X_f}\Omega_{AB} = \mathscr{L}_{X_f}(\Omega_{AB}X_g{}^A) \, ,$$

[其中末步用到哈氏矢量场是无限小对称性, 满足式(15-7-2).] 于是

式(15-7-12)左边 $= \Omega_{AB}X_{\{f,g\}}{}^A + \mathscr{L}_{X_f}(\Omega_{AB}X_g{}^A)$

$$= \Omega_{AB}\Omega^{AC}\nabla_C\{f,g\} + \mathscr{L}_{X_f}(\Omega_{AB}\Omega^{AC}\nabla_C g) = -\nabla_B\{f,g\} - \mathscr{L}_{X_f}(\nabla_B g)$$

$$= \mathrm{d}_B(\mathscr{L}_{X_f} g) - \mathscr{L}_{X_f}(\mathrm{d}_B g) = \mathrm{d}_B(\mathscr{L}_{X_f} g) - \mathrm{d}_B(\mathscr{L}_{X_f} g) = 0 \, ,$$

其中第二步用到哈氏矢量场的定义, 第三步用到 $\Omega_{AB}\Omega^{AC} = -\Omega_{BA}\Omega^{AC} = -\delta_B{}^C$, 第四步用到式(15-7-5′), 第五步用到外微分与李导数算符的可交换性[见第 5 章习题 6(b)]. □

注7 本命题也可借用坐标语言直接证明: 以正则坐标系的普通导数算符 ∂_C 代替哈氏矢量场定义中的 ∇_C, 通过直接计算(用到 $\partial_C\Omega^{AB} = 0$)就可证明式(15-7-11).

下面介绍辛流形的应用. 在理论力学及许多其他应用中, 哈氏系统的相空间 Γ 都是位形空间 $\mathscr{C}$ 的余切丛, 即 $\Gamma = \mathrm{T}^*\mathscr{C}$. 设 $\dim\mathscr{C} = N$, 则 $\dim \mathrm{T}^*\mathscr{C} = 2N$. 在 $\mathrm{T}^*\mathscr{C}$ 上定义 1 形式场 θ_A [见, 例如, Woodhouse (1980)]: $\forall P = (Q, \omega_a) \in \mathrm{T}^*\mathscr{C}$ (a 代表 $\mathscr{C}$ 上张量的抽象指标), 定义 $\theta_A|_P$ 为

$$\theta_A|_P \, X^A := \omega_a(\pi_* X)^a, \quad \forall X^A \in V_P \, , \tag{15-7-13}$$

其中 V_P 代表 $P \in \mathrm{T}^*\mathscr{C}$ 的切空间, $\pi : \mathrm{T}^*\mathscr{C} \to \mathscr{C}$ 是从余切丛 $\mathrm{T}^*\mathscr{C}$ 到 $\mathscr{C}$ 的投影映射. 于是 $\mathrm{T}^*\mathscr{C}$ 上便有闭的 2 形式场

$$\Omega_{AB} := \mathrm{d}_A\theta_B \, . \tag{15-7-14}$$

在 $\mathscr{C}$ 中选定坐标系 $\{q^i\}$ 后, $\mathrm{T}^*\mathscr{C}$ 中有坐标系 $\{q^i, \omega_i\}$. 由式(15-7-13)可以证明(习题) θ_A 可借坐标系表为

$$\theta_A = \omega_i(\mathrm{d}q^i)_A \, , \text{①} \tag{15-7-15}$$

[证明提示: 令 $X^A = X^i(\partial/\partial q^i)^A + \hat{X}^i(\partial/\partial\omega_i)^A$ 并注意 $(\pi_* X)^a = X^i(\partial/\partial q^i)^a$.] 本书

① 选定拉氏量 L 后, 每点 $\sigma \in \mathrm{T}\mathscr{C}$ 有动量 p_a, 是点 $\pi(\sigma)$ 的一个对偶矢量. 也可在 $\mathrm{T}\mathscr{C}$ 上定义对偶矢量场 $p_A \equiv p_i(\mathrm{d}q^i)_A$, 而且, 设 $f : \mathrm{T}\mathscr{C} \to \mathrm{T}^*\mathscr{C}$ 是 L 给出的 Legendre 变换, 则不难看出 $p_A = f^*\theta_A$.

从§15.3起把$\mathrm{T}^*\mathscr{C}$的点的后N个坐标记作ω_i，是因为符号p_i已用做$\mathrm{T}\mathscr{C}$上的函数(动量分量). 现在只讨论$\mathrm{T}^*\mathscr{C}$，我们从现在起按多数文献的习惯把$\mathrm{T}^*\mathscr{C}$上的ω_i(及ω_a)改回p_i(及p_a). 于是式(15-7-15)重新表为

$$\theta_A = p_i (\mathrm{d}q^i)_A, \tag{15-7-15$'$}$$

因而Ω_{AB}可表为

$$\Omega_{AB} = (\mathrm{d}p_i)_A \wedge (\mathrm{d}q^i)_B. \tag{15-7-16}$$

由式(15-7-16)的矩阵表达式[见稍后的式(15-7-18)]可知这样定义的Ω_{AB}非退化，故可充当辛形式. 因此相空间$\mathrm{T}^*\mathscr{C}$可看作$2N$维辛流形，而且q^i和p_i是正则坐标.

下面介绍借助正则坐标q^i, p_i表出的一些重要公式. 由式(15-7-16)易得

$$\begin{gathered}\Omega_{AB}(\partial/\partial q^i)^A(\partial/\partial q^j)^B = 0, \quad \Omega_{AB}(\partial/\partial p_i)^A(\partial/\partial p_j)^B = 0, \\ \Omega_{AB}(\partial/\partial q^i)^A(\partial/\partial p_j)^B = -\delta^j{}_i.\end{gathered} \tag{15-7-17}$$

先看$N=2$的简单情况. 令$z^1=q^1$, $z^2=q^2$, $z^3=p_1$, $z^4=p_2$，则由式(15-7-17)易见Ω_{AB}在坐标系$\{z^1,\cdots,z^4\}$的分量矩阵为

$$(\Omega_{\Phi\Psi}) = \begin{bmatrix} 0 & 0 & -1 & 0 \\ 0 & 0 & 0 & -1 \\ 1 & 0 & 0 & 0 \\ 0 & 1 & 0 & 0 \end{bmatrix} \equiv \begin{bmatrix} 0 & -I_{2\times 2} \\ I_{2\times 2} & 0 \end{bmatrix},$$

其中Φ, Ψ代表具体指标，$I_{2\times 2}$代表2×2单位矩阵. 上式不难推广至$\mathrm{T}^*\mathscr{C}$是$2N$维的情况：

$$(\Omega_{\Phi\Psi}) = \begin{bmatrix} 0 & -I_{N\times N} \\ I_{N\times N} & 0 \end{bmatrix}. \tag{15-7-18}$$

此矩阵非退化，可见Ω_{AB}的确是非退化2形式. [Ω_{AB}非退化等价于其矩阵$(\Omega_{\Phi\Psi})$非退化，这类似于度规g_{ab}非退化等价于其矩阵$(g_{\mu\nu})$非退化，证明也类似，可参见式(2-6-8).] 由式(15-7-16)不难验证

$$\Omega^{AB} = 2(\partial/\partial q^i)^{[A}(\partial/\partial p_i)^{B]}. \tag{15-7-19}$$

由上式易得

$$\begin{gathered}\Omega^{AB}(\mathrm{d}q^i)_A(\mathrm{d}q^j)_B = 0, \quad \Omega^{AB}(\mathrm{d}p_i)_A(\mathrm{d}p_j)_B = 0, \\ \Omega^{AB}(\mathrm{d}q^i)_A(\mathrm{d}p_j)_B = \delta^i{}_j,\end{gathered} \tag{15-7-20}$$

故 Ω^{AB} 的分量矩阵 $(\Omega^{\Phi\Psi})$ 同 $(\Omega_{\Phi\Psi})$ 差一负号，即

$$(\Omega^{\Phi\Psi}) = \begin{bmatrix} 0 & I_{N\times N} \\ -I_{N\times N} & 0 \end{bmatrix} . \tag{15-7-21}$$

命题 15-7-4　相空间 $T^*\mathscr{C}$ 上函数 f 的哈氏矢量场可用坐标基矢表为

$$X_f{}^A = \frac{\partial f}{\partial p_i}\left(\frac{\partial}{\partial q^i}\right)^A - \frac{\partial f}{\partial q^i}\left(\frac{\partial}{\partial p_i}\right)^A . \tag{15-7-22}$$

证明　$X_f{}^A = \Omega^{AB}\nabla_B f = 2\left(\frac{\partial}{\partial q^i}\right)^{[A}\left(\frac{\partial}{\partial p_i}\right)^{B]}\left[\frac{\partial f}{\partial q^j}(\mathrm{d}q^j)_B + \frac{\partial f}{\partial p_j}(\mathrm{d}p_j)_B\right]$

$$= \frac{\partial f}{\partial p_i}\left(\frac{\partial}{\partial q^i}\right)^A - \frac{\partial f}{\partial q^i}\left(\frac{\partial}{\partial p_i}\right)^A . \qquad \square$$

命题 15-7-5　由式(15-7-5)定义的泊松括号 $\{f, g\}$ 可借 f, g 对坐标 q^i, p_i 的偏导数表为

$$\{f,g\} = \frac{\partial f}{\partial q^i}\frac{\partial g}{\partial p_i} - \frac{\partial f}{\partial p_i}\frac{\partial g}{\partial q^i} , \tag{15-7-23}$$

与式(15-2-21)定义的泊松括号一致.

证明　由式(15-7-5′)最末一个等号及式(15-7-22)立即得证.　□

无约束系统的动力学演化可由相空间 $T^*\mathscr{C}$ 上的一个函数 H (哈氏量)的哈氏矢量场 $X_H{}^A$ 描述，就是说，$\forall P \in T^*\mathscr{C}$，$X_H{}^A$ 过 P 的积分曲线 $\gamma(t)$ (其中 t 代表时间)可看作系统从初态 P 出发的演化轨迹. 设 $f : T^*\mathscr{C} \to \mathbb{R}$ 是系统的可观测量，则由 f 与 $\gamma(t)$ 结合而得的函数 $f(t)$ 的时间变率

$$\dot{f} = \frac{\partial}{\partial t}(f) = X_H(f) = \mathscr{L}_{X_H} f = \{f, H\} . \tag{15-7-24}$$

这正是式(15-2-23)在无约束系统的表现.

15.7.2　第一类约束系统

物理系统由相空间 Γ、其上的辛形式 Ω_{AB} 及哈氏量 H 决定，记作 (Γ, Ω_{AB}, H).

定义 6　物理状态必须落在相空间 Γ 的低维子流形 $\overline{\Gamma}$ 上的物理系统称为**约束系统**(constrained system)，$\overline{\Gamma}$ 称为**约束面**(constraint surface). 我们只讨论 $\overline{\Gamma}$ 是最终约束面的约束系统. 约束系统 $(\Gamma, \Omega_{AB}, H, \overline{\Gamma})$ 称为**第一类**(first class)**的**，若 $\overline{\Gamma}$ 上的每一法余矢 n_A 对应的矢量 $n^A \equiv \Omega^{AB} n_B$ 都切于 $\overline{\Gamma}$.

注 8　辛流形(Γ,Ω_{AB})没有度规，两个矢量之间的相互正交性并无定义.（人们不愿用$\Omega_{AB}u^A v^B=0$作为u^A与v^B正交的定义，因为Ω_{AB}的反称性会使任一矢量都同自身正交.）但对偶矢量(余矢)μ_A同矢量v^A的正交性不论有无度规都有定义(μ_A同v^A正交当且仅当$\mu_A v^A=0$)，所以曲面$\bar{\Gamma}$上一点P的法余矢n_A有明确定义[与切于$\bar{\Gamma}$的所有矢量正交的余矢(包括零余矢)称为法余矢①]. 第一类约束系统的要求是$\Omega^{AB}n_B$切于$\bar{\Gamma}$.

设$\dim\Gamma=2N$. 如果$\dim\bar{\Gamma}=2N-1$，则$\bar{\Gamma}$可以局域地用方程$C=0$描述，其中C是Γ上的函数(还要求$\nabla_A C$处处非零)，称为约束函数. 推广至一般情况，设$\dim\bar{\Gamma}=2N-R$，则约束面$\bar{\Gamma}$可局域地用R个独立的约束函数C_r②为零来描述，即$\bar{\Gamma}=\{P\in\Gamma\mid C_r(P)=0,\ r=1,\cdots,R\}$.

然而，给定$\bar{\Gamma}$并不意味着约束函数组被唯一确定，因为同一曲面$\bar{\Gamma}$既可看作这样R个超曲面之交，也可看作那样R个超曲面之交. 约束函数组的选择有很大程度的规范任意性.

因为$\bar{\Gamma}$由$\{C_1=0,\cdots,C_R=0\}$定义，所以$\nabla_A C_r$是$\bar{\Gamma}$的法余矢. 若以W_P代表点$P\in\bar{\Gamma}$的切于$\bar{\Gamma}$的切空间，则不难证明P点的所有法余矢的集合是V_P^*的一个R维子空间，而且$\{\nabla_A C_1|_P,\cdots,\nabla_A C_R|_P\}$是这个子空间的一个基底.

定义 7　设$(\Gamma,\Omega_{AB},H,\bar{\Gamma})$是约束系统(不限于第一类). Γ上的函数f称为**第一类的**，若$X_f{}^A|_{\bar{\Gamma}}$切于$\bar{\Gamma}$.

命题 15-7-6　Γ上的函数f是第一类的当且仅当$\{f,C_r\}|_{\bar{\Gamma}}=0,\ r=1,\cdots,R$.

证明

$$f\text{为第一类函数}\ \Leftrightarrow\ X_f{}^A|_{\bar{\Gamma}}\text{切于}\bar{\Gamma}$$

$$\Leftrightarrow\ (X_f{}^A\nabla_A C_r)|_{\bar{\Gamma}}=0,\ r=1,\cdots,R\ \Leftrightarrow\ \{f,C_r\}|_{\bar{\Gamma}}=0,\ r=1,\cdots,R,$$

其中第一步用到定义 7，第二步是因为$\nabla_A C_r$是$\bar{\Gamma}$的法余矢(还用到余矢与矢量正交性的定义)，第三步用到式(15-7-5′). □

注 9　命题15-7-6表明定义 7 与 Dirac 关于第一类函数的定义(见选读15-2-1前)等价.

命题 15-7-7　设约束面$\bar{\Gamma}$由约束函数$C_r(r=1,\cdots,R)$决定，则

$$\text{约束系统为第一类}\Leftrightarrow\text{每一}C_r\text{都是第一类函数}\Leftrightarrow\{C_r,C_s\}|_{\bar{\Gamma}}=0,\ r,s=1,\cdots,R. \tag{15-7-25}$$

---

① 各文献对“法余矢是否含零余矢”的问题似未有一致约定. 本书上册§4.4 定义 3 的法余矢要求非零，但此处为陈述方便又规定零余矢也算法余矢. 总之，这一问题在本书不同地方并不统一，只能请读者酌情理解.

② 还要求各$\nabla_A C_r$在每点都互相线性独立.

证明 由命题15-7-6显见第二个⇔成立，下面是第一个⇔的证明：

$$每一C_r都是第一类函数 \Leftrightarrow X_{C_r}{}^A|_{\overline{\Gamma}}\ (\equiv \Omega^{AB}\nabla_B C_r|_{\overline{\Gamma}})\ 切于\overline{\Gamma},\ \forall r=1,\cdots,R$$

$$\Leftrightarrow 约束系统为第一类,$$

其中第一步用到定义7，第二步是因$\{\nabla_A C_1|_P,\cdots,\nabla_A C_R|_P\}$是$P$点法余空间的基. □

注10

①命题15-7-7表明用几何语言陈述的第一类约束(定义6)同Dirac定义的第一类约束(见选读15-2-1前)在以下意义上实质一致：约束系统是第一类的(按定义6)当且仅当所有约束(不论初、次级)按Dirac定义是第一类的.

②必要时将分别用ϕ_m和ψ_u代表初级和次级约束，它们合起来就是$C_1,\cdots,C_R$. 于是命题15-7-7与式(15-2-40)结合便证明了如下命题：

命题15-7-8 第一类约束系统的哈氏量H是第一类函数.

命题15-7-9 设约束面$\overline{\Gamma}$由约束函数$C_r(r=1,\cdots,R)$决定，则式(15-7-25)等价于Γ上局域存在函数$f_{rs}{}^t\ (r,s,t=1,\cdots,R)$使

$$\{C_r,C_s\}=\sum\nolimits_{t=1}^R f_{rs}{}^t C_t\,,\qquad r,s=1,\cdots,R\,. \tag{15-7-26}$$

证明 (初读时可略去) 令$\Lambda\equiv\{C_r,C_s\}$，则Λ是$2N$元函数且

$$\Lambda|_{\overline{\Gamma}}=0\,. \tag{15-7-27}$$

在Γ上选局域坐标系$\{x^1,\cdots,x^R;y^1,\cdots,y^{2N-R}\}$使$x^r=C_r$，$r=1,\cdots,R$，则上式可表为

$$\Lambda(0,\cdots,0;y^1,\cdots,y^{2N-R})=0\,. \tag{15-7-27′}$$

y坐标的每一组确定值对应于一个R元函数

$$\Lambda_y(x^1,\cdots,x^R)\equiv\Lambda(x^1,\cdots,x^R;\underbrace{y^1,\cdots,y^{2N-R}}_{一组确定值})\,. \tag{15-7-28}$$

把$\Lambda_y(x^1,\cdots,x^R)$简写作$\Lambda_y(x)$，则式(15-7-27′)等价于

$$\Lambda_y(0)=0\,. \tag{15-7-27″}$$

数学上有如下定理[见Wald(1984)第2章习题2，有提示]：若C^∞函数$\Lambda(x^1,\cdots,x^R)$满足$\Lambda(0,\cdots,0)=0$，则存在C^∞函数$\Phi_1(x^1,\cdots,x^R),\cdots,\Phi_R(x^1,\cdots,x^R)$使

$$\Lambda(x^1,\cdots,x^R)=\Phi_1(x^1,\cdots,x^R)x^1+\cdots+\Phi_R(x^1,\cdots,x^R)x^R\,. \tag{15-7-29}$$

将此定理用于我们的问题，得

$$\Lambda_y(x)=\sum\nolimits_{t=1}^{R}\Phi_t(x,y)x^t\ .$$

$\Lambda\equiv\{C_r,C_s\}$ 依赖于指标 r 和 s 导致 $\sum_{t=1}^{R}\Phi_t(x,y)x^t$ 依赖于 r 和 s，以 $f_{rs}{}^t$ 代表 $\Phi_t(x,y)$，注意到 $x^t=C_t$，便得

$$\Lambda_y(x)=\sum\nolimits_{t=1}^{R}f_{rs}{}^tC_t\ ,\qquad r,s=1,\cdots,R\ .$$

此即式(15-7-26). □

第一类约束系统的哈氏量 H 及约束函数 $C_r(r=1,\cdots,R)$ 都是第一类函数导致

$$X_H{}^A\nabla_AC_r\,|_{\bar{\Gamma}}=\{C_r,H\}\,|_{\bar{\Gamma}}=0\ ,\quad r=1,\cdots,R$$

及

$$X_s{}^A\nabla_AC_r\,|_{\bar{\Gamma}}=\{C_r,C_s\}\,|_{\bar{\Gamma}}=0\ ,\quad r,s=1,\cdots,R\ .$$

仿照选读15-2-1后半部分的讨论可知第一类约束系统的哈氏方程(15-2-19)中的 $\lambda^m(t)$ 可为任意函数, 就是说, 由任意指定的 M 个一元函数 $\lambda^m(t)$ 以及初态点 $(q^i(0),p_i(0))\in\bar{\Gamma}$ 所决定的方程组(15-2-19)的唯一解曲线 $\gamma(t)=(q^i(t),p_i(t))$ 一定躺在 $\bar{\Gamma}$ 上, 因而一定是演化线. $\lambda^m(t)$ 的任意性使得从同一初态点出发的演化线有无限多条. 这对应于物理上的规范自由性. 下面再深入一步讨论这个问题.

设第一类约束系统共有 R 个(独立)约束 $C_r=0,\ r=1,\cdots,R$，则每一约束函数 C_r 的哈氏矢量场(称为**约束矢量场**) $X_r{}^A\equiv\Omega^{AB}\nabla_BC_r$ 都切于 $\bar{\Gamma}$. Ω_{AB} 的非退化性保证这 R 个 $X_r{}^A$ 在任意 $P\in\bar{\Gamma}$ 处线性独立. 以 W_P 代表 $P\in\bar{\Gamma}$ 的所有切于 $\bar{\Gamma}$ 的矢量的集合(因而是 $2N-R$ 维线性空间), 则以 $\{X_1{}^A|_P,\cdots,X_R{}^A|_P\}$ 为基底构成的线性空间 Δ_P 是 W_P 的 R 维子空间. 由于描述同一约束面 $\bar{\Gamma}$ 的约束函数的选择存在任意性, Δ_P 的任一非零元素都可以看作某一约束矢量场在 P 点的值, 可见 Δ_P 与 P 点所有法余矢组成的空间同构. 以 $\bar{\Omega}_{AB}$ 代表 Ω_{AB} 在 $\bar{\Gamma}$ 上的限制, 即

$$\bar{\Omega}_{AB}\bar{v}^A\bar{u}^B=\Omega_{AB}\bar{v}^A\bar{u}^B,\qquad\forall\bar{v}^A,\ \bar{u}^B\in W_P,\ \ P\in\bar{\Gamma}\ .$$

既然系统的代表点离不开 $\bar{\Gamma}$，撇开 Γ 而径直对 $(\bar{\Gamma},\bar{\Omega}_{AB},H)$ (其中 H 应理解为 $H|_{\bar{\Gamma}}$)进行讨论的想法自然是诱人的. 然而, 与 Ω_{AB} 不同, $\bar{\Omega}_{AB}$ 是退化的, 理由如下: 设 n_A 是任一法余矢, 则 $\forall P\in\bar{\Gamma}$ 有

$$0=\bar{v}^An_A=\bar{v}^A\Omega_{AC}\Omega^{CB}n_B=\bar{v}^A\Omega_{AC}n^C=\bar{\Omega}_{AC}n^C\bar{v}^A,\quad\forall\bar{v}^A\in W_P\ ,$$

(其中最末一步是因为第一类约束系统的定义保证 $n^C\equiv\Omega^{CB}n_B\in W_P$.) 上式表明 $\bar{\Omega}_{AC}n^C=0$，而 $n^C\neq0$，可见 $\bar{\Omega}_{AC}$ 退化. 满足 $\bar{\Omega}_{AC}\bar{u}^C=0$ 的 $\bar{u}^C\in W_P$ 称为**退化矢量**, 故所有相应于法余矢 n_B 的矢量 $n^C\equiv\Omega^{CB}n_B$ 都是退化矢量. 反之也可看出, 任一退

化矢量 $\overline{u}^A$ 相应的余矢量 $\overline{u}_B \equiv \Omega_{BA}\overline{u}^A$ 必为法余矢. 可见 P 点的所有退化矢量的集合正是前面定义的 Δ_P. 由于 Δ_P 是 R 维子空间, 我们就说 $\overline{\Omega}_{AB}$ 是 **R 重退化的**(R-fold degenerate). $\overline{\Omega}_{AB}$ 的退化性使它不能充当辛形式, 其重要后果之一就是无逆(虽可定义某种广义逆, 但不唯一). 鉴于哈氏量 H 的哈氏矢量场对演化的重要性, 自然希望用 $\overline{\Omega}_{AB}$ 在 $\overline{\Gamma}$ 上定义 H 的"哈氏矢量场". (记作 $\overline{X}_H{}^A$, 以区别于用 Ω_{AB} 定义的 $X_H{}^A$.) $X_H{}^A$ 是用 Ω_{AB} 的逆定义的, $\overline{\Omega}_{AB}$ 的无逆性给 $\overline{X}_H{}^A$ 的定义造成困难. 克服困难的办法是改从 $X_H{}^A = \Omega^{AB}\nabla_B H$ 的等价形式 $\Omega_{AB}X_H{}^B = \nabla_A H$ 出发, 即用下式定义 $\overline{X}_H{}^A$:

$$\overline{\Omega}_{AB}\overline{X}_H{}^B = \overline{\nabla}_A H. \quad (\text{其中}\overline{\nabla}_A\text{是 }\overline{\Gamma}\text{ 上任一无挠导数算符, }H\text{ 指 }H|_{\overline{\Gamma}}) \tag{15-7-30}$$

然而这样定义的 $\overline{X}_H{}^B$ 并不唯一, 因为设 $\overline{X}_H{}^B$ 满足上式, 则 $\overline{X}_H{}^B + X^B$ 也满足, 其中 X^B 是任一约束矢量场在 $\overline{\Gamma}$ 上的值. 反之, 任何两个满足式(15-7-30)的 $\overline{X}_H{}^B$ 之差只能是一个约束矢量场 X^B (在 $\overline{\Gamma}$ 上的值). 现在来看 $\overline{X}_H{}^B$ 同 $X_H{}^B|_{\overline{\Gamma}}$ 的联系. 因为 $X_H{}^B|_{\overline{\Gamma}}$ 切于 $\overline{\Gamma}$ (第一类约束系统的 H 是第一类函数), 所以对任一切于 $\overline{\Gamma}$ 的矢量场 $\overline{v}^A$ 有

$$\overline{\Omega}_{AB}X_H{}^B\,\overline{v}^A = \Omega_{AB}X_H{}^B\,\overline{v}^A = \overline{v}^A\nabla_A H .$$

虽然 $\nabla_A H \neq \overline{\nabla}_A H$, 但

$$\overline{v}^A\nabla_A H = \overline{v}^A\overline{\nabla}_A H = \overline{v}^A\overline{\Omega}_{AB}\overline{X}_H{}^B ,$$

因而

$$\overline{\Omega}_{AB}X_H{}^B\,\overline{v}^A = \overline{\Omega}_{AB}\overline{X}_H{}^B\,\overline{v}^A ,$$

所以

$$\overline{\Omega}_{AB}X_H{}^B = \overline{\Omega}_{AB}\overline{X}_H{}^B . \tag{15-7-31}$$

上式表明 $X_H{}^B|_{\overline{\Gamma}}$ 是众多 $\overline{X}_H{}^B$ 中的一个. 因为 $\overline{\Omega}_{AB}$ 是 R 重退化的, 而且 $X_H{}^B$ 满足式(15-7-30), 所以满足此式的所有 $\overline{X}_H{}^B$ 都可表为

$$\overline{X}_H{}^B = (X_H{}^B + \alpha^r X_r{}^B)|_{\overline{\Gamma}}, \quad (\text{对 } r \text{ 从 1 到 } R \text{ 取和}) \tag{15-7-32}$$

其中 $\alpha^r (r=1,\cdots,R)$ 是 $\overline{\Gamma}$ 上的 R 个任意函数, $X_r{}^B \equiv \Omega^{BA}\nabla_A C_r$ 是与约束函数 C_r 相应的 R 个约束矢量场, 又可分为初级和次级, 即

$$\overline{X}_H{}^B = (X_H{}^B + \alpha^m X_m{}^B + \alpha^u X_u{}^B)|_{\overline{\Gamma}}, \tag{15-7-32$'$}$$

其中 $X_m{}^B \equiv \Omega^{BA}\nabla_A\phi_m$ $(m=1,\cdots,M)$, $X_u{}^B \equiv \Omega^{BA}\nabla_A\psi_u$ $(u=M+1,\ \cdots,R)$. $X_H{}^B$ 的

积分曲线当然是演化线. 问题是: $\overline{X}_H{}^B$ 的积分曲线也一定是演化线吗? 如果只考虑初级约束, 即暂时把式(15-7-32′)缩窄为

$$\overline{X}_H{}^B = (X_H{}^B + \alpha^m X_m{}^B)|_{\overline{\Gamma}}, \tag{15-7-33}$$

则利用拉氏乘子 λ^m 的自由性, 把 α^m 看作拉氏乘子便可证明 $\overline{X}_H{}^B$ 的积分曲线是哈氏方程 (15-2-19) 的解, 因此自然是演化线. $\overline{X}_H{}^B = (X_H{}^B + \alpha^m X_m{}^B)|_{\overline{\Gamma}}$ 的非唯一性导致从同一初态出发的演化线的非唯一性(图 15-4). 这表明初级约束矢量场 $X_m{}^B|_{\overline{\Gamma}}$ 的同一积分曲线上的所有点对应于同一物理态, 这些点之间的差别纯粹是规范差别. 以小节 15.2.4 (L 不含 $\dot{q}^1$ 的情况)为例, 系统只有一个初级约束 $p_1 = 0$, 由式(15-7-3)和(15-7-19)易见其哈氏矢量场 $X_{p_1}{}^A = (\partial/\partial q^1)^A$, 因此, $X_{p_1}{}^A$ 的积分曲线上任意两点唯一有区别的坐标是 q^1, 而 q^1 的差别完全是规范差别. 无源电磁场可看作与此类似的一个具体实例, 其标势 V 对应于 q^1, 图 15-4 中两条演化线的差别无非来源于标势选择的不同, 纯粹是规范差别.

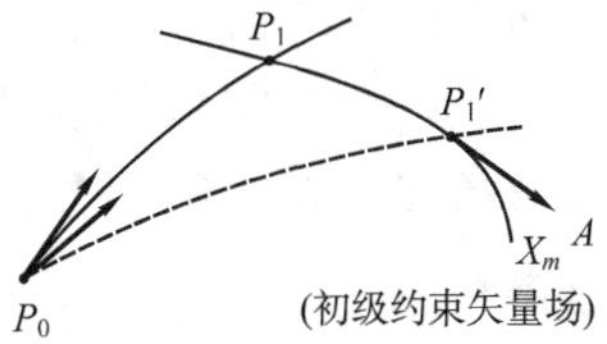

图 15-4　从初态 P_0 出发的演化线不唯一. 初级约束矢量场 $X_m{}^A$ 的积分曲线上所有点代表同一物理态

注意到哈氏方程中含 $\partial\phi_m/\partial p_i$ 而不含 $\partial\psi_u/\partial p_i$, 以上论据对次级约束矢量场 $X_u{}^B$ 不适用. 不过这并不排除结论仍适用于次级约束的可能性, 于是问题集中表现为: $\overline{X}_H{}^B = (X_H{}^B + \alpha^u X_u{}^B)|_{\overline{\Gamma}}$ 的积分线也一定是演化线吗?这是一个颇为微妙的问题. 回答问题的第一步是明确演化线的定义. $X_H{}^B$ 在 $\overline{\Gamma}$ 上的积分线 $\gamma(t)$ [一般地, 哈氏方程(15-2-19)的解]当然是演化线. 推广一步, $\overline{\Gamma}$ 上任一曲线 $\gamma'(t)$ 称为以 $\gamma(0)$ 为初态的演化线, 若 $\gamma'(0) = \gamma(0)$, 而且对任一 t_1 值, $\gamma'(t_1)$ 和 $\gamma(t_1)$ 代表同一物理态. ["同一物理态" 的含义则要由物理决定. 例如, 对电磁场而言, $(\vec{a}, \vec{\pi})$ 与 $(\vec{a} + \vec{\nabla}\chi, \vec{\pi})$ 代表同一物理态.] 明确定义后, 要回答上述问题还须用到如下结论(证明见稍后的命题 15-7-11): 设 $\gamma(t)$ 和 $\gamma'(t)$ 分别是 $X_H{}^A|_{\overline{\Gamma}}$ 和 $\overline{X}_H{}^A$ 的积分线, 而且 $\gamma'(0) = \gamma(0)$, 则对任一时刻 t_1, 点 $\gamma'(t_1)$ 和 $\gamma(t_1)$ 必位于某约束矢量场的某条积分线上. 在此基础上, 问题 " $\overline{X}_H{}^B = (X_H{}^B + \alpha^u X_u{}^B)|_{\overline{\Gamma}}$ 的积分线也是演化线吗?" 就等价于问题 "任一次级约束矢量场 Z^A 的积分线上各点代表相同物理态吗?" . 针对这一微妙问题, Dirac(1964) 第 17 页说: "不改变物理态的那些动力学变量的变换是无穷小切变换, 其生成函数是一个初级第一类约束, 或是一个次级第一类约束. ……我猜想很可能全部第一类次级约束都应该包括在那些不改变物理态的变换中, 但我尚未能证明这一点. "小节 15.7.3 将证明电磁场的全部(初次级)约束都对

应于不改变物理态的规范变换，而小节15.7.4则将证明，引力场的两组第一类次级约束的表现很不相同，第一组(矢量约束)对应于规范变换，第二组(标量约束)则不然. 这似乎应视为Dirac猜想的反例. 关于Dirac猜想的其他可能反例(不涉及引力场)的讨论可参阅李子平(1993, 1999)及其所引文献.

下面介绍“约化相空间”的概念. 前面讲过任一点 $P\in\bar{\Gamma}$ 的、切于 $\bar{\Gamma}$ 的切空间 W_P 有一个 R 维子空间 Δ_P，所以 $\bar{\Gamma}$ 上有子空间场 Δ. 命题15-7-3表明任意两个约束矢量场 $X_r{}^A, X_s{}^A$ 满足 $[X_r, X_s]^A=-X_{\{C_r,C_s\}}{}^A$，而命题15-7-9表明 $\{C_r, C_s\}$ 也可看作约束函数，故 $[X_r, X_s]^A\in\Delta$，于是Frobenius定理(见附录F定理F-1)保证 Δ 可积. 设 $\mathscr{S}$ 是任一最大积分子流形(R 维)，则可以证明 $\mathscr{S}$ 上任意两点 P_1, P_2 总可用有限段光滑曲线连接，每段都是约束矢量场的积分线. 以 $\bar{\Gamma}$ 的每一最大积分子流形为元素构成的集合记作 $\hat{\Gamma}$ (即定义 $\hat{\Gamma}$ 为 $\bar{\Gamma}/\Delta$)，① 其维数等于 $2(N-R)$ (偶数)，而且存在自然的投影映射 $\pi: \bar{\Gamma}\to\hat{\Gamma}$，用它可给 $\hat{\Gamma}$ 依下式定义一个自然的辛形式 $\hat{\Omega}_{AB}$：$\forall S\in\hat{\Gamma}$，定义 $\hat{\Omega}_{AB}$ 为

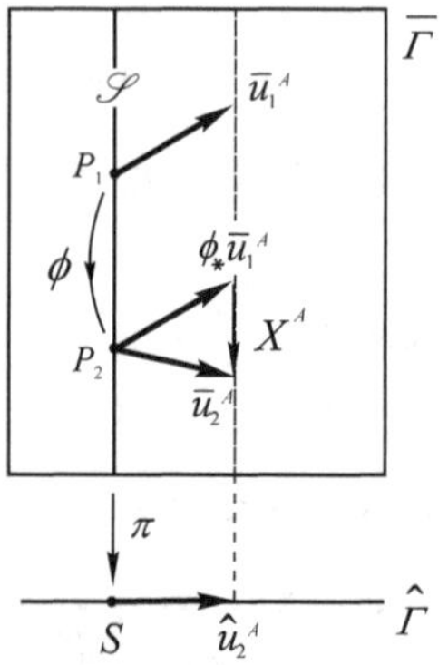

图 15-5 $\pi_*\bar{u}_1{}^A=\pi_*\bar{u}_2{}^A$ 保证 $\bar{u}_2{}^A-\phi_*\bar{u}_1{}^A=X^A$ (约束矢量)

$$\hat{\Omega}_{AB}|_S\, \hat{u}^A\hat{v}^B := \bar{\Omega}_{AB}|_P\, \bar{u}^A\bar{v}^B,\quad \forall \hat{u}^A,\ \hat{v}^B\in V_S, \tag{15-7-34}$$

其中 P 是 $\mathscr{S}\equiv\pi^{-1}(S)$ 的任一点，$\bar{u}^A, \bar{v}^B\in W_P$ 满足

$$\pi_*\bar{u}^A=\hat{u}^A,\quad \pi_*\bar{v}^B=\hat{v}^B. \tag{15-7-35}$$

由于 $\mathscr{S}$ 的点很多，每点满足式(15-7-35)的 $\bar{u}^A$ 和 $\bar{v}^A$ 也很多，要保证式(15-7-34)的定义合法，还应补证 $\bar{\Omega}_{AB}|_P\, \bar{u}^A\bar{v}^B$ 同 P 点以及 $\bar{u}^A, \bar{v}^B$ 的选择无关，即还应补证

$$\bar{\Omega}_{AB}|_{P_1}\, \bar{u}_1{}^A\bar{v}_1{}^B=\bar{\Omega}_{AB}|_{P_2}\, \bar{u}_2{}^A\bar{v}_2{}^B,$$

① 在许多情况下 $\hat{\Gamma}$ 不是个流形，我们只讨论 $\hat{\Gamma}$ 是流形的情况.

$$\forall P_1, P_2 \in \mathscr{S}, \quad \bar{u}_1{}^A, \bar{v}_1{}^B \in W_{P_1}, \quad \bar{u}_2{}^A, \bar{v}_2{}^B \in W_{P_2}, \tag{15-7-36}$$

$$(满足 \pi_* \bar{u}_1{}^A = \pi_* \bar{u}_2{}^A = \hat{u}^A, \ \pi_* \bar{v}_1{}^B = \pi_* \bar{v}_2{}^B = \hat{v}^B.)$$

设 ϕ 是某约束矢量场 Z^A 生出的、满足 $\phi(P_1) = P_2$ 的微分同胚，[1] 则 $\pi \circ \phi = \pi$，故 $\pi_* \circ \phi_* = \pi_*$，因而

$$0 = \pi_* \bar{u}_2{}^A - \pi_* \bar{u}_1{}^A = \pi_* \bar{u}_2{}^A - (\pi_* \circ \phi_*)\, \bar{u}_1{}^A = \pi_* (\bar{u}_2{}^A - \phi_*\, \bar{u}_1{}^A),$$

所以 P_2 点有约束矢量 X^A 和 Y^A 使 $\bar{u}_2{}^A - \phi_* \bar{u}_1{}^A = X^A$（图 15-5）和 $\bar{v}_2{}^A - \phi_* \bar{v}_1{}^A = Y^A$. 于是

$$\begin{aligned} \bar{\Omega}_{AB}|_{P_2}\, \bar{u}_2{}^A \bar{v}_2{}^B &= \bar{\Omega}_{AB}|_{P_2}\, (\phi_* \bar{u}_1{}^A + X^A)(\phi_* \bar{v}_1{}^B + Y^B) \\ &= \bar{\Omega}_{AB}|_{P_2}\, (\phi_* \bar{u}_1)^A (\phi_* \bar{v}_1)^B = (\phi^* \bar{\Omega})_{AB}|_{P_1}\, \bar{u}_1{}^A \bar{v}_1{}^B = \bar{\Omega}_{AB}|_{P_1}\, \bar{u}_1{}^A \bar{v}_1{}^B, \end{aligned}$$

[其中第二步用到 $\bar{\Omega}_{AB} X^A = 0$, $\bar{\Omega}_{AB} Y^B = 0$，第四步用到 $\mathscr{L}_Z \bar{\Omega}_{AB} = 0$（来自 $\mathscr{L}_Z \Omega_{AB} = 0$[2]）.] 可见式(15-7-36)成立. 由式(15-7-34)定义的 $\hat{\Omega}_{AB}$ 是非退化的、闭的 2 形式，可充当 $\hat{\Gamma}$ 上的辛形式. 由 H 是第一类函数(即 $\{H, C_r\}|_{\bar{\Gamma}} = 0, r = 1, \cdots, R$) 可知 H 在每一积分子流形 $\mathscr{S}$ 上为常数，因此 $\hat{\Gamma}$ 上的哈氏量 $\hat{H}$ 可自然定义为

$$\hat{H}|_S := H|_{\mathscr{S}}, \quad \forall S \in \hat{\Gamma}, \quad 其中 \mathscr{S} \equiv \pi^{-1}(S), \tag{15-7-37}$$

令 $X_{\hat{H}}{}^A \equiv \hat{\Omega}^{AB} \hat{\nabla}_B \hat{H}$(其中 $\hat{\nabla}_B$ 是 $\hat{\Gamma}$ 上任一无挠导数算符)，则还可证明 $X_{\hat{H}}{}^A$ 的积分线是 $X_H{}^A$ 的积分线的投影(见命题15-7-11). 于是 $(\hat{\Gamma}, \hat{\Omega}_{AB})$ 是一个消除了全部约束的相空间，称为 (Γ, Ω_{AB}) 的**约化相空间**(reduced phase space).

命题 15-7-10　$\forall P \in \bar{\Gamma}$ 有

$$\text{(a)}\ \pi_*(X_H{}^B|_P) = X_{\hat{H}}{}^B|_{\pi(P)}, \quad \text{(b)}\ \pi_*(\bar{X}_H{}^B|_P) = X_{\hat{H}}{}^B|_{\pi(P)}. \tag{15-7-38}$$

证明　满足定义式(15-7-30)的 $\bar{X}_H{}^B$ 很多($X_H{}^B|_{\bar{\Gamma}}$ 也是其一)，但任意两个之差只能是个约束矢量场(记作 X^B). 因为 $\pi_* X^B = 0$，所以为证明式(15-7-38)只须证明 P 点有一个矢量 $\bar{J}^B$，它既满足

$$\pi_* \bar{J}^B = X_{\hat{H}}{}^B|_{\pi(P)}, \tag{15-7-39}$$

又满足 $\bar{\Omega}_{AB} \bar{J}^B = \bar{\nabla}_A H$ [因而可充当式(15-7-30)的一个 $\bar{X}_H{}^B|_P$]. 首先,

---

① 如果这微分同胚 ϕ 是指 ϕ：$\mathscr{S} \to \mathscr{S}$，则满足 $\phi(P_1) = P_2$ 的这种 ϕ 未必存在. 但至少存在由 Z^A 生出的、满足 $\phi(P_1) = P_2$ 的微分同胚 ϕ：$U_1 \to U_2$，其中 U_1 和 U_2 分别是 P_1 和 P_2 在 $\bar{\Gamma}$ 中的适当邻域. 这对本证明已经足够.

② $\bar{\Omega}_{AB}$ 是 Ω_{AB} 在 $\bar{\Gamma}$ 上的限制，由 $\mathscr{L}_Z \Omega_{AB} = 0$ 之所以能导出 $\mathscr{L}_Z \bar{\Omega}_{AB} = 0$，是因为求李导数和求限制操作可以互换. 这一互换性的详细证明见 16 章命题 16-3-2 .

$$\bar{\Omega}_{AB}\bar{X}_H{}^B = \bar{\nabla}_A H = \bar{\nabla}_A(\pi^*\hat{H}) = \pi^*(\hat{\nabla}_A\hat{H}) = \pi^*(\hat{\Omega}_{AB}X_{\hat{H}}{}^B), \tag{15-7-40}$$

其中第一步就是式(15-7-30), 第二步来自式(15-7-37), 第三步可用上册§4.1的知识证明(练习), 第四步可由 $X_{\hat{H}}{}^A$ 的定义式 $X_{\hat{H}}{}^A \equiv \hat{\Omega}^{AB}\hat{\nabla}_B\hat{H}$ 及 $\hat{\Omega}_{AB}$ 的非退化性推出. 将式(15-7-40)在 P 点取值, 以 P 点的任一矢量 $\bar{u}^A$ 缩并两端得

$$\bar{\Omega}_{AB}\bar{u}^A\bar{X}_H{}^B = \bar{u}^A\pi^*(\hat{\Omega}_{AB}X_{\hat{H}}{}^B) = (\pi_*\bar{u}^A)\hat{\Omega}_{AB}X_{\hat{H}}{}^B = \hat{\Omega}_{AB}\hat{u}^A X_{\hat{H}}{}^B, \tag{15-7-41}$$

其中 $\hat{u}^A \equiv \pi_*\bar{u}^A$. 满足式(15-7-39)的 $\bar{J}^B$ 及 $X_{\hat{H}}{}^B$ 可分别充当式(15-7-34)的 $\bar{v}^B$ 和 $\hat{v}^B$, 故

$$\hat{\Omega}_{AB}\hat{u}^A X_{\hat{H}}{}^B = \bar{\Omega}_{AB}\bar{u}^A\bar{J}^B. \tag{15-7-42}$$

式(15-7-42)与(15-7-41)相减给出 $\bar{\Omega}_{AB}\bar{u}^A(\bar{J}^B - \bar{X}_H{}^B) = 0$, 再由 $\bar{u}^A$ 的任意性便得 $\bar{\Omega}_{AB}(\bar{J}^B - \bar{X}_H{}^B) = 0$, 因而

$$\bar{\Omega}_{AB}\bar{J}^B = \bar{\Omega}_{AB}\bar{X}_H{}^B = \bar{\nabla}_A H. \quad \text{[第二步就是式(15-7-30)]} \tag{15-7-43}$$

上式的左右端相等表明 $\bar{J}^B$ 也是众多的 $\bar{X}_H{}^B$ 中的一个, 于是式(15-7-39)保证命题成立. □

命题 15-7-11 设 $\gamma(t)$ 和 $\gamma'(t)$ 分别是 $X_H{}^A|_{\bar{\Gamma}}$ 和 $\bar{X}_H{}^A$ 的积分曲线, 而且满足 $\pi(\gamma'(0)) = \pi(\gamma(0))$, 则对任一时刻 t_1, 点 $\gamma'(t_1)$ 和 $\gamma(t_1)$ 必位于某约束矢量场的某条积分曲线上.

证明 本证明涉及多条以 t 为参数的曲线, 例如 $\gamma(t)$ 和 $\gamma'(t)$, 若仍用 $(\partial/\partial t)^A$ 代表切矢就易混淆, 因此改用 $\dfrac{\mathrm{d}}{\mathrm{d}t}\gamma(t)$ 代表曲线 $\gamma(t)$ 的切矢(相应地还略去了抽象指标, 对其他曲线也类似). $\gamma(t)$ 是矢量场 X_H 的积分线保证 $\mathrm{d}/\mathrm{d}t|_{t=t_1}\gamma(t) = X_H|_{\gamma(t_1)}$ [左边代表 $\gamma(t)$ 在点 $\gamma(t_1)$ 的切矢], 以 π_* 作用两边得

$$\pi_*\left(\left.\frac{\mathrm{d}}{\mathrm{d}t}\right|_{t=t_1}\gamma(t)\right) = \pi_*(X_H|_{\gamma(t_1)}) = X_{\hat{H}}|_{\pi(\gamma(t_1))}, \tag{15-7-44}$$

其中第二步用到式(15-7-38a). 由于曲线切矢的像是曲线像的切矢, 上式左边又可改写为 $\mathrm{d}/\mathrm{d}t|_{t=t_1}\pi(\gamma(t))$ [即像曲线 $\pi(\gamma(t))$ 在点 $\pi(\gamma(t_1))$ 的切矢], 故

$$\left.\frac{\mathrm{d}}{\mathrm{d}t}\right|_{t=t_1}\pi(\gamma(t)) = X_{\hat{H}}|_{\pi(\gamma(t_1))}, \tag{15-7-45}$$

表明 $\pi(\gamma(t))$ 是矢量场 $X_{\hat{H}}$ 的积分线. 同理可证 $\pi(\gamma'(t))$ 也是 $X_{\hat{H}}$ 的积分线. 注意到已知条件 $\pi(\gamma'(0)) = \pi(\gamma(0))$, 由积分线的唯一性定理便知对任一时刻 t_1 有

$\pi(\gamma'(t_1))=\pi(\gamma(t_1))$，可见点 $\gamma'(t_1)$ 和 $\gamma(t_1)$ 在同一积分子流形 $\mathscr{S}$ 上，因此必位于某约束矢量场的某条积分线上. □

最后来探讨一个问题. 设 $\gamma(t)$ 和 $\gamma'(t)$ 分别是 $X_H{}^A$ 和 $\bar{X}_H{}^A \equiv (X_H{}^A+\alpha^u X_u{}^A)|_{\bar{\Gamma}}$ 的、满足 $\gamma(0)=\gamma'(0)\in\bar{\Gamma}$ 的积分线，则命题15-7-11表明它们的投影 $\hat{\gamma}(t)\equiv\pi(\hat{\gamma}(t))$ 和 $\hat{\gamma}'(t)\equiv\pi(\hat{\gamma}'(t))$ 是 $\hat{\Gamma}$ 上的同一曲线，满足 $\hat{\gamma}(0)=\hat{\gamma}'(0)=\pi(P_0)\in\hat{\Gamma}$. 然而，对于不满足 Dirac 猜想的次级约束 ψ_u (取 $X_u{}^A\equiv\Omega^{AB}\nabla_B\psi_u$ 作为 $\alpha^u X_u{}^A$)，其 $\bar{X}_H{}^A$ 的积分线 $\gamma'(t)$ 与 $X_H{}^A$ 的积分线 $\gamma(t)$ 的区别并非纯规范区别，而约化相空间 $\hat{\Gamma}$ 中的曲线 $\hat{\gamma}(t)$ 和 $\hat{\gamma}'(t)$ 由于相同而无法体现 $\gamma(t)$ 与 $\gamma'(t)$ 的区别. 因而笔者认为在这种情况下使用约化相空间并不适宜，它"约化得太狠"，以致抹煞了 $\gamma(t)$ 与 $\gamma'(t)$ 的实质性区别. 小节15.6.5的约化位形空间则不存在这一问题.

上小节和本小节的主要参考文献如下：Ashtekar(1991)； Woodhouse(1980)； Marsden and Ratiu(1994).

下面两小节将分别把电磁场和引力场作为第一类约束系统进行讨论. 应该说明，这两类系统的相空间都是无限维辛流形，而前面只简介了有限维辛流形. 对无限维辛流形 Γ，辛形式 Ω 的非退化性分为弱和强两个档次. $\forall P\in\Gamma$，$\Omega|_P$ 可看作从 P 点的切空间 V_P 到其对偶空间 $V_P{}^*$ 的线性映射，记作 $\tilde{\Omega}: V_P\to V_P{}^*$. $\Omega|_P$ 称为**弱非退化的**，若 $\tilde{\Omega}$ 为一一映射(即 $\tilde{\Omega}(u)=0\Rightarrow u=0$)； $\Omega|_P$ 称为**强非退化的**，若 $\tilde{\Omega}: V_P\to V_P{}^*$ 为同构映射. Γ 上的 Ω 场称为**弱(强)非退化的**，若 $\Omega|_P$ 为弱(强)非退化的($\forall P\in\Gamma$). 虽然弱非退化的 Ω 未必有唯一逆，但是，粗略地说，前面的公式中凡不涉及 Ω 之逆者仍可适用，至于涉及 Ω 之逆的公式，可以先用 Ω 与之相乘，其中 Ω 的指标结构这样选择，以使结果中不再出现 Ω 之逆，便可把它用于无限维 Γ 中. 这可以看作"物理上可行"的做法.

15.7.3　作为第一类约束系统的电磁场

§15.4已证明闵氏时空的无源电磁场是第一类约束系统. 现在讨论约束矢量场 $X_{C_\chi}{}^A$ 的积分曲线上两邻点所代表的物理态的关系[C_χ 的定义见式(15-4-31)]. 先从一个简单例子开始. 设 X^A 是某2维相空间 Γ 上的矢量场，P 和 P' 是 X^A 的某条积分曲线上的两邻点(图15-6)，两点的参数差为小量 ε，即 $P'=\psi_\varepsilon(P)$，其中 $\psi_\varepsilon: \Gamma\to\Gamma$ 是 X^A 相应的单参微分同胚族中的一个微分同胚. 设 P 点的正则坐标为 (a,π) (分别代表位形和动量坐标)，则 P' 点的正则坐标近似为(ε 越小误差越小) $(a+\varepsilon X^1,\pi+\varepsilon X^2)$，其中 X^1，X^2 是 X^A 在相应坐标系的分量，即

$$\psi_\varepsilon: (a,\pi)\mapsto(a+\varepsilon X^1,\pi+\varepsilon X^2). \tag{15-7-46}$$

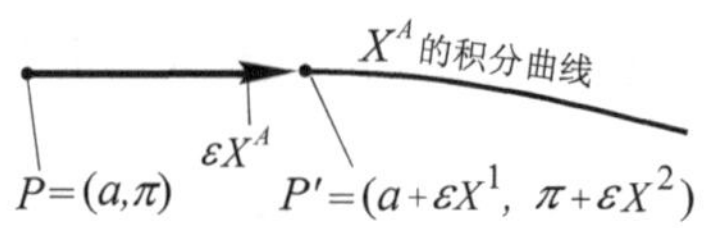

图 15-6 相空间中由矢量场 X^A 产生的"无限小"正则变换 ψ_ε : $(\alpha,\pi)\mapsto(\alpha+\varepsilon X^1,\pi+\varepsilon X^2)$

现在回到电磁场. 首先应分清问题所涉及的各个流形并弄清它们之间的关系. 时空的背景流形是 $\mathbb{R}^4$, 它被某惯性系作标准 3+1 分解, 因而有一系列 3 维流形 Σ_t. 用观者世界线把各层 Σ_t 的对应点认同后得 3 维流形 $\hat{\Sigma}$ (参见中册图 14-20), 这就是我们的 3 维"空间", 我们要讨论 $\hat{\Sigma}$ 上的无源电磁场及其演化. 相空间 Γ 中每点由 $(V,\vec{a};\pi_V,\vec{\pi})$ 刻画, 其中 V 和 $\vec{a}$ 分别代表 $\hat{\Sigma}$ 上的一个(满足边界条件的)标势场和矢势场, $\vec{\pi}$ (准确说是 $-4\pi\vec{\pi}$)代表 $\hat{\Sigma}$ 上的一个(满足边界条件的)无源电场 $\vec{E}$. 因为 π_V 恒为零(初级约束), 且无源电场必须满足 $\vec{\nabla}\cdot\vec{E}=0$ (次级约束), 所以只有 Γ 中的低维子流形(约束面)

$$\overline{\Gamma}\equiv\{(V,\vec{a};\pi_V,\vec{\pi})\in\Gamma\mid\pi_V=0,\vec{\nabla}\cdot\vec{\pi}=0\}$$

的点才代表物理态. 然而 $\overline{\Gamma}$ 与所有物理态的集合之间的关系不是一一对应而是多一对应. 为了看出这点, 先写出与约束 $\vec{\nabla}\cdot\vec{\pi}=0$ 对应的约束泛函 C_χ 的哈氏矢量场 ${X_{C_\chi}}^A$ 的表达式. 把试验标量场 χ 看作 $\hat{\Sigma}$ 上的标量场, 把式(15-7-22)推广到无限多自由度情况得

$${X_{C_\chi}}^A=\int_{\hat{\Sigma}}\left[\frac{\delta C_\chi}{\delta\pi^i}\left(\frac{\delta}{\delta a_i}\right)^A-\frac{\delta C_\chi}{\delta a_i}\left(\frac{\delta}{\delta\pi^i}\right)^A+\frac{\delta C_\chi}{\delta\pi_V}\left(\frac{\delta}{\delta V}\right)^A-\frac{\delta C_\chi}{\delta V}\left(\frac{\delta}{\delta\pi_V}\right)^A\right]=-\int_{\hat{\Sigma}}(\partial_i\chi)\left(\frac{\delta}{\delta a_i}\right)^A. \tag{15-7-47}$$

其中最后一步用到式(15-4-35). 仿照式(15-7-46)便知 ${X_{C_\chi}}^A$ 产生的无限小微分同胚 ψ_ε : $\overline{\Gamma}\to\overline{\Gamma}$ 把 $\overline{\Gamma}$ 的一点 $(V,\vec{a};\pi_V,\vec{\pi})$ 映为邻点 $(V,\vec{a}-\varepsilon\vec{\nabla}\chi;\pi_V,\vec{\pi})$. 就是说, 像点的位形和动量坐标分别为

$$V'=V,\quad\vec{a}'=\vec{a}-\varepsilon\vec{\nabla}\chi,\quad\pi'_V=\pi_V=0,\quad\vec{\pi}'=\vec{\pi}. \tag{15-7-48}$$

注意到磁场 $\vec{B}=\vec{\nabla}\times\vec{a}$ 和电场 $\vec{E}=-4\pi\vec{\pi}$, 可知上式给出 $\vec{B}'=\vec{B}$, $\vec{E}'=\vec{E}$. 这说明约束矢量场 ${X_{C_\chi}}^A$ 带来的正则变换无非是电磁矢势 $\vec{a}$ 的规范变换, ${X_{C_\chi}}^A$ 的同一积分曲线上的所有点代表相同的物理态. 这与上小节末介绍的 Dirac 猜想吻合. 与此非常不同, 式(15-4-21)的哈氏量 H 的哈氏矢量场 ${X_H}^A$ 的积分曲线 $\gamma(t)\subset\overline{\Gamma}$ 代表的却是物理态的时间演化. 仿照式(15-7-47), 利用演化方程 $\dot{\vec{a}}=\delta H/\delta\vec{\pi}$ 和 $\dot{\vec{\pi}}=-\delta H/\delta\vec{a}$ 得

$$X_H{}^A = \int_{\hat{\Sigma}} \left[\dot{\vec{a}} \left(\frac{\delta}{\delta \vec{a}} \right)^A + \dot{\vec{\pi}} \left(\frac{\delta}{\delta \vec{\pi}} \right)^A \right]. \text{(略去了适配体元)} \tag{15-7-49}$$

设 $\gamma(t_1) = (V(t_1); \vec{a}(t_1), \pi_V = 0, \vec{\pi}(t_1))$，则由上式可得

$$\gamma(t_2) = (V(t_1),\ \vec{a}(t_1) + \varepsilon \dot{\vec{a}}(t_1);\ \pi_V = 0,\ \vec{\pi}(t_1) + \varepsilon \dot{\vec{\pi}}(t_1)),$$

其中 $\varepsilon \equiv \Delta t \equiv t_2 - t_1$. 这说明空间 $\hat{\Sigma}$ 在两个相邻时刻的有关物理量之差为

$$V(t_2) - V(t_1) = 0,\quad \vec{a}(t_2) - \vec{a}(t_1) = \dot{\vec{a}}(t_1)\Delta t,\quad \vec{\pi}(t_2) - \vec{\pi}(t_1) = \dot{\vec{\pi}}(t_1)\Delta t,$$

因此 $\gamma(t)$ 正好描述 $\hat{\Sigma}$ 上的物理态的时间演化. 以上用 3 维空间 $\hat{\Sigma}$ 表述的结论也可改用 4 维语言表述, 这时 $\hat{\Sigma}$ 应改为 4 维时空中的同时面 Σ_t，而 $\dot{\vec{a}}$ 和 $\dot{\vec{\pi}}$ 则分别用 4 维时空中的李导数 $\mathscr{L}_{\vec{t}}\vec{a} = \dot{\vec{a}}$ 和 $\mathscr{L}_{\vec{t}}\vec{\pi} = \dot{\vec{\pi}}$ 表示(其中 $\vec{t}$ 代表 3+1 分解所用的类时矢量场 t^a), 就是说, $X_H{}^A$ 可改写为

$$X_H{}^A = \int_{\Sigma_t} \left[(\mathscr{L}_{\vec{t}}\vec{a}) \left(\frac{\delta}{\delta \vec{a}} \right)^A + (\mathscr{L}_{\vec{t}}\vec{\pi}) \left(\frac{\delta}{\delta \vec{\pi}} \right)^A \right], \tag{15-7-49′}$$

物理意义不变.

15.7.4　作为第一类约束系统的引力场

引力场也是第一类约束系统, 其证明见本小节之末. 由于张量密度场的求导在选读部分(§15.6)才讲, 我们在必读部分中凡遇到张量密度场的求导一律都先换成张量场再求导. 例如式(15-5-20)的 $D_a(h^{-1/2}\pi^{ab})$ 就是张量场(而非张量密度场)的导数, 因为 $h^{-1/2}$ 和 π^{ab} 的权分别为 -1 和 $+1$. 为了便于计算, 本小节把有关公式都写成张量密度场(也可理解为其表示)的等式. 先把两个约束改写为矢量密度和标量密度等式. 计算 H 时如果从式(15-5-15)出发, 则由分部积分得

$$H = \int_{\Sigma_t} \mathscr{H} = \int_{\Sigma_t} N[-\sqrt{h}\ {}^3R + \frac{1}{\sqrt{h}}(\pi^{ab}\pi_{ab} - \frac{1}{2}\pi^2)] + 2\int_{\Sigma_t} D_a(\pi^{ab}N_b) - 2\int_{\Sigma_t} N_b D_a \pi^{ab}.$$

上式右边第二、三项都含张量密度场的协变导数. 以第二项为例, $D_a(\pi^{ab}N_b)$ 是权为 1 的标量密度场. 由于略去的体元 ${}^3\boldsymbol{e}$ 是权为 -1 的 n 形式密度, $\int_{\Sigma_t} {}^3\boldsymbol{e}\, D_a(\pi^{ab}N_b)$ 正是 n 形式场(非密度)的积分, 意义明确. 因为此项可化成为零的边界项,[①] 由上式及

① 先改写为 $\int_{\Sigma_t} {}^3\boldsymbol{e} h^{1/2}\, D_a(h^{-1/2}\pi^{ab}N_b)$，其中 $D_a(h^{-1/2}\pi^{ab}N_b)$ 是(非密度)标量场, 其积分可用高斯定理化成边界面积分, 再由 π^{ab} 的默认渐近趋零条件可知积分为零. 以下类似情况同此处理.

$\delta H/\delta N_b=0$便可得出次级约束

$$C^b\equiv-2D_a\pi^{ab}=0\,. \tag{15-7-50}$$

这虽同式(15-5-20)的约束等价, 但现在的约束方程是矢量密度方程. 另一约束(15-5-19)则可改写为如下的标量密度方程:

$$C\equiv\ -\sqrt{h}\ {}^3\!R+\frac{1}{\sqrt{h}}(\pi^{ab}\pi_{ab}-\frac{1}{2}\pi^2)=0\,. \tag{15-7-51}$$

请注意现在的C和C^b分别等于式(15-5-18)的C和C^b乘以$\sqrt{h}$. 于是引力场的哈氏量在略去边界项后可改写为

$$H=\int_{\Sigma_t}(NC+N_bC^b)\,. \tag{15-7-52}$$

但边界项不应略去, 考虑边界项后, H应以H'[见式(15-5-37)]代替, 其哈氏矢量场可表为

$$X_{H'}{}^A=\int_{\Sigma_t}\left[\frac{\delta H'}{\delta\pi^{ab}}\left(\frac{\delta}{\delta h_{ab}}\right)^A-\frac{\delta H'}{\delta h_{ab}}\left(\frac{\delta}{\delta\pi^{ab}}\right)^A\right]=\int_{\Sigma_t}\left[\dot{h}_{ab}\left(\frac{\delta}{\delta h_{ab}}\right)^A+\dot{\pi}^{ab}\left(\frac{\delta}{\delta\pi^{ab}}\right)^A\right]$$

$$=\int_{\Sigma_t}\left[(\mathscr{L}_{\vec{t}}h_{ab})\left(\frac{\delta}{\delta h_{ab}}\right)^A+(\mathscr{L}_{\vec{t}}\pi^{ab})\left(\frac{\delta}{\delta\pi^{ab}}\right)^A\right]. \tag{15-7-53}$$

与电磁场的情况类似, 也可把上式看作描述$\hat{\Sigma}$上的物理态(h_{ab},π^{ab})的时间演化.

下面讨论约束矢量场的意义. 与电磁场的$\vec{\nabla}\cdot\vec{\pi}$相仿, C和C^b都是Σ_t上的场而非相空间Γ上的函数. 仿照电磁场的做法, 可用C和C^b生成Γ上的一系列(无限个)函数, 即一系列约束泛函. 令ν^a和ν分别为Σ_t上满足适当边界条件的任意矢量场和标量场(统称为**试验场**), 定义Γ上的函数(约束泛函)

$$C_{\vec{\nu}}:=\int_{\Sigma_t}\nu^aC_a\,, \tag{15-7-54}$$

$$C_\nu:=\int_{\Sigma_t}\nu C\,. \tag{15-7-55}$$

ν^a和ν所满足的边界条件保证上面两个积分收敛. 由以上两式可知

$$\begin{aligned}C^b=0&\Leftrightarrow C_{\vec{\nu}}=0,\quad\forall\nu^a,\\ C=0&\Leftrightarrow C_\nu=0,\quad\forall\nu.\end{aligned}\qquad(\text{指满足边界条件的任意}\ \nu^a\ \text{和}\ \nu) \tag{15-7-56}$$

这表明两个约束方程$C^b=0$和$C=0$实际上相当于“$4\times\infty^3$”个约束, 即

$C_{\vec{v}}=0\ \forall v^a$ 和 $C_v=0\ \forall v$. 约束泛函 $C_{\vec{v}}$ 的哈氏矢量场为

$$X_{C_{\vec{v}}}{}^A=\int_{\Sigma_t}\left[\frac{\delta C_{\vec{v}}}{\delta\pi^{ab}}\left(\frac{\delta}{\delta h_{ab}}\right)^A-\frac{\delta C_{\vec{v}}}{\delta h_{ab}}\left(\frac{\delta}{\delta\pi^{ab}}\right)^A\right],\tag{15-7-57}$$

其中泛函导数 $\delta C_{\vec{v}}/\delta\pi^{ab}$ 和 $\delta C_{\vec{v}}/\delta h_{ab}$ 可从式(15-7-54)和(15-7-50)出发计算:

$$C_{\vec{v}}=-2\int_{\Sigma_t}v_b\mathrm{D}_a\pi^{ab}=-2\int_{\Sigma_t}[\mathrm{D}_a(v_b\pi^{ab})-\pi^{ab}\mathrm{D}_{(a}v_{b)}]=\int_{\Sigma_t}\pi^{ab}\mathscr{L}_{\vec{v}}h_{ab}\,,\tag{15-7-58}$$

最末一步是由于 v^a 所满足的边界条件保证所化成的边界项为零. 由上式得

$$\frac{\delta C_{\vec{v}}}{\delta\pi^{ab}}=\mathscr{L}_{\vec{v}}h_{ab}\,.\tag{15-7-59}$$

为求得 $\delta C_{\vec{v}}/\delta h_{ab}$, 可对式(15-7-58)最末一个等号右边作分部积分:

$$C_{\vec{v}}=\int_{\Sigma_t}(\mathscr{L}_{\vec{v}}\pi-h_{ab}\mathscr{L}_{\vec{v}}\pi^{ab})\,.\tag{15-7-60}$$

上式的 $\pi\equiv\pi^{ab}h_{ab}$ 是权为 1 的标量密度场, 利用式(15-6-37)得

$$\mathscr{L}_{\vec{v}}\pi=v^a\mathrm{D}_a\pi+\pi\mathrm{D}_av^a=\mathrm{D}_a(v^a\pi)\,,$$

故

$$C_{\vec{v}}=\int_{\Sigma_t}[\mathrm{D}_a(v^a\pi)-h_{ab}\mathscr{L}_{\vec{v}}\pi^{ab}]=-\int_{\Sigma_t}h_{ab}\mathscr{L}_{\vec{v}}\pi^{ab}\,,\tag{15-7-61}$$

从而

$$\frac{\delta C_{\vec{v}}}{\delta h_{ab}}=-\mathscr{L}_{\vec{v}}\pi^{ab}\,.\tag{15-7-62}$$

代入式(15-7-57)得

$$X_{C_{\vec{v}}}{}^A=\int_{\Sigma_t}\left[(\mathscr{L}_{\vec{v}}h_{ab})\left(\frac{\delta}{\delta h_{ab}}\right)^A+(\mathscr{L}_{\vec{v}}\pi^{ab})\left(\frac{\delta}{\delta\pi^{ab}}\right)^A\right].\tag{15-7-63}$$

仿照式(15-7-46)便知 $X_{C_{\vec{v}}}{}^A$ 所产生的无限小微分同胚映射 ψ_ε: $\bar{\Gamma}\to\bar{\Gamma}$ 把 $\bar{\Gamma}$ 的一点

$$P=(N,N_a,h_{ab};\pi_N=0,\pi_{\vec{N}}=0,\pi^{ab})$$

映为邻点

$$P'=(N',N'_a,h'_{ab};\pi'_N=0,\pi'_{\vec{N}}=0,\pi'^{ab})\,,$$

满足

$$N' = N,\ N'_a = N_a,\ h'_{ab} = h_{ab} + \varepsilon \mathscr{L}_{\vec{v}} h_{ab} = \phi_\varepsilon{}^* h_{ab},\ \pi'^{ab} = \pi^{ab} + \varepsilon \mathscr{L}_{\vec{v}} \pi^{ab} = \phi_\varepsilon{}^* \pi^{ab},$$

其中 $\phi_\varepsilon: \Sigma_t \to \Sigma_t$ 是空间矢量场 v^a 产生的无限小微分同胚映射. 可见 h'_{ab} 与 h_{ab} 以及 π'^{ab} 与 π^{ab} 都"只差到一个空间微分同胚", 因此 $P, P' \in \overline{\Gamma}$ 代表同一物理态. 这说明由约束矢量场 $X_{C_{\vec{v}}}{}^A$ 产生的正则变换也是一种规范变换, 与电磁场论中由约束矢量场 $X_{C_\chi}{}^A$ 产生的正则变换的作用非常类似. ①

然而引力场的标量约束 $C_\nu = 0$ 的表现却与上述两者有重要差别. 与式(15-7-57)类似, C_ν 的哈氏矢量场可表为

$$X_{C_\nu}{}^A = \int_{\Sigma_t} \left[\frac{\delta C_\nu}{\delta \pi^{ab}} \left(\frac{\delta}{\delta h_{ab}} \right)^A - \frac{\delta C_\nu}{\delta h_{ab}} \left(\frac{\delta}{\delta \pi^{ab}} \right)^A \right]. \tag{15-7-64}$$

把式(15-7-55)中的 ν 看作某种 3+1 分解的时移函数, 与式(15-7-52)对比便知 C_ν 可看作位移 N^b 为零、时移 ν 渐近为零情况下的 H (在此情况下有 $t^a = \nu n^a$), 因此哈氏演化方程可表为

$$\frac{\delta C_\nu}{\delta \pi^{ab}} = \dot{h}_{ab} = \mathscr{L}_{\nu \vec{n}} h_{ab}, \qquad -\frac{\delta C_\nu}{\delta h_{ab}} = \dot{\pi}^{ab} = \mathscr{L}_{\nu \vec{n}} \pi^{ab},$$

代入式(15-7-64)得

$$X_{C_\nu}{}^A = \int_{\Sigma_t} \left[(\mathscr{L}_{\nu \vec{n}} h_{ab}) \left(\frac{\delta}{\delta h_{ab}} \right)^A + (\mathscr{L}_{\nu \vec{n}} \pi^{ab}) \left(\frac{\delta}{\delta \pi^{ab}} \right)^A \right]. \tag{15-7-65}$$

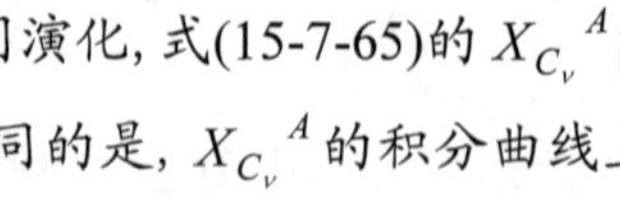

图 15-7 泡泡时间演化示意(ν 渐近为零)

$X_{H'}{}^A$ 和 $X_{C_\nu}{}^A$ 都是 $\overline{\Gamma}$ 上切于 $\overline{\Gamma}$ 的矢量场. 既然式(15-7-53)的 $X_{H'}{}^A$ 代表物理态 (h_{ab}, π^{ab}) 沿矢量场 t^a 的时间演化, 式(15-7-65)的 $X_{C_\nu}{}^A$ 就应代表物理态 (h_{ab}, π^{ab}) 沿矢量场 νn^a 的时间演化. 不同的是, $X_{C_\nu}{}^A$ 的积分曲线上的两邻点所代表的是两个这样的分层面上的共轭对 (h_{ab}, π^{ab}), 它们(指分层面)在"空间无限远处"互相重合(因为 ν 渐近为零). 这两个分层面上的 (h_{ab}, π^{ab}) 和 (h_{ab}, π^{ab}) 代表两个不同的物理态, 它们的差别并非规范差别. 可见引力场的标量约束看来应该视为 Dirac 猜想(见小

① 电磁场只是 Yang-Mills 场的最简单例子. 事实上, 一般 Y-M 场论中由高斯约束矢量场产生的正则变换也是规范变换. 这同如下事实有关: 引力场的矢量约束泛函 $C_{\vec{v}}$ 与 Y-M 场的高斯约束泛函(对电磁场就是 C_χ)有一共性, 即都是正则动量的线性泛函.

节 15.7.2)的一个反例. $X_{C_\nu}{}^A$ 所描述的这种特殊演化也称为**泡泡时间演化**(bubble-time evolution), 图 15-7 是泡泡时间演化的示意图. 为了尽量缩小与 Dirac 的猜想的距离, Ashtekar(1987b) II.2 曾做过一番讨论, 但结论仍是不能解释为纯规范差别. Kuchar(1986) 则明确指出: "人们在物理中经常讨论这样的系统, 其作用量在某个无限维群的作用下是不变的. 通常(虽然不幸地)把这些系统的理论一律称为规范理论. ......这一不变性导致对正则变量提出限制的约束, 而且它们在约束面上组成轨道. (引者注: 指约束矢量场的积分曲线.) 同一轨道上的点有时可被看作同一物理态的等价描述, 有时则应被视为系统的动力学演化中的不同阶段. 只有在第一种情况下谈及规范才是物理上恰当的. 第二种情况与时间选择的任意性以及把时间纳入正则变量的行列一事相关联. 这一过程常被称为参数化(parametrization). " 接着又写道: "在物理上感兴趣的所有理论中, 与规范相联系的约束是正则动量的线性函数, 而与参数化相联系的约束则是动量的 2 次函数(虽然不一定是 2 次型). ......　在场系统中, 电动力学和 Yang-Mills 理论是规范理论(在这个词汇的本来意义上)的典型例子. 这些理论中的约束对正则动量是线性和齐次的. 参数化理论的典型则是广义相对论和非线性 σ 模型. 在这些理论中与时间选择的任意性相联系的约束[超哈氏约束(引者注: 即标量约束)]对正则动量是 2 次的. 除这些约束外还存在着与空间微分同胚不变性相联系的线性齐次约束[超动量约束(引者注: 即矢量约束)]. 这些微分同胚起到规范群的作用. "

规范自由性同某种任意性有关. 广义相对论中的规范自由性是 4 维时空中的微分同胚不变性, 即在彼此只差到一个微分同胚的所有时空度规中任选一个的任意性(见小节 8.10.2). 矢量约束 $C_{\vec\nu}=0$ 反映的规范自由性只是在每一层上的空间微分同胚不变性, 而标量约束 $C_\nu=0$ 则可看作是对时空做 $3+1$ 分解的任意性的结果. 因此, 虽然 $X_{C_\nu}{}^A$ 的积分曲线上不同点的差别不只是规范差别, 标量约束与时空的规范自由性仍有紧密的联系.

在结束本小节之前, 我们补证引力场为第一类约束系统. 首先, 不难证明(习题)初级约束 $\pi_N=0$ 和 $\pi_{\vec N}=0$ 必为第一类, 因此只须证明全体次级约束(即标量和矢量约束)为第一类, 为此只须证明任意两个次级约束泛函之间的泊松括号弱为零. 这些括号分为三类: 两个矢量约束泛函 $C_{\vec\nu}, C_{\vec\mu}$ 之间的括号; 两个标量约束泛函 C_ν, C_μ 之间的括号; 一个矢量约束泛函 $C_{\vec\nu}$ 与一个标量约束泛函 C_ν 之间的括号. 对这三类括号的计算结果为

$$\{C_{\vec\nu}, C_{\vec\mu}\}=2\int_{\Sigma_t}(\mathscr{L}_{\vec\nu}\mu^a)h_{ab}\mathrm{D}_c\pi^{bc}=-C_{\vec\lambda}\approx 0, \tag{15-7-66}$$

(其中 $\vec\lambda$ 代表矢量场 $\lambda^a\equiv\nu^b\mathrm{D}_b\mu^a-\mu^b\mathrm{D}_b\nu^a=[\nu,\mu]^a$.)

$$\{C_\nu,C_\mu\}=-C_{\vec\xi}\approx 0\text{，(其中}\vec\xi\text{代表}\xi^a\equiv\nu\mathrm{D}^a\mu-\mu\mathrm{D}^a\nu.) \tag{15-7-67}$$

$$\{C_{\vec\nu},C_\nu\}=-2\int_{\Sigma_t}(\mathscr{L}_{\vec\nu}\nu)\left[\sqrt{h}\,{}^3R-\frac{1}{\sqrt{h}}(\pi^{ab}\pi_{ab}-\frac{1}{2}\pi^2)\right]=2C_{\mathscr{L}_{\vec\nu}\nu}\approx 0. \tag{15-7-68}$$

我们只证明式(15-7-67). 由式(15-7-5′)和(15-7-64)得

$$\{C_\nu,C_\mu\}=-\int_{\Sigma_t}\left(\frac{\delta C_\nu}{\delta\pi^{ab}}\frac{\delta C_\mu}{\delta h_{ab}}-\frac{\delta C_\nu}{\delta h_{ab}}\frac{\delta C_\mu}{\delta\pi^{ab}}\right), \tag{15-7-69}$$

把 C_ν (或 C_μ)看作位移为零、时移为 ν (或 μ)情况下的 H，借用式(15-5-32)和(15-5-33)得

$$\frac{\delta C_\nu}{\delta\pi^{ab}}=2\nu\frac{1}{\sqrt{h}}\left(\pi_{ab}-\frac{1}{2}\pi h_{ab}\right), \tag{15-7-70}$$

$$\frac{\delta C_\mu}{\delta h_{ab}}=-\sqrt{h}\,(\mathrm{D}^a\mathrm{D}^b\mu-h^{ab}\mathrm{D}_c\mathrm{D}^c\mu)+\mu U^{ab}.\quad(U^{ab}\text{含若干项}) \tag{15-7-71}$$

因为 $\{C_\nu,C_\mu\}$ 关于 ν,μ 反称, 计算 $\{C_\nu,C_\mu\}$ 时如果出现某一含系数 $\nu\mu$ 的项(例如 $\nu\mu U^{ab}$), 则后面必出现含 $-\mu\nu$ 的对应项(例如 $-\mu\nu U^{ab}$), 于是两项相消. 所以计算中凡含 $\nu\mu$ 的项都可略去. 把式(15-7-70)和(15-7-71)代入(15-7-69)便得

$$\begin{aligned}\{C_\nu,C_\mu\}&=2\int_{\Sigma_t}(\pi_{ab}-\frac{1}{2}\pi h_{ab})[\nu(\mathrm{D}^a\mathrm{D}^b\mu-h^{ab}\mathrm{D}_c\mathrm{D}^c\mu)-\nu,\mu\text{ 互换项}]\\&=2\int_{\Sigma_t}(\nu\pi_{ab}\mathrm{D}^a\mathrm{D}^b\mu-\nu,\mu\text{ 互换项})=-2\int_{\Sigma_t}[\mathrm{D}^a(\nu\pi_{ab})\mathrm{D}^b\mu-\nu,\mu\text{ 互换项}]\\&=-2\int_{\Sigma_t}[\nu(\mathrm{D}_a\pi^{ab})\mathrm{D}_b\mu-\mu(\mathrm{D}_a\pi^{ab})\mathrm{D}_b\nu]\\&=-2\int_{\Sigma_t}(\nu\mathrm{D}^a\mu-\mu\mathrm{D}^a\nu)\,h_{ab}\mathrm{D}_c\pi^{bc}=-C_{\vec\xi}.\quad(\xi^a\equiv\nu\mathrm{D}^a\mu-\mu\mathrm{D}^a\nu)\end{aligned}$$

(第三步是因为 π^{ab} 所应满足的渐近条件保证 $\int_{\partial\Sigma_t}\pi_{ab}\xi^b=0$.) 此即式(15-7-67).

最后说明一点. 作为计算结果, 式(15-7-66)~(15-7-68)的成立是肯定的. 但若要由此三式认定真空引力场是第一类约束系统, 则还要借助于另一结论——次级约束 $C_{\vec\nu}=0$ 和 $C_\nu=0$ 满足自洽性条件, 因而不再有进一步约束. 这一结论的正确性是在14章之末指出的, 但当时并未给出证明(计算)过程. 现在, 在有了式(15-7-66)~

(15-7-68)之后，这一证明变得十分容易. 用式(15-7-52)的 N 和 N^a 分别取代式(15-7-66)~(15-7-68)中的 ν 和 ν^a，与式(15-7-54)、(15-7-55)对比可知 $H = C_N + C_{\vec{N}}$. 这样一来，借助于式(15-7-66)~(15-7-68)，H 与任一约束泛函的泊松括号自然弱等于零(例如 $\{H, C_\mu\} = \{C_N, C_\mu\} + \{C_{\vec{N}}, C_\mu\} \approx 0$)，从而 $\dot{C}_\mu \approx 0$.

15.7.5　约化位形空间

电磁场的约束 $C_\chi = 0$ 表明，虽然已把 V 看作拉氏乘子，所余相空间仍嫌"太大". 这与位形变量 $\vec{a}$ 的规范自由性密切有关. 引力场也有类似情况. 本小节讨论压缩位形空间以消除约束的可能性.

电磁场的规范自由性表现为 $\vec{a}$ 和 $\vec{a} + \vec{\nabla}\chi$($\chi$ 为 Σ_t 上任一标量场)代表相同物理态. 位形空间 $\mathscr{C}$ 的任意两点 $\vec{a}$ 和 $\vec{a}'$ 称为等价的，若 Σ_t 上有标量场 χ 使 $\vec{a}' = \vec{a} + \vec{\nabla}\chi$. 这一定义把 $\mathscr{C}$ 分成无数等价类. 以每一等价类为元素构成的集合 $\hat{\mathscr{C}}$ 称为**约化位形空间**(reduced configuration space). 于是存在自然的多对一映射 $\zeta: \mathscr{C} \to \hat{\mathscr{C}}$，它把 $\mathscr{C}$ 中任一元素 $\vec{a}$ 映为 $\vec{a}$ 所属的那个等价类. [是 $\hat{\mathscr{C}}$ 的一点，记作 $\hat{\vec{a}}$.] 就是说，ζ 是把每一等价类内的所有元素映为 $\hat{\mathscr{C}}$ 的同一点的映射，是一种投影映射，见图15-8. 设 $\vec{\nabla}\chi$ 是 Σ_t 上长度很小的矢量场，则 $\vec{a} + \vec{\nabla}\chi$ 与 $\vec{a}$ 是同一等价类中的两邻点，可近似认为 $\vec{\nabla}\chi$ 是从 $\vec{a}$ 点指向 $\vec{a} + \vec{\nabla}\chi$ 点的矢量，就是说，可把 $\vec{\nabla}\chi$ 看作过 $\vec{a}$ 的、躺在 $\vec{a}$ 所属等价类内的某曲线的切矢. 该曲线在 ζ 映射下的像显然为独点线 $\hat{\vec{a}}$，其切矢为零. 因为曲线切矢的像等于曲线像的切矢，所以

$$\zeta_*(\vec{\nabla}\chi) = 0 \in V_{\hat{\vec{a}}}, \tag{15-7-72}$$

其中 $V_{\hat{\vec{a}}}$ 是 $\hat{\vec{a}} \in \hat{\mathscr{C}}$ 的切空间. 设 $V_{\hat{\vec{a}}}{}^*$ 是其对偶空间，则由映射 $\zeta: \mathscr{C} \to \hat{\mathscr{C}}$ 在 $\hat{\vec{a}}$ 点诱导出的拉回映射 $\zeta^*: V_{\hat{\vec{a}}}{}^* \to V_{\vec{a}}{}^*$ 不是到上映射，$V_{\vec{a}}{}^*$ 的元素只有满足一定条件才能成为 $V_{\hat{\vec{a}}}{}^*$ 的某元素在 ζ^* 下的像，这条件可讨论如下. 设 $\vec{\pi} \in V_{\vec{a}}{}^*$ 是 $\hat{\vec{\pi}} \in V_{\hat{\vec{a}}}{}^*$ 的像，即

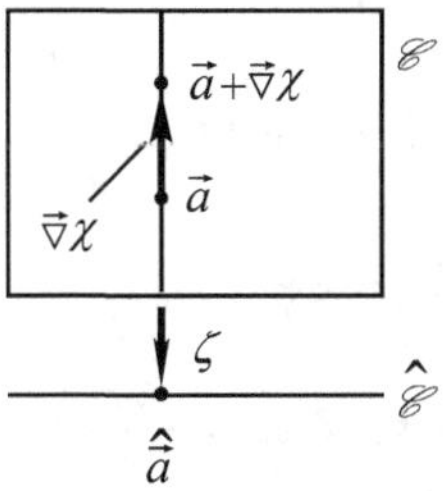

图 15-8　$\zeta: \mathscr{C} \to \hat{\mathscr{C}}$ 是自然投影映射. 把 $\vec{\nabla}\chi$ 看作从 $\vec{a}$ 指向 $\vec{a} + \vec{\nabla}\chi$ 的矢量，则 $\zeta_*(\vec{\nabla}\chi) = 0$.

$\vec{\pi}=\zeta^*\hat{\vec{\pi}}$，则 $\vec{\pi}$ 作用于 $\vec{\nabla}\chi\in V_{\vec{a}}$ 的结果为

$$\vec{\pi}(\vec{\nabla}\chi)=(\zeta^*\hat{\vec{\pi}})(\vec{\nabla}\chi)=\hat{\vec{\pi}}(\zeta_*\vec{\nabla}\chi)=0\,. \tag{15-7-73}$$

[最末一步用到式(15-7-72).] 位形空间 $\mathscr{C}$ 之所以有无限维，是因为其中每点 $\vec{a}$ 代表 $\hat{\Sigma}$ 上的一个矢量场，为强调起见不妨记作 $\vec{a}(x)$，其中 x 可跑遍 $\hat{\Sigma}$ 表明 $\vec{a}$ 有无限多的坐标[若写成三个分量 $a_i(x)$，则可看出 $\vec{a}$ 有"$3\times\infty^3$"个坐标.] 因此，$\vec{\nabla}\chi$ 和 $\vec{\pi}$ (分别作为点 $\vec{a}\in\mathscr{C}$ 的矢量及对偶矢量)应有无限多分量，而 $\vec{\pi}$ 作用于 $\vec{\nabla}\chi$ 则应等于对应分量之积之和，这个"和"实际是在 $\hat{\Sigma}$ 上的积分，所以式(15-7-73)可表为

$$0=\vec{\pi}(\vec{\nabla}\chi)=\int_{\hat{\Sigma}}\vec{\pi}\cdot\vec{\nabla}\chi=\int_{\hat{\Sigma}}[\vec{\nabla}\cdot(\chi\vec{\pi})-\chi\vec{\nabla}\cdot\vec{\pi}]=-\int_{\hat{\Sigma}}\chi\vec{\nabla}\cdot\vec{\pi}\,,$$

其中最末一步是由于 χ 和 $\vec{\pi}$ 所满足的边界条件保证所化成的面积分为零. 因为上式对满足边界条件的任意 χ 成立，所以 $\vec{\nabla}\cdot\vec{\pi}=0$. 可见 $V_{\vec{a}}{}^*$ 中只有满足 $\vec{\nabla}\cdot\vec{\pi}=0$ 的元素 $\vec{\pi}$ 才可在 $V_{\hat{\vec{a}}}{}^*$ 中找到逆像. 事实上，$\zeta^*[V_{\hat{\vec{a}}}{}^*]$ 是 $V_{\vec{a}}{}^*$ 的、满足 $\vec{\nabla}\cdot\vec{\pi}=0$ 的子空间. 因此也常把 $\hat{\vec{\pi}}$ 记作 $\vec{\pi}$. 现在可以更清楚地理解"$\mathscr{C}$ 作为位形空间其实太大"的含义：不仅因为 $\mathscr{C}$ 的许多不同点(同一等价类中的点)代表相同的物理态(空间 $\hat{\Sigma}$ 上的同一磁场 $\vec{B}$)，而且因为 $\mathscr{C}$ 的每点 $\vec{a}\in\mathscr{C}$ 的对偶空间中只有满足 $\vec{\nabla}\cdot\vec{\pi}=0$ 的元素 $\vec{\pi}$ 才有物理意义(才代表 $\hat{\Sigma}$ 上的一个电场 $\vec{E}$)，因而 $V_{\vec{a}}{}^*$ 也嫌太大. 反之，$\hat{\mathscr{C}}$ 却可以非常合适地充当位形空间：由于 $\vec{B}=\vec{\nabla}\times\vec{a}$ 和 $\vec{\nabla}\times(\vec{\nabla}\chi)=0$，$\hat{\Sigma}$ 上的所有(满足适当边界条件的)磁场 $\vec{B}$ 的集合与 $\hat{\mathscr{C}}$ 一一对应；$\hat{\Sigma}$ 上的所有(满足适当边界条件的)无源电场 $\vec{E}\,(=-4\pi\vec{\pi})$ 则与 $\hat{\mathscr{C}}$ 的任一点 $\hat{\vec{a}}$ 的对偶空间 $V_{\hat{\vec{a}}}{}^*$ 一一对应(从而保证 $\hat{\mathscr{C}}$ 的余切丛的确就是无源电磁场的相空间). 可见 $\hat{\mathscr{C}}$ 是对 $\mathscr{C}$ 作合理"消肿"的结果，$\mathscr{C}$ 中所含的非物理自由度已被约化一空，自然也不再有约束. 现在就可用 $\hat{\mathscr{C}}$ 作为位形空间重新构造电磁场(看作无约束系统)的拉氏和哈氏形式. 因为原来的拉氏密度 $\mathscr{L}=-(16\pi)^{-1}F_{\mu\nu}F^{\mu\nu}$ 与规范无关(只依赖于 $\vec{E}$ 和 $\vec{B}$)，它自然诱导出新处理中的一个拉氏密度 $\hat{\mathscr{L}}=-(16\pi)^{-1}F_{\mu\nu}F^{\mu\nu}$，由此求得的哈氏量 $\hat{H}$ 与原哈氏量 H 很像，只须把式(15-4-21)右边的 $V\partial_i\pi^i$ 项略去，即

$$\hat{H}=\int_{\hat{\Sigma}}\left(2\pi\hat{\vec{\pi}}\cdot\hat{\vec{\pi}}+\frac{1}{8\pi}\vec{B}\cdot\vec{B}\right). \tag{15-7-74}$$

于是由无约束系统的哈氏正则方程便得

$$\dot{\hat{\vec{a}}}=\frac{\delta\hat{H}}{\delta\hat{\vec{\pi}}}=4\pi\hat{\vec{\pi}},\qquad \dot{\hat{\vec{\pi}}}=-\frac{\delta\hat{H}}{\delta\hat{\vec{a}}}=-\frac{1}{4\pi}\vec{\nabla}\times\vec{B}\,, \tag{15-7-75}$$

对上式的第一式取旋度得 $\partial\vec{B}/\partial t=4\pi\vec{\nabla}\times\hat{\vec{\pi}}=-\vec{\nabla}\times\vec{E}$，而第二式则可改写为

$\partial\vec{E}/\partial t=\vec{\nabla}\times\vec{B}$，这正是熟知的麦氏方程组中的两个演化方程.

这种通过引入约化位形空间来消除约束的做法在一定程度上可推广到引力场，所谓“一定程度”，是指只适用于消除矢量约束 $C^a=0$. 这一约束对应的规范自由性是：若 $\hat{\Sigma}$ 上两个正定度规场 h_{ab} 和 h'_{ab} 只差到一个微分同胚，则它们代表相同的物理位形. 满足上述要求的 h_{ab} 和 h'_{ab} 称为等价的，以位形空间 $\mathscr{C}\equiv\{h_{ab}\}$ 中的每一等价类为元素构成的约化位形空间 $\hat{\mathscr{C}}$ 称为**超空间**(superspace). 仿照电磁场的讨论可得

$$0=\int_{\hat{\Sigma}}\pi^{ab}\mathscr{L}_{\vec{v}}h_{ab}=\int_{\hat{\Sigma}}2\pi^{ab}\mathrm{D}_a v_b=2\int_{\hat{\Sigma}}[\mathrm{D}_a(\pi^{ab}v_b)-v_b\mathrm{D}_a\pi^{ab}]=-2\int_{\hat{\Sigma}}v_b\mathrm{D}_a\pi^{ab},$$

从而有 $2\mathrm{D}_a\pi^{ab}=0$，此即矢量(密度)约束方程. 可见超空间中没有矢量约束. 因为定义超空间所用的等价类并未涉及标量约束(15-7-51)，所以标量约束仍存在于超空间中. 由上册小节 8.10.2 可知广义相对论的规范自由性实质上是时空度规 g_{ab} 可差到一个时空微分同胚 $M\to M$，而矢量约束只反映空间诱导度规 h_{ab} 可差到一个空间微分同胚 $\hat{\Sigma}\to\hat{\Sigma}$，“其余的”自由性由标量约束反映. 如前所述，标量约束反映的是对时空作 $3+1$ 分解的任意性. 这一约束与所谓的“参数化粒子动力学”中的约束十分类似. 为便于读者对比(理解)，下面简介这种理论.

考虑牛顿力学中的一个 $N=3$ 的无约束系统，例如位于势场(不含时间)中的单个粒子. 选粒子的 3 个笛卡儿坐标 $q^i(i=1,2,3)$ 为位形坐标. 设系统的拉氏函数为 $L(q^i,\mathrm{d}q^i/\mathrm{d}t)$（其中 t 为牛顿的绝对时间)，哈氏函数为 $H(q^i,p_i)$. 把 t 的任一(常增)函数 t' 看作新的“时间”，把 t 看作第 0 坐标(即令 $q^0\equiv t$)，以 $\dot{q}^\mu(\mu=0,1,2,3)$ 代表 $\mathrm{d}q^\mu/\mathrm{d}t'$，则 $\dot{q}^0=\mathrm{d}t/\mathrm{d}t'$，$\dot{q}^i=\dot{q}^0\mathrm{d}q^i/\mathrm{d}t$. 定义新拉氏量 $L':=L\dot{q}^0$，把 L 看作 7 元函数 $L(q^i,\dot{q}^i(\dot{q}^0)^{-1})$，则 L' 是 8 元函数 $L'(q^\mu,\dot{q}^\mu=\dot{q}^0\mathrm{d}q^\mu/\mathrm{d}q^0)$. 在几何语言中，以 $\mathscr{C}'$ 代表新的位形空间(每点有 4 个坐标 q^μ)，则 L' 是切丛 $\mathrm{T}\mathscr{C}'$ 上的函数. 由 L' 给出的动量 p'_μ 为

$$p'_i\equiv\frac{\partial L'}{\partial\dot{q}^i}=\dot{q}^0\frac{\partial L}{\partial\dot{q}^i}=\dot{q}^0\frac{\partial L}{\partial(\dot{q}^j(\dot{q}^0)^{-1})}\frac{\partial(\dot{q}^j(\dot{q}^0)^{-1})}{\partial\dot{q}^i}=\dot{q}^0\frac{\partial L}{\partial(\mathrm{d}q^i/\mathrm{d}t)}(\dot{q}^0)^{-1}=p_i,\qquad(15\text{-}7\text{-}76)$$

$$p'_0\equiv\frac{\partial L'}{\partial\dot{q}^0}=L+\dot{q}^0\frac{\partial L}{\partial\dot{q}^0}=L+\dot{q}^0\frac{\partial L}{\partial(\dot{q}^i(\dot{q}^0)^{-1})}\frac{\partial(\dot{q}^i(\dot{q}^0)^{-1})}{\partial\dot{q}^0}$$

$$=L+\dot{q}^0\frac{\partial L}{\partial(\mathrm{d}q^i/\mathrm{d}t)}[-\dot{q}^i(\dot{q}^0)^{-2}]=L-p_i\frac{\mathrm{d}q^i}{\mathrm{d}t}=-H,\qquad(15\text{-}7\text{-}77)$$

故 $p'_0+H=0$. 令 $\phi\equiv p'_0+H$，注意到 $H=H(q^i,p_i)=H(q^i,p'_i)$，得 $\phi=\phi(q^i,p'_i,p'_0)$，所以 $\phi(q^i,p'_i,p'_0)=0$ 给出初级约束. 仿照小节 15.3.1 定义切丛 $\mathrm{T}\mathscr{C}'$ 上的函数

$$\tilde{H}' := p'_\mu \dot{q}^\mu - L' = p'_0 \dot{q}^0 + p_i \dot{q}^i - L\dot{q}^0 = p'_0 \dot{q}^0 + \dot{q}^0 (p_i (\mathrm{d}q^i/\mathrm{d}t) - L) = \dot{q}^0 \phi = 0 . \quad (15\text{-}7\text{-}78)$$

以 Γ' 代表 $\mathscr{C}'$ 的余切丛(相空间), 则 Legendre 变换 $f: \mathrm{T}\mathscr{C}' \to \Gamma'$ 把整个 $\mathrm{T}\mathscr{C}'$ 映为 Γ' 中由 $\phi = 0$ 定义的 7 维子流形(初级约束面) Γ'_1, 其上的哈氏量按定义为(均见小节 15.3.1)

$$H'|_{\Gamma'_1} = \dot{q}^0 \phi|_{\Gamma'_1} = 0 \quad \text{(这是颇为特殊的“零哈氏量”)}, \quad (15\text{-}7\text{-}79)$$

它在 Γ' 上的任意延拓都可充当 Γ' 上的哈氏量 H'. 设 $\beta: \Gamma' \to \mathbb{R}$ 为任意函数, 则可定义

$$H'|_{\Gamma'} := \beta\phi . \quad (15\text{-}7\text{-}80)$$

现在就可用有约束哈氏方程(15-2-19)求得新“演化观”(以 t' 为时间)中的演化曲线:

$$\dot{q}^0 = \frac{\partial H'}{\partial p'_0} + \lambda \frac{\partial \phi}{\partial p'_0} = \phi \frac{\partial \beta}{\partial p'_0} + \beta \frac{\partial \phi}{\partial p'_0} + \lambda \frac{\partial \phi}{\partial p'_0} \approx \beta + \lambda , \quad (15\text{-}7\text{-}81)$$

$$\dot{p}'_0 = -\frac{\partial H'}{\partial q^0} - \lambda \frac{\partial \phi}{\partial q^0} = 0 , \quad (15\text{-}7\text{-}82)$$

$$\dot{q}^i = \frac{\partial H'}{\partial p'_i} + \lambda \frac{\partial \phi}{\partial p'_i} = \phi \frac{\partial \beta}{\partial p'_i} + \beta \frac{\partial \phi}{\partial p'_i} + \lambda \frac{\partial \phi}{\partial p'_i} \approx (\beta + \lambda) \frac{\partial \phi}{\partial p'_i} = (\beta + \lambda) \frac{\partial H}{\partial p_i}, \quad (15\text{-}7\text{-}83)$$

$$\dot{p}'_i = -\frac{\partial H'}{\partial q^i} - \lambda \frac{\partial \phi}{\partial q^i} = -\phi \frac{\partial \beta}{\partial q^i} - \beta \frac{\partial \phi}{\partial q^i} - \lambda \frac{\partial \phi}{\partial q^i} \approx -(\beta + \lambda) \frac{\partial H}{\partial q^i} . \quad (15\text{-}7\text{-}84)$$

把式(15-7-81)代入(15-7-83)和(15-7-84)得

$$\frac{\mathrm{d}q^i}{\mathrm{d}t} = \frac{\partial H}{\partial p_i}, \quad \frac{\mathrm{d}p_i}{\mathrm{d}t} = -\frac{\partial H}{\partial q^i}, \quad i = 1, 2, 3 , \quad (15\text{-}7\text{-}85)$$

这正是原“演化观”中的哈氏方程. 另一方面,

$$\dot{\phi} = \{\phi, H'\} + \lambda\{\phi, \phi\} = \{\phi, \beta\phi\} = \phi\{\phi, \beta\} \approx 0$$

表明 $\phi = 0$ 的自洽性条件自动满足, 所以不再有次级约束. 由选读15-2-1可知 λ 是自由拉氏乘子. 注意到 β 可为任意函数, 由式(15-7-81)便知 $\dot{q}^0$ 完全自由. 事实上, 如果愿意, 也可取 $\beta = 0$, 这时 $\dot{q}^0 = \lambda$ 就是自由拉氏乘子. 这正是 Sudarshan and Mukunda(1974) 的做法[见式(15-3-8)的评述]. 这表明 $q^0(t')$ 没有物理意义[式(15-7-82)的 $\dot{p}'_0 = 0$ 也是旁证], 共轭对 (q^0, p'_0) 完全是人为的. 用以上手法构造的“(重)参数化粒子理论”给出的完全是重参数化前的结果. 然而, 假如一开始就把这个貌似 4 维的系统(即 L' 而非 L)放在你面前, 你会觉得它是一个约束系统, 而且

与引力场有一些很类似的特征[①]:①它同引力场一样是第一类约束系统; ②拉氏量 L' 中含有自由拉氏乘子 $\dot{q}^0$, 而引力场的 $\mathscr{L}$ 也含有自由拉氏乘子 N [见式(15-5-7)]; ③哈氏量 H' 在约束面 $\overline{\Gamma}'=\Gamma_1'$ 上为零, 与引力场的哈氏量 H 在 $\overline{\Gamma}$ 上为零类似. 在此应作一点说明. 由于引力场哈氏量 H 的计算放在§15.5的必读部分, 我们在 H 的定义问题上讲得较为粗略. 事实上, 式(15-5-17)的 H 只定义在由初级约束 $\pi_N=0$, $\pi_{N^a}=0$ 决定的 Γ_1 上(详见小节15.3.1关于由 $\tilde{H}:\mathrm{T}\mathscr{C}\to\mathbb{R}$ 定义 $H|_{\Gamma_1}$ 的讨论. 现在还有次级约束 $C=0$ 和 $C_a=0$, 所以最终约束面 $\overline{\Gamma}\subset\Gamma_1$. 与重参数化粒子系统稍有不同之处是 H 只在 $\overline{\Gamma}\subset\Gamma_1$ 而不是整个 Γ_1 上为零.) 至于 H 在 $\Gamma-\Gamma_1$ 上的定义, 也允许它是 $H|_{\Gamma_1}$ 的任意延拓. 总之, 我们看到重参数化粒子系统与引力场有许多类似之处. 对于重参数化粒子系统, 你可以通过“退参数化”的反操作来消除约束以恢复其本来面目. 一个天真的想法是:引力场的标量约束是否也可通过“退参数化”来消除? 它真有一个不含标量约束的“本来面目”吗? 长期、艰苦的研究给出的答案是:很可能不. 在上述参数化理论中, 约束函数 ϕ 是动量 p_0' 的线性函数, 通过分解约束方程可以求得 p_0' 的表达式, 从而进行退参数化. 然而, 引力场的标量约束函数 C 是动量的2次函数, 不太可能进行类似的退参数化操作. 总之, 引力场很可能不存在这样一个约化位形空间 $\mathscr{C}$, 其相应的相空间(即 $\mathscr{C}$ 的余切丛)的所有变量反映的都是“真实的动力学自由度”. 标量约束在广义相对论哈氏形式中的存在性看来是不可摆脱的. 这构成引力场正则量子化的一个严重障碍.

§15.8　从几何动力学到联络动力学

—— Ashtekar 新变量理论简介[选读]

种种考虑(例如对奇性定理的思考)表明, 不管经典广义相对论多么优雅, 它不可能是关于引力的终结理论:广义相对论最终必须量子化. 引力量子化存在不止一种途径, 其中一个重要途径是正则量子化. 对任一经典理论进行正则量子化的第一步是把该理论正则化(哈氏化), 即把它重铸成哈氏形式, 而正则化的第一步则是选择一对正则变量, 即位形变量及其共轭动量. 本章介绍了真空引力场的哈氏形式, 其正则变量分别为空间度规 h_{ab} (位形变量)及其共轭动量 π^{ab} (也可说是外曲率 K_{ab}), 用这一共轭对表出的矢量约束 $C^b=0$ 和标量约束 $C=0$ 分别为式(15-7-36)和(15-7-37). 由这两个式子可以看出 C^b 和 C 对 h_{ab} 的依赖关系非常复杂, 这给研究带来许多技术性困难. 特别是, 根据量子化程序, 这两组约束方程在量子化时将

① 与引力场标量约束更类似的是在给定背景时空上的“参数化场论”的约束, 见 Kuchar(1981).

被改写为算符方程，C^b 和 C 对 h_{ab} 依赖关系的复杂性使这些算符方程难以求解. 这一困难原则上可通过选择新的正则变量(共轭对)来克服. Ashtekar 于1986年首次提出一组新的正则变量(后称 **Ashtekar 新变量**)，成功地使约束表达式得以明显简化，并带来一系列优点. 限于篇幅，下面只能对 Ashtekar 新变量作一非常简略的介绍. 有兴趣的读者可参阅 Ashtekar(1986,1987a,1991,1999)，Ashtekar et al.(2004) 和 Han et al.(2005).

传统的正则变量 (h_{ab},π^{ab}) 是3维流形 Σ_t 上的一对张量场. (准确地说，π^{ab} 是张量密度场.) 以 $\{(e_i)^a \mid i=1,2,3\}$ 代表 Σ_t 上的一个局域标架场，$\{(e^i)_a\}$ 代表其对偶标架场. 设 $\{(e_i)^a\}$ 用 h_{ab} 衡量为正交归一，则 $h_{ab}=\delta_{ij}(e^i)_a(e^j)_b$. 把 $(e^i)_a$ 简记为 e^i_a，则上式可改写为

$$h_{ab}=\delta_{ij}e^i_a e^j_b\,. \tag{15-8-1}$$

若先给定标架场 $\{e^a_i\}$，则它唯一确定一个度规场 h_{ab}，用它衡量 $\{e^a_i\}$ 为正交归一，即满足上式. 反之，若先给定 h_{ab}，欲求 $\{e^a_i\}$ 使之满足式(15-8-1)，则 $\{e^a_i\}$ 并不唯一：式(15-8-1)只能把 $\{e^a_i\}$ 确定到差一个 $O(3)$ 转动(含反演)的程度，因为两个标架 $\{e^a_i\}$ 和 $\{\hat{e}^a_i\}$ 用 h_{ab} 衡量都正交归一当且仅当 $\{e^a_i\}$ 与 $\{\hat{e}^a_i\}$ 差一个 $O(3)$ 转动(含反演). 在新变量理论中，$\{e^a_i\}$ 将代替 h_{ab} 用作共轭对中的一个变量. 注意到引力场拉氏密度 $\mathscr{L}$ 是标量密度，可知共轭对的一个变量应为张量密度. 下面先把 e^a_i 改为张量密度. 以 h 和 $\det(e)$ 分别代表 h_{ab} 和 e^i_a 在任一(但同一)基底的行列式，则式(15-8-1)给出 $h=[\det(e)]^2$，令

$$E^a_i := \det(e)\, e^a_i\,, \tag{15-8-2}$$

则 E^a_i 便是密度化的3标架. 设对 e^a_i 作一 $O(3)$ 反演(例如变为 $\hat{e}^a_i=-e^a_i$)，则 $\det(e)$ 变号，故 E^a_i 不变. 因此，与 e^a_i 略有不同，h_{ab} 只能把 $\{E^a_i\}$ 确定到差一个 $SO(3)$ 转动的程度.[①] 设 K_{ab} 是 Σ_t 的外曲率，令

$$K^i_a := eK_{ab}e^b_j\delta^{ji}\,, \tag{15-8-3}$$

其中

$$e\equiv \operatorname{sgn}[\det(e)]\,. \tag{15-8-4}$$

---

① Ashtekar 的早期文献忽视了这一微妙差别. 他把 E^a_i 定义为 $h^{1/2}e^a_i$，却说 h_{ab} 只能把 $\{e^a_i\}$ 确定到差一个 $SO(3)$ 转动的程度. 其实在 E^a_i 的这一定义下上述结论中的 $SO(3)$ 应改为 $O(3)$.

可以证明，如果选择 K_a^i 作为真空引力场的位形变量，则 E_i^a 是与之共轭的动量变量，即 (K_a^i, E_i^a) 组成一对新的正则变量. 原来的矢量约束 $C^b=0$ 和标量约束 $C=0$ 现在可用这组新变量重新表出，遗憾的是，这两组新的约束表达式并不比原来的表达式简单，简化约束的希望尚未实现.

简化约束表达式的关键一步是对联络进行修改——引进新的联络以代替同 h_{ab} 适配的那个联络. 按照§5.7 所讲，3 维黎曼流形 (Σ_t, h_{ab}) 上的联络可看作一组(3个)实值1形式场 ω_{ija}，其中下标 a 是抽象指标，i, j 则是编号指标($i,j=1,2,3$). 设 x 是 Σ_t 的一点，v^a 是 x 点的一个(切于 Σ_t 的)矢量，则 x 点的 ω_{ija} 作用于 v^a 的结果(记作 $B_{ij}\equiv\omega_{ija}v^a$)构成一个 3×3 反称矩阵. 注意到李代数 $\mathscr{SO}(3)$ 是由全体 3×3 反称矩阵组成的集合(见附录G 定理G-5-3)以及附录C 关于"$\mathscr{V}$ 值1形式场"的定义，便有以下抽象提法：

(Σ_t, h_{ab}) 上的一个联络是 Σ_t 上的一个 $\mathscr{SO}(3)$ 值1形式场.

$\mathscr{SO}(3)$ 的如下3个元素

$$a_1\equiv\begin{bmatrix}0&0&0\\0&0&-1\\0&1&0\end{bmatrix},\quad a_2\equiv\begin{bmatrix}0&0&1\\0&0&0\\-1&0&0\end{bmatrix},\quad a_3\equiv\begin{bmatrix}0&-1&0\\1&0&0\\0&0&0\end{bmatrix}$$

构成 $\mathscr{SO}(3)$ 的一个基底(见§G.6)，任一元素 $B\in\mathscr{SO}(3)$ 可用此基底展开：

$$B=B^i a_i.\quad (\text{对 } i \text{ 从1至3取和})$$

因此，$\mathscr{SO}(3)$ 的任一元素 B 既可用三个带两个下标的数 B_{ij}(3×3 反称矩阵的三个独立矩阵元)表示，也可用三个带一个上标的数 B^i(即 B 在基底 $\{a_i\}$ 的分量)表示，不难验证两者的关系为

$$B^i=-\frac{1}{2}\varepsilon^{ijk}B_{jk},\quad i=1,2,3,\ (j,k\text{ 都从1到3取和})\tag{15-8-5}$$

其中 ε^{ijk} 是 Levi-Civita 记号. 用下式定义 Σ_t 上的三个实值1形式场 ω_a^i：①

$$\omega_a^i:=-\frac{1}{2}\varepsilon^{ijk}\omega_{jka},\quad i=1,2,3,\ (j,k\text{ 都从1到3取和})\tag{15-8-6}$$

则不难看出 ω_a^i 实质上就是 ω_{ija}，三个 ω_a^i 合起来就是 Σ_t 上的一个联络[一个 $\mathscr{SO}(3)$ 值1形式场]，称为一个 SO(3) 联络.

以 Γ_a^i 代表 Σ_t 上与 h_{ab} 适配的那个唯一 SO(3) 联络. 在 Σ_t 上定义一个新的

① a 称为时空指标(或空间指标)，i 则称为内部指标.

SO(3) 联络:

$$A_a^i := \Gamma_a^i - \mathrm{i}K_a^i, \quad i=1,2,3, \tag{15-8-7}$$

其中 K_a^i 由式(15-8-3)定义, $\mathrm{i}\equiv\sqrt{-1}$. 请注意 A_a^i 是复张量场. Γ_a^i 与 K_a^i 是性质不同的两种类型的几何量, 前者反映 (Σ_t, h_{ab}) 的内禀几何性质, 后者代表 (Σ_t, h_{ab}) 的外曲率, 而 A_a^i 则是 (Σ_t, h_{ab}) 的内、外几何性质的一种精心策划的结合. 新联络 A_a^i 对应于一个新的导数算符 $\mathscr{D}_a$ (有别于与 h_{ab} 适配的导数算符 D_a), 从而对应于一个新的曲率张量, 记作 F_{ijab}. 仿照式(15-8-5)可定义

$$F_{ab}^i := -\frac{1}{2}\varepsilon^{ijk}F_{jkab}, \quad i=1,2,3, \tag{15-8-8}$$

正如 A_a^i 的抽象下标 a 暗示联络 $\{A_a^i\}$ 是 Σ_t 上的(复) $\mathscr{SO}(3)$ 值 1 形式场那样, F_{ab}^i 的两个抽象下标 ab 暗示曲率 $\{F_{ab}^i\}$ 是 Σ_t 上的(复) $\mathscr{SO}(3)$ 值 2 形式场.

以复数化为代价引进的新联络 A_a^i 的一大好处就是可以简化约束表达式. 可以证明, ①若选 A_a^i 为真空引力场的位形变量, 则 E_i^a 正是与之共轭的动量变量, 共轭对 (A_a^i, E_i^a) 就是所谓的 Ashtekar 新变量. ②矢量约束 $C_a=0$ 和标量约束 $C=0$ 可用这组新变量表为如下的简单得多的多项式形式:

$$F_{ab}^i E_i^b = 0 \text{ (矢量约束)}, \qquad F_{ab}^i \varepsilon_i{}^{jk} E_j^a E_k^b = 0 \text{ (标量约束)}. \tag{15-8-9}$$

此外, 引进标架 $\{E_i^a\}$ 代替度规 h_{ab} 必然带来新的规范任意性[对应于 SO(3) 群], 从而导致附加约束, 它可以表为

$$\mathscr{D}_a E_i^a = 0. \tag{15-8-10}$$

从数学角度看来, 由传统变量 (h_{ab}, π^{ab}) 到新变量 (A_a^i, E_i^a) 的转换无非是相空间中的一种正则变换. 从物理角度看来, 这一转换反映人们关心的重点由空间度规 h_{ab} 的演化转移到联络 A_a^i 的演化. 既然前者早已被称为几何动力学(geometrodynamics), 后者自然被称为**联络动力学**(connection dynamics). 由于联络动力学(Ashtekar 新变量理论)具有若干明显的优点, 它一问世就引起一批同行的兴趣, 各种新的研究成果(包括经典方面和量子化方面, 尤以后者为突出)相继涌现, 对联络动力学的研究很快就形成一个新的分支, 而且方兴未艾. 在 Ashtekar 的联络动力学中, 真空引力场的相空间可以等同于[以 SO(3) 为内部对称群的]复值 Yang-Mills 场的相空间, 而且, 联络动力学的额外约束 $\mathscr{D}_a E_i^a = 0$ 与 Yang-Mills 规范理论的高斯约束非常相像. (无源电磁场理论是最简单的 Yang-Mills 理论, 其高斯约束是 $\vec{\nabla}\cdot\vec{E}=0$.) 更一般地说, 关于引力相互作用的联络动力学与关于其他相互作用的物理学在数学框

架上非常类似，这使得引力量子化问题不再像从前那样孤立，使得非引力场量子化的某些重要技巧[如 Yang-Mills 场量子化中的圈(loop)技巧]可以被借用到引力量子化的程序之中．人们很快就在引力量子化理论中引入了**圈表象**(loop representation)的概念[把量子态看作闭合曲线(圈)的泛函]，并早在1988~1990 年就借助它在形式上找到了量子约束(算符)方程的许多解(构成一个无限维的解空间)．总之，广义相对论在使用 Ashtekar 新变量后与规范场论的相似性为非微扰正则量子引力论①提供了一个新起点．原始的 Ashtekar 新变量理论也有其自身缺点，其中之一就是它的正则变量为复张量，这实际上是在讨论复广义相对论．为了得出洛伦兹号差的实时空理论，必须加上**实性条件**(reality condition)，即要限制在复相空间的实洛伦兹截面上(以保证 h_{ab} 和 K_{ab} 为实张量)，这给量子化带来一系列麻烦，特别是，在圈量子化中执行实性条件非常困难．此外，这种复理论的结构群为非紧致群，而从非紧致结构群出发目前尚无法构造严格的不依赖于背景的量子引力理论．针对这一困难，Barbero(1994) 提出了**实 Ashtekar 变量**的建议．他指出，Ashtekar 变量(指 A_a^i)之所以必须为复，其实只是为保证标量约束得到简化，即取式(15-8-10)的形式．如果牺牲这一优点，便可引入实 Ashtekar 变量．[即 A_a^i 为实，为此只须用一任意非零实常数 β 取代式(15-8-7)的 $-\mathrm{i}$.] 这种实变量理论不但保留了复变量理论中与几何性质有关的一切优点，而且还有其自身优点，已经成为目前圈量子引力界内普遍采用的方法．人们利用实变量理论已经在运动学的层面上得到了一个数学上严格的量子几何理论(对几何实行量子化)，在此理论中长度、面积、体积等几何量(作为算符)都取分立本征值，表明“时空连续性”这一经典图象在 Planck 尺度下不再成立．做出这一关键突破之后，圈量子引力论近几年来在宇宙论和黑洞方面又取得了重要进展．除了关于黑洞熵(准确说是孤立视界的熵，见第 16 章)的贡献外，在消除奇性方面的贡献更是值得一提．奇性问题是广义相对论的老大难问题，人们长期以来积累了一批非常基本的、概念性的疑难问题一直没有答案．例如(仅以宇宙论的奇性为例陈述)，①离大爆炸多“久”才能像经典广义相对论那样把时空看作光滑连续体?特别是，能证明这种近似处理在暴涨开始时是允许的吗?(如不允许就有大麻烦.) ②量子引力论能自然地消除大爆炸和大挤压奇性吗?须知此前的正则量子引力论(Wheeler-Dewitt 理论，是几何动力学而非联络动力学)未能消除这些奇性．所谓自然地消除，是指无须像某些量子引力论那样要人为地引入某种新的原理或者对大爆炸人为地规定某种边界条件．③如能消除，那么奇点的“另一侧”是个什么样子?是否也如同“这一侧”那样有一个很大的、经典

① 背景闵氏度规在 Yang-Mills 场的量子化中起重要作用．引力场的量子化没有背景度规可用，由此带来许多困难．圈量子引力的研究者们在 1992 至 1995 年发展出一种新的泛函微积分方法，它在数学上是严格的，而且与背景时空几何完全无关．这一新方法对非微扰正则量子引力论的新进展作出了重要贡献．

的宇宙?可以说, 至少就某些"对称约化模型"(symmetry reduced models)而言, 圈量子宇宙论近期的解析和数值研究对以上三个问题都给出了较满意的答案:①至少在暴涨开始时刻仍然可以近似使用经典广义相对论; ②大爆炸和大挤压奇性的确能被自然地消除[见 Bojowald(2001)]. 以 $k=1$ 的宇宙为例, 经典图像是宇宙先从大爆炸开始膨胀, 至尺度因子 a 取最大值时开始收缩, 最终缩到大挤压(Wheeler-Dewitt 量子引力论也未能幸免); 而圈量子宇宙论图像则是:任选一时刻作为初始时刻, 设宇宙此刻正在收缩($\dot{a}<0$), 则当 a 缩到足够小(但非零)时又转为膨胀, 至 a 取最大值时再度收缩, 如此周而复始. 这可称为量子反弹(quantum bounce)模型, 其中 a 永远非零, 既无大爆炸奇性又无大挤压奇性(以大反弹取代大爆炸); ③由答案②可知奇点的"另一侧"如同"这一侧"那样有一个很大的、经典的宇宙, 两个"相邻"宇宙(一个在收缩一个在膨胀)之间是 a 非常小(Planck 尺度)的、包含经典奇点的过渡区域, 称为 Planck 小区(Planck regime), 正是小区中的量子几何充当了连接两大经典宇宙的桥梁. 当然, 以上明确答案只是研究对称约化模型的结果, 其中的关键限制是空间均匀性和各向同性性. 这一研究手法不难被推广到非各向同性模型, 但向非均匀性的推广则仍仅处于起步阶段, 还有大量艰苦工作要做. 圈量子宇宙论之所以能取得与经典宇宙论如此不同的结果, 一个重要原因是经典演化方程在奇点处失效而圈量子演化方程却处处表现良好,[①] 其解(波函数)所代表的是这样一个物理态, 它从经典奇点的一侧穿越 Planck 小区演化至他侧. 另一方面, 圈量子宇宙论与 Wheeler-Dewitt 量子宇宙论之所以有如此实质不同的结论, 关键在于量子几何对爱因斯坦方程做出了重要修正, 使得在圈量子宇宙论中有待求解的方程与 Wheeler-Dewitt 方程(它不考虑量子几何)有所不同. 这种不同只在 Planck 小区内才有明显表现, 因而宇宙的圈量子演化也只在该小区内才与 Wheeler-Dewitt 演化有重大区别. 有关内容可参阅 Ashtekar et al. (2006a,b), Bojowald(2005). 上面仅以宇宙论为例简述了圈量子引力论的近期成果, 其主要结论(特别是问题②和③及其答案)也适用于黑洞奇点研究中的对称约化模型(例如施瓦西黑洞), 联络(而不是几何)动力学以及奇点附近的量子几何在其中依然起到关键性作用, 见 Ashtekar and Bojowald(2006). 此外, 圈量子引力论在与黑洞相关的若干其他问题上(特别是黑洞蒸发及其导致的"信息丢失疑难")也给出了很值得重视的结果, 详见 Ashtekar and Bojowald(2005).

习 题

注:题 1,2,3 中经常涉及 q^i 的平方, 为避免混淆, 此三题中的 q^i 一律改记作 q_i.

---

① 与"曲率在奇点发散"这一众所周知的经典结论相反, 在圈量子宇宙论中, 曲率(作为算符)的期望值处处(含经典奇点)有限(曲率算符是有界算符).

1. 设 2 维系统的拉氏函数 $L=(\dot{q}_2{}^2/2q_1)+q_1q_2$，$q_1>0$.

~(a)找出全部哈氏初、次级约束.

~(b)验证全部约束都为第一类，因而 λ 有完全自由性.

~(c)选 $\lambda=0$ ，指定 $(\hat{q}_1,\hat{q}_2,\hat{p}_1,\hat{p}_2)\in\bar{\Gamma}$ 为初值点，求演化函数 $q_1(t),q_2(t),p_1(t),p_2(t)$.

~(d)由小节 15.3.1 可知两个哈氏量只要在 Γ_1 上相同就等价. 利用这一规范自由性，可以改用 $H'=-p_1p_2+H$ 为哈氏量(其中 H 是前三问中所用的最简单哈氏量)，仍选 $\lambda=0$ ，再求以 $(\hat{q}_1,\hat{q}_2,\hat{p}_1,\hat{p}_2)\in\bar{\Gamma}$ 为初值点的演化函数 $q_1(t),q_2(t),p_1(t),p_2(t)$.

~(e)验证上两问求得的 $q_1(t),q_2(t)$ 满足拉氏方程.

(f)从 $J_{ij}A^j=C_i$ 求 T$\mathscr{C}$ 上的约束，验证它就是(a)问中求得的哈氏次级约束.

(g)写出最终约束面 $\bar{\Gamma}\subset\Gamma$ 和 $\bar{S}\subset$ T$\mathscr{C}$ 的表达式，验证 Legendre 变换 f ： $\bar{S}\to\bar{\Gamma}$ 是到上映射而非一一映射. $\forall P\equiv(\hat{q}_1,\hat{q}_2,\hat{p}_1=0,\hat{p}_2)\in\bar{\Gamma}$ ，求 $f^{-1}[P]$.

2. 设 2 维系统的拉氏函数 $L=(\dot{q}_1{}^2/2)+2\dot{q}_1\dot{q}_2+2\dot{q}_2{}^2+q_1q_2$.

~(a)找出全部哈氏初、次级约束.

~(b)求出所有演化函数 $q_1(t),q_2(t),p_1(t),p_2(t)$ 的通解表达式.

~(c)在全部哈氏约束中，哪些是第一类？哪些是第二类？

~(d)验证所求得的 $q_1(t),q_2(t)$ 满足拉氏方程.

(e)从 $J_{ij}A^j=C_i$ 求 T$\mathscr{C}$ 上的约束(姑且称为一级约束)，再从其自洽性导出二级约束. 此乃 B 型，其自洽性给出关于 A^i 的方程，试与 $J_{ij}A^j=C_i$ 联立求解[甚易，与(b)问用哈氏法的结果相同.]

(f)写出 $\bar{\Gamma}$ 和 $\bar{S}$ 的表达式，验证 Legendre 变换 f ： $\bar{S}\to\bar{\Gamma}$ 是一一到上映射.

3. 设 3 维系统的拉氏函数 $L=(\dot{q}_2{}^2/2q_1)+2\dot{q}_2\dot{q}_3+2q_1\dot{q}_3{}^2+q_1q_2q_3$，$q_1>0$.

~(a)求出全部哈氏初级约束以及哈氏量 H 的表达式.

~(b)求出矩阵 (Φ_{mn}) 的表达式，你会发现它在 Γ_1 上除某些点外为满秩(以下提到 Γ_1 和 $\bar{\Gamma}$ 时都略去这些点). 求解 $\Phi_{mn}\lambda^n=h_m$ 以确定全部 λ^m (作为 Γ_1 上的函数).

~(c)验证全部哈氏约束都为第二类.

(d)求出 T$\mathscr{C}$ 上的全部约束，验证它们对应于哈氏理论中[(b)问求得的]的 λ^m 的表达式.

*(e)本书只讨论矩阵 (Φ_{mn}) 的秩 z 在 Γ_1 上为常数的情况(包括次级约束的定义)，但本题涉及 z 不完全是常数的问题，于是对某些问题要做特殊讨论. 令 $\Gamma_1\equiv\Gamma_{1+}\cup\Gamma_{10}\cup\Gamma_{1-}$，其中 Γ_{1+},Γ_{10} 和 Γ_{1-} 分别代表满足 $p_2>0,\ p_2=0$ 和 $p_2<0$ 的子集，则易见 $z|_{\Gamma_{1+}}=z|_{\Gamma_{1-}}=2$ 而 $z|_{\Gamma_{10}}=0$. 试证：①任一演化曲线只要有一点在 Γ_{10} 上则全线躺在 Γ_{10} 上(于是对 Γ_{1+} 和 Γ_{1-} 也有同样结论)；② Γ_{10} 上的演化曲线必有 $q_2=q_3=0$ (于是 $q_2=q_3=0$ 可看作“次级约束”)；③由“自洽性条件” $\dot{p}_2\approx0,\ \dot{q}_2\approx0,\ \dot{q}_3\approx0$ ($\approx$ 代表“在 Γ_{10} 上等于”)可知 $\lambda_2\approx0$ 而 λ_1 完全自由.

~4. 试证小节 15.3.1 引入的共轭动量 p_i 和矩阵元 J_{ij} 在位形空间 $\mathscr{C}$ 的坐标变换 $\{q^i\}\mapsto\{q'^i\}$ 下分别按对偶矢量和 $(0,2)$ 型张量的规律变换，即证明

$p'_j=(\partial q^i/\partial q'^j)p_i$ 和 $J'_{kl}=(\partial q^i/\partial q'^k)(\partial q^j/\partial q'^l)J_{ij}$.

5. 试证由式(15-3-32)定义的 $\mathscr{D}_\sigma$ 其实与坐标系无关.

~6. 试证式(15-4-2), 即 $(-g)^{1/2} = Nh^{1/2}$.

~7. 验证由式(15-6-21)定义的 $\nabla_a \widehat{T}$ 是权为 m 的 $(k,\ l+1)$ 型张量密度场.

~8. 试证式(15-6-26), 即 $\psi_a(\overline{\boldsymbol{e}}, \nabla) = \Gamma^c{}_{ca}$ (在该式后有提示).

9. 验证由式(15-6-34)定义的 $\mathscr{L}_v \widehat{T}$ 是权为 m 的 (k,l) 型张量密度场.

10. 试证式(15-6-39), 即 $\xi(\overline{\boldsymbol{\varepsilon}}, v) = -\nabla_a v^a$ (在该式后有提示).

~11. 补证式(15-6-41), 即 $v^a \nabla'_a \widehat{f} + m \widehat{f}\, \nabla'_a v^a = v^a \nabla_a \widehat{f} + m \widehat{f}\, \nabla_a v^a$.

12. 试证式(15-7-15), 即 $\theta_A = \omega_i (\mathrm{d}q^i)_A$.

13. 试证真空引力场的初级约束 $\pi_N = 0$ 和 $\pi_{\vec{N}} = 0$ 都是第一类约束(见小节 15.7.4 倒数第二段).

第16章　孤立视界、动力学视界和黑洞(热)力学

§16.1　传统黑洞热力学及其不足

16.1.1　传统黑洞热力学与 Killing 视界

在稳态黑洞的研究中，人们一直认为未来事件视界 $\mathscr{E}$ 可以恰当地充当黑洞的边界. 以球对称恒星坍缩而成的施瓦西黑洞为例(图16-1)，由于 $\mathscr{E}$ 是类光无限远 $\mathscr{I}^+$ 的编时过去 $I^-(\mathscr{I}^+)$ 的边界，即 $\mathscr{E}=\dot{I}^-(\mathscr{I}^+)\cap M$，[其中 M 是物理时空，请注意与非物理时空 $\tilde{M}\supset M$ 的区别(见 §12.4 注 1). 补上 $\cap M$ 旨在祛除所有无限远点.] 以它为边界的时空区域 $\mathscr{B}$ 内的任一点都与 $\mathscr{I}^+$ 没有因果联系：任一到达 $\mathscr{I}^+$ 的观者永远接收不到从 $\mathscr{B}$ 区内任一点发出的任何信息(故言"黑"). 反之，$\mathscr{B}$ 区外的任一点都与 $\mathscr{I}^+$ 存在因果联系. 因此把 $\mathscr{E}$ 称为事件视界(可被看见和不可被看见的事件的分界)，把 $\mathscr{B}$ 区称为黑洞区，而作为黑洞区的边界的事件视界 $\mathscr{E}$ 自然就是黑洞的边界. 这种认识给早期黑洞研究提供过丰富的成果，黑洞热力学就是突出的一例. Hawking 在1971年发表了他的黑洞边界面积不减定理，其中的黑洞边界就是

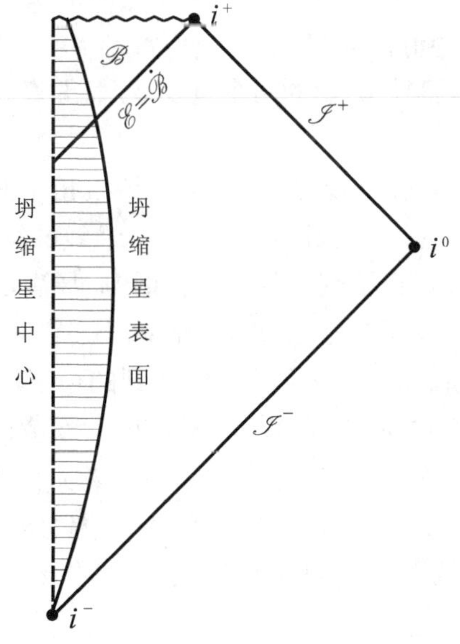

图 16-1　球对称坍缩星所在时空的 Penrose 图(相应于图 9-17)

指事件视界 $\mathscr{E}$. 事件视界本是个3维子流形(类光超曲面), 其面积从何谈起?设 $\{\Sigma_t\}$ 是类空超曲面族, 把 Σ_t 看作时刻 t 的全空间, 则 $B_t \equiv \mathscr{B} \cap \Sigma_t$ 代表时刻 t 的(3维)黑洞, 它以 $E_t \equiv \mathscr{E} \cap \Sigma_t$ 为(2维)边界, 于是 E_t 的面积(记作 S_t)就可称为黑洞在时刻 t 的面积. 所谓面积不减, 就是指 $S_{t_2} \geqslant S_{t_1}\ \forall t_2 > t_1$. [证明见 Wald(1984) 定理12.2.6 , 前提要求很低, 只要满足爱因斯坦方程和弱能量条件.] 这一定理形式上与热力学第二定律(熵不减定律)非常类似. 乍看起来, 黑洞与热力学系统属于两个毫不相干的物理领域, 这种类似性恐怕只是形式类似而已. 不过, 两者在味道上的如此相似性在物理中毕竟是不多见的. 更有甚者, 后续的研究竟表明热力学的其他几个定律在黑洞物理学中也能找到很好的对应定律(后来知道这种对应或类似远远不只是形式上的), 从而逐渐形成一个被称为黑洞热力学的重要物理分支, 而且其本身以及它同其他学科分支的密切联系使之日益受到重视, 至今仍然是个非常活跃的研究前沿课题. 本节先讲述传统的黑洞热力学, 其他各节将陆续介绍黑洞热力学的后续(包括近期)进展. ① 传统的黑洞热力学只涉及稳态黑洞(第二定律除外), 但不限于真空及电磁真空的稳态时空, 特别是可以包含有毛黑洞. 此处应对“稳态时空”这一类术语做一说明. 按照§8.1 定义1, 稳态时空是指存在(整体的)类时 Killing 矢量场的时空. 根据这一定义, 含黑洞的施瓦西时空就不能算是稳态时空, 因为在黑洞外部为类时的 Killing 场 ξ^a 在洞内变得类空(而且在黑洞边界上类光), 全时空中并不存在一个处处类时的 Killing 场. 然而, 鉴于这一类型的“含黑洞的稳态时空”在本章中屡屡涉及, 不妨把(渐近平直的)稳态时空的条件适当放宽: 只要全时空存在一个 Killing 矢量场而且它在无限远附近类时, 就可称为**稳态时空**, 相应地还可把这个矢量场称为**稳态 Killing 矢量场**, 并把稳态时空所含的黑洞称为**稳态黑洞**.

我们首先引入传统黑洞热力学的两个重要概念, 即表面引力和角速度, 为此最好先介绍 Killing 视界.

类光超曲面 $\mathscr{K}$ 称为 **Killing 视界**, 若时空中有 Killing 矢量场 K^a , 而且 $K^a|_{\mathscr{K}}$ 正交于 $\mathscr{K}$. 图 9-13(a) 的 N_1, N_2 以及图 6-43 的两条 45° 线的每一条所代表的类光超曲面分别都是 Killing 视界. 可以证明, 只要度规和物质场满足某些不苛刻条件, 渐近平直稳态时空中的任一黑洞的事件视界 $\mathscr{E}$ 就一定是 Killing 视界 [见 Wald(1994)P.140 , Wald(2000)]. 以下默认所遇到的稳态黑洞都满足这些条件, 因而它们的事件视界都是 Killing 视界. 设 $\mathscr{K}$ 是 Killing 视界(不一定是某黑洞的事件视界), 相应的 Killing 场为 K^a , 则 $\mathscr{K}$ 的类光性保证 $\mathscr{K}$ 上有 $K^a K_a = 0$. 令 $f \equiv K^a K_a$, 则 $\nabla_a f = 2K^b \nabla_a K_b$. 对 $p \in \mathscr{K}$ 存在两种可能: ① $\nabla_a f|_p \neq 0$; ② $\nabla_a f|_p = 0$. [以图 9-13(a) 的 N_1 为例, 当 p 位于由 $U = V = 0$ 的“点”所代表的 S^2 上时 K^a (即 ξ^a) $= 0$,

① 后续进展主要是指对非稳态黑洞的研究, 由于小节 16. 7. 7 所讲的原因, 非稳态黑洞的定律从“黑洞热力学定律”改称“黑洞力学定律”.

故 $\nabla_a f|_p = 0$.] 令

$$\mathscr{K}_1 \equiv \{p \in \mathscr{K} \mid \nabla_a f|_p \neq 0\} \subset \mathscr{K} ,$$

则 $\nabla^a f|_{\mathscr{K}_1}$ 是 $\mathscr{K}_1$ 的法矢场, 因而与法矢场 K^a 只能差到一个函数乘子, 即 $\mathscr{K}_1$ 上有函数 κ 满足

$$\nabla^a f = -2\kappa K^a .$$

再令 $\mathscr{K}_0 \equiv \mathscr{K} - \mathscr{K}_1$, 则 $\nabla^a f|_{\mathscr{K}_0} = 0 = K^a|_{\mathscr{K}_0}$, 这时 $\nabla^a f = -2\kappa K^a$ 也成立, 但 $\kappa|_{\mathscr{K}_0}$ 变得不确定. 选读 16-1-1 将说明有办法定义 $\kappa^2|_{\mathscr{K}_0}$ 的值. 记住这点后, 不妨仍写

$$\nabla^a(K^b K_b) = -2\kappa K^a . \quad (\text{在 } \mathscr{K} \text{ 上}) \tag{16-1-1}$$

这样定义的 κ 称为 Killing 视界 $\mathscr{K}$ 的**表面引力**(surface gravity), 在黑洞热力学中有重要意义. 由上式得

$$-2\kappa K_a = 2K^b \nabla_a K_b = -2K^b \nabla_b K_a ,$$

[第二步用到 Killing 方程 $\nabla_{(a} K_{b)} = 0$.] 于是就有表面引力 κ 的如下常用公式:

$$(K^b \nabla_b K^a)|_{\mathscr{K}} = \kappa K^a|_{\mathscr{K}} . \tag{16-1-2}$$

设 U 是含 $\mathscr{K}$ 的 4 维开集, $\bar{\kappa}$ 是 κ 从 $\mathscr{K}$ 到 U 的任一光滑延拓, 则在 U 上有

$$\nabla^a(K^b K_b) = -2\bar{\kappa} K^a + uF^a ,$$

具中 u 和 F^a 分别是 U 上的某个光滑函数和光滑矢量场, 且 $u|_{\mathscr{K}} = 0$. 对上式两边沿 K^a 求李导数分别得

$$\text{右边} = -2K^a \mathscr{L}_K \bar{\kappa} + u\mathscr{L}_K F^a + F^a \mathscr{L}_K u ,$$

$$\begin{aligned}
\text{左边} &= \mathscr{L}_K(\nabla^a f) = K^b \nabla_b(\nabla^a f) - (\nabla^b f)\nabla_b K^a = K_b \nabla^b \nabla^a f - (\nabla_b f)\nabla^b K^a \\
&= K_b \nabla^a \nabla^b f + (\nabla_b f)\nabla^a K^b = \nabla^a(K_b \nabla^b f) = \nabla^a[K_b \nabla^b(K_c K^c)] \\
&= \nabla^a(2K_c K_b \nabla^b K^c) = \nabla^a(2K_{(c} K_{b)} \nabla^{[b} K^{c]}) = 0 ,
\end{aligned}$$

[其中第四、八步都用到 Killing 方程.] 故

$$-2K^a \mathscr{L}_K \bar{\kappa} + u\mathscr{L}_K F^a + F^a \mathscr{L}_K u = 0 .$$

把上式在 $\mathscr{K}$ 上取值, 由 $u|_{\mathscr{K}} = 0$ 及 $K^a|_{\mathscr{K}}$ 切于 $\mathscr{K}$ 便有 $K^a \mathscr{L}_K \kappa = 0$, 因而 $(\mathscr{L}_K \kappa)|_{\mathscr{K}_1} = 0$, 可见 κ 在 K^a 的每条积分曲线(指非独点线)上为常数. 还可证明[见 Wald(1984) P.333~334 或 Wald(1994)P.121~122], 只要满足爱因斯坦方程和主能量条件(见中册附录 D), 则 κ 在含黑洞的稳态时空的事件视界(Killing 视界)上为常数(即各条

积分曲线的常数值 κ 相同). ① 例如, KN 黑洞的事件视界的表面引力取如下的常数值:

$$\kappa = \frac{(M^2 - a^2 - Q^2)^{1/2}}{2M[M + (M^2 - a^2 - Q^2)^{1/2}] - Q^2} . \tag{16-1-3}$$

再介绍事件视界 $\mathscr{E}$ 的角速度. 设 (M, g_{ab}) 是含黑洞的稳态时空, $\mathscr{E}$ 是事件视界(因而也是 Killing 视界), ξ^a 是满足如下归一化条件的稳态 Killing 场: 在趋于 $\mathscr{I}^+$ 时 $\xi^a \xi_a \to -1$. 暂时考虑另一流形 M', 并设 $\phi: M \to M'$ 是微分同胚. 记 $\mathscr{E}' \equiv \phi[\mathscr{E}]$, $g'_{ab} \equiv \phi_* g_{ab}$, 则 $\mathscr{E}$ 是 (M, g_{ab}) 的事件视界保证 $\mathscr{E}'$ 是 (M', g'_{ab}) 的事件视界(见上册小节 8.10.2 的"易地唱戏"). 现在令 $M' = M$, 以 $\phi_t: M \to M$ 代表由 ξ^a 产生的单参微分同胚族的任一元, 则 ξ^a 是 Killing 场保证 ϕ_t 是等度规映射($\phi_{t*} g_{ab} = g_{ab}$), 从而保证 $\phi_t[\mathscr{E}]$ 是 (M, g_{ab}) 的事件视界, 即 $\phi_t[\mathscr{E}] = \mathscr{E}$, 而这又表明 ξ^a 的积分曲线躺在 $\mathscr{E}$ 上, 故 ξ^a 切于 $\mathscr{E}$. 如果 ξ^a 同时又法于 $\mathscr{E}$ (施瓦西情况), 则 ξ^a 正比于与 $\mathscr{E}$ (作为 Killing 视界)相应的 Killing 场 K^a; 如果 ξ^a 不法于 $\mathscr{E}$ (KN 情况), 则可考虑 ξ^a 与 K^a 的线性组合, 它当然也是 Killing 场, 而且在 $\mathscr{E}$ 上也切于 $\mathscr{E}$. 可以证明[见 Wald(1984) P.323 第二段(含脚注 5)及其所引文献], 总能找到适当的常数使这一线性组合(记作 ψ^a)满足如下要求:

(a) $K^a = \xi^a + \Omega \psi^a, \quad \Omega \in \mathbb{R}$; [对 Kerr 时空就是式(13-5-4)] (16-1-4)

(b) ψ^a 的积分曲线闭合, 周期为 2π;

(c) ψ^a 与 ξ^a 对易, 即 $[\psi, \xi]^a = 0$. [(b), (c)保证 (M, g_{ab}) 是稳态轴对称时空]

式(16-1-4)中的常数 Ω 称为事件视界(Killing 视界) $\mathscr{E}$ 的**角速度**.

现在就有条件介绍黑洞热力学的其他几个定律并与普通热力学的相应定律逐一比较.

先看第一定律. 考虑只有压强 P 和温度 T 这两个独立参量的热力学系统. 设它从某个静态出发经历(无限小的)准静态过程达到新的静态, 以 $\delta E, \delta V$ 和 δS 分别代表系统的能量、体积和熵在过程中的微小改变量, 则三者的关系服从熟知的热力学第一定律

$$\delta E = T\delta S - P\delta V . \tag{16-1-5}$$

与此式类似, 设稳态轴对称黑洞在经历一个(无限小的)物理过程后重新成为一个稳态轴对称黑洞, 以 $\delta M, \delta A$ 和 δJ 分别代表黑洞的质量 M、面积 A 和和角动量 J 在过程中的微小改变量[其中 M 和 J 的定义见 Wald(1984)P.334-335], 则已经证明

---

① §16.5 将证明: ①在弱孤立视界 Δ 上也可定义表面引力 κ, 而且 $\kappa|_\Delta$ 也为常数; ②稳态黑洞的事件视界都是弱孤立视界, 所以 $\kappa|_{\mathscr{E}}$ 的常数性不证自明. 事实上, $\kappa|_{\mathscr{E}}$ 为常数的证明与 $\kappa|_\Delta$ 为常数的证明有不少共同部分, 而且后者在某种意义上比前者更简单. 这是我们不写出 $\kappa|_{\mathscr{E}}$ 常数性的(颇长)证明的主要原因.

(见注1)三者的关系服从如下公式:

$$\delta M=\frac{1}{8\pi}\kappa\delta A+\Omega\delta J\,,$$ [1] (16-1-6)

其中 κ 和 Ω 分别是事件视界的表面引力和角速度. 由于相对论(配以几何单位制)中的质量就是能量, 以上两式左边完全对应. 既然熵和面积都是不减量, 不妨暂设两者对应并成正比, 即 $S=cA$, 其中 c 为常数. 于是, 为使两式右边第一项完全对应, 应认为 T 与 κ 有对应关系 $T\leftrightarrow(8\pi c)^{-1}\kappa$. 进一步, 式(16-1-6)右边第二项与式(16-1-5)右边的"做功"项也类似: 事实上, 如果把一个转动物体看作热力学系统, 则式(16-1-5)右边本来就该有这么一个"做功"项 $\Omega\delta J$. 为使两式完全对应, 看来应把 $(8\pi c)^{-1}\kappa$ 视作黑洞的温度. 若能如此, 则式(16-1-6)就可名正言顺地被称为黑洞热力学第一定律. 然而, 36 年前的相对论学家无法接受这一结论, 因为, 由于黑洞只吸不放的经典特性, 无论从哪条物理判据衡量, 其温度都只能为零. [例如, 假定黑洞外部充满黑体辐射, 则辐射(带着能量)源源不断地穿越事件视界流进洞内, 而黑洞又不能向外发出任何辐射, 能量的这种单向流动性使得全系统无法达到热平衡态, 除非外部的黑体辐射温度为零, 而这就意味着黑洞的热力学温度非零莫属.] 然而由式(16-1-3)易见黑洞的表面引力 κ 一般非零! 于是关于黑洞与热力学系统的类似性的对比链条至此被无奈地斩断, 当时人们曾发出过"好景不长"的慨叹. 有趣的是, 这一问题在1973 年竟然戏剧性地出现"柳暗花明又一村"的令人惊喜的局面, 使相对论学家对黑洞温度为零的经典认识彻底改观, 从而导致"黑洞热力学"的最终问世(见稍后).

注 1　式(16-1-6)存在着两个在味道上非常不同的版本, 其一是"物理过程版本(physical process version)", 亦称"主动(active)版本"; 其二是"平衡态版本(equilibrium state version)", 亦称"被动(passive)版本". 物理过程版本着眼于一个物理过程[为推导式(16-1-6)所用的是"无限小"过程], 其初态和终态是两个不同的稳态, 如式(16-1-6)前的两行所述. Wald(1994)P.141-142 以真空情况为例介绍了该证明, 考虑的是真空黑洞由于落入少量物质而发生的"无限小"物理过程. 平衡态版本的证明则与此非常不同, 它考虑的是两个含有稳态黑洞的不同时空(其度规和物质场都是相关的场方程的解), 两者"无限邻近"(准确含义最好用相空间说明, 可参阅小节16.5.5), 式(16-1-6)中的 δM, δA 和 δJ 依次代表这两个黑洞的质量、面积和角动量之差. Bardeen et al.(1973) 是历史上最先证明式(16-1-6)的论文, 所用的证明方法就是平衡态版本. 后来 Wald 等又利用哈氏(或拉氏)形式给出了更为简单、直接和适用面更广的平衡态版本的证明, 可参阅 Wald(1994)P.143-145 及其所

---

① 此式适用于 Kerr 黑洞. 对 KN 黑洞, 右边还应添加一项 $\phi\delta Q$, 其中 Q 及 ϕ 分别代表电荷及标势.

引文献.

黑洞物理学与普通热力学的类似性还可延拓至第零和第三定律. 热力学第零定律说: 热平衡具有可传递性, 因而处于平衡态的热力学系统的温度处处为常数; 而刚才已介绍过黑洞物理学的一个重要结论: 稳态黑洞的表面引力 κ 在事件视界上处处为常数. 只要接受 $(8\pi c)^{-1}\kappa$ 可解释为黑洞温度的说法, 就不妨把 κ 在事件视界上的常数性称为黑洞热力学第零定律. 普通热力学第三定律有几种不同的表述方式, 其中之一是: 不可能通过任何物理过程到达绝对零度($T=0$)的状态: 越接近零度就越难向前再走一步. 既然 $(8\pi c)^{-1}\kappa$ 对应于温度 T, 首先看看 $\kappa=0$ 是什么黑洞. 由式(16-1-3)可知 $\kappa=0$ 对应于 $M^2=a^2+Q^2$ 的情况, 即极端 KN 黑洞. Wald (1974) 用计算证明, 一个 KN 黑洞越接近极端时就越难向它再靠近一步. 这与普通热力学第三定律非常类似, 因此不妨就把"无法通过物理过程使一个非极端的黑洞变成极端黑洞"称为黑洞热力学第三定律. 然而普通热力学第三定律的另一版本断言 $T\to 0$ 时熵 $S\to 0$, 而黑洞在 $\kappa\to 0$ 时面积 A 却保持有限[由式(16-1-3)可知极端 KN 黑洞的 $\kappa=0$, 但其视界面积为有限值], 在这一点上就并不类似.

通常的量子场论默认背景时空是闵氏时空. 广义相对论问世后, 人们又逐渐发展出一种以弯曲时空为背景的"弯曲时空量子场论", 其基本出发点是默认时空的背景几何仍为经典几何(虽然弯曲却丝毫未做量子化), 但其上的粒子场则是量子化的场, 因而可看作是尚待建立的量子引力论的某种半经典近似. 1973 年 Hawking 在弯曲时空量子场论的研究中发现从纯经典看来是"一毛不拔"的黑洞竟能向外发射粒子(在 $\mathscr{I}^+$ 上可收到源源不断的粒子流), 而且辐射的谱分布满足黑体辐射定律, 其中充当温度的竟然正是事件视界的表面引力 κ 乘以常数, 准确说就是 $T_{\rm BH}=(2\pi)^{-1}\kappa$ (人们后来把这种辐射称为 **Hawking 辐射**). 于是以前的比例常数 c 从此应取为 $1/4$, 从而理应认为黑洞的熵 $S_{\rm BH}=A/4$.① 这一发现把此前笼罩在黑洞热力学第一、二定律上空的阴霾——黑洞"只进不出"的特点使 κ 无法被解释为黑洞的物理温度 T, 因而两种热力学只不过是形式类似而已——一扫而空, 使"黑洞可以物理地被看作一个特别的热力学系统"这一美妙结论得以绝处逢生. 从此, 黑洞热力学越来越深入地揭示出广义相对论、量子物理学、统计物理学、数学物理学以及相对论天体物理学之间的交叉性密切关联, 而且对黑洞物理学的深入研究又进一步激发出对相关学科分支的研究热情. 不妨略举二例: ①数值相对论(numerical relativity)的许多课题都来自黑洞研究所提出的问题, 特别是由引力坍缩导致黑洞形成的过程及其有关的临界现象以及黑洞融合过程; ②黑洞研究对量子引力论提出了若干极具挑战性的课题, 成为后者发展的一种强大动力, 其中重要

---

① 在国际单位制中则为 $S_{\rm BH}=kc^3A/4G\hbar$, 其中 k 为玻尔兹曼常数.

一例就是对黑洞熵的微观机制的探讨. 今天可以说熵与面积的关系式 $S = A/4$ 具有高度的普适性, 不但适用于各种黑洞和黑弦, 也适用于弦理论中的各种新奇怪异的对象, 还适用于各种宇宙事件视界(宇宙事件视界的定义见§J.4). 然而公式 $S = A/4$ 并未说明熵的微观起源, 这类似于19世纪的宏观热力学阶段[只有在统计物理学建立后方才认识到热力学熵的微观实质——某宏观态的熵等于与该态对应的所有微观态的数目的对数(取玻尔兹曼常数为 1)]. 黑洞熵的微观机制问题对量子引力论的各种候选理论都构成非常严酷的挑战. 弦理论工作者在此问题上曾取得令人瞩目的进展, 他们对极端静态黑洞(电荷等于质量)的一个子类的微观态数做过计算并得出与 $S = A/4$ 一致的结果, 可惜真实黑洞(其荷质比小于 10^{-18})与极端黑洞相去甚远, 上述结果尚无法推广至真实黑洞, 更谈不上宇宙事件视界. 圈量子引力论在这方面的进展也许更大[详见 Ashtekar and Lewandowski(2004)], 该理论先是对几何实现了量子化[长度、面积和体积(作为算符)都有分立本征值], 然后通过计算证明了普通天文学意义下的黑洞(远不像极端黑洞那样极端)的孤立视界(isolated horizon, 定义见§16. 5)的微观态数 $N = \exp[(\gamma/\gamma_0)A/4]$, (其中 γ_0 是某个确定的实常数, γ 是圈量子引力论中的一个重要待选参数.) 因而孤立视界的熵为

$$S = \ln N = \frac{A}{4}\frac{\gamma}{\gamma_0}. \tag{16-1-7}$$

上式不但表明 S 正比于 A, 而且只要选 $\gamma = \gamma_0$ 就有 $S = A/4$. 人们对这一选择褒贬不一. 从经典引力论出发构造圈量子引力论时, 得到的不是一个而是一族量子引力论, 而且是一个以 $\gamma \in \mathbb{R}\ \{0\}$ 为参数的“单参族”. 到底应在族中选哪一个量子引力论?褒者认为当然应选这样一个, 其经典(或半经典)近似能回到已知的经典(半经典)引力论. 从这一角度看来, 式(16-1-7)提供了一种天然的选择: 当然应选 $\gamma = \gamma_0$. 一旦采用这一选择, 量子引力论就完全确定, 它对各种各样的孤立视界(无论涉及怎样的电荷、角动量、宇宙常数、畸变及毛发)的熵都给出了梦寐以求的 $S = A/4$. 而贬者则认为圈量子引力论只证明了熵与视界面积成正比, 要想得到 $S = A/4$ 还得依赖于对参数的人为选择. 然而, 无论是贬是褒, 都必须承认这是一个重要进展.

[选读 16-1-1]

K^a 有双重性质: ①是 Killing 矢量场; ②正交于 Killing 视界 $\mathscr{H}$. 以 $(\partial/\partial\alpha)^a$ 代表 $K^a|_{\mathscr{H}}$, 则 α (作为 $K^a|_{\mathscr{H}}$ 的积分曲线的参数)称为 **Killing 参数**. 式(16-1-2)表明: ① $K^a|_{\mathscr{H}}$ 的积分曲线在 $\kappa \neq 0$ 时为非仿射参数化的测地线, 可见 Killing 参数不是仿射参数; ② κ 是 Killing 参数 α 偏离仿射参数的程度的某种衡量.

下面的计算有助于弄清“表面引力” κ 的物理意义. 首先, K^a 与超曲面 $\mathscr{H}$ 正交导致(此处只须承认结论, 证明详见命题 16-3-3)

$$K_{[a}\nabla_b K_{c]} = 0 ,\quad (\text{在 } \mathscr{K} \text{ 上}) \tag{16-1-8}$$

再用 Killing 方程易得

$$K_c \nabla_a K_b = -2K_{[a}\nabla_{b]}K_c . \quad (\text{在 } \mathscr{K} \text{ 上}) \tag{16-1-9}$$

以 $\nabla^a K^b$ 缩并两边便知在 $\mathscr{K}$ 上有

$$K_c(\nabla^a K^b)\nabla_a K_b = -2(K_{[a}\nabla^a K^b)\nabla_{b]}K_c$$

$$= -2(K_a\nabla^a K^b)\nabla_b K_c = -2\kappa K^b \nabla_b K_c = -2\kappa^2 K_c , \tag{16-1-10}$$

其中第二步用到 Killing 方程, 第三、四步用到式(16-1-2). 于是就有 κ^2 的显表达式[1]

$$\kappa^2 = -\frac{1}{2}(\nabla^a K^b)\nabla_a K_b . \quad (\text{在 } \mathscr{K} \text{ 上}) \tag{16-1-11}$$

为了从上式看出 κ 的物理意义, 可先在 M 上定义标量场

$$\Lambda \equiv (K^{[a}\nabla^b K^{c]})\,(K_{[a}\nabla_b K_{c]}) = (K^a\nabla^b K^c)K_{[a}\nabla_b K_{c]} , \tag{16-1-12}$$

由此式不难求得

$$3\Lambda = (K^a\nabla^b K^c)(K_a\nabla_b K_c + K_c\nabla_a K_b + K_b\nabla_c K_a)$$

$$= K^a K_a(\nabla^b K^c)\nabla_b K_c - (K^a\nabla_a K_b)K_c\nabla^c K^b - (K^b\nabla_b K^c)K^a\nabla_a K_c$$

$$= K^a K_a(\nabla^b K^c)\nabla_b K_c - 2(K^b\nabla_b K^c)K^a\nabla_a K_c , \tag{16-1-13}$$

其中第一、二步都用到 Killing 方程. 令 $\nu \equiv \sqrt{-K^d K_d}$, 由

$$K^a\nabla_a \nu^2 = K^a\nabla_a(-K^d K_d) = -2K^{(a}K^{d)}\nabla_{[a}K_{d]} = 0 \quad (\text{第二步用到 Killing 方程})$$

可知 ν 沿测地线为常数. 以 ν^{-2} 乘式(16-1-13)得

$$3\Lambda\nu^{-2} = -(\nabla^b K^c)\nabla_b K_c - 2\nu^{-2}(K^b\nabla_b K^c)K^a\nabla_a K_c . \tag{16-1-14}$$

$\nu|_{\mathscr{K}}$ 显然为零, 由式(16-1-12)和(16-1-8)又知 $\Lambda|_{\mathscr{K}} = 0$, 这导致式(16-1-14)在 $\mathscr{K}$ 上无意义, 但可设法求极限. $\forall p \in \mathscr{K}$, 考虑满足以下两条件的任一曲线 $C(t)$: ① $C(0) = p$; ② $C(t)$ 在 p 点的切矢 X^a 不切于 $\mathscr{K}$ ("翘向 $\mathscr{K}$ 外"). 以 lim 代表当动点沿 $C(t)$ 趋于 p (即 $t \to 0$)时的极限, 则由 l'Hospital(罗必达)法则得

---

① K^a 在 $\mathscr{K}$ 的某些点上可能为零, 对这些点, 由式(16-1-10)得不出式(16-1-11). 但仍可用式(16-1-11)定义这些点的 κ^2, 详见选读 16-1-3 .

$$\lim \frac{\Lambda}{\nu^2} = \lim \frac{\mathrm{d}\Lambda(t)/\mathrm{d}t}{\mathrm{d}\nu^2(t)/\mathrm{d}t} = \frac{\lim[\mathrm{d}\Lambda(t)/\mathrm{d}t]}{\lim[\mathrm{d}\nu^2(t)/\mathrm{d}t)]} = \frac{X^e \nabla_e \Lambda}{X^f \nabla_f \nu^2}.$$

式(16-1-12)右边两个括号代表的两个因子都在 $\mathscr{K}$ 上为零, 所以 $(\nabla_e \Lambda)|_p = 0$; 而

$$X^f \nabla_f \nu^2 = X^f \nabla_f (-K^d K_d) = 2\kappa X^f K_f$$

[其中用了式(16-1-1)]在 $\kappa \neq 0$ 时一定非零(因 $X^f K_f \neq 0$), 可见上面的极限为零. 于是由 p 在 $\mathscr{K}$ 上的任意性便知 $\Lambda\nu^{-2}$ 在趋近 $\mathscr{K}$ 时趋于零, 因而式(16-1-14)给出

$$[(\nabla^b K^c)\nabla_b K_c]_p = -2\lim[\nu^{-2}(K^b \nabla_b K^c) K^a \nabla_a K_c], \tag{16-1-15}$$

再令 $A^c \equiv \nu^{-2} K^b \nabla_b K^c$, $A \equiv (A^c A_c)^{1/2}$, 把式(16-1-11)代入式(16-1-15)便得

$$\kappa = \lim(\nu A). \tag{16-1-16}$$

现在就可考察 κ 的物理意义. 先看静态黑洞这一简单情况, 这时 $K^a = \xi^a$(静态 Killing 场), 于是 $\nu = \sqrt{-\xi^d \xi_d}$ 正是熟知的红移因子[选读12-7-1(中册)中的 χ]; 而 A^c 则是该选读开头的静态观者 G_s 的 4 加速 A^a, 其大小 A 等于 G_s 与自由下落观者 G 之间的相对3加速(的大小) a, 故

$$f = ma = mA, \quad \text{其中 } m \text{ 是观者 } G_s \text{ 的质量}. \tag{16-1-17}$$

设想 G_s 是从无限远实验室用细绳悬挂下来的一个物体(质点), 它所受到的引力为 f. 为使它保持静止, 实验室应对细绳他端施力 f_∞. 可以证明(见下一选读) $f_\infty = \nu f = m\nu A$, 其中 ν 是质点所在处的红移因子. 可见 $\kappa = \lim(\nu A)$ 等于无限远实验室为保持单位质量物体静止于视界紧外侧所应施的力, 所以称为表面引力. 然而这一物理解释密切依赖于物体静止的概念(指物体世界线重合于静态 Killing 场 ξ^a 的积分曲线), 而非静态的稳态黑洞(以 Kerr 为例)的事件视界外根本不存在静止观者(见§13.4 注 1), 因此长期以来人们曾以为把这种黑洞的 κ 称为表面引力不过是类比性称谓而无更多物理理由. (但它当然照样很有用, 因为它对应于黑洞的温度.) 然而, Jacobson and Kang(1993)建议用"零角动量测试粒子(zero angular momentum test particle)"代替静态时空的静态观者, 并指出: 若令(单位质量)物体的世界线重合于零角动量粒子的世界线, 则可证明 f_∞ 正好等于 κ, 就是说, κ 等于无限远实验室为使单位质量物体在视界紧外侧保持零角动量所应施的力, 所以也可称为表面引力. 事实上, 零角动量观者就是小节13.3.4 的局域无转动观者, 他们在 Kerr 时空中的特殊性在某种意义上对应于静态观者在施瓦西时空中的特殊性.

最后还应指出, 虽然对一般的非稳态黑洞并无表面引力可言, 但对于存在(弱)孤立视界的非稳态黑洞仍可定义表面引力, 而且它在该视界上也是常数. 这正是弱孤立视界的第零定律, 详见§16. 5 .　**[选读 16-1-1 完]**

[选读 16-1-2]

本选读旨在证明上一选读曾用到的一个结论[①]:为使物体静止于静态黑洞外某处,无限远实验室对细绳应施的力 f_∞ 等于物体所受的引力 f 乘以该处的红移因子 ν,即 $f_\infty = \nu f$. 仅以施瓦西黑洞为例给出证明.

根据§9.1,物体在自由下落时保持不变(守恒)的能量是 $E \equiv -mU^a\xi_a$,其中 m 和 U^a 分别是物体的(静)质量和4速,ξ^a 是静态Killing矢量场. E 之所以守恒,是因为它代表物体的总能量(包括引力势能),因此也被称为守恒能量. Penrose过程(见§13.5)中用以从黑洞提取能量的物体的能量指的正是这个守恒能量. 由 U^a 与 ξ^a 平行(物体静止)可得 $\xi^a = \nu U^a$ [式(9-1-7)],故 $E = m\nu$. 想像物体从原有位置经过无限小位移后静止于新位置,以 $\mathrm{d}r$ 代表两位置的径向坐标差,则两点的固有距离 $\mathrm{d}l$ 可借施瓦西线元在等 t 面的诱导线元

$$\mathrm{d}\hat{s}^2 = \left(1 - \frac{2M}{r}\right)^{-1}\mathrm{d}r^2 + r^2(\mathrm{d}\theta^2 + \sin^2\theta\,\mathrm{d}\varphi^2)$$

求得为

$$\mathrm{d}l = (1 - 2M/r)^{-1/2}\mathrm{d}r = \nu^{-1}\mathrm{d}r\,. \tag{16-1-18}$$

这一位移导致物体的守恒能量 $E = m\nu$ 有一相应改变量 $\mathrm{d}E = m\,\mathrm{d}\nu$. 根据能量守恒律,这一改变量应等于 f_∞ 的功 $f_\infty \mathrm{d}l$,其中 $\mathrm{d}l$ 本是无限远实验室的绳端的固有位移,但因细绳固有长度不变,它也等于物体的固有位移 $\mathrm{d}l = \nu^{-1}\mathrm{d}r$ [见式(16-1-18)],于是

$$m\,\mathrm{d}\nu = f_\infty \mathrm{d}l = f_\infty \nu^{-1}\mathrm{d}r\,.$$

把 $\mathrm{d}\nu$ 和 $\mathrm{d}r$ 看作1形式场,则上式可改写为

$$m(\mathrm{d}\nu)_a = f_\infty \nu^{-1}(\mathrm{d}r)_a\,. \tag{16-1-19}$$

另一方面,由第8章习题3(b)可知静止物体的4加速 $A^a = \nu^{-1}\nabla^a\nu$,令 $A \equiv \sqrt{g^{ab}A_aA_b}$,则由式(16-1-17)得

$$f = mA = m\sqrt{g^{ab}A_aA_b} = m\nu^{-1}\sqrt{g^{ab}(\nabla_a\nu)\nabla_b\nu} = m\nu^{-1}\sqrt{g^{ab}(\mathrm{d}\nu)_a(\mathrm{d}\nu)_b}\,.$$

而 $\quad g^{ab}(\mathrm{d}\nu)_a(\mathrm{d}\nu)_b = m^{-2}{f_\infty}^2\nu^{-2}g^{ab}(\mathrm{d}r)_a(\mathrm{d}r)_b = m^{-2}{f_\infty}^2\nu^{-2}(1-2M/r) = m^{-2}{f_\infty}^2$,

[其中第一步用到式(16-1-19).] 代入式(16-1-22)便证明了 $f_\infty = \nu f$.

[选读 16-1-2 完]

[选读 16-1-3]

---

① 这是Wald(1984)第6章习题4b的待证结论,适用于任何渐近平直稳态时空,只要其中存在坐标系 $\{t,x,y,z\}$ 使 g_{ab} 的分量在 $r\to\infty$ 时趋于 $\mathrm{diag}(-1,1,1,1)$,其中 $r \equiv (x^2+y^2+z^2)^{1/2}$.

前已述及稳态黑洞事件视界的 κ 为常数, 其证明因较长等缘故而被省略. 然而, 如果讨论的是时空的延拓产物(其黑洞区不是坍缩而成的黑洞), 例如施瓦西或 KN 的最大延拓时空, 证明就简单得多. 以上册图 9-13(a) 为例. 图中的 $N_1 \cup N_2$ 由于有"分叉"而被称为分支 Killing 视界, "分叉点" ($V = U = 0$)在 4 维时空中其实是一个半径 $r = 2M$ 的 2 维球面, 称为**分支球面**(亦称喉, 见上册 350 页), 记作 S. 两个分支 N_1 和 N_2 都是 Killing 视界, 而且相应的 Killing 场 K^a 都是 §9.3 的静态 Killing 场 ξ^a, ① 其表达式(9-4-40)现在为

$$K^a = \frac{1}{4M}\left[V\left(\frac{\partial}{\partial V}\right)^a - U\left(\frac{\partial}{\partial U}\right)^a\right] . \tag{16-1-20}$$

上式表明 $K^a|_p = 0\ \forall p \in S$, 所以对这些点不能从式(16-1-10)得出 κ^2 的显表达式(16-1-11). 但因每点 $p \in S$ 可看作 $N_1 \cup N_2$ 上某一类光测地母线的极限点, 自然就把该母线的常数值 κ^2 定义为该点的 κ^2 值. {请注意一个微妙之处: p 总是两条母线[其一在 N_1^+ (或 N_2^+)上, 另一在 N_2^- (或 N_1^-)上]的共同极限点, 而 N_1 和 N_2 的 κ 值差一负号(理由见稍后), 故用极限点只能定义 p 点的 κ^2 值.} 下面证明 κ^2 在 $N_1 \cup N_2$ 上为常数, 而为此只须证明 κ^2 在 S 上为常数. 这很容易, 以 s^a 代表切于 S 的任一矢量, 则

$$\begin{aligned} s^c \nabla_c \kappa^2 &= -\frac{1}{2} s^c \nabla_c [(\nabla^a K^b)\nabla_a K_b] \\ &= -s^c (\nabla^a K^b)\nabla_c \nabla_a K_b = s^c R_{abc}{}^d K_d \nabla^a K^b = 0 , \end{aligned}$$

[第一步用到式(16-1-11), 第三步用到第 4 章习题 14(a), 第四步是因为 $K^d|_S = 0$.] 可见 κ^2 在 S (因而在 $N_1 \cup N_2$)上为常数.

下面说明 $\kappa|_{N_1} > 0$, $\kappa|_{N_2} < 0$ 的原因. 在 N_1 和 N_2 上分别有 $U = 0$ 和 $V = 0$, 故由式(16-1-20)得

$$K^a|_{N_1} = \frac{V}{4M}\left(\frac{\partial}{\partial V}\right)^a, \qquad K^a|_{N_2} = -\frac{U}{4M}\left(\frac{\partial}{\partial U}\right)^a . \tag{16-1-21}$$

在 $N_1 \cup N_2$ 上定义矢量场 L^a 和函数 F 为

$$L^a|_{N_1} \equiv \left(\frac{\partial}{\partial V}\right)^a, \quad L^a|_{N_2} \equiv \left(\frac{\partial}{\partial U}\right)^a, \quad F|_{N_1} \equiv \frac{V}{4M}, \quad F|_{N_2} \equiv -\frac{U}{4M}, \tag{16-1-22}$$

---

① 一般地说, 两个类光超曲面 N_1 和 N_2 的并集称为一个**分支 Killing 视界**(bifurcate Killing horizon), 若 N_1 和 N_2 都是关于同一 Killing 场 K^a 的 Killing 视界, 而且两者交于一个类空 2 维面 S (称为**分支面**). 交面 S 的存在使得 $N_1 \cup N_2$ 不再是流形(因而不再是超曲面), 所以严格说来分支 Killing 视界不是 Killing 视界.

则在 $N_1 \cup N_2$ 上有 $K^a = FL^a$. 注意到 V 和 U 分别是 N_1 和 N_2 上的类光测地线的仿射参数[见第 9 章习题 8(1)], 便知 $L^b\nabla_b L^a = 0$, ① 于是由式(16-1-2)得

$$\kappa K^a = K^b\nabla_b K^a = K^a L^b\nabla_b F = K^a K^b F^{-1}\nabla_b F = K^a K^b \nabla_b \ln|F|, \quad (16\text{-}1\text{-}23)$$

因而

$$\kappa = K^b\nabla_b \ln|F| = \begin{cases} \dfrac{V}{4M}\dfrac{\partial \ln|V|}{\partial V} = \dfrac{1}{4M}, & \text{在 } N_1, \\ -\dfrac{U}{4M}\dfrac{\partial \ln|U|}{\partial U} = -\dfrac{1}{4M}, & \text{在 } N_2. \end{cases} \quad (16\text{-}1\text{-}24)$$

可见① $\kappa|_{N_1} > 0$, $\kappa|_{N_2} < 0$; ② $\kappa^2|_{N_1\cup N_2} = (4M)^{-2}$ 为常数.

注 2 计算 $\kappa|_{N_1}$ 的上述方法之所以简便, 关键在于通过做习题(第 9 章习题 8)早已知道 V 是 N_1 上类光测地线的仿射参数. 但为做该题就要计算某些 $\Gamma^\sigma{}_{\mu\nu}$, 工作量较大. 下面提供一种不必借用该题(不必计算 $\Gamma^\sigma{}_{\mu\nu}$)的捷径. 令

$$f \equiv K^a K_a = g_{ab}\xi^a\xi^b,$$

则由式(16-1-1)得

$$(\mathrm{d}f)_a|_{N_1} = -2(\kappa g_{ab}K^b)|_{N_1}. \quad (16\text{-}1\text{-}25)$$

上式两边可分别借式(9-4-26)及(9-4-40)求得为

$$左边 = (\mathrm{d}f)_a|_{N_1} = [\mathrm{d}_a(2Mr^{-1}VU\mathrm{e}^{-r/2M})]_{N_1} = 2M[r^{-1}\mathrm{e}^{-r/2M}V(\mathrm{d}U)_a]_{N_1} = \mathrm{e}^{-1}[V(\mathrm{d}U)_a]_{N_1},$$

$$\begin{aligned} 右边 &= -2(\kappa g_{ab}K^b)|_{N_1} \\ &= \{-2\kappa(-16M^3)r^{-1}\mathrm{e}^{-r/2M}[(\mathrm{d}V)_a(\mathrm{d}U)_b + (\mathrm{d}U)_a(\mathrm{d}V)_b](4M)^{-1}[V(\partial/\partial V)^b]\}|_{N_1} \\ &= 4M\mathrm{e}^{-1}[\kappa V(\mathrm{d}U)_a]_{N_1}, \end{aligned}$$

对比左右两边便得 $\kappa|_{N_1} = (4M)^{-1}$.

注 3 如果只想判断 κ 在 $N_1 \cup N_2$ 上的正负, 则还有如下简法, 而且可推广至 RN 和 KN 时空[例如适用于图 13-14(a) 的 I-II-I-II 区之间的分支 Killing 视界]. 在 $N_1^+, N_1^-, N_2^+, N_2^-$ 上各取一点, 在每点各取一个指向未来的类时矢量 Y^a, 以 Y^a 缩并式(16-1-1)得标量等式

$$P = -2\kappa Q, \qquad 其中\ P \equiv Y_a\nabla^a(K^bK_b),\ Q \equiv Y_aK^a.$$

注意到 K^bK_b 在 A, A′, B, W 四区上的正负性以及在 $N_1 \cup N_2$ 上为零, 便知对 N_1^+ 有

① 由此不难证明 K^a 在 N_1 上的积分曲线的 Killing 参数 α 与仿射参数 V 的关系为 $V = \mathrm{e}^{\alpha/4M}$.

$P>0$ (因 K^bK_b 从零变正). 另一方面, 因 Y^a 和 K^a 都指向未来, 由命题11-1-1(1) 可知对 N_1^+ 有 $Q<0$. 于是由 $P=-2\kappa Q$ 便得 $\kappa>0$. 对其他三点仿此讨论, 结果如表16-1.

[选读 16-1-3 完]

表 16-1　κ 在 $N_1^+, N_1^-, N_2^+, N_2^-$ 上的正负

	P	Q	κ
N_1^+	+	−	+
N_1^-	−	+	+
N_2^+	+	+	−
N_2^-	−	−	−

16.1.2　广义热力学第二定律

Bekenstein(1973) 指出: 若某物体带着自己的熵落入黑洞, 则洞外物质的总熵变小, 如果把全宇宙看作一个热力学系统, 宇宙总熵岂非不增反减?这岂非成为热力学第二定律的反例?以下是原文该句的译文: "洞外观者无法用直接测量证实全宇宙的总熵在过程中并无减少, 在这个意义上热力学第二定律似乎被超越了" (is transcended). 针对这一问题, Bekenstein(1973,1974) 提出重要建议: 黑洞也有熵, 其值 S_{BH} 定义为 $S_{\text{BH}}\equiv A/4$ (其中 A 为事件视界的面积). 把洞外物质及黑洞一起看作一个热力学系统, 其总熵(广义熵) S 定义为洞外物质熵 S_{M} 与黑洞熵 S_{BH} 之和: $S\equiv S_{\text{M}}+S_{\text{BH}}$, 并且认为(猜想)如下的广义热力学第二定律(generalized second law of thermodynamics)成立: 广义熵 S 在任何物理过程中都不减小. 乍看起来这一定律存在反例: 用细绳悬挂静能为 E_0、熵为 S_0 的重物使其缓慢靠近施瓦西黑洞的事件视界, 再在离视界不远处将绳切断使重物自由落入黑洞, 则后果为: ①洞外物质的熵 S_{M} 由于失去重物而减少了 S_0, 即 $\Delta S_{\text{M}}=-S_0$; ②黑洞获得能量, 导致视界面积(因而黑洞熵 S_{BH})增加. 设 S_{BH} 的增量为 ΔS_{BH}, 则广义熵的变化量

$$\Delta S=\Delta S_{\text{M}}+\Delta S_{\text{BH}}=\Delta S_{\text{BH}}-S_0 . \tag{16-1-26}$$

如果没有细绳, 物体在黑洞引力作用下自由下落(世界线为测地线), 其守恒能量 $E\equiv -E_0U^a\xi_a$ 将保持不变. 然而, 由于细绳的约束, 落体在引力作用下企图加速时要对绳施力并在绳的他端对实验室做功, 于是落体的守恒能量 E 不断减小. 直至绳断后落体方可自由下落, E 从此才真正守恒(不再减小). 由于缓慢下落, 物体在绳断前的每一时刻可近似看作静止, 其4速 U^a 平行于洞外静态 Killing 场 ξ^a. 以 χ 代表红移因子(即上小节的 ν), 则 $U^a=\chi^{-1}\xi^a$ [式(9-1-7)]. 以 ε 代表绳断时的 E 值,

即 $\varepsilon \equiv E|_{断}$，则

$$\varepsilon = -E_0(U^a\xi_a)|_{断} = -E_0(\chi U^a U_a)|_{断} = \chi|_{断} E_0 .$$

质量为 M 的黑洞由于“吃进”带着能量 ε 的落体而增大面积，故黑洞熵获得如下增量：

$$\Delta S_{\text{BH}} = \frac{\Delta A}{4} = \frac{\Delta(16\pi M^2)}{4} = 4\pi[(M+\varepsilon)^2 - M^2] \cong 8\pi\varepsilon M , \qquad (16\text{-}1\text{-}27)$$

其中第二步是因为 $A = 4\pi\times$(视界半径 $r_{\mathscr{E}}$)$^2 = 4\pi\times(2M)^2 = 16\pi M^2$. 另一方面，前面简介 Hawking 辐射时曾说过黑洞的温度 $T_{\text{BH}} = (2\pi)^{-1}\kappa$. 把施瓦西黑洞看作 KN 黑洞在 $a = Q = 0$ 时的特例，由式(16-1-3)得 $\kappa = (4M)^{-1}$，故 $T_{\text{BH}} = (8\pi M)^{-1}$. 代入式(16-1-27)便得

$$\Delta S_{\text{BH}} = \frac{\varepsilon}{T_{\text{BH}}} . \qquad (16\text{-}1\text{-}28)$$

注意到视界上 $r = 2M$，由上式便知只要令绳断时落体离视界足够近，ΔS_{BH} 就能要多小有多小，故总可做到 $\Delta S_{\text{BH}} < S_0$，因而由式(16-1-26)便得 $\Delta S < 0$. 这就构成广义热力学第二定律的反例.

Bekenstein(1973,1974,1981) 对这一反例曾给出过自圆其说的解释. 考虑到落体的量子特性，他假设任何落体的熵 S_0 与其静能 E_0 之比存在一个上限，其值只同其线度有关. 设落体是半径为 R 的球体，则这一上限为 $2\pi R$，即 $S_0 / E_0 \leqslant 2\pi R$. 这一假设使绳断时落体中心与视界的距离无法小到足以保证 $\Delta S_{\text{BH}} < S_0$ 的程度，从而反例不再成立. 虽然 Bekenstein(1981) 给出了支持这一假设的许多论据，但仍有不少学者对此存疑. Unruh and Wald(1982) 在对这一假设从多种角度提出质疑后给出了自己对反例的满意解释. 这一解释不依赖于 Bekenstein 假设，却充分考虑了黑洞自身的量子效应. 简介如下.

根据弯曲时空量子场论，施瓦西黑洞外部的静态观者会感到(测得)洞外充满“辐射”(不是 Hawking 辐射)，而且是一种温度为

$$T_{\text{R}} = \frac{T_{\text{BH}}}{\chi} \qquad (16\text{-}1\text{-}29)$$

的热辐射，其中 χ 是观者所在处的红移因子.① 设落体为长方体，当它缓慢下落(每一时刻可近似看作静止)时，其下底面处的辐射温度略高于上底面处的温度(因 χ 值下小上大)，所以热辐射对下底面的压力(压强乘面积)略大于对上底面的压力，于

① 我们只讨论黑洞质量足够大以至其 Hawking 辐射可忽略的情况. 不可忽略时结论不变(见原文).

是落体受到一个来自辐射的浮力, 称为**辐射浮力**(buoyancy force). 考虑到浮力的存在, 落体缓慢下落时绳子他端对实验室所做的功将减小, 故黑洞获得的能量(因而 $\Delta S_{\rm BH}$)将增加. 可见浮力使整个反例出现转机. 计算表明(见原文), 考虑浮力后落体通过绳子对实验室的功减少了 $(\chi p)|_{断} V$, 其中 V 是落体体积, p 是辐射压强. 既然不考虑浮力时黑洞获得的能量为 $\varepsilon = \chi|_{断} E_0$, 考虑浮力后就应为

$$\varepsilon' = (\chi E_0 + \chi pV)|_{断} = [\chi(E_0 + pV)]_{断} . \tag{16-1-30}$$

落体从远方开始下落时, 浮力远小于引力, ε' 不断变小, 直至到达视界外某处时浮力与引力平衡. 如果在平衡点切断绳子, ε' 将取最小值. 因此, 如能对这种最不利的情况证明仍能保证 $\Delta S \geqslant 0$ (后来发现此时恰好有 $\Delta S = 0$), 则当落体在洞外任何地点切断绳子都不会有 $\Delta S < 0$. 根据阿基米德原理(原文就所论情况对此原理重新做了证明), 浮力与引力平衡时被排开的热辐射的静能等于落体的静能 E_0 . 以 $e_{\rm R}$ 代表被排开的热辐射的静能密度, 便有 $e_{\rm R} V = E_0$, 代入式(16-1-30)得

$$\varepsilon' = [\chi(e_{\rm R} + p)V]_{断} .$$

由热力学可知热辐射的静能密度 $e_{\rm R}$ 、熵密度 $s_{\rm R}$ 、温度 $T_{\rm R}$ 和压强 p 之间有如下关系: $e_{\rm R} + p = s_{\rm R} T_{\rm R}$, 故

$$\varepsilon' = (\chi T_{\rm R} s_{\rm R} V)|_{断} = T_{\rm BH} S_{\rm R} , \tag{16-1-31}$$

其中 $S_{\rm R} \equiv s_{\rm R} V$ 是被排开的热辐射的熵, 第二步用到式(16-1-29). 以 $\Delta S'_{\rm BH}$ 代表考虑浮力后黑洞熵的增量, 则由式(16-1-28)及(16-1-31)得 $\Delta S'_{\rm BH} = S_{\rm R}$. 根据热力学, 如果在容积相同的许多盒子里分别放入各种物质或辐射的分布并使各盒中的能量相等, 则熵值最高的那种分布一定是热辐射. 既然被排开的辐射是热辐射而落体内的物质未必为热辐射, 就有 $S_{\rm R} \geqslant S_1$, 因而 $\Delta S'_{\rm BH} \geqslant S_1$, 于是 $\Delta S \geqslant 0$. 可见广义热力学第二定律对本例仍然成立, 落体问题不再构成反例. 以上只是对原文有关部分的一个非常粗略的简介, 旨在显示考虑浮力后何以能使"反例不反", 其中略去了许多详细道理、讨论和推证. (我们所给的道理有些只是直观思辨, 并非严格证明.) 欲知准确详情必须阅读原文(至少是有关部分).

16.1.3　事件视界的局限性及其带来的问题

上两小节介绍的传统黑洞热力学的适用范围是稳态黑洞以及对稳态的微小偏离. [第二定律例外, 它适用于任意时空(可以非常之动态)的黑洞.] 虽然"事件视界是理所当然的黑洞边界"这一传统认识曾对黑洞研究立下过许多功劳, 但事件视界的某些特点却给后来的进一步研究带来诸多不便和制约. 下面略举数例.

(1)黑洞热力学第二定律虽能断言视界面积不减, 但这只是定性结论, 并未对物理过程中视界面积的增长情况提供任何定量公式. 第一定律[式(16-1-6)]虽然涉

及面积增量 δA，而且把三个增量 δM, δJ 和 δA 联系在一起，但只适用于黑洞从一个平衡态到(无限)邻近平衡态的短暂过程，我们更想找到的是式(16-1-6)的某种积分形式，以便定量地描述黑洞从某初态到末态的完全动态演化过程中的面积增量与经边界流入的能量、角动量之间的联系. 然而如果坚持黑洞的边界就是事件视界，这是没有指望的，因为事件视界甚至可以在时空的一个平直区域中形成并演化，图 16-2 就是一例. 该图是大质量薄球壳晚期坍缩成黑洞的时空图，事件视界先是在球壳内形成($\mathscr{E}_1$ 段)，然后穿出壳外成为 $\mathscr{E}_2$ 段. 球壳内部有平直度规，所以并无任何穿越 $\mathscr{E}_1$ 的能流及角动量流，但 $\mathscr{E}_1$ 的面积照样增长. 上述讨论分明是在暗示我们应该寻找可以代替事件视界的某种其他视界作为动态黑洞(在某种意义上)的边界. 后来果然找到，这就是动力学视界，详见§16.7.

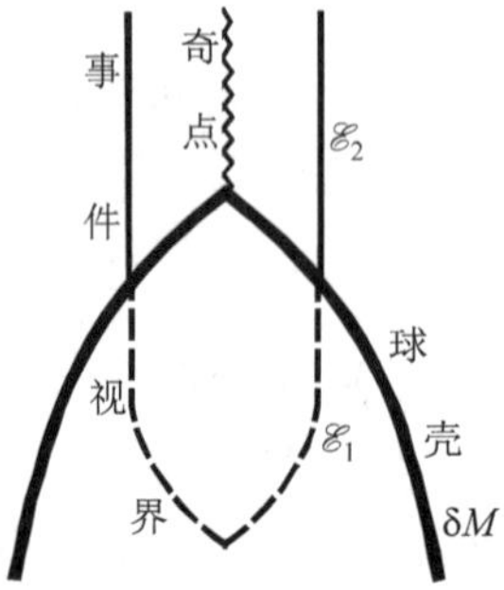

图 16-2　质量为 δM 的球壳坍缩成黑洞. 壳外是质量为 δM 的施瓦西度规，壳内是平直度规

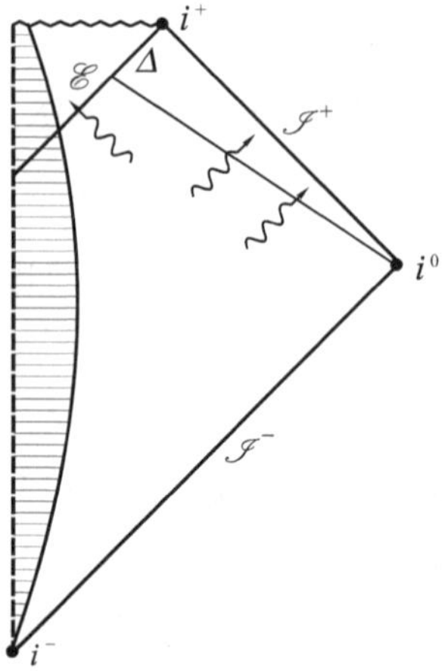

图 16-3　$\Delta \subset \mathscr{E}$ 上引力波可忽略，故 Δ 所代表的黑洞处于平衡态

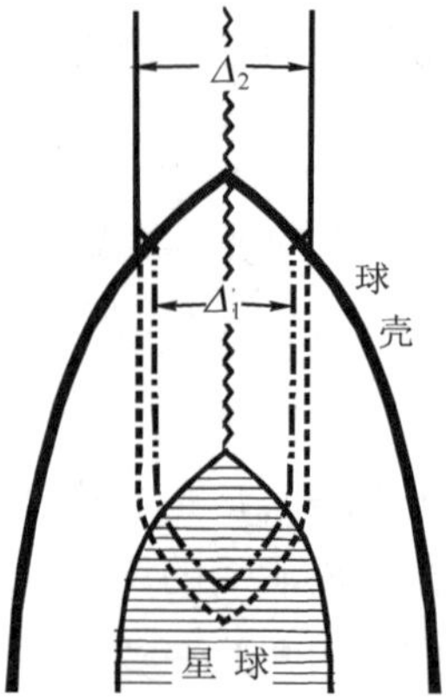

图 16-4　坍缩球壳使 Δ_2 取代 Δ_1 而成为事件视界

(2)与普通热力学第零和第一定律类似，黑洞热力学第零和第一定律的适用对象应当是处于平衡态(以及对平衡态的微小偏离)的黑洞，因而应该关心“孤立黑洞”. 然而什么黑洞才算孤立?按照传统做法，这是指稳态时空的黑洞，即稳态黑洞. 然而这种做法的限制性过强，与普通热力学对应得不好. 例如，把室内的静止汽缸及缸内气体看作一个热力学系统，虽然汽缸以外的世界在千变万化，但只要系统满足适当条件就可认为它处于平衡态，因此第零定律适用. 如果对这一平衡态略施微扰(例如让活塞经历准静态过程对汽缸做功)，则第一定律也适用，虽然外部世界在不断变化中. 可见黑洞热力学第零和第一定律的适用条件应当相应地放宽. 图16-3 是某种实际星体晚期坍缩成黑洞的 Penrose 图. 星体坍缩时会发射引力波，它又因与时空几何相互作用而被散射，其中的反向散射波又穿过事件视界 $\mathscr{E}$ 进入黑洞，说明 $\mathscr{E}$ 外不是稳态时空(有引力波及散射波). 借用小节16.1.1开头的3维黑洞概念

可以更“物理地”讨论这一问题. 在事件视界 $\mathscr{E}$ 形成后的初期和中期的每一时刻, 引力波都穿越视界 $\mathscr{E}$ 流入黑洞 $\mathscr{B}$, 其所带的能流使黑洞的面积不断增加, 黑洞处于非平衡态. 然而直观考虑使我们相信, 反向散射波在 $\mathscr{E}$ 的“后期阶段” $\Delta\subset\mathscr{E}$ 将微乎其微(这也已被数值模拟所肯定), 因此可以认为 Δ 段(而不是整个 $\mathscr{E}$)中穿越每个时刻 t 的黑洞边界 $\Sigma_t\cap\Delta$ 的引力波可以忽略, 于是黑洞就被孤立出来, 就可被称为孤立黑洞, 因而就可合理地把 Δ 称为孤立视界(准确定义见§16.5). 黑洞热力学第零和第一定律对这种孤立视界仍应适用.

(3)在黑洞热力学第一定律[式(16-1-6)]所涉及的各量中, 质量 M 和角动量 J 必须在无限远定义, 而表面引力 κ 和角速度 Ω 却是在视界上定义的, 这就带来诸多不便甚至困扰. 例如, 设某星球外(很远处)罩着一个球状物质壳, 星球先坍缩成奇点并藏在某“事件视界” Δ_1 内, 然后(很久之后)外球壳再坍缩成黑洞, 其事件视界是图16-4 中的 Δ_2 以及向下延伸的虚线部分, 这表明 Δ_1 其实不是事件视界. 如无球壳, 热力学第一定律自然适用于 Δ_1, 这时 κ 和 Ω 在 Δ_1 上局域定义而 M 和 J 在无限远定义. 在有球壳时, 从物理上也希望第一定律对 Δ_1 仍然成立, 然而, 球壳的存在导致由无限远求得的 M 和 J 发生改变, 但 κ 和 Ω 却由于在 Δ_1 上局域定义而不变, 这又如何理解和接受?

(4)事件视界 $\mathscr{E}$ 的一个突出特点是它的整体(全局)性: 根据定义, 要决定 $\mathscr{E}$ 必先决定 $\mathscr{I}^+$. 这就给动态黑洞的研究带来许多难题. 例如, 在对黑洞融合现象做数值模拟(数值相对论的重要课题)时, 人们从某种代表两个远离的黑洞的指定初态(3维)出发让系统按爱因斯坦方程演化, 并企图算出它们融合而得的结果. 然而这一“初态”本身已涉及黑洞, 如果坚持黑洞的边界是事件视界, 则为确定黑洞必先确定 $\mathscr{I}^+$, 而 $\mathscr{I}^+$ 又取决于演化而得的整体时空几何(它是演化的最终产物), 又怎能在给定初值时知道什么是黑洞, 即怎能指定一个含有两个黑洞的初态?这说明在数值相对论中用事件视界来界定黑洞是有原则性困难的. 这一困难的根本起因就是事件视界的过分整体性, 在现在的例子中也可说是它的过分“前瞻性”:① 为了给定初态还得先知道后来演化出来的整个时空, 而这当然是根本做不到的. 由于这一研究十分必要(“不可不为”), 数值相对论研究者们便只好明知不可为而为之, 准确地说就是放弃“黑洞边界是事件视界”的成见而改用较为局域的表观视界(定义见小节16.4.2)来界定黑洞并且特别关心表观视界的演化, 由此取得许多成果. 自然要问: 在涉及黑洞的其他研究中是否也可用表观视界代替事件视界?遗憾的是至今尚无法用表观视界导出黑洞力学定律, 但用更新的概念——孤立视界和动力

① Ashtekar 等的多篇原文的提法是“the notion (of the event horizon) is teleological”, 而 teleological 在英华大词典的译法是“目的论的”. 在查阅 Oxford Dictionary of Philosophy 后, 本书作者以为改用“前瞻性”或“遥盼性”一类词汇似乎更为贴切.

学视界——则可以, 这两个新视界都是准局域(quasi-local)概念. 反之, 表观视界虽然"在时间方面是局域的", 但总体看来还是很整体的(因其定义依赖于一个类空3维面, 详见小节16.4.2), 因而难以对所有研究领域都有用. 我们再举 "明知不可为而为之" 的另一常见例子. 在研究动态黑洞的许多论文中, 人们从某个代表动态度规的线元(通常颇复杂)出发研究与 "事件视界" 有关的各种问题(如视界的表面引力、熵及辐射). 由于手中只有一个线元(非常局域, 类似于当年只知道施瓦西线元而不知何为 Kruskal 延拓), 本来无从确定事件视界, 但是人们往往根据稳态黑洞事件视界的某些局域特征(例如, 是局域类光超曲面, 而且局域存在 Killing 场, 它在视界面上的值与该面正交)来认定某3维面就是事件视界, 进而对其种种性质进行研究. 这些研究成果固然重要, 但要彻底弄清问题就应通过进一步的研究来确定这些视界到底是不是满足整体定义的事件视界, 如果不是, 又是什么视界? Killing 视界? 表观视界?孤立视界?动力学视界?而且还要弄清讨论什么问题时应该使用什么视界. 以上只是事件视界的 "前瞻性" 所带来的种种问题以及应对措施的某些例子.

(5)事件视界的整体性在量子引力中也造成困难. 要决定事件视界必先知道由全时空整体因果结构决定的 $\mathscr{I}^+$, 而在量子引力论中某些时空的整体因果结构存在含糊性. 例如, 如果越出半经典近似的范畴(放弃弯曲时空量子场论)而从完全量子引力论的角度重新审视 Hawking 辐射问题, 就应认为"奇点"其实是把经典广义相对论用到其适用范围之外的结果, 在量子引力论中(至少是在圈量子引力论中)代之而存在的是个很小的 " Planck 小区" (见§15.8 末), 在此小区内的量子引力效应明显到不可忽略的地步, 这里的几何是量子几何, 不能用任何连续的度规描述. 小区内不再可谈及光锥和因果关系, 因而 $\mathscr{I}^+$ 的编时过去[即 $I^-(\mathscr{I}^+)$]就变得意义含糊. 于是, 虽然经典广义相对论基本上仍适用于除 Planck 小区外的整个时空, 但事件视界的概念已失去明确意义. 这时还怎能侈谈" Hawking 辐射是由事件视界发出的" 等类似问题呢?可见, 在用完全的量子引力论讨论 Hawking 辐射时也该用别的什么视界来取代事件视界.

综上所述, 看来很有必要引入某些不像事件视界那样"过分"整体而又能反映人们对黑洞的直观观念的关于黑洞"边界"的其他视界, Hawking and Ellis(1973) 早就注意到这一问题并提出了表观视界的概念. 可惜, 后续的研究表明, 虽然表观视界在某些领域(例如数值相对论)中很有用处, 但仍不足以代替事件视界以进一步发展黑洞力学. 后来终于发现能担此重任的是弱孤立视界和动力学视界. 学习这些新视界需要具备本书尚未讲过的若干基础知识, 我们单辟下面两节详加讲授.

§16.2　类光测地线汇及其 Raychaudhuri 方程

本节讨论4维时空 (M, g_{ab}) 的开子集 U 上的类光测地线汇, 这对面积定理和奇性定理的证明、黑洞热力学及其近期发展等多方面问题都非常重要. 类光与类时曲线的一大区别是前者没有固有时概念, 不能像后者那样选固有时为参数并对其归一化. 类光测地线的仿射参数没有一个是特殊的, 只能任选其一(记作 λ), 相应的测地线汇记作 $\{\gamma(\lambda)\}$. 为了打好基础, 有必要先了解类时与类光测地线汇的异同点.

先看类时测地线汇 $\{\gamma(\tau)\}$, 其单位切矢为 $Z^a \equiv (\partial/\partial\tau)^a$. 由式(4-4-4)知道其分离矢量 η^a 可做如下的正交分解: $\eta^a = \eta_\perp{}^a + \eta_\|{}^a$, 其中 $\eta_\perp{}^a \equiv h^a{}_b\eta^b$ 和 $\eta_\|{}^a \equiv -Z^a(Z_b\eta^b)$ 分别代表正交于和平行于 Z^a 的分量, 而且这样的分解是唯一的. 又因为 $\eta_\|{}^a$ 是从 $\gamma(\tau)$ 指向自身的矢量(不对应于任何分离), 所以 $\eta_\perp{}^a = \eta^a - \eta_\|{}^a$ 与 η^a 描述同样的分离情况, 因而等价. 这是我们对 $\eta_\|{}^a$ 不感兴趣、因而以 $\eta_\perp{}^a$ (以前记作 w^a)代替 η^a 的根本原因. 此外, §7.6 曾证明过 $Z^b\nabla_b(\eta^a Z_a) = 0$, 它保证 $Z^b\nabla_b\eta_\|{}^a = 0$, 即 $\eta_\|{}^a$ 沿测地线不变, 通常也说这是对 $\eta_\|{}^a$ 不感兴趣的另一原因. ①

再看类光测地线汇 $\{\gamma(\lambda)\}$, 其切矢记作 $k^a \equiv (\partial/\partial\lambda)^a$. 这时的分离矢量 η^a 无法分解为正交于和平行于 k^a 的两个分量, 因为 k^a 的类光性导致平行于 k^a 必定也正交于 k^a. 然而仍可把 η^a 表为两个矢量之和, 第一个正交于 k^a (仍记作 $\eta_\perp{}^a$), 第二个非正交于 k^a, 记作 $\eta_{非}{}^a$, 于是便有 $\eta^a = \eta_\perp{}^a + \eta_{非}{}^a$. 为便于陈述, 暂时把这种分解称为"正非"分解. 不过这种分法很不唯一. 例如, 设 ς^a 是正交于 k^a 的任一矢量(不妨就取 $\varsigma^a = k^a$), 则 $\eta'_\perp{}^a \equiv \eta_\perp{}^a + \varsigma^a$ 及 $\eta'_{非}{}^a \equiv \eta_{非}{}^a - \varsigma^a$ 也分别正交于及非正交于 k^a, 所以 $\eta^a = \eta'_\perp{}^a + \eta'_{非}{}^a$ 就是另一种"正非"分解.

为便于后面的讲解, 可在线汇的定义域 U 上引入正交归一标架场 $\{(e_\mu)^a\}$ (简写为 $\{e^a_\mu\}$), 要求它满足 $k^a = (e^a_0 + e^a_3)/\sqrt{2}$. 再令 $l^a \equiv (e^a_0 - e^a_3)/\sqrt{2}$, $x^a \equiv e^a_1$, $y^a \equiv e^a_2$, 则 $\{x^a, y^a, l^a, k^a\}$ 是 U 上的另一标架场, ② 满足

$$\begin{gathered} g_{ab}x^a x^b = g_{ab}y^a y^b = 1, \qquad g_{ab}k^a l^b = -1, \\ g_{ab}l^a l^b = g_{ab}k^a k^b = g_{ab}x^a y^b = g_{ab}x^a l^b = g_{ab}x^a k^b = g_{ab}y^a l^b = g_{ab}y^a k^b = 0. \end{gathered} \tag{16-2-1}$$

我们称 $\{x^a, y^a, l^a, k^a\}$ 为**伪(pseudo)正交归一标架场**, 并以 $\{E^a_\mu\}$ 简记之, 即

$$E^a_1 \equiv x^a, \quad E^a_2 \equiv y^a, \quad E^a_3 \equiv l^a, \quad E^a_4 \equiv k^a. \tag{16-2-2}$$

此标架场的对偶标架场 $\{E^\mu_a\}$ 则为

---

① 然而笔者认为"$\eta_\|{}^a$ 从测地线指向自身"是对 $\eta_\|{}^a$ 不感兴趣的唯一原因, 所以对这种"另一原因说"不敢苟同. 事实上, 当测地线为非仿射参数化时 $Z^b\nabla_b\eta_\|{}^a \neq 0$, 但 $\eta_\|{}^a$ 仍然不会引起我们的任何兴趣, 详见选读 16-2-1.

② 令 $m^a \equiv (x^a - \mathrm{i}y^a)/\sqrt{2}$, 则 $\{m^a, \bar{m}^a, l^a, k^a\}$ 便是上册§8.7 的 NP 类光标架.

$$E_a^1 \equiv x_a, \quad E_a^2 \equiv y_a, \quad E_a^3 \equiv -k_a, \quad E_a^4 \equiv -l_a, \text{（其中 } x_a \equiv g_{ab}x^b \text{，等等）} \tag{16-2-3}$$

将 η^a 用 $\{E_\mu^a\}$ 展开为

$$\eta^a = (\eta^1 x^a + \eta^2 y^a + \eta^4 k^a) + \eta^3 l^a, \tag{16-2-4}$$

则由式(16-2-1)知 $k_a(\eta^1 x^a + \eta^2 y^a + \eta^4 k^a) = 0$，$k_a(\eta^3 l^a) = -\eta^3$（一般非零），所以可取

$$\eta_\perp{}^a = \eta^1 x^a + \eta^2 y^a + \eta^4 k^a, \qquad \eta_{\text{非}}{}^a = \eta^3 l^a, \tag{16-2-5}$$

可见式(16-2-4)是对 η^a 的一种“正非”分解. 然而满足 $k^a = (e_0^a + e_3^a)/\sqrt{2}$ 的正交归一标架场 $\{(e_\mu)^a\}$ 有无限多个，设 $\{(e'_\mu)^a\}$ 是另一个，则 $l'^a \equiv (e_0'^a - e_3'^a)/\sqrt{2}$ 便可不同于 l^a，因而借助于 $\{(e'_\mu)^a\}$ 又可对 η^a 做另一种“正非”分解. 这再次说明“正非”分解的非常不唯一性. 这种不唯一性是类光与类时情况的重要区别之一.

现在来看第二个区别. 刚才讲过，在类时情况下对 $\eta_\parallel{}^a$ 不感兴趣的根本原因是它从每条测地线指向自身，因而不代表测地线的分离. 然而，在类光情况下 $\eta_{\text{非}}{}^a = \eta^3 l^a$，而 l^a 从每条测地线指向另一相邻测地线，所以 $\eta_{\text{非}}{}^a$ 也描述分离. 幸好现在同样可以证明 $k^b\nabla_b(\eta^a k_a) = 0$，即 $\eta^3 = -\eta^a k_a$ 沿线不变，只要在选标架场时再附带要求 l^a 沿测地线平移(这总可做到)，便有 $k^b\nabla_b \eta_{\text{非}}{}^a = 0$，因而 $\eta_{\text{非}}{}^a$ 也沿线不变. 通常据此就说“我们对 $\eta_{\text{非}}{}^a$ 不感兴趣”，从而在类光情况下人们也只关心 $\eta_\perp{}^a$，并默认 $\eta_\perp{}^a$ 就是 η^a（笔者的看法见选读 16-2-1).

虽然都只关心 $\eta_\perp{}^a$，但两种情况下的 $\eta_\perp{}^a$ 有一重要不同(第三个区别). 类时情况的 $\eta_\perp{}^a$ 是空间矢量，要用三个数刻画. 类光情况的 $\eta_\perp{}^a$ 虽然也有三个分量(η^1, η^2, η^4)，但 $\eta^4 k^a$ 代表从测地线指向自身的矢量，不代表任何分离，所以 $\eta_\perp{}^a$ 实质上只由两个分量 η^1 和 η^2 决定. 下面设法用一个 2 维矢量代表 $\eta_\perp{}^a$. 线汇定义域 U 的一点 p 的切空间 V_p 有 3 维子空间

$$\tilde{V}_p \equiv \{\tilde{v}^a \in V_p \mid \tilde{v}^a k_a|_p = 0\}. \text{（分离矢量 } \eta_\perp{}^a|_p \text{ 可看作 } \tilde{V}_p \text{ 的元素）} \tag{16-2-6}$$

由 $k^a k_a = 0$ 可知 $k^a|_p \in \tilde{V}_p$，故可在 $\tilde{V}_p$ 中定义等价类：$\tilde{v}^a, \tilde{v}'^a \in \tilde{V}_p$ 称为等价的(记作 $\tilde{v}^a \sim \tilde{v}'^a$)，若 $\exists \alpha \in \mathbb{R}$ 使 $\tilde{v}'^a = \tilde{v}^a + \alpha k^a|_p$. 以 $\hat{v}^a$ 代表 $\tilde{v}^a$ 所在的等价类，以每一等价类作为一个元素便构成一个抽象的 2 维矢量空间，记作 $\hat{V}_p$，即

$$\hat{V}_p \equiv \{\hat{v}^a \mid \hat{v}^a \text{ 是 } \tilde{V}_p \text{ 中的一个等价类}\}, \text{（请注意 } \hat{V}_p \text{ 并非 } \tilde{V}_p \text{ 的子空间）} \tag{16-2-7}$$

便有投影(到上)映射 $\pi_1 : \tilde{V}_p \to \hat{V}_p$ 满足 $\pi_1(\tilde{v}^a) = \hat{v}^a$（即 $\tilde{v}^a$ 所在的等价类). 易证：

① π_1 是线性映射；　　② $\hat{k}^a|_p = 0 \in \hat{V}_p$；

③ $\tilde{v}^a \sim k^a|_p \Leftrightarrow \tilde{v}^a = \alpha k^a|_p$；　　④ $\tilde{v}'^a - \tilde{v}^a = \alpha k^a|_p \Leftrightarrow \hat{v}'^a = \hat{v}^a$.

在 V_p 的对偶空间 $V_p{}^*$ 中取子集

$$(V_p{}^*\tilde{)} \equiv \{\tilde{\omega}_a \in V_p{}^* \mid \tilde{\omega}_a \tilde{v}^a = \tilde{\omega}_a \tilde{v}'^a,\ \forall \tilde{v}^a \in \tilde{V}_p \text{ 及 } \tilde{v}'^a \sim \tilde{v}^a\}, \tag{16-2-8}$$

则不难证明:

① $(V_p{}^*\tilde{)}$ 是 $V_p{}^*$ 的一个 3 维子空间;

② $$(V_p{}^*\tilde{)} \equiv \{\tilde{\omega}_a \in V_p{}^* \mid \tilde{\omega}_a k^a|_p = 0\}. \tag{16-2-8$'$}$$

上式保证 $(V_p{}^*\tilde{)}$ 的每一元素都在 $\hat{V}_p$ 的对偶空间 $(\hat{V}_p)^*$ 中诱导出一个元素 $\hat{\omega}_a \in (\hat{V}_p)^*$, 定义为

$$\hat{\omega}_a \hat{v}^a := \tilde{\omega}_a \tilde{v}^a,\ \forall \hat{v}^a \in \hat{V}_p. \tag{16-2-9}$$

[其中 $\tilde{v}^a$ 是 $\tilde{V}_p$ 的、满足 $\pi_1(\tilde{v}^a) = \hat{v}^a$ 的任一元素.]

由上式可知 $\tilde{\omega}_a$ 与 $\tilde{\omega}_a + \alpha k_a|_p$ $(\forall \alpha \in \mathbb{R})$ 给出同一个 $\hat{\omega}_a$, 所以说 $\tilde{\omega}_a$ 等价于 $\tilde{\omega}_a + \alpha k_a|_p$, 并记作 $\tilde{\omega}_a \sim \tilde{\omega}_a + \alpha k_a|_p$, 而且可把 $\hat{\omega}_a$ 看作 $\tilde{\omega}_a$ 所在的那个等价类. 可见 $(V_p{}^*\tilde{)}$ 中等价类的集合(也是个矢量空间)与 $(\hat{V}_p)^*$ 有同构对应, 存在投影映射 $\pi_2 : (V_p{}^*\tilde{)} \to (\hat{V}_p)^*$ 满足 $\pi_2(\tilde{\omega}_a) = \hat{\omega}_a$. 易证:

① π_2 是线性映射;　　② $\hat{k}_a|_p = 0 \in (\hat{V}_p)^*$;

③ $\tilde{\omega}_a \sim k_a|_p \Leftrightarrow \tilde{\omega}_a = \alpha k_a|_p, \alpha \in \mathbb{R}$; ④ $\tilde{\omega}'_a - \tilde{\omega}_a = \alpha k_a|_p \Leftrightarrow \hat{\omega}'_a = \hat{\omega}_a$.

下面进一步讨论张量. 为缩短公式长度, 凡不涉及指标升降时都可把张量 $T^{a_1\cdots a_k}{}_{b_1\cdots b_l}$ 写成 $T^{a_1\cdots a_k}_{b_1\cdots b_l}$. V_p 上的张量 T (按定义)将 V_p 和 $V_p{}^*$ 的若干个元素映射为一个实数. 把 T 的作用范围限制在 $\tilde{V}_p$ 和 $(V_p{}^*\tilde{)}$, 如果作用对象 $\tilde{v}^a$ 和 $\tilde{\omega}_a$ 换成等价的 $\tilde{v}'^a$ 和 $\tilde{\omega}'_a$ 后所得实数一样, 就可定义把 $\tilde{V}_p$ 和 $(V_p{}^*\tilde{)}$ 的等价类(即 $\hat{v}^a$ 和 $\hat{\omega}_a$)变为实数的线性映射 $\hat{T}$, 它其实就是 $\hat{V}_p$ 上的张量 $\hat{T}$. 于是有

定义 1　V_p 上的 (k,l) 型($k+l>1$)张量 $T^{a_1\cdots a_k}_{b_1\cdots b_l}$ 称为**可加^的**, 若 $\hat{V}_p$ 上存在张量 $\hat{T}^{a_1\cdots a_k}_{b_1\cdots b_l}$, 满足

$$\begin{gathered}\hat{T}^{a_1\cdots a_k}{}_{b_1\cdots b_l}\hat{v}_1^{b_1}\cdots\hat{v}_l^{b_l}\hat{\omega}^1_{a_1}\cdots\hat{\omega}^k_{a_k} = T^{a_1\cdots a_k}{}_{b_1\cdots b_l}\tilde{v}_1^{b_1}\cdots\tilde{v}_l^{b_l}\tilde{\omega}^1_{a_1}\cdots\tilde{\omega}^k_{a_k},\\ \forall \hat{v}_1^{b_1}\cdots\hat{v}_l^{b_l} \in \hat{V}_p,\ \hat{\omega}^1_{a_1}\cdots\hat{\omega}^k_{a_k} \in \hat{V}_p{}^*,\end{gathered} \tag{16-2-9$'$}$$

其中 $\tilde{v}_i^{b_i}\ (i=1,\cdots,l) \in \tilde{V}_p$ 和 $\tilde{\omega}^j_{a_j}\ (j=1,\cdots,k) \in (V_p{}^*\tilde{)}$ 要满足 $\pi_1(\tilde{v}_i^{b_i}) = \hat{v}_i^{b_i}, \pi_2(\tilde{\omega}^j_{a_j}) = \hat{\omega}^j_{a_j}$. 式(16-2-9)是式(16-2-9′)的特例. 此外, 把标量 T 看作 V_p 上的 $(0,0)$ 型张量, 规定它总可加 ^, 而且 $\hat{T} = T$.

注 1　由定义 1 易见加 ^ 操作有线性性(即保持加法和数乘), 亦即

$$(\alpha T^{\cdots}_{\cdots} + \beta S^{\cdots}_{\cdots})\hat{} = \alpha \hat{T}^{\cdots}_{\cdots} + \hat{\beta} S^{\cdots}_{\cdots}.$$

命题 16-2-1　V_p 上的 (k,l) 型($k+l>1$)张量 $T^{\cdots}_{\cdots}$ 可加 ^ 的充要条件是 $T^{\cdots}_{\cdots}$ 经以下两步缩并所得标量为零:①先将任一指标缩并 k (上标缩 k_a 下标缩 k^b);②再将其他每一上标缩并任一 $\tilde{\omega}_a \in (V_p{}^*)\tilde{}$ 及每一下标缩并任一 $\tilde{v}^b \in \tilde{V}_p$. 例如, T^a_{bc} 可加 ^ 的充要条件是以下三点成立:

(a) $T^a_{bc} k_a \tilde{v}^b \tilde{u}^c = 0,\ \forall \tilde{v}^b, \tilde{u}^c \in \tilde{V}_p$,

(b) $T^a_{bc} \tilde{\omega}_a k^b \tilde{v}^c = 0,\quad \forall \tilde{\omega}_a \in (V_p{}^*)\tilde{},\ \tilde{v}^c \in \tilde{V}_p$,

(c) $T^a_{bc} \tilde{\omega}_a \tilde{v}^b k^c = 0,\ \forall \tilde{\omega}_a \in (V_p{}^*)\tilde{}, \tilde{v}^b \in \tilde{V}_p$.

证明[选读]　若 $T^{\cdots}_{\cdots}$ 可加 ^, 则 $\forall \tilde{\omega}^1_a, \tilde{\omega}^2_a, \cdots \in (V_p{}^*)\tilde{}$ 及 $\tilde{v}^a_1, \tilde{v}^a_2, \cdots \in \tilde{V}_p$ 有

$$T^{a_1a_2\cdots}_{b_1b_2\cdots} \tilde{\omega}^1_{a_1} \tilde{\omega}^2_{a_2} \cdots \tilde{v}^{b_1}_1 \tilde{v}^{b_2}_2 \cdots = T^{a_1a_2\cdots}_{b_1b_2\cdots} \tilde{\omega}^1_{a_1} \tilde{\omega}^2_{a_2} \cdots (\tilde{v}^{b_1}_1 + \alpha k^{b_1}) \tilde{v}^{b_2}_2 \cdots, \tag{16-2-10}$$

因而

$$T^{a_1a_2\cdots}_{b_1b_2\cdots} \tilde{\omega}^1_{a_1} \tilde{\omega}^2_{a_2} \cdots k^{b_1} \tilde{v}^{b_2}_2 \cdots = 0. \tag{16-2-11}$$

上式说明, 若把作用对象中的 $\tilde{v}^{b_1}_1$ 换为 k^{b_1}, 作用结果就为零. 同理可知, 把作用对象之任一换为 k^b 或 k_a, 作用结果都为零. 可见题设条件确为必要条件. 用式(16-2-10)和(16-2-11)不难证明它也是充分条件. □

$v^a \in V_p$ 及 $\omega_a \in V_p{}^*$ 都可看作 V_p 上的张量, 借助于上述命题便知:

① k^a 和 k_a 都可加 ^, 且 $\hat{k}^a = 0$, $\hat{k}_a = 0$;

② $v^a \in V_p$ 可加 ^ $\Leftrightarrow v^a k_a = 0$;

③ $\omega_a \in V_p{}^*$ 可加 ^ $\Leftrightarrow \omega_a k^a = 0$.

再设 $\{x^a, y^a, l^a, k^a\}$ 是 p 点的一个伪正交归一标架, 则 x^a, y^a 和 k^a 显然都可加 ^, 而且 $\{x^a, y^a\}$ 的线性独立性保证 $\{\hat{x}^a, \hat{y}^a\}$ 的线性独立性, 故后者构成 $\hat{V}_p$ 的一个基底, 其对偶基底为 $\{\hat{x}_a, \hat{y}_a\}$ (其中 $\hat{x}_a, \hat{y}_a$ 分别是 x_a, y_a 的加 ^ 产物). 设 T^a_b 可加 ^, 则

$$\hat{T}^a_b = T_1{}^1 \hat{x}^a \hat{x}_b + T_2{}^1 \hat{x}^a \hat{y}_b + T_1{}^2 \hat{y}^a \hat{x}_b + T_2{}^2 \hat{y}^a \hat{y}_b,$$

其中 $T_1{}^1$ 等是 T^a_b 在 $\{x^a, y^a, l^a, k^a\}$ 及其对偶基的分量, T^a_b 的沾 3 或 4 的所有分量在 $\hat{T}^a_b$ 中都不复存在.

命题 16-2-2　设 T_{ab} 是 4 维时空 (M, g_{ab}) 上的 $(0,2)$ 型张量场, 则

(1) T_{ab} 可加 ^ 的充要条件是 M 上有张量场 P_{ab}, V_a, U_b 使

$$T_{ab} = P_{ab} + k_a U_b + V_a k_b, \tag{16-2-12}$$

其中 P_{ab} 满足 $P_{ab}k^a = 0,\ P_{ab}k^b = 0$；

(2) T_{ab} 可加 ^ $\Rightarrow k^c\nabla_c T_{ab}$ 可加 ^.

证明[选读]

(1) 设 T_{ab} 满足式(16-2-12), 则容易验证 T_{ab} 满足命题16-2-1的条件, 故 T_{ab} 可加 ^. 反之, 设 T_{ab} 可加 ^, 用伪正交归一对偶标架 $\{E^\mu_a\}$ 把 T_{ab} 展开为(其中 i, j 都从 1 到 2 取和)

$$
\begin{aligned}
T_{ab} &= T_{ij}E^i_aE^j_b + T_{i3}E^i_aE^3_b + T_{i4}E^i_aE^4_b + T_{3i}E^3_aE^i_b + T_{4i}E^4_aE^i_b + T_{34}E^3_aE^4_b + T_{43}E^4_aE^3_b \\
&= T_{ij}E^i_aE^j_b - T_{i3}E^i_a k_b - T_{i4}E^i_a l_b - T_{3i}k_aE^i_b - T_{4i}l_aE^i_b + T_{34}k_a l_b + T_{43}l_a k_b\,.
\end{aligned}
\tag{16-2-13}
$$

由命题16-2-1又知 T_{ab} 可加 ^ $\Rightarrow 0 = T_{ab}k^aE^b_i = T_{ab}E^a_4E^b_i = T_{4i}$ 及 $0 = T_{i4}$, 故式(16-2-13)简化为

$$T_{ab} = T_{ij}E^i_aE^j_b + k_a(T_{34}l_b - T_{3i}E^i_b) + (T_{43}l_a - T_{i3}E^i_a)k_b\,.$$

令 $P_{ab} \equiv T_{ij}E^i_aE^j_b$, $U_b \equiv T_{34}l_b - T_{3i}E^i_b$, $V_a \equiv T_{43}l_a - T_{i3}E^i_a$, 便有式(16-2-12).

(2)借助于式(16-2-12)可把 $k^c\nabla_c T_{ab}$ 表为

$$k^c\nabla_c T_{ab} = P'_{ab} + k_aU'_b + V'_ak_b\,,\quad 其中\ P'_{ab} \equiv k^c\nabla_c P_{ab},\ U'_b \equiv k^c\nabla_c U_b,\ V'_a \equiv k^c\nabla_c V_a\,.$$

再由 $P_{ab}k^a = 0,\ P_{ab}k^b = 0$ 易证 $P'_{ab}k^a = 0,\ P'_{ab}k^b = 0$, 故本命题之(1)保证 $k^c\nabla_c T_{ab}$ 可加 ^. □

命题 16-2-3 若 V_p 上的张量 $T^{\cdots}_{\cdots}$ 和 $S^{\cdots}_{\cdots}$ 可加 ^, 则张量积 $T^{\cdots}_{\cdots}S^{\cdots}_{\cdots}$ (无指标缩并)也可加 ^, 且 $(T^{\cdots}_{\cdots}S^{\cdots}_{\cdots})^\wedge = \hat{T}^{\cdots}_{\cdots}\hat{S}^{\cdots}_{\cdots}$.

证明 不难从式(16-2-9′)出发证明, 练习. □

然而, 如果 $T^{\cdots}_{\cdots}S^{\cdots}_{\cdots}$ 中包含某些指标缩并, $(T^{\cdots}_{\cdots}S^{\cdots}_{\cdots})^\wedge$ 还等于 $\hat{T}^{\cdots}_{\cdots}\hat{S}^{\cdots}_{\cdots}$ 吗?这其实就是缩并与加 ^ 可否交换的问题. 下面的命题对此给出答案.

命题 16-2-4 设 k, l 为正整数, $T^{a_1\cdots a_k}{}_{b_1\cdots b_l}$ 是 V_p 上可加 ^ 的 (k,l) 型张量.

(1)(可交换充要条件)令 $T^3_3 \equiv T^{3a_2\cdots a_k}{}_{3b_2\cdots b_l}$, $T^4_4 \equiv T^{4a_2\cdots a_k}{}_{4b_2\cdots b_l}$, 则 C^1_1T (T 的第一上、下标的缩并结果)可加 ^ 且 $(\mathrm{C}^1_1T)^\wedge = \mathrm{C}^1_1\hat{T}$ (缩并与加 ^ 可交换)的充要条件为 $T^3_3 + T^4_4$ 可加 ^ 且 $(T^3_3 + T^4_4)^\wedge = 0$.

(2)(可交换充分条件)以 $\mathrm{C}T$ 代表 $T^{a_1\cdots a_k}{}_{b_1\cdots b_l}$ 中若干对上下标缩并的结果, 若参与缩并的每一指标与 k^b (或 k_a)缩并为零, 则 $\mathrm{C}T$ 可加 ^ 且 $(\mathrm{C}T)^\wedge = \mathrm{C}\hat{T}$.

证明[选读]

(1)令 $S \equiv \mathrm{C}^1_1T$, 即 $S^{a_2\cdots}{}_{b_2\cdots} \equiv T^{aa_2\cdots}{}_{ab_2\cdots}$, 则 $\forall\, \tilde{\omega}_{a_2}, \cdots \in (V_p{}^*\tilde{)}$, $\tilde{v}^{b_2}, \cdots \in \tilde{V}_p$ 有

$$\begin{aligned}S^{a_2\cdots}_{b_2\cdots}\tilde{\omega}_{a_2}\tilde{v}^{b_2}\cdots &= T^{aa_2\cdots}_{ab_2\cdots}\tilde{\omega}_{a_2}\tilde{v}^{b_2}\cdots=(T^{1a_2\cdots}_{1b_2\cdots}+T^{2a_2\cdots}_{2b_2\cdots}+T^{3a_2\cdots}_{3b_2\cdots}+T^{4a_2\cdots}_{4b_2\cdots})\tilde{\omega}_{a_2}\tilde{v}^{b_2}\cdots\\ &=(T^{aa_2\cdots}_{bb_2\cdots}E^1_aE^b_1+T^{aa_2\cdots}_{bb_2\cdots}E^2_aE^b_2+T^{3a_2\cdots}_{3b_2\cdots}+T^{4a_2\cdots}_{4b_2\cdots})\tilde{\omega}_{a_2}\tilde{v}^{b_2}\cdots\\ &=(\hat{T}^{aa_2\cdots}_{bb_2\cdots}\hat{E}^1_a\hat{E}^b_1+\hat{T}^{aa_2\cdots}_{bb_2\cdots}\hat{E}^2_a\hat{E}^b_2)\hat{\omega}_{a_2}\hat{v}^{b_2}\cdots+(T^{3a_2\cdots}_{3b_2\cdots}+T^{4a_2\cdots}_{4b_2\cdots})\tilde{\omega}_{a_2}\tilde{v}^{b_2}\cdots\\ &=\hat{T}^{aa_2\cdots}_{ab_2\cdots}\hat{\omega}_{a_2}\hat{v}^{b_2}\cdots+(T^{3a_2\cdots}_{3b_2\cdots}+T^{4a_2\cdots}_{4b_2\cdots})\tilde{\omega}_{a_2}\tilde{v}^{b_2}\cdots.\end{aligned}\tag{16-2-14}$$

[其中第四步用到$T^{a_1\cdots a_k}_{b_1\cdots b_l}$可加^及式(16-2-9′)，第五步与第二步理由相同(只不过第五步处理的张量是2维的)，都用到缩并定义，即上册式(2-4-5)的抽象指标表述.]下面利用式(16-2-14)来证明可交换的充要条件.

先证条件的必要性. 设C^1_1T可加^且$(\mathrm{C}^1_1T)^\wedge=\mathrm{C}^1_1\hat{T}$，则$S^{a_2\cdots}_{b_2\cdots}\equiv T^{aa_2\cdots}_{ab_2\cdots}$给出

$$\hat{S}^{a_2\cdots}_{b_2\cdots}\hat{\omega}_{a_2}\hat{v}^{b_2}\cdots=\hat{T}^{aa_2\cdots}_{ab_2\cdots}\hat{\omega}_{a_2}\hat{v}^{b_2}\cdots(\text{其中 }\hat{T}^{aa_2\cdots}_{ab_2\cdots}\text{ 代表 }\mathrm{C}^1_1\hat{T});\tag{16-2-15a}$$

而由式(16-2-9)及(16-2-14)又有

$$\hat{S}^{a_2\cdots}_{b_2\cdots}\hat{\omega}_{a_2}\hat{v}^{b_2}\cdots=S^{a_2\cdots}_{b_2\cdots}\tilde{\omega}_{a_2}\tilde{v}^{b_2}\cdots=\hat{T}^{aa_2\cdots}_{ab_2\cdots}\hat{\omega}_{a_2}\hat{v}^{b_2}\cdots+(T^{3a_2\cdots}_{3b_2\cdots}+T^{4a_2\cdots}_{4b_2\cdots})\tilde{\omega}_{a_2}\tilde{v}^{b_2}\cdots,\tag{16-2-15b}$$

于是式(16-2-15a)和(16-2-15b)联合逼出

$$(T^{3a_2\cdots}_{3b_2\cdots}+T^{4a_2\cdots}_{4b_2\cdots})\tilde{\omega}_{a_2}\tilde{v}^{b_2}\cdots=0.\tag{16-2-16}$$

根据式(16-2-9)，欲证$T^{3a_2\cdots}_{3b_2\cdots}+T^{4a_2\cdots}_{4b_2\cdots}$可加^只须找到满足下式的张量$(T^{3a_2\cdots}_{3b_2\cdots}+T^{4a_2\cdots}_{4b_2\cdots})^\wedge$：

$$(T^{3a_2\cdots}_{3b_2\cdots}+T^{4a_2\cdots}_{4b_2\cdots})^\wedge\hat{\omega}_{a_2}\hat{v}^{b_2}\cdots=(T^{3a_2\cdots}_{3b_2\cdots}+T^{4a_2\cdots}_{4b_2\cdots})\tilde{\omega}_{a_2}\tilde{v}^{b_2}\cdots.$$

而由式(16-2-16)看出这一待找张量就是零张量，即$(T^{3a_2\cdots}_{3b_2\cdots}+T^{4a_2\cdots}_{4b_2\cdots})^\wedge=0$. 再注意到$T^3_3+T^4_4\equiv T^{3a_2\cdots}_{3b_2\cdots}+T^{4a_2\cdots}_{4b_2\cdots}$，便得结论：$T^3_3+T^4_4$可加^且$(T^3_3+T^4_4)^\wedge=0$.

再证条件的充分性. 设$T^3_3+T^4_4$可加^且$(T^3{}_3+T^4{}_4)^\wedge=0$[因而式(16-2-16)]成立，则式(16-2-14)给出$S^{a_2\cdots}_{b_2\cdots}\tilde{\omega}_{a_2}\tilde{v}^{b_2}\cdots=\hat{T}^{aa_2\cdots}_{ab_2\cdots}\hat{\omega}_{a_2}\hat{v}^{b_2}\cdots$，表明$S^{a_2\cdots}_{b_2\cdots}$可加^且$\hat{S}^{a_2\cdots}_{b_2\cdots}=\hat{T}^{aa_2\cdots}_{ab_2\cdots}$，即$(\mathrm{C}^1_1T)^\wedge=\mathrm{C}^1_1\hat{T}$.

(2)只须对“第一对指标缩并”的情况做证明(“若干对指标缩并”的情况仿此得证). 这时已知$T^{aa_2\cdots}_{bb_2\cdots}k_a=0$及$T^{aa_2\cdots}_{bb_2\cdots}k^b=0$，求证$\mathrm{C}T$(即$\mathrm{C}^1_1T$)可加^且$(\mathrm{C}T)^\wedge=\mathrm{C}\hat{T}$. 因

$$T^{3a_2\cdots}_{3b_2\cdots}=T^{aa_2\cdots}_{bb_2\cdots}E^3_aE^b_3=-T^{aa_2\cdots}_{bb_2\cdots}k_al^b=0,(\text{末步用到已知条件 }T^{aa_2\cdots}_{bb_2\cdots}k_a=0)$$

$$T^{4a_2\cdots}_{4b_2\cdots}=T^{aa_2\cdots}_{bb_2\cdots}E^4_aE^b_4=-T^{aa_2\cdots}_{bb_2\cdots}l_ak^b=0,(\text{末步用到已知条件 }T^{aa_2\cdots}_{bb_2\cdots}k^b=0)$$

代入式[16-2-14(b)]得$\hat{S}^{a_2\cdots}_{b_2\cdots}\hat{\omega}_{a_2}\hat{v}^{b_2}\cdots=\hat{T}^{aa_2\cdots}_{ab_2\cdots}\hat{\omega}_{a_2}\hat{v}^{b_2}\cdots$，由此便知$S$(即$\mathrm{C}T$)可加^且

$(\mathrm{C}T)^{\wedge}=\mathrm{C}\hat{T}$. □

由式(16-2-1) ~ (16-2-3)知道时空度规 g_{ab} 可以表为

$$g_{ab}=x_a x_b+y_a y_b-k_a l_b-l_a k_b\,, \tag{16-2-17}$$

上式右边各项都因满足命题16-2-1的条件而可加 ^. 利用 $\hat{k}_a=0$ 、加 ^ 操作的线性性以及命题 16-2-3 便得

$$\hat{g}_{ab}=\hat{x}_a\hat{x}_b+\hat{y}_a\hat{y}_b\,. \tag{16-2-18a}$$

上式表明 $\{\hat{x}^a,\hat{y}^a\}$ 以 $\hat{g}_{ab}$ 衡量是正交归一基, 号差为 $(+,+)$. g_{ab} 之逆

$$g^{ab}=x^a x^b+y^a y^b-k^a l^b-l^a k^b \tag{16-2-19}$$

显然也可加 ^, 而且易见

$$\hat{g}^{ab}=\hat{x}^a\hat{x}^b+\hat{y}^a\hat{y}^b\,. \tag{16-2-18b}$$

由式(16-2-18a)及(16-2-18b)又得

$$\hat{g}^{ab}\hat{g}_{bc}=\hat{x}^a\hat{x}_c+\hat{y}^a\hat{y}_c\,.$$

不难验证上式右边正是从 $\hat{V}_p$ 到 $\hat{V}_p$ 的恒等映射(不妨记作 $\hat{\delta}^a_c$), 可见 $\hat{g}^{ab}$ 就是 $\hat{g}_{ab}$ 的逆度规.

仿照中册式(14-1-37)对类光测地线汇定义

$$B_{ab}:=\nabla_b k_a\,, \tag{16-2-20}$$

则 B_{ab} 由于满足 $k^a B_{ab}=0,\ k^b B_{ab}=0$ 而可加 ^, 即 $\hat{B}_{ab}$ 有意义. 令

$$\text{(a)}\ \hat{\theta}\equiv\hat{g}^{ab}\hat{B}_{ab},\quad \text{(b)}\ \hat{\sigma}_{ab}\equiv\hat{B}_{(ab)}-\frac{1}{2}\hat{\theta}\hat{g}_{ab},\quad \text{(c)}\ \hat{\omega}_{ab}\equiv\hat{B}_{[ab]}\,, \tag{16-2-21}$$

则

$$\hat{B}_{ab}=\frac{1}{2}\hat{\theta}\hat{g}_{ab}+\hat{\sigma}_{ab}+\hat{\omega}_{ab}\,. \tag{16-2-22}$$

作为 $(\hat{V}_p,\hat{g}^{ab})$ 上的张量, $\hat{B}_{ab}$ 当然可用 $\hat{g}^{ab}$ 升指标, 例如 $\hat{B}^c{}_b\equiv\hat{g}^{ca}\hat{B}_{ab}$. 然而符号 $\hat{B}^c{}_b$ 又可有另一含义, 即 $(g^{ca}B_{ab})^{\wedge}$. 好在这两种含义其实一样, 即 $\hat{g}^{ca}\hat{B}_{ab}=(g^{ca}B_{ab})^{\wedge}$, 证明如下. 由式(16-2-19)及 $k^a B_{ab}=0$ 得 $g^{ca}B_{ab}=(x^c x^a+y^c y^a)B_{ab}-k^c l^a B_{ab}$, 容易验证此式右边的三项都满足命题 16-2-1 的条件, 故都可加 ^, 因而

$$(g^{ca}B_{ab})^{\wedge}=[(x^c x^a+y^c y^a)B_{ab}]^{\wedge}-(k^c l^a B_{ab})^{\wedge}\,.$$

上式右边第一项满足命题 16-2-4(2)的条件, 因而等于 $(x^c x^a+y^c y^a)^{\wedge}\hat{B}_{ab}$; 右边第二

项的 k^c 与 $l^a B_{ab}$ 之间无缩并, 故由命题 16-2-3 得 $(k^c l^a B_{ab})^\wedge = \hat{k}^c (l^a B_{ab})^\wedge = 0$. 于是

$$(g^{ca}B_{ab})^\wedge = (x^c x^a + y^c y^a)^\wedge \hat{B}_{ab} = (\hat{x}^c \hat{x}^a + \hat{y}^c \hat{y}^a)\hat{B}_{ab} = \hat{g}^{ca}\hat{B}_{ab},$$

结论得证. 这一结论还可推广成如下的方便命题, 后面多处用到.

命题 16-2-5 设 $T^{\cdots}_{\cdots}$ 是 V_p 上可加 ^ 的 (k,l) 型张量.

(1)若 $k^a T^{\cdots}_{\cdots a\cdots} = 0$ (其中 a 是 T 的某一特定下标), 则 $g^{ab}T^{\cdots}_{\cdots a\cdots}$ ($T^{\cdots}_{\cdots}$ 不含指标 b)可加 ^, 且

$$(g^{ab}T^{\cdots}_{\cdots a\cdots})^\wedge = \hat{g}^{ab}\hat{T}^{\cdots}_{\cdots a\cdots};$$

(2)若 $k^a T^{\cdots}_{\cdots a\cdots b\cdots} = 0$ 和 $k^b T^{\cdots}_{\cdots a\cdots b\cdots} = 0$, 则 $g^{ab}T^{\cdots}_{\cdots a\cdots b\cdots}$ 可加 ^, 且

$$(g^{ab}T^{\cdots}_{\cdots a\cdots b\cdots})^\wedge = \hat{g}^{ab}\hat{T}^{\cdots}_{\cdots a\cdots b\cdots};$$

(3), (4)分别与(1), (2)类似, 只是上下标对调, 例如(4)的结论为

$$(g_{ab}T^{\cdots a\cdots b\cdots}_{\cdots})^\wedge = \hat{g}_{ab}\hat{T}^{\cdots a\cdots b\cdots}_{\cdots}.$$

证明 练习. □

例 1 令 $\theta \equiv g^{ab}B_{ab}$, 则 $\theta = (g^{ab}B_{ab})^\wedge = \hat{g}^{ab}\hat{B}_{ab} = \hat{\theta}$. [其中第一步是因为 θ 为标量, 第二步用到命题 16-2-5(2).] 因此可把 $\hat{\theta}$ 简写为 θ. 请注意, 若讨论非仿射参数化的类光测地线汇(见本节末段), 则不满足命题16-2-5(2) 的条件, 结果是 $\hat{\theta} \neq \theta$, 见式(16-2-39).

本节的主要任务是推导 $\theta, \hat{\sigma}_{ab}$ 和 $\hat{\omega}_{ab}$ 沿测地线的变化率, 即 $k^c\nabla_c\theta$, $k^c\nabla_c\hat{\sigma}_{ab}$ 和 $k^c\nabla_c\hat{\omega}_{ab}$. 为此可先求变化率 $k^c\nabla_c\hat{B}_{ab}$. 这一"变化率" $k^c\nabla_c\hat{B}_{ab}$ 在概念上存在一个问题: 按照§3.1 定义 1, 流形 M 上的导数算符 ∇_a 是把 M 上的 (k,l) 型张量场变为 M 上的 $(k,l+1)$ 型张量场的映射, 即 $\nabla_a: \mathscr{F}_M(k,l) \to \mathscr{F}_M(k,l+1)$. 而所谓"$T^{a\cdots}{}_{b\cdots}$ 是 M 上的张量场"是指 $\forall p \in M$, $T^{a\cdots}{}_{b\cdots}|_p$ 是矢量空间 V_p 上的张量. 根据这一定义, $\hat{B}_{ab}$ 不是 M 上的张量场, 因为 $\hat{B}_{ab}|_p$ 是矢量空间 $\hat{V}_p$ (而不是 V_p)上的张量. 于是 $\hat{B}_{ab}$ 不是 ∇_a 的作用对象, 亦即 $\nabla_c\hat{B}_{ab}$ 及 $k^c\nabla_c\hat{B}_{ab}$ 并无意义. 然而我们当然很关心 $\hat{B}_{ab}$ 沿着以 k^a 为切矢的类光测地线的变化情况, 因此有必要对这一"变化率"赋予恰当意义. 一个自然的定义是从有意义的变化率 $k^c\nabla_c B_{ab}$ 出发. 根据命题16-2-2(2), B_{ab} 可加 ^ 保证 $k^c\nabla_c B_{ab}$ 可加 ^, 于是就可把 $k^c\nabla_c B_{ab}$ 的加 ^ 产物定义为 $k^c\nabla_c\hat{B}_{ab}$, 即

$$k^c\nabla_c\hat{B}_{ab} := (k^c\nabla_c B_{ab})^\wedge. \tag{16-2-23}$$

$k^c\nabla_c\hat{\sigma}_{ab}$ 和 $k^c\nabla_c\hat{\omega}_{ab}, \cdots$ 等也可仿此定义.

仿照式(14-1-38)的推导(以 k^a 取代 Z^a)得

$$k^c\nabla_c B_{ab} = -B_{ac}B^c{}_b + R_{cbad}k^c k^d. \tag{16-2-24}$$

记 $T_{ab} \equiv R_{cbad}k^c k^d$，则 $k^a T_{ab} = 0,\ k^b T_{ab} = 0$，故 T_{ab} 可加 ^，即 $(R_{cbad}k^c k^d)^\wedge$ 有意义. 对式(16-2-24)加 ^ 后得

$$k^c\nabla_c \hat{B}_{ab} = -(B_{ac}B^c{}_b)^\wedge + (R_{cbad}k^c k^d)^\wedge. \tag{16-2-25}$$

再令 $S_{ab} \equiv -B_{ac}B^c{}_b$，则 $S_{ab}k^a = 0$ 及 $S_{ab}k^b = 0$ 保证 S_{ab} 可加 ^，而 $B_{ac}k^c = 0$，$B^c{}_b k_c = 0$ 则保证 $\hat{S}_{ab} = -\hat{B}_{ac}\hat{B}^c{}_b$. 于是式(16-2-25)又可写为

$$k^c\nabla_c \hat{B}_{ab} = -\hat{B}_{ac}\hat{B}^c{}_b + (R_{cbad}k^c k^d)^\wedge. \tag{16-2-25′}$$

以 $\hat{g}^{ab}$ 缩并式(16-2-25′), 左边为

$$\begin{aligned}\hat{g}^{ab}k^c\nabla_c\hat{B}_{ab} &\equiv \hat{g}^{ab}(k^c\nabla_c B_{ab})^\wedge = (g^{ab}k^c\nabla_c B_{ab})^\wedge \\ &= [k^c\nabla_c(g^{ab}B_{ab})]^\wedge = (k^c\nabla_c\theta)^\wedge = k^c\nabla_c\theta = \frac{\mathrm{d}\theta}{\mathrm{d}\lambda}.\end{aligned} \tag{16-2-26}$$

其中第二步用到命题 16-2-5(2).

$$\hat{g}^{ab}\text{ 缩并式(16-2-25′)右一项} = -\hat{B}_{ac}\hat{B}^{ca} = -\frac{1}{2}\theta^2 - \hat{\sigma}_{ab}\hat{\sigma}^{ab} + \hat{\omega}_{ab}\hat{\omega}^{ab}, \tag{16-2-27}$$

其中第二步用到式(16-2-22)、$\hat{\theta} = \theta,\ \mathrm{tr}\hat{\sigma}_{ac} = 0 = \mathrm{tr}\hat{\omega}_{ac}$ 及 $\hat{\sigma}_{ac} = \hat{\sigma}_{(ac)}, \hat{\omega}_{ac} = \hat{\omega}_{[ac]}$.

$$\hat{g}^{ab}\text{ 缩并式(16-2-25′)右二项} = (g^{ab}R_{cbad}k^c k^d)^\wedge = g^{ab}R_{cbad}k^c k^d = -R_{cd}k^c k^d, \tag{16-2-28}$$

其中第一步用到命题 16-2-5(2). 于是 $\hat{g}^{ab}$ 缩并式(16-2-25′)的结果为

$$k^c\nabla_c\theta = \frac{\mathrm{d}\theta}{\mathrm{d}\lambda} = -\frac{1}{2}\theta^2 - \hat{\sigma}_{ab}\hat{\sigma}^{ab} + \hat{\omega}_{ab}\hat{\omega}^{ab} - R_{cd}k^c k^d. \tag{16-2-29}$$

不妨称上式为类光测地线汇的 Raychaudhuri 方程.

下面推导 $k^c\nabla_c\hat{\sigma}_{ab}$. 由式(16-2-21b)得

$$k^c\nabla_c\hat{\sigma}_{ab} = k^c\nabla_c(\hat{B}_{(ab)} - \frac{1}{2}\theta\hat{g}_{ab}) = k^c\nabla_c\hat{B}_{(ab)} - \frac{1}{2}\hat{g}_{ab}k^c\nabla_c\theta, \tag{16-2-30}$$

[其中第二步是因为 $k^c\nabla_c(\theta\hat{g}_{ab}) \equiv [k^c\nabla_c(\theta g_{ab})]^\wedge = (g_{ab}k^c\nabla_c\theta)^\wedge = \hat{g}_{ab}k^c\nabla_c\theta$.] 由式(16-2-25′)可知上式右边第一项为

$$k^c\nabla_c\hat{B}_{(ab)} = -\hat{B}^c{}_{(b}\hat{B}_{a)c} + (R_{c(ba)d}k^c k^d)^\wedge. \tag{16-2-31}$$

利用 R_{cbad} 的若干对称性质可证 $R_{c(ba)d}k^c k^d = R_{cbad}k^c k^d$，再从式(16-2-22)出发求得

$\hat{B}^c{}_{(b}\hat{B}_{a)c}$ 的表达式, 代入式(16-2-31)得 $k^c\nabla_c\hat{B}_{(ab)}$ 的表达式, 与式(16-2-29)一同代入(16-2-30)便得

$$k^c\nabla_c\hat{\sigma}_{ab}=-\theta\hat{\sigma}_{ab}-[\hat{\sigma}^c{}_b\hat{\sigma}_{ac}+\hat{\omega}^c{}_b\hat{\omega}_{ac}-\frac{1}{2}\hat{g}_{ab}(\hat{\sigma}^{cd}\hat{\sigma}_{cd}-\hat{\omega}^{cd}\hat{\omega}_{cd})]$$

$$+(R_{cbad}k^ck^d)^{\wedge}+\frac{1}{2}\hat{g}_{ab}R_{cd}k^ck^d\,. \qquad (16\text{-}2\text{-}32)$$

借用 $\mathrm{tr}\hat{\sigma}_{ab}=0$, $\hat{\sigma}_{ab}=\hat{\sigma}_{(ab)}$, $\hat{\omega}_{ab}=\hat{\omega}_{[ab]}$ 以及伪正交归一基底可证上式右边第二项(方括号项)为零. 再用式(3-4-14)又得

$$R_{cbad}k^ck^d=C_{cbad}k^ck^d+\frac{1}{2}(R_{db}k_ak^d-g_{ab}R_{cd}k^ck^d+R_{ac}k^ck_b)-\frac{1}{6}Rk_ak_b\,, \qquad (16\text{-}2\text{-}33)$$

由此可证

$$(R_{cbad}k^ck^d)^{\wedge}=(C_{cbad}k^ck^d)^{\wedge}-\frac{1}{2}\hat{g}_{ab}R_{cd}k^ck^d\,, \qquad (16\text{-}2\text{-}34)$$

代入式(16-2-32)便得 $k^c\nabla_c\hat{\sigma}_{ab}$ 的最终表达式

$$k^c\nabla_c\hat{\sigma}_{ab}=-\theta\hat{\sigma}_{ab}+(C_{cbad}k^ck^d)^{\wedge}\,. \qquad (16\text{-}2\text{-}35)$$

最后来推导 $k^c\nabla_c\hat{\omega}_{ab}$. 注意到 $\hat{B}_{[ab]}=\hat{\omega}_{ab}$, 取式(16-2-25′)的反称部分得

$$k^c\nabla_c\hat{\omega}_{ab}=-\hat{B}^c{}_{[b}\,\hat{B}_{a]c}+(R_{c[ba]d}k^ck^d)^{\wedge}=-\hat{B}^c{}_{[b}\,\hat{B}_{a]c}\,, \qquad (16\text{-}2\text{-}36)$$

(其中第二步是因为借 R_{cbad} 的对称性质可证 $R_{c[ba]d}k^ck^d=0$.) 再用

$$\hat{B}_{ac}=\frac{1}{2}\theta\hat{g}_{ac}+\hat{\sigma}_{ac}+\hat{\omega}_{ac}$$

计算式(16-2-36)右边便得

$$k^c\nabla_c\hat{\omega}_{ab}=-\theta\hat{\omega}_{ab}-2\hat{\sigma}^c{}_{[b}\hat{\omega}_{a]c}\,. \qquad (16\text{-}2\text{-}37)$$

令 $Y_{ab}\equiv\hat{\sigma}^c{}_{[b}\hat{\omega}_{a]c}$, 则它在正交归一基底 $\{\hat{x}^a,\hat{y}^a\}$ 的分量只有一个独立, 可取为 Y_{12}. 利用 $\hat{\omega}_{ab}$ 的反称性及 $\hat{\sigma}_{ab}$ 的无迹性易证 $Y_{12}=0$, 故最终结果为

$$k^c\nabla_c\hat{\omega}_{ab}=-\theta\hat{\omega}_{ab}\,. \qquad (16\text{-}2\text{-}38)$$

为方便起见, 不妨把式(16-2-29)、(16-2-35)和(16-2-38)合称为类光测地线汇的 Raychaudhuri 方程组, 只适用于仿射参数化的类光测地线汇. 若改为非仿射参数化(后面要用), 则 $k^c\nabla_ck_a=\kappa k_a\neq0$, 其中 κ 是线汇定义域上的函数. 仍按式(16-2-20)定义 B_{ab}, 再按式(16-2-21)定义 $\hat{\theta}, \hat{\sigma}_{ab}, \hat{\omega}_{ab}$, 用类似方法可以证明其相应方程组的每

个方程右边都将多出与κ有关的一项，[①] 具体地就是

$$k^c\nabla_c\hat{\theta}=\frac{\mathrm{d}\hat{\theta}}{\mathrm{d}\lambda}=-\frac{1}{2}\hat{\theta}^2-\hat{\sigma}_{ab}\hat{\sigma}^{ab}+\hat{\omega}_{ab}\hat{\omega}^{ab}-R_{cd}k^ck^d+\kappa\hat{\theta}\,,\tag{16-2-29*}$$

$$k^c\nabla_c\hat{\sigma}_{ab}=-\hat{\theta}\hat{\sigma}_{ab}+(C_{cbad}k^ck^d)^{\wedge}+\kappa\hat{\sigma}_{ab}\,,\tag{16-2-35*}$$

$$k^c\nabla_c\hat{\omega}_{ab}=-\hat{\theta}\hat{\omega}_{ab}+\kappa\hat{\omega}_{ab}\,.\tag{16-2-38*}$$

还应注意以上三式中的$\hat{\theta}$不再等于θ，因为可以证明(习题 1)

$$\hat{\theta}=g^{ab}\nabla_a k_b-\kappa\,.\tag{16-2-39}$$

[选读 16-2-1]

本节开头讲过，由于$k^b\nabla_b\eta_{非}{}^a=0$，人们对$\eta_{非}{}^a$不感兴趣，并认为$\eta^a=\eta_{\perp}{}^a$. 如果追问：为什么沿线不变就对它不感兴趣?这其实是个应该质疑的问题. 更有甚者，$k^b\nabla_b\eta_{非}{}^a=0$的导出依赖于三个前提：①借用伪正交归一标架场而且选择$\eta_{非}{}^a\equiv\eta^3 l^a=-\eta^b k_b l^a$；②把该标架场的$l^a$选得沿测地线平移；③默认$k^b\nabla_b k^a=0$(而这只对仿射参数化的类光测地线汇成立). 如果满足①和②而不满足③，则$k^b\nabla_b\eta_{非}{}^a=0$不再成立. 然而本选读前在介绍非仿射参数化的类光测地线汇时对$\eta_{非}{}^a$仍然置之不理(仍只关心 2 维张量$\hat{B}_{ab}$)，这又如何解释?进一步说，不用标架场也可做“正非”分解，而且，即使开始时选择分解使$k^b\nabla_b\eta_{非}{}^a=0$，也可以利用本节开头的手法引进$\eta'_{\perp}{}^a\equiv\eta_{\perp}{}^a+\varsigma^a$及$\eta'_{非}{}^a\equiv\eta_{非}{}^a-\varsigma^a$，而且容易找到不满足$k^b\nabla_b\varsigma^a=0$的$\varsigma^a$，于是$k^b\nabla_b\eta'_{非}{}^a\neq 0$. 可见，这里存在着两个有待回答的疑难问题：(a)为什么当$k^b\nabla_b\eta_{非}{}^a=0$时就对$\eta_{非}{}^a$不感兴趣?(b)为什么当$k^b\nabla_b\eta_{非}{}^a\neq 0$时仍然对$\eta_{非}{}^a$置之不理?由于我们所看到的、涉及这一问题的文献都未提出和回答这一问题，下面只能简介笔者的肤浅看法，仅供参考.

我们认为，对$\eta_{非}{}^a$是否应感兴趣取决于你所关心的物理问题. 举例来说，类光测地线汇的两个重要物理应用是面积定理的证明(用仿射参数化测地线)和弱孤立视界的讨论.(见§16.5，其有关数学基础首先出现在小节 16.3.3，允许测地线为非仿射参数化.) 两者的共同特点是只关心某个类光超曲面Δ上的(3 维)类光测地线族，Δ以外未给定任何测地线.(为了借用本节的结果，也可把测地线族延拓出Δ之

---

① $\kappa\neq 0$时若干问题变得微妙，须加小心. 例如，$\kappa=0$时B_{ab}的可加^性由$k^aB_{ab}=0, k^bB_{ab}=0$保证，但$\kappa\neq 0$时$k^bB_{ab}=k^b\nabla_b k_a=\kappa k_a\neq 0$. 幸好$\tilde{\upsilon}^a k^b B_{ab}=\kappa\tilde{\upsilon}^a k_a=0$，因而$B_{ab}$仍可加^. 又如，$\kappa=0$时$k^c\nabla_c B_{ab}$的可加^性由命题 16-2-2 保证，如果该命题在$\kappa\neq 0$时失效，$k^c\nabla_c B_{ab}$可加^与否就会成问题，幸好不难证明该命题在$\kappa\neq 0$时照样成立.

外以获得一个4维线汇，但所得到的关于Δ上的线族的结论与延拓无关.）由于$\eta_{非}{}^a$代表从Δ上的测地线指向Δ外的测地线，Δ上的3维线族中的任一单参族的分离矢量当然都有$\eta_{非}{}^a=0$，自然不必对它感兴趣(自然有$\eta^a=\eta_\perp{}^a$). 类光测地线汇的另一重要物理应用体现在某些奇性定理的证明中[见 Wald(1984) 定理9.5.3]. 定理的大意是：只要时空满足某些条件，它就必然含有不完备的(仿射参数化的)类光测地线，因而存在时空奇性. 定理证明过程的逻辑链中涉及若干个预备定理，还特别用到与一个类空闭合面共轭的共轭点概念. 设S是2维类空闭合面，γ是发自S并正交于S的外向类光测地线族中的一条线，$p\in\gamma$称为沿γ共轭于S的共轭点，若γ上存在一个不恒为零的雅可比场η^a(满足该线族的测地偏离方程的场)，它在p点为零. 而$\eta^a|_p=0$导致$\eta^3|_p=0$，与$k^b\nabla_b\eta^3=0$结合便得$\eta^3|_\gamma=0$，即$\eta_{非}{}^a=0$，自然对$\eta_{非}{}^a$不感兴趣(自然有$\eta^a=\eta_\perp{}^a$). 或者，也可更简单地说：发自S并正交于S的所有外向类光测地线铺成一个(3维)类光面(整个问题根本不涉及4维类光测地线汇，与前面的两个应用一样)，自然也就有$\eta_{非}{}^a=0$.

以上只是笔者视野内的几个例子. 然而，原则上不排斥这样的物理问题，其中的$\eta_{非}{}^a$及其导数$k^b\nabla_b\eta_{非}{}^a$非要考虑不可. 下面是笔者对这种一般性问题的肤浅看法. 首先请注意一点：无论对类时还是类光线汇，讨论开始时都强调分离矢量η^a，但不久就都把注意力完全集中于B_{ab}(对类光情况则是$\hat{B}_{ab}$)及其沿测地线的变化率(Raychaudhuri方程组)，从引入B_{ab}开始就再也看不见η^a的踪影. 两者到底有何联系？为何后来一直只关心B_{ab}(或$\hat{B}_{ab}$)？我们的看法如下. 对类时测地线汇最应关心的物理问题是从基准观者看来邻居如何运动. 分离矢量η^a描述邻居的位置(充当位矢)，但更应关心的是邻居的3速$u^a\equiv Z^b\nabla_b\eta^a$和(特别是)3加速$a^a\equiv Z^b\nabla_b u^a$(见小节14.1.1). 又因

$$
\begin{aligned}
u^a &\equiv Z^b\nabla_b\eta^a=\eta^b\nabla_b Z^a=B^a{}_b\eta^b=B^a{}_b(w^b+\alpha Z^b)\\
&=B^a{}_b w^b+\alpha B^a{}_b Z^b=B^a{}_b w^b+\alpha Z^b\nabla_b Z^a=B^a{}_b w^b,
\end{aligned}
\tag{16-2-40}
$$

[其中第四步用到η^a的正交分解(w^b就是$\eta_\perp{}^b$).] 所以B_{ab}是决定u^a的关键量，而要决定a^a则还要知道$Z^c\nabla_c B_{ab}$.（这正是Raychaudhuri方程组的重要性的来源，这些方程决定着基准观者测得的邻居的膨胀θ、剪切σ_{ab}和扭转ω_{ab}的时间变化率.）在类时情况下可认为$\eta^a=\eta_\perp{}^a$(即小节14.1.1的w^a)，根本不必考虑$\eta_\parallel{}^a$. 然而类光情况就要复杂许多，关键是分解式$\eta^a=\eta_\perp{}^a+\eta_{非}{}^a$中的$\eta_{非}{}^a$不能随便舍弃(不应以“不感兴趣”为由而置之不理)，所以与式(16-2-40)对应的应是

$$
u^a\equiv k^b\nabla_b\eta^a=\eta^b\nabla_b k^a=B^a{}_b\eta^b=\hat{B}^a{}_b\eta_\perp{}^b+B^a{}_b\eta_{非}{}^b. \tag{16-2-41}
$$

可见，只掌握 $\hat{B}_{ab}$ 及 $k^c\nabla_c\hat{B}_{ab}$ 还不足以决定 u^a 和 a^a，从原则上说还应针对具体物理问题对 $B^a{}_b\eta_{非}{}^b$ 及其沿线的协变导数做进一步的计算. **[选读 16-2-1 完]**

§16.3　类光超曲面上的 Raychaudhuri 方程

16.3.1　超曲面的某些数学知识

为了给本章以下各节打好基础，特补充本小节.

设 X 是集合，$A\subset X$. 映射 $i: A\to X$ 称为**包含映射**(inclusion map)，若 $\forall x\in A$ 有 $i(x)=x\in X$. 例如，设 (M,g_{ab}) 是广义黎曼空间，$\phi: S\to M$ 是超曲面(未必类空、类时或类光)，记 $\varDelta\equiv\phi[S]$，则 $i:\varDelta\to M$ [定义为 $i(p)\equiv p\in M\ \ \forall p\in\varDelta$]就是个包含映射. “超曲面 $\varDelta\subset M$ 上的张量场”一词有两种可能含义，学习以下各节时尤应明确区分.

以下(本自然段)仅为陈述方便而设 $\dim M=4$，且只讲 $(0,l)$ 型张量场. 若 $p\in\varDelta\subset M$，则 p 有切于 M 的 4 维切空间 V_p 和切于 $\varDelta$ 的 3 维切空间 W_p (当 $\varDelta$ 类光时又专记作 $\tilde{V}_p$，见§16. 2). “$\varDelta$ 上的 $(0,l)$ 型张量场 $\mu_{ab\cdots}$” 在 p 的值既可能是 V_p 上的张量又可能是 W_p 上的张量(分别是把 V_p 或 W_p 的 l 个元素变为一个实数的映射)，我们把前、后者分别称为“不切于” $\varDelta$ 和“切于” $\varDelta$ 的张量(见§5.2 末). 对“不切于” $\varDelta$ 的 $\mu_{ab\cdots}$，总可通过把它的作用范围(对每点 p 而言)限制在 $W_p\subset V_p$ 而得到一个“切于” $\varDelta$ 的张量场，§5.2 末曾记作 $\tilde{\mu}_{ab\cdots}$，并称之为 $\mu_{ab\cdots}$ 的**限制**. 现在看到它其实就是 $\mu_{ab\cdots}$ 在包含映射 $i:\varDelta\to M$ 的拉回映射 i^* 下的像，即 $\tilde{\mu}_{ab\cdots}=i^*\mu_{ab\cdots}$，因此许多文献称 $\tilde{\mu}_{ab\cdots}$ 为 $\mu_{ab\cdots}$ 的**拉回**. 例如，若 M 上有度规场 g_{ab}，则 $\varDelta$ 上的诱导“度规” h_{ab} 就是 g_{ab} 的拉回，即 $h_{ab}=i^*g_{ab}$. 请注意 g_{ab} 是 4 维张量而 $h_{ab}\equiv i^*g_{ab}$ 是 3 维张量.①

包含映射 $i:\varDelta\to M$ 的原像 $\varDelta$ 同时又是 M 的子集($\varDelta\subset M$)的这一特点使某些问题变得微妙. 例如，以下两点值得指出：

(1)设 S 和 M 是两个独立的流形(互不包含)，$\phi: S\to M$ 定义了超曲面，则任一 $p\in S$ 的像 $q\equiv\phi(p)$ 是另一流形 $\phi[S]\subset M$ 的点，因而 p 点的任一矢量 v^a 与其像矢量 ϕ_*v^a 是两个不同矢量空间的元素，两者无从(也不必)直接比较. 然而，对包含映

---

① 若 $\varDelta$ 是类空或类时超曲面，n^a 是其单位法矢，则又常写 $h_{ab}=g_{ab}\mp n_an_b$ [式(4-4-2)]. 此式是把 h_{ab} 定义为 4 维张量. 为何 h_{ab} 有时指 3 维有时指 4 维?关键在于 3 维与 4 维 h_{ab} 之间有个自然的一一对应，详见选读 4-4-3. 类似地，选读 12-7-2 在讨论 3 维超曲面 K 上的张量场 $\bar{T}^{\cdots}{}_{\cdots}$ 时也指出有“切于”与“不切于” K 之分，并说只当 $\bar{T}^{\cdots}{}_{\cdots}$ 的每一指标与法矢(或法余矢)指标缩并为零时才“切于” K. 这也分明是把 $\bar{T}^{\cdots}{}_{\cdots}$ 看作 4 维张量(否则与法矢缩并无意义). 对此也可参阅选读 14-4-3.

射 $i: \varDelta \to M$ 有 $i[\varDelta]=\varDelta \subset M$，故任一 $p \in \varDelta$ 的像点 $i(p)$ 就是 p 自身，于是任一 $w^a \in W_p$ 的像矢量 $i_* w^a \in W_p \subset V_p$ 是同一矢量空间 W_p 的元素，两者不但可以直接比较，而且比较的结果是 $i_* w^a = w^a$ (请自证).

(2)设 $i: \varDelta \to M$ 是包含映射，X^a 是 $\varDelta \subset M$ 上切于 $\varDelta$ 的矢量场，则矢量场 $i_* X^a$ 的定义域只是 $\varDelta$ 而不是 M (理由见上册§4.1 注 1)，而且不难证明

$$i_* X^a = X^a, \quad 即\, i_*(X^a|_p) = (i_* X^a)|_p = X^a|_p, \ \forall p \in \varDelta. \tag{16-3-1}$$

再设 $\bar{X}^a$ 是 X^a 在 M 上的任一延拓，(含义：① $\bar{X}^a$ 是 M 上的矢量场；② $\bar{X}^a|_\varDelta = X^a$.) 则由式(16-3-1)得

$$i_* X^a = \bar{X}^a|_\varDelta, \quad 即\, (i_* X^a)|_p = \bar{X}^a|_p, \forall p \in \varDelta. \tag{16-3-2}$$

命题 16-3-1　设 $i: \varDelta \to M$ 是任意超曲面，μ 是 M 上的 l 形式场. 则

$$\mathrm{d}(i^*\mu) = i^*(\mathrm{d}\mu), \quad 即\ \mathrm{d} \circ i^* = i^* \circ \mathrm{d}. \tag{16-3-3}$$

证明[选读]　当 $l=0$ 时 μ 是标量场，改记作 F，则应证明

$$\mathrm{d}(i^* F)_a = i^*(\mathrm{d}F)_a, \tag{16-3-4}$$

而这已在§15.7 注 5 后的定理 1 中给出(只须强调该定理证明中的 v 现在是点 $p \in \varDelta$ 的、切于$\varDelta$的矢量). 以此为基础不难证明命题对 $l \geqslant 1$ 的一般情况成立：借助于 M 上的局域坐标系 $\{x^\mu\}$ 把 μ 表为

$$\mu = \sum_{\mathrm{C}} \mu_{\nu_1 \cdots \nu_l} \mathrm{d}x^{\nu_1} \wedge \cdots \wedge \mathrm{d}x^{\nu_l}. \ [此即式(5\text{-}1\text{-}8)] \tag{16-3-5}$$

则

$$\mathrm{d}\mu = \sum_{\mathrm{C}} \mathrm{d}\mu_{\nu_1 \cdots \nu_l} \wedge \mathrm{d}x^{\nu_1} \wedge \cdots \wedge \mathrm{d}x^{\nu_l}, \tag{16-3-6}$$

于是

$$i^*\mathrm{d}\mu = \sum_{\mathrm{C}} (i^*\mathrm{d}\mu_{\nu_1 \cdots \nu_l}) \wedge (i^*\mathrm{d}x^{\nu_1}) \wedge \cdots \wedge (i^*\mathrm{d}x^{\nu_l}) = \sum_{\mathrm{C}} \mathrm{d}(i^*\mu_{\nu_1 \cdots \nu_l}) \wedge \mathrm{d}(i^* x^{\nu_1}) \wedge \cdots \wedge \mathrm{d}(i^* x^{\nu_l}), \tag{16-3-7}$$

[其中第一步用到式(4-1-8)，第二步用到式(16-3-4).] 从式(16-3-5)又得

$$i^*\mu = \sum_{\mathrm{C}} (i^*\mu_{\nu_1 \cdots \nu_l})\, i^*\mathrm{d}x^{\nu_1} \wedge \cdots \wedge i^*\mathrm{d}x^{\nu_l} = \sum_{\mathrm{C}} (i^*\mu_{\nu_1 \cdots \nu_l}) \mathrm{d}(i^* x^{\nu_1}) \wedge \cdots \wedge \mathrm{d}(i^*\mathrm{d}x^{\nu_l}), \tag{16-3-8}$$

对上式取外微分得

$$\mathrm{d}(i^*\mathrm{d}\mu) = \sum_{\mathrm{C}} \mathrm{d}(i^*\mu_{\nu_1 \cdots \nu_l}) \wedge \mathrm{d}(i^* x^{\nu_1}) \wedge \cdots \wedge \mathrm{d}(i^* x^{\nu_l}), \tag{16-3-9}$$

与式(16-3-7)比较便得 $\mathrm{d}(i^*\mu)=i^*(\mathrm{d}\mu)$. □

命题 16-3-2　设 $i: \varDelta \to M$ 是任意超曲面, X^a 是切于 $\varDelta$ 的矢量场, $\mu_{\dots}$ 是 M 上的 $(0,l)$ 型张量场, 则

$$\mathscr{L}_X(i^*\mu_{\dots})=i^*(\mathscr{L}_{\bar{X}}\mu_{\dots}), \tag{16-3-10}$$

其中 $\mathscr{L}_X$ 代表把 $\varDelta$ 看作独立流形时 $\varDelta$ 上沿 X^a 的李导数, $\bar{X}^a$ 是 X^a 在 M 上的任意延拓.

证明[选读]　李导数有线性性且满足莱布尼茨律, 故只须对 $l=0$ 和 $l=1$ 的情形做证明.

(A)设 $l=0$, 即 μ 是 M 上的标量场, 则

$$\mathscr{L}_{\bar{X}}\mu=\bar{X}^a\nabla_a\mu=\bar{X}^a(\mathrm{d}\mu)_a. \tag{16-3-11}$$

类似地有

$$\mathscr{L}_X(i^*\mu)=X^a[\mathrm{d}(i^*\mu)]_a=X^a(i^*\mathrm{d}\mu)_a, \tag{16-3-12}$$

[其中第二步用到 $\mathrm{d}\circ i^*=i^*\circ\mathrm{d}$, 即式(16-3-3).] 式(16-3-12)右边又可表为

$$X^a(i^*\mathrm{d}\mu)_a=(i_*X^a)(\mathrm{d}\mu)_a|_\varDelta=[\bar{X}^a(\mathrm{d}\mu)_a]_\varDelta, \tag{16-3-13}$$

其中第二步用到式(16-3-2). 令 $F\equiv\bar{X}^a(\mathrm{d}\mu)_a$, $f\equiv F|_\varDelta=[\bar{X}^a(\mathrm{d}\mu)_a]_\varDelta$, 则 F 和 f 分别是 M 和 $\varDelta$ 上的标量场, 而且 $f=i^*F$, 于是式(16-3-13)又可表为

$$X^a(i^*\mathrm{d}\mu)_a-f-i^*F-i^*[\bar{X}^a(\mathrm{d}\mu)_a]-i^*(\mathscr{L}_X\mu).$$

上式与式(16-3-12)结合便得 $\mathscr{L}_X(i^*\mu)=i^*(\mathscr{L}_{\bar{X}}\mu)$. 可见命题对 $l=0$ 成立.

(B)设 $l=1$. 李导数的性质(线性性且满足莱布尼茨律)使我们只须对 $\mu_a=(\mathrm{d}F)_a$ (F 是 M 上的任意函数)的情形做证明. 此时有

$$\begin{aligned}\mathscr{L}_X(i^*\mu)&=\mathscr{L}_X[i^*(\mathrm{d}F)]=\mathscr{L}_X[\mathrm{d}(i^*F)]=\mathrm{d}[\mathscr{L}_X(i^*F)]\\&=\mathrm{d}[i^*(\mathscr{L}_{\bar{X}}F)]=i^*[\mathrm{d}(\mathscr{L}_{\bar{X}}F)]=i^*[\mathscr{L}_{\bar{X}}(\mathrm{d}F)]=i^*(\mathscr{L}_{\bar{X}}\mu),\end{aligned}$$

其中第二、五步用到式(16-3-3), 第三、六步用到第 5 章习题 6(b), 第四步用到本证明(A)的结论. □

命题 16-3-3　设 $i: \varDelta \to M$ 是 (M,g_{ab}) 的任意超曲面, M 上矢量场 K^a 与 $\varDelta$ 正交, $K_a\equiv g_{ab}K^b$, 则

$$K_{[a}\nabla_b K_{c]}|_\varDelta=0, \quad \text{其中 } \nabla_b \text{ 是任一无挠导数算符.} \tag{16-3-14}$$

注 1　乍看起来, 上述命题无非是中册定理 F-4 (Frobenius 定理的推论)的必然结论, 其实不然. 定理 F-4 的前提条件为“ υ^a 是超曲面正交的”, 这意味着 $\forall p\in M$ 存

在过 p 且处处与 υ^a 正交的超曲面(上册§8.1定义2)，然而现在的 K^a 只同一张超曲面 $\varDelta$ 正交，不能充当定理F-4的 υ^a . [定理F-4的证明用到定理F-3，仔细研究定理F-3的证明便可理解"K^a 在任一 $p\in M$ 都与某张超曲面正交"这一条件的必要性.] 不过，下述证明的确使用了与证明定理F-3类似的某些手法.

证明　只须证明 $\forall p\in\varDelta$ 有 $K_{[a}\nabla_b K_{c]}|_p=0$. 若 $K^a|_p=0$ ，此式显然成立，故以下假定 $K^a|_p\neq 0$. 取4维基底场 $\{e_\mu^a\}$ ，其定义域含 p ，其对偶基底场 $\{e^\mu_a\}$ 满足 $e^0_a=K_a$. 把2形式 $(\mathrm{d}K)_{ab}$ 按式(5-1-6′)展开为

$$\mathrm{d}\boldsymbol{K}=\frac{1}{2}(\mathrm{d}K)_{\mu\nu}\boldsymbol{e}^\mu\wedge\boldsymbol{e}^\nu=(\mathrm{d}K)_{0i}\boldsymbol{e}^0\wedge\boldsymbol{e}^i+\frac{1}{2}(\mathrm{d}K)_{ij}\boldsymbol{e}^i\wedge\boldsymbol{e}^j,\quad i,j=1,2,3\,,\qquad(16\text{-}3\text{-}15)$$

利用式(4-1-8)便得

$$i^*\mathrm{d}\boldsymbol{K}|_p=(\mathrm{d}K)_{0i}(i^*\boldsymbol{e}^0)\wedge(i^*\boldsymbol{e}^i)|_p+\frac{1}{2}(\mathrm{d}K)_{ij}(i^*\boldsymbol{e}^i)\wedge(i^*\boldsymbol{e}^j)|_p\,.\qquad(16\text{-}3\text{-}16)$$

因为 $\forall$ 切于 $\varDelta$ 的 X^a 有

$$X^a(i^*K)_a|_p=[(i_*X)^a K_a]_p=X^a K_a|_p=0\,,\qquad(16\text{-}3\text{-}17)$$

[其中第二步用到式(16-3-1)，第三步用到 K^a 正交于 $\varDelta$.] 所以

$$i^*K_a=0\,,\qquad(16\text{-}3\text{-}18)$$

即 $i^*\boldsymbol{e}^0=0$ ，故

$$i^*\mathrm{d}\boldsymbol{K}|_p=\frac{1}{2}(\mathrm{d}K)_{ij}|_\varDelta(i^*\boldsymbol{e}^i)\wedge(i^*\boldsymbol{e}^j)|_p\,.\qquad(16\text{-}3\text{-}19)$$

由 $\mathrm{d}\circ i^*=i^*\circ\mathrm{d}$ 又有 $i^*\mathrm{d}\boldsymbol{K}=\mathrm{d}(i^*\boldsymbol{K})=0$ ，与上式对比得 $(\mathrm{d}K)_{ij}|_p=0$ (因为不难证明 $\{i^*\boldsymbol{e}^i\}$ 线性独立)，因而式(16-3-15)给出 $\mathrm{d}\boldsymbol{K}|_p=(\mathrm{d}K)_{0i}\boldsymbol{e}^0\wedge\boldsymbol{e}^i|_p=\boldsymbol{K}\wedge(\mathrm{d}K)_{0i}\boldsymbol{e}^i|_p$ ，于是 $\boldsymbol{K}\wedge\mathrm{d}\boldsymbol{K}|_p=0$ ，说明式(16-3-14)成立. □

16.3.2　类光超曲面上的类光法矢场

设 $\varDelta$ 是4维时空 (M,g_{ab}) 中的类光超曲面，k^a 是 $\varDelta$ 上的一个指向未来、处处非零的类光法矢场(此后不加声明时类光法矢场一律处处非零且指向未来)，则 k^a 乘以 $\varDelta$ 上任一正定函数所得 k'^a 也是 $\varDelta$ 上的类光法矢场(由 k^a 通过"重新标度化"而得). 设含 $\varDelta$ 的某开集 $U\subset M$ 上有函数 f 满足① $f|_\varDelta=0$ ，② $\nabla_a f|_p\neq 0\ \forall p\in\varDelta$ ，则 $\nabla_a f|_\varDelta$ 是 $\varDelta$ 上的法余矢场. 注意到 $k_a=g_{ab}|_\varDelta k^b$ 也是法余矢场，可知 $\varDelta$ 上有函数 α 使 $k_a=\alpha\nabla_a f|_\varDelta$. 由 k^a 处处非零可知 α 处处非零. 把 α 延拓可得 $U\subset M$ 上的处处非零函数 $\bar{\alpha}$.

令

$$(a)\ \bar{k}_a \equiv \bar{\alpha}\nabla_a f,\quad (b)\ \bar{k}^a \equiv g^{ab}\bar{k}_b,\quad (c)\ \phi \equiv \frac{1}{2}\bar{k}^a\bar{k}_a\,, \tag{16-3-20}$$

则 $\phi|_\Delta = 0$，故 Δ 上有函数 κ_0 使

$$\nabla_a\phi|_\Delta = \kappa_0 k_a\,. \tag{16-3-21}$$

另一方面，

$$\begin{aligned}\nabla_a\phi &= \bar{k}^b\nabla_a\bar{k}_b = \bar{k}^b\nabla_a(\bar{\alpha}\nabla_b f) = \bar{\alpha}\bar{k}^b\nabla_a\nabla_b f + \bar{k}^b(\nabla_b f)\nabla_a\bar{\alpha}\\ &= \bar{\alpha}\bar{k}^b\nabla_b\nabla_a f + \bar{k}^b(\nabla_b f)\nabla_a\bar{\alpha} = \bar{\alpha}\bar{k}^b\nabla_b(\bar{\alpha}^{-1}\bar{k}_a) + \bar{k}^b\bar{k}_b\nabla_a\ln|\bar{\alpha}|\\ &= (\bar{k}^b\nabla_b\bar{k}_a - \bar{k}_a\bar{k}^b\nabla_b\ln|\bar{\alpha}|) + \bar{k}^b\bar{k}_b\nabla_a\ln|\bar{\alpha}|\\ &\hat{=}\ k^b\nabla_b k_a - k_a k^b\nabla_b\ln|\alpha|,\quad (\hat{=}\text{代表“在}\Delta\text{上等于”})\end{aligned} \tag{16-3-22}$$

其中第一步用到式(16-3-20c)，第二、五步用到式(16-3-20a)，第四步用到 ∇_a 的无挠性. 上式同 $\nabla_a\phi \hat{=} \kappa_0 k_a$ 结合得 $k^b\nabla_b k_a = (\kappa_0 + k^b\nabla_b\ln|\alpha|)k_a$. 令

$$\kappa_{(k)} \equiv \kappa_0 + k^b\nabla_b\ln|\alpha| = \kappa_0 + \mathscr{L}_k\ln|\alpha|\,, \tag{16-3-23}$$

便有

$$k^b\nabla_b k_a = \kappa_{(k)}k_a\,. \tag{16-3-24}$$

上式表明 Δ 上的类光法矢场 k^a 的积分曲线是测地线(当 $\kappa_{(k)} \neq 0$ 时为非仿射参数化). 当 Δ 为 Killing 视界时式(16-3-24)就具体化为式(16-1-2). 既然式(16-1-2)中的 κ 代表 Killing 视界的表面引力，不妨也将现在的 $\kappa_{(k)}$ 称为类光超曲面 (Δ, k^a) 的表面引力. 事实上，后面将看到，当 Δ 满足弱孤立视界的条件时 $\kappa_{(k)}$ 的确有表面引力的物理意义.

16.3.3　类光超曲面上的 Raychaudhuri 方程

学习孤立视界时要涉及类光超曲面 Δ 及其类光法矢场 k^a 的 Raychaudhuri 方程组. 作为推导这一方程组的第一步，似乎可以仿照式(16-2-20)在 Δ 上定义张量场 $B_{ab} \equiv \nabla_b k_a$. 然而，由于 k_a 只在 Δ(而不是 4 维开集 $U \supset \Delta$)上定义，$\nabla_b k_a$ 并无意义. 克服这一困难的办法之一是改用下式定义 B_{ab}：

$$B_{ab} := (\nabla_b\bar{k}_a)|_\Delta\,, \tag{16-3-25}$$

其中 $\bar{k}_a \equiv g_{ab}\bar{k}^b$，而 $\bar{k}^b$ 是 k^b 在 U 上的一个“类光测地延拓”，其准确定义如下.

定义 1　$\bar{k}^a$ 称为 k^a 在 U 上的**类光测地延拓**，若① $\bar{k}^a$ 是 k^a 的光滑延拓；② $\bar{k}^a$ 是类光矢量场；③ U 上有函数 $\bar{\kappa}_{(\bar{k})}$ 使 $\bar{k}^b\nabla_b\bar{k}^a = \bar{\kappa}_{(\bar{k})}\bar{k}^a$.

设$\bar{k}^a$是k^a在U上的一个类光测地延拓，则$\bar{k}^a$(而不是k^a)相当于§16.2的k^a，该节末段关于(非仿射参数化的)k^a的一切操作和结论都适用于现在的$\bar{k}^a$，只是有关各量上方都要加横杠。例如，式(16-2-20)(即$B_{ab}\equiv\nabla_b k_a$)现在应写成

$$\text{(a)}\ \bar{B}_{ab}\equiv\nabla_b\bar{k}_a,\qquad \text{与式(16-3-25)结合得}\ \text{(b)}\ B_{ab}=\bar{B}_{ab}|_\Delta. \tag{16-3-26}$$

又如，由式(16-2-29*)上一段可知$\bar{B}_{ab}$也可以加^，即$\hat{\bar{B}}_{ab}$有意义，而且式(16-2-21)、(16-2-22)现在应分别写成

$$\text{(a)}\ \hat{\bar{\theta}}\equiv\hat{g}^{ab}\hat{\bar{B}}_{ab},\quad \text{(b)}\ \hat{\bar{\sigma}}_{ab}\equiv\hat{\bar{B}}_{(ab)}-\frac{1}{2}\hat{\bar{\theta}}\hat{g}_{ab},\quad \text{(c)}\ \hat{\bar{\omega}}_{ab}\equiv\hat{\bar{B}}_{[ab]}, \tag{16-3-27}$$

$$\hat{\bar{B}}_{ab}=\frac{1}{2}\hat{\bar{\theta}}\hat{g}_{ab}+\hat{\bar{\sigma}}_{ab}+\hat{\bar{\omega}}_{ab}, \tag{16-3-28}$$

而式(16-2-29*)、(16-2-35*)及(16-2-38*)(即Raychaudhuri方程组)则应依次写成

$$\bar{k}^c\nabla_c\hat{\bar{\theta}}=-\frac{1}{2}\hat{\bar{\theta}}^2-\hat{\bar{\sigma}}_{ab}\hat{\bar{\sigma}}^{ab}+\hat{\bar{\omega}}_{ab}\hat{\bar{\omega}}^{ab}-R_{cd}\bar{k}^c\bar{k}^d+\kappa_{(\bar{k})}\hat{\bar{\theta}}, \tag{16-3-29}$$

$$\bar{k}^c\nabla_c\hat{\bar{\sigma}}_{ab}=-\hat{\bar{\theta}}\hat{\bar{\sigma}}_{ab}+(C_{cbad}\bar{k}^c\bar{k}^d)^{\wedge}+\kappa_{(\bar{k})}\hat{\bar{\sigma}}_{ab}, \tag{16-3-30}$$

$$\bar{k}^c\nabla_c\hat{\bar{\omega}}_{ab}=-\hat{\bar{\theta}}\hat{\bar{\omega}}_{ab}+\kappa_{(\bar{k})}\hat{\bar{\omega}}_{ab}, \tag{16-3-31}$$

其中

$$\hat{\bar{\sigma}}^{ab}\equiv\hat{g}^{ac}\hat{g}^{bd}\hat{\bar{\sigma}}_{cd},\qquad \hat{\bar{\omega}}^{ab}\equiv\hat{g}^{ac}\hat{g}^{bd}\hat{\bar{\omega}}_{cd}. \tag{16-3-32}$$

注2　加^操作按定义总是关于某个类光矢量场而言的(§16.2定义1的加^是关于k^a的)，而本节将与不止一个类光矢量场打交道，因此谈及加^时应该明确是“关于哪个类光矢量场的”(十分明显的情况除外)。$\hat{\bar{B}}_{ab}$自然是$\bar{B}_{ab}$关于$\bar{k}^a$的加^产物。对于Δ上的场，加^时既可以是关于k^a的，也可以是关于任一延拓$\bar{k}^a$的，结果都一样。

设$\bar{k}'^a$是k^a的另一个类光测地延拓，则$\bar{B}'_{ab}\equiv\nabla_b\bar{k}'_a$关于$\bar{k}'^a$的加^产物$\hat{\bar{B}}'_{ab}$一般不等于$\hat{\bar{B}}_{ab}$，即$\hat{\bar{B}}_{ab}$与延拓有关。好在不难证明$\hat{\bar{B}}_{ab}|_\Delta$与延拓无关，请看如下命题。

命题16-3-4　$\hat{\bar{B}}_{ab}|_\Delta$与类光测地延拓$\bar{k}^a$的选择无关。

证明　设$\bar{k}^a$和$\bar{k}'^a$是k^a的任意两个类光测地延拓，则$\forall p\in\Delta,\ \hat{v}^a,\hat{u}^b\in\hat{V}_p$有

$$\hat{v}^a\hat{u}^b(\hat{\bar{B}}'_{ab}-\hat{\bar{B}}_{ab})|_p=\tilde{v}^a\tilde{u}^b(\bar{B}'_{ab}-\bar{B}_{ab})|_p=\tilde{v}^a\tilde{u}^b[\nabla_b(\bar{k}'_a-\bar{k}_a)]_p=\tilde{v}^a[\tilde{u}^b\nabla_b(k_a-k_a)]_p=0,$$

其中第一步用到式(16-2-9′)，[$\tilde{v}^a,\tilde{u}^b\in\tilde{V}_p$要满足$\pi_1(\tilde{v}^a)=\hat{v}^a,\pi_1(\tilde{u}^b)=\hat{u}^b$，而$\pi_1$的含

义见式(16-2-7)下一行.] 第三步是因为 $\tilde{u}^b\nabla_b$ 代表沿 $\varDelta$ 切向求导. 于是上式给出

$$(\hat{\bar{B}}'_{ab}-\hat{\bar{B}}_{ab})|_p=0\,,\qquad \forall p\in\varDelta\,,$$

即 $\hat{\bar{B}}_{ab}|_\varDelta$ 与延拓无关. □

上述命题使我们可以在 $\varDelta$ 上定义张量场 $\hat{B}_{ab}$:

$$\hat{B}_{ab}:=\hat{\bar{B}}_{ab}|_\varDelta=(\nabla_b\bar{k}_a)^\wedge|_\varDelta,\ \text{其中}\ \bar{k}^a\ \text{是}\ k^a\ \text{的任一类光测地延拓.}\tag{16-3-33}$$

注意到 $(\nabla_b\bar{k}_a)^\wedge|_\varDelta=[(\nabla_b\bar{k}_a)|_\varDelta]^\wedge$ (因为每点的加 ^ 操作只涉及代数运算), 可知由上式定义的 $\hat{B}_{ab}$ 其实就是由式(16-3-25)定义的 B_{ab} 的加 ^ 产物.

再以 $\hat{\theta},\hat{\sigma}_{ab}$ 和 $\hat{\omega}_{ab}$ 依次代表 $\hat{B}_{ab}$ 的迹、对称无迹部分和反称部分, 则

$$\hat{B}_{ab}-\frac{1}{2}\hat{\theta}\hat{g}_{ab}|_\varDelta+\hat{\sigma}_{ab}+\hat{\omega}_{ab}\,,\tag{16-3-34}$$

式(16-3-28)在 $\varDelta$ 上取值后与上式对比便得

$$\hat{\theta}=\hat{\bar{\theta}}|_\varDelta\,,\qquad \hat{\sigma}_{ab}=\hat{\bar{\sigma}}_{ab}|_\varDelta\,,\qquad \hat{\omega}_{ab}=\hat{\bar{\omega}}_{ab}|_\varDelta\,.\tag{16-3-35}$$

所谓 $\varDelta$ 上的 Raychaudhuri 方程组, 就是以上三个量 $\hat{\theta}$, $\hat{\sigma}_{ab}$, $\hat{\omega}_{ab}$ 沿 k^c 的变化率的表达式. 导出这三个方程的基本思路很简单: 把§16.2 末关于(4 维)类光测地线汇的三个 Raychaudhuri 方程[即式(16-2-29*)、(16-2-35*)及(16-2-38*)]的有关各量加上横杠[即写成式(16-3-29)、(16-3-30)及(16-3-31)]后在 $\varDelta$ 上取值便得所要的方程组(细节及证明见选读 16-3-1), 结果为

$$k^c\nabla_c\hat{\theta}=-\frac{1}{2}\hat{\theta}^2-\hat{\sigma}_{ab}\hat{\sigma}^{ab}-R_{cd}k^ck^d+\kappa_{(k)}\hat{\theta}\,,\tag{16-3-36}$$

$$k^c\nabla_c\hat{\sigma}_{ab}=-\hat{\theta}\hat{\sigma}_{ab}+(C_{cbad}k^ck^d)^\wedge+\kappa_{(k)}\hat{\sigma}_{ab}\,,\tag{16-3-37}$$

$$k^c\nabla_c\hat{\omega}_{ab}=0\,,\tag{16-3-38}$$

其中 R_{cd} 和 C_{cbad} 分别是里奇张量和外尔张量在 $\varDelta$ 上的值, 即 $R_{cd}|_\varDelta$ 和 $C_{cbad}|_\varDelta$ 的简写.

除 $\hat{B}_{ab}$ 外, 本小节还经常涉及 $i^*\bar{B}_{ab}$, 其中 $i:\varDelta\to M$ 是包含映射. $i^*\bar{B}_{ab}$ 和 $\hat{B}_{ab}$ 都只在 $\varDelta$ 上有定义, 但互不相同: $\forall p\in\varDelta$, $i^*\bar{B}_{ab}|_p$ 是把 $\tilde{V}_p$ 的两个元素变为一个实数的映射(是 $\tilde{V}_p$ 上的张量), 而 $\hat{B}_{ab}|_p$ 则是把 $\hat{V}_p$ 的两个元素变为一个实数的映射(是 $\hat{V}_p$ 上的张量). 然而下面将证明存在一个从 $\hat{V}_p$ 上的张量到 $\tilde{V}_p$ 上的张量的一一映射(但非到上), 它把 $\hat{B}_{ab}|_p$ 映为 $i^*\bar{B}_{ab}|_p$, 因而这两个张量在这个意义上可被认同. 这一结论

还可推广至$(0,l)$型张量, 请看如下命题.

命题 16-3-5 设$T_{a_1\cdots a_l}$是$\varDelta$的某邻域上的$(0,l)$型张量场且$T_{a_1\cdots a_l}|_{\varDelta}$可加$\wedge$, 则可做如下认同:

$$\hat{T}_{a_1\cdots a_l}|_{\varDelta} \mapsto i^* T_{a_1\cdots a_l}. \tag{16-3-39}$$

特别地, 当$T_{a_1\cdots a_l}$是$\bar{B}_{ab}$时有

$$\hat{B}_{ab} \mapsto i^* \bar{B}_{ab}. \tag{16-3-40}$$

证明 $l=0$时命题显然成立. 当$l=1$时$T_{a_1\cdots a_l}$简化为T_a. 请注意$\forall p\in\varDelta$有$T_a|_p \in V_p{}^*$, $\hat{T}_a|_p \in (\hat{V}_p)^*$而$i^*T_a|_p \in (\tilde{V}_p)^*$. 为证明$\hat{T}_a|_p$可认同于$i^*T_a|_p$, 先要说明$\hat{T}_a|_p$也可看成$(\tilde{V}_p)^*$的元素, 而为此只须用下式定义$\hat{T}_a|_p$对任一$\tilde{v}^a\in\tilde{V}_p$的作用:

$$\hat{T}_a\tilde{v}^a := \hat{T}_a\hat{v}^a, \text{ 其中 } \hat{v}^a \equiv \pi_1(\tilde{v}^a). \ [\pi_1\text{的含义见式(16-2-7)下一行}] \tag{16-3-41}$$

另一方面, 由式(16-2-9)又有

$$\hat{T}_a\hat{v}^a = T_a\tilde{v}^a = T_a(i_*\tilde{v})^a = (i^*T)_a\tilde{v}^a, \tag{16-3-42}$$

[其中第二步用到式(16-3-1).] 与式(16-3-41)对比得

$$\hat{T}_a\tilde{v}^a = (i^*T)_a\tilde{v}^a, \quad \forall \tilde{v}^a\in\tilde{V}_p,$$

故$\hat{T}_a|_p \mapsto i^*T_a|_p$. 以此为基础便可证明$(\hat{V}_p)^*$与$(\tilde{V}_p)^*$(3维空间)的一个2维子空间同构. 仿此不难证明命题对$l\geqslant 2$也成立. □

命题 16-3-6

$$\hat{\omega}_{ab} = 0 \tag{16-3-43}$$

证明

$$\hat{\omega}_{ab} \equiv \hat{B}_{[ab]} \mapsto i^*\bar{B}_{[ab]} = i^*\nabla_{[b}\bar{k}_{a]} = \frac{1}{2}i^*(\mathrm{d}\bar{k})_{ba} = \frac{1}{2}\mathrm{d}_b(i^*\bar{k}_a) = 0,$$

其中第一、二步依次用到式(16-3-32c)和(16-3-40), 末步用到$i^*\bar{k}_a = 0$[式(16-3-18)]. □

上述命题表明$\hat{B}_{ab}$只有膨胀和剪切部分, 故式(16-3-34)简化为

$$\hat{B}_{ab} = \hat{B}_{(ab)} = \frac{1}{2}\hat{\theta}\hat{g}_{ab}|_{\varDelta} + \hat{\sigma}_{ab}. \tag{16-3-44}$$

[选读 16-3-1]

本选读要证明方程(16-3-36) ~ (16-3-38), 首先要给出$k^c\nabla_c\hat{B}_{ab}$等的定义. 这对§16.2很简单, 只须将$k^c\nabla_c\hat{B}_{ab}$定义为$(k^c\nabla_c B_{ab})^\wedge$. 然而现在的$k^c$和$\hat{B}_{ab}$都只定义在3维子集$\varDelta$上, 应该小心行事. 一劳永逸地选定$k^a$在$U\supset\varDelta$上的某个类光测地延拓

$\bar{k}^a$. 设$\bar{T}_{ab}$是U上(关于$\bar{k}^a$)可加^的张量场, 则$T_{ab}\equiv\bar{T}_{ab}|_\Delta$是$\Delta$上(关于$k^c$)可加^的张量场. 因$k^c\nabla_c$代表沿$\Delta$的切向求导, 故$k^c\nabla_c T_{ab}$有意义, 而且可借下式求得:

$$k^c\nabla_c T_{ab}=(\bar{k}^c\nabla_c\bar{T}_{ab})|_\Delta, \tag{16-3-45}$$

因为T_{ab}可加^, 由命题16-2-2(2)知$k^c\nabla_c T_{ab}$也可加^, 因而可用$(k^c\nabla_c T_{ab})^\wedge$作为$k^c\nabla_c\hat{T}_{ab}$的定义, 即

$$k^c\nabla_c\hat{T}_{ab}:=(k^c\nabla_c T_{ab})^\wedge. \tag{16-3-46}$$

利用式(16-3-46)和(16-3-45)又得

$$k^c\nabla_c\hat{T}_{ab}=[(\bar{k}^c\nabla_c\bar{T}_{ab})|_\Delta]^\wedge=(\bar{k}^c\nabla_c\bar{T}_{ab})^\wedge|_\Delta. \tag{16-3-47}$$

把$\bar{B}_{ab}\equiv\nabla_b\bar{k}_a$看作$\bar{T}_{ab}$的特例, 则$\hat{B}_{ab}$就是$\hat{T}_{ab}$的特例, 所以$k^c\nabla_c\hat{B}_{ab}$(因而$k^c\nabla_c\hat{\theta}$, $k^c\nabla_c\hat{\sigma}_{ab}$及$k^c\nabla_c\hat{\omega}_{ab}$)有明确意义. 取$\hat{T}_{ab}=\hat{\omega}_{ab}$, 则式(16-3-46)给出

$$k^c\nabla_c\hat{\omega}_{ab}=(k^c\nabla_c\omega_{ab})^\wedge=0, \quad (因\ \hat{\omega}_{ab}=0\Rightarrow\omega_{ab}=0)$$

此即待证的式(16-3-38). 把式(16-3-29)在Δ上取值, 注意到式(16-3-35)及$\hat{\omega}_{ab}=0$, 便得

$$k^c\nabla_c\hat{\theta}=-\frac{1}{2}\hat{\theta}^2-\hat{\sigma}_{ab}\hat{\sigma}^{ab}-R_{cd}|_\Delta k^c k^d+\kappa_{(k)}\hat{\theta},$$

此即待证的式(16-3-36). 最后, 把$\hat{\sigma}_{ab}$看作式(16-3-47)的$\hat{T}_{ab}$, 则该式给出

$$k^c\nabla_c\hat{\sigma}_{ab}=(\bar{k}^c\nabla_c\bar{\sigma}_{ab})^\wedge|_\Delta=(\bar{k}^c\nabla_c\hat{\bar{\sigma}}_{ab})|_\Delta, \tag{16-3-48}$$

其中第二步用到$\bar{k}^c\nabla_c\hat{\bar{\sigma}}_{ab}$的定义, 实质上就是式(16-2-23)(先注意该式的k^c和B_{ab}现在应分别改为$\bar{k}^c$和$\bar{B}_{ab}$, 再把$\bar{B}_{ab}$改为$\bar{\sigma}_{ab}$). 再把式(16-3-30)在Δ上取值, 利用式(16-3-48)便得

$$k^c\nabla_c\hat{\sigma}_{ab}=-\hat{\theta}\hat{\sigma}_{ab}+(C_{cbad}k^c k^d)^\wedge|_\Delta+\kappa_{(k)}\hat{\sigma}_{ab},$$

此即待证的式(16-3-37).　**[选读 16-3-1 完]**

§16.4　陷俘面与表观视界

16.4.1　陷俘面

中册附录E的§E.1曾对陷俘面做过较详细的定性介绍, 此处先做简要回顾, 然

后给出准确定义.

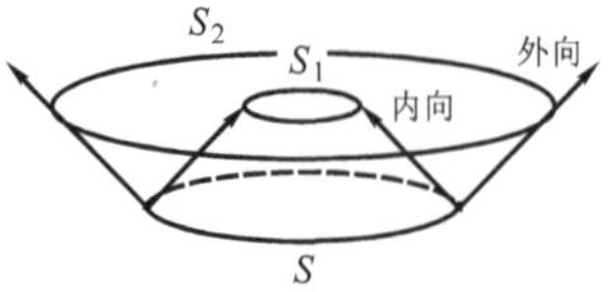

图 16-5　闵氏时空的 2 维球面 S 不是陷俘面

设 Σ 是 4 维闵氏时空中某惯性系的同时面，$S\subset\Sigma$ 是 2 维球面光源(图 16-5)，它发出的内向测地线族处处会聚而外向测地线族处处发散. 一小段时间后，内外向光子分别到达球面(波前) S_1 和 S_2，其面积分别小于和大于 S 的面积. 这样的 S 当然再正常不过. 然而，由球对称星体坍缩形成的黑洞内部的 2 维类空闭合面 T (图 16-6)的表现却非常不同. 由于黑洞内引力异常强大，从 T 发出的两族类光测地线中不但内向测地线会聚，就连"外向"测地线也会聚[它虽企图向外(逃离黑洞)，但强大的引力迫使它不得不向内(指向奇点)]. 于是两族测地线在下一时刻到达的球面 S_1 和 S_2 的面积都比 T 的面积小[图 16-6(b)]. 要找到陷俘面的准确定义就要找出代表"内(外)向测地线都会聚"的量. 设 S 是 4 维时空 (M,g_{ab}) 中的任一 2 维类空闭合面，$\varDelta$ 是由 S 发出且正交于 S 的、指向未来的内(或外)向类光测地线所铺成的子集[例如图 16-5 的"火锅"的内(或外)壁]，则可以证明 $\varDelta$ 是类光超曲面. 所谓两族测地线都会聚，是指两者的膨胀 $\hat{\theta}$ 都为负(这里的 $\hat{\theta}$ 是指小节 16. 3. 3 中类光超曲面 $\varDelta$ 上的膨胀). 下面给出陷俘面的准确定义.

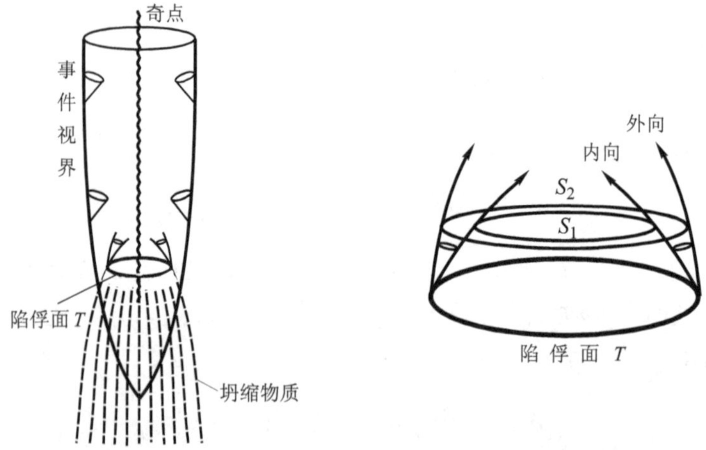

(a) 2 维球面 T 是陷俘面

(b) 陷俘面 T 及其类光测地线汇的放大，S_1 和 S_2 的面积都小于 T 的面积

图 16-6　Oppenheimer-Snyder 坍缩均匀密度尘埃球的陷俘面

定义 1　设 S 是时空 (M,g_{ab}) 中的光滑、闭合①、连通、2 维、定向的类空子流形，k^a 和 l^a 分别是从 S 发出的两族与 S 正交的指向未来类光测地线的切矢，$\hat{\theta}_{(k)}$

① 闭合是指紧致而且无边界.

和 $\hat{\theta}_{(l)}$ 分别是它们的膨胀, 则

(a) S 称为**陷俘面**(trapped surface), 若 $\hat{\theta}_{(k)} < 0, \hat{\theta}_{(l)} < 0$;

(b) S 称为**临界**(marginally)**陷俘面**, 若 $\hat{\theta}_{(k)} = 0, \hat{\theta}_{(l)} < 0$ 或 $\hat{\theta}_{(k)} < 0, \hat{\theta}_{(l)} = 0$.

由陷俘面的上述定义出发可以准确地陈述并证明在定义 1 之前的直观描述中涉及的“面积变小”结论, 见如下命题.

命题 16-4-1　设 S_0 是时空 (M, g_{ab}) 中的任一 2 维闭合类空面, $\varDelta$ 是由 S_0 发出的、指向未来的正交类光测地线族(两族中之任一)铺成的类光超曲面, ϕ_λ ： $\varDelta \to \varDelta$ 是由 $\varDelta$ 的法矢场 $k^a = (\partial/\partial\lambda)^a$ 产生的单参微分同胚族的一元, $S(\lambda) \equiv \phi_\lambda[S_0]$, 则 $S(\lambda)$ 的面积 $A(\lambda)$ 的变化率

$$\frac{\mathrm{d}A(\lambda)}{\mathrm{d}\lambda} = \int_{S(\lambda)} \hat{\theta}\varepsilon_{ab}(\lambda), \tag{16-4-1}$$

其中 $\hat{\theta}$ 是 k^a 的膨胀(见小节 16. 3. 3), $\varepsilon_{ab}(\lambda)$ 是 $S(\lambda)$ 上的适配面元.

注 1　式(16-4-1)表明 $|\hat{\theta}|$ 代表 $\mathrm{d}A(\lambda)/\mathrm{d}\lambda$ 的“大小”, 而 $\hat{\theta}$ 的正或负则反映面积的增或减. 若 S_0 为陷俘面, 由 $\hat{\theta} < 0$ 便知“面积变小”.

证明　以 i ： $\varDelta \to M$ 代表包含映射, 则 $h_{ab} \equiv i^* g_{ab}$ 作为 $\varDelta$ 上的张量场是退化的, 但 h_{ab} 在 $S(\lambda) \subset \varDelta$ 上的限制却非退化. 也可这样理解: 把 $S(\lambda)$ 看作包含映射 $i_{S(\lambda)}$ ： $S(\lambda) \to \varDelta$ 的像, 则 $q_{ab}(\lambda) \equiv i_{S(\lambda)}{}^* h_{ab}$ (即 h_{ab} 的限制)可充当 g_{ab} 在 $S(\lambda)$ 上的 2 维诱导度规, 而式(16-4-1)中的 $\varepsilon_{ab}(\lambda)$ 则代表与 $q_{ab}(\lambda)$ 适配的面元. 在 S_0 上选局部坐标 θ, φ 并用 k^a 携带出去可得 $\varDelta$ 上的局部坐标系 $\{x^0 \equiv \lambda, x^2 \equiv \theta, x^3 \equiv \varphi\}$, 而且是 k^a 的适配系. 以 $q(\lambda, \theta, \varphi)$ 代表 $q_{ab}(\lambda)$ 在 $\{\theta, \varphi\}$ 系的行列式, 则适配面元

$$\varepsilon_{ab}(\lambda) = \sqrt{q(\lambda, \theta, \varphi)}\,(\mathrm{d}\theta)_a \wedge (\mathrm{d}\varphi)_b,$$

故面积

$$A(\lambda) = \int_{S(\lambda)} \varepsilon_{ab}(\lambda) = \iint \sqrt{q(\lambda, \theta, \varphi)}\,\mathrm{d}\theta\mathrm{d}\varphi, \tag{16-4-2}$$

因而

$$\frac{\mathrm{d}A(\lambda)}{\mathrm{d}\lambda} - \frac{1}{2}\iint \frac{1}{\sqrt{q}}\frac{\partial q}{\partial\lambda}\mathrm{d}\theta\mathrm{d}\varphi = \frac{1}{2}\int_{S(\lambda)} \frac{1}{q}\frac{\partial q}{\partial\lambda}\varepsilon_{ab}(\lambda). \tag{16-4-3}$$

可见, 欲证式(16-4-1)只须证明

$$2\hat{\theta} = \frac{1}{q}\frac{\partial q}{\partial\lambda}. \tag{16-4-4}$$

设 $\varDelta_1$ 是 $\varDelta$ 的某个开覆盖的元素($\varDelta$ 的开子集), $S_p(\lambda)$ 是过任一点 $p \in \varDelta_1$ 的分

层面, x^a, y^a 是 Δ_1 上切于每张分层面并满足下式的矢量场:

$$q_{ab}x^a x^a = q_{ab}y^a y^a = 1, \qquad q_{ab}x^a y^a = 0,$$

即 $\{x^a, y^a\}$ 是 q_{ab} 的正交归一基. 再令 $x_a \equiv q_{ab}x^b$, $y_a \equiv q_{ab}y^b$, 则 $\{x_a, y_a\}$ 是 $\{x^a, y^a\}$ 的对偶基, 因而 $q_{ab}(\lambda) = x_a x_b + y_a y_b$. 在 Δ 上定义张量场

$$h^{ab} \equiv x^a x^b + y^a y^b. \tag{16-4-5}$$

请注意 h^{ab} 不是 h_{ab} 的逆, 因为 h_{ab} 无逆. 然而, $\forall q \in S_p(\lambda) \cap \Delta_1$ 有

$$(h^{ab}q_{bc})|_q = [(x^a x^b + y^a y^b)(x_b x_c + y_b y_c)]|_q = (x^a x_c + y^a y_c)|_q,$$

而上式右边是 q 的 2 维切空间上的恒等映射, 可见 $h^{ab}|_q$ (看作 2 维张量)是 $q_{ab}|_q$ 的逆, 故可写 $h^{ab}|_q = q^{ab}|_q$. 此式及 $q_{ab}(\lambda) \equiv i_{S(\lambda)}{}^* h_{ab}$ 导致 q^{ab} 及 q_{ab} 在 2 维坐标系 $\{x^i\} \equiv \{x^2 \equiv \theta, x^3 \equiv \varphi\}$ 的分量为 $q^{ij} = h^{ij}$ 及 $q_{ij} = h_{ij}$ (i, j 可取 2, 3), 于是

$$\frac{1}{q}\frac{\partial q}{\partial \lambda} = \frac{1}{q}\left(h_{22}\frac{\partial h_{33}}{\partial \lambda} + h_{33}\frac{\partial h_{22}}{\partial \lambda} - 2h_{23}\frac{\partial h_{23}}{\partial \lambda}\right) = \sum_{i,j=2}^{3} q^{ij}\frac{\partial h_{ij}}{\partial \lambda} = \sum_{i,j=2}^{3} h^{ij}\frac{\partial h_{ij}}{\partial \lambda}, \tag{16-4-6}$$

其中第一步用到 $q = h_{22}h_{33} - h_{23}{}^2$, 第二步用到矩阵 (q^{ij}) 与 $(h_{ij}) = (q_{ij})$ 互逆. 另一方面, 仿照小节 16. 3. 3, 以 $\hat{g}^{ab}$ 和 $\hat{\bar{B}}_{ab}$ 分别代表 g^{ab} 和 $\bar{B}_{ab} \equiv \nabla_b \bar{k}_a$ 的加 ^ 产物, 则在 Δ 上有

$$\hat{\theta} = \hat{g}^{ab}\hat{\bar{B}}_{ab}|_\Delta = (\hat{x}^a\hat{x}^b + \hat{y}^a\hat{y}^b)\hat{\bar{B}}_{ab}|_\Delta = (x^a x^b + y^a y^b)\bar{B}_{ab}|_\Delta = h^{ab}\nabla_a \bar{k}_b|_\Delta = h^{ab}\ i^*(\nabla_a \bar{k}_b), \tag{16-4-7}$$

其中前三步依次用到式(16-2-21a)、(16-2-18b)和(16-2-9′), 第五步用到限制的定义(上册 §5.2 定义 5). 另一方面,

$$\mathscr{L}_k h_{ab} = \mathscr{L}_k(i^* g_{ab}) = i^*(\mathscr{L}_k g_{ab}) = 2i^*(\nabla_{(a}\bar{k}_{b)}), \tag{16-4-8}$$

[其中第二步用到式(16-3-10), 第三步与 Killing 方程(4-3-1)的证法类似.] 与式(16-4-7)结合便给出

$$2\hat{\theta} = h^{ab}\mathscr{L}_k h_{ab} = \sum_{\alpha,\beta} h^{\alpha\beta}(\mathscr{L}_k h)_{\alpha\beta} = \sum_{\alpha,\beta} h^{\alpha\beta}\frac{\partial h_{\alpha\beta}}{\partial \lambda},$$

其中 $h_{\alpha\beta}$ 和 $h^{\alpha\beta}$ 分别是 h_{ab} 和 h^{ab} 在坐标系 $\{x^\alpha\} \equiv \{x^0 \equiv \lambda, x^2 \equiv \theta, x^3 \equiv \varphi\}$ 的分量, 取和时 α, β 跑遍 $0, 2, 3$. 再由 $h_{\alpha\beta} = h_{ab}(\partial/\partial x^\alpha)^a(\partial/\partial x^\beta)^b$ 及 $h_{ab}k^a = 0$ 又得 $h_{0\beta} = 0$, 所以

$$2\hat{\theta} = \sum_{i,j=2}^{3} h^{ij}\frac{\partial h_{ij}}{\partial \lambda}.$$

与式(16-4-6)对比便得待证等式(16-4-4). □

16.4.2　表观视界

与事件视界和 Killing 视界不同，表观视界从一开始就定义为一张柯西面①(3 维面) Σ 的 2 维子集. 在数值相对论中，表观视界是指 Σ 上最外围的临界陷俘面. 这虽然与 Hawking and Ellis(1973) 的原始定义(见选读16-4-1)略有区别，但 Hawking and Ellis(1973)所证明的下述结论仍成立：只要在某时刻 Σ_t 存在表观视界，它就位于该时刻的某个黑洞以内. 因此，当事件视界无法把握时不妨认为表观视界在某种意义上代表该时刻的黑洞边界. 在用数值相对论计算黑洞的形成和融合时就是这样做的. 对某一 Σ_t，为判断表观视界存在与否(以及在何处)只须计算 Σ_t 内 2 维闭面的膨胀，这一计算只取决于局域几何，不会像涉及事件视界的计算那样遇到全局(整体)性问题. 具体说，在数值相对论中，只要知道演化至某一时刻 t 时相应的 Σ_t 的内禀度规 h_{ab} 和外曲率 K_{ab}，便可对 Σ_t 中任一 2 维闭面求得其膨胀并判断它是否临界陷俘面，从而就可求得 Σ_t 的表观视界. 应该再次强调：表观视界从定义起就是类空 3 维面的 2 维子集. (是“天生 2 维”的，而事件视界 $\mathscr{E}$ 则是“天生 3 维”的，只当用某 3 维面 Σ 与之相截才得到 2 维事件视界 E.) 在数值相对论中，时空被一族 3 维类空面 $\{\Sigma_t\}$ 分层，人们关心表观视界如何随时间演化，亦即想知道在初值面 Σ_0 的表观视界 $A_0 \subset \Sigma_0$ 给定后各层 Σ_t 的表观视界 $A_t \subset \Sigma_t$ 的位置，也就是想知道作为所有这些 A_t 的并集的那个 3 维超曲面 $\mathscr{A}$. 有些文献称此 $\mathscr{A}$ 为 time-evolved apparent horizon，不妨简译作**演化表观视界**. 不难相信，如果对最大延拓施瓦西时空(图 9-13)用无数水平面分层，则所得的演化表观视界 $\mathscr{A}$ 与事件视界 $\mathscr{E}$ 重合，因而 $\mathscr{A}$ 是类光超曲面. 然而，对于一般黑洞，尤其是动态黑洞，演化表观视界既可能类光，也很可能类空，还可能在某些阶段类光而其他阶段类空. 而且，粗略地说，其类空部分对应于远离“平衡态”(准确提法见§16.7 的动力学视界). ② 所以应该特别提醒：(演化)表观视界很可以不是类光的. 现在出现一个问题：虽然时空中任一 2 维闭面是否为陷俘面与它位于什么 3 维面 Σ 无关(可以根本没有 3 维面)，但“最外围的临界陷俘面”却依赖于 Σ 的选取，因而表观视界 A_t 天生就是依赖于 3 维面 Σ_t 的. 如果对时空做不同于分层 $\{\Sigma_t\}$ 的另一分层 $\{\Sigma'_t\}$，则演化表观视界 $\mathscr{A}'$ 很可能不同于 $\mathscr{A}$. 一个有趣的例子是：Wald 等竟然能在引力坍缩形成施瓦西黑洞的时空

① Σ 也可放宽为**部分柯西面**(partial Cauchy surface)，这是指任一无边缘的 3 维非编时子集. 与柯西面不同，任一时空 (M, g_{ab}) 都有无数部分柯西面，设 Σ 是其一，则 $(D(\Sigma), g_{ab})$ 构成 (M, g_{ab}) 的一个整体双曲子时空，Σ 就成为该子时空的柯西面.

② 在 2 维时空图中用无数类空曲线(代表 4 维时空中的 3 维类空面)把时空分层，在每层 Σ_t 上以某个特殊的点代表该层的表观视界 A_t，则各层的 A_t 点所组成的曲线 $\mathscr{A}$ 就代表演化表观视界，其中的类空段的“演化 3 速”会超光速. 这当然允许，因为每个点 A_t 代表的是 2 维表观视界而不是粒子，“演化 3 速”不过是从粒子世界线借用的术语而已.

中(图 9-17)找到一族由类空柯西面组成的分层, 其中每层都不含陷俘面(因而没有表观视界)[准确提法及证明见 Wald and Iyer(1991)]. 这个例子从颇为极端的角度揭示了由表观视界对 3 维面 Σ_t 的高度敏感性所导致的演化表观视界 $\mathscr{A}$ 对分层 $\{\Sigma_t\}$ 的密切依赖性. 这就引出另一问题:既然 $\mathscr{A}$ 如此依赖于分层, 把它作为边界所得到的黑洞岂非也分层依赖?对某些极端的分层岂非就没有黑洞?如此一来, 用表观视界充当黑洞边界的可信性岂非大打折扣?对此问题的粗略回答是:在数值相对论中用表观视界作为黑洞边界只是一种暂时措施, 这对于指定初值尤其非常必要. 有了初值就可由计算机求得它演化而成的整个时空, 然后就可用所有这些全局性数据反过来求得事件视界, 从而最终确定黑洞.

表观视界虽然比事件视界要局域得多, 但也只是"在时间上局域", 或说"只局域到 Σ_t", 而为取得这种局域性所付出的代价则是把所关心的临界陷俘面限制在 Σ_t 以内, 从而造成表观视界对 Σ_t 的天生敏感性. 正是这种敏感性使得人们原先有过的、用表观视界代替事件视界以推广黑洞热力学的希望遭遇障碍. 为了摆脱这种对分层的依赖性以便推广黑洞热力学定律, Hayward 在 20 世纪 90 年代初期就率先提出了**未来外陷俘视界**(future, outer, trapping horizon, 简记作 FOTH)的概念, 主旨是用 4 维陷俘区代替 Hawking 的 3 维陷俘区, 其边界自然是 3 维面, 这就是 trapping horizon(陷俘边界), 而且(粗略地说)可被临界陷俘面分层. 这一定义的最大特点是无须引入 3 维类空面, 由此带来不少新的研究成果. 这一新视界虽然与演化表观视界有不少相似之处, 但最重要区别是 FOTH 天生就不是分层依赖的. 可以证明, FOTH 不是类光就是类空, 当它为类光时也就是下节将要详述的非涨视界. 直观地可以说, FOTH 在时空的动态区域是类空的(那时有引力辐射和物质场的能动量流穿越这一视界); 在时空逐渐接近平衡态时渐趋类光. FOTH 与事件视界和表观视界相较具有明显优势:它既不像事件视界那样依赖于 $\mathscr{I}^+$ (是准局域的), 又不像表观视界那样依赖于一张类空面 Σ_t . 出于某些考虑, Ashtekar 等对 FOTH 的定义又提出了某些改进(主要是去掉一个条件), 从而成为 Ashtekar 等的动力学视界. 虽然 FOTH 与动力学视界两个定义互不蕴涵, 但两者密切相关. 后来发现两者各有优点, 例如, 后者更有利于研究黑洞动力学.

[选读 16-4-1]

本选读介绍 Hawking and Ellis(1973) 对表观视界的定义.

定义 2 时空中的光滑、闭合、连通、2 维类空子流形 S 称为**外**(outer)**陷俘面**, 若其外向类光法矢场(记作 k^a)有 $\theta_{(k)} \leqslant 0$.

定义 3 部分柯西面 Σ_t 的 3 维子集 X 称为**陷俘区**(trapped region), 若 $\forall p \in X$ 有外陷俘面 S 使 $p \in S \subset \Sigma_t$. 陷俘区可以是个非连通子集, 其每一连通分支的外边界称为一个**表观视界**(apparent horizon).

为了给出表观视界的一个直观例子，我们把图 16-4 的细节画成图 16-7. 这是质量为 M 的星球及质量为 δM 的同心球壳先后坍缩且最后形成黑洞的时空图，其中虚线代表事件视界 $\mathscr{E}$，是 4 维黑洞区 $\mathscr{B}$ 的边界. $\Sigma_{t_1}, \Sigma_{t_2}$ 代表先后两个时刻，它们分别与 $\mathscr{E}$ 及 $\mathscr{B}$ 的 4 个交集

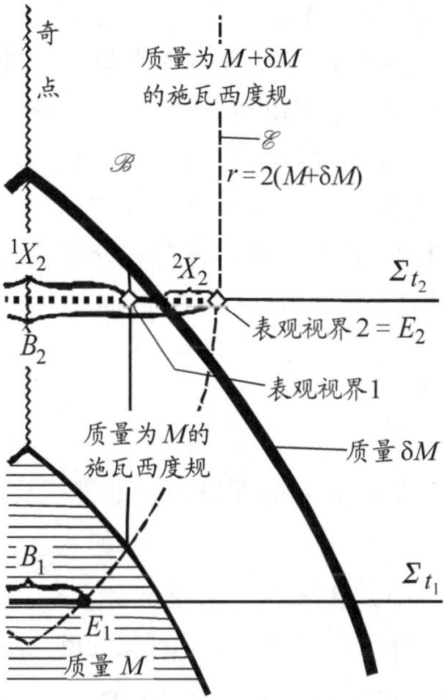

图 16-7　质量为 M 的星球及质量为 δM 的球壳先后坍缩. 时刻 t_1 有黑洞 B_1 而无表观视界，时刻 t_2 既有黑洞 B_2 又有表观视界(因有两个陷俘区 $^1X_2 \cup {}^2X_2$)，都含于黑洞区内. 壳与星之间是质量为 M 的施瓦西度规，壳外是质量为 δM 的施瓦西度规

$$E_1 \equiv \mathscr{E} \cap \Sigma_{t_1}, \quad B_1 \equiv \mathscr{B} \cap \Sigma_{t_1}, \quad E_2 \equiv \mathscr{E} \cap \Sigma_{t_2}, \quad B_2 \equiv \mathscr{B} \cap \Sigma_{t_2}$$

就是这两个时刻的视界和黑洞区. 与 Σ_{t_1} 不同，Σ_{t_2} 还有陷俘区 $X_2 = {}^1X_2 \cup {}^2X_2$，它由两个连通分支 $^1X_2$ 和 $^2X_2$ 组成，每个的外边界就是一个表观视界，所以时刻 t_2 有两个表观视界. (一个位于事件视界 E_2 之内，另一个与 E_2 重合.) 图16-7 只是一个简单特例. 一般地可以证明[见 Hawking and Ellis(1973) 命题 9.2.1]，从 $\mathscr{I}^+$ 不能看见任何陷俘面(陷俘面所发的光不能到达 $\mathscr{I}^+$). 于是，只要在某时刻 Σ_t 存在表观视界，它就一定位于该时刻的某个黑洞内，该黑洞的事件视界(可能只是该时刻的事件视界的一个连通分支)既可能位于表观视界以外(如图 16-7 的表观视界1)，也可能与之重合(如图 16-7 的表观视界 2). 因此，表观视界至少在某种意义上代表黑洞的边界.

[选读 16-4-1 完]

§16.5 弱孤立视界及其第零、第一定律

事件视界和Killing视界虽然在传统黑洞热力学中立过许多功劳，然而事件视界的“过分”全局性给非稳态黑洞研究带来诸多不便和制约，Killing视界则由于必须存在满足条件的Killing场而不适用于非稳态黑洞，因此有必要寻找新的视界概念. 从本节起将陆续介绍在非稳态黑洞力学中起关键性作用的弱孤立视界和动力学视界，它们的存在不以时空有Killing矢量场为前提，而且其(准)局域定义性又使它们得以避免由事件视界的“过分”全局性所带来的问题. 本节首先讨论弱孤立视界的定义及其一系列几何性质，然后介绍第零和第一定律. 弱孤立视界(及孤立视界)是满足某些条件的类光超曲面，我们将首先介绍一般类光超曲面的某些性质，然后循序渐进地增加条件使之成为弱孤立视界，具体说就是先讨论条件较低的非涨视界，再介绍弱孤立视界和孤立视界.

16.5.1 非涨视界

定义1 时空(M,g_{ab})的类光超曲面Δ称为**非涨视界**(non-expanding horizon)，若

(a) Δ的拓扑为$S^2\times\mathbb{R}$(即Δ在拓扑上同胚于$S^2\times\mathbb{R}$)；

(b) Δ的每一类光法矢场k^a的膨胀$\hat{\theta}_{(k)}=0$ [此处的$\hat{\theta}_{(k)}$就是式(16-3-35)的$\hat{\theta}$]；

(c)所有运动方程(即爱因斯坦方程及有关物质场的运动方程)都在Δ上成立，而且，设k^a是Δ上的任一指向未来类光法矢场，T_{ab}是物质场的能动张量，则$-T^a{}_bk^b$是指向未来的因果矢量(试与中册附录D的主能量条件对比).

与每一不可延类光测地线相交且只交一次的2维类空面$S\subset\Delta$称为非涨视界Δ的**截面**.

注1 先说明定义1的三个条件的引入动机. 条件(a)只为讨论的方便和明确而引入，其实多数几何结论都与Δ的拓扑无关，而在多数物理情况下Δ的拓扑都是$S^2\times\mathbb{R}$. 其次，物理上感兴趣的所有经典物质场都满足条件(c)，而且，只要有一个k^a满足条件(c)中的因果性要求，则重标度后的k'^a也满足. 所以定义1的关键性条件是(b)，它与条件(a)相结合保证Δ的每一截面都是临界陷俘面，而这又导致许多重要结果，下面将展开讨论.

设$k^a=(\partial/\partial\lambda)^a$是$\Delta$的任一指向未来的类光法矢场，只要约定在某一截面上$\lambda$取零值，则每个等$\lambda$面都是截面，且截面族$\{S_\lambda\}$构成$\Delta$的一个分层. 注意到$\hat{\theta}_{(k)}=0$ [条件(b)]，借助于命题16-4-1便知该族的每一截面有相同面积(暂记作A). 把λ看作某种推迟“时间”(因而k^a代表“时间”的流逝方向)，便可说截面积不随

时间而变,可见非涨视界至少具备稳态时空的事件(Killing)视界“面积不变”的重要特征.(Hawking 的面积定理断言事件视界面积不减,即不变或增大,而后者只对非稳态才可能.)设 $k'^a = (\partial/\partial\lambda')^a$ 是 Δ 的另一类光法矢场,截面族 $\{S_{\lambda'}\}$ 中的每一截面当然也有相同面积(暂记作 A'),而且不难证明(见 §16.6 注 6)$A' = A$,因而非涨视界 Δ 的任一截面都有相同面积,不妨就称之为**非涨视界 Δ 的面积**,记作 A_Δ,并把

$$R_\Delta \equiv \sqrt{\frac{A_\Delta}{4\pi}} \tag{16-5-1}$$

称为非涨视界 Δ 的**面积半径**(areal radius).

把类光面上的 Raychaudhuri 方程(16-3-36)用于非涨视界 Δ 的任一类光法矢场 k^a,注意到 $\hat{\theta}_{(k)} = 0$,便得

$$\hat{\sigma}_{ab}\hat{\sigma}^{ab} + R_{ab}k^a k^b = 0\,. \tag{16-5-2}$$

非涨视界条件(c)要求 $-T^a{}_b k^b$ 是指向未来的因果矢量,与中册的命题11-1-1 结合得 $T_{ab}k^b k^a \geqslant 0$,再由爱因斯坦方程便有 $R_{ab}k^a k^b = 8\pi T_{ab}k^a k^b \geqslant 0$. 另一方面,$\forall p \in \Delta$,借 $\hat{V}_p$ 的正交归一标架 $\{\hat{E}_1^a, \hat{E}_2^a\}$ 易见

$$\hat{\sigma}_{ab}\hat{\sigma}^{ab} \triangleq \hat{\sigma}_{11}{}^2 + 2\hat{\sigma}_{12}{}^2 + \hat{\sigma}_{22}{}^2 \geqslant 0\,,$$

故式(16-5-2)导致 $R_{ab}k^a k^b = 0$(因而 $T_{ab}k^a k^b = 0$)及 $\hat{\sigma}_{ab}\hat{\sigma}^{ab} = 0$. 注意到 $-T^a{}_b k^b$ 的物理意义(参见上册 §6.4 并把 k^a 看作 $W^a \equiv -T^a{}_b Z^b$ 从类时逼近类光的极限),就可把 $T_{ab}k^a k^b = 0$ 解释为没有能量和动量流过非涨视界;而 $\hat{\sigma}_{ab}\hat{\sigma}^{ab} = 0$ 则给出 $\hat{\sigma}_{ab} = 0$,与 $\hat{B}_{ab} = \hat{\theta}_{(k)}\hat{g}_{ab}/2 + \hat{\sigma}_{ab}$ [式(16-3-44)]及 $\hat{\theta}_{(k)} = 0$ 结合又表明非涨视界的每一类光法矢场 k^a 的 $\hat{B}_{ab} = 0$. 另一方面,

$$\hat{B}_{ab} = \hat{B}_{(ab)} \mapsto i^*\overline{B}_{(ab)} = i^*(\nabla_{(a}\overline{k}_{b)}) = \frac{1}{2}i^*(\mathscr{L}_{\overline{k}}g_{ab}) = \frac{1}{2}\mathscr{L}_k(i^*g_{ab}) = \frac{1}{2}\mathscr{L}_k h_{ab}\,, \tag{16-5-3}$$

[其中第一步是因为 $\hat{B}_{[ab]} = \hat{\omega}_{ab} = 0$,第二步用到式(16-3-40),第三步用到式(16-3-26a),第四步的证明与定理 4-3-1(Killing 方程)的证明一样,第五步用到式(16-3-10).] 式(16-5-3)与 $\hat{B}_{ab} = 0$ 结合给出

$$\mathscr{L}_k h_{ab} = 0\,. \tag{16-5-4}$$

可见非涨视界 Δ 上的内禀“度规” h_{ab} 不随“时间”而变(h_{ab} 不依赖于时间). 刚才已讲过非涨视界的面积不随时间而变,现在又有 $\mathscr{L}_k h_{ab} = 0$,这从两个侧面表明非涨视界具有稳态时空的 Killing 视界的一些重要性质,在这个意义上可以物理地认为非涨视界处于某种平衡态中. 总之,定义 1 的条件虽然比 Killing 视界宽松得多

[Lewandowski(2000) 给出了存在非涨视界的非稳态时空(无 Killing 视界)的例子], 但仍然足以保证非涨视界具有不少与 Killing 视界类似的简单性质.

为简化表达式, Ashtekar, Fairhurst, and Krishnan(2000) 用下标 $\underleftarrow{a}$ 代表对下标 a 的拉回, 例如用 $g_{\underleftarrow{ab}}$ 简记拉回 i^*g_{ab} . 本章以下也用这一记号, 只因下标 ab 的下箭头在本书的排版中不够清晰, 我们把 $g_{\underleftarrow{ab}}$ 改记作 $g_{\tilde{a}\tilde{b}}$. 于是 $\mathscr{L}_k h_{ab}=0$ 可表为 $\mathscr{L}_k g_{\tilde{a}\tilde{b}}=0$, 而 $\hat{B}_{ab}\mapsto i^*\bar{B}_{ab}=i^*(\nabla_a\bar{k}_b)$ 则可记作 $\hat{B}_{ab}\mapsto\nabla_{\tilde{a}}\bar{k}_{\tilde{b}}$, 所以非涨视界的性质 $\hat{B}_{ab}=0$ 可以表为 $\nabla_{\tilde{a}}\bar{k}_{\tilde{b}}=0$ (请记住拉回就是限制).

小结　除了面积不变和 $\mathscr{L}_k h_{ab}=0$ 外, 非涨视界的定义还保证它有两个好性质:

$$(1)\ R_{ab}k^a k^b=0;\qquad (2)\ \nabla_{\tilde{a}}\bar{k}_{\tilde{b}}=0. \tag{16-5-5}$$

性质(1)表明 $R^a{}_b k^b$ 切于 $\varDelta$. 从定义 1 条件(c)又已证明 $R^a{}_b k^b$ 是因果矢量(若非类时就是类光), 而由中册的推论11-1-2(1) 知道切于类光超曲面的矢量不能类时, 故 $R^a{}_b k^b$ 只能类光, 再由推论11-1-2(2) 又知类光超曲面上任一点的、切于该面的类光矢量只能是类光法矢, 所以 $R^c{}_b k^b=\beta k^c$ (其中 β 是 $\varDelta$ 上的实值函数), 以 g_{ac} 缩并便得

$$R_{ab}k^b=\beta k_a. \tag{16-5-6}$$

上式用于任一 $p\in\varDelta$ 是 V_p 上的余矢等式, 取下标 a 的限制(拉回)可得 $\tilde{V}_p$ 上的余矢等式 $R_{\tilde{a}b}k^b=\beta k_{\tilde{a}}$, 再用上 $k_{\tilde{a}}=0$ [即式(16-3-18)]又得

$$R_{\tilde{a}b}k^b=0. \tag{16-5-7}$$

上式中带着不伦不类下标的 $R_{\tilde{a}b}$ 是一种特别的张量, 它是双线性映射 $R_{\tilde{a}b}$: $\tilde{V}_p\times V_p\to\mathbb{R}$, 不同于拉回 $i^*R_{ab}:\tilde{V}_p\times\tilde{V}_p\to\mathbb{R}$, 但可用"限制"一词描述: $R_{\tilde{a}b}$ 是把(且仅把) R_{ab} 的第一个下标的作用范围限制在 $\tilde{V}_p\subset V_p$ 的产物. 在 Ashtekar 等的文献(及本章)中经常用到这种"不伦不类"的张量, 例如 $R_{\tilde{a}\tilde{b}c}{}^d$.

在含 $\varDelta$ 的 4 维开集 U 上建立局域 NP 标架场 $\{m^a,\bar{m}^a,l^a,\bar{k}^a\}$, 其中 m^a, $\bar{m}^a$ 切于 $\varDelta$, $\bar{k}^a$ 是 k^a 的任一类光测地延拓(请注意 $\bar{k}^a$ 与 $\bar{m}^a$ 的上横杠含义完全不同), 则利用上册式 (8-7-11) 可把式 (16-5-6) 同 (16-5-7) 的结合用 NP 形式等价地表为(符号 ≙ 代表"在 $\varDelta$ 上等于")

$$\varPhi_{00}\equiv\frac{1}{2}R_{ab}\bar{k}^a\bar{k}^b\triangleq 0,\qquad \varPhi_{10}=\bar{\varPhi}_{01}\equiv\frac{1}{2}R_{ab}\bar{k}^a\bar{m}^b\triangleq\frac{1}{2}\beta k_b\bar{m}^b=0. \tag{16-5-8}$$

再看非涨视界性质(2)(即 $\nabla_{\tilde{a}}\bar{k}_{\tilde{b}}=0$)的结果. 第一个重要结果是它保证 g_{ab} 的适配导数算符 ∇_a 可在 $\varDelta$ 上诱导出唯一的、与 h_{ab} 适配(指 $\mathscr{D}_a h_{bc}=0$)的无挠导数算符

$$\mathscr{D}_a : \mathscr{F}_\Delta(k,l) \to \mathscr{F}_\Delta(k,l+1),$$

其中 $\mathscr{F}_\Delta(k,l)$ 代表 Δ 上"切于" Δ 的 (k,l) 型光滑张量场的集合. 定义 $\mathscr{D}_a$ 的基本思路是: 先用 Δ 上的外微分算符 d 定义 Δ 上标量场 f 的导数, 即 $\mathscr{D}_a f := (\mathrm{d}f)_a$, 再设法定义 Δ 上"切于" Δ 的矢量场 u^b 和余矢场 μ_b 的导数, 最后用莱布尼茨律把 $\mathscr{D}_a$ 的作用对象拓展到 Δ 上"切于" Δ 的任意型张量场. 下面依次介绍 $\mathscr{D}_a u^b$ 和 $\mathscr{D}_a \mu_b$ 的定义.

设 v^a, u^b 是 Δ 上的、切于 Δ 的矢量场, 则虽然 $\nabla_a u^b$ 无定义, 但因 $v^a\nabla_a$ 代表沿 Δ 切向求导, $v^a\nabla_a u^b$ 有意义. [具体计算时也可以先取 u^b 和 v^a 的任意延拓 $\bar{u}^b$ 和 $\bar{v}^a$, 求出 $(\bar{v}^a\nabla_a\bar{u}^b)|_\Delta$ 后也就是 $v^a\nabla_a u^b$.] 假若 Δ 只是类光超曲面而不是非涨视界, 则 $v^a\nabla_a u^b$ 虽是 Δ 上的矢量场, 却未必切于 Δ, 这是因为

$$k_b(v^a\nabla_a u^b) = v^a\nabla_a(k_b u^b) - v^a u^b \nabla_a k_b = -v^a u^b \nabla_{\tilde{a}} k_{\tilde{b}}$$

未必为零. 然而非涨视界 Δ 的好性质 $\nabla_{\tilde{a}}\bar{k}_{\tilde{b}} = 0$ 恰恰保证上式右边为零, 故 $v^a\nabla_a u^b$ 切于 Δ, 于是就可用下式定义 $v^a\mathscr{D}_a u^b$:

$$v^a\mathscr{D}_a u^b := v^a\nabla_a u^b = (\bar{v}^a\nabla_a\bar{u}^b)|_\Delta. \tag{16-5-9}$$

虽然上式只定义了 $v^a\mathscr{D}_a$ (而不是 $\mathscr{D}_a$ 自身)对 u^b 的作用, 但从 $v^a\mathscr{D}_a u^b(\forall v^a)$ 可以求得 $\mathscr{D}_a u^b$, 这是因为 $\mathscr{D}_a u^b$ 是个(1,1)型张量, 它是把矢量变为矢量的映射("张量面面观"), 而 $v^a\mathscr{D}_a u^b$ 正是 $\mathscr{D}_a u^b$ 作用于任一矢量 v^a 所得的矢量, 所以有了 $v^a\mathscr{D}_a u^b(\forall v^a)$ 便有 $\mathscr{D}_a u^b$. 类似地, 欲定义 $\mathscr{D}_a$ 对任意"切于" Δ 的余矢场 μ_b 的作用只须定义 $v^b\mathscr{D}_a\mu_b(\forall v^b)$, 而这可借莱布尼茨律自然定义为

$$v^b\mathscr{D}_a\mu_b := \mathscr{D}_a(\mu_b v^b) - \mu_b\mathscr{D}_a v^b, \quad \forall \text{切于}\Delta\text{的} v^b. \tag{16-5-10}$$

现在说明如何把 $v^a\mathscr{D}_a u^b$ 和 $v^b\mathscr{D}_a\mu_b$ 中的 v^a 甩掉. 由于 $\bar{u}^b$ 是 u^b 的延拓(定义域从3维的 Δ 拓展为4维的 U), 所以 $\forall p\in\Delta$ 有 $u^b|_p\in\tilde{V}_p$, $\bar{u}^b|_p\in V_p$. 但因 $\tilde{V}_p\subset V_p$, 也可以说 $u^b|_p\in V_p$, 于是可以写出等式 $u^b|_p=\bar{u}^b|_p$, 因而有 $u^b=\bar{u}^b|_\Delta$. 然而, μ_b 的情况却有所不同: 以 $\bar{\mu}_b$ 代表满足 $i^*\bar{\mu}_b=\mu_b$ 的余矢场, 则 $\mu_b|_p\in(\tilde{V}_p)^*$, $\bar{\mu}_b|_p\in V_p{}^*$, 而 $(\tilde{V}_p)^*$ 与 $V_p{}^*$ 并无包含关系, 所以 $\mu_b|_p\neq\bar{\mu}_b|_p$, 只有把 $\bar{\mu}_b|_p$ 拉回后才等于 $\mu_b|_p$, 即 $\mu_b|_p=(i^*\bar{\mu}_b)|_p$, 于是

$$\mathscr{D}_a\mu_b = \mathscr{D}_a(i^*\bar{\mu}_b) = i^*(\nabla_a\bar{\mu}_b) \equiv \nabla_{\tilde{a}}\bar{\mu}_{\tilde{b}}.$$

[其中第二步用到 $\mathscr{D}_a\circ i^* = i^*\circ\nabla_a$ (证明见稍后的选读16-5-1).] 这就是 $v^b\mathscr{D}_a\mu_b$ 在甩掉 v^b 后的表达式.

为甩掉 $v^a\mathscr{D}_a u^b$ 中的 v^a 则还要引入符号 $\nabla_{\tilde{a}}\bar{u}^b$. $(\nabla_{\tilde{a}}\bar{u}^b)|_p$ 是 p 点的一个特别张量, 它是双线性映射 $\tilde{V}_p\times V_p{}^*\to\mathbb{R}$, 其下标的作用范围被限制在 $\tilde{V}_p$ (而不是全 V_p),

即只能与切于 Δ 的矢量缩并. 由限制的定义[仿式(5-2-7)]便有

$$\upsilon^a \nabla_{\tilde{a}} \bar{u}^b = (\bar{\upsilon}^a \nabla_a \bar{u}^b)|_\Delta ,$$

于是式(16-5-9)可改写为

$$\upsilon^a \mathscr{D}_a u^b = \upsilon^a \nabla_{\tilde{a}} \bar{u}^b , \quad \forall \text{切于}\ \Delta \text{的矢量场}\ \upsilon^a ,$$

从而就可甩掉 υ^a 而写成 $\mathscr{D}_a u^b = \nabla_{\tilde{a}} \bar{u}^b$. 以上两个结果可统一写成下式[见 Ashtekar , Fairhurst and Krishnan(2000)]:

$$\text{(a)}\ \mathscr{D}_a u^b = \nabla_{\tilde{a}} \bar{u}^b , \qquad \text{(b)}\ \mathscr{D}_a \mu_b = \nabla_{\tilde{a}} \bar{\mu}_{\tilde{b}} . \tag{16-5-11}$$

再者, 由 $\mathscr{D}_a h_{bc} = \mathscr{D}_a (i^* g_{bc}) = i^* (\nabla_a g_{bc}) = 0$ 可知 $\mathscr{D}_a$ 的确与 h_{ab} 相适配. 最后, $\mathscr{D}_a$ 无挠性的证明留做习题(有提示).

非涨视界性质(2)的第二个重要结果是可在 Δ 上定义一个很有用的余矢场. 由 $\nabla_{\tilde{a}} \bar{k}_{\tilde{b}} = 0$ 得

$$u^b \upsilon^a \nabla_a k_b = u^b \upsilon^a \nabla_{\tilde{a}} k_{\tilde{b}} = 0 , \quad \forall \text{切于}\ \Delta \text{的矢量场}\ \upsilon^a , u^b ,$$

表明 $\upsilon^a \nabla_a k_b$ 正交于 Δ 的任一切矢场, 故与 k_b 只能差到一个函数因子, 于是 Δ 上有标量场 $\varsigma_{(\upsilon)}$ 使

$$\upsilon^a \nabla_a k_b = \varsigma_{(\upsilon)} k_b . \tag{16-5-12}$$

既然给定一个 υ^a 就有一个 $\varsigma_{(\upsilon)}$, 便存在把矢量场 υ^a 变为标量场 $\varsigma_{(\upsilon)}$ 的映射 $\omega : \upsilon \mapsto \varsigma_{(\upsilon)}$, 而且它在 Δ 的每点都有线性性, 故 ω 是 Δ 上的“切于” Δ 的余矢场, 应记作 ω_a , 满足

$$\upsilon^a \omega_a = \varsigma_{(\upsilon)} . \tag{16-5-13}$$

于是

$$\upsilon^a \nabla_{\tilde{a}} \bar{k}^b = \upsilon^a \nabla_a k^b = \varsigma_{(\upsilon)} k^b = \upsilon^a \omega_a k^b . \tag{16-5-14}$$

又因上式对切于 Δ 的任一 υ^a 都成立, 故

$$\nabla_{\tilde{a}} \bar{k}^b = \omega_a k^b . \tag{16-5-15}$$

借助于式(16-5-11a)又可改写上式为

$$\mathscr{D}_a k^b = \omega_a k^b . \tag{16-5-16}$$

请注意 ω_a 天生就是对 Δ 上的某一选定类光法矢场 k^a 定义的, 换一 k^a 原则上就有另一 ω_a , 只因 ω_a 带着抽象下标 a 而不便再加下标(k). 不难证明当 k^a 重标度为

$k'^a = \alpha k^a$ 时 ω_a 服从

$$\omega_a \mapsto \omega'_a = \omega_a + \mathrm{d}_a \ln\alpha . \quad (\mathrm{d}_a\text{是 }\varDelta\text{ 上的外微分算符}) \tag{16-5-17}$$

式(16-5-15)同(16-3-24)结合还给出表面引力 $\kappa_{(k)}$ 用 ω_a 的简单表达式

$$\kappa_{(k)} = k^a \omega_a . \tag{16-5-18}$$

(M, g_{ab}) 的黎曼张量 $R_{abc}{}^d$ 可分为有迹部分 R_{ab} 和无迹部分 $C_{abc}{}^d$ (外尔张量). R_{ab} 在 $\varDelta$ 上诱导出 $R_{\tilde{a}\tilde{b}} \equiv i^* R_{ab}$，满足 $R_{\tilde{a}\tilde{b}} k^b = R_{\tilde{a}b} k^b = 0$ [式(16-5-7)]；$C_{abc}{}^d$ 在 $\varDelta$ 上诱导出 $C_{\tilde{a}\tilde{b}\tilde{c}}{}^d$，与 $\varDelta$ 上的 $\mathscr{D}_a$ 及 ω_a 有如下密切关系：

命题 16-5-1　$$2k^c \mathscr{D}_{[a}\omega_{b]} = -C_{\tilde{a}\tilde{b}\tilde{d}}{}^c k^d . \tag{16-5-19}$$

证明　任取切于 $\varDelta$ 的矢量场 v^a, u^b，以 $\bar{v}^a, \bar{u}^b$ 及 $\bar{k}^a$ 分别代表 v^a, u^b 及 k^a 的任意延拓，则由莱布尼茨律得

$$v^a u^b (\mathscr{D}_a \mathscr{D}_b k^c) = v^a \mathscr{D}_a (u^b \mathscr{D}_b k^c) - (v^a \mathscr{D}_a u^b)\mathscr{D}_b k^c . \tag{16-5-20}$$

令 $w^c \equiv u^b \mathscr{D}_b k^c$，则

$$v^a \mathscr{D}_a (u^b \mathscr{D}_b k^c) = v^a \mathscr{D}_a w^c = (\bar{v}^a \nabla_a \bar{w}^c)|_\varDelta , \tag{16-5-21}$$

其中第二步用到式(16-5-9). 由式(16-5-9)又知 $(\bar{u}^b \nabla_b \bar{k}^c)|_\varDelta = u^b \mathscr{D}_b k^c = w^c$，可见 $\bar{u}^b \nabla_b \bar{k}^c$ 是 w^c 的一个延拓，可充当式(16-5-21)中的 $\bar{w}^c$，代入式(16-5-21)便知式(16-5-20)右边第一项可表为

$$v^a \mathscr{D}_a (u^b \mathscr{D}_b k^c) = [\bar{v}^a \nabla_a (\bar{u}^b \nabla_b \bar{k}^c)]_\varDelta . \tag{16-5-22}$$

再令 $z^b \equiv v^a \mathscr{D}_a u^b$，则容易验证 $\bar{v}^a \nabla_a \bar{u}^b$ 是 z^b 的延拓，记作 $\bar{z}^b$ 后便可把式(16-5-20)右边第二项表为

$$-(v^a \mathscr{D}_a u^b)\mathscr{D}_b k^c = -z^b \mathscr{D}_b k^c = -(\bar{z}^b \nabla_b \bar{k}^c)|_\varDelta = -[(\bar{v}^a \nabla_a \bar{u}^b)\nabla_b \bar{k}^c]_\varDelta , \tag{16-5-23}$$

其中第二步用到式(16-5-9). 将式(16-5-22)和(16-5-23)代入(16-5-20)得

$$v^a u^b (\mathscr{D}_a \mathscr{D}_b k^c) = [\bar{v}^a \nabla_a (\bar{u}^b \nabla_b \bar{k}^c) - \bar{v}^a (\nabla_a \bar{u}^b)\nabla_b \bar{k}^c]_\varDelta = (\bar{v}^a \bar{u}^b \nabla_a \nabla_b \bar{k}^c)|_\varDelta ,$$

于是

$$\begin{aligned}2v^a u^b (\mathscr{D}_{[a}\mathscr{D}_{b]} k^c) &= 2(\bar{v}^a \bar{u}^b \nabla_{[a}\nabla_{b]} \bar{k}^c)|_\varDelta = -(\bar{v}^a \bar{u}^b R_{abd}{}^c \bar{k}^d)|_\varDelta = -(\bar{v}^a \bar{u}^b g^{ce} R_{abde} \bar{k}^d)|_\varDelta \\ &= -[\bar{v}^a \bar{u}^b g^{ce} C_{abde} \bar{k}^d + \bar{v}^a \bar{u}^b g^{ce} (g_{a[d} R_{e]b} - g_{b[d} R_{e]a} - \frac{1}{3} R g_{a[d} g_{e]b}) \bar{k}^d]_\varDelta \\ &= -(\bar{v}^a \bar{u}^b g^{ce} C_{abde} \bar{k}^d)|_\varDelta = -v^a u^b C_{\tilde{a}\tilde{b}\tilde{d}}{}^c k^d ,\end{aligned} \tag{16-5-24}$$

[其中第四步用到C_{abde}的定义式(3-4-14)，第五步是因为第四个等号后的长式中圆括号内的三项分别为零，证明为零时屡屡用到$R_{db}|_{\Delta} k^d = \beta k_b$，$\upsilon^a k_a = 0$及$u^a k_a = 0$．]鉴于$\upsilon^a$和$u^b$的任意性，便有

$$2\mathscr{D}_{[a}\mathscr{D}_{b]}k^c = -C_{\tilde{a}\tilde{b}\tilde{d}}{}^c k^d . \qquad (16\text{-}5\text{-}25)$$

而由$\mathscr{D}_b k^c = \nabla_{\tilde{b}} \bar{k}^c = \omega_b k^c$得

$$\mathscr{D}_a\mathscr{D}_b k^c = \mathscr{D}_a(\omega_b k^c) = \omega_b \mathscr{D}_a k^c + k^c \mathscr{D}_a \omega_b = \omega_b \omega_a k^c + k^c \mathscr{D}_a \omega_b ,$$

故$-C_{\tilde{a}\tilde{b}\tilde{d}}{}^c k^d = 2\mathscr{D}_{[a}\mathscr{D}_{b]}k^c = 2k^c \mathscr{D}_{[a}\omega_{b]}$． □

设υ^a是切于Δ的任一矢量场，则用$\upsilon_c \equiv g_{ac}\upsilon^a$缩并式(16-5-19)易得

$$C_{\tilde{a}\tilde{b}\tilde{d}}{}^c \upsilon_c k^d = 0 . \qquad (16\text{-}5\text{-}26)$$

下面要涉及外尔张量在NP标架的前4个分量，它们由式(8-7-10)定义：

$$\Psi_0 \equiv C_{abcd}\bar{k}^a m^b \bar{k}^c m^d, \quad \Psi_1 \equiv C_{abcd}\bar{k}^a l^b \bar{k}^c m^d, \quad \Psi_3 \equiv C_{abcd} l^a \bar{k}^b l^c \bar{m}^d , \qquad (16\text{-}5\text{-}27)$$

$$\Psi_2 \equiv \frac{1}{2} C_{abcd}(\bar{k}^a l^b \bar{k}^c l^d - \bar{k}^a l^b m^c \bar{m}^d) . \qquad (16\text{-}5\text{-}28)$$

由式(16-5-27)得

$$\Psi_0 = \bar{k}^a m^b C_{abdc} m^c \bar{k}^d \triangleq k^a m^b C_{\tilde{a}\tilde{b}\tilde{d}}{}^c m_c k^d = 0 ,$$

[其中最末一步是把m_c看作式(16-5-26)的υ_c．] 利用C_{abcd}的无迹性

$$0 = g^{bc} C_{abcd} = (m^b \bar{m}^c + \bar{m}^b m^c - \bar{k}^b l^c - l^b \bar{k}^c) C_{abcd} \qquad (16\text{-}5\text{-}29)$$

则可把Ψ_1化为

$$\begin{aligned}\Psi_1 &= C_{abcd}\bar{k}^a m^d (m^b \bar{m}^c + \bar{m}^b m^c - \bar{k}^b l^c) = C_{abcd}\bar{k}^a m^b \bar{m}^c m^d \\ &= C_{abdc}\bar{m}^a m^b m^c \bar{k}^d \triangleq \bar{m}^a m^b C_{\tilde{a}\tilde{b}\tilde{d}}{}^c m_c k^d = 0 ,\end{aligned}$$

[其中第二、三步用到$C_{abcd} = -C_{abdc} = -C_{bacd} = C_{cdab}$，最末一步用到式(16-5-26).] 于是

$$\text{(a)}\ \Psi_0 \triangleq 0 , \qquad \text{(b)}\ \Psi_1 \triangleq 0 . \qquad (16\text{-}5\text{-}30)$$

再用C_{abcd}的无迹性和$C_{abcd} = -C_{abdc} = -C_{bacd} = C_{cdab}$及$C_{[abc]d} = 0$又可把$\Psi_2$改写为

$$\Psi_2 = C_{abcd}\bar{k}^a m^b \bar{m}^c l^d . \qquad (16\text{-}5\text{-}31)$$

如前所述，“h_{ab}不变”和“面积不变”是反映非涨视界处于平衡态的两个侧面．“h_{ab}不变”的微分表达式是$\mathscr{L}_k h_{ab} = 0$[式(16-5-4)]. 虽然h_{ab}作为Δ上的张量场是退化的，但它在任一截面S的限制却是g_{ab}在S上的诱导度规(为明确起见记作

q_{ab}), 描述 S 上的 2 维黎曼几何. 由 $k^a=(\partial/\partial\lambda)^a$ 所决定的截面族 $\{S_\lambda\}$ 构成 Δ 的一个分层, $\mathscr{L}_k h_{ab}=0$ 表明各层的度规 q_{ab} 不随 λ ("时间")而变. 至于"面积不变", 命题16-4-1只给出一个积分表达式(16-4-1), 而且证明时用的是坐标语言. 其实"面积不变"的结论也可表为一个与 $\mathscr{L}_k h_{ab}=0$ 非常类似的微分几何表达式, 即 $\mathscr{L}_k \varepsilon_{ab}=0$, 其中 ε_{ab} 是 Δ 上的(3维) 2形式场, 而命题16-4-1中的 $\varepsilon_{ab}(\lambda)$ 则是现在这个 ε_{ab} 在截面 S_λ 上的限制. 设 $\{m^a,\bar m^a,l^a,\bar k^a\}$ 是本节一直在用的 NP 标架场, 则后面[见命题 16-6-1 和 16-6-2(2)]将证明

$$\varepsilon_{ab}=\mathrm{i}\,\bar m_{\tilde a}\wedge m_{\tilde b} \tag{16-5-32}$$

的确满足 $\mathscr{L}_k\varepsilon_{ab}=0$, 而且在 Δ 的任一截面 (S,q_{ab}) 上的限制正是与 q_{ab} 适配的面元. 利用这个 ε_{ab} 就可证明对推广黑洞热力学第零定律至关紧要的如下命题:

命题 16-5-2　$$(\mathrm{d}\omega)_{ab}=-2\,\mathrm{Im}(\Psi_2|_\Delta)\varepsilon_{ab}\,. \tag{16-5-33}$$

证明　以 l_c 缩并式(16-5-19), 注意到 $k^a l_a=-1$, 得

$$2\mathscr{D}_{[a}\omega_{b]}=C_{\tilde a\tilde b d}{}^c k^d l_c=C_{\tilde a\tilde b cd}k^c l^d\,. \tag{16-5-34}$$

令 $Y_{ab}\equiv C_{abcd}\bar k^c l^d$, 则 $Y_{\tilde a\tilde b}=C_{\tilde a\tilde b cd}k^c l^d$ 是"切于" Δ 的 2 形式场. 4 标架场 $\{m^a,\bar m^a,l^a,\bar k^a\}$ 在 Δ 上诱导出切于 Δ 的3标架场

$$\{\varepsilon_1^a\equiv m^a|_\Delta\,,\ \varepsilon_2^a\equiv\bar m^a|_\Delta\,,\ \varepsilon_4^a\equiv k^a\}\,, \tag{16-5-35}$$

利用 $l_{\tilde a}k^a=l_a k^a=-1$ 及 $k_{\tilde a}\equiv i^*k_a=0$ [式(16-3-18)]不难验证其对偶标架场为

$$\{\varepsilon^1_{\tilde a}\equiv\bar m_{\tilde a}\,,\ \varepsilon^2_{\tilde a}\equiv m_{\tilde a}\,,\ \varepsilon^4_{\tilde a}\equiv -l_{\tilde a}\}\,, \tag{16-5-36}$$

将 $Y_{\tilde a\tilde b}$ 用此对偶标架场按上册式(5-1-6)展开为

$$\begin{aligned}Y_{\tilde a\tilde b}&=Y_{12}|_\Delta\,\varepsilon^1_{\tilde a}\wedge\varepsilon^2_{\tilde b}+Y_{14}|_\Delta\,\varepsilon^1_{\tilde a}\wedge\varepsilon^4_{\tilde b}+Y_{24}|_\Delta\,\varepsilon^2_{\tilde a}\wedge\varepsilon^4_{\tilde b}\\&=2(Y_{12}|_\Delta\,\bar m_{[\tilde a}m_{\tilde b]}-Y_{14}|_\Delta\,\bar m_{[\tilde a}l_{\tilde b]}-Y_{24}|_\Delta\,m_{[\tilde a}l_{\tilde b]})\,,\end{aligned} \tag{16-5-37}$$

利用 C_{abcd} 的对称性易得 $Y_{14}=-\Psi_1$, $Y_{24}=-\bar\Psi_1$, 故由式(16-5-30b)得 $Y_{14}|_\Delta=Y_{24}|_\Delta=0$. 再用式(16-5-28)又可证明 $Y_{12}=-2\,\mathrm{i}\,\mathrm{Im}(\Psi_2)$, 于是

$$C_{\tilde a\tilde b\tilde c d}k^c l^d=Y_{\tilde a\tilde b}=-4\,\mathrm{i}\,\mathrm{Im}(\Psi_2|_\Delta)\bar m_{[\tilde a}m_{\tilde b]}=-2\,\mathrm{Im}(\Psi_2|_\Delta)\,\varepsilon_{ab}\,, \tag{16-5-38}$$

与式(16-5-34)结合便得 $2\mathscr{D}_{[a}\omega_{b]}=-2\,\mathrm{Im}(\Psi_2|_\Delta)\,\varepsilon_{ab}$, 此即待证的式(16-5-33). □

注 2　式(16-5-33)中的 $\Psi_2|_\Delta$ 依赖于标架. 从原则上说, 换一标架就有另一 $\Psi_2'|_\Delta$, 试问式(16-5-33)又如何能成立?答案是: $\Psi_2|_\Delta$ 在标架变换下有不变性(规范不变性), 即 $\Psi_2'|_\Delta=\Psi_2|_\Delta$. 为证此结论, 首先注意 NP 标架的、保持 k^a 方向(或使 k^a 反

向)的最一般变换式为[见 Kramer et al. (1980)式(3. 18)]

$$\bar{k}'^a = f\bar{k}^a, \quad m'^a = e^{i\theta}(m^a + f\bar{a}\bar{k}^a), \quad \bar{m}'^a = e^{-i\theta}(\bar{m}^a + fa\bar{k}^a), \\ l'^a = am^a + \bar{a}\bar{m}^a + f^{-1}l^a + f|a|^2\,\bar{k}^a, \tag{16-5-39}$$

其中 f 和 θ 是标架定义域 U 上的实函数, a 是 U 上的复函数. 利用 C_{abcd} 的对称性及无迹性不难证明 Ψ_2 在上述标架变换下按下式变换:

$$\Psi_2' = \Psi_2 + f^2a^2\Psi_0 + 2fa\Psi_1 . \tag{16-5-40}$$

再由 $\Psi_0 \triangleq 0 \triangleq \Psi_1$ 便得 $\Psi_2' \triangleq \Psi_2$.

注 3 满足 $\mathrm{Im}(\Psi_2) \triangleq 0$ 的视界称为**无转动**(non-rotating)**视界**.

[选读 16-5-1]

命题 16-5-3 设 $\tilde{\mu}_{b_1\cdots b_l}$ 及 $\mu_{b_1\cdots b_l}$ 为非涨视界 Δ 的某邻域 U 上的 $(0,l)$ 型张量场, $\tilde{\mu}_{b_1\cdots b_l} = i^*\mu_{b_1\cdots b_l}$ (其中 $i: \Delta \to M$ 是包含映射), 则

$$\mathscr{D}_a\tilde{\mu}_{b_1\cdots b_l} = i^*(\nabla_a\mu_{b_1\cdots b_l}), \quad 即\ \mathscr{D}_a \circ i^* = i^* \circ \nabla_a . \tag{16-5-41}$$

证明 当 $l=0$ 时显然. 下面先证明 $l=1$ 时成立, 即证明 $\mathscr{D}_a\tilde{\mu}_b = i^*(\nabla_a\mu_b)$. 设 v^a, u^b 是 Δ 上切于 Δ 的矢量场, $\bar{v}^a, \bar{u}^b$ 分别是它们在 U 上的延拓, 则

$$\begin{aligned} u^bv^a\mathscr{D}_a\tilde{\mu}_b &= v^a\mathscr{D}_a(u^b\tilde{\mu}_b) - \tilde{\mu}_bv^a\mathscr{D}_au^b = [\bar{v}^a\nabla_a(\bar{u}^b\mu_b) - \mu_b\bar{v}^a\nabla_a\bar{u}^b]_\Delta \\ &= (\bar{u}^b\bar{v}^a\nabla_a\mu_b)|_\Delta = (i_*u^b)(i_*v)^a\nabla_a\mu_b = u^bv^ai^*(\nabla_a\mu_b), \end{aligned}$$

其中第一、三步用到莱布尼茨律, 第二步用到式(16-5-9), 即 $v^a\mathscr{D}_au^b = (\bar{v}^a\nabla_a\bar{u}^b)|_\Delta$. 注意到 v^a, u^b 的任意性, 便知 $\mathscr{D}_a\tilde{\mu}_b = i^*(\nabla_a\mu_b)$. $l>1$ 的证明与 $l=1$ 的情况类似, 只是第一个等号后的第二项换成 l 项之和. □

[选读 16-5-1 完]

16.5.2 弱孤立视界和孤立视界

非涨视界 Δ 的重要特征是 $\mathscr{L}_k h_{ab} = 0$. 为了得到第零和第一定律, 还要对联络 $\mathscr{D}_a$ 追加额外条件 $\mathscr{L}_k\mathscr{D}_ak^b = 0$ (其意义将在稍后阐明). 满足此条件的非涨视界称为弱孤立视界. 为给出准确定义还应注意一点: 类光面 Δ 上虽有无数类光法矢场 k^a (差到一个函数因子), 但只要有一个满足 $\mathscr{L}_k h_{ab} = 0$, 其他 k^a 也必定满足. [证明留做习题. 提示: ①仿照式(16-5-3)后几步的推导得 $\mathscr{L}_{\alpha k}h_{ab} = 2i^*[\nabla_{(a}(\bar{\alpha}\bar{k}_{b)})]$ (适用于任意类光面, 其中 $\bar{\alpha}$ 是 α 的任意延拓); ② $i^*\bar{k}_b = 0$.] 然而并非所有 k^a 都能满足额外条件 $\mathscr{L}_k\mathscr{D}_ak^b = 0$ 的, 因此谈及弱孤立视界时还要指明用哪一个 k^a. 不过, 只要某 k^a 满足 $\mathscr{L}_k\mathscr{D}_ak^b = 0$, 则 $k'^a = ck^a$ (其中 c 为常数)也满足, 所以不如把与 k^a 只差到一个

常数正因子 c 的所有法矢场称为一个等价类，记作 $[k]$，并说弱孤立视界是指一个非涨视界 Δ 以及其上某个等价类 $[k]$ 的二元组 $(\Delta,[k])$.

由于 $\mathscr{L}_k k^b=0$，额外条件 $\mathscr{L}_k\mathscr{D}_a k^b=0$ 等价于

$$(\mathscr{L}_k\mathscr{D}_a-\mathscr{D}_a\mathscr{L}_k)k^b=0\,. \tag{16-5-42}$$

把上式的 k^b 放宽为切于 Δ 的任意矢量场 v^b 得

$$(\mathscr{L}_k\mathscr{D}_a-\mathscr{D}_a\mathscr{L}_k)v^b=0,\quad \forall \text{切于}\Delta\text{的矢量场}\, v^b\,. \tag{16-5-43}$$

满足这一加强条件的弱孤立视界就称为孤立视界. 为了理解以上两式的物理含义，先讨论任意时空 (M,g_{ab}) 的 Killing 场 ξ^a. 设 ξ^a 产生的单参等度规族为 $\{\phi_t: M\to M\}$，注意到 $\phi_t^* g_{ab}=g_{ab}$，由式(8-10-15)得

$$\nabla_a(\phi_t^*T)=\phi_t^*(\nabla_a T),\quad \forall \text{张量场}\, T\,. \tag{16-5-44}$$

令 T 为任一矢量场 v^a，则由李导数定义不难看出上式等价于

$$(\mathscr{L}_\xi\nabla_a-\nabla_a\mathscr{L}_\xi)v^b=0,\quad \forall \text{矢量场}\, v^b, \tag{16-5-45}$$

也可以说上式是 $\nabla_a(\phi_t^* v^b)=\phi_t^*(\nabla_a v^b)$ 的微分形式. 式(16-5-44)也可改写为抽象形式 $\nabla_a\phi_t^*=\phi_t^*\nabla_a$，它表明：先沿 ξ^a 的积分曲线移动再求导等效于先求导再移动. 于是，当 ξ^a 类时(因而其积分曲线可代表某种时间的流逝)时便可说 ∇_a 有时间平移不变性，或说不依赖于时间. 反观式(16-5-43)，发现它很像式(16-5-45)，但有一重要区别：由于 Δ 上没有度规，虽然 k^a 像 ξ^a，但不能说 k^a 是 Δ 上的 Killing 场. 然而，只要认为类光的 k^a 的积分曲线也代表某种“推迟时间”的流逝[见式(16-5-1)所在段，借此曾把 $\mathscr{L}_k h_{ab}=0$ 解释为内禀“度规”不依赖于时间]，就可说式(16-5-43)的物理意义是 $\mathscr{D}_a$ 不依赖于时间. 作为式(16-5-43)的弱化形式，式(16-5-42)没有这样清晰的物理解释，但不妨说它代表 $\mathscr{D}_a$ “沿 k^b 的分量”不依赖于时间(虽然“$\mathscr{D}_a$ 的分量”是个很不确切的提法). 在此基础上就有如下的准确定义：

定义 2　非涨视界 Δ 与其上类光法矢场的一个等价类 $[k]$ 的二元组 $(\Delta,[k])$ 称为**弱孤立视界**(weakly isolated horizon)，若 $[k]$ 中的每一 k^a 满足式(16-5-42)；$(\Delta,[k])$ 称为**孤立视界**，若 $[k]$ 中的每一 k^a 满足式(16-5-43).

又因为

$$(\mathscr{L}_k\mathscr{D}_a-\mathscr{D}_a\mathscr{L}_k)k^b=\mathscr{L}_k\mathscr{D}_a k^b=\mathscr{L}_k(\omega_a k^b)=k^b\mathscr{L}_k\omega_a\,,$$

所以式(16-5-42)在 $k^a\neq 0$ 的点上等价于

$$\mathscr{L}_k\omega_a=0\,, \tag{16-5-42$'$}$$

而且易见若 k^a 满足上式则 ck^a 也满足.

注 4 虽然孤立视界比弱孤立视界要求更强的条件，但所有条件都只涉及 Δ 的内禀几何 $(h_{ab}, \mathscr{D}_a, [k])$ 及物理量(是准局域地定义的)，对不切于 Δ 的任何几何量和物理场都丝毫不做要求，就连 4 维度规 g_{ab} 都不必在 Δ 上与时间无关. 一个好例子是: Robinson-Trautman 解(度规)存在孤立视界，但却不存在稳态 Killing 场(就连在孤立视界的任一小邻域中也不存在). 在这个意义上，孤立视界的条件也是相当弱的，有理由相信涉及引力坍缩和黑洞融合的大量实际情况在足够好的近似下满足这些条件.

注 5 不难证明，每一非涨视界 Δ 都有等价类 $[k]$ 使 $(\Delta,[k])$ 成为弱孤立视界. 不过这种 $[k]$ 远非唯一，事实上，每一非涨视界 Δ 都有无限多个等价类 $[k]$ 满足(16-5-42′)，因而每个非涨视界都可被造就出无限多个不同的弱孤立视界. 然而情况对孤立视界却大不相同. 对一个给定的孤立视界 $(\Delta,[k])$，不存在满足式(16-5-43)的另一等价类 $[k']$ [详见 Ashtekar et al. (2002)]. 因此对孤立视界而言，其类光法矢场 k^a 的自由性最多不过是乘一个常数因子 $c>0$. 这一点与 Killing 场 ξ^a 也很像(所以也说孤立视界比弱孤立视界更像 Killing 视界). KN 时空(族)的事件视界(Killing 视界)配以由式(13-5-4)定义的 K^a 乘以正常数 c 所得的等价类 $[k]$ 就构成该族时空的唯一的孤立视界 $(\Delta,[k])$.

小结 任意类光超曲面 Δ 上都有退化“度规”，但 Δ 上的类光法矢场 k^a 可以“很不像” Killing 场(很可能有 $\mathscr{L}_k h_{ab} \neq 0$)；通过逐渐添加条件可使 Δ 依次成为非涨视界、弱孤立视界和孤立视界，而 k^a 也依次地愈来愈像 Killing 场. 任一 Killing 视界 $\mathscr{K}$ 都是孤立视界(只要其拓扑为 $S^2 \times \mathbb{R}$ 而且相应物质场满足定义 1 的能量条件)，即 $\mathscr{K}=(\Delta,[k])$ ，其中等价类 $[k]$ 的任一元素 k^a 都对应于 M 上的一个 Killing 场 K^a ，所谓对应是指 $K^a|_{\mathscr{K}}=k^a$.

16.5.3 弱孤立视界第零定律

传统黑洞热力学的第零定律是指稳态黑洞事件视界的表面引力在全视界上为常数. 这虽然对应于普通热力学第零定律(表面引力 ↔ 温度)，但这一对应其实并不工整:前者对系统外部环境的要求太过苛刻. 具体说，传统黑洞热力学第零定律要求黑洞处于稳态时空(存在全局的、在无限远为类时的 Killing 场). 只要视界以外(甚至离视界很“远”处)存在引力波，就不是稳态时空，就不敢说第零定律适用. 反之，普通热力学第零定律适用于孤立的系统，只要系统自身处于平衡态，外部世界完全可以千变万化. 弱孤立视界就是为克服这一重大缺陷而引入的，它可能只是黑洞区的部分边界(例如图 16-3)，是从一个不一定稳态的时空中孤立出来的、可被近似看作处于平衡态(例如流过它的能量、动量和角动量为零)的这么一段边界. 如果它存在一个可被称为表面引力的量[回到稳态黑洞时应回到事件视界(Killing 视界)

的表面引力 κ], 而且该量在整个弱孤立视界上为常数, 我们就有了一个适用于处在平衡态的视界的黑洞热力学第零定律. 小节 16.3.2 引入的 $\kappa_{(k)}$ 正是这个量[满足式(16-3-24)]. 如果 Δ 只是非涨视界, 虽然也可在其上定义 $\kappa_{(k)}$, 但由于 k^a 可用任意正定函数 α 重新标度, $\kappa_{(k)}$ 在 Δ 上未必为常数. 然而, 下面将证明弱孤立视界 $(\Delta,[k])$ 的任一 k^a 的 $\kappa_{(k)}$ 在 Δ 上为常数, 这就是弱孤立视界的第零定律.

命题 16-5-4(弱孤立视界第零定律)　设 $(\Delta,[k])$ 为弱孤立视界, 则 $[k]$ 的任一代表元 k^a 的表面引力 $\kappa_{(k)}$ 在 Δ 上为常数.

证明　以 d_a 代表 Δ 上的外微分算符, 由 $\kappa_{(k)} = k^b\omega_b$ [式(16-5-18)]得

$$\mathrm{d}_a\kappa_{(k)} = \mathrm{d}_a(k^b\omega_b) = \mathscr{L}_k\omega_a - (\mathrm{d}\omega)_{ba}k^b = -2\,\mathrm{Im}(\varPsi_2)\varepsilon_{ba}k^b = -2\mathrm{i}\,\mathrm{Im}(\varPsi_2)k^b\bar{m}_{\tilde{b}}\wedge m_{\tilde{a}} = 0\,,$$

其中第二步用到第 5 章习题 6(a), 第三步用到 $\mathscr{L}_k\omega_a = 0$ [式(16-5-42′)]及式(16-5-33), 第四步用到 $\varepsilon_{ab} = \mathrm{i}\,\bar{m}_{\tilde{a}}\wedge m_{\tilde{b}}$ [式(16-5-32)]. 注意到 Δ 是连通流形, 便知 $\kappa_{(k)}$ 在 Δ 上为常数.　□

注 6　命题 16-5-4 正是关于弱孤立视界的第零定律. 这是个并非寻常的结论: 它的成立只要求视界处于平衡态(只要是弱孤立的)而无须有任何对称性, 即无须有 Killing 场, 连只在其 2 维截面上定义的 Killing 场(用诱导度规衡量)也不必要. 反之, 推广前的第零定律的成立条件却强很多: 它只适用于稳态时空, 而这当然意味着存在 Killing 场.

注 7　$\kappa_{(k)} = 0$ 的(弱)孤立视界称为**极端(extremal)(弱)孤立视界**.

注 8　弱孤立视界的表面引力 $\kappa_{(k)}$ 的定义[仍用式(16-3-24)]与 Killing 视界的表面引力 κ [见式(16-1-2)]非常类似. 事实上, 拓扑为 $S^2\times\mathbb{R}$ (而且相应物质场满足定义 1 的能量条件)的 Killing 视界 $\mathscr{K}$ 也是弱孤立视界, 即 $\mathscr{K} = (\Delta,[K])$, 其中等价类 $[K]$ 的任一元素 K^a 都是某 Killing 场在 Δ 上的值. 这样就会出现一个问题: 设 K^a 和 cK^a 是 $[K]$ 的两个元素, 则由 $K'^a\nabla_a K'^b = \kappa_{(K')}K'^b$ 得 $c^2K^a\nabla_a K^b = \kappa_{(K')}cK^b$, 与 $K^a\nabla_a K^b = \kappa_{(K)}K^b$ 对比可知 $\kappa_{(K')} = c\kappa_{(K)}$, 为什么小节 16.1.1 讲 Killing 视界的表面引力时只有一个 κ? 这是因为该小节关心的是渐近平直的、存在全局 Killing 场 K^a 的情况, 那时早已通过要求 K^aK_a 在 $\mathscr{I}^+$ 为 -1 而在 $[K]$ 中挑出了唯一的 K^a. 然而, 在只有弱孤立视界而无 Killing 场的情况下却无法采用这一措施, 因此只好保留这种对 k^a 重新标度的自由性. 这时 $[k]$ 的每一元素 k^a 有自己的 $\kappa_{(k)}$, 而且对 $k'^a = ck^a$ 有 $\kappa_{(k')} = c\kappa_{(k)}$. 可见严格说来"弱孤立视界 $(\Delta,[k])$ 的表面引力"一词也存在可重新标度的自由性, 就是说, 表面引力一般不是弱孤立视界 $(\Delta,[k])$ 的内禀性质, 一个(非极端)弱孤立视界可以有很多不同的表面引力. 不过, "表面引力在弱孤立视界

上为常数”的结论总是对的. 如果必要, 也可对 $\kappa_{(k)}$ 做“规范固定”, 例如选定 $\kappa_{(k)} \equiv \dfrac{1}{2R_\Delta}$, 其中 R_Δ 是 Δ 的面积半径, 由 $A_\Delta = 4\pi R_\Delta{}^2$ 定义[见式(16-5-1)], 而 A_Δ 是视界任一截面的面积(纯内禀几何量).

注 9　我们一直把(弱)孤立视界 $(\Delta,[k])$ 看作一个处于平衡态的热力学系统, 并说它的表面引力 $\kappa_{(k)}$ 正比于系统的温度, 所以 $\kappa_{(k)}$ 在 Δ 上为常数正好表明这个系统满足热力学第零定律. 然而, 注 8 明明指出(弱)孤立视界 $(\Delta,[k])$ 的表面引力 $\kappa_{(k)}$ 依赖于等价类 $[k]$ 的代表元 k^a 的选择, 于是出现如下问题: 这个热力学系统的温度到底是多少?“系统的温度有规范自由性(指依赖于 k^a 的选取)”这样的提法像话吗!? 我们的看法是: 恐怕应该认为(弱)孤立视界 $(\Delta,[k])$ 是一族处于平衡态的热力学系统, 只当选定代表元 $k^a \in [k]$ 后, (Δ,k^a) 才是其中的一个系统. 设 $k'^a = ck^a \neq k^a$, 则 (Δ,k'^a) 就是另一个热力学系统, 两者有不同的温度就是很自然的事情. 这一看法也可从施瓦西事件视界得到印证. 施瓦西黑洞的表面引力 $\kappa = (4M)^{-1}$, 质量各为 M 和 $M' \neq M$ 的施瓦西黑洞当然被看作两个不同的黑洞, 亦即有不同温度的两个热力学系统. 然而我们早已知道施瓦西事件视界 $\mathscr{E}$ 是孤立视界的特例, 现在自然要问: 质量各为 M 和 $M' \neq M$ 的两个事件视界是一个还是两个孤立视界?把施瓦西事件视界看作孤立视界时, 这个孤立视界的 k^a 就是静态 Killing 场 ξ^a 在视界 $\mathscr{E}$ 上的值, 即 $k^a = \xi^a|_{\mathscr{E}}$. 若取图 9-13(a) 的 N_1 (两个类光分支之一)为 $\mathscr{E}$, 则由式 (9-4-40) 得

$$\xi^a|_{\mathscr{E}} = (4M)^{-1} V (\partial/\partial V)^a ,$$

可见 M 值(因而 κ 值)的改变相当于 k^a 的重新标度化, 因而应该说不同质量的所有施瓦西事件视界合起来才是一个孤立视界 $(\Delta,[k])$, 这与本节注 5 最末一句话一致.

16.5.4　弱孤立视界和孤立视界的对称性

如中册 §12.5 开头所述, 广义黎曼空间 (M, g_{ab}) 上的每一等度规映射 $\phi: M \to M$ 称为一个对称性, 因为保度规就是保几何. 然而, (弱)孤立视界 $(\Delta,[k])$ 的退化“度规” h_{ab} 不完全决定几何, 所以只保 h_{ab} 还不算是对称性. 从定义 2 可知, 弱孤立视界和孤立视界的几何各由三个要素决定, 对前、后者分别是 $h_{ab}, \omega_a, [k]$ 和 $h_{ab}, \mathscr{D}_a, [k]$, 只有同时保持这三个要素的变换才够资格充当对称性. 于是有以下定义.

定义 3　微分同胚 $\rho: \Delta \to \Delta$ 称为弱孤立视界 $(\Delta,[k])$ 的一个**对称性**, 若

$$\text{(a)}\rho^* h_{ab} = h_{ab},\quad \text{(b)}\rho^* \omega_a = \omega_a,\quad \text{(c)}\rho_* k^a = ck^a,\quad \text{其中 } c \text{ 为非零常数.} \tag{16-5-46}$$

上式的(c)不应改为 $\rho_* k^a = k^a$, 因为被保的对象是等价类 $[k]$ 而不是其中的哪一个元素 k^a.

对孤立视界，由于第二个被保对象是 $\mathscr{D}_a$，所以式(16-5-46)的条件(b)应改为 $\rho^*(\mathscr{D}_a T)=\mathscr{D}_a(\rho^* T)$，其中 T 代表 $\varDelta$ 上"切于" $\varDelta$ 的任一张量场(略去抽象指标)．于是有

定义 4　微分同胚 $\rho:\varDelta\to\varDelta$ 称为孤立视界 $(\varDelta,[k])$ 的一个**对称性**，若

$$(\mathrm{a})\rho^* h_{ab}=h_{ab},\ (\mathrm{b})\rho^*(\mathscr{D}_a T)=\mathscr{D}_a(\rho^* T),\ (\mathrm{c})\rho_* k^a=ck^a,\ c\text{ 为非零常数}. \tag{16-5-47}$$

假设 $\{\rho_\lambda:\varDelta\to\varDelta\,|\,\lambda\in\mathbb{R}\}$ 是由 k^a 产生的单参微分同胚群，我们自然猜想每个 ρ_λ 都是一个对称性，因为至少由 $\mathscr{L}_k h_{ab}=0$ [式(16-5-4)]及李导数定义可知 $\rho_\lambda{}^* h_{ab}=h_{ab}$．下面的命题将对这一猜想做出肯定．然而并非所有弱孤立视界 $(\varDelta,[k])$ 的 k^a 都能产生单参微分同胚群的．如果 k^a 是 $\varDelta$ 上的不完备矢量场(其积分曲线的参数取值不能遍及全 $\mathbb{R}$，例如图16-3)，则它产生的映射 $\rho_\lambda:\varDelta\to\varDelta$ 除 $\lambda=0$ 的那个之外都不是微分同胚，因为只要 $\lambda\neq 0$，$\varDelta$ 上就总有这样的点，它被 ρ_λ 映射到 $\varDelta$"以外"．可见，只当 k^a 是完备矢量场时方可产生单参微分同胚群．

命题 16-5-5　设 $\{\rho_\lambda:\varDelta\to\varDelta\,|\,\lambda\in\mathbb{R}\}$ 是由弱孤立视界 $(\varDelta,[k])$ 的 k^a 产生的单参微分同胚群(这已意味着 k^a 完备)，则每一群元 ρ_λ 都是一个对称性．

证明　第一，由 $\mathscr{L}_k h_{ab}=0$ 及李导数定义得 $\rho_\lambda{}^* h_{ab}=h_{ab}$．第二，因为

$$\mathscr{L}_k\omega_a=\mathrm{d}_a(k^b\omega_b)+(\mathrm{d}\omega)_{ab}k^b=\mathrm{d}_a\kappa_{(k)}-2\,\mathrm{Im}(\varPsi_2|_\varDelta)\varepsilon_{ab}k^b=0,$$

[其中第一步用到第 5 章习题 6(a)，第二步用到式(16-5-18)(即 $\kappa_{(k)}=k^b\omega_b$)及式(16-5-33)，第三步用到第零定律及 $\varepsilon_{ab}k^b=0$．] 所以由李导数定义便有 $\rho_\lambda{}^*\omega_a=\omega_a$．第三，由

$$0=\mathscr{L}_k k^a\equiv\lim_{\lambda\to 0}\frac{1}{-\lambda}(\rho_{-\lambda}{}^* k^a-k^a)=\lim_{\lambda\to 0}\frac{1}{-\lambda}(\rho_{\lambda *}k^a-k^a)$$

得 $\rho_{\lambda *}k^a=k^a$．于是 ρ_λ 满足定义 3．　□

注 10　上述命题的结论也适用于孤立视界．

由于 ρ_λ 把 $\varDelta$ 的点变为同一母线的点，所以称 ρ_λ 为**保母线对称性**(generator-preserving symmtry)．此外当然还可能有其他对称性，它们都同 $\varDelta$ 的截面有关(准确含义见小节16.6.3)．$\varDelta$ 的每一截面都是拓扑 2 球面，而且其上存在由 g_{ab} 诱导的度规场 q_{ab}．若以 N 代表 (S,q_{ab}) 上的独立 Killing 矢量场的个数，则只有以下三种可能：① $N=3$ (S 有球对称性)；② $N=1$ (S 有轴对称性)；③ $N=0$ (S 无对称性)，见 Ashtekar et al. (2001)．于是(弱)孤立视界可依上述次序分为Ⅰ型、Ⅱ型和Ⅲ型．施瓦西时空和 Kerr 时空的事件视界分别是Ⅰ型和Ⅱ型孤立视界的简单例子．

注 11　Ashtekar 等的文献对(弱)孤立视界的分类曾先后给出过两种不同的定义[分别以 Ashtekar et al. (2001)和 Ashtekar and Krishnan(2004)为代表]，我们把它

们依次称为定义①和②. 刚才介绍的 I 型、II 型和 III 型是定义②的分类方式(按截面的对称性分类), 小节 16. 6. 3 将详细讲述定义①的分类方式. 后面(小节 16. 6. 4)在推证弱孤立视界的角动量公式时, 某些地方要用到定义①的条件(强于定义②的条件), 因此我们明确约定, 以后谈到任何一种类型的(弱)孤立视界时, 分类方式都以定义①为准. 由于 II 型视界最为常用, 本书只讨论这种视界. 根据定义①, II 型视界的截面 (S,q_{ab}) 既可能是轴对称的也可能是球对称的(详见小节 16. 6. 3), 而球对称蕴涵轴对称, 所以 II 型视界一定存在反映轴对称性的矢量场, 借此就可给视界定义角动量, 详见下一小节.

16.5.5 弱孤立视界第一定律

本书只讨论无物质场情况下的 II 型弱孤立视界, 仿此不难讨论无物质场的 I 型视界. 向有物质场的各型视界的推广可参见 Ashtekar and Krishnan(2004) 所引文献.

下面要推导弱孤立视界 $\varDelta$ 的第一定律, 即该视界的质量 $M_\varDelta$、面积 $A_\varDelta$ 和角动量 $J_\varDelta$ 的微小增量的关系式, 为此应先介绍 Ashtekar 等借用哈氏形式所找到的 $M_\varDelta$ 和 $J_\varDelta$ 的定义. 通常的哈氏理论(见 §15.4)关心共轭对 (q,π) 的时间演化, 其中 q 是 3 维场位形, π 是动量密度, 定义为 $\pi\equiv\partial\mathscr{L}/\partial\dot{q}$, 所以哈氏理论的使用前提是对时空选定了一个 $3+1$ 分解. (满足适当条件的)全体共轭对组成相空间 $\varGamma\equiv\{(q,\pi)\}$, 其上自然存在辛形式 $\varOmega_{AB}$ (见 §15.7). 然而 Ashtekar 等在讨论孤立视界时所用的相空间与此略有不同, 它由场方程满足边界条件的全体解(未经 $3+1$ 分解的 4 维场位形) ψ 组成, 简记作 $\varGamma\equiv\{\psi\}$. 因为我们仅讨论含 II 型弱孤立视界而且无物质场的时空, 所谓场方程就是真空爱因斯坦方程, 相空间的一点就是一个满足真空爱因斯坦方程的时空. (若讨论有物质场的时空, 则还应包括物质场的场方程.) 由于未做 $3+1$ 分解, 这种相空间称为**协变**(covariant)相空间, 而通常的 $\varGamma\equiv\{(q,\pi)\}$ 则称为**正则**(canonical)**相空间**. 正则相空间自然存在辛形式, 而协变相空间则不然. Lee and Wald(1990)对协变相空间(虽然未用此称谓)做过开创性研究, 证明它自然存在闭的 2 形式 $\varOmega_{AB}$, 但可能退化(退化方向对应于规范自由性), 并称之为**预辛形式** (pre-symplectic form). 孤立视界可用上述两种相空间之任一来讨论, 结果相同. 仿照 Ashtekar , 本章也使用协变相空间. 由小节 15.7.1 可知: ①若 $\varOmega_{AB}$ 非退化(是真正的辛形式), 则对 $\varGamma$ 上的任一函数 F 可定义其哈氏矢量场 $X_F{}^A\equiv\varOmega^{AB}\nabla_B F$, 等价地, $\varOmega_{AB}X_F{}^B=\nabla_A F$; ② $\varGamma$ 上满足 $\mathscr{L}_X\varOmega_{AB}=0$ 的矢量场 X^A 称为无限小对称性, 由 X^A 产生的微分同胚 $\varGamma\to\varGamma$ 称为正则变换; ③局域地说, X^A 是无限小对称性当且仅当它是某函数的哈氏矢量场. 预辛形式 $\varOmega_{AB}$ 的退化性导致无逆, 哈氏矢量场的上述定义失效, 但可改用其等价形式定义, 即: $\varGamma$ 上任一矢量场 X^A 称为**哈氏矢量场**, 若

Γ 上有函数 F 使 $\Omega_{AB}X_F{}^B=\nabla_A F$. 于是对辛形式成立的命题15-7-1可推广为

命题 16-5-6　设 Ω_{AB} 是预辛形式, 则 X^A 是哈氏矢量场当且仅当 $\mathscr{L}_X\Omega_{AB}=0$.

证明　由第 5 章习题 6(a) 得

$$\mathscr{L}_X\Omega_{AB}=\mathrm{d}_A(\Omega_{CB}X^C)+X^C\mathrm{d}_C\Omega_{AB}=-\mathrm{d}_A(\Omega_{BC}X^C),$$

(其中末步用到 Ω_{AB} 为闭, 即 $\mathrm{d}\boldsymbol{\Omega}=0$.) 若 X^A 是哈氏矢量场, 则有函数 F 使

$$\Omega_{BC}X^C=\nabla_B F=\mathrm{d}_B F,$$

故 $\mathscr{L}_X\Omega_{AB}=-\mathrm{d}_A(\mathrm{d}_B F)=0$. 反之, 若 $\mathscr{L}_X\Omega_{AB}=0$, 则 $\mathrm{d}_A(\Omega_{BC}X^C)=0$. 而 Γ 有平凡拓扑[见 Ashtekar and Krishnan(2004)P.33~34], 故 Γ 上有函数 F 使

$$\Omega_{BC}X^C=\mathrm{d}_B F=\nabla_B F,$$

因而 X^A 是哈氏矢量场.　□

以 Γ 上任一矢量场 δ^A 缩并 $\Omega_{AB}X_F{}^B=\nabla_A F$ 得

$$\Omega_{AB}\delta^A X^B=\delta^A\nabla_A F\equiv\delta F, \tag{16-5-48}$$

其中 δF 应理解为矢量场 δ^A 作用于函数 F 的产物, 即 $\delta(F)$. 综合以上结果得

$$X^A\text{ 为哈氏场}\Leftrightarrow\mathscr{L}_X\Omega_{AB}=0\Leftrightarrow\exists F\text{ 使 }\Omega_{AB}X^B=\nabla_A F\Leftrightarrow\exists F\text{ 使 }\Omega_{AB}\delta^A X^B=\delta F\ \forall\delta^A. \tag{16-5-49}$$

下面要用哈氏形式讨论能量和角动量问题. 首先说明两点.

第一, 弯曲时空的能量来自物质场和引力场的贡献, 而引力能量的非定域性(中册小节12.6.3)使任何(有限的) 3 维空间区域内的“引力能量”(因而“3维空间内总能量”)一词失去意义, 只能谈及渐近平直时空在任一时刻的“全空间”(类空柯西面)的总能量, 即 ADM 能量. 这种非定域性使得连“施瓦西时空的质量位于黑洞内部还是分居于内部和外部?”这种常被问及的问题都不许问(因为“能量位于何处”一词无意义, 只能说施瓦西时空的总能量是 M), 从而带来诸多不便. 有鉴于此, 长期以来有许多学者致力于准局域能量的研究. Hawking(1968) 提出的能(质)量定义(后来被称为 **Hawking 质量**)也许是最早的准局域能量定义, 粗略地说, 它是指某 2 维类空面 S 所包围的 3 维区域内的准局域能量, 定义为

$$E_{\text{Hawking}}(S)\equiv\sqrt{\frac{A(S)}{16\pi}}\left(1+\frac{1}{2\pi}\int_S\hat{\theta}_k\hat{\theta}_l\right), \tag{16-5-50}$$

其中 $A(S)$ 是 S 的面积, $\hat{\theta}_l$ 和 $\hat{\theta}_k$ 是由 S 发出的两族类光测地线的膨胀. 若 S 是施瓦西黑洞的视界截面(图 9-20 中不交于坍缩星的任一水平面与视界的交面), 则由 $\hat{\theta}_k=0$ 得 $E_{\text{Hawking}}(S)=M$ (该黑洞的质量参数), 与人们关于“施瓦西时空的能量位于

视界以内”的直观想法一致(但这“能量”只能理解为准局域能量). 然而应注意 Kerr 视界内的 Hawking 质量并不等于 Kerr 度规的质量参数 M 而等于其不可减质量 $\hat{M}$ [定义见中册式(13-5-8)], 所以人们不愿把 Hawking 质量定义为 Kerr 黑洞内的准局域能量. 结论的不同源于两种时空的关键区别: Kerr 时空有角动量而施瓦西时空没有. 本小节关心的则是(弱)孤立视界 $\varDelta$ 的截面 S 以内(3 维黑洞区内)的准局域能量, 但仿照 Ashtekar 等的文献而简称为“ S 的能量”. 类似地, “ S 的角动量” 是指 S 面以内的准局域角动量(引入动机与准局域能量相同).

第二, 在相对论中谈及能量时应先选定一个类时矢量场, 能量是关于该矢量场而言的. 例如, 给定闵氏时空中物质场的 T_{ab} 后, 为定义其能量就应先选定一个类时 Killing 场. 用不同的 Killing 场定义的能量一般不等(见中册小节 12.6.2 关于电磁场能量的讨论). 类似地, 为定义角动量应先指定一个反映空间转动对称性的 Killing 场. 能量和角动量都是闵氏时空的守恒量, 守恒性来自时空的对称性[这也是 Noether 定理的结论(见附录 H)], 所以定义时要选 Killing 场. 这一精神原则上可推广到弯曲时空.

设 (M, g_{ab}) 是含 II 型弱孤立视界 $\varDelta$ 的时空, 我们来寻求 $\varDelta$ 的截面 S 的能量和角动量的定义. 先从较容易的角动量入手. 虽然现在的 (M, g_{ab}) 可能根本没有 Killing 场, 但至少有以下两方面的对称性可资利用: ①由于渐近平直, 空间无限远 i^0 有由 SPI 群(见中册第 12 章)代表的对称性; ② II 型视界总有反映轴对称性的“转动” 矢量场, 记作 φ^a, 它的积分曲线闭合并铺成 $\varDelta$ 的一个截面 S. 考虑 M 的开子集 $\mathscr{M} \subset M$, 其边界由以下四部分组成(图 16-8): 一、二是类空面 $\varSigma_1$ 和 $\varSigma_2$; 三是弱孤立视界 $\varDelta$; 四是空间无限远 i^0 的切空间 V_{i^0} 中的类时超曲面 τ_∞. (即图 12-14 及图 12-22 的 K. 本章的 K 太多, 故改记作 τ_∞.) $\varDelta$ 和 τ_∞ 分别称为 $\mathscr{M}$ 的**内边界**和**无限远边界**. 图 16-8 中还选了一张柯西面 $\varSigma$, 它与 $\varDelta$ 及 τ_∞ 之交依次为截面 S 和 S_∞ (后者即图 12-22 的 C), 两者共同组成 $\varSigma$ 的边界, 即 $\partial\varSigma = S \cup S_\infty$.

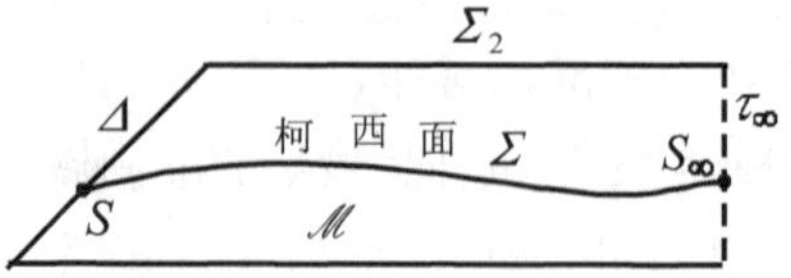

图 16-8　4 维开集 $\mathscr{M}$ 由 4 部分边界 $\varSigma_1, \varSigma_2, \varDelta, \tau_\infty$ 围成. 柯西面 $\varSigma$ 与 $\varDelta, \tau_\infty$ 分别交于截面 S 和 S_∞

设 ϕ^a 是 $\mathscr{M}$ 上的矢量场, 它在 $\varDelta$ 上重合于 φ^a, 在 τ_∞ 上重合于某个指定的转动对称性(渐近 Killing 场). 由于只讨论无物质场的情况, M 上的物理场 ψ 就只有度规场 g_{ab}, 其场方程(真空爱因斯坦方程)由 Hilbert 作用量 $S = \int R\varepsilon$ 导出(见小节 15.1.3). 每一满足场方程的 ψ 可看作相空间 $\varGamma$ 的一点. 以 $\{f_\lambda : M \to M\}$ 代表由 ϕ^a

产生的单参微分同胚族, 则 $f_\lambda{}^*$ 对 ψ 的作用结果 $\psi_\lambda \equiv f_\lambda{}^*\psi$ 是 M 上的另一个场. 因为里奇张量等对度规的依赖关系有微分同胚不变性, 即对任意微分同胚 f 有 $f_*(R_{ab}[g]) = R_{ab}[f_*g]$ [上册式 (8-10-13)], 所以作用量也有这种不变性, 因而 ψ_λ 也满足场方程, 也可看作 Γ 的一点. 当 λ 连续变动时 ψ_λ 就是 Γ 上以 λ 为参数的一条曲线. 以 $X^A_{(\phi)}$ 代表此线在 ψ 点的切矢, 现在的关键问题是: $X^A_{(\phi)}$ 是否为哈氏矢量场? 等价地, 它产生的微分同胚 $\Gamma \to \Gamma$ 是否为正则变换?根据式(16-5-49)或(16-5-48), 这也等价于: Γ 上是否有函数 $J^{(\phi)}$ 满足

$$\delta J^{(\phi)} = \Omega_{AB}\delta^A X^B_{(\phi)}, \quad \forall\,(\text{代表变分的})\text{ 矢量场 }\delta^A\,? \tag{16-5-51}$$

计算表明[见 Ashtekar et al. (2001)]下式成立:

$$\Omega_{AB}\delta^A X^B_{(\phi)} = \delta\left(-\frac{1}{8\pi}\int_S \varphi^a \omega_a\right) - \delta J^{(\phi)}_{\text{ADM}}, \tag{16-5-52}$$

这已表明满足式(16-5-51)的函数 $J^{(\phi)}$ 的确存在, 它就是

$$J^{(\phi)} = -\frac{1}{8\pi}\int_S \varphi^a \omega_a - J^{(\phi)}_{\text{ADM}}. \tag{16-5-53}$$

上式包含两个边界项, 其一为视界截面项, 其二是无限远截面项, 也就是时空的 ADM 角动量. ① 物理学中的角动量本应是矢量, 只当谈到其某一分量时才是标量. 标量 $J^{(\phi)}_{\text{ADM}}$ 右上角的 ϕ 标明它是 ADM 角动量关于所选的渐近 Killing 场(时空渐近无限小轴对称性) ϕ^a 的那个特定分量, 于是式(16-5-53)右边第一项自然应被解释为(定义为)视界 Δ (关于无限小轴对称性 $\varphi^a = \phi^a|_\Delta$)的角动量, 因而应记作 $J^{(\phi)}_\Delta$, 即

$$J^{(\phi)}_\Delta \equiv -\frac{1}{8\pi}\int_S \varphi^a \omega_a\,. \tag{16-5-54}$$

注 12　上式的积分域 S 是 Δ 的一个截面, 取法非常任意. 如果另取截面 S', 积分仍一样吗?后面(见小节16.6.4)将证明: 任选一个截面族(记作族 1)对 Δ 分层, 则各层的积分 $\int_S \varphi^a \omega_a$ 相等; 改用另一截面族(族 2)分层, 则各层的积分不但相等, 而且还等于族 1 的积分. 因此, 把 2 维截面 S 上的积分 $\int_S \varphi^a \omega_a$ 称为 3 维 Δ 的角动量(并记作 $J^{(\phi)}_\Delta$)是合理的.

式(16-5-54)表明视界角动量 $J^{(\phi)}_\Delta$ 完全由(准)局域几何量决定. 只要知道Ⅱ型视界上的局域几何就可用此式计算 $J^{(\phi)}_\Delta$. 由于 ω_a 与外尔张量 $C_{\tilde a \tilde b \tilde c}{}^d$ 有密切联系(见命题 16-5-1), 我们期望 $J^{(\phi)}_\Delta$ 也可借外尔张量的适当分量表出. 这是可以做到的, 后面

① 式(16-5-52)只能把 $J^{(\phi)}$ 确定到差一个常数的程度. 再考虑到如下自然要求: 静态轴对称时空的角动量 $J^{(\phi)}$ 为零, 才有式(16-5-53).

(命题 16-6-12)将证明式(16-5-54)也可等价地表述为

$$J_{\Delta}^{(\phi)}=\frac{1}{4\pi}\int_S f\,\mathrm{Im}(\Psi_2)\,, \tag{16-5-55}$$

式中Ψ_2是外尔张量在 NP 标架的第 2 分量[见式(16-5-31)], f 是Δ上的函数, 定义为$\mathscr{D}_a f\equiv\varepsilon_{ba}\varphi^b$, 其中$\varepsilon_{ba}$是$S$上的适配“面元”[f 的存在唯一性见命题 16-6-11(2)].

由式(16-5-53)及(16-5-54)得

$$J^{(\phi)}=J_{\mathrm{ADM}}^{(\phi)}-J_{\Delta}^{(\phi)}\,. \tag{16-5-56}$$

既然$J_{\Delta}^{(\phi)}$代表视界Δ以内(黑洞内)的准局域角动量, 而$J_{\mathrm{ADM}}^{(\phi)}$是全时空的角动量, 自然应把$-J^{(\phi)}$解释为介于$\Delta$和无限远之间(黑洞外)的时空区域$\mathscr{M}$内的准局域角动量.

以上讨论只要求视界是 II 型的, 即Δ上存在反映轴对称性的矢量场φ^a, 并不要求时空存在任何 Killing 场, 甚至也不要求含Δ的任何 4 维开集上有 Killing 场. 然而, 如果含Δ的某个 4 维开集上有 Killing 矢量场ϕ^a (满足$\phi^a|_\Delta=\varphi^a$), 则还可把$J_{\Delta}^{(\phi)}$表为如下的 Komar 积分: [尽管 Komar 原文只涉及时空质量和动量(而无角动量)的表达式, 人们仍把下式也称为 Komar 积分.]

$$J_{\Delta}^{(\phi)}=\frac{1}{16\pi}\int_S \varepsilon_{abcd}\nabla^c\phi^d\,, \tag{16-5-57}$$

详见命题 16-6-13.

进一步说, 如果时空整体存在反映轴对称性的 Killing 矢量场ϕ^a (满足$\phi^a|_\Delta=\varphi^a$), 则$J_{\Delta}^{(\phi)}$等于$J_{\mathrm{ADM}}^{(\phi)}$并且都等于式(16-5-57)的 Komar 积分(KN 时空就是一例). 这时式(16-5-56)给出$J^{(\phi)}=0$, 说明时空域$\mathscr{M}$中(即黑洞外)的准局域角动量为零.

下面再寻找视界能量的定义. 与J_Δ的定义手法类似, 先在时空中选定一个代表“时间平移对称性”的矢量场t^a, 准确说就是要求t^a满足如下边界条件: ①在τ_∞上要重合于某个时间平移渐近 Killing 场; ②在Δ上应是 II 型视界的一个对称性, 即是两个对称性k^a和φ^a的线性组合:

$$t^a\triangleq b_{(k,t)}k^a-\Omega_{(t)}\varphi^a\,, \tag{16-5-58}$$

其中$b_{(k,t)}$和$\Omega_{(t)}$都是常数. (但对不同时空可有不同常数值, 例如, 从物理角度考虑, $\Omega_{(t)}$对施瓦西时空应该为零而对 Kerr 时空则应非零.) 仿照角动量的讨论, 以t^a及$X_{(t)}^A$代替ϕ^a及$X_{(\phi)}^A$, 则现在的问题是: $X_{(t)}^A$是否为哈氏矢量场?等价地, Γ上是否有函数$E^{(t)}$满足

$$\delta E^{(t)} = \Omega_{AB}\delta^A X^B_{(t)}, \quad \forall \delta^A ? \tag{16-5-59}$$

从式(16-5-58)出发的计算给出[见 Ashtekar, Fairhurst, and Krishnan(2000)][①]

$$\Omega_{AB}\delta^A X^B_{(t)} = -\frac{1}{8\pi}\kappa_{(t)}\delta A_\Delta - \Omega_{(t)}\delta J_\Delta + \delta E^{(t)}_{\text{ADM}}, \tag{16-5-60}$$

式中 $A_\Delta \equiv \int_S \varepsilon_{ab}$ 是视界面积, $E^{(t)}_{\text{ADM}}$ 是用 t^a 定义的 ADM 能量, $\kappa_{(t)} \equiv bk^a\omega_a$ (其中 b 是 $b_{(k,t)}$ 的简写). 暂令 $K^a \equiv bk^a$, 则

$$K^b\nabla_b K^a = b^2 k^b \nabla_{\tilde{b}} k^a = b^2 k^b \omega_b k^a = (bk^b\omega_b)K^a = \kappa_{(t)}K^a .$$

因 K^a 与 b 有关而 b (实为 $b_{(k,t)}$)依赖于 $t^a|_\Delta$, 故也把 $\kappa_{(t)}$ 称为伴随于 $t^a|_\Delta$ 的表面引力. 现在寻找函数 $E^{(t)}$ 存在的充要条件. 首先, 如果存在函数 $E^{(t)}$ 满足式(16-5-59), 就可令

$$E^{(t)}_\Delta \equiv -E^{(t)} + E^{(t)}_{\text{ADM}},$$

与式(16-5-59)、(16-5-60)结合乃得

$$\delta E^{(t)}_\Delta = \frac{1}{8\pi}\kappa_{(t)}\delta A_\Delta + \Omega_{(t)}\delta J_\Delta, \tag{16-5-61}$$

上式表明 $(8\pi)^{-1}\kappa_{(t)}\delta A_\Delta + \Omega_{(t)}\delta J_\Delta$ 是恰当变分. 反之, 如果 $(8\pi)^{-1}\kappa_{(t)}\delta A_\Delta + \Omega_{(t)}\delta J_\Delta$ 是恰当变分, 便存在函数 $E^{(t)}_\Delta$ 满足式(16-5-61), 从而存在函数满足式(16-5-59). 可见

$$\exists E^{(t)} \text{ 满足式(16-5-59)} \Leftrightarrow \frac{1}{8\pi}\kappa_{(t)}\delta A_\Delta + \Omega_{(t)}\delta J_\Delta \text{ 是恰当变分.} \tag{16-5-62}$$

Γ 的每点代表一个时空度规, 而不同时空可有不同的 $\Omega_{(t)}$, $\kappa_{(t)}$ 和 $E^{(t)}_\Delta$ (如果存在), 所以这三个量都可看作 Γ 上的函数. 作为无限维相空间, Γ 的一点有无限多个坐标, 但式(16-5-61)说明 $\Omega_{(t)}$, $\kappa_{(t)}$, $E^{(t)}_\Delta$ 只取决于 A_Δ 和 J_Δ 这两个坐标. 所以在这一问题上 Γ 类似于 2 维流形. 仿照恰当微分的充要条件(见上册推论 5-1-6)可知: $(8\pi)^{-1}\kappa_{(t)}\delta A_\Delta + \Omega_{(t)}\delta J_\Delta$ 是恰当变分当且仅当

$$\frac{\partial \kappa_{(t)}}{\partial J_\Delta} = 8\pi \frac{\partial \Omega_{(t)}}{\partial A_\Delta}. \tag{16-5-63}$$

因为 $\kappa_{(t)}$ 及 $\Omega_{(t)}$ 都由 $t^a|_\Delta$ 决定, 所以上式是对 $t^a|_\Delta$ 提出的要求. 满足上式(因而存在 $E^{(t)}_\Delta$)的 t^a 称为**允许的**(permissible)**时间演化矢量场**. 请注意式(16-5-61)无非就是 Δ 上的第一定律, 可见第一定律正是 t^a 为允许时间演化场的充要条件!

① 该文的计算默认角动量为零, 但不难推广至角动量非零的情况.

现在的关键问题是如何求得允许时间演化场 t^a，下面介绍 Ashtekar and Krishnan(2004) 所建议的方法. 式(16-5-62)后几行说明每对 (A_Δ, J_Δ) 决定一个 $\kappa_{(t)}$，所以 $\kappa_{(t)}$ 可看作 A_Δ 和 J_Δ 的二元函数，记作 $\kappa_{(t)}(A_\Delta, J_\Delta)$. 相当任意地指定这个二元函数的函数关系，便有映射 $(A_\Delta, J_\Delta) \mapsto \kappa_{(t)}$，再由 $\kappa_{(t)} \equiv b_{(k,t)} k^a \omega_a$ 便求得 $b_{(k,t)}$ (因 $k^a \omega_a$ 已知)，可见又有 $(A_\Delta, J_\Delta) \mapsto b_{(k,t)}$. 另一方面，由函数关系 $\kappa_{(t)}(A_\Delta, J_\Delta)$ 求出偏导函数 $\partial \kappa_{(t)} / \partial J_\Delta$，代入式(16-5-63)便得到关于待求函数 $\Omega_{(t)}(A_\Delta, J_\Delta)$ 的偏微分方程. 适当选取此方程的一个解 $\Omega_{(t)}$，把它及刚才求得的 $b_{(k,t)}$ 一同代入式(16-5-58)便可求得一个允许时间演化场 t^a. 由于从一开始选定二元函数 $\kappa_{(t)}(A_\Delta, J_\Delta)$ 时就有很大任意性，按上述思路可求得无限多个允许时间演化场. 自然要问: 其中有没有一个是与众不同的、因而是值得偏爱的?考虑到: ①真空稳态黑洞的事件视界应作为特例包括在讨论中; (提醒: 我们已约定只讨论 II 型弱孤立视界，而且其上没有物质场，故言真空.) ②真空稳态黑洞只能是 Kerr 黑洞，就可找到对 t^a 的唯一的自然选择(专记作 t_0^a)，具体做法如下.

取二元函数 $\kappa_0(A_\Delta, J_\Delta)$，要求其函数关系与 Kerr 时空的表面引力 κ_{Kerr} (作为 Kerr 视界面积 A 和角动量 J 的函数)的函数关系相同，后者则可推导如下: Kerr 质量 M 与事件视界的坐标半径 r_+ 的关系为 $r_+ = M + \sqrt{M^2 - (J/M)^2}$ [式 (13-3-1)]，而由式 (13-2-1) 可推得事件视界的面积为 $A = 4\pi[{r_+}^2 + (J/M)^2]$，故其面积半径 R 满足 $R^2 = {r_+}^2 + (J/M)^2$，两式结合得

$$M = \frac{\sqrt{R^4 + 4J^2}}{2R}, \tag{16-5-64}$$

再与 κ_{Kerr} 的表达式(16-1-3)联立，经过烦而不难的计算便得

$$\kappa_{\text{Kerr}}(A, J) = \frac{R^4 - 4J^2}{2R^3\sqrt{R^4 + 4J^2}}, \tag{16-5-65}$$

于是取

$$\kappa_0(A_\Delta, J_\Delta) = \frac{{R_\Delta}^4 - 4{J_\Delta}^2}{2{R_\Delta}^3\sqrt{{R_\Delta}^4 + 4{J_\Delta}^2}}. \tag{16-5-66}$$

以此 $\kappa_0(A_\Delta, J_\Delta)$ 充当式(16-5-63)左边的函数 $\kappa_{(t)}(A_\Delta, J_\Delta)$，通过求解方程(16-5-63)得到的 $\Omega_{(t_0)}$ 为①

---

① 式(16-5-63)是个关于二元函数 $\Omega_{(t)}(A_\Delta, J_\Delta)$ 的偏微分方程，其通解可表为式(16-5-67)右边加上一个 J_Δ 的任意函数 $C(J_\Delta)$. 为何取 $C(J_\Delta)$ 为零?Ashtekar and Krishnan(2004)未做任何说明.

$$\Omega_{(t_0)} = \frac{2J_\Delta}{R_\Delta\sqrt{R_\Delta{}^4 + 4J_\Delta{}^2}}\,. \qquad (16\text{-}5\text{-}67)$$

[把 R_Δ, J_Δ 取为 Kerr 的 R, J，代入上式所得的 $\Omega_{(t_0)}$ 正好等于 Kerr 视界的角速度，满足式(13-5-3)]. 最后求得的视界能量为

$$E_\Delta^{(t_0)} = \frac{\sqrt{R_\Delta{}^4 + 4J_\Delta{}^2}}{2R_\Delta}, \qquad \text{其中 } R_\Delta \text{ 是 } \Delta \text{ 的面积半径}. \qquad (16\text{-}5\text{-}68)$$

上式的 $E_\Delta^{(t_0)}$ 又专称为**正则视界能量**(canonical horizon energy)，亦称**视界质量**(horizon mass)，并记作 $M_\Delta \equiv E_\Delta^{(t_0)}$. 把式(16-5-61)的全部 t 取为 t_0 便得

$$\delta E_\Delta^{(t_0)} = \frac{1}{8\pi}\kappa_{(t_0)}\delta A_\Delta + \Omega_{(t_0)}\delta J_\Delta, \qquad (16\text{-}5\text{-}69)$$

这就是**弱孤立视界**(在选 $t^a = t_0^a$ 时)**的第一定律**. 式中各量都在视界上(准)局域地定义，从而克服了传统第一定律中 A 和 Ω 在视界上定义而 M 和 J 在无限远定义的重大缺陷.

§16.6　弱孤立视界的进一步讨论[选读]

小节 16.5.4 给出了弱孤立视界的角动量 $J_\Delta^{(\phi)}$ 的三个表达式，本节拟对其中的后两个[即式(16-5-55)和(16-5-57)]给出详细证明. 弱孤立视界首先是类光超曲面，类光面上的几何与只涉及正定度规的黎曼几何既有某些共性更有许多非常不同的性质(姑且称之为反常性质)，后者特别值得引起注意. 可以说，类光面 Δ 的种种反常性质的总根源是时空度规 g_{ab} 在 Δ 上的诱导“度规” h_{ab} 的退化性. 利用 g_{ab} 在 NP 标架 $\{m^a, \bar{m}^a, l^a, \bar{k}^a\}$(其中 $\bar{k}^a$ 是 k^a 的延拓)的表达式

$$g_{ab} = \bar{m}_a m_b + m_a \bar{m}_b - \bar{k}_a l_b - l_a \bar{k}_b \qquad (16\text{-}6\text{-}1)$$

得

$$h_{ab} \equiv i^* g_{ab} = \bar{m}_{\tilde{a}} m_{\tilde{b}} + m_{\tilde{a}} \bar{m}_{\tilde{b}}\,, \qquad (16\text{-}6\text{-}2)$$

其中 $i: \Delta \to M$ 是包含映射，$m_{\tilde{a}} \equiv i^* m_a$. 作为 3 维流形 Δ 上的张量场，h_{ab} 竟然可以只由两个独立的对偶矢量场($\bar{m}_{\tilde{a}}$ 和 $m_{\tilde{b}}$)的张量积表出，这正是 h_{ab} 退化性的明显表现. 虽然§16.3 对类光面的某些反常性质有过介绍，但是，为了证明上述两个角动量表达式，同时也为帮助初学者更深入确切地了解类光面的反常性，我们专辟两小节(16.6.1 和 16.6.2)对此做补充讨论. 要证明 $J_\Delta^{(\phi)}$ 的表达式还应对弱孤立视界的对称性有进一步的认识，小节 16.6.3 专门为此而设. 有了以上基础，就可在小节 16.6.4 中详细介绍 $J_\Delta^{(\phi)}$ 的两个表达式的证明.

16.6.1　类光超曲面上的适配“面元”

证明弱孤立视界第零定律(命题16-5-4)的关键量是$\varepsilon_{ab}=\mathrm{i}\,\bar{m}_{\tilde{a}}\wedge m_{\tilde{b}}$，它是3维流形$\Delta$上“切于”$\Delta$的2形式场，满足$\mathscr{L}_k\varepsilon_{ab}=0$，而且在$\Delta$的任一截面$(S,q_{ab})$上的限制正是与$q_{ab}$适配的面元. ε_{ab}的这些性质早在命题16-5-2之前就已给出，本小节补充其证明.

命题 16-6-1　设Δ是时空(M,g_{ab})中的任意类光超曲面(不一定是非涨视界)，k^a是Δ上的任一(处处非零的)类光法矢场，S是Δ的任一截面①(相应的包含映射为$i_S: S\to\Delta$)，q_{ab}是g_{ab}在S上的诱导度规，则Δ上存在唯一的2形式场ε_{ab}，满足

(a) $k^a\varepsilon_{ab}=0$；

(b) $i_S{}^*\varepsilon_{ab}$ (即ε_{ab}在S上的限制)是与q_{ab}适配的面元.

证明　本证明要借用标架场，但标架场的定义域一般不能覆盖整个Δ，所以我们先局域寻找ε_{ab}，再“拼成”定义在Δ上的(全局的)ε_{ab}场. 设$\{\Delta_\alpha\}$是Δ的一个开覆盖，在每一Δ_α的某4维邻域上可定义NP标架场$\{m^a,\bar{m}^a,l^a,\bar{k}^a\}$，则$\Delta_\alpha$上的2形式场

$$\varepsilon_{ab}=\mathrm{i}\bar{m}_{\tilde{a}}\wedge m_{\tilde{b}} \tag{16-6-3}$$

显然满足条件(a). 下面验证它也满足条件(b). 记$S_\alpha\equiv S\cap\Delta_\alpha$，设$\{x^a,y^a\}$是$(S_\alpha,q_{ab})$上的正交归一标架场，则$x^a$, y^a因为切于S而切于Δ. 考虑到$m^a,\bar{m}^a$虽然切于Δ却未必切于S，可知x^a和y^a的NP标架展开式应各含三项:

$$x^a=am^a|_{S_\alpha}+\bar{a}\bar{m}^a|_{S_\alpha}+Ak^a|_{S_\alpha}\,,\quad y^a=bm^a|_{S_\alpha}+\bar{b}\bar{m}^a|_{S_\alpha}+Bk^a|_{S_\alpha}\,, \tag{16-6-4}$$

其中a,b是S_α上的复标量场，A,B是S_α上的实标量场. 由正交归一性

$$g_{ab}|_{S_\alpha}\,x^ax^b=g_{ab}|_{S_\alpha}\,y^ay^b=1,\quad g_{ab}|_{S_\alpha}\,x^ay^b=0$$

得

$$|a|=|b|=\frac{1}{\sqrt{2}},\qquad a\bar{b}+\bar{a}b=0\,, \tag{16-6-5}$$

其通解为

$$a=\frac{1}{\sqrt{2}}\mathrm{e}^{\mathrm{i}\theta},\quad b=\pm\frac{\mathrm{i}}{\sqrt{2}}\mathrm{e}^{\mathrm{i}\theta},\quad \theta\in\mathbb{R}\,. \tag{16-6-6}$$

---

① Δ的截面仍定义为Δ上与每一类光测地线相交且只交一次的2维类空曲面.(这种相交一定不会相切，否则曲面的类空性会导致测地线为类空这一矛盾.) 为避免可能出现的微妙情况，我们要求Δ的拓扑为$M^2\times\mathbb{R}$，其中M^2代表任一2维流形. 以下凡涉及类光超曲面时都适用此脚注.

为验证面元 $i_S{}^*\varepsilon_{ab}$ 与 q_{ab} 适配，只须证明 $i_S{}^*\varepsilon_{ab}$ 在 $\{x^a, y^a\}$ 的唯一独立非零分量 $(i_S{}^*\varepsilon)_{ab}x^a y^b = \pm 1$. [见式(5-4-1)，正负号取决于所选 $\{x^a, y^a\}$ 与 S_α 上的诱导定向的关系.]

$$(i_S{}^*\varepsilon)_{ab}x^a y^b = \varepsilon_{ab}x^a y^b = \mathrm{i}(\overline{m}_{\tilde{a}}m_{\tilde{b}} - m_{\tilde{a}}\overline{m}_{\tilde{b}})x^a y^b = \mathrm{i}(\overline{m}_a m_b - m_a\overline{m}_b)x^a y^b,$$

其中第一步是因为 $i_S{}^*\varepsilon_{ab}$ 是 ε_{ab} 在 S 上的限制(即拉回)及 x^a, y^a 切于 S，第三步是因为 $\overline{m}_{\tilde{a}}m_{\tilde{b}} \equiv i^*(\overline{m}_a m_b)$ 是 $\overline{m}_a m_b$ 在 $\varDelta$ 上的限制及 x^a, y^a 切于 $\varDelta$. 把式(16-6-4)代入上式并利用式(16-6-6)便得

$$(i_S{}^*\varepsilon)_{ab}x^a y^b = \mathrm{i}(a\overline{b} - \overline{a}b) = \pm 1. \tag{16-6-7}$$

可见 $\varepsilon_{ab} = \mathrm{i}\overline{m}_{\tilde{a}} \wedge m_{\tilde{b}}$ 的确是 $\varDelta_\alpha$ 上满足条件(a), (b)的 2 形式场.

为了证明这样局域找到的 ε_{ab} 可“拼成”一个定义在 $\varDelta$ 上的 ε_{ab} 场，只须证明如下结论：$\forall p \in \varDelta$，设 p 属于 $\{\varDelta_\alpha\}$ 的若干元素($\varDelta$ 的开集)的交集 $\widehat{\varDelta}$，则这些开集在 p 点给出的 ε_{ab} 都相同. 这些开集上的 4 标架场 $\{m^a, \overline{m}^a, l^a, k^a\}$ 在 $\widehat{\varDelta}$ 上诱导出 3 标架场 $\{m^a, \overline{m}^a, k^a\}$，其对偶标架场为 $\{\overline{m}_{\tilde{a}}, m_{\tilde{a}}, -l_{\tilde{a}}\}$，无论用哪个开集找出的 ε_{ab} 都可借此展开为

$$\varepsilon_{ab} = \varepsilon_{12}\overline{m}_{\tilde{a}} \wedge m_{\tilde{b}} - \varepsilon_{23}m_{\tilde{a}} \wedge l_{\tilde{b}} - \varepsilon_{31}l_{\tilde{a}} \wedge \overline{m}_{\tilde{b}}. \quad (\text{在 } \widehat{\varDelta} \text{ 上})$$

ε_{ab} 满足条件(a)导致 $0 = k^a\varepsilon_{ab} = -\varepsilon_{23}m_{\tilde{b}} + \varepsilon_{31}\overline{m}_{\tilde{b}}$，由此得 $\varepsilon_{23} = \varepsilon_{31} = 0$，从而有

$$\varepsilon_{ab} = \varepsilon_{12}\overline{m}_{\tilde{a}} \wedge m_{\tilde{b}}. \tag{16-6-8}$$

ε_{ab} 满足条件(b)则导致 $(i_S{}^*\varepsilon)_{ab}x^a y^b = \pm 1$，仿照式(16-6-7)的推导过程得

$$\pm 1 = (i_S{}^*\varepsilon)_{ab}x^a y^b = \varepsilon_{ab}x^a y^b = \varepsilon_{12}(a\overline{b} - \overline{a}b) = \mp\mathrm{i}\varepsilon_{12},$$

其中末步用到式(16-6-6). 上式给出 $\varepsilon_{12} = \mathrm{i}$，代入式(16-6-8)便得

$$\varepsilon_{ab} = \mathrm{i}\overline{m}_{\tilde{a}} \wedge m_{\tilde{b}}.$$

用任一开集找出的 ε_{ab} 都可表为上式，因而在 $\widehat{\varDelta}$ 上相等. 这样就在整个 $\varDelta$ 上拼成一个满足条件(a), (b)的 2 形式场 ε_{ab}. 而且由这一论证易见这个 ε_{ab} 是唯一的. □

注 1　作为 3 维流形，$\varDelta$ 上有很多体元(3 形式场). 但因 $\varDelta$ 上的“度规”h_{ab} 退化，无法从众多的体元中挑出偏爱的一个. 然而用 h_{ab}(和 k^a)却可在众多的 2 形式场中挑出特殊的一个，这就是上面的 ε_{ab}，它在任一截面上的限制正是该截面的适配面元，所以不妨把它称为 $\varDelta$ 上的适配“面元”. 存在适配“面元”是类光面的反常性的一个重要表现.

命题 16-6-2　以下三个结论对满足命题 16-6-1 的 $\varDelta, k^a, \varepsilon_{ab}$ 成立：

(1)设υ^a是切于Δ的矢量场, 则$\varepsilon_{ab}\upsilon^b=0$的充要条件是$\Delta$上有函数$\varsigma$使

$$\upsilon^a=\varsigma k^a .$$

(2)
$$\mathscr{L}_k\varepsilon_{ab}=\hat{\theta}_{(k)}\varepsilon_{ab} . \tag{16-6-9}$$

(3)
$$\hat{\theta}_{(k)}=0 \Leftrightarrow (\mathrm{d}\varepsilon)_{abc}=0 .$$

证明

(1)条件的充分性是显然的, 下面证明必要性. 用反证法, 设$\varepsilon_{ab}\upsilon^b=0$但$\upsilon^a$不能写成$\varsigma k^a$的形式, 则$\exists\, p\in\Delta$使$\upsilon^a|_p\neq\varsigma k^a|_p\ \forall\varsigma\in\mathbb{R}$. (特别地, 这保证$\upsilon^a|_p\neq 0$.) 于是由推论11-1-2(中册§11.1)可知$\upsilon^a|_p$类空, 故有$i_S: S\to\Delta$使$\upsilon^a|_p$切于截面S, 从而对p点的、切于S的任一矢量X^b有

$$\upsilon^a|_p X^b i_S{}^*\varepsilon_{ab}=\varepsilon_{ab}(i_{S*}\upsilon^a|_p)\, i_{S*}X^b=\varepsilon_{ab}\upsilon^a|_p X^b=0 ,$$

再由X^b的任意性便得

$$u^a\hat{\varepsilon}_{ab}=0 , \quad 其中\, u^a\equiv\upsilon^a|_p\, ,\ \hat{\varepsilon}_{ab}\equiv i_S{}^*\varepsilon_{ab} . \tag{16-6-10}$$

因u^a切于S, 且$\hat{\varepsilon}_{ab}$也“切于”S, 故上式实质上是个2维问题. 注意到$q_{ab}\equiv i_S{}^*h_{ab}$, 可知$u_a\equiv q_{ab}u^b$是$p$点切于$S$的2维切空间上的1形式, 其对偶形式按式(5-6-1)应为$({}^*u)_b=u^a\hat{\varepsilon}_{ab}$, 故

$$式(16\text{-}6\text{-}10)\Rightarrow ({}^*u)_b=0\Rightarrow u_a=0\Rightarrow \upsilon^a|_p=0 ,$$

与$\upsilon^a|_p\neq 0$矛盾.

(2)设$U\supset\Delta$是M的开集, $\{m^a,\bar{m}^a,l^a,\bar{k}^a\}$是$U$上的局域NP标架场, 其中$\bar{k}^a$是$k^a$的类光测地延拓, 则4维体元$\varepsilon_{abcd}$在此标架的非零分量

$$\varepsilon_{1234}=\varepsilon_{abcd}m^a\bar{m}^b l^c\bar{k}^d=\varepsilon_{abcd}(\mathrm{i}e_1^a e_2^b e_0^c e_3^d)=\mathrm{i} , \tag{16-6-11}$$

其中第二步用到NP标架与正交归一标架$\{e_0^a,e_1^a,e_2^a,e_3^a\}$的关系, 即式(8-7-1). 由式(16-6-11)得

$$\varepsilon_{abcd}=\varepsilon_{1234}\bar{m}_a\wedge m_b\wedge(-\bar{k}_c)\wedge(-l_d)=\mathrm{i}\,\bar{m}_a\wedge m_b\wedge\bar{k}_c\wedge l_d , \tag{16-6-12}$$

故

$$\varepsilon_{abcd}l^c\bar{k}^d=\mathrm{i}\,[(\bar{m}_a\wedge m_b)\wedge(\bar{k}_c\wedge l_d)]l^c\bar{k}^d=\mathrm{i}\,\bar{m}_a\wedge m_b , \tag{16-6-13}$$

与$\varepsilon_{ab}=\mathrm{i}\bar{m}_{\tilde{a}}\wedge m_{\tilde{b}}$[式(16-6-3)]联立得

$$\varepsilon_{ab}=i^*(\varepsilon_{abcd}l^c\bar{k}^d) . \tag{16-6-14}$$

上式是Δ上的张量场等式, 沿k^a求李导数给出

$$\mathscr{L}_k\varepsilon_{ab}=\mathscr{L}_k[i^*(\varepsilon_{abcd}l^c\bar{k}^d)]=i^*\mathscr{L}_{\bar{k}}(\varepsilon_{abcd}l^c\bar{k}^d)=i^*[(\mathscr{L}_{\bar{k}}\varepsilon_{abcd})l^c\bar{k}^d+\varepsilon_{abcd}(\mathscr{L}_{\bar{k}}l^c)\bar{k}^d],\tag{16-6-15}$$

其中第二步用到 $\mathscr{L}_k\circ i^*=i^*\circ\mathscr{L}_{\bar{k}}$ [式(16-3-10)], 第三步用到 $\mathscr{L}_{\bar{k}}\bar{k}^d=0$.

对 U 上的 4 维标量场等式 $g_{ab}\bar{k}^a l^b=-1$ 两边沿 $\bar{k}^a$ 求李导数又有

$$0=(\mathscr{L}_{\bar{k}}g_{ab})\bar{k}^a l^b+g_{ab}\bar{k}^a\mathscr{L}_{\bar{k}}l^b=(\nabla_b\bar{k}_a+\nabla_a\bar{k}_b)\bar{k}^a l^b+\bar{k}_b\mathscr{L}_{\bar{k}}l^b=-\kappa_{(\bar{k})}+\bar{k}_b\mathscr{L}_{\bar{k}}l^b,\tag{16-6-16}$$

[其中第三步用到 $\bar{k}^a l^b\nabla_b\bar{k}_a=l^b\nabla_b(\bar{k}^a\bar{k}_a)/2=0$ 以及 $\bar{k}^a\nabla_a\bar{k}_b=\kappa_{(\bar{k})}\bar{k}_b$.] 令 $L^b\equiv\mathscr{L}_{\bar{k}}l^b$, 则由式(16-6-16)得

$$\kappa_{(\bar{k})}=\bar{k}_b L^b=\bar{k}_b(L^1m^b+L^2\bar{m}^b+L^3l^b+L^4\bar{k}^b)=-L^3,$$

故

$$\mathscr{L}_{\bar{k}}l^b\equiv L^b=L^1m^b+L^2\bar{m}^b-\kappa_{(\bar{k})}l^b+L^4\bar{k}^b.\tag{16-6-17}$$

不难证明(练习) $\mathscr{L}_{\bar{k}}\varepsilon_{abcd}=(\nabla_e\bar{k}^e)\varepsilon_{abcd}$, 把此式及上式在 $\varDelta$ 上取值再代入式(16-6-15)得

$$\mathscr{L}_k\varepsilon_{ab}=[(\nabla_e\bar{k}^e)|_\varDelta-\kappa_{(k)}]\,i^*(\varepsilon_{abcd}l^c\bar{k}^d)+L^1|_\varDelta\,i^*(\varepsilon_{abcd}m^c\bar{k}^d)+L^2|_\varDelta\,i^*(\varepsilon_{abcd}\bar{m}^c\bar{k}^d).\tag{16-6-18}$$

仿照式(16-6-13)的推导又可得 $\varepsilon_{abcd}m^c\bar{k}^d=-\mathrm{i}(m_a\bar{k}_b-\bar{k}_a m_b)$, 再利用 $i^*\bar{k}_a=0$ 便有 $i^*(\varepsilon_{abcd}m^c\bar{k}^d)=0$, 故式(16-6-18)右边第二项为零, 同理可证第三项也为零. 于是

$$\mathscr{L}_k\varepsilon_{ab}=[(\nabla_e\bar{k}^e)|_\varDelta-\kappa_{(k)}]\,i^*(\varepsilon_{abcd}l^c\bar{k}^d)=[(g^{ef}\bar{B}_{ef})|_\varDelta-\kappa_{(k)}]\,\varepsilon_{ab}=\hat{\bar{\theta}}_{(\bar{k})}|_\varDelta\,\varepsilon_{ab}=\hat{\theta}_{(k)}\varepsilon_{ab},$$

其中第二步用到 $\bar{B}_{ef}\equiv\nabla_f\bar{k}_e$ 及式(16-6-14), 第三、四步依次用到式(16-2-39)和(16-3-35).

(3)证明留做习题. 提示: 由第 5 章习题 6(a) 得 $\mathscr{L}_k\varepsilon_{ab}=k^c(\mathrm{d}\varepsilon)_{cab}$, 再由本命题之(2) 又得 $\mathscr{L}_k\varepsilon_{ab}=0\Leftrightarrow\hat{\theta}_{(k)}=0$, 故欲完成本习题只须证明

$$k^c(\mathrm{d}\varepsilon)_{cab}=0\ \Leftrightarrow\ (\mathrm{d}\varepsilon)_{abc}=0,$$

其中 $\Leftarrow$ 是显然的, 而 $\Rightarrow$ 则可借 $\varDelta$ 上的局域标架场 $\{e_0^a\equiv k^a, e_1^a, e_2^a\}$ 证实. □

以上两个命题对任意类光超曲面 $\varDelta$ 成立. 如果 $\varDelta$ 为非涨视界, 则 $\hat{\theta}_{(k)}=0$, 由命题 16-6-2(2)便可得出 $\mathscr{L}_k\varepsilon_{ab}=0$(面积不变)的结论. 此外, 当 $\varDelta$ 为非涨视界时还可在其上定义适配导数算符 $\mathscr{D}_a$, 下述命题说明 $\mathscr{D}_c\varepsilon_{ab}$ 必定为零.

命题 16-6-3　非涨视界 $\varDelta$ 上的适配"面元" ε_{ab} 满足

$$\mathscr{D}_c\varepsilon_{ab}=0.\tag{16-6-19}$$

证明　设 $\{e_0^a\equiv k^a, e_1^a, e_2^a\}$ 是 $\varDelta$ 上切于 $\varDelta$ 的局域标架场, 满足

$$g_{ab}e_1^a e_1^b = g_{ab}e_2^a e_2^b = 1, \quad g_{ab}e_1^a e_2^b = 0, \tag{16-6-20}$$

则 ε_{ab} 可用对偶标架场 $\{e_a^0, e_a^1, e_a^2\}$ 展开为

$$\varepsilon_{ab} = \varepsilon_{01}e_a^0 \wedge e_b^1 + \varepsilon_{02}e_a^0 \wedge e_b^2 + \varepsilon_{12}e_a^1 \wedge e_b^2 = \varepsilon_{12}e_a^1 \wedge e_b^2, \tag{16-6-21}$$

其中第二步是因为 $k^a\varepsilon_{ab} = 0$ 导致 $\varepsilon_{01} = \varepsilon_{02} = 0$. $\forall p \in \varDelta$, 令 S 为含 p 且与 $e_1^a|_p$, $e_2^a|_p$ 相切的截面, 则 $\{e_1^a|_p, e_2^a|_p\}$ 构成 S 在 p 点的切空间的正交归一基, 其对偶基为 $\{i_S{}^* e_a^1|_p, i_S{}^* e_a^2|_p\}$, 故由命题 16-6-1(b)可知 $i_S{}^*\varepsilon_{ab}|_p = i_S{}^*(e_a^1 \wedge e_b^2)|_p$ (适当安排 e_1^a, e_2^a 的顺序总可消除等号右边原有的 ± 号), 与式(16-6-21)结合便知 $\varepsilon_{12}|_p = 1$. 再由 p 的任意性便得

$$\varepsilon_{ab} = e_a^1 \wedge e_b^2. \tag{16-6-22}$$

从 $e_0^a \equiv k^a$ 出发, 利用式(16-5-16)又有

$$\mathscr{D}_b e_0^a = \mathscr{D}_b k^a = \omega_b k^a = \omega_b e_0^a, \tag{16-6-23}$$

下面要用到 $\mathscr{D}_b e_a^\alpha$ $(\alpha = 0,1,2)$ 的表达式, 它包含三个 $(0,2)$ 型张量场 $\mathscr{D}_b e_a^0, \mathscr{D}_b e_a^1, \mathscr{D}_b e_a^2$, 统一记作 T_{ba}^α, 即 $T_{ba}^\alpha \equiv \mathscr{D}_b e_a^\alpha$, 可用 $\{e_a^0, e_a^1, e_a^2\}$ 展开为

$$\mathscr{D}_b e_a^\alpha \equiv T_{ba}^\alpha = T_{\beta\gamma}^\alpha e_b^\beta e_a^\gamma = \Omega_{\gamma b}^\alpha e_a^\gamma, \quad \text{其中 } \Omega_{\gamma b}^\alpha \equiv T_{\beta\gamma}^\alpha e_b^\beta. \tag{16-6-24}$$

用 $\mathscr{D}_b$ 作用于 $e_c^\alpha e_\beta^c = \delta_\beta^\alpha$, 利用式(16-6-24)得一等式, 再缩并 e_α^a 便给出

$$\mathscr{D}_b e_\beta^a = -\Omega_{\beta b}^\alpha e_\alpha^a. \tag{16-6-25}$$

[从上式可以看出 $\Omega_{\beta b}^\alpha$ 其实就是 $(\varDelta, \mathscr{D}_a)$ 上的联络 1 形式, 即 §5.7 的 $\omega_\beta{}^\alpha{}_b$, 因为由式(5-7-3) 和 (5-7-4) 可推出 $\nabla_b (e_\beta)^a = -\omega_\beta{}^\alpha{}_b e_\alpha^a$.] 取式(16-6-25)中的 β 为 0 并与式(16-6-23)比较又得

$$\Omega_{0b}^0 = -\omega_b, \qquad \Omega_{0b}^i = 0, \ i = 1, 2,$$

代入式(16-6-24)便有

$$\mathscr{D}_b e_a^0 = -\omega_b e_a^0 + \Omega_{jb}^0 e_a^j, \qquad \mathscr{D}_b e_a^i = \Omega_{jb}^i e_a^j. \tag{16-6-26}$$

由式(16-6-2)可以证明(习题)

$$h_{ab} = \delta_{ij} e_a^i e_b^j, \tag{16-6-27}$$

代入 $\mathscr{D}_c h_{ab} = 0$ ($\mathscr{D}_c$ 与 h_{ab} 适配)得

$$\begin{aligned} 0 &= \mathscr{D}_c(\delta_{ij}e_a^i e_b^j) = \delta_{ij}(\mathscr{D}_c e_a^i)e_b^j + \delta_{ij}e_a^i \mathscr{D}_c e_b^j \\ &= \delta_{ij}\Omega_{kc}^i e_a^k e_b^j + \delta_{ij}e_a^i \Omega_{kc}^j e_b^k = (\delta_{jk}\Omega_{ic}^k + \delta_{ik}\Omega_{jc}^k)e_a^i e_b^j, \end{aligned}$$

故 $\delta_{jk}\Omega^k_{ic}+\delta_{ik}\Omega^k_{jc}=0$. 依次令 $i=j=1$ 及 $i=j=2$ 给出

$$\Omega^1_{1c}=0, \qquad \Omega^2_{2c}=0. \tag{16-6-28}$$

于是

$$\begin{aligned}\mathscr{D}_c\varepsilon_{ab}&=2\mathscr{D}_c(e^1_{[a}e^2_{b]})=2(\mathscr{D}_c e^1_{[a})e^2_{b]}+2e^1_{[a}\mathscr{D}_{|c|}e^2_{b]}\\&=2\Omega^1_{jc}e^j_{[a}e^2_{b]}+2e^1_{[a}\Omega^2_{j|c|}e^j_{b]}=2(\Omega^1_{1c}+\Omega^2_{2c})e^1_{[a}e^2_{b]}=0,\end{aligned}$$

其中第一、三、五步依次用到式(16-6-22)、(16-6-26)、(16-6-28). □

在结束本小节前先证明一个非常有用的引理.

引理 16-6-4　设 Δ 是时空 (M,g_{ab}) 中的类光超曲面, $k^a=(\partial/\partial\lambda)^a$ 是任一类光法矢场, 选 λ 的零值使所有等 λ 面的集合 $\{S(\lambda)\}$ 构成 Δ 的一个分层,① 则对 Δ 上的任一 2 形式场 μ_{ab} 有

$$\frac{\mathrm{d}}{\mathrm{d}\lambda}\int_{S(\lambda)}\mu_{ab}=\int_{S(\lambda)}\mathscr{L}_k\mu_{ab}\,. \tag{16-6-29}$$

证明　设 $\{\rho_\lambda:\Delta\to\Delta\}$ 是 $k^a=(\partial/\partial\lambda)^a$ 产生的单参微分同胚族, 如能证明

$$\int_{S(\lambda+\Delta\lambda)}\mu_{ab}=\int_{S(\lambda)}\rho_{\Delta\lambda}{}^*\mu_{ab}\,, \tag{16-6-30}$$

则从下式可知本引理证毕:

$$\begin{aligned}\frac{\mathrm{d}}{\mathrm{d}\lambda}\int_{S(\lambda)}\mu_{ab}&\equiv\lim_{\Delta\lambda\to0}\frac{1}{\Delta\lambda}\left(\int_{S(\lambda+\Delta\lambda)}\mu_{ab}-\int_{S(\lambda)}\mu_{ab}\right)=\lim_{\Delta\lambda\to0}\frac{1}{\Delta\lambda}\int_{S(\lambda)}(\rho_{\Delta\lambda}{}^*\mu_{ab}-\mu_{ab})\\&=\int_{S(\lambda)}\lim_{\Delta\lambda\to0}\frac{1}{\Delta\lambda}(\rho_{\Delta\lambda}{}^*\mu_{ab}-\mu_{ab})=\int_{S(\lambda)}\mathscr{L}_k\mu_{ab}\,.\end{aligned}$$

所以余下的任务就是补证式(16-6-30). 在某层上选局域坐标 θ,φ 并用类光母线携带至 Δ 上, 则 $\{x^0\equiv\lambda, x^1\equiv\theta, x^2\equiv\varphi\}$ 是 Δ 上的局域坐标系, 而且任一 $S(\lambda)$ 上的 $(\partial/\partial\theta)^a$ 和 $(\partial/\partial\varphi)^a$ 都切于 $S(\lambda)$. 把 $\boldsymbol{\mu}\equiv\mu_{ab}$ 用此系的对偶基矢展开得

$$\boldsymbol{\mu}=f\mathrm{d}\theta\wedge\mathrm{d}\varphi+\mathrm{d}\lambda\wedge\boldsymbol{\alpha},\quad 其中\ f\equiv\mu_{12},\ \boldsymbol{\alpha}\equiv\mu_{01}\mathrm{d}\theta+\mu_{02}\mathrm{d}\varphi\,.$$

由于 $\mathrm{d}\lambda$[作为等 λ 面 $S(\lambda)$ 的法余矢]在 $S(\lambda)$ 上的限制为零, 所以 $\int_{S(\lambda)}\mathrm{d}\lambda\wedge\boldsymbol{\alpha}-0$, 因而 $\int_{S(\lambda)}\boldsymbol{\mu}=\int_{S(\lambda)}f\mathrm{d}\theta\wedge\mathrm{d}\varphi$. 此式的 $S(\lambda)$ 改为 $S(\lambda+\Delta\lambda)$ 当然也成立, 于是欲证式(16-6-30)只须证明

① 此分层还应满足:(a)所有 $S(\lambda)$ 都同胚于某个紧致的 2 维流形; (b) k^a 的每一不可延积分曲线与每一 $S(\lambda)$ 有且仅有一个交点; (c) k^a 不切于任一 $S(\lambda)$.

$$\int_{S(\lambda+\Delta\lambda)} f\,\mathrm{d}\theta\wedge\mathrm{d}\varphi=\int_{S(\lambda)}[\rho_{\Delta\lambda}{}^*(f\,\mathrm{d}\theta\wedge\mathrm{d}\varphi)+\rho_{\Delta\lambda}{}^*(\mathrm{d}\lambda\wedge\boldsymbol{\alpha})]\,. \tag{16-6-31}$$

上式右边的 $\rho_{\Delta\lambda}{}^*(\mathrm{d}\lambda\wedge\boldsymbol{\alpha})$ 可借式(4-1-8)改写为 $\rho_{\Delta\lambda}{}^*(\mathrm{d}\lambda)\wedge\rho_{\Delta\lambda}{}^*\boldsymbol{\alpha}$，而

$$\rho_{\Delta\lambda}{}^*(\mathrm{d}\lambda)=\mathrm{d}(\rho_{\Delta\lambda}{}^*\lambda)=\mathrm{d}(\lambda+\Delta\lambda)=\mathrm{d}\lambda\,,$$

[第一步用到式(15-7-7), 即对 $\psi: N\to M$ 及 M 上函数 F 有 $\mathrm{d}(\psi^*F)=\psi^*(\mathrm{d}F)$；末步是因为 $\Delta\lambda$ 是常数.] 故

$$\int_{S(\lambda)}\rho_{\Delta\lambda}{}^*(\mathrm{d}\lambda\wedge\boldsymbol{\alpha})=\int_{S(\lambda)}\rho_{\Delta\lambda}{}^*(\mathrm{d}\lambda)\wedge\rho_{\Delta\lambda}{}^*\boldsymbol{\alpha}=\int_{S(\lambda)}\mathrm{d}\lambda\wedge\rho_{\Delta\lambda}{}^*\boldsymbol{\alpha}=0\,,$$

其中末步仍是因为 $\mathrm{d}\lambda$ 在 $S(\lambda)$ 上的限制为零. 可见欲证式(16-6-31)只须证明

$$\int_{S(\lambda+\Delta\lambda)} f\,\mathrm{d}\theta\wedge\mathrm{d}\varphi=\int_{S(\lambda)}\rho_{\Delta\lambda}{}^*(f\,\mathrm{d}\theta\wedge\mathrm{d}\varphi)\,. \tag{16-6-31$'$}$$

上式左边的 f 是3元函数 $f(\lambda,\theta,\varphi)$ 在自变量取值为 $\lambda+\Delta\lambda,\ \theta,\ \varphi$ 时的值, 故由形式场的积分定义可知

$$(16\text{-}6\text{-}31')\text{左}=\int\mathrm{d}\theta\int f(\lambda+\Delta\lambda,\theta,\varphi)\mathrm{d}\varphi\,,$$

$$(16\text{-}6\text{-}31')\text{右}=\int_{S(\lambda)}(\rho_{\Delta\lambda}{}^*f)(\rho_{\Delta\lambda}{}^*\mathrm{d}\theta)\wedge(\rho_{\Delta\lambda}{}^*\mathrm{d}\varphi)$$

$$=\int_{S(\lambda)}(\rho_{\Delta\lambda}{}^*f)\mathrm{d}\theta\wedge\mathrm{d}\varphi=\int\mathrm{d}\theta\int f(\lambda+\Delta\lambda,\theta,\varphi)\mathrm{d}\varphi\,,$$

其中第一步用到上册式(4-1-8)；第二步用到式(15-7-7)以及 $\rho_{\Delta\lambda}{}^*\theta=\theta$，$\rho_{\Delta\lambda}{}^*\varphi=\varphi$；第三步是因为

$$(\rho_{\Delta\lambda}{}^*f)|_p=f|_{\rho_{\Delta\lambda}(p)}\,,\qquad\forall p\in S(\lambda)\,.$$

于是式(16-6-31′)[因而式(16-6-30)]得证. □

注2　取 μ_{ab} 为 ε_{ab}，则式(16-6-29)同(16-6-9)结合立即给出式(16-4-1). 这可看作命题16-4-1的另一(基于李导数的)证明.

16.6.2　“度规”和适配“面元”的广义逆

本小节介绍 h_{ab} 和 ε_{ab} 的广义“逆”. 这一知识虽然在下面并不直接用到(因而急于往下阅读的读者可以跳过), 但对于理解类光面的反常性质却有裨益.

$h_{ab}\equiv i^*g_{ab}\equiv g_{\tilde a\tilde b}$ 和 ε_{ab} 都是 $\varDelta$ 上的张量场. h_{ab} 由于退化而无逆, 但不妨把 $\varDelta$ 上满足

$$h_{ac}h_{bd}h^{cd}=h_{ab} \tag{16-6-32}$$

的 h^{ab} 称为 h_{ab} 的**广义逆**. 此逆很不唯一, 因为如果 h^{ab} 是广义逆, 则

$$h'^{ab} \equiv h^{ab} + v^{(a}k^{b)} \quad (\text{其中 } v^a \text{ 是切于 } \Delta \text{ 的任一矢量场})$$

也是. 在 Ashtekar and Krishnan(2004) 中, k^a 的膨胀 $\hat{\theta}_{(k)}$ 就是用 h^{ab} 按下式定义的:

$$\hat{\theta}_{(k)} := h^{ab}\nabla_a k_b . \ (\text{选任一广义逆都得同一 } \hat{\theta}_{(k)}) \tag{16-6-33}$$

此定义与本书小节 16. 3. 3 借用延拓的定义一致.

设 v^a 是切于类光面 Δ 的矢量场, 用 h_{ab} 降指标得 $v_a \equiv h_{ab}v^b$. 如果 h_{ab} 是度规(不退化), 自然有 $v^a = h^{ab}v_b$, 其中 h^{ab} 是 h_{ab} 之逆. 然而, 由于 h_{ab} 退化, 其广义逆 h^{ab} 有无限多个, 故 $v^a = h^{ab}v_b$ 一般不对, 代之而成立的公式见如下命题.

命题 16-6-5 设 h^{ab} 是 h_{ab} 的广义逆, 则对切于 Δ 的任一矢量场 v^a 有 Δ 上的标量场 μ 使

$$v^a = h^{ab}v_b + \mu k^a, \ \text{其中 } v_b \equiv h_{ab}v^a . \tag{16-6-34}$$

证明 习题. □

注 3 对符号 v_b 应该小心, 因为它既可能代表 $h_{ab}v^a$ (如上式)又可能代表 $g_{ab}v^a$, 两者不等. 作为一个极端的例子, 我们来看 $v^a \equiv k^a$ 的情况. 这时显然 $g_{ab}k^a \neq 0$, 但由式(16-6-27)却有

$$h_{ab}k^a = 0 . \tag{16-6-35}$$

再讨论适配"面元" ε_{ab}. 仿照式(16-6-32), 我们把满足

$$\varepsilon_{ac}\varepsilon_{bd}\varepsilon^{cd} = \varepsilon_{ab} \tag{16-6-36}$$

的 ε^{ab} 称为 ε_{ab} 的**广义"逆"**. 广义"逆" ε^{ab} 不但存在, 而且很多. 下述命题描写多到什么程度.

命题 16-6-6 若 ε^{ab} 是 ε_{ab} 的广义"逆", 则 ε'^{ab} 是 ε_{ab} 的广义"逆"的充要条件是 Δ 上有切矢场 v^a 使

$$\varepsilon'^{ab} = \varepsilon^{ab} + v^{[a}k^{b]} . \tag{16-6-37}$$

证明

(A)充分性. 由式(16-6-37)及 $k^d\varepsilon_{bd} = 0$ 得

$$\varepsilon_{ac}\varepsilon_{bd}\varepsilon'^{cd} = \varepsilon_{ac}\varepsilon_{bd}\varepsilon^{cd} + \frac{1}{2}\varepsilon_{ac}\varepsilon_{bd}(v^c k^d - k^c v^d) = \varepsilon_{ac}\varepsilon_{bd}\varepsilon^{cd} = \varepsilon_{ab} ,$$

可见 ε'^{ab} 也是广义"逆".

(B)必要性. 设 ε'^{ab} 也是广义“逆”，令 $\beta^{ab} \equiv \varepsilon'^{ab} - \varepsilon^{ab}$，则 $\varepsilon_{ac}\varepsilon_{bd}\beta^{cd} = 0$. 取 $\varDelta$ 上的局域标架场 $\{k^a, x^a, y^a\}$ (要求 x^a, y^a 切于 $\varDelta$ 且 $g_{ab}x^a x^b = g_{ab}y^a y^b = 1,\ g_{ab}x^a y^b = 0$)，仿照式(5-1-6)可把 β^{ab} 展开为

$$\beta^{ab} = C_1 x^{[a}k^{b]} + C_2 y^{[a}k^{b]} + C_3 x^{[a}y^{b]},$$

代入 $\varepsilon_{ac}\varepsilon_{bd}\beta^{cd} = 0$ 并利用 $k^d\varepsilon_{bd} = 0$ 得 $C_3\varepsilon_{ac}\varepsilon_{bd}x^{[c}y^{d]} = 0$. 再利用

$$\varepsilon_{ac}\varepsilon_{bd}x^{[c}y^{d]}|_p \neq 0, \quad \forall p \in \varDelta \quad \text{(稍后将补证)} \tag{16-6-38}$$

便得 $C_3 = 0$，因而 $\beta^{ab} = \upsilon^{[a}k^{b]}$，其中 $\upsilon^a \equiv C_1 x^a + C_2 y^a$.

最后补证式(16-6-38). $\forall p \in \varDelta$ 令 $A_a \equiv \varepsilon_{ac}x^c|_p,\ B_b \equiv \varepsilon_{bd}y^d|_p$，则

$$2(\varepsilon_{ac}\varepsilon_{bd}x^{[c}y^{d]})|_p = A_a \wedge B_b .$$

如能证明 $A_a, B_a, l_{\tilde{a}}|_p$ 三者线性无关，则 $\{A_a, B_a, l_{\tilde{a}}|_p\}$ 构成 p 点的一个对偶基底，于是 $A_a \wedge B_b$ [作为 p 点的 (0,2) 型张量组成的空间的一个基矢]必定非零，从而式(16-6-38)成立. 为证 $A_a, B_a, l_{\tilde{a}}|_p$ 线性无关，可设 $\exists \alpha, \beta, \gamma \in \mathbb{R}$ 使 $\alpha A_a + \beta B_a + \gamma l_{\tilde{a}}|_p = 0$，以 $k^a|_p$ 缩并得 $\gamma = 0$，故 $\alpha A_a + \beta B_a = 0$，即 $\varepsilon_{ac}(\alpha x^c + \beta y^c)|_p = 0$，于是命题 16-6-2(1) 保证 $\exists \varsigma \in \mathbb{R}$ 使

$$\alpha x^a|_p + \beta y^a|_p = \varsigma k^a|_p ,$$

再由 $x^a|_p, y^a|_p, k^a|_p$ 的线性无关性就有 $\alpha = \beta = 0$. 这就证明了 $A_a, B_a, l_{\tilde{a}}|_p$ 线性无关.

□

命题 16-6-7　设 ε^{ab} 是 ε_{ab} 的广义“逆”，则对 $\varDelta$ 的切矢场 υ^a 有 $\varDelta$ 上的标量场 ς 使

$$\upsilon^a = \varepsilon^{ab}\alpha_b + \varsigma k^a, \quad \text{其中 } \alpha_b \equiv \varepsilon_{ab}\upsilon^a . \tag{16-6-39}$$

证明　习题. 提示：利用命题 16-6-2(1).　□

16.6.3 弱孤立视界上的无限小对称性

本小节拟在小节 16.5.4 简介对称性的基础上做进一步研究.

任一广义黎曼空间 (M, g_{ab}) 上的全体对称性构成群，此即等度规群. 等度规群 G 的李代数 $\mathscr{G}$ 称为等度规李代数，其每一元素都是 (M, g_{ab}) 上的 Killing 矢量场. 虽然弱孤立视界 $(\varDelta,[k])$ 由于“度规”退化而谈不上 Killing 矢量场，但其 k^a 很像 Killing 矢量场[当 k^a 完备时，它产生的单参微分同胚群的每一群元都是一个对称性(见命题 16.5.5)]，因而可被称为 $(\varDelta,[k])$ 上的一个无限小对称性. 一般地

说, $(\Delta,[k])$ 上的无限小对称性可定义如下:

定义 1 弱孤立视界 $(\Delta,[k])$ 上的矢量场 ξ^a 称为一个**无限小对称性**, 若它产生的单参微分同胚族 $\{\rho_t\}$ 的每一元素 ρ_t 都满足如下的"三保"条件[见式(16-5-46)]:

$$(a)\rho_t{}^*h_{ab}=h_{ab},\quad (b)\rho_t{}^*\omega_a=\omega_a,\quad (c)\rho_{t*}k^a=c(t)k^a\,, \tag{16-6-40}$$

其中 $c(t)$ 为 Δ 上的非零常数, 但可因 t 而异.

由李导数的定义自然有

$$\rho_t{}^*h_{ab}=h_{ab}\Rightarrow \mathscr{L}_\xi h_{ab}=0\,,\qquad \rho_t{}^*\omega_a=\omega_a\Rightarrow \mathscr{L}_\xi\omega_a=0\,, \tag{16-6-41}$$

而且上两式在 $\Rightarrow$ 改为 $\Leftarrow$ 后也成立(请读者自证). 然而 $\mathscr{L}_\xi k^a$ 是否为零的问题却要复杂一些. 首先证明如下命题:

命题 16-6-8 设 ξ^a 产生的单参微分同胚族 $\{\rho_t\}$ 的每一元素 ρ_t 都满足式(16-6-40), 则 $\exists B_\xi\in\mathbb{R}$ 使

$$(a)\ \mathscr{L}_\xi k^a=B_\xi k^a\,,\qquad (b)\rho_{t*}k^a=\mathrm{e}^{-B_\xi t}k^a\,. \tag{16-6-42}$$

证明 由 ρ_t 是对称性可知 $\rho_{t*}k^a=c(t)k^a$, 即

$$\rho_{t*}(k^a|_{\rho_t{}^{-1}(p)})=c(t)k^a|_p\,,\qquad \forall p\in\Delta\,. \tag{16-6-43}$$

从上式得

$$\rho_{t+s*}(k^a|_{\rho_{t+s}{}^{-1}(p)})=c(t+s)k^a|_p\,. \tag{16-6-44}$$

令 $p'\equiv\rho_t{}^{-1}(p)$, 则

$$\rho_{t+s}{}^{-1}(p)=(\rho_t\circ\rho_s)^{-1}(p)=(\rho_s{}^{-1}\circ\rho_t{}^{-1})(p)=\rho_s{}^{-1}(\rho_t{}^{-1}(p))=\rho_s{}^{-1}(p')\,,$$

将式(16-6-43)的 t 及 p 分别改为 s 及 p' 便有

$$\rho_{s*}(k^a|_{\rho_{t+s}{}^{-1}(p)})=c(s)k^a|_{\rho_t{}^{-1}(p)}\,. \tag{16-6-45}$$

再以 ρ_{t*} 作用于上式两边, 注意到 $\rho_{t*}\circ\rho_{s*}=(\rho_t\circ\rho_s)_*=\rho_{t+s*}$ 及式(16-6-43), 又得

$$\rho_{t+s*}(k^a|_{\rho_{t+s}{}^{-1}(p)})=c(s)\rho_{t*}(k^a|_{\rho_t{}^{-1}(p)})=c(s)c(t)k^a|_p\,, \tag{16-6-46}$$

与式(16-6-44)对比可知

$$c(t+s)=c(t)c(s)\ \text{对参数取值范围内的任意}\ t,s\ \text{成立}.$$

上式是二元函数等式, 在 $s=0$ 处对 s 求偏导数给出 $c'(t)=-B_\xi c(t)$, 其中 $B_\xi\equiv-c'(0)$. 由 $\rho_{t*}k^a=c(t)k^a$ 不难看出 $c(0)=1$, 再以此为初值求解常微分方程 $c'(t)=-B_\xi c(t)$ 得 $c(t)=\mathrm{e}^{-B_\xi t}$, 由此便得式(16-6-42b). 注意到 $\rho_t{}^*=\rho_{-t*}$, 由李导数定义又得式

(16-6-42a). □

基于上述讨论，我们找到弱孤立视界上无限小对称性的等价定义：

定义 2 弱孤立视界$(\varDelta,[k])$上的矢量场ξ^a称为一个**无限小对称性**，若

$$\text{(a)}\ \mathscr{L}_\xi h_{ab}=0,\quad \text{(b)}\ \mathscr{L}_\xi \omega_a=0,\quad \text{(c)}\ \mathscr{L}_\xi k^a=B_\xi k^a,\ \text{其中}\ B_\xi\ \text{为}\ \varDelta\ \text{上的常数}. \tag{16-6-47}$$

k^a显然是一个无限小对称性，因为式(16-5-4)及(16-5-42′)分别给出$\mathscr{L}_k h_{ab}=0$及$\mathscr{L}_k\omega_a=0$，而$\mathscr{L}_k k^a=0$则表明k^a也满足式(16-6-47c). 事实上，k^a是无限小对称性的最简单、最重要的例子.

不难证明(习题)$(\varDelta,[k])$上的全体无限小对称性ξ^a的集合是矢量空间，再以矢量场对易子为李括号便成为李代数，称为$(\varDelta,[k])$的**对称性李代数**，记作$\mathscr{S}$. 因为不少弱孤立视界的k^a都不是完备矢量场(其类光母线的参数取值范围不能遍及全$\mathbb{R}$，例如图16-3)，所以要注意区分k^a完备和k^a不完备这两种情况. 这时有必要回忆广义黎曼空间(M,g_{ab})的对称性的有关结论. 仍以G和$\mathscr{G}$分别代表(M,g_{ab})的等度规群和等度规李代数，以$\mathscr{K}$代表(M,g_{ab})上全体Killing场的集合，则由定理G-7-1(中册附录G)可知：当每一Killing场都是完备矢量场时$\mathscr{G}=\mathscr{K}$(李代数同构)，故

$$\dim G=\dim\mathscr{G}=\dim\mathscr{K}\ ; \tag{16-6-48}$$

当Killing场不都完备时$\mathscr{G}\subset\mathscr{K}$，$\mathscr{G}\neq\mathscr{K}$($\mathscr{G}$是$\mathscr{K}$的真子代数)，故

$$\dim G=\dim\mathscr{G}<\dim\mathscr{K}\ . \tag{16-6-49}$$

类似地，若以$G_\varDelta$代表由$(\varDelta,[k])$的全体对称性构成的李群，则当k^a不完备时也有$\dim G_\varDelta<\dim\mathscr{S}$. 以下只讨论$\dim\mathscr{S}$.

$\xi^a\in\mathscr{S}$称为**保母线无限小对称性**，若ξ^a的积分曲线与母线重合. 以$\mathscr{S}_1\subset\mathscr{S}$代表全体保母线无限小对称性的集合，则当$c$为常数时显然有$ck^a\in\mathscr{S}_1$. 但是$\mathscr{S}_1$的元素未必都可表为$ck^a$，因为也可能在$\varDelta$上存在函数$f$使$fk^a$是无限小对称性，从而有$fk^a\in\mathscr{S}_1$；又由于$\mathscr{S}_1$的元素必取$fk^a$的形式，所以$\mathscr{S}_1=\{fk^a\in\mathscr{S}\}$. $\mathscr{S}_1$显然是$\mathscr{S}$的子代数，更有甚者，$\mathscr{S}_1$其实还是$\mathscr{S}$的理想，因为下式表明它满足理想的定义(见§G.3定义4)：

$$[\xi,fk]^a=\mathscr{L}_\xi(fk^a)=f\mathscr{L}_\xi k^a+k^a\mathscr{L}_\xi f=(B_\xi f+\mathscr{L}_\xi f)k^a\in\mathscr{S}_1,\quad \forall\xi^a\in\mathscr{S},fk^a\in\mathscr{S}_1.$$

其中第三步用到式(16-6-47c).

利用理想$\mathscr{S}_1\subset\mathscr{S}$就可构造商代数(见定理G-3-4)$\hat{\mathscr{S}}\equiv\mathscr{S}/\mathscr{S}_1$. 注意到

$$\dim\mathscr{S}=\dim\mathscr{S}_1+\dim\hat{\mathscr{S}},$$

为求$\dim\mathscr{S}$只须分别求得$\dim\mathscr{S}_1$和$\dim\hat{\mathscr{S}}$. 先看$\mathscr{S}_1$，首先要弄清当函数f满足什

么条件时才有 $fk^a\in\mathscr{S}_1$. 由于 $fk^a\in\mathscr{S}_1$ 的充要条件是式(16-6-47), 即

(a) $\mathscr{L}_{fk}h_{ab}=0$，(b) $\mathscr{L}_{fk}\omega_a=0$，(c) $\mathscr{L}_{fk}k^a=B_{fk}k^a$，其中 B_{fk} 为 $\varDelta$ 上的常数，(16-6-50)

所以只须逐一查明上式的三个式子对 f 各给出什么限制. 式(16-6-50a)不提供任何限制, 因为由下式可知 $\mathscr{L}_{fk}h_{ab}$ 自动为零:

$$\mathscr{L}_{fk}h_{ab}=2h_{c(b}\mathscr{D}_{a)}(fk^c)=2fh_{c(b}\mathscr{D}_{a)}k^c+2k^ch_{c(b}\mathscr{D}_{a)}f=2fh_{c(b}k^c\omega_{a)}=0\,,$$

其中第一步用到 $\mathscr{D}_ch_{ab}=0$, 第三、四步都用到 $k^ch_{cb}=0$ [式(16-6-35)]. 再看式(16-6-50c). 由该式得 $B_{fk}k^a=-\mathscr{L}_k(fk^a)=-k^a\mathscr{L}_kf$, 故

$$\mathscr{L}_kf=-B_{fk}=\text{常数}. \tag{16-6-51}$$

这就是式(16-6-50c)对 f 给出的限制. 最后, 式(16-6-50b)导致

$$0=\mathscr{L}_{fk}\omega_a=\mathrm{d}_a(fk^b\omega_b)+(\mathrm{d}\omega)_{ba}k^bf=\mathrm{d}_a(f\kappa_{(k)})=\kappa_{(k)}\mathscr{D}_af\,, \tag{16-6-52}$$

其中第二步用到第 5 章习题 6(a), 第三步首先用到 $k^b\omega_b=\kappa_{(k)}$ [式(16-5-18)], 然后用到式(16-5-33)及 $k^b\varepsilon_{ab}=0$, 第四步用到第零定律.

对非极端的弱孤立视界有 $\kappa_{(k)}\neq 0$, 故式(16-6-52)要求 $\mathscr{D}_af=0$, 即 f 在 $\varDelta$ 上为常数, 于是 $\mathscr{S}_1=\{ck^a\mid c\in\mathbb{R}\}$, 因而 $\dim\mathscr{S}_1=1$. 然而极端弱孤立视界的 $\kappa_{(k)}=0$, 使式(16-6-52)成为恒等式, 因而式(16-6-50b)对 f 并不给出任何限制, 于是式(16-6-50)对 f 的唯一限制表现为式(16-6-51). 作为 $\varDelta$ 上的函数, f 在每条母线 $\gamma(\lambda)$ 上诱导出一元函数 $f(\lambda)$, 其导函数

$$\frac{\mathrm{d}f(\lambda)}{\mathrm{d}\lambda}=\left(\frac{\partial}{\partial\lambda}\right)^a\mathscr{D}_af=k^a\mathscr{D}_af=-B_{fk}\,,\quad [\text{末步用到式(16-6-51)}]$$

故

$$f(\lambda)=-B_{fk}\lambda+Y\,, \tag{16-6-53}$$

其中 Y 在整条母线上是任意常数($\mathrm{d}Y/\mathrm{d}\lambda=0$), 不同母线的 Y 值可以任选. 可见 Y 的自由性相当于在某截面 S 上任选(光滑)函数. S 上全体(光滑)函数构成无限维矢量(线性)空间, 其每一基矢所决定的 f 与 k^a 之积都是 $\mathscr{S}_1$ 的基矢, 所以 $\kappa_{(k)}=0$ 时 $\dim\mathscr{S}_1=\infty$.

在讨论 $\dim\hat{\mathscr{S}}$ 之前, 有必要给出弱孤立视界上的无限小轴对称性的定义.

定义 3　弱孤立视界 $(\varDelta,[k])$ 上的切矢场 φ^a 称为一个**无限小轴对称性**, 若

(a) φ^a 是无限小对称性;

(b) $\varDelta$ 有且仅有两条类光母线使 φ^a 在这两条母线上为零(两者与任一截面的交点就是该截面的两“极”), 在这两条母线以外类空;

(c) φ^a 产生的单参微分同胚群 $\{\rho_t: \varDelta \to \varDelta \,|\, t \in \mathbb{R}\}$ 满足: ① $\rho_{2\pi} = \rho_0$; ②不存在 $T \in (0, 2\pi)$ 使 $\rho_T = \rho_0$.

现在就可讨论 $\dim \hat{\mathscr{S}}$. 以 $\hat{\varDelta}$ 代表把 $\varDelta$ 的每条类光母线看作一个元素所构成的集合, 便有投影映射 $\hat{\pi}: \varDelta \to \hat{\varDelta}$. 用下法给 $\hat{\varDelta}$ 定义拓扑: $\hat{O} \subset \hat{\varDelta}$ 称为开子集当且仅当 $\hat{\pi}^{-1}[O]$ 是 $\varDelta$ 的开子集, 则 $\hat{\varDelta}$ 成为拓扑空间, 而且同胚于 $\varDelta$ 的任一截面 S. 设 $i_S: S \to \varDelta$ 是定义 S 的包含映射, 记 $\psi \equiv \hat{\pi} \circ i_S$, 则 $\psi: S \to \hat{\varDelta}$ 是个同胚, 它把 S 的微分结构带给 $\hat{\varDelta}$, 使 $\hat{\varDelta}$ 成为 2 维流形(拓扑 2 球面), 而且 $\psi: S \to \hat{\varDelta}$ 是微分同胚. 可以证明 $\hat{\varDelta}$ 由此获得的微分结构与 S 的选择无关, 还可证明以下两个结论:

结论 1 $\varDelta$ 上的切矢场 X^a 在 $\hat{\varDelta}$ 上自然诱导一个矢量场 $\hat{X}^a$ 当且仅当 $\varDelta$ 上有函数 σ 使 $\mathscr{L}_k X^a = \sigma k^a$; [证明提示: 参考命题 12-5-8(中册)的证明并利用 $\hat{\pi}_* k^a = 0$.]

结论 2 $\varDelta$ 上的 $(0,l)$ 型张量场 $T_{a_1 \cdots a_l}$ 在 $\hat{\varDelta}$ 上自然诱导一个张量场 $\hat{T}_{a_1 \cdots a_l}$ (满足 $T_{a_1 \cdots a_l} = \pi^* \hat{T}_{a_1 \cdots a_l}$)当且仅当(a) $\mathscr{L}_k T_{a_1 \cdots a_l} = 0$; (b) $T_{a_1 \cdots a_l}$ 的任一指标与 k^a 的缩并为零. (读者不妨把证明当作一个有挑战性的练习.)

下面是结论 2 的两个重要应用例子.

(1)因为 $\mathscr{L}_k h_{ab} = 0$, $k^a h_{ab} = 0$, $k^b h_{ab} = 0$, 所以 $\hat{\varDelta}$ 上有张量场 $\hat{h}_{ab}$ 使 $h_{ab} = \pi^* \hat{h}_{ab}$. 这个 $\hat{h}_{ab}$ 可充当 $\hat{\varDelta}$ 上的度规场.

(2)作为 2 维黎曼空间, $(\hat{\varDelta}, \hat{h}_{ab})$ 当然有适配面元 $\hat{\varepsilon}_{ab}$. 由结论 2 可知 $\varDelta$ 上的张量场 $\varepsilon_{ab} \equiv \pi^* \hat{\varepsilon}_{ab}$ 满足 $\mathscr{L}_k \varepsilon_{ab} = 0$ 及 $k^a \varepsilon_{ab} = 0$. 这其实就是小节 16.6.1 开头所找到的 ε_{ab}.

设 $\xi^a \in \mathscr{S}$, 则式(16-6-47c)保证 ξ^a 在 $\hat{\varDelta}$ 上自然诱导矢量场 $\hat{\xi}^a$. 可以证明如下结论:

$$\mathscr{L}_\xi h_{ab} = 0 \ \Leftrightarrow \ \mathscr{L}_{\hat{\xi}} \hat{h}_{ab} = 0 . \tag{16-6-54}$$

上式左边正是式(16-6-47a), 可见 $\xi^a \in \mathscr{S} \Rightarrow \mathscr{L}_{\hat{\xi}} \hat{h}_{ab} = 0$, 即 $\hat{\xi}^a$ 是 $(\hat{\varDelta}, \hat{h}_{ab})$ 上的 Killing 矢量场. 以 $\hat{\mathscr{K}}$ 代表 $(\hat{\varDelta}, \hat{h}_{ab})$ 上全体 Killing 场的集合, 便有 $\xi^a \in \mathscr{S} \Rightarrow \hat{\xi}^a \in \hat{\mathscr{K}}$. 另一方面, ξ^a 又在 $\mathscr{S}$ 中挑出了它所在的等价类(类中各元素可差到 k^a 的倍数), 故每一 $\xi^a \in \mathscr{S}$ 又给出一个 $[\xi]^a \in \hat{\mathscr{S}}$. 既然 $\xi^a \in \mathscr{S}$ 同时给出 $\hat{\xi}^a$ 和 $[\xi]^a$, 就可把后两者认同, 因而就有

$$\xi^a \in \mathscr{S} \ \Rightarrow \ [\xi]^a \in \hat{\mathscr{K}} ,$$

这表明 $\hat{\mathscr{S}} \subset \hat{\mathscr{K}}$, 即 $\hat{\mathscr{S}}$ 是 $\hat{\mathscr{K}}$ 的子代数. 以上讨论只用到 ξ^a 满足式(16-6-47a), 但 $\xi^a \in \mathscr{S}$ 还满足式(16-6-47b)和(16-6-47c), 而对 $\hat{\mathscr{K}}$ 的元素则并无这两个额外要求,

因此一般来说 $\hat{\mathscr{S}} \neq \hat{\mathscr{K}}$. 注意到 $\hat{\mathscr{S}} \subset \hat{\mathscr{K}}$, 为了弄清 $\dim\hat{\mathscr{S}}$ 有多少个可能值, 只须弄清 $\hat{\mathscr{K}}$ 的各种可能维数. 带度规的拓扑2球面 $(\hat{\Delta},\hat{h}_{ab})$ 只能属于以下三种情况之一[见 Ashtekar et al. (2001)]:

1. $(\hat{\Delta},\hat{h}_{ab})$ 有最高对称性, 即有球对称性($\hat{\Delta}$ 是真正的2球面), 这时 $\hat{\mathscr{K}}$ 李代数同构于 $\mathscr{SO}(3)$, 因而 $\dim\hat{\mathscr{K}}=3$;

2. $(\hat{\Delta},\hat{h}_{ab})$ 有轴对称性而无球对称性, $\hat{\mathscr{K}}$ 李代数同构于 $\mathscr{SO}(2)$, 因而 $\dim\hat{\mathscr{K}}=1$;

3. $(\hat{\Delta},\hat{h}_{ab})$ 无对称性, 即没有任何 Killing 矢量场(0 场除外), 因而 $\dim\hat{\mathscr{K}}=0$.

上述三种情况的划分非常便于 $\dim\hat{\mathscr{S}}$ 的讨论. 在情况1中, 作为 $\hat{\mathscr{K}}=\mathscr{SO}(3)$ 的子代数, $\hat{\mathscr{S}}$ 既可能同构于 $\mathscr{SO}(3)$ 本身, 又可能同构于其子代数 $\mathscr{SO}(2)$, 还可能同构于其平凡子代数 $\{0\}$, 因而 $\dim\hat{\mathscr{S}}$ 可取3,1,0中之任一; 情况2只有两种可能性, 即 $\dim\hat{\mathscr{S}}$ 既可能为1又可能为0; 情况3则只有 $\dim\hat{\mathscr{S}}=0$ 这一种可能性. 于是弱孤立视界可依 $\dim\hat{\mathscr{S}}$ 之为3, 为1或为0而分成如下的I, II, III 等三种类型, 加上前面关于 $\dim\mathscr{S}_1$ 的结论, 便知每种类型的 $\dim\mathscr{S}$ 还取决于视界是否极端, 即 $\kappa_{(k)}$ 是否为零:

I 型视界 $(\Delta,[k])$ 的 $\hat{\mathscr{S}}=\mathscr{SO}(3)$ (等号代表李代数同构, 下同), 故 $\dim\hat{\mathscr{S}}=3$. 当 $\kappa_{(k)}\neq 0$ 时 $\dim\mathscr{S}=4$; 当 $\kappa_{(k)}=0$ 时 $\dim\mathscr{S}=\infty$.

II 型视界 $(\Delta,[k])$ 的 $\hat{\mathscr{S}}=\mathscr{SO}(2)$, 故 $\dim\hat{\mathscr{S}}=1$. 当 $\kappa_{(k)}\neq 0$ 时 $\dim\mathscr{S}=2$; 当 $\kappa_{(k)}=0$ 时 $\dim\mathscr{S}=\infty$.

III 型视界 $(\Delta,[k])$ 的 $\hat{\mathscr{S}}=\{0\}$, 故 $\dim\hat{\mathscr{S}}=0$. 当 $\kappa_{(k)}\neq 0$ 时 $\dim\mathscr{S}=1$; 当 $\kappa_{(k)}=0$ 时 $\dim\mathscr{S}=\infty$.

上述结论可简明地由表16-2示出, 该表也适用于孤立视界(证明从略). 由表看出, 孤立视界与弱孤立视界在 $\dim\mathscr{S}$ 上的区别只在于: 无论极端与否, 各型孤立视界的 $\mathscr{S}$ 都没有无限维的情况. 这同如下事实密切相关:从一个非涨视界 Δ 只能造出一个孤立视界, 或者说, 孤立视界的类光法矢场 k^a 的自由性最多不过是乘一个常数因子 $c>0$ (见§16.5 注5).

注4　I 型视界的 $(\hat{\Delta},\hat{h}_{ab})$ 一定属于情况1(但反之不然), 故有球对称性. II 型视界的 $(\hat{\Delta},\hat{h}_{ab})$ 既可能属于情况2也可能属于情况1, 所以既可能有轴对称性也可能有球对称性. [虽然情况1有 $\dim\hat{\mathscr{K}}=3$, 但 $(\hat{\Delta},\hat{h}_{ab})$ 的 Killing 场未必满足定义2的条件(b)或(c), 因而未必是无限小对称性(未必属于 $\mathscr{S}$).] 由于讨论角动量时很关心截面 (S,q_{ab}) [而不是 $(\hat{\Delta},\hat{h}_{ab})$]的对称性问题, 所以还有必要弄清 (S,q_{ab}) 同 $(\hat{\Delta},\hat{h}_{ab})$ 的关系. 上面已指出存在微分同胚映射 $\psi: S\to\hat{\Delta}$, 其实 ψ 还是 (S,q_{ab}) 与 $(\hat{\Delta},\hat{h}_{ab})$ 之间的等度规映射, 因为

表 16-2　弱孤立视界和孤立视界的对称性李代数 $\mathscr{S}$ 的维数

	弱孤立视界		孤立视界	
	非极端	极端	非极端	极端
I 型	4 维	∞ 维	4 维	4 维
II 型	2 维	∞ 维	2 维	2 维
III 型	1 维	∞ 维	1 维	1 维

$$q_{ab} \equiv i_S{}^* h_{ab} = i_S{}^*(\hat{\pi}^* \hat{h}_{ab}) = (i_S{}^* \circ \hat{\pi}^*)\hat{h}_{ab} = (\hat{\pi} \circ i_S)^* \hat{h}_{ab} = \psi^* \hat{h}_{ab} \, .$$

可见各型视界的截面 (S, q_{ab}) 与该型视界的 $(\hat{\Delta}, \hat{h}_{ab})$ 有一样多的对称性, 因而 I 型视界的截面 (S, q_{ab}) 有球对称性; II 型视界的截面 (S, q_{ab}) 既可能有球对称性也可能只有轴对称性.

注 5　刚才已讲过 $(\hat{\Delta}, \hat{h}_{ab})$ 和 (S, q_{ab}) 的对称性、两者间的对应关系以及如何据此对视界进行分类. 但是我们最关心的毕竟是视界 (Δ, h_{ab}) 本身的对称性, 所以还要说明如何从 $(\hat{\Delta}, \hat{h}_{ab})$ 的对称性得出 (Δ, h_{ab}) 的对称性. 略去细节和证明, 此处只想简介结论. 设 $\hat{\xi}^a$ 是 $(\hat{\Delta}, \hat{h}_{ab})$ 上的一个 Killing 场, 则可按如下三步得到 (Δ, h_{ab}) 上的一个无限小对称性.

(1)在 Δ 上任选截面 S_0, 利用 k^a 的单参微分同胚族把 S_0 “携带”至全 Δ 便得到 Δ 的一个截面族(一个分层) $\{S\}$.

(2)对 $\{S\}$ 中的任一截面 S, 利用 $\psi^{-1}: \hat{\Delta} \to S$ 可得到 $\hat{\xi}^a$ 的积分曲线族在 S 上的像曲线族, 其切矢场 X^a 便是 (S, q_{ab}) 的一个 Killing 场.

(3) $\{S\}$ 中的所有 S 上的 X^a 构成 Δ 上的一个矢量场 ξ^a, 它就是待求的、与 $\hat{\xi}^a$ 对应的无限小对称性, 所谓对应是指: ξ^a 在 $\hat{\Delta}$ 上自然诱导的矢量场(按前面的结论 1)正是 $\hat{\xi}^a$.

于是, 既然 II 型视界的截面 (S, q_{ab}) 可能有球对称性也可能只有轴对称性(见注 4 末), 而球对称性蕴涵轴对称性, 所以 II 型视界 Δ 上必定存在无限小轴对称性矢量场 φ^a, 它对定义视界角动量有关键性意义.

由式(16-6-42a)可知无限小对称性 $\xi^a \in \mathscr{S}$ 不一定满足 $\mathscr{L}_\xi k^a = 0$. 然而, 下面的命题表明, 对无限小轴对称性 φ^a 一定有 $\mathscr{L}_\varphi k^a = 0$.

命题 16-6-9　设 φ^a 是弱孤立视界 $(\Delta, [k])$ 上的无限小轴对称性, 则

$$\text{(a)}\ \mathscr{L}_\varphi k^a = 0, \qquad \text{(b)}\ \rho_{t*} k^a = k^a \, . \tag{16-6-55}$$

证明　φ^a 是命题 16-6-8 的 ξ^a 的特例, 故只须证明式(16-6-42)中的 $B_\xi = 0$. 取式(16-6-42b)的 t 为 2π 得 $\rho_{2\pi *} k^a = \mathrm{e}^{-2\pi B_\xi} k^a$, 而定义 2 条件 (c) 则导致

$$\rho_{2\pi *}k^a = \rho_{0*}k^a = k^a ,$$

两式结合便给出 $B_\xi = 0$. □

下面进一步证明, 不但轴对称性 φ^a 满足 $\mathscr{L}_\varphi k^a = 0$, 而且非极端弱孤立视界的任一无限小对称性 ξ^a 都满足 $\mathscr{L}_\xi k^a = 0$.

命题 16-6-10　非极端($\kappa_{(k)} \neq 0$)的弱孤立视界 $(\Delta,[k])$ 上的任一对称性 ρ : $\Delta \to \Delta$ 满足 $\rho_* k^a = k^a$ [即把式(16-5-40)的 $c(t)$ 确定为 1], 从而(由命题16-6-8)任一无限小对称性 ξ^a 满足 $\mathscr{L}_\xi k^a = 0$.

证明　由式(16-6-40)得 $\rho^* \omega_a = \omega_a$, $\rho_* k^a = ck^a$ $(c \neq 0)$. 以 ρ^* 作用于第二个等式又得 $k^a = c\rho^* k^a$, 故 $\rho^* k^a = \dfrac{1}{c} k^a$, 于是 $\forall p \in \Delta$ 有

$$(\rho^*\omega_a)(\rho^*k^a)|_p = \omega_a|_p \frac{1}{c}k^a|_p = \frac{1}{c}(\omega_a k^a)|_p = \frac{1}{c}\kappa_{(k)}|_p , \tag{16-6-56}$$

另一方面, 上式左边又可表为

$$(\rho^*\omega_a)(\rho^*k^a)|_p = \rho^*(\omega_a|_{\rho(p)})\rho^{-1}{}_*(k^a|_{\rho(p)})$$

$$= \omega_a|_{\rho(p)}\,\rho_*\rho^{-1}{}_*(k^a|_{\rho(p)}) = (\omega_a k^a)|_{\rho(p)} = \kappa_{(k)}|_{\rho(p)} = \kappa_{(k)}|_p , \tag{16-6-57}$$

其中第一步用到 $\rho^* = \rho^{-1}{}_*$, 第四步用到 $\kappa_{(k)} = \omega_a k^a$ [式(16-5-18)], 最末一步用到第零定律. 对比式(16-6-56)和(16-6-57)得 $\kappa_{(k)} = \kappa_{(k)}/c$, 当 $\kappa_{(k)} \neq 0$ 时便有 $c=1$, 因而 $\rho_* k^a = k^a$. □

命题 16-6-11　设 u^a 是非涨视界 Δ 上满足 $\mathscr{L}_u h_{ab} = 0$ 的切矢场, 则

(1)
$$\mathscr{L}_u \varepsilon_{ab} = 0 ; \tag{16-6-58}$$

(2) Δ 上有函数 f 使

$$\varepsilon_{ba} u^b = \mathscr{D}_a f . \tag{16-6-59}$$

证明

(1)借用命题 16-6-3 证明中的 3 标架场及求和约定, 由式(16-6-22)得

$$\mathscr{L}_u \boldsymbol{\varepsilon} - \mathscr{L}_u(\boldsymbol{e}^1 \wedge \boldsymbol{e}^2) - (\mathscr{L}_u \boldsymbol{e}^1) \wedge \boldsymbol{e}^2 + \boldsymbol{e}^1 \wedge \mathscr{L}_u \boldsymbol{e}^2 . \tag{16-6-60}$$

另一方面, $e^i_a k^a = e^i_a e^a_0 = 0$ 则导致

$$0 = \mathscr{L}_u(e^i_a k^a) = (\mathscr{L}_u e^i_a)k^a + e^i_a \mathscr{L}_u k^a . \tag{16-6-61}$$

由式(16-6-2)易见 $h_{ab}k^b = 0$, 与 $\mathscr{L}_u h_{ab} = 0$ 结合得 $h_{ab}\mathscr{L}_u k^b = \mathscr{L}_u(h_{ab}k^b) = 0$, 再用式(16-6-2)就不难证明 Δ 上存在函数 ν 使 $\mathscr{L}_u k^b = \nu k^b$, 代入式(16-6-61)便有

$$(\mathscr{L}_u e^i_a)k^a = 0\,. \tag{16-6-62}$$

记 $\chi^i_a \equiv \mathscr{L}_u e^i_a$，则式(16-6-62)可改写为

$$\chi^i_a e^a_0 = 0\,. \tag{16-6-63}$$

把 χ^i_a 用对偶标架展开为 $\chi^i_a = \chi^i_0 e^0_a + \chi^i_j e^j_a$，与 $e^a_0 = k^a$ 缩并给出 $\chi^i_0 = \chi^i_a e^a_0$，与式(16-6-63)结合便有 $\chi^i_0 = 0$，故 $\chi^i_a = \chi^i_j e^j_a$，即

$$\mathscr{L}_u e^i_a = \chi^i_j e^j_a\,. \tag{16-6-64}$$

将式(16-6-27)代入 $\mathscr{L}_u h_{ab} = 0$ 并利用式(16-6-64)又得

$$\begin{aligned} 0 &= \mathscr{L}_u(\delta_{ij} e^i_a e^j_b) = \delta_{ij}(\mathscr{L}_u e^i_a)e^j_b + \delta_{ij} e^i_a \mathscr{L}_u e^j_b \\ &= \delta_{ij}\chi^i_k e^k_a e^j_b + \delta_{ij} e^i_a \chi^j_k e^k_b = (\delta_{kj}\chi^k_i + \delta_{ik}\chi^k_j)e^i_a e^j_b\,, \end{aligned}$$

故 $\delta_{ik}\chi^k_j + \delta_{kj}\chi^k_i = 0$. 依次令 $i = j = 1$ 及 $i = j = 2$ 给出 $\chi^1_1 = \chi^2_2 = 0$. 把式(16-6-64)代入式(16-6-60)便得

$$\mathscr{L}_u \boldsymbol{\varepsilon} = \chi^1_j \boldsymbol{e}^j \wedge \boldsymbol{e}^2 + \boldsymbol{e}^1 \wedge (\chi^2_j \boldsymbol{e}^j) = \chi^1_1 \boldsymbol{e}^1 \wedge \boldsymbol{e}^2 + \chi^2_2 \boldsymbol{e}^1 \wedge \boldsymbol{e}^2 = 0\,.$$

(2)式(16-6-58)导致

$$0 = \mathscr{L}_u \varepsilon_{ab} = \mathrm{d}_a(u^c \varepsilon_{ab}) + u^c(\mathrm{d}\varepsilon)_{cab} = \mathrm{d}_a(u^c \varepsilon_{ab})\,.$$

[其中第二步用到第5章习题6(a)，第三步用到 $\hat{\theta}_{(k)} = 0$ 及命题 16-6-2(3).] 上式表明 $u^c \varepsilon_{ab}$ 是 $\varDelta$ 上的闭的1形式场. 因 $\varDelta$ 同胚于 $\mathbb{R} \times \mathrm{S}^2$，其上的闭1形式场都恰当(理由略)，故 $\varDelta$ 上有函数 f 使 $\varepsilon_{ba} u^b = \mathscr{D}_a f$. □

注6 取本命题的 u^a 为 k^a，则式(16-6-58)成为 $\mathscr{L}_k \varepsilon_{ab} = 0$，就是说从 $\mathscr{L}_k h_{ab} = 0$ 出发可直接推出 $\mathscr{L}_k \varepsilon_{ab} = 0$. 可见，只要 $\varDelta$ 为非涨视界(因而 h_{ab} “不变”，请注意无须要求它为弱孤立视界)，取引理16-6-4的 μ_{ab} 为 ε_{ab} 便知面积不变，从而印证了式(16-5-32)所在段的讲法. 所谓面积不变，是指各个等 λ 面有相同面积，其中 λ 满足 $k^a \equiv (\partial/\partial\lambda)^a$. 但是，如果 S 和 S' 是任意两个给定截面，面积各为 A 和 A'，是否也有 $A' = A$？式(16-5-1)前曾给出肯定的答案却未加证明，而现在很容易补证：把 $k^a \equiv (\partial/\partial\lambda)^a$ 重新标度化为

$$k'^a = (\partial/\partial\lambda')^a = f k^a\,, \qquad \text{其中 } f \equiv \mathrm{d}\lambda/\mathrm{d}\lambda'\,.$$

总可选函数 f 使 S 和 S' 成为两张等 λ' 面. 利用“ h_{ab} 不变”对任一类光法矢场成立得 $\mathscr{L}_{k'} h_{ab} = 0$，故 $\mathscr{L}_{k'} \varepsilon_{ab} = 0$，从而就有 $A' = A$.

16.6.4　角动量两个公式的证明

小节16.5.5介绍了Ashtekar等利用协变相空间推导弱孤立视界角动量公式的思路并给出了如下结果(本节重新编号):

$$J_\Delta^{(\phi)} = -\frac{1}{8\pi}\int_S \varphi^c \omega_c \varepsilon_{ab}\,, \tag{16-6-65}$$

其中 S 是 Δ 的任一截面, φ^c 是弱孤立视界 $(\Delta,[k])$ 上的无限小轴对称性, 而 $J_\Delta^{(\phi)}$ 上标的 ϕ^a 则是式(16-5-51)所在段所要求的那个矢量场, 特别地, $\phi^a|_\Delta = \varphi^a$. 此外, 当时还不加证明地指出两点:

(1) 上式也可用外尔张量的NP标架分量 Ψ_2 等价地表为

$$J_\Delta^{(\phi)} = \frac{1}{4\pi}\int_S f\,\mathrm{Im}(\Psi_2)\varepsilon_{ab}\,,$$

其中 f 由 $\mathscr{D}_a f \equiv \varepsilon_{ba}\varphi^b$ 定义. 现在可以清楚地看到, 由于 φ^b (作为无限小对称性)满足 $\mathscr{L}_\varphi h_{ab} = 0$, 命题16-6-11(2)保证这样的 f 必定存在.

(2) 如果含 Δ 的某个4维开集 U 上有Killing矢量场 ϕ^a (满足 $\phi^a|_\Delta = \varphi^a$), 则 $J_\Delta^{(\phi)}$ 还可表为如下的Komar积分:

$$J_\Delta^{(\phi)} = \frac{1}{16\pi}\int_S \varepsilon_{abcd}\nabla^c\phi^d\,.$$

注7　上式的成立条件"$\phi^a|_U$ 是Killing场(即 $\nabla_a\phi_b|_U = \nabla_{[a}\phi_{b]}|_U$)"还可弱化为 $\nabla_a\phi_b|_\Delta = \nabla_{[a}\phi_{b]}|_\Delta$, 见式(16-5-33).

本小节要从式(16-6-65)出发给出后两式的详细证明.

命题16-6-12　弱孤立视界 $(\Delta,[k])$ 的角动量原始表达式(16-6-65)可以改写为

$$J_\Delta^{(\phi)} = \frac{1}{4\pi}\int_S f\,\mathrm{Im}(\Psi_2)\varepsilon_{ab}\,, \tag{16-6-66}$$

其中 S 是 Δ 的任一截面, f 由 $\mathscr{D}_a f \equiv \varepsilon_{ba}\varphi^b$ 定义, Ψ_2 是外尔张量在NP标架的第2分量.

证明　基本思路: 先从式(16-6-65)出发证明

$$J_\Delta^{(\phi)} = -\frac{1}{8\pi}\int_S \omega_a \wedge (\varphi^c \varepsilon_{cb})\,. \tag{16-6-67}$$

(证明较长, 稍后补写.) 以此式为基础, 式(16-6-66)立即得证:

$$J_\Delta^{(\phi)} = -\frac{1}{8\pi}\int_S \omega_a \wedge (\varphi^c\varepsilon_{cb}) = -\frac{1}{8\pi}\int_S \omega_a \wedge \mathscr{D}_b f = \frac{1}{8\pi}\int_S \mathrm{d}_a f \wedge \omega_b$$

$$=\frac{1}{8\pi}\int_S \mathrm{d}_a(f\omega_b)-\frac{1}{8\pi}\int_S f(\mathrm{d}\omega)_{ab}=-\frac{1}{8\pi}\int_S f(\mathrm{d}\omega)_{ab}=\frac{1}{4\pi}\int_S f\,\mathrm{Im}(\Psi_2)\varepsilon_{ab}\,,$$

其中第二步用到 $\mathscr{D}_a f\equiv\varepsilon_{ba}\varphi^b$，第五步利用 Stokes 定理把 $\int_S \mathrm{d}_a(f\omega_b)$ 变为 $\int_{\partial S} f\omega_b=0$ (拓扑球面边界为空集), 第六步用到式(16-5-33).

余下的工作就是补证式(16-6-67).

φ^a 作为 $\varDelta$ 上的矢量场挑出了一类特殊截面, 记其任一为 S_φ，特点就在于 $\varphi^a|_p$ 切于 S_φ $\forall p\in S_\varphi$. 为行文方便, 称这类截面为“切 φ^a 截面”. 我们先证明 $S=S_\varphi$ 时的式(16-6-67), 即

$$J_\varDelta^{(\phi)}\equiv-\frac{1}{8\pi}\int_{S_\varphi}\omega_a\wedge(\varphi^c\varepsilon_{cb})\,,\qquad(16\text{-}6\text{-}68)$$

再借助于引理 16-6-4 推广至任意截面 S，即证明式(16-6-67)本身.

不难验证

$$\varphi^c(\omega_c\wedge\varepsilon_{ab})=\varphi^c\omega_c\varepsilon_{ab}-\omega_a\wedge(\varphi^c\varepsilon_{cb})\,,$$

代入 $S=S_\varphi$ 的式(16-6-65)得

$$J_\varDelta^{(\phi)}=-\frac{1}{8\pi}\int_{S_\varphi}\varphi^c(\omega_c\wedge\varepsilon_{ab})-\frac{1}{8\pi}\int_{S_\varphi}\omega_a\wedge(\varphi^c\varepsilon_{cb})\,.\qquad(16\text{-}6\text{-}69)$$

为证明式(16-6-68)只须证明上式右边第一项为零. 根据上册§5.2之末, 积分号内的 $\varphi^c(\omega_c\wedge\varepsilon_{ab})$ 应该理解为它在积分域 S_φ 上的限制, 即 $i_{S_\varphi}{}^*[\varphi^c(\omega_c\wedge\varepsilon_{ab})]$，其中 $i_{S_\varphi}:S_\varphi\to\varDelta$ 代表包含映射. 所以为了证明式(16-6-69)右边第一项为零只须证明 $i_{S_\varphi}{}^*[\varphi^c(\omega_c\wedge\varepsilon_{ab})]=0$. 又因为对切于 S_φ 的任意矢量场 s^a,t^a 有

$$s^at^bi_{S_\varphi}{}^*[\varphi^c(\omega_c\wedge\varepsilon_{ab})]=s^at^b\varphi^c(\omega_c\wedge\varepsilon_{ab})=s^at^b\varphi^c i_{S_\varphi}{}^*(\omega_c\wedge\varepsilon_{ab})=0\,,$$

[第二步是因为 φ^c 也切于 S_φ，第三步是因为 $i_{S_\varphi}{}^*(\omega_c\wedge\varepsilon_{ab})$ 是 S_φ 上的3形式场而 $\dim S_\varphi=2$.] 所以 $i_{S_\varphi}{}^*[\varphi^c(\omega_c\wedge\varepsilon_{ab})]=0$. 于是式(16-6-68)得证.

最后要从式(16-6-68)出发证明式(16-6-67). 设 $k^a\in[k]$，对指定的两个截面 S 和 S_φ，总有 $\varDelta$ 上的标量场 σ 使得由 σk^a 产生的单参微分同胚族 $\{\rho_t:\varDelta\to\varDelta\}$ 满足 $\rho_1[S_\varphi]=S$，就是说, 总可把 k^a 重参数化为 $\sigma k^a=(\partial/\partial t)^a$ 以保证介于 S 和 S_φ 之间的任一母线的“参数长度” Δt 都为1, 于是引理 16-6-4 适用, 欲从式(16-6-68)证明式(16-6-67)只须证明

$$\int_{S(t)}\mathscr{L}_{\sigma k}\mu_{ab}=0\quad[\text{其中 }\mu_{ab}=\omega_a\wedge(\varphi^c\varepsilon_{cb})]\qquad(16\text{-}6\text{-}70)$$

对参数取值范围内的任一 t 成立.

利用第 5 章习题 6(a) 的公式, 经计算得

$$\mathscr{L}_{\sigma k}\mu_{ab}=\sigma\mathscr{L}_k\mu_{ab}+(\mathscr{D}_a\sigma)\wedge(k^d\mu_{db})\,. \tag{16-6-71}$$

再用李导数的有关性质又得

$$\mathscr{L}_k\mu_{ab}\equiv\mathscr{L}_k[\omega_a\wedge(\varphi^c\varepsilon_{cb})]=(\mathscr{L}_k\omega_a)\wedge(\varphi^c\varepsilon_{cb})+\omega_a\wedge(\mathscr{L}_k\varphi^c)\varepsilon_{cb}+\omega_a\wedge(\varphi^c\mathscr{L}_k\varepsilon_{cb})\,. \tag{16-6-72}$$

因为 k^a 是无限小对称性, 所以可以分别充当式(16-6-47b)和(16-6-58)的 ξ^a 和 u^a, 从而给出 $\mathscr{L}_k\omega_a=0$ 和 $\mathscr{L}_k\varepsilon_{cb}=0$, 再由(16-6-55a)又得 $\mathscr{L}_k\varphi^c=0$, 于是式(16-6-72)导致 $\mathscr{L}_k\mu_{ab}=0$, 代入式(16-6-71)便有

$$\mathscr{L}_{\sigma k}\mu_{ab}=(\mathscr{D}_a\sigma)\wedge(k^d\mu_{db})\equiv(\mathscr{D}_a\sigma)\wedge[k^d(\omega_d\wedge\varphi^c\varepsilon_{cb})]\,. \tag{16-6-73}$$

而

$$k^d(\omega_d\wedge\varphi^c\varepsilon_{cb})=-2k^d\omega_{[d}\varphi^c\varepsilon_{b]c}=-k^d\omega_d\varphi^c\varepsilon_{bc}+k^d\omega_b\varphi^c\varepsilon_{dc}=\kappa_{(k)}\varphi^c\varepsilon_{cb}\,,$$

其中末步用到 $k^d\omega_d=\kappa_{(k)}$ 及 $k^d\varepsilon_{dc}=0$. 代入式(16-6-73)可知

$$\begin{aligned}\int_{S(t)}\mathscr{L}_{\sigma k}\mu_{ab}&=\int_{S(t)}\kappa_{(k)}(\mathrm{d}\sigma)_a\wedge(\varphi^c\varepsilon_{cb})=\kappa_{(k)}\int_{S(t)}(\mathrm{d}\sigma)_a\wedge(\varphi^c\varepsilon_{cb})\\&=\kappa_{(k)}\int_{S(t)}\mathrm{d}_a(\sigma\varphi^c\varepsilon_{cb})-\kappa_{(k)}\int_{S(t)}\sigma\mathrm{d}_a(\varphi^c\varepsilon_{cb})=-\kappa_{(k)}\int_{S(t)}\sigma\mathrm{d}_a\mathrm{d}_bf=0\,,\end{aligned}$$

其中第二步用到第零定律, 第四步用到 Stokes 定理[和 $S(t)$ 的边界为空集的事实]以及 $\varphi^c\varepsilon_{cb}=\mathscr{D}_bf=\mathrm{d}_bf$. □

注 8　以上证明的基本思路是先对特殊截面 S_φ 做证明, 再用引理 16-6-4 推广至任一截面 S . 这一证明手法也可用于其他类似场合. 例如, 假定利用哈氏方法对 Δ 的某个特殊截面证明了式(16-6-65), 就不难借用引理 16-6-4 推广至任一截面 S, 为此只须证明 $\mathscr{L}_{\sigma k}(\varphi^c\omega_c\varepsilon_{ab})=0$, 而这由式(16-6-71)及

$$\mathscr{L}_k\omega_a=0\,,\quad \mathscr{L}_k\varphi^a=0\,,\quad \mathscr{L}_k\varepsilon_{ab}=0\,,\quad k^d\varepsilon_{db}=0$$

立即得证.

命题 16-6-13　如果 ϕ^a 满足 $\nabla_a\phi_b|_\Delta=\nabla_{[a}\phi_{b]}|_\Delta$, 则弱孤立视界的角动量原始表达式(16-6-65)还可改写为

$$J_\Delta^{(\phi)}=\frac{1}{16\pi}\int_S\varepsilon_{abcd}\nabla^c\phi^d\,, \tag{16-6-74}$$

或者, 等价地,

$$J_\Delta^{(\phi)}=\frac{1}{16\pi}\int_S{}^*\mathrm{d}\phi\,, \tag{16-6-74$'$}$$

其中 S 仍代表 Δ 的任一截面.

证明 利用外微分和对偶形式的定义容易验证式(16-6-74)与(16-6-74′)的等价性, 因此只须证明式(16-6-74).

作为 $(\Delta,[k])$ 上的无限小轴对称性, φ^a 满足 $\mathscr{L}_\varphi k^a=0$ [见(16-6-55a)], 故

$$0=[\varphi,k]^a=[\phi|_\Delta,\bar{k}|_\Delta]^a=[\phi,\bar{k}]^a|_\Delta=(\phi^b\nabla_b\bar{k}^a-\bar{k}^b\nabla_b\phi^a)|_\Delta$$

$$=\varphi^b\mathscr{D}_b k^a-(\bar{k}^b\nabla_b\phi^a)|_\Delta=\varphi^b\omega_b k^a-(\bar{k}^b\nabla_b\phi^a)|_\Delta, \qquad (16\text{-}6\text{-}75)$$

其中第三步用到一个定理[见 Warner(1983) 命题 1.55], 第五步用到 $\mathscr{D}_b$ 的定义[式(16-5-9)], 第六步用到 $\mathscr{D}_b k^a=\omega_b k^a$ [见式(16-5-16)].

令 $\Phi_{ab}\equiv\nabla_a\phi_b$, 则 $\Phi_{ab}|_\Delta=\Phi_{[ab]}|_\Delta$. 在含 Δ 的开集 $U\subset M$ 上引入局域 NP 标架场 $\{m^a,\bar{m}^a,l^a,\bar{k}^a\}$, 要求 $m^a|_\Delta$, $\bar{m}^a|_\Delta$ 切于 Δ, 则 $\Phi_{ab}|_\Delta$ 的分量

$$\Phi_{a4}|_\Delta=(\Phi_{ab}\bar{k}^b)|_\Delta=-(\bar{k}^b\nabla_b\phi_a)|_\Delta=-g_{ac}\varphi^b\omega_b k^c, \qquad (16\text{-}6\text{-}76)$$

其中末步用到式(16-6-75). 由式(16-6-76)得

$$\Phi_{34}|_\Delta=(\Phi_{a4}\varepsilon_3^a)|_\Delta=\varphi^b\omega_b, \quad \Phi_{14}|_\Delta=\Phi_{24}|_\Delta=0. \qquad (16\text{-}6\text{-}77)$$

故 2 形式场 $\Phi_{ab}|_\Delta$ 可按上册式(5-1-6)展开为

$$\begin{aligned}\Phi_{ab}|_\Delta&=(\Phi_{12}\varepsilon_a^1\wedge\varepsilon_b^2+\Phi_{13}\varepsilon_a^1\wedge\varepsilon_b^3+\Phi_{23}\varepsilon_a^2\wedge\varepsilon_b^3+\Phi_{34}\varepsilon_a^3\wedge\varepsilon_b^4)|_\Delta\\&=(\Phi_{12}\bar{m}_a\wedge m_b-\Phi_{13}\bar{m}_a\wedge\bar{k}_b-\Phi_{23}m_a\wedge\bar{k}_b+\varphi^e\omega_e\bar{k}_a\wedge l_b)|_\Delta,\end{aligned}$$

因而

$$\Phi^{cd}|_\Delta=2(\Phi_{12}\bar{m}^{[c}m^{d]}-\Phi_{13}\bar{m}^{[c}\bar{k}^{d]}-\Phi_{23}m^{[c}\bar{k}^{d]}+\varphi^e\omega_e\bar{k}^{[c}l^{d]})|_\Delta. \qquad (16\text{-}6\text{-}78)$$

为从原始表达式(16-6-65)证明式(16-6-74), 只须证明

$$i^*(\varepsilon_{abcd}\nabla^c\phi^d)=-2\varphi^c\omega_c\varepsilon_{ab}, \qquad (16\text{-}6\text{-}79)$$

而为此应先找出 $(\varepsilon_{abcd}\nabla^c\phi^d)|_\Delta$ 与 $\varphi^c\omega_c$ 的关系. 由式(16-6-78)可知, 对切于 Δ 的任意矢量场 v^a, u^b 有

$$\begin{aligned}(v^a u^b\varepsilon_{abcd}\nabla^c\phi^d)|_\Delta=(v^a u^b\varepsilon_{abcd}\Phi^{cd})|_\Delta=(2\Phi_{12}v^a u^b\varepsilon_{abcd}\bar{m}^c m^d-2\Phi_{13}v^a u^b\varepsilon_{abcd}\bar{m}^c\bar{k}^d\\-2\Phi_{23}v^a u^b\varepsilon_{abcd}m^c\bar{k}^d)|_\Delta-2\varphi^e\omega_e(v^a u^b\varepsilon_{abcd}l^c\bar{k}^d)|_\Delta.\end{aligned}$$

上式右边各项都是 ε_{abcd} 与四个矢量的缩并, 可写成 $\varepsilon_{abcd}X^aY^bZ^cW^d$, 前三项中的四个矢量还都切于 Δ, 故满足(仅以 X^a 为例) $X^a|_\Delta=i_*X^a$, 因而 $\forall p\in\Delta$ 有

$$(\varepsilon_{abcd}X^aY^bZ^cW^d)|_p=[\varepsilon_{abcd}(i_*X^a)(i_*Y^b)(i_*Z^c)(i_*W^d)]_p=[(i^*\varepsilon_{abcd})X^aY^bZ^cW^d]_p=0.$$

[其中末步是因为 3 维流形 Δ 上的 4 形式场 $i^*\varepsilon_{abcd}$ 只能为零.] 于是

$$(v^a u^b \varepsilon_{abcd} \nabla^c \phi^d)|_\Delta = -2\varphi^e \omega_e (v^a u^b \varepsilon_{abcd} l^c \bar{k}^d)|_\Delta . \tag{16-6-80}$$

这样就有

$$v^a u^b i^* (\varepsilon_{abcd} \nabla^c \phi^d) = (v^a u^b \varepsilon_{abcd} \nabla^c \phi^d)|_\Delta = -2\varphi^e \omega_e (v^a u^b \varepsilon_{abcd} l^c \bar{k}^d)|_\Delta . \tag{16-6-81}$$

上式右端在 $v^a = \bar{k}^a$ 时显然为零, 再利用 u^b 的任意性便有

$$k^a i^* (\varepsilon_{abcd} \nabla^c \phi^d) = 0 . \tag{16-6-82}$$

上式保证 $i^*(\varepsilon_{abcd}\nabla^c\phi^d)$ 的标架展开式只含 $\bar{m}_{\tilde{a}} \wedge m_{\tilde{b}}$ 项, 即在 Δ 上有函数 Λ 使

$$i^* (\varepsilon_{abcd} \nabla^c \phi^d) = \Lambda\, \bar{m}_{\tilde{a}} \wedge m_{\tilde{b}} . \tag{16-6-83}$$

以 $(m^a \bar{m}^b)|_\Delta$ 缩并上式, 右边给出

$$\Lambda [m^a \bar{m}^b (\bar{m}_a m_b - m_a \bar{m}_b)]_\Delta - \Lambda , \tag{16-6-84a}$$

左边给出[利用式(16-6-81)]

$$m^a \bar{m}^b i^* (\varepsilon_{abcd} \nabla^c \phi^d) = -2\varphi^e \omega_e (m^a \bar{m}^b \varepsilon_{abcd} l^c \bar{k}^d)|_\Delta = -2\varphi^e \omega_e \varepsilon_{1234} = -2\mathrm{i}\varphi^e \omega_e . \tag{16-6-84b}$$

其中末步用到 $\varepsilon_{1234} = \mathrm{i}$ [见式(16-6-11)]. 用等号连接式(16-6-84a)和(16-6-84b)的右端给出 $\Lambda = -2\mathrm{i}\varphi^c \omega_c$, 代入式(16-6-83)并注意到 $\varepsilon_{ab} = \mathrm{i}\bar{m}_{\tilde{a}} \wedge m_{\tilde{b}}$ 便得待证等式(16-6-79).

□

注 9　如果条件 $\nabla_a \phi_b|_\Delta = \nabla_{[a}\phi_{b]}|_\Delta$ 不满足, 则式(16-6-74)未必成立. 下面给出有关结果而略去证明细节. 由

$$0 = \mathscr{L}_\varphi h_{ab} = \mathscr{L}_\varphi (i^* g_{ab}) = i^* (\mathscr{L}_\phi g_{ab}) = 2 i^* (\nabla_a \phi_b + \nabla_b \phi_a)$$

可知 $U \supset \Delta$ 上有余矢场 χ_a 使 $\nabla_{(a}\phi_{b)}|_\Delta = 2(\bar{k}_{(a}\chi_{b)})|_\Delta$, 令 $\Phi_{ab} \equiv \nabla_{[a}\phi_{b]}$, 便有

$$\nabla_a \phi_b|_\Delta = (2\bar{k}_{(a}\chi_{b)} + \Phi_{ab})|_\Delta .$$

上式的新添项 $2(\bar{k}_{(a}\chi_{b)})|_\Delta$ 最终导致 $\Lambda = 2[(\bar{k}^e \chi_e)|_\Delta - \varphi^e \omega_e]$, 故

$$i^* (\varepsilon_{abcd} \nabla^c \phi^d) = 2[(\bar{k}^e \chi_e)|_\Delta - \varphi^e \omega_e]\, \varepsilon_{ab} ,$$

所以只当 $(\bar{k}^e \chi_e)|_\Delta = 0$ 时才有式(16-6-79).

注 10　自然要问: 证明命题16-6-13 时是否也可先对特殊截面 S_φ 做证明再用引理 16-6-4 推广至任一截面 S ?从原则上说, 答案是肯定的, 见下面的“另一证明”.

命题 16-6-13 的另一证明　对比式(16-6-65)和(16-6-74), 可知只须证明

$$\int_S \varphi^c \omega_c \varepsilon_{ab} = -\frac{1}{2} \int_S \varepsilon_{abcd} \nabla^c \phi^d . \tag{16-6-85}$$

设$k^a=(\partial/\partial\lambda)^a$是等价类$[k]$中的一个元素，选$\lambda$的零值使所有等$\lambda$面的集合$\{S(\lambda)\}$构成$\Delta$的一个分层，并要求$S(0)$是一个"切$\varphi^a$截面"．$\lambda$在$S(\lambda)$上的常数性使$S(\lambda)$可被视为3维流形$\Delta$中的超曲面，$\mathscr{D}_a\lambda$(处处非零)是法余矢.① 因而

$$\text{矢量场}\, v^a \text{ 切于 } S(\lambda) \Leftrightarrow v^a\mathscr{D}_a\lambda=0. \tag{16-6-86}$$

设$\{\rho_\lambda:\Delta\to\Delta\}$是$k^a=(\partial/\partial\lambda)^a$产生的单参微分同胚族. 由$\mathscr{L}_k\varphi^a=0$可知，对于任一容许的$\Delta\lambda$值都有$\rho_{\Delta\lambda}{}^*\varphi^a=\varphi^a$，而$\lambda$作为$\Delta$上的函数则有$\rho_{\Delta\lambda}{}^*\lambda=\lambda+\Delta\lambda$．又因为$\forall p\in S(\Delta\lambda)[\equiv\rho_{\Delta\lambda}S(0)]$有唯一的$p_0\in S(0)$使$p=\rho_{\Delta\lambda}(p_0)$，所以

$$\varphi^a|_p=(\rho_{\Delta\lambda *}\varphi^a)|_p=\rho_{\Delta\lambda *}(\varphi^a|_{p_0}),$$

于是

$$\begin{aligned}\varphi^a|_p\,\mathscr{D}_a\lambda&=[\rho_{\Delta\lambda *}(\varphi^a|_{p_0})]\mathscr{D}_a\lambda=\varphi^a|_{p_0}\,\rho_{\Delta\lambda}{}^*\mathscr{D}_a\lambda\\&=\varphi^a|_{p_0}\,\mathscr{D}_a\rho_{\Delta\lambda}{}^*\lambda=\varphi^a|_{p_0}\,\mathscr{D}_a(\lambda+\Delta\lambda)=\varphi^a|_{p_0}\,\mathscr{D}_a\lambda=0,\end{aligned}$$

[其中第三步用到式(15-7-7)，第五步是因为$\Delta\lambda$为常数，末步则是因为$\varphi^a|_{p_0}$切于$S(0)$，见式(16-6-86).] 再次使用式(16-6-86)便知$\varphi^a|_p$切于$S(\lambda)$．可见，$S(0)$是"切φ^a截面"保证任一$S(\lambda)$也是"切φ^a截面"，以下把这样的$S(\lambda)$记作S_φ．

$U\supset\Delta$上的NP标架场在Δ上诱导出3标架场，其对偶标架场为$\{\overline{m}_{\tilde{a}},m_{\tilde{a}},-l_{\tilde{a}}\}$．只要约定$m^a,\overline{m}^a$切于$S(\lambda)$，便有$m^a\mathscr{D}_a\lambda=0=\overline{m}^a\mathscr{D}_a\lambda$，故$\mathscr{D}_a\lambda$用对偶标架的展开式只含$l_{\tilde{a}}$分量，与$k^a\mathscr{D}_a\lambda=(\partial/\partial\lambda)^a\mathscr{D}_a\lambda=1$结合便得

$$l_{\tilde{a}}=-\mathscr{D}_a\lambda. \tag{16-6-87}$$

以$l_{\tilde{b}}$缩并$\omega_a k^b=\mathscr{D}_a k^b$[式(16-5-16)]得

$$\omega_a=-l_{\tilde{b}}\mathscr{D}_a k^b=k^b\mathscr{D}_a l_{\tilde{b}}=-k^b\mathscr{D}_a\mathscr{D}_b\lambda=-k^b\mathscr{D}_b\mathscr{D}_a\lambda=k^b\mathscr{D}_b l_{\tilde{a}},$$

其中第四步用到$\mathscr{D}_a$的无挠性. 故

$$\varphi^a\omega_a=\varphi^a k^b\mathscr{D}_b l_{\tilde{a}}=\varphi^a k^b\nabla_{\tilde{b}}l_{\tilde{a}}=\phi^a|_\Delta\,k^b\nabla_b l_a,$$

其中第二步用到式(16-5-11b). 于是

$$\int_{S_\varphi}\varphi^c\omega_c=\int_{S_\varphi}\phi^c k^d\nabla_d l_c=\int_{S_\varphi}k^d\nabla_d(\phi^c l_c)-\int_{S_\varphi}l_c k^d\nabla_d\phi^c=-\int_{S_\varphi}l_c\overline{k}_d\nabla^d\phi^c,$$

---

① 但因Δ上无度规，法矢并无意义，所以不能说$S(\lambda)$是类空超曲面. 作为截面，$S(\lambda)$当然是类空曲面，不过这时是把它看作4维流形M的2维子集(不是超曲面)，"类空"是指$S(\lambda)$每点的每一切于$S(\lambda)$的矢量用g_{ab}衡量都类空.

其中末步用到 $\phi^c l_c|_\Delta = \varphi^c l_{\tilde{c}} = -(\varphi^c \mathscr{D}_c \lambda) = 0$ [因 φ^c 切于各 $S(\lambda)$]．把上式改写成

$$\int_{S_\varphi} \varphi^c \omega_c \varepsilon_{ab} = -\int_{S_\varphi} \varepsilon_{ab} l_c \bar{k}_d \nabla^d \phi^c , \qquad (16\text{-}6\text{-}88)$$

这就是待证式(16-6-85)用于 $S = S_\varphi$ 时左边的表达式. 为求右边, 可用对偶标架把 ε_{abcd} 展开为

$$\varepsilon_{abcd} = \varepsilon_{1234} \bar{m}_a \wedge m_b \wedge (-\bar{k}_c) \wedge (-l_d) = \mathrm{i}\, \bar{m}_a \wedge m_b \wedge \bar{k}_c \wedge l_d .$$

[其中第二步用到式(16-6-11).] 令 $M_{ab} \equiv \bar{m}_a \wedge m_b$, $N_{cd} \equiv \bar{k}_c \wedge l_d$, 易证

$$\bar{m}_a \wedge m_b \wedge \bar{k}_c \wedge l_d = M_{ab} \wedge N_{cd}$$

$$= M_{ab} N_{cd} + M_{ca} N_{bd} + M_{bc} N_{ad} + M_{da} N_{cb} + M_{db} N_{ac} + M_{cd} N_{ab} , \qquad (16\text{-}6\text{-}89)$$

故 $\int_{S_\varphi} \varepsilon_{abcd} \nabla^c \phi^d$ 可表为六项之和. 积分号内的被积形式应理解为 $\varepsilon_{abcd} \nabla^c \phi^d$ 在 S_φ 上的限制, 也就是从 S_φ 到 M 的包含映射的拉回. 式(16-6-89)的后五项要么含 k_a(或 k_b), 要么含 l_a(或 l_b), 利用 $m^a|_{S_\varphi}$, $\bar{m}^a|_{S_\varphi}$ 切于 S_φ 不难证明这五项的拉回都为零, 因此 $\int_{S_\varphi} \varepsilon_{abcd} \nabla^c \phi^d$ 只含第一项, 即

$$\int_{S_\varphi} \varepsilon_{abcd} \nabla^c \phi^d = \int_{S_\varphi} (\mathrm{i}\, \bar{m}_{\tilde{a}} \wedge m_{\tilde{b}})(\bar{k}_c \wedge l_d) \nabla^c \phi^d = \int_{S_\varphi} \varepsilon_{ab} (l_c \wedge \bar{k}_d) \nabla^d \phi^c$$

$$= 2\int_{S_\varphi} \varepsilon_{ab} l_{[c} \bar{k}_{d]} \nabla^d \phi^c = 2\int_{S_\varphi} \varepsilon_{ab} l_c \bar{k}_d \nabla^{[d} \phi^{c]} = 2\int_{S_\varphi} \varepsilon_{ab} l_c \bar{k}_d \nabla^d \phi^c , \qquad (16\text{-}6\text{-}90)$$

(其中末步用到条件 $\nabla_a \phi_b|_\Delta = \nabla_{[a} \phi_{b]}|_\Delta$.) 上式与式(16-6-88)对比便得

$$\int_{S_\varphi} \varphi^c \omega_c \varepsilon_{ab} = -\frac{1}{2} \int_{S_\varphi} \varepsilon_{abcd} \nabla^c \phi^d . \qquad (16\text{-}6\text{-}91)$$

此即待证等式(16-6-74)在 $S = S_\varphi$ 的特例. 根据引理16-6-4, 为证该式对任意截面 S 成立, 只须证明 $\mathscr{L}_{\sigma k}[i^*(\varepsilon_{abcd} \nabla^c \phi^d)] = 0$. 这在原则上当然可以办到, 但似乎未见不复杂的证明方法, 不再详细讨论. □

§16.7　动力学视界及其力学定律

16.7.1　动力学视界

弱孤立视界的引入虽然把黑洞热力学的适用对象在一定程度上推广至非稳态时空, 却仍然只适用于处在平衡态的黑洞. 由于不断“吞食”恒星和星系遗迹以及吸收电磁和引力辐射, 宇宙中的真实黑洞很少是处于平衡态的, 它们大多是动态黑

洞,不断经历着动力学过程. 然而在广义相对论中关于完全动态黑洞的知识仍然颇为贫乏, 可以说, 直至动力学视界理论提出之前的主要成果只有一个, 这就是 Hawking 的面积定理, 它断言:只要物质场满足主能量条件, 在任何动态情况下黑洞的总面积都不随时间减少. 这一定理虽然在多方面做出了重大贡献, 但也只是个定性结论, 并未给出关于黑洞面积在物理过程中的增量的任何公式. 关于面积增量 δA 的公式倒是有一个, 那就是黑洞热力学第一定律, 它描述面积增量与能量、角动量增量的定量关系, 可惜只适用于黑洞从一个平衡态到邻近平衡态的微小改变过程. 人们自然很想知道:当黑洞从一个状态出发通过动力学过程到达另一"离得很远的"状态时, 是否也能找到把黑洞面积的改变量与流进黑洞的能量及角动量联系起来的关系式?就是说, 能否找到黑洞热力学第一定律的完全动力学的推广版本?然而对此问题稍加思索就会令人沮丧, 因为这一推广首先面临"穿越视界的能流"这一广义相对论的老大难问题. Bondi 等老一辈学者通过艰巨努力才建立起一个工作框架, 并借此求得类光无限远 $\mathscr{I}^+$ 处(那里引力场很弱)引力能流的一个规范不变的表达式, 而现在涉及的却是视界附近的超强引力场领域!事实上, 至今尚不存在把 Bondi 框架向强场的满意推广, 也不存在强场中引力能流的规范不变的满意和准确的表达式(微扰理论只是近似). 不过, 从物理直觉出发考虑, 这一问题仍是有望解决的:重星坍缩形成黑洞, 这黑洞的能量理应等于穿越边界进入黑洞的总能(包括物质场和引力场的能量), 所以至少穿越边界的总能量应该是有意义的. 再从另一角度考虑:如果时空的 ADM 能量与在 $\mathscr{I}^+$ 流走的(Bondi)能量之差非零, 它自然就应等于穿越边界流进黑洞的能量. 这两个角度的物理考虑都说明至少穿越边界流进洞中的总能流应该有意义. 现在的敏感问题是选什么视界作为黑洞边界来计算穿越它的能流和角动量流. 首先想到的自然是事件视界(它是传统看法中理所当然的黑洞边界), 可惜它无法担此重任:正如小节16.1.3 所讲, 事件视界甚至可以存在于时空的平直区域中(例如图16-2), 在此过程中没有任何能流进入而面积照样增长, 试问又怎能有一个推广后的第一定律来适用于这么一段物理过程?其次能想到的就是用表观视界作为黑洞边界. 然而, 正如§16.4 所言, 表观视界天生就依赖于用类空面 Σ_t 对时空的分层, 因而无法用它代替事件视界推广黑洞热力学, 而能够担此重任的是 Hayward 的未来陷俘视界(FOTH)和 Ashtekar 等的动力学视界. 我们只介绍动力学视界.

定义 1 时空 (M, g_{ab}) 中的光滑类空超曲面 $\mathscr{H}$ 称为**动力学视界**(dynamical horizon), 若它可被临界陷俘面族分层. 每层称为一个**截面**.

注 1 已经证明[见 Ashtekar and Krishnan(2004)2.2.3 及其所引文献 93], 如果类空超曲面 $\mathscr{H}$ 可被一族临界陷俘面分层(因而是一个动力学视界), 则它一定不能被另一临界陷俘面族分层. 就是说, $\mathscr{H}$ 最多只能有一个动力学视界结构.

下面举一个既简单又很有帮助的例子. Vaidya 度规是爱因斯坦方程的一个球

对称解, 相应的物质场是纯辐射场. Vaidya 的原始论文用外向 Eddington 坐标 $u \equiv t - r_*, r, \theta, \varphi$ 表出这一度规, 并把相应的纯辐射场解释为一个"发光星"不断发射"光子"的结果, 这些光子(带着能量和动量)都以类光无限远为最终归宿, 见上册小节 8.9.1. 但也可反其道而行之, 即考虑下述物理情况: 时空原来是真空而且平直的, 从某一推迟时刻 $v = 0$ 开始由过去无限远 $\mathscr{I}^-$ 向时空内部发射纯辐射场, 使时空变得弯曲, 其度规可用内向 Eddington 坐标 $v \equiv t + r_*, r, \theta, \varphi$ 表为

$$g_{ab} = -\left[1 - \frac{2M(v)}{r}\right](\mathrm{d}v)_a(\mathrm{d}v)_b + 2(\mathrm{d}v)_{(a}(\mathrm{d}r)_{b)} + r^2[(\mathrm{d}\theta)_a(\mathrm{d}\theta)_b + \sin^2\theta(\mathrm{d}\varphi)_a(\mathrm{d}\varphi)_b],$$

(16-7-1)

不妨也称之为 Vaidya 度规, 相应的线元为

$$\mathrm{d}s^2 = -\left[1 - \frac{2M(v)}{r}\right]\mathrm{d}v^2 + 2\mathrm{d}v\mathrm{d}r + r^2(\mathrm{d}\theta^2 + \sin^2\theta\,\mathrm{d}\varphi^2), \qquad (16\text{-}7\text{-}1')$$

其中 $M(v)$ 是 v 的光滑函数, 只要求 $\dot{M} \equiv M(v)/\mathrm{d}v \geqslant 0$. 与此度规相对应的纯辐射场的能动张量为

$$T_{ab} = \frac{1}{4\pi r^2}\dot{M}(v)(\nabla_a v)\nabla_b v. \qquad (16\text{-}7\text{-}2)$$

条件 $\dot{M} \geqslant 0$ 保证 T_{ab} 满足主能量条件(见中册附录 D). g_{ab} 的逆可以表为

$$\begin{aligned} g^{ab} = {} & 2\left(\frac{\partial}{\partial v}\right)^{(a}\left(\frac{\partial}{\partial r}\right)^{b)} + \left[1 - \frac{2M(v)}{r}\right]\left(\frac{\partial}{\partial r}\right)^a\left(\frac{\partial}{\partial r}\right)^b \\ & + \frac{1}{r^2}\left[\left(\frac{\partial}{\partial \theta}\right)^a\left(\frac{\partial}{\partial \theta}\right)^b + \frac{1}{\sin^2\theta}\left(\frac{\partial}{\partial \varphi}\right)^a\left(\frac{\partial}{\partial \varphi}\right)^b\right], \end{aligned} \qquad (16\text{-}7\text{-}3)$$

由此可读出 g^{ab} 的非零分量:

$$g^{01} = g^{10} = 1, \quad g^{11} = 1 - \frac{2M(v)}{r}, \quad g^{22} = \frac{1}{r^2}, \quad g^{33} = \frac{1}{r^2\sin^2\theta}. \qquad (16\text{-}7\text{-}3')$$

我们讨论下列两个很有帮助的范例, 分别见图 16-9 的(a)和(b). 两图的共性是 $M(v)$ 在 $v \leqslant 0$ 时为零, 所以时空在类光超曲面 $v = 0$ 的过去区域(阴影区)是平直的. 两图的区别在于: 图(a)在 $v = 0$ 面的整个未来区域都有 $\dot{M} > 0$, 只在趋于 $\mathscr{I}^+$ 时渐近为零, 而 $M(v)$ 则渐近趋于常数 $M(\infty)$, 简记作 M_0. 在图(b)中, 从 v 取某值 v_0 开始有 $\dot{M} = 0$, 从此 M 取常值 $M(v_0)$, 亦简记作 M_0. 于是可把时空分为三个区域: 在 $v = 0$ 面的过去区(阴影区)中有平直度规; 在 $v = 0$ 面与 $v = v_0$ 面之间有 Vaidya 度规; 在 $v = v_0$ 面的未来区有施瓦西度规, 其质量参数为 M_0. (当然, 平直度规和施瓦

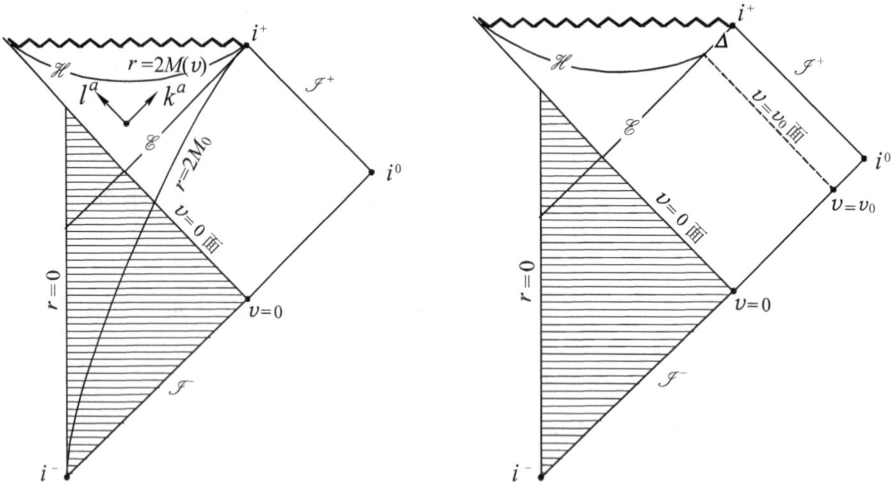

(a) 从 $v=0$ 面起 $\dot{M}>0$，直至趋于 $\mathscr{I}^+$ 时才趋于常值 M_0. 动力学视界 $\mathscr{H}$、事件视界 $\mathscr{E}$ 和类时面 $r=2M_0$ 三者相切于 i^+

(b) $v=0$ 面与 $v=v_0$ 面之间有 $\dot{M}>0$，此后 $M=M_0$ (常数). 在 $v=0$ 面过去有平直度规, 在 $v=v_0$ 面未来有施瓦西度规. 动力学视界 $\mathscr{H}$ 与事件界 $\mathscr{E}$ 相切于 $v=v_0$ 面, $\mathscr{H}$ 从此过渡到孤立视界 $\Delta\subset\mathscr{E}$

图 16-9　两种具体 Vaidya 时空的 Penrose 图. 共性: ① $M(v)$ 在 $v\leqslant 0$ 时为零, 故阴影区内平直. ②事件视界 $\mathscr{E}$ 在平直区已出现, 但动力学视界 $\mathscr{H}$ 只存在于 $\mathscr{E}$ 以内的高度弯曲时空区

西度规都可看作 Vaidya 度规的特例.）为了找出动力学视界, 先看看 v, r 为常数的所有 2 球面在什么条件下是临界陷俘面. 利用式(16-7-3)不难验证以下两个矢量场

$$k^a \equiv \left(\frac{\partial}{\partial v}\right)^a + \frac{1}{2}\left(1-\frac{2M}{r}\right)\left(\frac{\partial}{\partial r}\right)^a \quad 及 \quad l^a \equiv -2\left(\frac{\partial}{\partial r}\right)^a \tag{16-7-4}$$

都类光, 而且都正交于 v, r 为常数的所有 2 球面, 可依次充当每个球面的外向和内向类光法矢场. 请注意 $g_{ab}k^a l^b=-2$ (而不是 -1), 这是本节(§17.6)中约定的标度选择. 虽然 k^a 和 l^a 都类光, 但以它们为切矢的类光测地线却未必是仿射参数化的, 即 $k^b\nabla_b k_a=\kappa_{(k)}k_a$ 及 $l^b\nabla_b l_a=\kappa_{(l)}l_a$ 中的 $\kappa_{(k)}$ 及 $\kappa_{(l)}$ 未必为零, 因而两者的膨胀应为[见式(16-2-39)]

$$\text{(a) } \hat{\theta}_{(k)}=g^{ab}\nabla_a k_b-\kappa_{(k)}, \quad 及 \quad \text{(b) } \hat{\theta}_{(l)}=g^{ab}\nabla_a l_b-\kappa_{(l)}. \tag{16-7-5}$$

$\hat{\theta}_{(k)}$ 及 $\hat{\theta}_{(l)}$ 的计算涉及协变导数, 但可利用 $\mathscr{L}_k g_{ab}=2\nabla_{(a}k_{b)}$ 而改为计算李导数, 后者容易得多. 分别以 k^b 及 g^{ab} 缩并此式, 注意到 $k^a\nabla_b k_a=\nabla_b(k^a k_a)/2=0$, 得

$$k^b\nabla_b k_a=k^b\mathscr{L}_k g_{ab}, \qquad g^{ab}\nabla_b k_a=\frac{1}{2}g^{ab}\mathscr{L}_k g_{ab}. \tag{16-7-6}$$

利用李导数的线性性、莱布尼茨律以及式(16-7-1)得

$$\mathscr{L}_k g_{ab} = -(\mathrm{d}v)_a(\mathrm{d}v)_b \mathscr{L}_k\left[1-\frac{2M(v)}{r}\right] - 2\left[1-\frac{2M(v)}{r}\right](\mathrm{d}v)_{(b}\mathscr{L}_k(\mathrm{d}v)_{a)}$$
$$+2(\mathrm{d}r)_{(b}\mathscr{L}_k(\mathrm{d}v)_{a)} + 2(\mathrm{d}v)_{(b}\mathscr{L}_k(\mathrm{d}r)_{a)} + (\mathscr{L}_k r^2)[(\mathrm{d}\theta)_a(\mathrm{d}\theta)_b + \sin^2(\mathrm{d}\varphi)_a(\mathrm{d}\varphi)_b].$$

不难证明 $\mathscr{L}_k v = 1, \mathscr{L}_k r = [1-2M(v)/r]/2$, 故

$$\mathscr{L}_k(\mathrm{d}v)_a = (\mathrm{d}\mathscr{L}_k v)_a = 0\,,\ \mathscr{L}_k(\mathrm{d}r)_a = (\mathrm{d}\mathscr{L}_k r)_a = -\frac{1}{r}\dot{M}(v)(\mathrm{d}v)_a + r^{-2}M(v)(\mathrm{d}r)_a\,, \quad (16\text{-}7\text{-}7)$$

[两式的第一步都用到第 5 章习题 6(b).] 所以

$$\mathscr{L}_k g_{ab} = -\frac{1}{r^2}M(v)\left[1-\frac{2M(v)}{r}\right](\mathrm{d}v)_a(\mathrm{d}v)_b + \frac{2}{r^2}M(v)(\mathrm{d}v)_{(a}(\mathrm{d}r)_{b)}$$
$$+[r-2M(v)][(\mathrm{d}\theta)_a(\mathrm{d}\theta)_b + \sin^2\theta(\mathrm{d}\varphi)_a(\mathrm{d}\varphi)_b]. \quad (16\text{-}7\text{-}8)$$

代入式(16-7-6)得

$$k^b\nabla_b k_a = -\frac{M(v)}{2r^2}\left[1-\frac{2M(v)}{r}\right](\mathrm{d}v)_a + \frac{1}{r^2}M(v)(\mathrm{d}r)_a = \frac{1}{r^2}M(v)k_a\,, \quad (16\text{-}7\text{-}9\text{a})$$

$$g^{ab}\nabla_a k_b = \frac{1}{r^2}M(v) + \frac{1}{r^2}[r-2M(v)] = \frac{1}{r^2}[r-M(v)]. \quad (16\text{-}7\text{-}9\text{b})$$

将式(16-7-9a)与 $k^b\nabla_b k_a = \kappa_{(k)}k_a$ 比较得 $\kappa_{(k)} = r^{-2}M(v)$, 再与式(16-7-9b)一同代入式(16-7-5)便得 $\hat{\theta}_{(k)} = r^{-2}[r-2M(v)]$. 对 l^a 也有类似于式(16-7-6)的公式, 而且 $\mathscr{L}_l g_{ab}$ 的计算更容易, 结果为

$$\mathscr{L}_l g_{ab} = \frac{4}{r^2}M(v)(\mathrm{d}v)_a(\mathrm{d}v)_b - 4r[(\mathrm{d}\theta)_a(\mathrm{d}\theta)_b + \sin^2\theta(\mathrm{d}\varphi)_a(\mathrm{d}\varphi)_b], \quad (16\text{-}7\text{-}10)$$

故

$$\text{(a)}\ l^b\nabla_b l_a = l^b\mathscr{L}_l g_{ab} = 0, \qquad \text{(b)}\ g^{ab}\nabla_a l_b = \frac{1}{2}g^{ab}\mathscr{L}_l g_{ab} = -\frac{4}{r}. \quad (16\text{-}7\text{-}11)$$

[其中(a)末步用到式(16-7-4)第二式.] 由(a)得 $\kappa_{(l)} = 0$, 故 $\hat{\theta}_{(l)} = g^{ab}\nabla_b l_a = -4r^{-1}$. 于是

$$\hat{\theta}_{(k)} = \frac{1}{r^2}[r-2M(v)], \qquad \hat{\theta}_{(l)} = -\frac{4}{r}. \quad (16\text{-}7\text{-}12)$$

上式表明: v, r 为常数的 2 球面是临界陷俘面当且仅当其 v, r 值满足 $r = 2M(v)$, 这一条件穷尽了所有球对称的临界陷俘面. 令 $f(r,v) \equiv r - 2M(v)$, 则由 $f = 0$ 定义的超曲面 $\mathscr{H}_1$ 的法余矢为 $\nabla_a f = \nabla_a r - 2\dot{M}\nabla_a v$, 借助于式(16-7-3)易得

$$[g^{ab}(\nabla_a f)\nabla_b f]_{\mathscr{H}_1} = -4\dot{M}|_{\mathscr{H}_1} + \left[1 - \frac{2M(v)}{r}\right]_{\mathscr{H}_1} = -4\dot{M}|_{\mathscr{H}_1} \leqslant 0,$$

可见法余矢类时(或类光), 因而 $\mathscr{H}_1$ 是类空(或类光)超曲面. 由于压缩两维, $\mathscr{H}_1$ 在图 16-9 中表现为一条曲线, 它的每点代表一个 2 球面, 每个都是临界陷俘面, 所以 $\mathscr{H}_1$ 可用临界陷俘面分层, 因而其类空部分就是动力学视界 $\mathscr{H}$. 对图16-9(a) 有 $\mathscr{H} = \mathscr{H}_1$, 对图 16-9(b)有 $\mathscr{H} \subset \mathscr{H}_1$, $\mathscr{H} \neq \mathscr{H}_1$, 所余部分 $\varDelta \equiv \mathscr{H}_1 - \mathscr{H}$ 之所以类光是因为 $\dot{M}|_\varDelta = 0$, 不难验证它是非涨视界, 还可验证它其实是孤立视界. 这是从动力学视界逐渐演化为孤立视界的简单例子, 从物理上看这是很自然的.

正如施瓦西时空非常有助于对静态黑洞的直观想象那样, Vaidya 时空对直观想象动态黑洞也大有助益. 然而必须注意这两种黑洞都太过简单, 远不能覆盖更真实的黑洞的各种复杂情况.

16.7.2　被分层类空面的某些几何关系

为与 Ashtekar 等的文献一致, 以下改用 H (而不再用 $\mathscr{H}$)代表动力学视界. 基于小节 16.7.6 要讲的原因, 讨论动力学视界时把黑洞热力学改称黑洞力学.

由于代表动力学过程, 动力学视界 H 总与引力波及其散射波为伴, 但数值模拟表明在有限时间内就近似达到平衡态, 即 H 会过渡到弱孤立视界 $\varDelta$ (图16-10a). 本节的重点是建立黑洞力学第一定律的一个完全动力学(而不是只限于两个邻近平衡态)的推广版本. 为此, 我们先在下列两个前提下弄清 H 的某些几何关系: ①物质场的能动张量 T_{ab} 满足主能量条件(见中册附录 D); ②时空度规 g_{ab} 与 T_{ab} 的关系服从宇宙常数 $\Lambda = 0$ 的爱因斯坦方程($\Lambda \neq 0$ 的情况见 Ashtekar 等的文献), 即 $R_{ab} - Rg_{ab}/2 = 8\pi T_{ab}$. 为了有更强的适用性, 本小节的 H 只代表任一被分了层的类空超曲面(每层仍叫一个截面), 未必是动力学视界, 即各截面未必是临界陷俘面, 只当把结论用于动力学视界时才加上这一条件.

H 的类空性保证① H 的法矢场类时; ② g_{ab} 在 H 上的诱导度规场 $h_{ab} \equiv i^* g_{ab}$ 的号差为 $(+,+,+)$. 以 τ^a 代表 H 的单位法矢场, 即 $g_{ab}\tau^a\tau^b = -1$, 并约定取 τ^a 为指向未来. 设 r^a 是 H 的任一截面 $S \subset H$ 上的单位法矢场, 它切于 H 而且 $h_{ab}r^a r^b = 1$(图 16-10). 以 k^a 和 l^a 分别代表经过 S 并且正交于 S 的两族类光测地线(未必仿射参数化)的切矢, 则当 S 为临界陷俘面(即 H 是动力学视界)时两者的膨胀依次为 $\hat{\theta}_{(k)} = 0$, $\hat{\theta}_{(l)} < 0$. 把图 16-10(a)的 H 改画成水平面(图 16-10(b)), 并且选 r^a 的指向使得 k^a 和 l^a 可分别表为 $\tau^a + r^a$ 和 $\tau^a - r^a$ 乘以常数, 取此常数为 1 便得

$$k^a = \tau^a + r^a,\quad l^a = \tau^a - r^a \quad 及 \quad \tau^a = \frac{1}{2}(k^a + l^a),\quad r^a = \frac{1}{2}(k^a - l^a). \tag{16-7-13}$$

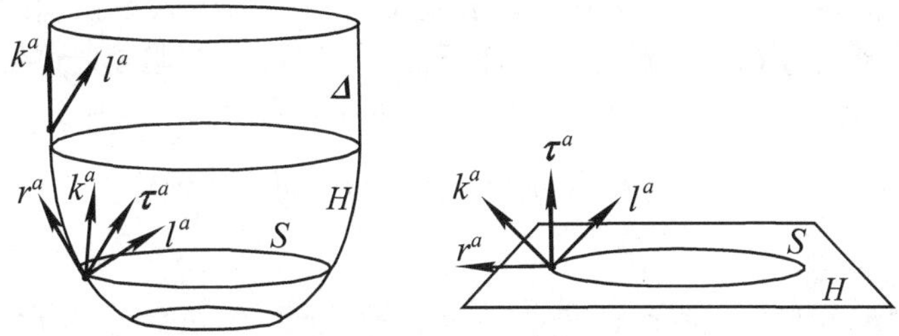

(a) 从动力学视界 H 过渡到弱孤立视界 Δ　　　(b) H 和 S 的另一画法

图 16-10　动力学视界示意

这种做法导致 $k^a l_a|_H \equiv g_{ab}k^a l^b|_H = -2$ (区别于以前的 $k^a l_a = -1$). 如果只有一张 S 面, 则 k^a 和 l^a 只在含 S 的两张类光面(记作 $\Delta_{(k)}$ 和 $\Delta_{(l)}$)上有定义; 但因为 H 可以被无数 S 分层, k^a 和 l^a 便是定义在含 H 的某 4 维开集 U 上的两个类光矢量场, 因而借用式(16-7-13)又可把 τ^a 和 r^a 的定义域拓宽为 U . 另一方面, 无数分层面配以 (H,h_{ab}) 上的矢量场 r^a 又构成对 H 的 $2+1$ 分解, h_{ab} 在每层 S 上诱导出的 2 维正定度规记作 $\tilde{h}_{ab}$. 除 4 维时空 (M,g_{ab}) 外, 还要关心 3 维黎曼空间 (H,h_{ab}) 和无数 2 维黎曼空间 $(S,\tilde{h}_{ab})$ 的几何. 以 $\nabla_a, \mathrm{D}_a, \tilde{\mathrm{D}}_a$ 依次代表 $g_{ab}, h_{ab}, \tilde{h}_{ab}$ 的无挠适配导数算符(后两者的定义见中册小节 14.4.4), 相应的黎曼张量依次记作 $R_{abc}{}^d$, $\mathscr{R}_{abc}{}^d$, $\tilde{\mathscr{R}}_{abc}{}^d$, 而 $(H,h_{ab}) \subset (M,g_{ab})$ 和 $(S,\tilde{h}_{ab}) \subset (H,h_{ab})$ 的外曲率则依次定义为

$$(a)\ K_{ab} \equiv h_a^c h_b^d \nabla_c \tau_d\,, \qquad (b)\ \tilde{K}_{ab} \equiv \tilde{h}_a^c \tilde{h}_b^d \mathrm{D}_c r_d\,. \tag{16-7-14}$$

$\forall p \in S(\subset H \subset M)$, 以 S_p, W_p, V_p 依次代表 p 点切于 S, H, M 的切空间, 则 $S_p \subset W_p \subset V_p$, 维数依次是 2, 3, 4 , 其上的张量依次称为 2, 3, 4 维张量. p 点全体 (k,l) 型 4 维张量 $T^{a\cdots}{}_{b\cdots}$ (简记作 $T^a{}_b$)的集合(矢量空间)存在一个由以下条件定义的子空间:

$$(a)\ \tau_a T^a{}_b = 0,\ \ \tau^b T^a{}_b = 0,\ \ 等价地,\ \ (b)\ T^a{}_b = h_c^a h_b^d T^c{}_d\,. \tag{16-7-15}$$

根据中册选读14-4-3, 这个子空间与 p 点全体 3 维 (k,l) 型张量的集合同构, 因此可把满足式(16-7-15)的 4 维 $T^a{}_b$ 认同为 3 维张量. 准确地说, 当(且仅当) 4 维 $T^a{}_b$ 满足式(16-7-15)时可被看作 3 维张量. [反之, 任一 3 维张量都可看作满足式(16-7-15)的 4 维张量.] 例如, 4 维张量 $h_{ab} \equiv g_{ab} + \tau_a \tau_b$ 由于满足 $\tau^a h_{ab} = 0$ 而可看作 3 维, $h_b^a \equiv g^{ac} h_{cb}$ 由于满足 $\tau_a h_b^a = 0$, $\tau^b h_b^a = 0$ 也可看作 3 维. 这一精神也适用于 3 维与 2 维张量的关系, 结论是: 3 维 $T^a{}_b$ 可与 2 维张量认同的充要条件是

$$(a)\ r_a T^a{}_b = 0,\ \ r^b T^a{}_b = 0,\ \ 等价地,\ \ (b)\ T^a{}_b = \tilde{h}_c^a \tilde{h}_b^d T^c{}_d\,. \tag{16-7-16}$$

于是满足式(16-7-15)和(16-7-16)的4维张量也可与2维张量认同. 事实上, 本节频繁出现的几个张量(如$\tilde{h}_b^a$)就可根据需要被看作2维、3维或4维的, 读者应能从每个式子中识别它们的维数, 我们不再一一指出. S_p, W_p, V_p都有自身的恒等映射(依次是2, 3, 4维张量), 为了互相区分, 不再记作δ_b^a而依次记作$\tilde{h}_b^a, h_b^a, g_b^a$, 三者之间有如下关系:

$$h_b^a \equiv g^{ac}h_{cb} = g^{ac}(g_{cb} + \tau_c\tau_b) = g_b^a + \tau^a\tau_b, \quad \tilde{h}_b^a \equiv h^{ac}\tilde{h}_{cb} = h^{ac}(h_{cb} - r_c r_b) = h_b^a - r^a r_b. \tag{16-7-17}$$

如上所述, 在含H的某4维开集$U \subset M$上存在两个类光测地线汇(切矢场分别为k^a和l^a). 仅以k^a为例讨论. 仿照§16.2定义$B_{ab} \equiv \nabla_b k_a$, 便有$\hat{B}_{ab}$. 然而应该注意两个区别: ①§16.2主要讨论仿射参数化的类光测地线汇, 而本节的类光测地线汇可以非仿射参数化, 即$k^b\nabla_b k_a = \kappa_{(k)}k_a$可以非零; ②本节的线汇是超曲面正交的, ($\forall p \in U$, $k^a|_p$必正交于一张含p的类光超曲面$\varLambda_{(k)}$.) 而§16.2的线汇则未必. 区别②保证本节的$\hat{B}_{ab}$是对称的, 因而可表为

$$\hat{B}_{ab} = \frac{1}{2}\hat{\theta}_{(k)}\hat{g}_{ab} + \hat{\sigma}_{ab}. \tag{16-7-18}$$

命题 16-7-1　以$\hat{\theta}_{(k)}$和$\hat{\theta}_{(l)}$分别代表k^a和l^a的膨胀, 则在H上有

$$\text{(a)}\ \hat{\theta}_{(k)} = \tilde{h}^{ab}\nabla_a k_b, \qquad \text{(b)}\ \hat{\theta}_{(l)} = \tilde{h}^{ab}\nabla_a l_b. \tag{16-7-19}$$

证明　在H上选伪正交归一基$\{x^a, y^a, l^a, k^a\}$, 由$g_{ab}k^a l^b|_H = -2$不难求得

$$g^{ab} = x^a x^b + y^a y^b - \frac{1}{2}l^a k^b - \frac{1}{2}k^a l^b, \tag{16-7-20}$$

故

$$\begin{aligned}\hat{\theta}_{(k)} &\equiv \hat{g}^{ab}\hat{B}_{ab} = (\hat{x}^a\hat{x}^b + \hat{y}^a\hat{y}^b)\hat{B}_{ab} = (x^a x^b + y^a y^b)B_{ab} \\ &= [g^{ab} + (l^a k^b + k^a l^b)/2]\nabla_a k_b = (g^{ab} + \tau^a\tau^b - r^a r^b)\nabla_a k_b = \tilde{h}^{ab}\nabla_a k_b,\end{aligned}$$

其中第二步用到式(16-2-18b), 第三步用到式(16-2-9′), 第四步用到式(16-7-20), 第五步用到式(16-7-13), 末步用到式(16-7-17). □

令$p \in H$, 虽然$B_{ab}|_p$和$\tilde{h}_a^c\tilde{h}_b^d B_{cd}|_p$都是4维张量, 但后者由于$\tilde{h}_a^c$是到$S_p$的投影映射而可看作$S_p$上的张量. 另一方面, $\hat{B}_{ab}|_p$则是$\hat{V}_p$上的张量. 好在S_p和$\hat{V}_p$都是2维矢量空间, 而且两者的元素通过加^操作一一对应(即S_p与$\hat{V}_p$之间存在自然同构关系), 于是S_p上的张量与$\hat{V}_p$上的张量也一一对应, 而且这种对应(映射)保持张

量的所有代数运算(加法、数乘、张量积、缩并). 不难证明 $\tilde{h}_a^c\tilde{h}_b^d B_{cd}|_p$(作为 S_p 上的张量)的对应对象是 $\hat{B}_{ab}|_p$, 即

$$(\tilde{h}_a^c\tilde{h}_b^d B_{cd}|_p)^\wedge = \hat{B}_{ab}|_p, \tag{16-7-21}$$

[为此只须验证 $\forall \hat{s}^a, \hat{t}^a \in \hat{V}_p$ 有 $(\tilde{h}_a^c\tilde{h}_b^d B_{cd})^\wedge \hat{s}^a\hat{t}^b = \hat{B}_{ab}\hat{s}^a\hat{t}^b$.] 不妨把 $\tilde{h}_a^c\tilde{h}_b^d B_{cd}|_p$ 认同为 $\hat{B}_{ab}|_p$ 而写成

$$\tilde{h}_a^c\tilde{h}_b^d B_{cd}|_p = \hat{B}_{ab}|_p, \tag{16-7-21$'$}$$

用类似手法还可证明

$$\text{(a)}\ (\tilde{h}_{ab})^\wedge|_p = \hat{g}_{ab}|_p, \qquad \text{(b)}\ (\tilde{h}^{ab})^\wedge|_p = \hat{g}^{ab}|_p, \tag{16-7-22}$$

也可写成

$$\tilde{h}_{ab}|_p = \hat{g}_{ab}|_p, \qquad \tilde{h}^{ab}|_p = \hat{g}^{ab}|_p. \tag{16-7-22$'$}$$

于是在 H 上有

$$\hat{\theta}_{(k)} \equiv \hat{g}^{ab}\hat{B}_{ab} = (\tilde{h}^{ab})^\wedge(\tilde{h}_a^c\tilde{h}_b^d B_{cd})^\wedge = (\tilde{h}^{ab}\tilde{h}_a^c\tilde{h}_b^d B_{cd})^\wedge = (\tilde{h}^{cd}B_{cd})^\wedge = \tilde{h}^{ab}B_{ab}, \tag{16-7-23}$$

[其中第一步用到式(16-2-21a), 第二步用到式(16-7-22)及(16-7-21), 第三步是因为 S_p 上的张量与 $\hat{V}_p$ 上的张量之间的对应关系保持张量积和缩并, 第五步是因为 $\tilde{h}^{ab}B_{ab}$ 是标量.] 因而在 H 上有

$$\text{(a)}\ \hat{\theta}_{(k)} = \tilde{h}^{ab}\nabla_a k_b, \qquad \text{(b)}\ \hat{\theta}_{(l)} = \tilde{h}^{ab}\nabla_a l_b. \ \text{(同理可证)} \tag{16-7-24}$$

式(16-7-18)与(16-7-22a)结合给出

$$\hat{B}_{ab} = \frac{1}{2}\hat{\theta}_{(k)}(\tilde{h}_{ab})^\wedge + \hat{\sigma}_{ab}. \quad \text{(在 } H \text{ 上)} \tag{16-7-25}$$

又由于 $(\tilde{h}_{ab})^\wedge$ 与 $\tilde{h}_{ab}$ 有对应关系, 不妨就写

$$\hat{B}_{ab} = \frac{1}{2}\hat{\theta}_{(k)}\tilde{h}_{ab} + \hat{\sigma}_{ab}. \quad \text{(在 } H \text{ 上)} \tag{16-7-25$'$}$$

命题 16-7-2　以 $\underset{\frown}{K}_{ab}$ 代表 K_{ab} 在截面 S 上的投影, 即 $\underset{\frown}{K}_{ab} \equiv \tilde{h}_a^c\tilde{h}_b^d K_{cd}$, 再以 $\tilde{S}_{ab}$ 和 $\underset{\frown}{S}_{ab}$ 分别代表 $\tilde{K}_{ab}$ 和 $\underset{\frown}{K}_{ab}$ 的无迹部分, 即

$$\text{(a)}\ \tilde{S}_{ab} \equiv \tilde{K}_{ab} - \frac{1}{2}\tilde{K}\tilde{h}_{ab}, \quad \text{(b)}\ \underset{\frown}{S}_{ab} \equiv \underset{\frown}{K}_{ab} - \frac{1}{2}\underset{\frown}{K}\tilde{h}_{ab}, \tag{16-7-26}$$

(式中的 $\tilde{K}$ 和 $\underset{\frown}{K}$ 分别代表 $\tilde{K}_{ab}$ 和 $\underset{\frown}{K}_{ab}$ 的迹.) 则

$$\text{(a) } \hat{\sigma}_{ab} = \tilde{S}_{ab} + \underset{\frown}{S}_{ab}\,, \qquad \text{(b) } \hat{\theta}_{(k)} = \tilde{K} + \underset{\frown}{K}\,. \tag{16-7-27}$$

证明

$$\tilde{K}_{ab} \equiv \tilde{h}_a^{\ c}\tilde{h}_b^{\ d}\mathrm{D}_c r_d = \tilde{h}_a^{\ c}\tilde{h}_b^{\ d}h_c^{\ e}h_d^{\ f}\nabla_e r_f = \tilde{h}_a^{\ e}\tilde{h}_b^{\ f}\nabla_e r_f = \frac{1}{2}\tilde{h}_a^{\ c}\tilde{h}_b^{\ d}\nabla_c(k_d - l_d)\,, \tag{16-7-28}$$

[其中第二步用到空间张量场的空间导数的定义，即中册式(14-4-18b)，① 第四步用到式(16-7-13).] 由上式及式(16-7-24)易得

$$\tilde{K} \equiv \tilde{h}^{ab}\tilde{K}_{ab} = \frac{1}{2}\tilde{h}^{cd}\nabla_c(k_d - l_d) = \frac{1}{2}(\hat{\theta}_{(k)} - \hat{\theta}_{(l)})\,, \tag{16-7-29}$$

及

$$\tilde{S}_{ab} \equiv \tilde{K}_{ab} - \frac{1}{2}\tilde{K}\tilde{h}_{ab} = \frac{1}{2}\tilde{h}_a^{\ c}\tilde{h}_b^{\ d}\nabla_c(k_d - l_d) - \frac{1}{4}\tilde{h}_{ab}(\hat{\theta}_{(k)} - \hat{\theta}_{(l)})\,. \tag{16-7-30}$$

另一方面，由 $\underset{\frown}{K}_{ab}$ 及 K_{ab} 的定义和式(16-7-13)又得

$$\underset{\frown}{K}_{ab} \equiv \tilde{h}_a^{\ c}\tilde{h}_b^{\ d}K_{cd} = \tilde{h}_a^{\ c}\tilde{h}_b^{\ d}h_c^{\ e}h_d^{\ f}\nabla_e\tau_f = \frac{1}{2}\tilde{h}_a^{\ e}\tilde{h}_b^{\ f}\nabla_e(k_f + l_f)\,, \tag{16-7-31}$$

故

$$\underset{\frown}{K} \equiv \tilde{h}^{ab}\underset{\frown}{K}_{ab} = \frac{1}{2}\tilde{h}^{ef}\nabla_e(k_f + l_f) = \frac{1}{2}(\hat{\theta}_{(k)} + \hat{\theta}_{(l)})\,, \tag{16-7-32}$$

$$\underset{\frown}{S}_{ab} \equiv \underset{\frown}{K}_{ab} - \frac{1}{2}\underset{\frown}{K}\tilde{h}_{ab} = \frac{1}{2}\tilde{h}_a^{\ c}\tilde{h}_b^{\ d}\nabla_c(k_d + l_d) - \frac{1}{4}\tilde{h}_{ab}(\hat{\theta}_{(k)} + \hat{\theta}_{(l)})\,. \tag{16-7-33}$$

式(16-7-30)与(16-7-33)相加，注意到式(16-7-21′)及(16-7-25′)，便得待证的式(16-7-27a)，而式(16-7-29)与(16-7-32)相加则给出待证的式(16-7-27b). □

16.7.3 动力学视界的面积平衡定律

鉴于面积对黑洞力学的重要性，我们先证明动力学视界 H (看作黑洞边界)的截面积沿 r^a 单调增加，然后找出这一增量(任意两个截面的面积差)的定量表达式. 用类空超曲面族对时空分层，使 H 的每一截面可看作其中某层与 H 的交面，则两个截面 S_1 和 S_2 可解释为两个时刻，而且 r^a 方向代表时间增大方向(参见图16-10及图 16-9)，因而截面积沿 r^a 单调增长就可解释为“面积随时间增大”.

根据定义，动力学视界 H 是被临界陷俘面分了层的类空超曲面，而临界陷俘

① 对第三步应做说明. 作为 3 维等式，$\tilde{h}_a^{\ c}\tilde{h}_b^{\ d}h_c^{\ e}h_d^{\ f} = \tilde{h}_a^{\ e}\tilde{h}_b^{\ f}$ 当然成立，但现在各量都已看作 4 维张量，此式还成立吗?以中册选读 14-4-3 为基础可以证明仍然成立. 后面不再一一指出.

面是闭合 2 维面, 所以法矢场 r^a 的任一不可延积分曲线与每一截面必然相交且仅交一次. 此外, 用这些积分曲线还可定义各截面之间的微分同胚映射, 于是 H 微分同胚于 $\mathbb{R}\times S$ (其中 S 代表临界陷俘面). 后面用到这些结论时将不再明确提及.

命题 16-7-3　动力学视界 H 的截面面积 A 沿 r^a 方向单调增长.

证明　不妨参照命题16-4-1的证明进行. 该证明用到 $i^*(\nabla_{(a}\bar{k}_{b)})=\mathscr{L}_k h_{ab}/2$ [式(16-4-8)], 其中 h_{ab} 是指 g_{ab} 在类光面 Δ 上诱导的退化“度规” (而非本节的 H 上的非退化诱导度规), $k^a=(\partial/\partial\lambda)^a$, 而 λ 在每一分层面 $S(\lambda)$ 上为常数. 对本命题, 可以利用的类似公式是

$$\tilde{K}_{ab}=\frac{1}{2}\mathscr{L}_r\tilde{h}_{ab}\,, \tag{16-7-34}$$

[上式的证明与中册式(14-4-16)的证明很像, 此外也可令稍后的式(16-7-37)的 $\nu=1$ 而直接证明.] 式(16-7-34)的 r^a 由于满足 $h_{ab}r^a r^b=1$ 而可表为 $r^a=(\partial/\partial l)^a$ (l 是 r^a 积分曲线的线长参数), 但 r^a 的两条积分曲线介于两个截面(临界陷俘面)之间的线长没有理由相等, 这使本命题的证明略微复杂. 定义函数 $\lambda: H\to\mathbb{R}$ 使每一截面为等 λ 面, 从而可认为 H 被等 λ 面族 $\{S(\lambda)\}$ 分层, 于是, 设 $C(l)$ 是 r^a 的一条积分曲线, 则可选 λ 为新参数作重参数化而得 $C'(\lambda)=C(l)$, 切矢关系为

$$\left(\frac{\partial}{\partial\lambda}\right)^a=\left(\frac{\partial}{\partial l}\right)^a\frac{\mathrm{d}l}{\mathrm{d}\lambda}=\nu r^a,\quad 其中\ \nu\equiv\frac{\mathrm{d}l}{\mathrm{d}\lambda}. \tag{16-7-35}$$

总可选 $\lambda: H\to\mathbb{R}$ 使 $\nu>0$, 从而使 $(\partial/\partial\lambda)^a$ 与 r^a 同向, 所以只须证明 $\mathrm{d}A(\lambda)/\mathrm{d}\lambda>0$, 其中 $A(\lambda)$ 代表 $S(\lambda)$ 的面积. 参考命题16-4-1的证明选 H 上的坐标系 $\{\lambda,\theta,\varphi\}$, 以 $\tilde{h}$ 代表 $\tilde{h}_{ab}$ 在 $\{\theta,\varphi\}$ 系的行列式, 则 $A(\lambda)=\iint\sqrt{\tilde{h}(\lambda,\theta,\varphi)}\,\mathrm{d}\theta\mathrm{d}\varphi$, 故

$$\frac{\mathrm{d}A(\lambda)}{\mathrm{d}\lambda}=\frac{1}{2}\iint\frac{1}{\sqrt{\tilde{h}}}\frac{\partial\tilde{h}}{\partial\lambda}\mathrm{d}\theta\mathrm{d}\varphi. \tag{16-7-36}$$

再仿照式(16-4-6)的证明又得

$$\frac{1}{\tilde{h}}\frac{\partial\tilde{h}}{\partial\lambda}=\sum_{i,j=2}^{3}\tilde{h}^{ij}\frac{\partial\tilde{h}_{ij}}{\partial\lambda}=\sum_{i,j=2}^{3}\tilde{h}^{ij}(\mathscr{L}_{\partial/\partial\lambda}\tilde{h})_{ij}=\tilde{h}^{ab}\mathscr{L}_{\nu r}\tilde{h}_{ab}\,,$$

故

$$\frac{\partial\tilde{h}}{\partial\lambda}=\tilde{h}\tilde{h}^{ab}\mathscr{L}_{\nu r}\tilde{h}_{ab}\,, \tag{16-7-37}$$

而

$$\mathscr{L}_{\nu r}\tilde{h}_{ab}=\nu(r^c\mathrm{D}_c\tilde{h}_{ab}+\tilde{h}_{cb}\mathrm{D}_a r^c+\tilde{h}_{ac}\mathrm{D}_b r^c)+r^c\tilde{h}_{cb}\mathrm{D}_a\nu+r^c\tilde{h}_{ac}\mathrm{D}_b\nu=\nu\mathscr{L}_r\tilde{h}_{ab}=2\nu\tilde{K}_{ab}\,,$$

[其中第二步用到 $r^c\tilde{h}_{cb}=0$，第三步用到式(16-7-34).] 代入式(16-7-37)后再代入式(16-7-36)便得

$$\frac{\mathrm{d}A(\lambda)}{\mathrm{d}\lambda}=\iint\nu\sqrt{\tilde{h}}\ \tilde{K}\mathrm{d}\theta\mathrm{d}\varphi\ . \tag{16-7-38}$$

截面是临界陷俘面导致 $\hat{\theta}_{(k)}=0,\ \hat{\theta}_{(l)}<0$，代入式(16-7-29)得 $\tilde{K}=-\hat{\theta}_{(l)}/2>0$，于是式(16-7-38)保证 $\mathrm{d}A(\lambda)/\mathrm{d}\lambda>0$． □

[选读 16-7-1]

本选读给出命题16-7-3的另一证明，它无须借用坐标系，是一种更漂亮的纯几何式证明.

设 ε_{abc} 是 (H,h_{ab}) 的适配体元，则由上册式(5-5-6)可知 $r^c\varepsilon_{abc}$ [在 $S(\lambda)$ 上的限制]是 ε_{abc} 在 $S(\lambda)$ 上的诱导面元，故 $A(\lambda)=\int_{S(\lambda)}r^c\varepsilon_{abc}$．为证式(16-7-38)，只须证明它的几何语言版本

$$\frac{\mathrm{d}A(\lambda)}{\mathrm{d}\lambda}=\int_{S(\lambda)}\nu\tilde{K}r^c\varepsilon_{abc}\ . \tag{16-7-38′}$$

为此可参考引理16-6-4．从该引理的证明不难看出，若把其中的 $\varDelta$ 和 k^a 依次改为现在的 H 和 νr^a，结论仍然适用，即下式成立：

$$\frac{\mathrm{d}}{\mathrm{d}\lambda}\int_{S(\lambda)}\mu_{ab}=\int_{S(\lambda)}\mathscr{L}_{\nu r}\mu_{ab}\ , \tag{16-7-39}$$

其中 μ_{ab} 代表 H 上的任一2形式场. 取 $\mu_{ab}=r^c\varepsilon_{abc}$，则为证式(16-7-38′)只须证明

$$\mathscr{L}_{\nu r}(r^c\varepsilon_{abc})=\nu\tilde{K}r^c\varepsilon_{abc}\ . \tag{16-7-40}$$

因为不难证明 $\varepsilon_{abc}\mathscr{L}_{\nu r}r^c=-r^c\varepsilon_{abc}\mathscr{L}_r\nu$，所以，如能证明

$$r^c\mathscr{L}_{\nu r}\varepsilon_{abc}=r^c\varepsilon_{abc}(\nu\tilde{K}+\mathscr{L}_r\nu)\ , \tag{16-7-41}$$

则式(16-7-40)得证. 下面证明式(16-7-41). 因 $\mathscr{L}_{\nu r}\varepsilon_{abc}$ 是3维流形 H 上的3形式场，故 H 上有标量场 α 使

$$\alpha\varepsilon_{abc}=\mathscr{L}_{\nu r}\varepsilon_{abc}=\mathrm{d}_a(\nu r^e\varepsilon_{ebc})+(\mathrm{d}\varepsilon)_{eabc}\nu r^e=\mathrm{d}_a(\nu r^e\varepsilon_{ebc})\ , \tag{16-7-42}$$

其中第二步用到第5章习题6(a)，第三步是因为3维流形上的4形式场一定为零. 令 $F_a\equiv\nu r_a$，则其对偶形式 $({}^*F)_{bc}=F^e\varepsilon_{ebc}=\nu r^e\varepsilon_{ebc}$，故 $\alpha\varepsilon_{abc}=\mathrm{d}_a{}^*F_{bc}$．由第5章习题16可知 $\mathrm{d}^*\boldsymbol{F}={}^*(\mathrm{div}\boldsymbol{F})$，代入上式得

$$\alpha\varepsilon_{abc}={}^*(\mathrm{div}F)_{abc}={}^*[\mathrm{D}_e(\nu r^e)]_{abc}=[\mathrm{D}_e(\nu r^e)]\,\varepsilon_{abc}\ ,$$

于是

$$\alpha = \mathrm{D}_a(\nu r^a) = \nu \mathrm{D}_a r^a + r^a \mathrm{D}_a \nu = \nu \tilde{K} + \mathscr{L}_r \nu ,$$

其中末步用到 $\mathrm{D}_a r^a = \tilde{K}$ (可由 $\tilde{K}$ 及 $\tilde{K}_{ab}$ 的定义证实). □

[选读 16-7-1 完]

上述命题表明黑洞力学第二定律对动力学视界的截面也成立(Hawking 当年只证明了它对事件视界成立). 现在的首要任务是找出这一面积变化的定量表达式. 动力学视界 H 的截面积增加是因为有能量不断经 H 流入黑洞(把 H 看作黑洞的边界), 为求得面积增长的表达式就应该计算经 H 流入的能量. 相对论中能量总是关于某个类时矢量场 ξ^a 而言的, 与动力学视界 H 的内禀几何有密切关系的 k^a 自然成为 ξ^a 的首选对象(此处把 ξ^a 的条件从类时放宽至还允许类光). 但因 k^a 的"归一化"有任意性, 我们选 $\xi^a = Nk^a$, 其中 N 是某个函数. 由 $k^a = \tau^a + r^a$ 又得 $\xi^a = N\tau^a + Nr^a$, 此式颇像时空 $3+1$ 分解中对类时矢量场(小节14.4.2 的 t^a)的分解式, 因此不妨把现在的 N 和 Nr^a 分别称为(类空超曲面 H 上的)时移函数和位移矢量场. 设 S_1 和 S_2 是 H 的两个截面, 面积满足 $A(S_2) > A(S_1)$ [亦即 S_2 代表的时刻迟于 S_1 代表的时刻, 则介于 S_1 和 S_2 的 3 维区域 $\Delta H \subset H$ 就代表介于这两个时刻的那段时间内的演化过程. 仿照上册§6. 4, 可以认为 $-T^a{}_b\xi^b$ 代表由"观者" ξ^a 测得的 4 动量密度, 再仿照选读 6-4-2 的讨论(上册167 页第 4 行及图 6-33)便知 $\int_{\Delta H} T_{ab}\tau^a\xi^b$ 可解释为物质场 T_{ab} 提供的、通过 ΔH 流入黑洞的、关于 ξ^a 的能量, 记作 $\mathscr{F}^{(\xi)}_{\text{matter}}$, 即

$$\mathscr{F}^{(\xi)}_{\text{matter}} = \int_{\Delta H} T_{ab}\tau^a\xi^b\,{}^3\boldsymbol{\varepsilon} . \quad ({}^3\boldsymbol{\varepsilon}\text{ 代表 } H \text{ 上与 } h_{ab} \text{ 适配的体元}) \tag{16-7-43}$$

式(16-7-43)右边与 h_{ab} 及其标量曲率(记作 $\mathscr{R}$)、外曲率 K_{ab} 有关. 为找出 $T_{ab}\tau^a\xi^b$ 用这些几何量的表达式, 可以利用广义相对论的约束方程. 既然 H 是类空超曲面, 其上的柯西数据(初值) (h_{ab}, K_{ab}) 就必须服从标量和矢量约束方程. 中册§14.5 (及下册第15 章)所讲的都只是真空引力场的约束, 而现在涉及物质场, 应做修改. 约束函数仍是真空情况下的那两类, 即标量约束函数 $H_{\mathrm{S}} \equiv \mathscr{R} - K_{ab}K^{ab} + K^2$ 和矢量约束函数 $H^a_{\mathrm{V}} \equiv \mathrm{D}_b(K^{ab} - Kh^{ab})$ [见式(14-5-9)和(14-5-10)左边], 但它们不再为零, H 上的约束方程分别为[见 Wald(1984)式(10. 2. 42)及(10. 2. 41)][①]

$$H_{\mathrm{S}} \equiv \mathscr{R} - K_{ab}K^{ab} + K^2 = 16\pi T_{ab}\tau^a\tau^b , \tag{16-7-44a}$$

$$H^a_{\mathrm{V}} \equiv \mathrm{D}_b(K^{ab} - Kh^{ab}) = 8\pi T^c{}_b\tau_c h^{ab} . \tag{16-7-44b}$$

由此易证 $T_{ab}\tau^a\xi^b = (16\pi)^{-1} N(H_{\mathrm{S}} + 2r_a H^a_{\mathrm{V}})$, 故

① Ashtekar 等的文献还允许宇宙常数 $\Lambda \neq 0$, 这时式(16-7-44a)和(16-7-44b)右边的 T_{ab} 和 $T^c{}_b$ 应改为 $\bar{T}_{ab}$ 和 $\bar{T}^c_b$, 其中 $\bar{T}_{ab} \equiv T_{ab} - \Lambda g_{ab}/8\pi$. 我们只限于 $\Lambda = 0$ 的情况.

$$\mathscr{F}_{\text{matter}}^{(\xi)} = \frac{1}{16\pi}\int_{\Delta H} N(H_{\text{S}} + 2r_a H_{\text{V}}^a)^3 \boldsymbol{\varepsilon} \,. \tag{16-7-45}$$

由式(16-7-44)又得

$$H_{\text{S}} + 2r_a H_{\text{V}}^a = \mathscr{R} - K_{ab}K^{ab} + K^2 + 2r_a \text{D}_b P^{ab}, \text{ 其中 } P^{ab} \equiv K^{ab} - Kh^{ab} \,. \tag{16-7-46}$$

现在的关键是推导 $H_{\text{S}} + 2r_a H_{\text{V}}^a$ 的一个便于应用的表达式.

只要 H 是被一族闭合面分了层的类空超曲面[分层面(截面)未必是临界陷俘面], 则 H 上自然存在一个标量场 R (面积半径), 定义为

$$R|_p := \sqrt{A_p / 4\pi}\,, \quad \forall p \in H, \text{其中 } A_p \text{ 代表过 } p \text{ 点的截面的面积.}$$

在以下的推导中(从命题 16-7-4 至命题 16-7-10), H 可以不是动力学视界, 但要满足: ① H 是被闭合面族分了层的类空超曲面; ② $r^a\text{D}_a R > 0$ (“面积严格增加”).

命题 16-7-4 以 $\mathscr{G}_{ab}$ 代表 D_a 的爱因斯坦张量, 则

$$2\mathscr{G}_{ab}r^a r^b = -\tilde{\mathscr{R}} + \tilde{K}^2 - \tilde{K}_{ab}\tilde{K}^{ab} \,. \tag{16-7-47}$$

证明 以 $\mathscr{R}_{abc}{}^d$ 和 $\tilde{\mathscr{R}}_{abc}{}^d$ 分别代表 D_a 和 $\tilde{\text{D}}_a$ 的黎曼张量. 仿照中册命题14-4-4的推证, 注意到现在的 h_{ab} 和 $\tilde{h}_{ab}$ 在号差上与该命题不同, 得

$$\tilde{\mathscr{R}}_{abc}{}^d = \tilde{h}_a^e \tilde{h}_b^f \tilde{h}_c^l \tilde{h}_m^d \mathscr{R}_{efl}{}^m + \tilde{K}_{ca}\tilde{K}_b{}^d - \tilde{K}_{cb}\tilde{K}_a{}^d \,. \tag{16-7-48}$$

再以 $\mathscr{R}_{ac}$ 和 $\tilde{\mathscr{R}}_{ac}$ 分别代表 D_a 和 $\tilde{\text{D}}_a$ 的里奇张量, 则

$$\begin{aligned}\tilde{\mathscr{R}}_{ac} &\equiv \tilde{\mathscr{R}}_{abc}{}^b = \tilde{h}_a^e \tilde{h}_c^l \tilde{h}_m^f \mathscr{R}_{efl}{}^m + \tilde{K}\tilde{K}_{ac} - \tilde{K}_{cb}\tilde{K}_a{}^b = \tilde{h}_a^e \tilde{h}_c^l (h_m^f - r_m r^f)\mathscr{R}_{efl}{}^m + \tilde{K}\tilde{K}_{ac} - \tilde{K}_{cb}\tilde{K}_a{}^b \\ &= \tilde{h}_a^e \tilde{h}_c^l \mathscr{R}_{el} - \tilde{h}_a^e \tilde{h}_c^l r_m r^f \mathscr{R}_{efl}{}^m + \tilde{K}\tilde{K}_{ac} - \tilde{K}_{cb}\tilde{K}_a{}^b \,.\end{aligned} \tag{16-7-49}$$

求迹得 $\tilde{\text{D}}_a$ 的标量曲率

$$\begin{aligned}\tilde{\mathscr{R}} &\equiv \tilde{h}^{ac}\tilde{\mathscr{R}}_{ac} = \tilde{h}^{el}(\mathscr{R}_{el} - r_m r^f \mathscr{R}_{efl}{}^m) + \tilde{K}^2 - \tilde{K}_{ab}\tilde{K}^{ab} \\ &= (h^{el} - r^e r^l)(\mathscr{R}_{el} - r_m r^f \mathscr{R}_{efl}{}^m) + \tilde{K}^2 - \tilde{K}_{ab}\tilde{K}^{ab} = \mathscr{R} - 2\mathscr{R}_{ab}r^a r^b + \tilde{K}^2 - \tilde{K}_{ab}\tilde{K}^{ab} \,.\end{aligned} \tag{16-7-50}$$

其中末步用到 $r^{(e}r^{f)}r^l r_m \mathscr{R}_{[ef]l}{}^m = 0$. 再由爱因斯坦张量的定义 $\mathscr{G}_{ab} \equiv \mathscr{R}_{ab} - \mathscr{R}h_{ab}/2$ 便得待证的式(16-7-47). □

命题 16-7-5

$$\mathscr{R} = \tilde{\mathscr{R}} + \tilde{K}^2 - \tilde{K}_{ab}\tilde{K}^{ab} + 2\text{D}_a\alpha^a, \text{ 其中 } \alpha^a \equiv r^b\text{D}_b r^a - r^a \text{D}_b r^b \,. \tag{16-7-51}$$

证明 习题. 提示: 由 $\tilde{K}_{ab}, \tilde{K}$ 的定义得 $\tilde{K} = \text{D}_a r^a$. 由 $\tilde{K}_{ab} = \tilde{K}_{ba}$ 及 $\tilde{K}_{ab}$ 的定义又得 $\tilde{K}_{ab}\tilde{K}^{ab} = (\text{D}_a r^b)\text{D}_b r^a$. 借此二式, 由 α^a 的定义及式(16-7-50)便得式(16-7-51). □

命题 16-7-6　令 $\beta^a \equiv K^{ab}r_b - Kr^a$，$\gamma^a \equiv \alpha^a + \beta^a$，则

$$H_{\rm S} + 2r_a H_{\rm V}^a = 2{\rm D}_a\gamma^a + \tilde{\mathscr{R}} + \tilde{K}^2 - \tilde{K}_{ab}\tilde{K}^{ab} + K^2 - K_{ab}K^{ab} - 2P^{ab}{\rm D}_a r_b \,. \tag{16-7-52}$$

证明　式(16-7-46)与(16-7-51)结合给出

$$H_{\rm S} + 2r_a H_{\rm V}^a = \tilde{\mathscr{R}} + \tilde{K}^2 - \tilde{K}_{ab}\tilde{K}^{ab} + 2{\rm D}_a\alpha^a - K_{ab}K^{ab} + K^2 + 2r_a{\rm D}_b P^{ab} \,. \tag{16-7-53}$$

与式(16-7-52)比较可知只须证 $r_a{\rm D}_b P^{ab} = {\rm D}_a\beta^a - P^{ab}{\rm D}_a r_b$，而这由 $\beta^a \equiv K^{ab}r_b - Kr^a$ 及 $P_{ab} \equiv K_{ab} - Kh_{ab}$ [见式(16-7-46)]易得. □

命题 16-7-7　以 $\tilde{W}_a$ 代表 $K_{ab}r^b$ 在 S 上的投影，即 $\tilde{W}_a \equiv \tilde{h}_a^e K_{eb}r^b$，令 $b \equiv K_{ab}r^a r^b$，则

$$H_{\rm S} + 2r_a H_{\rm V}^a = 2{\rm D}_a\gamma^a + \tilde{\mathscr{R}} - \hat{\sigma}_{ab}\hat{\sigma}^{ab} - 2\tilde{W}_a\tilde{W}^a - 2\tilde{W}^a r^b {\rm D}_b r_a + \frac{1}{2}\hat{\theta}_{(k)}(\hat{\theta}_{(k)} + 4b) \,. \tag{16-7-54}$$

证明　由 $\underset{\frown}{K}_{ab} \equiv \tilde{h}_a^c\tilde{h}_b^d K_{cd}$ 出发，利用 $\tilde{h}_a^c = h_a^c - r_a r^c$ (并注意到 h_a^c 是 ${}^3\delta_a^c$) 可得

$$K_{ab} = \underset{\frown}{K}_{ab} + 2r^c K_{c(a}r_{b)} - br_a r_b = \underset{\frown}{S}_{ab} + \frac{1}{2}\underset{\frown}{K}\tilde{h}_{ab} + 2\tilde{W}_{(a}r_{b)} + br_a r_b \,. \tag{16-7-55}$$

对上式求迹，注意到① $\underset{\frown}{S}_{ab}$ 无迹；② $\tilde{h}^{ab}r_b = 0$；③ $\tilde{W}_a$ (作为投影)与 r^a 缩并为零，便得

$$K = \underset{\frown}{K} + b \,. \tag{16-7-56}$$

从 $P_{ab} \equiv K_{ab} - Kh_{ab}$ 出发，利用式(16-7-55)、(16-7-26b)和(16-7-56)易得

$$P^{ab} = \underset{\frown}{S}^{ab} - \frac{1}{2}\underset{\frown}{K}\tilde{h}^{ab} + 2\tilde{W}^{(a}r^{b)} - \underset{\frown}{K}r^a r^b - b\tilde{h}^{ab} \,. \tag{16-7-57}$$

从 $\tilde{K}_{ab} \equiv \tilde{h}_a^c\tilde{h}_b^d{\rm D}_c r_d$ 出发，利用 $\tilde{h}_a^c = h_a^c - r_a r^c$，$r^d{\rm D}_a r_d = 0$ 及 $\tilde{K}_{ab} = \tilde{S}_{ab} + \tilde{K}\tilde{h}_{ab}/2$ 又得

$${\rm D}_a r_b = \tilde{K}_{ab} + r_a r^c{\rm D}_c r_b = \tilde{S}_{ab} + \frac{1}{2}\tilde{K}\tilde{h}_{ab} + r_a r^c{\rm D}_c r_b \,. \tag{16-7-58}$$

把式(16-7-26a)及(16-7-55)~(16-7-57)代入(16-7-52)，利用 $\tilde{S}_{ab}$ 和 $\underset{\frown}{S}_{ab}$ 的无迹性、$\tilde{h}_{ab}r^a = 0$，$r^b{\rm D}_c r_b = 0$ 以及由 $\tilde{S}_{ab}, \underset{\frown}{S}_{ab}, \tilde{W}_a$ “切于” S 所导致的 $\tilde{S}_{ab}r^a = 0, \underset{\frown}{S}_{ab}r^a = 0$ 和 $\tilde{W}_a r^a = 0$ 便得

$$\begin{aligned} &H_{\rm S} + 2r_a H_{\rm V}^a \\ &= 2{\rm D}_a\gamma^a + \tilde{\mathscr{R}} + \frac{1}{2}(\tilde{K} + \underset{\frown}{K})^2 + 2b(\tilde{K} + \underset{\frown}{K}) - (\tilde{S}_{ab} + \underset{\frown}{S}_{ab})(\tilde{S}^{ab} + \underset{\frown}{S}^{ab}) - 2\tilde{W}_a\tilde{W}^a - 2\tilde{W}^b r^c{\rm D}_c r_b \\ &= 2{\rm D}_a\gamma^a + \tilde{\mathscr{R}} + \frac{1}{2}\hat{\theta}_{(k)}(\hat{\theta}_{(k)} + 4b) - \hat{\sigma}_{ab}\hat{\sigma}^{ab} - 2\tilde{W}_a\tilde{W}^a - 2\tilde{W}^b r^c{\rm D}_c r_b \,, \end{aligned}$$

其中第二步用到式(16-7-27). □

以下的任务是简化式(16-7-54)的右边.

命题 16-7-8 $$\gamma^a = r^b \mathrm{D}_b r^a + \tilde{W}^a - \hat{\theta}_{(k)} r^a. \tag{16-7-59}$$

证明 由 $\gamma^a \equiv \alpha^a + \beta^a$, $\alpha^a \equiv r^b \mathrm{D}_b r^a - r^a \mathrm{D}_b r^b$, $\beta^a \equiv K^{ab} r_b - K r^a$ 得

$$\gamma^a = r^b \mathrm{D}_b r^a - r^a \mathrm{D}_b r^b + K^{ab} r_b - K r^a. \tag{16-7-60}$$

所以只须证明

$$-r^a \mathrm{D}_b r^b + K^{ab} r_b - K r^a = \tilde{W}^a - \hat{\theta}_{(k)} r^a. \tag{16-7-61}$$

因 $\tilde{K} = \mathrm{D}_a r^a$ (见命题 16-7-5 证明提示), 故式(16-7-61)的

$$\text{左边} = -r^a(\tilde{K} + K) + K^{ab} r_b = -r^a(\hat{\theta}_{(k)} + b) + K^{ab} r_b = -\hat{\theta}_{(k)} r^a + \tilde{W}^a = \text{右边},$$

其中第二步用到式(16-7-56)及(16-7-27b), 第三步是因为

$$\tilde{W}^a = \tilde{h}^a_b K^{bc} r_c = (h^a_b - r^a r_b) K^{bc} r_c = K^{ac} r_c - b r^a. \qquad \square$$

命题16-7-4之前已对 H 约定面积半径 R 满足 $r^a \mathrm{D}_a R > 0$, 这就保证 $\mathrm{D}_a R$ 处处非零, 所以 R 可被选为 H 上的一个坐标, 配以截面上的 θ, φ 便得到 H 上的局域坐标系 $\{x^\alpha\} \equiv \{x^1 \equiv R, x^2 \equiv \theta, x^3 \equiv \varphi\}$. 又因每一截面都是等 R 面, 所以 R 可以充当命题 16-7-3 证明中的 λ, 因而[见式(16-7-35)]

$$\left(\frac{\partial}{\partial R}\right)^a = \nu r^a, \quad \text{其中} \ \nu \equiv \frac{\mathrm{d}l}{\mathrm{d}R}. \tag{16-7-35$'$}$$

又因 r^a 正交于截面, 故 $(\partial/\partial R)^a$ 亦然, 所以 $(\partial/\partial R)^a$ 正交于 $(\partial/\partial\theta)^a$ 及 $(\partial/\partial\varphi)^a$, 因而有3维张量场等式

$$h_{ab} = h_{11}(\mathrm{d}R)_a(\mathrm{d}R)_b + \tilde{h}_{ab} = h_{11}(\mathrm{d}R)_a(\mathrm{d}R)_b + \sum_{i,j=2}^{3} \tilde{h}_{ij}(\mathrm{d}x^i)_a(\mathrm{d}x^j)_b, \tag{16-7-62}$$

其中 $\tilde{h}_{ij} = h_{ij}$ 是 h_{ab} 在 $\{R,\theta,\varphi\}$ 系的 9 个坐标分量中偏后的 4 个. 于是 h_{ab} 和 $\tilde{h}_{ab}$ 在该系的行列式 h 和 $\tilde{h}$ 有简单关系 $h = h_{11}\tilde{h}$, 由此易得 H 的体元 ${}^3\boldsymbol{\varepsilon}$ 与 S 的面元 ${}^2\boldsymbol{\varepsilon}$ 的关系

$${}^3\boldsymbol{\varepsilon} = \sqrt{h}\, \mathrm{d}R \wedge \mathrm{d}\theta \wedge \mathrm{d}\varphi = \sqrt{h_{11}\tilde{h}}\, \mathrm{d}R \wedge \mathrm{d}\theta \wedge \mathrm{d}\varphi = \sqrt{h_{11}}\mathrm{d}R \wedge {}^2\boldsymbol{\varepsilon}. \tag{16-7-63}$$

前面已选 $\xi^a = N k^a$ 作为定义能量的矢量场, 但 N 仍有任意性. 一种方便选择是取 N 为 R 的梯度 $\mathrm{D}_a R$ 的大小(以 N_R 代表此 N), 即

$$N_R \equiv \sqrt{h^{ab}(\mathrm{d}R)_a(\mathrm{d}R)_b} = \sqrt{h^{11}}. \tag{16-7-64}$$

另一方面, 由式(16-7-62)易见 $h^{11} = \tilde{h}/h = 1/h_{11}$, 故 $h_{11} = 1/h^{11} = N_R^{-2}$. 代入式(16-7-63)得

$$ {}^3\boldsymbol{\varepsilon} = N_R{}^{-1}\mathrm{d}R \wedge {}^2\boldsymbol{\varepsilon}\,. \tag{16-7-65}$$

命题 16-7-9

$$ r^a \mathrm{D}_a r_b = N_R{}^{-1}\tilde{\mathrm{D}}_b N_R\,. \tag{16-7-66}$$

证明　由 $(\partial/\partial R)^a = \nu r^a$ 得 $h_{11} = \nu^2 h_{ab} r^a r^b = \nu^2$, 与 $h_{11} = N_R{}^{-2}$ 结合得 $N_R = \nu^{-1}$. 故 $r^a = N_R(\partial/\partial R)^a$. 再把 $h_{11} = N_R{}^{-2}$ 代入式(16-7-62), 两边沿 r^a 取李导数得

$$ \mathrm{D}_a r_b + \mathrm{D}_b r_a = \mathscr{L}_r[N_R{}^{-2}(\mathrm{d}R)_a(\mathrm{d}R)_b] + \mathscr{L}_r[h_{ij}(\mathrm{d}x^i)_a(\mathrm{d}x^j)_b]\,. \tag{16-7-67}$$

以 r^b 缩并上式两边, 注意到 $r^b \mathrm{D}_a r_b = \mathrm{D}_a(r^b r_b)/2 = 0$, 得

$$ r^b \mathrm{D}_b r_a = r^b \mathscr{L}_r[N_R{}^{-2}(\mathrm{d}R)_a(\mathrm{d}R)_b] + r^b \mathscr{L}_r[h_{ij}(\mathrm{d}x^i)_a(\mathrm{d}x^j)_b]\,. \tag{16-7-68}$$

上式右边第二项按莱布尼茨律可拆成三个分项, 其中两项都因含 $r^b(\mathrm{d}x^j)_b$ 而为零 [因 $r^b = N_R(\partial/\partial x^1)^b$], 第三分项则因含 $\mathscr{L}_r(\mathrm{d}x^j)_b$ 也为零, 理由是: 由李导数与外微分的可交换性[第 5 章习题 6(b)]有 $\mathscr{L}_r(\mathrm{d}x^j)_b = \mathrm{d}_b(\mathscr{L}_r x^j)$, 而

$$ (\mathscr{L}_r x^j) = r^a \mathrm{D}_a x^j = N_R \partial x^j/\partial x^1 = 0\,. $$

于是式(16-7-68)简化为

$$ \begin{aligned} r^b \mathrm{D}_b r_a &= r^b \mathscr{L}_r[N_R{}^{-2}(\mathrm{d}R)_a(\mathrm{d}R)_b] \\ &= r^b\{(\mathscr{L}_r N_R{}^{-2})(\mathrm{d}R)_a(\mathrm{d}R)_b + N_R{}^{-2}[(\mathrm{d}R)_a \mathscr{L}_r(\mathrm{d}R)_b + (\mathrm{d}R)_b \mathscr{L}_r(\mathrm{d}R)_a]\}\,. \end{aligned} \tag{16-7-69}$$

上式右边涉及 $\mathscr{L}_r N_R{}^{-2}$ 及 $\mathscr{L}_r(\mathrm{d}R)_a$, 前者容易求得为

$$ \mathscr{L}_r N_R{}^{-2} = -2N_R{}^{-2}\frac{\partial N_R}{\partial R}, \tag{16-7-70}$$

后者则为

$$ \mathscr{L}_r(\mathrm{d}R)_a = \mathrm{d}_a(\mathscr{L}_r R) = \mathrm{d}_a(r^b \mathrm{D}_b R) = \mathrm{d}_a\left[N_R\left(\frac{\partial}{\partial R}\right)^b \mathrm{D}_b R\right] = \mathrm{D}_a N_R\,. \tag{16-7-71}$$

把式(16-7-70)、(16-7-71)代入(16-7-69), 注意到 $r^b = N_R(\partial/\partial R)^b$, 得

$$ r^b \mathrm{D}_b r_a = N_R{}^{-1}\left[-\frac{\partial N_R}{\partial R}(\mathrm{d}R)_a + \mathrm{D}_a N_R\right]. \tag{16-7-72}$$

由 $r_a r^a = 1$ 及 $r^b = N_R(\partial/\partial R)^b$ 不难验证

$$ (\mathrm{d}R)_a = N_R r_a, \tag{16-7-73}$$

故

$$ -\frac{\partial N_R}{\partial R}(\mathrm{d}R)_a = -N_R r_a\left(\frac{\partial}{\partial R}\right)^b \mathrm{D}_b N_R = -r_a r^b \mathrm{D}_b N_R, $$

因而式(16-7-77)给出

$$r^b \mathrm{D}_b r_a = N_R{}^{-1}(-r_a r^b \mathrm{D}_b N_R + \mathrm{D}_a N_R) = N_R{}^{-1}\tilde{\mathrm{D}}_a N_R\,,$$

其中第二步用到 $\tilde{\mathrm{D}}_a$ 的定义, 即中册式(14-4-18). □

命题 16-7-10　令 $\varsigma^a \equiv \tilde{W}^a + \tilde{\mathrm{D}}^a \ln N_R$,[①] 则式(16-7-54)可改写为

$$H_\mathrm{S} + 2r_a H_\mathrm{V}^a = \tilde{\mathscr{R}} - \hat{\sigma}_{ab}\hat{\sigma}^{ab} - 2\varsigma^a\varsigma_a + 2\tilde{\mathrm{D}}_a\varsigma^a + \frac{1}{2}\hat{\theta}_{(k)}(4K - 3\hat{\theta}_{(k)}) - 2r^a\mathrm{D}_a\hat{\theta}_{(k)}\,. \quad (16\text{-}7\text{-}74)$$

证明　作为习题供读者练习. 提示:

(1)由 ζ^a 的定义及式(16-7-66)得 $\varsigma^a = \tilde{W}^a + r^b\mathrm{D}_b r^a$, 从而有

$$\tilde{W}^a\tilde{W}_a + \tilde{W}^a r^b \mathrm{D}_b r_a = \varsigma^a\varsigma_a + r_a r^b \mathrm{D}_b \varsigma^a\,.$$

(2)式(16-7-59)导致 $\mathrm{D}_a\gamma^a = \mathrm{D}_a\varsigma^a - \mathrm{D}_a(\hat{\theta}_{(k)} r^a)$, 进而有

$$\mathrm{D}_a\gamma^a = \mathrm{D}_a\varsigma^a - \hat{\theta}_{(k)}\tilde{K} - r^a\mathrm{D}_a\hat{\theta}_{(k)}\,.$$

(3)由 $\tilde{\mathrm{D}}_a\varsigma^a \equiv \tilde{h}_a^c\tilde{h}_d^a\mathrm{D}_c\varsigma^d$ 得 $\tilde{\mathrm{D}}_a\varsigma^a = \mathrm{D}_a\varsigma^a - r_a r^b\mathrm{D}_b\varsigma^a$.

于是式(16-7-54)的一、四、五项之和为

$$2\mathrm{D}_a\gamma^a - 2\tilde{W}_a\tilde{W}^a - 2\tilde{W}^a r^b\mathrm{D}_b r_a = -2\varsigma^a\varsigma_a + 2\tilde{\mathrm{D}}_a\varsigma^a - 2\hat{\theta}_{(k)}\tilde{K} - 2r^a\mathrm{D}_a\hat{\theta}_{(k)}\,.$$

(4)用式(16-7-27b)及(16-7-56)把式(16-7-54)末项化为

$$\hat{\theta}_{(k)}(4K - 3\hat{\theta}_{(k)})/2 + 2\hat{\theta}_{(k)}\tilde{K}\,.$$

□

由 $\tilde{h}_{ab}$ 的正定性不难证明 $\hat{\sigma}_{ab}\hat{\sigma}^{ab} \geqslant 0,\ \varsigma^a\varsigma_a \geqslant 0$, 可记作 $\hat{\sigma}_{ab}\hat{\sigma}^{ab} \equiv |\hat{\sigma}|^2,\ \varsigma^a\varsigma_a \equiv |\varsigma|^2$, 故式(16-7-74)又可表为

$$H_\mathrm{S} + 2r_a H_\mathrm{V}^a = \tilde{\mathscr{R}} - |\hat{\sigma}|^2 - 2|\varsigma|^2 + 2\tilde{\mathrm{D}}_a\varsigma^a + \frac{1}{2}\hat{\theta}_{(k)}(4K - 3\hat{\theta}_{(k)}) - 2r^a\mathrm{D}_a\hat{\theta}_{(k)}\,. \quad (16\text{-}7\text{-}74')$$

上式适用于任何被分了层(且 $r^a\mathrm{D}_a R > 0$)的类空超曲面 H.

下面把以上结果用于动力学视界 H, 这时 $\hat{\theta}_{(k)} = 0$ 导致式(16-7-74′)右边后两项为零, 代入式(16-7-45)(并取该式的 N 为 N_R)便得

$$16\pi\mathscr{F}_{\text{matter}}^{(R)} = \int_{\Delta H} N_R(\tilde{\mathscr{R}} - |\hat{\sigma}|^2 - 2|\varsigma|^2)\,{}^3\boldsymbol{\varepsilon} + 2\int_{\Delta H} N_R(\tilde{\mathrm{D}}_a\varsigma^a)\,{}^3\boldsymbol{\varepsilon}\,. \quad (16\text{-}7\text{-}75)$$

再由式(16-7-65)可知上式末项的积分为

---

① 还可证明(习题) $\varsigma^a = \tilde{h}^{ab} r^c \nabla_c k_b$, 不过后面不用这一结果.

$$\int_{\Delta H} N_R (\tilde{\mathrm{D}}_a \varsigma^a)\, {}^3\boldsymbol{\varepsilon} = \int_{\Delta H} (\tilde{\mathrm{D}}_a \varsigma^a) \mathrm{d}R \wedge {}^2\boldsymbol{\varepsilon} = \int_{R_1}^{R_2} \mathrm{d}R \int_S (\tilde{\mathrm{D}}_a \varsigma^a)\, {}^2\boldsymbol{\varepsilon}\,, \qquad (16\text{-}7\text{-}76)$$

其中 R_1 和 R_2 分别是 S_1 和 S_2 的面积半径. 上式右边又可用 Gauss 定理化为边界项, 而 S (作为闭合面)的边界为空, 故式(16-7-75)右边末项为零, 再与式(16-7-43)结合乃得

$$\int_{\Delta H} N_R \tilde{\mathscr{R}}\, {}^3\boldsymbol{\varepsilon} = 16\pi \int_{\Delta H} T_{ab} \tau^a \xi^b_{(R)}\, {}^3\boldsymbol{\varepsilon} + \int_{\Delta H} N_R (|\hat{\sigma}|^2 + 2|\varsigma|^2)\, {}^3\boldsymbol{\varepsilon}\,, \qquad (16\text{-}7\text{-}77)$$

其中 $\xi^b_{(R)} \equiv N_R k^b$. 再次使用式(16-7-65)可知上式左边为

$$\int_{\Delta H} N_R \tilde{\mathscr{R}}\, {}^3\boldsymbol{\varepsilon} = \int_{R_1}^{R_2} \mathrm{d}R \int_S \tilde{\mathscr{R}}\, {}^2\boldsymbol{\varepsilon} = \int_{R_1}^{R_2} \mathscr{I} \mathrm{d}R\,, \quad \text{其中}\ \mathscr{I} \equiv \int_S \tilde{\mathscr{R}}\, {}^2\boldsymbol{\varepsilon}\,. \qquad (16\text{-}7\text{-}78)$$

如果 S 是半径为 R 的 2 球面, 则由第 3 章习题 13 的结果不难求得 $\tilde{\mathscr{R}} = 2R^{-2}$, 故 $\mathscr{I} = 8\pi$. 然而在一般情况下只敢说 S 是闭合的 2 维定向流形, 未必是球面. 幸好数学上早已证明闭合 2 维定向流形的 $\mathscr{I}$ 在同胚映射下不变(是拓扑不变量), 而 H 的各截面 S 有相同拓扑, 故 $\mathscr{I}$ 不随 R 而变, 因而

$$\int_{\Delta H} N_R \tilde{\mathscr{R}}\, {}^3\boldsymbol{\varepsilon} = \mathscr{I} \int_{R_1}^{R_2} \mathrm{d}R = \mathscr{I}(R_2 - R_1)\,. \qquad (16\text{-}7\text{-}79)$$

这正是当初选 N_R 作为 N 的用心所在. 把上式代回式(16-7-77), 去掉体元记号便得

$$\mathscr{I}(R_2 - R_1) = 16\pi \int_{\Delta H} T_{ab} \tau^a \xi^b_{(R)} + \int_{\Delta H} N_R (|\hat{\sigma}|^2 + 2|\varsigma|^2)\,. \qquad (16\text{-}7\text{-}80)$$

数学上还证明了 $\mathscr{I}$ 有如下性质: $\mathscr{I} > 0 \Leftrightarrow S$ 为拓扑 2 球面; $\mathscr{I} = 0 \Leftrightarrow S$ 为拓扑 2 环面("救生圈"). 式(16-7-80)右边第二项显然非负; 由于默认能动张量 T_{ab} 满足主能量条件(见附录 D), 式(16-7-80)右边第一项也非负, 加之 $R_2 > R_1$ (面积恒增), 故 $\mathscr{I} \geqslant 0$. 若 $\mathscr{I} = 0$, 则式(16-7-80)退化为 $0 = 0$, 不再给出 $R_2 - R_1$ 的表达式. 我们不拟讨论这种非常特别的退化情况[可参阅 Ashtekar and Krishnan(2003)], 故 $\mathscr{I} > 0$, 即动力学视界的截面只能是拓扑 2 球面. 既然 2 球面的 $\mathscr{I} = 8\pi$ 而且 $\mathscr{I}$ 是拓扑不变量, 任何拓扑 2 球面就都有 $\mathscr{I} = 8\pi$, 故式(16-7-80)成为

$$\frac{1}{2}(R_2 - R_1) = \int_{\Delta H} T_{ab} \tau^a \xi^b_{(R)} + \frac{1}{16\pi} \int_{\Delta H} N_R (|\hat{\sigma}|^2 + 2|\varsigma|^2)\,. \qquad (16\text{-}7\text{-}81)$$

上式称为动力学视界的**面积平衡定律**(area balance law).

[选读 16-7-2]

除拓扑 2 球面和 2 环面外, 闭合、连通、可定向的 2 维流形还能有什么拓扑? 本选读对此做一简介.

对闭合连通 2 维曲面 S 可定义一个称为**欧拉示性数**(Euler characteristic index)

的拓扑不变量 χ. 为此, 先对 S 作"三角剖分", 通俗说就是把 S 表为有限个"拓扑三角形"($\mathbb{R}^2$ 中的三角形在连续映射 $f:\mathbb{R}^2\to S$ 下的像)的并集, 要求任意两个"三角形"的交集只能是下述情形之一:①空集; ②唯一的公共顶点; ③唯一且完全重合的公共边. 例如, S^2 的最简单剖分就是使之如同四面体的表面. 设 S 的一个剖分有 n_0 个顶点, n_1 条边, n_2 个"三角形", 则 $\chi := n_0 - n_1 + n_2$. 可以证明, 这样定义的 χ 与三角剖分的选择无关, 仅取决于 S 的拓扑结构. 读者可依据此定义计算任何闭合连通 2 维曲面的 χ. 易见 S^2 的 $\chi = 2$. 而由 Gauss-Bonnet 定理[见陈省身, 陈维桓(1983)定理 4.1]又知

$$\chi = (4\pi)^{-1}\int_S \tilde{\mathscr{R}}^2\boldsymbol{\varepsilon}\,, \qquad (\tilde{\mathscr{R}} \text{ 是 } S \text{ 的标量曲率}) \tag{16-7-82}$$

可见 χ 与正文中引入的 $\mathscr{I}$ 成正比: $\mathscr{I} = 4\pi\chi$. 为帮助想象 S 的其他拓扑类型, 还可引入另一拓扑不变量 g, 称为**亏格**(genus), 严格定义见伍鸿熙等(1981), 第 40 页, §6. 下面的直观想像对理解亏格大有裨益. 球面与环面("救生圈")的拓扑不同在于后者有一个洞而前者没有. 把球状面团压扁(拓扑不变)后可炸成油饼. 若先用筷子在压扁后的面团上穿一个洞(改变拓扑), 就可炸成带一个洞的油饼(或制成面包圈), 其表面就是环面. 类似地, 穿两个洞(两洞不得在面团内部互通)可得带双洞的油饼, 等等. 亏格 g 就是洞的个数, 因此球面的 $g=0$ 而环面的 $g=1$. 高亏格的曲面只不过多几个洞而已. 正如式(16-7-82)是微分几何的一个重要结论那样, 拓扑学的一个重要结论是曲面的 χ 与 g 有如下简单关系: $\chi = 2-2g$ [见侯伯元, 侯伯宇(1995)§18. 1]. 于是, 球面的 $g=0$ 意味着 $\chi=2$, 与三角剖分的结论(以及正文中求得的 $\mathscr{I}=8\pi$)一致; 环面的 $g=1$ 则意味着 $\chi=0$, 这也可用式(16-7-82)通过计算验证.

作为洞的个数, g 当然是非负整数, 因而便于穷尽, 其重要意义在于存在这样的结论[见 Forster(1981)P.158§19]: 闭合、连通、可定向的 2 维流形的拓扑仅由亏格决定, 亏格相同的这种流形一定同胚. 因此, 穷尽了亏格也就穷尽了这种流形的拓扑. 可见亏格最便于描述曲面的拓扑分类. 动力学视界的定义的威力之一在于: 主能量条件和面积恒增的结论排除了高亏格截面的存在性, 从而对截面的拓扑给出强烈限制: (除退化情况外)只能是拓扑 2 球面.

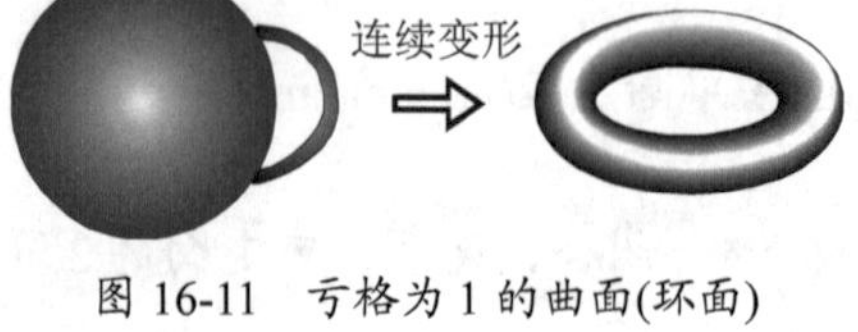

图 16-11　亏格为 1 的曲面(环面)

对亏格也可做这样的直观理解: 先规定球面的亏格 $g=0$, 再安上一个把手

(handle), g 就变为 1, 而这就是环面("救生圈"), 见图16-11. 以此类推, 安上 g 个把手后的亏格就是 g. 不妨把 $g=2$ 的 S 比喻为"双人用"救生圈, 有两个孔, 每孔可套住一人. 于是亏格为 g 的曲面就可比喻为"g 人用"的救生圈. **[选读 16-7-2 完]**

16.7.4　角动量为零时的第一定律

上小节的大部分篇幅放在数学推演上, 最后得到式(16-7-81). 本小节要讨论此式的物理意义.

动力学视界的定义保证 $\hat{\theta}_{(k)}=0$, 故由式(16-5-50)可知式(16-7-81)左边等于截面 S_2 与 S_1 的 Hawking 质量之差. 如果 Hawking 质量代表黑洞内的(准局域)能量, 则式(16-7-81)右边应等于经黑洞边界 ΔH 流进洞内的能流. 事实上, 右边第一项本来就是由物质场 T_{ab} 提供的 $\xi^a_{(R)}$ 能流(加 $\xi^a_{(R)}$ 表示这能量由矢量场 $\xi^a_{(R)}$ 定义), 现在明确记作 $\mathscr{F}^{\xi(R)}_{\text{matter}}$; 第二项是纯几何的(只涉及引力场), 自然应解释为(定义为)由引力波携带的、经 ΔH 流进的 $\xi^a_{(R)}$ 能流, 即

$$\mathscr{F}^{\xi(R)}_{\text{grav}} \equiv \frac{1}{16\pi}\int_{\Delta H} N_R(|\hat{\sigma}|^2+2|\varsigma|^2)\,. \tag{16-7-83}$$

然而, 这一解释果真站得住脚吗?请注意现在的对象是强引力场领域, 比在渐近平直领域的 Bondi 能流问题还要复杂得多. 即使是渐近平直领域, Bondi 等人在当年找到引力能流表达式后也曾经十分慎重地审查过它是否满足引力能流所必须满足的多项判据. 强场领域中由式(16-7-83)定义的 $\mathscr{F}^{\xi(R)}_{\text{grav}}$ 也满足这些判据吗? Ashtekar 等在逐一审查后的结论是: 它满足除一个以外的所有判据. 至于那被除外的一个, 至今仍是个有待探讨的开放问题. Ashtekar and Krishnan(2004)中列出了五个(在另一文献中甚至七个)判据, 它们都被很好地满足. 此处只举两个:

(1)**规范不变性判据**. 历史上有过关于引力能流的借助于赝张量的大量表达式, 它们都涉及人为借用的非内禀几何因素(例如坐标系和标架), 于是必须检验所得表达式是否实质上与这些人为因素无关. 但式(16-7-83)天生就是纯几何表述(不涉及任何人为借用对象), 因而是天生规范不变的.

(2)**正定性判据**. 关于引力波到底"只代表时空坐标的波动"还是真有物理意义的讨论是引力波研究史中的重大问题, 而引力波能流表达式的正定性恐怕是对后者的最有说服力的支持. 式(16-7-83)一望而知是正定的. 请注意这一结果来之不易: 正是动力学视界的定义本身恰到好处地保证了这一正定性. 只要把条件稍加削弱, 例如保留其他条件而只把"截面为临界陷俘面"的"临界"两字去掉, 正定性就可能丧失. 前已述及, 在强场领域中的引力能流表达式是很难找到的, 但是, 动力学视界的巧妙定义竟能出奇制胜地帮助人们找到穿越该视界的引力能流的满意表

达式.

面积平衡定律(16-7-81)在某种意义上代表着能量的守恒性：经黑洞边界流进的能量(由物质场和引力场提供)等于洞内能量的增量，这种解释的关键点在于等式左边代表 Hawking 能量. 然而，Kerr 时空的例子告诉我们在有角动量时洞内能量并不等于 Hawking 能量，于是，虽然等式(16-7-81)在有角动量时照样成立，但上述能量守恒的解释不再适用. 这一问题也可从另一角度看出. 把式(16-7-81)的 $\xi^a_{(R)}$ 能量记作 $E^{\xi_{(R)}}$，并认为右边的能流正好等于 $E^{\xi_{(R)}}$ 的增量 $\Delta E^{\xi_{(R)}}$，即

$$\Delta E^{\xi_{(R)}} = \mathscr{F}^{\xi_{(R)}}_{\text{matter}} + \mathscr{F}^{\xi_{(R)}}_{\text{grav}} .$$

令 S_2 面无限靠近 S_1，则式(16-7-81)左边成为无限小量 $\mathrm{d}R/2$，右边则代表无限小 3 维面(改记作 $\mathrm{d}H$)的能流 $\mathrm{d}E^{\xi_{(R)}}$，故式(16-7-81)的无限小形式为

$$\frac{1}{2}\mathrm{d}R = \mathrm{d}E^{\xi_{(R)}} . \tag{16-7-84}$$

用下式定义 S 关于 $\xi^a_{(R)}$ 的**有效**(effective)**表面引力** $\bar{\kappa}_R$：

$$\bar{\kappa}_R \equiv \frac{1}{2R}, \tag{16-7-85}$$

与 $A = 4\pi R^2$ 结合便可把无限小等式(16-7-84)重铸为如下形式：

$$\frac{1}{8\pi}\bar{\kappa}_R \mathrm{d}A = \mathrm{d}E^{\xi_{(R)}} . \tag{16-7-86}$$

上式可看作将要推导的动力学视界第一定律

$$\mathrm{d}E^{\xi_{(R)}} = \frac{1}{8\pi}\bar{\kappa}_R \mathrm{d}A + \Omega \mathrm{d}J$$

在角动量 $J = 0$ 时的特例. 可见上面对式(16-7-81)所做的“能量守恒”解释只适用于角动量为零的情形. 为了找到第一定律的积分形式，必须加入角动量的考虑，详见小节 16. 7. 5 和 16. 7. 6.

我们至今所讨论的能量都只是 $\xi^a_{(R)}$ 能量，即是由矢量场 $\xi^a_{(R)} \equiv N_R k^a$ 定义的能量，其中时移 $N_R \equiv \sqrt{h^{ab}(\mathrm{d}R)_a(\mathrm{d}R)_b}$ 满足 $\mathrm{D}_a R = N_R r_a$ [见式(16-7-73)]. 然而时移 N (因而 $\xi^a \equiv N k^a$)的选择有相当的任意性. 设 $r(R)$ 是 R 的任一函数，则 r 在截面上也是常数. 仿照 $\mathrm{D}_a R = N_R r_a$ 可定义更一般的时移 N_r 如下：

$$\mathrm{D}_a r \equiv N_r r_a . \tag{16-7-87}$$

但请注意这样定义的 N_r 可能在 H 的某些点(甚至某个开子集)上为零. 把

$$\mathrm{D}_a r = \frac{\mathrm{d}r}{\mathrm{d}R}\mathrm{D}_a R = \frac{\mathrm{d}r}{\mathrm{d}R} N_R r_a$$

同式(16-7-87)比较得

$$\frac{N_r}{N_R} = \frac{\mathrm{d}r}{\mathrm{d}R}, \tag{16-7-88}$$

可见, 虽然 N_r 很可能依赖于三个坐标 R, θ, φ, 但比值 N_r / N_R 却只能依赖于坐标 R. 利用这一性质, 不难将式(16-7-81)推广为以 r 代 R 的下式:

$$\frac{1}{2}(r_2 - r_1) = \int_{\Delta H} T_{ab}\tau^a \xi^b_{(r)}\,{}^3\boldsymbol{\varepsilon} + \frac{1}{16\pi}\int_{\Delta H} N_r(|\hat{\sigma}|^2 + 2|\varsigma|^2)\,{}^3\boldsymbol{\varepsilon}, \tag{16-7-89}$$

其中 $\xi^b_{(r)} \equiv N_r k^b$, $r_1 \equiv r(R_1)$, $r_2 \equiv r(R_2)$. 现在证明上式. 为使适用面更广, 我们改从式(16-7-80), 即

$$\mathscr{I}(R_2 - R_1) = 16\pi\int_{\Delta H} T_{ab}\tau^a \xi^b_{(R)}\,{}^3\boldsymbol{\varepsilon} + \int_{\Delta H} N_R(|\hat{\sigma}|^2 + 2|\varsigma|^2)\,{}^3\boldsymbol{\varepsilon}$$

出发. 利用式(16-7-65)把上式改写为

$$\mathscr{I} = \frac{16\pi}{R_2 - R_1}\int_{\Delta H} T_{ab}\tau^a \xi^b_{(R)} N_R{}^{-1}\mathrm{d}R \wedge {}^2\boldsymbol{\varepsilon} + \frac{1}{R_2 - R_1}\int_{\Delta H}(|\hat{\sigma}|^2 + 2|\varsigma|^2)\,\mathrm{d}R \wedge {}^2\boldsymbol{\varepsilon}$$

$$= \frac{16\pi}{R_2 - R_1}\int_{R_1}^{R_2}\mathrm{d}R\int_S N_R{}^{-1} T_{ab}\tau^a \xi^b_{(R)}\,{}^2\boldsymbol{\varepsilon} + \frac{1}{R_2 - R_1}\int_{R_1}^{R_2}\mathrm{d}R\int_S(|\hat{\sigma}|^2 + 2|\varsigma|^2)\,{}^2\boldsymbol{\varepsilon},$$

再由 R_1, R_2 的任意性便有

$$\mathscr{I} = 16\pi\int_S N_R{}^{-1} T_{ab}\tau^a \xi^b_{(R)}\,{}^2\boldsymbol{\varepsilon} + \int_S(|\hat{\sigma}|^2 + 2|\varsigma|^2)\,{}^2\boldsymbol{\varepsilon}. \tag{16-7-90}$$

于是待证式(16-7-89)右边乘以 16π 后可表为

$$16\pi\int_{\Delta H} T_{ab}\tau^a \xi^b_{(r)}\,{}^3\boldsymbol{\varepsilon} + \int_{\Delta H} N_r(|\hat{\sigma}|^2 + 2|\varsigma|^2)\,{}^3\boldsymbol{\varepsilon}$$

$$= 16\pi\int_{\Delta H}\frac{N_r}{N_R} T_{ab}\tau^a \xi^b_{(R)}\,{}^3\boldsymbol{\varepsilon} + \int_{\Delta H}\frac{N_r}{N_R} N_R(|\hat{\sigma}|^2 + 2|\varsigma|^2)\,{}^3\boldsymbol{\varepsilon}$$

$$= \int_{R_1}^{R_2}\mathrm{d}R\frac{N_r}{N_R}\left[16\pi\int_S N_R{}^{-1} T_{ab}\tau^a \xi^b_{(R)}\,{}^2\boldsymbol{\varepsilon} + \int_S(|\hat{\sigma}|^2 + 2|\varsigma|^2)\,{}^2\boldsymbol{\varepsilon}\right]$$

$$= \int_{R_1}^{R_2}\mathrm{d}R\frac{N_r}{N_R}\mathscr{I} = \mathscr{I}\int_{R_1}^{R_2}\frac{\mathrm{d}r}{\mathrm{d}R}\mathrm{d}R = \mathscr{I}[r(R_2) - r(R_1)] = \mathscr{I}(r_2 - r_1), \tag{16-7-91}$$

其中第一步用到 $\xi^b_{(r)} = (N_r / N_R)\xi^b_{(R)}$, 第二步除了用到式(16-7-65)之外还因为

$N_r/N_R=\mathrm{d}r/\mathrm{d}R$ 与 S 面上的坐标无关保证可被提出积分号 $\int_S$ 外面, 第三步用到式(16-7-90). 当截面同胚于 S^2 时 $\mathscr{I}=8\pi$, 式(16-7-89)于是得证.

对式(16-7-89)还应注意: N_r 不但可能在 H 的某个开子集上为零, 而且 S_1 与 S_2 之间的 ΔH 还可能存在开子集, 其上因 $N_r<0$ 而导致 $r_2<r_1$ (虽然 $R_2>R_1$). 这时式(16-7-89)两边皆为负.

式(16-7-86)虽然可以看作(角动量为零时)第一定律的特例, 但该式中的能量只限于由矢量场 $\xi^a_{(R)}\equiv N_R k^a$ 定义的 $\xi^a_{(R)}$ 能量 $E^{\xi_{(R)}}$. 既然能量也可用许多不同的 $\xi^a_{(r)}\equiv N_r k^a$ 定义, 自然希望这些 $\xi^a_{(r)}$ 能量 $E^{\xi_{(r)}}$ 也满足类似的第一定律. 下面的讨论表明的确如此(暂时限于角动量为零的情况).

利用 $\mathscr{I}=8\pi$ 把式(16-7-90)改写为

$$\frac{1}{2}=\int_S N_R{}^{-1}T_{ab}\tau^a\xi^b_{(R)}{}^2\boldsymbol{\varepsilon}+\frac{1}{16\pi}\int_S(|\hat{\sigma}|^2+2|\varsigma|^2)^2\boldsymbol{\varepsilon}\,. \tag{16-7-92}$$

上式同 $\mathrm{d}R/2=\mathrm{d}E^{\xi_{(R)}}$ [式(16-7-84)]结合给出

$$\mathrm{d}E^{\xi_{(R)}}=\mathrm{d}R\left[\int_S N_R{}^{-1}T_{ab}\tau^a\xi^b_{(R)}{}^2\boldsymbol{\varepsilon}+\frac{1}{16\pi}\int_S(|\hat{\sigma}|^2+2|\varsigma|^2)^2\boldsymbol{\varepsilon}\right], \tag{16-7-93}$$

而式(16-7-92)乘以 $\mathrm{d}r$ 则给出

$$\frac{1}{2}\mathrm{d}r=\mathrm{d}r\left[\int_S N_R{}^{-1}T_{ab}\tau^a\xi^b_{(R)}{}^2\boldsymbol{\varepsilon}+\frac{1}{16\pi}\int_S(|\hat{\sigma}|^2+2|\varsigma|^2)^2\boldsymbol{\varepsilon}\right]. \tag{16-7-94}$$

上两式右边方括号的内容相同, 暗示可猜测性地用下式定义 $E^{\xi_{(r)}}$:

$$\mathrm{d}E^{\xi_{(r)}}=\mathrm{d}r\left[\int_S N_R{}^{-1}T_{ab}\tau^a\xi^b_{(R)}{}^2\boldsymbol{\varepsilon}+\frac{1}{16\pi}\int_S(|\hat{\sigma}|^2+2|\varsigma|^2)^2\boldsymbol{\varepsilon}\right]. \tag{16-7-95}$$

当 $r=R$ 时上式回到式(16-7-93), 从一个角度说明用式(16-7-95)定义 $E^{\xi_{(r)}}$ 的合理性. 当然仅此一点还不够, 例如, 你可能问: "把式(16-7-95)方括号内的 R 也换成 r 不是也行吗?" 稍后将回答这一问题. 还应说明一点: 虽然 $r(R)$ 的选择有相当的任意性, 但只当 r 与 R 量纲一样时 $E^{\xi_{(r)}}$ 才有能量的量纲. 以下只考虑与 R 有相同量纲的 r.

对比式(16-7-94)和(16-7-95)给出

$$\frac{1}{2}\mathrm{d}r=\mathrm{d}E^{\xi_{(r)}}\,, \tag{16-7-96}$$

当 $r=R$ 时上式回到式(16-7-84). 依次利用式(16-7-96)、$A=4\pi R^2$ 及式(16-7-85)又得

$$\mathrm{d}E^{\xi_{(r)}}=\frac{1}{8\pi}\bar{\kappa}_R\frac{\mathrm{d}r}{\mathrm{d}R}\mathrm{d}A\,. \tag{16-7-97}$$

上式暗示我们应该用下式定义 S 关于 $\xi^a_{(r)}$ 的**有效表面引力**

$$\overline{\kappa}_r := \overline{\kappa}_R \frac{\mathrm{d}r}{\mathrm{d}R} = \overline{\kappa}_R \frac{N_r}{N_R}, \quad (\text{当 } r = R \text{ 时有 } \overline{\kappa}_r = \overline{\kappa}_R) \tag{16-7-98}$$

因为这样可使式(16-7-97)成为

$$\frac{1}{8\pi}\overline{\kappa}_r \mathrm{d}A = \mathrm{d}E^{\xi_{(r)}}, \quad [\text{当 } r = R \text{ 时回到式(16-7-86)}] \tag{16-7-99}$$

而上式可看作将要推导的更一般的动力学视界第一定律

$$\mathrm{d}E^{\xi_{(r)}} = \frac{1}{8\pi}\overline{\kappa}_r \mathrm{d}A + \varOmega \mathrm{d}J$$

在角动量 $J = 0$ 时的特例. 同式(16-7-86)相较, 式(16-7-99)只不过是使用更一般的 $\xi^a_{(r)}$ 能量而已. 这就进一步印证了式(16-7-95)的合理性. 假若把式(16-7-95)中方括号内的 R 也换成 r, 则式(16-7-96)的等号势必改为不等号, 于是式(16-7-99)也就不会成立.

注 2　有效表面引力 $\overline{\kappa}_r$ 与 $\overline{\kappa}_R$ 的区别在于一个因子 N_r/N_R [见式(16-7-98)], 而这个因子也正是用以定义能量的两个矢量场 $\xi^a_{(r)} \equiv N_r k^a$ 与 $\xi^a_{(R)} \equiv N_R k^a$ 的区别所在. 这同弱孤立视界的情况类似, 那里的表面引力 $\kappa_{(k)}$ 也会由于矢量场 k^a 的重标度化($k^a \mapsto k'^a = ck^a$)而重标度化($\kappa_{(k)} \mapsto \kappa_{(k')} = c\kappa_{(k)}$, 见§16.5 注 8), 而且两者有相同的重标度因子 c , 同现在的区别在于现在的重标度因子 N_r/N_R 可以是 R 的函数. 这是很自然的, 因为现在讨论的是描述时间演化的动力学视界, 而 R 正好扮演时间的角色.

注 3　式(16-7-99)的 $\mathrm{d}E^{\xi_{(r)}}$ 和 $\mathrm{d}A$ 是能量 $E^{\xi_{(r)}}$ 和面积 A 在经历一个无限小物理过程后的改变量(动力学视界从截面到截面的过渡本身就代表演化过程), 因此该式是 $J = 0$ 时的动力学视界第一定律的物理过程版本, 这与弱孤立视界第一定律[式(16-5-69)]从“味道”上看来非常不同: 该式的 $\delta E^{(t)}_\varDelta$, $\delta A_\varDelta$, $\delta J_\varDelta$ 是含有弱孤立视界的两个有微小差别的时空的物理量 $E^{(t)}_\varDelta$, $A_\varDelta$, $J_\varDelta$ 的差值, 就是说, 该式是第一定律的平衡态(被动)版本.

16.7.5　角动量平衡方程

时空角动量与反映轴对称性的 Killing 矢量场有密切关系, 而含有动力学视界的时空未必存在这种 Killing 场, 如何定义角动量?先看如下的一种特殊情况:

命题 16-7-11　设时空 (M, g_{ab}) 含有动力学视界 H , 在 M 上存在反映轴对称

性的 Killing 场 ϕ^a，而且 $\phi^a|_H$ 切于 H，[①] 则 Komar 积分 $\int_S {}^*\mathrm{d}\phi\,(=\int_S \varepsilon_{abcd}\nabla^c\phi^d)$ 可以表为(S 代表 H 的任一截面)

$$\int_S {}^*\mathrm{d}\phi = -2\int_S K_{ab}\phi^a r^b, \qquad \text{其中 } K_{ab} \text{ 是 } (H,h_{ab}) \text{ 的外曲率.} \tag{16-7-100}$$

注 4 细察下面的证明就可发现本命题对 ϕ^a 的要求可以从 $(\nabla_a\phi_b+\nabla_b\phi_a)|_M=0$ [即 ϕ^a 是 M 上的 Killing 场]削弱为 $(\nabla_a\phi_b+\nabla_b\phi_a)|_H=0$.

证明 在 H 的邻域 U 上局域引入正交归一标架场 $\{e_\mu^a\}$，满足 $e_0^a|_H=\tau^a|_H$，$e_1^a|_H=r^a|_H$，则其对偶标架场 $\{e^\mu_a\}$ 满足 $e^0_a|_H=-\tau_a|_H$，$e^1_a|_H=r_a|_H$. 度规 g_{ab} 的适配体元 ε_{abcd} 在 H 上可用标架表为

$$\varepsilon_{abcd}|_H=(e^0_a\wedge e^1_b\wedge e^2_c\wedge e^3_d)|_H=[e^2_a\wedge e^3_b\wedge(-\tau_c)\wedge r_d]|_H=-\varepsilon_{ab}\wedge(\tau_c\wedge r_d)|_H, \tag{16-7-101}$$

其中 $\varepsilon_{ab}\equiv(e^2_a\wedge e^3_b)|_H$. 设 $i_S: S\to M$ 是包含映射，则拉回 $i_S{}^*\varepsilon_{ab}$ 就是 $(S,\tilde{h}_{ab})$ 的适配面元. 令 $\nu_{cd}\equiv-(\tau_c\wedge r_d)|_H$，则

$$\varepsilon_{abcd}|_H=\varepsilon_{ab}\wedge\nu_{cd}=\varepsilon_{ab}\nu_{cd}+(\varepsilon_{ca}\nu_{bd}+\varepsilon_{bc}\nu_{ad})+(\varepsilon_{da}\nu_{cb}+\varepsilon_{db}\nu_{ac})+\varepsilon_{cd}\nu_{ab},$$

故[②]

$$\int_S \varepsilon_{abcd}\nabla^c\phi^d = I_1+I_2+I_3+I_4,$$

其中

$$I_1\equiv\int_S\varepsilon_{ab}\nu_{cd}\nabla^c\phi^d, \quad I_2\equiv\int_S(\varepsilon_{ca}\nu_{bd}+\varepsilon_{bc}\nu_{ad})\nabla^c\phi^d,$$

$$I_3\equiv\int_S(\varepsilon_{da}\nu_{cb}+\varepsilon_{db}\nu_{ac})\nabla^c\phi^d, \quad I_4\equiv\int_S\varepsilon_{cd}\nu_{ab}\nabla^c\phi^d.$$

首先计算 I_1.

$$I_1\equiv\int_S\varepsilon_{ab}\nu_{cd}\nabla^c\phi^d=\int_S i_S^*(\varepsilon_{ab}\nu_{cd}\nabla^c\phi^d)=\int_S(i_S^*\varepsilon_{ab})\nu_{cd}\nabla^c\phi^d=2\int_S\tau_{[d}r_{c]}\nabla^c\phi^d$$

$$=2\int_S\tau_d r_c\nabla^{[c}\phi^{d]}=2\int_S\tau_d r_c\nabla^c\phi^d=-2\int_S\phi^d r^c\nabla_c\tau_d, \tag{16-7-102}$$

其中第二步的理由见上册 §5.3 末二行(指要对限制做积分)，第三步是因为 $\nu_{cd}\nabla^c\phi^d$ 是标量场，第四步无非是略去被积面元 $i_S{}^*\varepsilon_{ab}$ 并用到 $\nu_{cd}\equiv-(\tau_c\wedge r_d)|_H$，第六步用到

---

① 由此还可证明 $\phi^a|_H$ 必切于各截面，证明中要用到：① ϕ^a 是 Killing 场；② ϕ^a 的积分曲线闭合；③ H 有唯一的截面(临界陷俘面)族.

② 基矢场 e^2_a, e^3_a 通常只能在 S 上局域定义，故 S 上的积分只要涉及它们就应先计算局域积分再“缝合”而成，这要用到“单位分解”，详略.

Killing 方程, 末步是因为 $\phi^a|_H$ 切于 H 导致 $(\tau_a\phi^a)|_H=0$.

下面证明 $I_2=I_3=I_4=0$. 先看 I_4.

$$I_4\equiv\int_S\varepsilon_{cd}\nu_{ab}\nabla^c\phi^d=\int_S(i_S{}^*\nu_{ab})\,\varepsilon_{cd}\nabla^c\phi^d$$

$$=\int_S i_S{}^*(r_a\wedge\tau_b)\,\varepsilon_{cd}\nabla^c\phi^d=\int_S(i_S{}^*r_a)\wedge(i_S{}^*\tau_b)\,\varepsilon_{cd}\nabla^c\phi^d=0\,,$$

其中第四步用到上册式(4-1-8), 末步用到 $i_S{}^*r_a=0$ (来自 r^a 正交于 S). 类似地还可证明 $I_3=0$, 而由 Killing 方程易见 $I_2=I_3$, 故 $I_2=I_3=I_4=0$, 因而 $\int_S\varepsilon_{abcd}\nabla^c\phi^d=I_1$, 即

$$\int_S{}^*\mathrm{d}\boldsymbol{\phi}=-2\int_S\phi^d r^c\nabla_c\tau_d\,.\qquad(16\text{-}7\text{-}103)$$

又因 ϕ^d 和 r^c 都切于 H, 其投影等于自身, 故 $\phi^d=h^d_b\phi^b$, $r^c=h^c_a r^a$, 所以

$$\phi^d r^c\nabla_c\tau_d|_H=\phi^b r^a h^d_b h^c_a\nabla_c\tau_d|_H=\phi^b r^a K_{ab}\,,\qquad(16\text{-}7\text{-}104)$$

代入式(16-7-103)便得待证的等式(16-7-100). □

再讨论动力学视界的一般情况, 这时 M 上可以没有反映轴对称性的 Killing 场, 我们改从 H 上切于每一截面 S 的任一矢量场 φ^a 入手(M 上未必有 Killing 场 ϕ^a 使 $\phi^a|_H=\varphi^a$). 以 φ_a 缩并式(16-7-44b)得

$$0=\varphi_a\mathrm{D}_bP^{ab}-8\pi T^{bc}\tau_c\varphi_b=\varphi_a\mathrm{D}_bP^{ab}-8\pi T_{ab}\tau^a\varphi^b\,,\qquad(16\text{-}7\text{-}105)$$

其中 $P^{ab}\equiv K^{ab}-Kh^{ab}$. 上式在 ΔH 上积分给出

$$0=\int_{\Delta H}(\varphi_a\mathrm{D}_bP^{ab}-8\pi T_{ab}\tau^a\varphi^b)=\int_{\Delta H}[\mathrm{D}_b(\varphi_aP^{ab})-P^{ab}\mathrm{D}_b\varphi_a]-8\pi\int_{\Delta H}T_{ab}\tau^a\varphi^b\,.\quad(16\text{-}7\text{-}106)$$

利用 $\mathrm{D}_{(a}\varphi_{b)}=\mathscr{L}_\varphi h_{ab}/2$ 又可改写上式为

$$\int_{\Delta H}\left(8\pi T_{ab}\tau^a\varphi^b+\frac{1}{2}P^{ab}\mathscr{L}_\varphi h_{ab}\right)=\int_{\Delta H}\mathrm{D}_b(\varphi_aP^{ab})=\int_{S_2}(P^{ab}\varphi_a)r_b-\int_{S_1}(P^{ab}\varphi_a)r_b\,,\quad(16\text{-}7\text{-}107)$$

其中第二步用到 Gauss 定理. 再由 $P^{ab}\equiv K^{ab}-Kh^{ab}$ 及 $h_{ab}\varphi^a r^b=0$ 便有

$$\int_{\Delta H}\left(T_{ab}\tau^a\varphi^b+\frac{1}{16\pi}P^{ab}\mathscr{L}_\varphi h_{ab}\right)-\frac{1}{8\pi}\left(\int_{S_2}K_{ab}\varphi^a r^b-\int_{S_1}K_{ab}\varphi^a r^b\right).\quad(16\text{-}7\text{-}108)$$

上式右边的两个积分与式(16-7-100)右边形式相同, 区别只在于上式的 φ^a 未必是某 Killing 场 ϕ^a 在 H 上的值, 甚至也不要求 φ^a 是 $(S,\tilde{h}_{ab})$ 上的 Killing 场(即不要求 $\mathscr{L}_\varphi\tilde{h}_{ab}=0$). 既然当 ϕ^a 为 Killing 场时 Komar 积分 $\int_S{}^*\mathrm{d}\boldsymbol{\phi}$ 代表 S 面内的(准局域)角动量乘以 16π [参见式(16-5-57)及(13-2-17)], 不妨就把 $-(8\pi)^{-1}\int_S K_{ab}\varphi^a r^b$ 称为 S 面内关

于 φ^a 的**广义**(generalized)**角动量**, 记作 J_S^φ, 即

$$J_S^\varphi \equiv -\frac{1}{8\pi}\int_S K_{ab}\varphi^a r^b \equiv \frac{1}{8\pi}\int_S j^\varphi, \quad 其中\ j^\varphi \equiv -K_{ab}\varphi^a r^b, \tag{16-7-109}$$

于是式(16-7-108)又可写成

$$-\int_{\Delta H} T_{ab}\tau^a\varphi^b - \frac{1}{16\pi}\int_{\Delta H} P^{ab}\mathscr{L}_\varphi h_{ab} = J_{S_2}^\varphi - J_{S_1}^\varphi . \tag{16-7-108$'$}$$

既然上式右边代表截面 S_2, S_1 内广义角动量之差, 左边自然应解释为经 ΔH 流入黑洞的角动量流, 而且其中第一项是由物质场 T_{ab} 提供的角动量流(记作 $\mathscr{J}_{\text{matter}}^\varphi$), 因而与物质场无关的第二项理应解释为由引力波提供的角动量流(记作 $\mathscr{J}_{\text{grav}}^\varphi$), 于是

$$J_{S_2}^\varphi - J_{S_1}^\varphi = \mathscr{J}_{\text{matter}}^\varphi + \mathscr{J}_{\text{grav}}^\varphi , \tag{16-7-110}$$

其中

$$\mathscr{J}_{\text{matter}}^\varphi \equiv -\int_{\Delta H} T_{ab}\tau^a\varphi^b, \qquad \mathscr{J}_{\text{grav}}^\varphi \equiv -\frac{1}{16\pi}\int_{\Delta H} P^{ab}\mathscr{L}_\varphi h_{ab} . \tag{16-7-111}$$

当 φ^a 是3维黎曼空间 (H,h_{ab}) 的 Killing 场(即 $\mathscr{L}_\varphi h_{ab}=0$)时 $\mathscr{J}_{\text{grav}}^\varphi = 0$.

式(16-7-108)或(16-7-110)称为**角动量平衡方程**.

16.7.6 第一定律的积分形式

小节16.7.4 介绍了动力学视界在角动量为零时的第一定律, 本小节要加上角动量, 还将推出动力学视界第一定律的积分形式.

由于在许多场合下动力学视界会逐渐过渡到弱孤立视界(例如图16-9), 而 §16.5 已讨论过后者的角动量问题, 现在应该借鉴. 该节只讨论了 II 型弱孤立视界, 其中 φ^a 是无限小轴对称性. 相应地, 现在也只限于讨论这样的动力学视界 H , 其上存在反映截面的轴对称性的矢量场 φ^a , 满足:① φ^a 切于各截面; ② φ^a 的积分曲线闭合, 周期为 2π . [更准确地说, 每一拓扑 2 球截面上的 φ^a 应是某一度规(不一定是 $\tilde{h}_{ab}$)的 Killing 场, 但 $\varphi^a|_H$ 可以不是 (H,h_{ab}) 的 Killing 场, 即 $\mathscr{L}_\varphi h_{ab}$ 可以非零.] 这样一来, J_S^φ 就可以明确地解释为截面 S 的(广义)角动量. 以下的 φ^a 都指这个特定的 φ^a , 因此有关量的上标 φ 可以去掉, 例如 J_S^φ 可写成 J_S . 仿照式(16-5-58), 以

$$t^a \equiv N_r k^a - \Omega\varphi^a \tag{16-7-112}$$

代替 $\xi_{(r)}^a$, 其中 r 和 Ω 都是 R 的任意函数(因而在每一截面都为常数), 区别在于式(16-5-58)的两个系数是常数而现在的系数 Ω 是 R 的函数, N_r [由式(16-7-87)定义]

是 R, θ, φ 的函数. 由式(16-6-91)和(16-7-108)可推出如下命题.

命题 16-7-12

$$\frac{1}{2}(r_2-r_1)+\frac{1}{8\pi}\left(\int_{S_2}\Omega j-\int_{S_1}\Omega j-\int_{\Omega_1}^{\Omega_2}\mathrm{d}\Omega\int_S j\right)$$

$$=\int_{\Delta H}T_{ab}\tau^a t^b+\frac{1}{16\pi}\int_{\Delta H}N_r(|\hat{\sigma}|^2+2|\varsigma|^2)-\frac{1}{16\pi}\int_{\Delta H}\Omega P^{ab}\mathscr{L}_\varphi h_{ab}\ . \tag{16-7-113}$$

证明　由 $t^b \equiv N_r k^b-\Omega\varphi^b=\xi^b_{(r)}-\Omega\varphi^b$ 得

$$\int_{\Delta H}T_{ab}\tau^a t^b=\int_{\Delta H}T_{ab}\tau^a\xi^b_{(r)}-\int_{\Delta H}\Omega T_{ab}\tau^a\varphi^b$$

$$=\frac{1}{2}(r_2-r_1)-\frac{1}{16\pi}\int_{\Delta H}N_r(|\hat{\sigma}|^2+2|\varsigma|^2)-\int_{\Delta H}\Omega T_{ab}\tau^a\varphi^b\ , \tag{16-7-114}$$

[其中第二步用到式(16-6-86).] 上式右边最末一个积分为

$$\int_{\Delta H}\Omega T_{ab}\tau^a\varphi^b=\frac{1}{8\pi}\int_{\Delta H}\Omega\varphi_a\mathrm{D}_b P^{ab}=\frac{1}{8\pi}\int_{\Delta H}[\mathrm{D}_b(\Omega\varphi_a P^{ab})-\varphi_a P^{ab}\mathrm{D}_b\Omega-\Omega P^{ab}\mathrm{D}_b\varphi_a]$$

$$=\frac{1}{8\pi}\left[-\left(\int_{S_2}\Omega j-\int_{S_1}\Omega j\right)+\int_{\Omega_1}^{\Omega_2}\mathrm{d}\Omega\int_S j\right]-\frac{1}{16\pi}\int_{\Delta H}\Omega P^{ab}\mathscr{L}_\varphi h_{ab}\ , \tag{16-7-115}$$

代入式(16-7-114)便得待证的等式(16-7-113). 式(16-7-115)推导中的第一步用到式(16-7-105), 第三步的证明留做习题, 提示: 把第二个等号右边的三个积分(不含系数)依次记作 I_1, I_2, I_3, 则 $I_3=\int_{\Delta H}\Omega P^{ab}\mathscr{L}_\varphi h_{ab}/2$. 利用下列三式

$$P^{ab}=K^{ab}-Kh^{ab},\qquad K_{ab}\varphi^a r^b\equiv -j,\qquad h_{ab}\varphi^a r^b=0$$

及 Gauss 定理可得 $I_1=-\int_{S_2}\Omega j+\int_{S_1}\Omega j$, 再利用上述三式、式(16-7-65)以及

$$\mathrm{D}_b\Omega=\frac{\mathrm{d}\Omega}{\mathrm{d}R}\mathrm{D}_b R=\frac{\mathrm{d}\Omega}{\mathrm{d}R}N_R r_b\quad \text{[末步用到式(16-7-73)]}$$

又得

$$I_2=-\int_{\Delta H}\frac{\mathrm{d}\Omega}{\mathrm{d}R}j\mathrm{d}R\wedge{}^2\boldsymbol{\varepsilon}=-\int_{\Omega_1}^{\Omega_2}\mathrm{d}\Omega\int_S j\,{}^2\boldsymbol{\varepsilon}\ .$$ □

式(16-7-113)可看作角动量非零时的平衡方程. 每个满足 $t^a \equiv N_r k^a-\Omega\varphi^a$ 的 t^a 都有自己的平衡方程, 所以平衡方程有无限多个.

同式(16-6-81)右边第一项的物理解释类似, 式(16-7-113)右边第一项可解释为由物质场提供的“能流”, 只不过这“能量”现在是用 t^a 定义的. 于是, 仿照式(16-6-81), 不妨暂时把式(16-7-113)右边解释为物质场和引力场共同提供的流过

ΔH 的 t^a "能流", 并记作 $\mathscr{F}_{\Delta H}^{\hat{t}}$. 再以 $\hat{E}_S^t$ 代表截面 S 内的 t^a 能量, 则

$$\mathscr{F}_{\Delta H}^{\hat{t}} = \hat{E}_{S_2}^t - \hat{E}_{S_1}^t ,$$

因而

$$\hat{E}_{S_2}^t - \hat{E}_{S_1}^t = \int_{\Delta H} T_{ab}\tau^a t^b + \frac{1}{16\pi}\int_{\Delta H} N_r(|\hat{\sigma}|^2 + 2|\varsigma|^2) - \frac{1}{16\pi}\int_{\Delta H} \Omega P^{ab}\mathscr{L}_\varphi h_{ab} . \quad (16\text{-}7\text{-}116)$$

然而此处有一重要悬疑. 为保证 $\hat{E}_S^t$ 真能代表 S 面内的能量, 它必须只依赖于在截面 S 上局域定义的场量. 可惜一般而言这是做不到的, 就是说, 如果随便选函数 $N_r(R,\theta,\varphi)$ 及 $\Omega(R)$ 代入 $t^a = N_r k^a - \Omega\varphi^a$ 求出一个矢量场 t^a, 则由此 t^a 定义的 $\hat{E}_S^t$ 很可能不满足上述要求. 所以特别对能量一词加上引号, 并相应地在 E_S^t 上加上 ^ 号. 后面将要说明, 借助于 Kerr 视界的考虑可以找到适当的函数 $N_r(R,\theta,\varphi)$ 及 $\Omega(R)$, 由它们构造的 t^a (专记作 t_0^a)所定义的 $E_S^{t_0}$ 就能够满足上述要求, 因此可以充当 S 面内的能量.

当 $\hat{E}_S^t$ 真能代表 S 面内的 t^a 能量时, 式(16-7-116)可称为动力学视界的能量平衡方程, 它无非是能量守恒律的反映. 另一方面, 式(16-7-116)与式(16-7-113)联立又给出

$$\frac{1}{2}(r_2 - r_1) + \frac{1}{8\pi}\left(\int_{S_2}\Omega j - \int_{S_1}\Omega j - \int_{\Omega_1}^{\Omega_2} \mathrm{d}\Omega \int_S j\right) = \hat{E}_{S_2}^t - \hat{E}_{S_1}^t . \quad (16\text{-}7\text{-}117)$$

以下的计算和讨论有助于弄懂上式的物理意义. 令

$$Z \equiv \text{式(16-7-113)左边} = \text{式(16-7-117)左边},$$

$$Y \equiv \text{式(16-7-113)右边} = \text{式(16-7-116)右边}.$$

因为 r, Ω 以及 $J_S \equiv (8\pi)^{-1}\int_S j$ 都只是 R 的函数, 所以

$$Z = \frac{1}{2}\int_{R_1}^{R_2}\frac{\mathrm{d}r}{\mathrm{d}R}\mathrm{d}R + \frac{1}{8\pi}\left[\Omega(R_2)\int_{S(R_2)} j - \Omega(R_1)\int_{S(R_1)} j - \int_{R_1}^{R_2}\mathrm{d}R\frac{\mathrm{d}\Omega}{\mathrm{d}R}\int_{S(R)} j\right]$$

$$= \frac{1}{2}\int_{R_1}^{R_2}\frac{\mathrm{d}r}{\mathrm{d}R}\mathrm{d}R + \Omega(R_2)J(R_2) - \Omega(R_1)J(R_1) - \int_{R_1}^{R_2}\frac{\mathrm{d}\Omega}{\mathrm{d}R}J(R)\mathrm{d}R$$

$$= \int_{R_1}^{R_2}\left[\frac{1}{2}\frac{\mathrm{d}r}{\mathrm{d}R} + \frac{\mathrm{d}}{\mathrm{d}R}(\Omega(R)J(R)) - \frac{\mathrm{d}\Omega}{\mathrm{d}R}J(R)\right]\mathrm{d}R = \int_{R_1}^{R_2}\left[\frac{1}{2}\frac{\mathrm{d}r}{\mathrm{d}R} + \Omega(R)\frac{\mathrm{d}J}{\mathrm{d}R}\right]\mathrm{d}R . \quad (16\text{-}7\text{-}118)$$

再利用式(16-7-65)以及 N_r/N_R 只是 R 的函数又得

$$Y = \int_{\Delta H} N_R^{-1} T_{ab} \tau^a t^b \mathrm{d}R \wedge {}^2\varepsilon + \frac{1}{16\pi}\int_{\Delta H}\left[\frac{N_r}{N_R}(|\hat{\sigma}|^2 + 2|\varsigma|^2) - \frac{\Omega}{N_R} P^{ab} \mathscr{L}_\varphi h_{ab}\right]\mathrm{d}R \wedge {}^2\varepsilon$$

$$= \int_{R_1}^{R_2}\mathrm{d}R\left[\int_{S(R)} N_R^{-1} T_{ab}\tau^a t^b\, {}^2\varepsilon + \frac{1}{16\pi}\frac{N_r}{N_R}\int_{S(R)}(|\hat{\sigma}|^2 + 2|\varsigma|^2)\, {}^2\varepsilon - \frac{\Omega}{16\pi N_R}\int_{S(R)}(P^{ab}\mathscr{L}_\varphi h_{ab})\, {}^2\varepsilon\right]. \tag{16-7-119}$$

由式(16-7-116)又得

$$Y = \hat{E}^t_{S_2} - \hat{E}^t_{S_1} = \hat{E}^t(R_2) - \hat{E}^t(R_1) = \int_{R_1}^{R_2}\frac{\mathrm{d}\hat{E}^t}{\mathrm{d}R}\mathrm{d}R\,, \tag{16-7-120}$$

于是由 $Z = Y$ 以及式(16-7-120)、(16-7-118)便有

$$\int_{R_1}^{R_2}\left[\frac{1}{2}\frac{\mathrm{d}r}{\mathrm{d}R} + \Omega(R)\frac{\mathrm{d}J}{\mathrm{d}R}\right]\mathrm{d}R = \int_{R_1}^{R_2}\frac{\mathrm{d}\hat{E}^t}{\mathrm{d}R}\mathrm{d}R\,. \tag{16-7-121}$$

注意到 R_1, R_2 的任意性, 可知上式导致

$$\frac{1}{2}\frac{\mathrm{d}r}{\mathrm{d}R} + \Omega(R)\frac{\mathrm{d}J}{\mathrm{d}R} = \frac{\mathrm{d}\hat{E}^t}{\mathrm{d}R}, \qquad \text{即}\ \frac{1}{2}\mathrm{d}r + \Omega\mathrm{d}J = \mathrm{d}\hat{E}^t\,. \tag{16-7-122}$$

另一方面, 由式(16-7-96)及(16-7-99)得

$$\frac{1}{2}\mathrm{d}r = \frac{1}{8\pi}\bar{\kappa}_r\,\mathrm{d}A\,, \tag{16-7-123}$$

代入式(16-7-122)便给出

$$\mathrm{d}\hat{E}^t = \frac{1}{8\pi}\bar{\kappa}_r\mathrm{d}A + \Omega\mathrm{d}J\,. \tag{16-7-124}$$

上式在形式上类似于熟知的黑洞力学第一定律. 若要把“形式上类似于”发展为“物理上就是”, 还须对式中各量分别赋予合理的物理解释. 右边的四个量 $A(R)$, $J(R)$, $\Omega(R)$, $\bar{\kappa}_r(R)$ 都只是 R 的函数, 因而都只依赖于截面, 而一个截面可看作动力学视界 H 在某一时刻的表现. 为突出物理意义, 下面也把截面 $S(R)$ 称为时刻. $A(R)$ 的意义最清楚: 它就是黑洞在时刻 $S(R)$ 的面积; $J(R)$ 则可被合理地解释为时刻 $S(R)$ 的(广义)角动量; $\Omega(R)$ 最早是在式(16-7-112)中引入的, 把该式同中册式(13-5-4)对比发现 Ω 可被解释为时刻 $S(R)$ 的角速度; $\bar{\kappa}_r(R)$ 是 $\bar{\kappa}_R(R)$ 的推广, 而由式(16-7-86)看出 $\bar{\kappa}_R(R)$ (至少在 $J=0$ 时)扮演着时刻 $S(R)$ 的有效表面引力的角色, 自然就可把 $\bar{\kappa}_r(R)$ 解释为时刻 $S(R)$ 在更一般情况下的有效表面引力. (“更一般情况” 是指: ①时移可取 N_r 而不限于 N_R; ② J 可以非零.) 总之, 式(16-7-124)右边各量都有明确的物理意义, 而且同黑洞力学第一定律右边各量一一对应. 假若该式左

边的 $\hat{E}^t(R)$ 可以解释为动力学视界 H 在时刻 $S(R)$ 的能量，便可大功告成. 然而，偏偏在这一步上并不简单. 前已指出，为了把 $\hat{E}^t(R)$ 解释为黑洞在时刻 $S(R)$ 的能量(摘掉引号)，$\hat{E}^t(R)$ 的表达式中只能含有局域地依赖于截面 $S(R)$ 的场量. 以 $\varLambda(R)$ 代表式(16-7-119)右边方括号的内容，即

$$\varLambda(R) \equiv \int_{S(R)} N_R{}^{-1} T_{ab}\tau^a t^b\ {}^2\varepsilon + \frac{1}{16\pi}\frac{N_r}{N_R}\int_{S(R)} (|\hat{\sigma}|^2 + 2|\varsigma|^2)\ {}^2\varepsilon - \frac{\varOmega}{16\pi N_R}\int_{S(R)} (P^{ab}\mathscr{L}_\varphi h_{ab})\ {}^2\varepsilon\ , \tag{16-7-125}$$

则由式(16-7-119)和(16-7-120)得

$$\frac{\mathrm{d}\hat{E}^t(R)}{\mathrm{d}R} = \varLambda(R)\ , \tag{16-7-126}$$

故

$$\mathrm{d}\hat{E}^t(R) = \mathrm{d}\hat{E}^t(R_0) + \int_{R_0}^{R} \varLambda(R')\mathrm{d}R'\ , \tag{16-7-127}$$

其中 R_0 是某一指定的 R 值. 虽然 $\varLambda(R')$ 只取决于截面 $S(R')$ 上的场量，但上式右边的积分却涉及从 $S(R_0)$ 到 $S(R)$ 的无数截面 $S(R')$ 上的场量，于是单凭 $S(R)$ 上的局域场量一般不足以决定 $\hat{E}^t(R)$. 所以这个 $\hat{E}^t(R)$ 一般不能被解释为时刻 $S(R)$ 的能量.

综上所述可知，我们的遗留问题是要找到一个量 $E^t(R)$，它只依赖于 $S(R)$ 上的局域场量，满足

$$\mathrm{d}E^t = \frac{1}{8\pi}\bar{\kappa}_r \mathrm{d}A + \varOmega \mathrm{d}J, \qquad \text{即}\quad \frac{\mathrm{d}E^t}{\mathrm{d}R} = R\bar{\kappa}_r + \varOmega\frac{\mathrm{d}J}{\mathrm{d}R}\ , \tag{16-7-128}$$

从而可被物理地解释为以动力学视界 H 为边界的黑洞内部在时刻 $S(R)$ 的(准局域)能量. 一旦做到这点，式(16-7-128)就可被解释为动力学视界的第一定律(物理过程版本)，而式(16-7-117)则成为动力学视界第一定律的积分形式(物理过程版本). 仿照弱孤立视界借助于 Kerr 视界的做法，Ashtekar and Krishnan(2003)为动力学视界提供了寻找 E^t 的如下特别途径.

§16. 5 之末曾导出 Kerr 视界的表面引力和角速度公式

$$\kappa_{\text{Kerr}}(R,J) = \frac{R^4 - 4J^2}{2R^3\sqrt{R^4 + 4J^2}}, \qquad \varOmega_{\text{Kerr}}(R,J) = \frac{2J}{R\sqrt{R^4 + 4J^2}}\ . \tag{16-7-129}$$

借用这两个函数关系可对截面 $S \subset H$ 用下式定义有效表面引力 $\bar{\kappa}_S$ 及角速度 $\varOmega_S$：

$$\bar{\kappa}_S \equiv \kappa_{\text{Kerr}}(R_S, J_S) = \frac{R_S{}^4 - 4J_S{}^2}{2R_S{}^3\sqrt{R_S{}^4 + 4J_S{}^2}}\ , \tag{16-7-130a}$$

$$\Omega_S \equiv \Omega_{\text{Kerr}}(R_S, J_S) = \frac{2J_S}{R_S\sqrt{{R_S}^4 + 4{J_S}^2}}. \tag{16-7-130b}$$

因 J_S 只是 R 的函数, 上两式在整个 H 上定义了两个函数, 依次记作 $\bar{\kappa}^0(R)$ 及 $\Omega^0(R)$．把 $\bar{\kappa}^0(R)$ 看作 $\bar{\kappa}_r = \bar{\kappa}_R \mathrm{d}r/\mathrm{d}R$ [式(16-7-98)]的 $\bar{\kappa}_r(R)$，注意到式中的 $\bar{\kappa}_R \equiv 1/2R$, 便可由 $\bar{k}_r = \bar{k}_R \mathrm{d}r/\mathrm{d}R$ 求得函数 $r(R)$, 专记作 $r^0(R)$, 由此可用式(16-7-87)定义时移 N_{r^0}，即要求 N_{r^0} 满足 $\mathrm{D}_a r^0 = N_{r^0} r_a$, 再用此 N_{r^0} 及刚才已有的 Ω^0 按

$$t_0^a = N_{r^0} k^a - \Omega^0 \varphi^a \tag{16-7-131}$$

定义矢量场 t_0^a 并专称之为**正则矢量场**, 相应的式(16-7-117)就给出正则平衡方程

$$E_{S_2}^{t_0} - E_{S_1}^{t_0} = \frac{1}{2}({r^0}_2 - {r^0}_1) + \frac{1}{8\pi}\left(\int_{S_2} \Omega^0 j - \int_{S_1} \Omega^0 j - \int_{\Omega_1}^{\Omega_2} \mathrm{d}\Omega^0 \int_S j\right). \tag{16-7-132}$$

于是上述遗留问题也就是上式是否可积, 即:是否存在函数 $E^{t_0}(R)$ 满足上式, 它只局域地依赖于 S 上的场量, 并可被恰当地解释为能量?由于 $\bar{\kappa}_S$ 和 Ω_S 是借用 Kerr 的函数关系 κ_{Kerr} 和 Ω_{Kerr} 定义的, 自然猜想待求函数 E^{t_0} (作为 R 的函数)的函数关系与 Kerr 质量 M 对 R 的依赖关系相同, 而由§16. 5 之末可知后者为

$$M(R, J(R)) = \frac{1}{2R}\sqrt{R^4 + 4J^2(R)},$$

故猜测解为

$$E^{t_0} = \frac{1}{2R}\sqrt{R^4 + 4J^2}. \tag{16-7-133}$$

由上式易见 E^{t_0} 的确只局域地依赖于 $S(R)$ 上的场量(而且只是几何量), 并且不难直接验证它的确是微分方程(16-7-128)的解, 所以可以物理地把它解释为时刻 $S(R)$ 的能量, 因而式(16-7-132)就是动力学视界第一定律的积分形式. 因为 E^{t_0} 是用正则矢量场 t_0^a 定义的能量, 所以专称为**正则视界能量**, 亦称动力学视界的**视界质量**, 记作 M_S，即 $M_S \equiv E^{t_0}$．每一截面 $S \subset H$ 的质量 M_S 等于一个 Kerr 黑洞的质量 M，该黑洞的视界面积 A 及角动量 J 分别等于 S 的面积 A_S 和角动量 J_S．所以, 就质量而言, 不妨认为动力学视界描述了一个“历经一系列 Kerr 视界的演化过程”.

16.7.7　黑洞热力学定律还是黑洞力学定律?

面积不减定理使人们觉得黑洞面积 A 与热力学系统的熵 S 在形式上类似. Bekenstein (1973)从信息论的角度率先提出 $A/4$ 就是黑洞的物理熵的建议, 但 Hawking 等开始时不以为然. Hawking 与合作者的早期文章[Bardeen et al. (1973)]在给出黑洞热力学四定律时指出(译文): “可以看到 $(8\pi)^{-1}\kappa$ 与温度类似, 正如 A 与

熵类似那样. 然而应该强调 $(8\pi)^{-1}\kappa$ 及 A 与黑洞的温度及熵不同. 事实上, 黑洞的有效温度是绝对零度, 看出这一结论的方法之一就是注意到黑洞不可能与任何非零温的黑体辐射处于热平衡中, 因为黑洞不发出辐射而总有辐射穿越视界进入黑洞. ” 既然认为黑洞定律与热力学只是形式上相似而物理上不同, 该文从题目开始就提“黑洞力学(black hole mechanics)四定律”而不是“黑洞热力学(black hole thermodynamics)四定律”. 然而, 不久后 Hawking 辐射的发现使包括 Hawking 在内的所有人都对 Bekenstein 的建议刮目相看, “$(8\pi)^{-1}\kappa$ 及 $A/4$ 分别是黑洞的物理温度和物理熵”的结论获得公认, 黑洞力学四定律也就名正言顺地被称做黑洞热力学四定律. 至此仍属传统黑洞热力学范畴, 除第二定律外的上述定律只适用于稳态黑洞(以及对稳态的微小偏离).

作为向非稳态黑洞过渡的第一步, Ashtekar 等人提出了(弱)孤立视界的概念并证明了第零和第一定律对此仍然成立. 稳态黑洞的事件视界(只要拓扑为 $\mathbb{R}\times S^2$)是当然的、严格意义下的孤立视界, 对应于热力学中的静态系统, 其温度在系统内点点相同, 而且不随时间而变(没有演化). 然而, 从(弱)孤立视界的引入动机可以看出, 人们真正关心的乃是非稳态时空中那些可被近似看作弱孤立视界的视界, 例如图 16-3 中的 Δ, 其上每点(代表一个截面)可近似地看作一个“非时间依赖态”(time independent state, 其几何性质近似与“时间”无关), 对应于热力学的平衡态, 而从 Δ 的一点到邻点的过渡则代表从一个“非时间依赖态”到下一个“非时间依赖态”的缓慢演化过程. 虽然“表面引力在弱孤立视界上为常数”(第零定律)是一个严格证明了的结论, 但是对于以图 16-3 的 Δ 为代表的一大类近似的弱孤立视界而言, 表面引力并非是严格的常数. 这种情况对应于处在准静态过程中的热力学系统, 由于变化足够缓慢, 系统在每一时刻都近似地处在平衡态中(特别是, 温度有意义), 热力学第一定律 $\delta E = T\delta S - P\delta V$ 对这种系统成立, 其中 δS 和 δV 分别代表系统的熵和体积在从一个平衡态向邻近平衡态过渡时的改变量. 类似地, 弱孤立视界第一定律

$$\delta E = (8\pi)^{-1}\kappa\delta A + \Omega\delta J \qquad \text{[式(16-5-69)略去角标]}$$

适用于以图16-3的 Δ 为代表的近似弱孤立视界, 其中 δA 和 δJ 分别代表黑洞的面积和角动量在从一个非时间依赖态向邻近的非时间依赖态过渡时的改变量.

向非稳态黑洞大步迈进的里程碑是动力学视界的引入, 特别是第一定律的动力学版本[式(16-7-132)]的证明. 该式右边第二项(角动量项)仍可解释为对黑洞所做的机械功, 问题是:第一项(面积变化项)应如何理解?它与热力学系统的量可以对应到什么程度?还能表为 $\int T\mathrm{d}S$ 吗?由于动力学视界甚至在迅速演化着的时空中也可以存在, 一般而言视界截面的几何可以随时间迅速改变, 视界的一个截面不再代表一个非时间依赖态. 这对应于非平衡态(甚至远离平衡态)热力学系统. 由于演

化迅速，这种热力学系统来不及在每个时刻调整到平衡态，于是温度(至少是正规意义下的温度，即 canonical temperature)失去意义. 虽然从能量守恒律看来仍可将 ($E_2 - E_1 -$ 功)解释为系统所吸的热，但却不再能写成温度乘以熵增量的积分 $\int T\mathrm{d}S$ 的形式. 如果改写为无限小形式，则非平衡态热力学只能写出 $\delta E = \delta Q + \delta W$(功)，而不能进一步把 δQ 改写为 $T\delta S$. 就是说，动力学视界第一定律(无限小形式)

$$\delta E = (8\pi)^{-1}\bar{\kappa}_r\,\delta A + \Omega\delta J$$

在热力学中找不到对应定律，所以人们宁愿把动力学视界的定律称为力学定律而不是热力学定律. 可以提出这样的问题：弱孤立视界的表面引力 κ 与热力学系统的温度 T 有很好的对应关系，为什么动力学视界的 $\bar{\kappa}_r$ 在热力学中找不到对应量?由于有关的研究正在不断发展中，对这个问题很难给出完全了断性的回答. 目前的回答是：$\bar{\kappa}_r$ 只是有效表面引力而不是表面引力 κ，两者有很多区别. 首先，κ 在弱孤立视界上是常数，而 $\bar{\kappa}_r$ 在动力学视界上不是常数. 其次，从引力论角度看来，$\bar{\kappa}_r$ 没有选读16-1-1末段那种关于表面引力的几何意义，它只能解释为与 H 上某些矢量场相伴的几何表面引力的 2 球面平均值[见 Ashtekar and Krishnan(2003)第 VI 节]. 第三，Hawking 辐射的温度 T 等于事件视界表面引力 κ 的 $(2\pi)^{-1}$ 倍，因此 $(2\pi)^{-1}\kappa$ 完全有资格充当黑洞的物理温度，后来还证明了弱孤立视界也能发射温度为 $(2\pi)^{-1}\kappa$ 的 Hawking 辐射，然而人们对以下两个问题尚不清楚：①动力学视界的 Hawking 辐射(如果有的话)是否也为黑体辐射；②如果是，其温度是否也正比于其有效表面引力 $\bar{\kappa}_r$. 以上三点是笔者所知的 $\bar{\kappa}_r$ 与 κ 的区别. 不过，在本书交稿之前笔者注意到有最新文献证明动力学视界也发射以 $(2\pi)^{-1}\bar{\kappa}_r$ 为温度的黑体辐射. 如果这一结论取得公认，上述第三点区别就不复存在.

习　题

~1. 设 k^a 是类光测地线汇(含非仿射参数化)的切矢场，κ 是满足 $k^c\nabla_c k_a = \kappa k_a$ 的函数，$\hat{\theta}$ 是线汇的膨胀，试证 $\hat{\theta} = g^{ab}\nabla_a k_b - \kappa$，即式(16-2-39). 提示：依次利用式(16-2-21a)、(16-2-18b)、(16-2-9′)及(16-2-19).

~2. 试证非涨视界 Δ 上的导数算符 $\mathscr{D}_a$ (定义见小节 16.5.1)是无挠的. 提示：对 Δ 上的任一函数 f，在含 Δ 的开集 U 上取函数 F 使 $f = i^*F$，利用 $\mathscr{D}_a \circ i^* = i^* \circ \nabla_a$ 以及 ∇_a 的无挠性便可证明 $\mathscr{D}_a\mathscr{D}_b f = \mathscr{D}_b\mathscr{D}_a f$.

~3. 试证：若非涨视界 Δ 上有一 k^a 满足 $\mathscr{L}_k h_{ab} = 0$，则其他 k^a 也必定满足.

~4. 试证命题 16-6-2 的结论(3)，即 $\hat{\theta}_{(k)} = 0 \Leftrightarrow (\mathrm{d}\varepsilon)_{abc} = 0$.

~5. 试证 $h_{ab} = \delta_{ij}e^i_a e^j_b$ [式(16-6-27)]在非涨视界 Δ 上成立，其中 e^i_a 的含义见命题 16-6-3 证明的开头.

~6. 试证类光面 Δ 上的退化“度规” h_{ab} 的广义逆 h^{ab} 服从命题 16-6-5，即满足式(16-6-34).

~7. 试证类光面 $\varDelta$ 上的适配"面元" ε_{ab} 的广义"逆" ε^{ab} 服从命题 16-6-7，即满足式(16-6-39).

*8. 试证弱孤立视界 $(\varDelta,[k])$ 上的全体无限小对称性 ξ^a 的集合是矢量空间.

9. 试证命题 16-7-5，即式(16-7-51).

10. 试证命题 16-7-10，即式(16-7-74).

11. 试证 $\varsigma^a = \tilde{h}^{ab} r^c \nabla_c k_b$，其中各量的意义同命题 16-7-10 .

~12. 命题 16-7-12 证明中用到式(16-7-115)，试补充该式第三步的证明.

附录 H 时空对称性与守恒律(Noether 定理)

根据著名的Noether定理,一个连续的对称性导致体系的一个守恒律.(本附录只关心时空对称性,附录I将适当涉及内部对称性.)多数教科书在讲授该定理的证明时都使用坐标语言.本附录的§H.1参照Wald(1984)给出几何语言的证明,§H.2讨论正则能动张量S^{ab}及其与熟知的能动张量T^{ab}的关系,§H.3则以§H.1为基础介绍笔者(在与若干同仁讨论后)对坐标语言的证明的理解.阅读本附录至少应具备§15.1的知识.

§H.1 用几何语言证明定理

设$\{x^\mu\}$是$\mathbb{R}^4$上的整体坐标系,则

$$\eta_{ab} \equiv \eta_{\mu\nu}(\mathrm{d}x^\mu)_a(\mathrm{d}x^\nu)_b \tag{H-1-1}$$

的黎曼张量(记作$R_{abc}{}^d[\eta]$)为零,因此η_{ab}是平直度规.设$f: \mathbb{R}^4 \to \mathbb{R}^4$是微分同胚,则新度规$f_*\eta_{ab}$的黎曼张量$R_{abc}{}^d[f_*\eta]$也是零,因为$R_{abc}{}^d[f_*\eta] = f_*R_{abc}{}^d[\eta] = 0$[第一个等号的证明见式(8-10-14)后的提示].新、老度规一般不等,除非f是等度规映射.可见从一个平直度规η_{ab}出发通过各种微分同胚可生出无限多个平直度规.若$\{x^\mu\}$是$\mathbb{R}^4$的自然坐标系,则式(H-1-1)定义的η_{ab}叫闵氏度规,自然坐标系$\{x^\mu\}$以及与$\{x^\mu\}$以Poincaré变换相联系的所有坐标系$\{x'^\mu\}$都叫洛伦兹坐标系,它们按式(H-1-1)给出的η_{ab}都一样.初学者对"$\mathbb{R}^4$上存在无数互不相等的平直度规"的提法(暂称提法A)也许觉得不好接受,但对下面的提法(暂称提法B)却普遍认可:"同一度规η_{ab}在不同坐标系的分量可以不同".然而提法A无非是提法B在主动观点中的等价提法(参阅小节8.10.2).根据该小节,各种不同的平直度规给出相同的局域几何和物理,在这个意义上可以说各种不同的平直度规互相等价.

以ψ代表闵氏时空$(\mathbb{R}^4, \eta_{ab})$上的某种物质场(我们只讨论$\psi$是张量场的情况并略去$\psi$的全部张量指标),以$\partial_a$代表与平直度规$\eta_{ab}$适配的导数算符,则$\partial_a\psi$也是$\mathbb{R}^4$上的张量场.设$\xi^a$是$\mathbb{R}^4$上任一光滑矢量场,$\{f_\lambda: \mathbb{R}^4 \to \mathbb{R}^4\}$是$\xi^a$产生的单参微分同胚族(其中$f_0$代表恒等映射),则$f_\lambda$诱导出拉回映射$f_\lambda{}^*$,它把场$\psi$, $\partial_a\psi$和η_{ab}变为新场

$$\psi_\lambda \equiv f_\lambda{}^*\psi, \qquad (\partial_a\psi)_\lambda \equiv f_\lambda{}^*(\partial_a\psi), \qquad (\eta_{ab})_\lambda \equiv f_\lambda{}^*\eta_{ab}. \tag{H-1-2}$$

新的平直度规场有自己的适配导数算符, 记作∂'_a, 即$\partial'_a(\eta_{bc})_\lambda = 0$, 不难验证

$$f_\lambda^*(\partial_a\psi) = \partial'_a(f_\lambda^*\psi). \quad \text{[此即式(8-10-15)]} \tag{H-1-3}$$

式(H-1-2)可看作由f_λ^*引起的对系统的位形的一种改变, 它导致系统的拉氏密度$\mathscr{L}$的相应改变. 由于f_λ^*对η_{ab}也有所改变, 现在的$\mathscr{L}$应看作ψ, $\partial_a\psi$和η_{ab}的局域函数.① 即

$$\mathscr{L} = \mathscr{L}(\psi, \partial_a\psi, \eta_{ab}), \tag{H-1-4}$$

所谓局域函数是指$\mathscr{L}$在任一点$p \in \mathbb{R}^4$的值$\mathscr{L}|_p$只取决于场ψ, $\partial_a\psi$和η_{ab}在p点的值而与这些场在p点以外的值无关, 即

$$\mathscr{L}|_p = \mathscr{L}(\psi|_p, \partial_a\psi|_p, \eta_{ab}|_p), \qquad \forall p \in \mathbb{R}^4. \tag{H-1-5}$$

因此, 只要给定$\mathbb{R}^4$上的场ψ和η_{ab}, 每点p就对应于一个实数$\mathscr{L}|_p$. 可见在场量给定的前提下$\mathscr{L}$是$\mathbb{R}^4$上的标量场. 用下式定义变分[见式(15-1-3)所在页的脚注]:

$$\delta\psi := \left.\frac{\mathrm{d}\psi_\lambda}{\mathrm{d}\lambda}\right|_{\lambda=0} \equiv \lim_{\lambda\to 0}\frac{1}{\lambda}(f_\lambda^*\psi - \psi), \tag{H-1-6}$$

$$\delta(\partial_a\psi) := \left.\frac{\mathrm{d}(\partial_a\psi)_\lambda}{\mathrm{d}\lambda}\right|_{\lambda=0} \equiv \lim_{\lambda\to 0}\frac{1}{\lambda}[f_\lambda^*(\partial_a\psi) - (\partial_a\psi)], \tag{H-1-7}$$

$$\delta\eta_{ab} := \left.\frac{\mathrm{d}(\eta_{ab})_\lambda}{\mathrm{d}\lambda}\right|_{\lambda=0} \equiv \lim_{\lambda\to 0}\frac{1}{\lambda}(f_\lambda^*\eta_{ab} - \eta_{ab}), \tag{H-1-8}$$

则$\delta\psi, \delta(\partial_a\psi)$和$\delta\eta_{ab}$分别等于$\boldsymbol{L}_\xi\psi$, $\boldsymbol{L}_\xi\partial_a\psi$和$\boldsymbol{L}_\xi\eta_{ab}$(其中$\boldsymbol{L}_\xi$代表沿$\xi^a$的李导数. 为避免与拉氏密度$\mathscr{L}$混淆, 本附录中李导数符号一律从原来的$\mathscr{L}$改为$\boldsymbol{L}$.) 类似地, 令

$$\mathscr{L} = \mathscr{L}(\psi, \partial_a\psi, \eta_{ab}),$$

则

$$\delta\mathscr{L} := \left.\frac{\mathrm{d}\mathscr{L}_\lambda}{\mathrm{d}\lambda}\right|_{\lambda=0} \equiv \lim_{\lambda\to 0}\frac{1}{\lambda}(\mathscr{L}_\lambda - \mathscr{L}) = \lim_{\lambda\to 0}\frac{1}{\lambda}[\mathscr{L}(f_\lambda^*\psi, f_\lambda^*(\partial_a\psi), f_\lambda^*\eta_{ab}) - \mathscr{L}(\psi, \partial_a\psi, \eta_{ab})]$$

$$= \lim_{\lambda\to 0}\frac{1}{\lambda}(f_\lambda^*\mathscr{L} - \mathscr{L}) = \boldsymbol{L}_\xi\mathscr{L} = \xi^a\partial_a\mathscr{L},$$

其中第四步用到上册§4.1关于拉回映射的知识. 所以

① 为简单起见, 只讨论$\mathscr{L}$中不含ψ的高于一阶的导数的情形.

$$\xi^a\partial_a\mathscr{L}=\delta\mathscr{L}=\frac{\partial\mathscr{L}}{\partial\psi}\boldsymbol{L}_\xi\psi+\frac{\partial\mathscr{L}}{\partial(\partial_a\psi)}\boldsymbol{L}_\xi(\partial_a\psi)+\frac{\partial\mathscr{L}}{\partial\eta_{ab}}\boldsymbol{L}_\xi\eta_{ab}\ .\ ①\qquad\text{(H-1-9)}$$

读者应能补上ψ的张量指标. 例如, 设ψ是(1,1)型张量场, 则上式右边第一项实为$\frac{\partial\mathscr{L}}{\partial\psi^a{}_b}\boldsymbol{L}_\xi\psi^a{}_b$. 物质场$\psi$的运动方程就是它的拉氏方程, 可由$\psi$的作用量取极值导出. 小节15.1.1对标量场$\phi$的拉氏方程[式(15-1-19)]做过详细推导, 仿此不难知道任意张量场ψ的拉氏方程为

$$\frac{\partial\mathscr{L}}{\partial\psi}=\partial_a\left[\frac{\partial\mathscr{L}}{\partial(\partial_a\psi)}\right],\qquad\text{(H-1-10)}$$

代入式(H-1-9)得

$$\xi^a\partial_a\mathscr{L}=\left(\partial_a\left[\frac{\partial\mathscr{L}}{\partial(\partial_a\psi)}\right]\right)\boldsymbol{L}_\xi\psi+\frac{\partial\mathscr{L}}{\partial(\partial_a\psi)}\boldsymbol{L}_\xi(\partial_a\psi)+\frac{\partial\mathscr{L}}{\partial\eta_{ab}}\boldsymbol{L}_\xi\eta_{ab}\,.\qquad\text{(H-1-11)}$$

至此对ξ^a场除光滑性外并无要求. Noether 定理的实质是时空的一个连续对称性导致体系的一个守恒律(本附录不拟涉及内部对称性的情形). 闵氏时空的对称性体现在它以 Poincaré 群为等度规群, 等价地, 它有10个独立的Killing 矢量场. 若选ξ^a为$(\mathbb{R}^4,\eta_{ab})$上的任一Killing 矢量场, 则式(H-1-11)可以明显简化, 因为ξ^a的Killing 性导致$\boldsymbol{L}_\xi\eta_{ab}=0$以及$(\eta_{bc})_\lambda=\eta_{bc}$, 后者又保证$\partial'_a=\partial_a$, 所以有

$$\boldsymbol{L}_\xi(\partial_a\psi)=\lim_{\lambda\to0}\frac{1}{\lambda}[\phi_\lambda{}^*(\partial_a\psi)-\partial_a\psi]=\lim_{\lambda\to0}\frac{1}{\lambda}[\partial'_a(\phi_\lambda{}^*\psi)-\partial_a\psi]=\partial_a(\boldsymbol{L}_\xi\psi)\,.\qquad\text{(H-1-12)}$$

[其中第二步用到式(H-1-3), 第三步用到$\partial'_a=\partial_a$.] 于是式(H-1-11)简化为

$$\xi^a\partial_a\mathscr{L}=\left(\partial_a\left[\frac{\partial\mathscr{L}}{\partial(\partial_a\psi)}\right]\right)\boldsymbol{L}_\xi\psi+\frac{\partial\mathscr{L}}{\partial(\partial_a\psi)}\partial_a\boldsymbol{L}_\xi\psi\ .$$

ξ^a的 Killing 性还导致$\partial_a\xi^a=\eta^{ab}\partial_a\xi_b=\eta^{(ab)}\partial_{[a}\xi_{b]}=0$, 故上式还可改写为

$$\partial_a(\xi^a\mathscr{L})=\partial_a\left(\frac{\partial\mathscr{L}}{\partial(\partial_a\psi)}\boldsymbol{L}_\xi\psi\right),\qquad\text{(H-1-13)}$$

可见矢量场

$$J^a\equiv\frac{\partial\mathscr{L}}{\partial(\partial_a\psi)}\boldsymbol{L}_\xi\psi-\xi^a\mathscr{L}\qquad\text{(H-1-14)}$$

① 其中“偏导数”$\partial\mathscr{L}/\partial\psi$和$\partial\mathscr{L}/\partial(\partial_a\psi)$的准确定义见选读 15-4-1.

满足连续性方程$\partial_a J^a = 0$, 因而代表某种守恒流密度[其0分量代表某种守恒荷(量)密度]. 因为存在10个独立的Killing矢量场ξ^a, 相应地就有10个独立的守恒流密度J^a. 定义

$$S^{ab} := -\frac{\partial \mathscr{L}}{\partial(\partial_a \psi)} \partial^b \psi + \mathscr{L} \eta^{ab} , \tag{H-1-15}$$

则

$$S^{ab} \xi_b = -\frac{\partial \mathscr{L}}{\partial(\partial_a \psi)} \xi^b \partial_b \psi + \mathscr{L} \xi^a . \tag{H-1-16}$$

当$\xi^a = (\partial/\partial x^\mu)^a$ (平移)时, 利用李导数公式和$\partial_a (\partial/\partial x^\nu)^b = 0$不难证明对任意$(k,l)$型张量场$\psi$有$\mathscr{L}_\xi \psi = \xi^b \partial_b \psi$, 故

$$S^{ab} \xi_b = S^{ab} (\partial/\partial x^\mu)_b = -J^a . \tag{H-1-17}$$

对上式求导得$0 = \partial_a J^a = -(\partial/\partial x^\mu)_b \partial_a S^{ab}$ $(\mu = 0,1,2,3)$, 故

$$\partial_a S^{ab} = 0 . \tag{H-1-18}$$

S^{ab}称为**正则能动张量**(canonical energy-momentum tensor).

注1 若ξ^a不是平移的Killing矢量场, 则$\mathscr{L}_\xi \psi \neq \xi^b \partial_b \psi$, 故$S^{ab} \xi_b \neq -J^a$ [应代之以式(H-2-6)].

注2 可以证明以上结论也适用于多个场. 例如, 设有场ψ_1和ψ_2, 则只须把式(H-1-14)和(H-1-15)右边第一项改为两项之和(每项中的ψ分别为ψ_1和ψ_2), 把两式右边的$\mathscr{L}$理解为两个场构成的系统的总$\mathscr{L}$(含相互作用项).

以上证明了Noether定理用于时空对称性的实质内容: 一个连续的时空对称性(一个独立的Killing矢量场)导致一个守恒律. 现在讨论相应的守恒量. 先考虑$\xi^a = (\partial/\partial t)^a$的情况, 这时

$$J^a = \frac{\partial \mathscr{L}}{\partial(\partial_a \psi)} \dot{\psi} - \left(\frac{\partial}{\partial t}\right)^a \mathscr{L} , \qquad (\text{其中} \dot{\psi} = \mathscr{L}_{\partial/\partial t} \psi)$$

因此

$$J^0 = (\partial \mathscr{L} / \partial \dot{\psi}) \dot{\psi} - \mathscr{L} = \mathscr{H} \tag{H-1-19}$$

是ψ场的哈氏密度(因为$\partial \mathscr{L} / \partial \dot{\psi}$按定义是$\psi$的共轭动量), 它在同时面$\Sigma_t$上的积分

$$H \equiv \int_{\Sigma_t} \mathscr{H} \, \mathrm{d}^3 x \quad (\text{场所满足的边界条件保证积分收敛}) \tag{H-1-20}$$

代表ψ场在t时刻的总能量. 设$\Sigma_{t'}$是另一同时面, 则$H' \equiv \int_{\Sigma_{t'}} \mathscr{H} \, \mathrm{d}^3 x$代表$\psi$场在$t'$

时刻的总能量. 对介于 Σ_t 与 $\Sigma_{t'}$ 之间的时空区域 Ω 使用 Gauss 定理便可从 $\partial_a J^a = 0$ 导出 $H' = H$, 此即能量守恒. 类似地还可通过相继取 ξ^a 为 3 个空间平移和 3 个空间转动 Killing 矢量场导出物质场 ψ 的动量守恒和角动量守恒.

§H.2 正则能动张量

自然要问:①从这些 J^a 出发定义的能量、动量和角动量与中册的小节 12.6.2 从 $L^a = -T^{ab}\xi_b$ 出发定义的相应量是否一样?②上面定义的正则能动张量 S^{ab} 与我们熟知的能动张量 T^{ab} 是否一样?对问题②的答案是:两者一般不等. 一个主要区别是 T^{ab} 对称而 S^{ab} 却未必. 小节 12. 6. 2 曾指出 $L^a = -T^{ab}\xi_b$ 是守恒流的理由是

$$\partial_a L^a = \partial_a(-T^{ab}\xi_b) = -T^{ab}\partial_a\xi_b = -T^{(ab)}\partial_{[a}\xi_{b]} = 0,$$

其中第三步用到 ξ^a 的 Killing 性和 T^{ab} 的对称性. 所以非对称的 S^{ab} 将使问题变得微妙. 如果 ξ^a 是平移 Killing 场, 则 $\partial_a\xi_b$ 自动为零, 保证 $\partial_a(S^{ab}\xi_b) = S^{ab}\partial_a\xi_b = 0$, 因而 $-S^{ab}\xi_b$ 是守恒流, 对应于能量、动量守恒. 然而当 ξ^a 为非平移的 Killing 场时守恒流不能表为 $-S^{ab}\xi_b$, 问题变得复杂. 此外, S^{ab} 还有其他缺点. 以无源电磁场为例, 若取拉氏密度为

$$\mathscr{L}_{\rm EM} = -\frac{1}{16\pi}F^{\mu\nu}F_{\mu\nu}, \qquad \text{(H-2-1)}$$

则由式(H-1-15)求得的 S^{ab} 的部分分量为

$$\begin{aligned} S^{00} &= (8\pi)^{-1}(E^2 + B^2) + (4\pi)^{-1}\vec{\nabla}\cdot(\phi\vec{E}) \neq T^{00}, \\ S^{0i} &= (4\pi)^{-1}[(\vec{E}\times\vec{B})^i + \vec{\nabla}\cdot(A^i\vec{E})] \neq T^{0i}, \\ S^{i0} &= (4\pi)^{-1}\{(\vec{E}\times\vec{B})^i + [(\vec{\nabla}\times\phi\vec{B})^i - (\partial/\partial t)(\phi E)^i]\} \neq T^{i0}, \end{aligned} \qquad \text{(H-2-2)}$$

其中 $\vec{E}, \vec{B}, \phi, \vec{A}$ 分别是电场、磁场、标势和 3 矢势. 分量明显含有标势和矢势导致 S^{ab} 没有规范不变性, 另一缺点则是其迹 $\eta_{ab}S^{ab}$ 非零(而光子的零静质量要求它为零). S^{ab} 的诸多缺点使人萌发对它改造的念头. 仔细一想, 发现问题其实并不复杂: 时空对称性的实质性后果是 $\partial_a J^a = 0$ [其中 J^a 由式(H-1-14)定义], 这使我们可以引入张量 S^{ab}, 满足 $\partial_a S^{ab} = 0$. S^{ab} 之所以选择式(H-1-15)的形状只是因为它满足 $\partial_a S^{ab} = 0$. 然而满足 $\partial_a S^{ab} = 0$ 的张量有无限多个, 任一 S'^{ab} 只要等于 $S^{ab} + Y^{ab}$ (其中 Y^{ab} 满足 $\partial_a Y^{ab} = 0$)都满足 $\partial_a S'^{ab} = 0$. 选适当的 Y^{ab} 就可得到对称的 S'^{ab}, 从而保证 $-S'^{ab}\xi_b$ 代表守恒流. 能使 S^{ab} 对称化(并保证 $\partial_a S'^{ab} = 0$)的 Y^{ab} 很多, 其中有一个恰使 $S^{ab} + Y^{ab}$ 等于我们熟知的闵氏时空中物质场的能动张量 T^{ab} (或差一个常数因子). 寻找这一 Y^{ab} 的关键是求出 $S^{[ab]}$ 的表达式, 介绍如下. 式(H-1-14)定义的守恒流

J^a 依赖于所选的 Killing 场 ξ^a, 现在只关心转动和伪转动 Killing 场, 为了明确区分, 特以反称指标 $\mu, \nu\,(=0,1,2,3)$ 给这 6 个独立的 ξ^a (洛伦兹李代数的 6 个基矢)编号, 记作 $\xi^a{}_{\mu\nu}$, 满足

$$\xi^a{}_{\mu\nu} = -\xi^a{}_{\nu\mu} = x_\mu \left(\frac{\partial}{\partial x^\nu}\right)^a - x_\nu \left(\frac{\partial}{\partial x^\mu}\right)^a, \quad 其中\, x_\mu \equiv \eta_{\mu\sigma} x^\sigma . \tag{H-2-3}$$

就是说, 以 $\xi^a{}_{01}, \xi^a{}_{02}, \xi^a{}_{03}$ 和 $\xi^a{}_{12}, \xi^a{}_{13}, \xi^a{}_{23}$ 分别代表 3 个伪转动和 3 个转动 Killing 场, 相应的 6 个守恒流按式(H-1-14)现在应记作

$$J^a{}_{\mu\nu} \equiv \frac{\partial \mathscr{L}}{\partial \partial_a \psi} \mathcal{L}_{\xi_{\mu\nu}} \psi - \xi^a{}_{\mu\nu} \mathscr{L} . \tag{H-2-4}$$

引入符号

$$l_{\mu\nu}\psi \equiv \mathcal{L}_{\xi_{\mu\nu}} \psi - \xi^b{}_{\mu\nu} \partial_b \psi , \tag{H-2-5}$$

($l_{\mu\nu}\psi$ 代表 6 个与 ψ 同型的张量场.) 则

$$J^a{}_{\mu\nu} = \frac{\partial \mathscr{L}}{\partial \partial_a \psi} l_{\mu\nu}\psi + \frac{\partial \mathscr{L}}{\partial \partial_a \psi} \xi^b{}_{\mu\nu} \partial_b \psi - \xi^a{}_{\mu\nu} \mathscr{L} = \frac{\partial \mathscr{L}}{\partial \partial_a \psi} l_{\mu\nu}\psi - S^{ab} \xi_{b\mu\nu} , \tag{H-2-6}$$

故

$$J^a{}_{\mu\nu} = \frac{\partial \mathscr{L}}{\partial \partial_a \psi} l_{\mu\nu}\psi - S^a{}_b \left[x_\mu \left(\frac{\partial}{\partial x^\nu}\right)^b - x_\nu \left(\frac{\partial}{\partial x^\mu}\right)^b \right]. \tag{H-2-6$'$}$$

其中第二步用到式(H-1-15), 第三步用到式(H-2-3). 上式与 $\partial_a J^a_{\mu\nu} = 0$ 及 $\partial_a S^{ab} = 0$ 结合给出

$$0 = \partial_a J^a{}_{\mu\nu} = \partial_a \left(\frac{\partial \mathscr{L}}{\partial \partial_a \psi} l_{\mu\nu}\psi \right) - 2S_{[\mu\nu]} , \tag{H-2-7}$$

其中第二步用到 $\partial_a (\partial/\partial x^\nu)^c = 0$ 和 $\partial_a x_\mu = \partial_a (\eta_{\mu\rho} x^\rho) = \eta_{\mu\rho} (\mathrm{d}x^\rho)_a$. 定义张量

$$N^c{}_{ab} \equiv \frac{\partial \mathscr{L}}{\partial \partial_c \psi} l_{\mu\nu}\psi (\mathrm{d}x^\mu)_a (\mathrm{d}x^\nu)_b , \qquad N^{cab} \equiv \eta^{ad} \eta^{be} N^c{}_{de} , \tag{H-2-8}$$

则可证明 N^{cab} 与坐标系无关, 且由式(H-2-7)可知

$$2S^{[ab]} = \partial_c N^{cab} . \tag{H-2-9}$$

再引入张量 F^{cab}, 要求它满足

$$F^{cab} = F^{[ca]b} \quad 及 \quad 2F^{c[ab]} = -N^{cab} . \tag{H-2-10}$$

这样的 F^{cab} 一定存在，因为不难证明上式把 F^{cab} 唯一确定为[仿照上册由式(3-2-7)推(3-2-10)的做法]:

$$2F^{cab}=N^{bca}-N^{cab}-N^{abc}. \tag{H-2-11}$$

令 $Y^{ab}\equiv\partial_c F^{cab}$，则 $\partial_a Y^{ab}=\partial_a\partial_c F^{cab}=\partial_{(a}\partial_{c)}F^{[ca]b}=0$，所以 $S'^{ab}\equiv S^{ab}+Y^{ab}$ 满足 $\partial_a S'^{ab}=0$ 而且 $S'^{ab}=S'^{(ab)}$，后者的理由是

$$S'^{[ab]}=S^{[ab]}+\partial_c F^{c[ab]}=S^{[ab]}-\frac{1}{2}\partial_c N^{cab}=S^{[ab]}-S^{[ab]}=0.$$

[其中第三步用到式(H-2-9).] 事实上，S'^{ab} 正是我们熟知的闵氏时空中物质场的能动张量 T^{ab} (最多只差一个常数因子)，亦称 Belinfante 张量[见 Weinberg(1995)]. 就是说，能动张量(Belinfante 张量) T_{ab} 与正则能动张量 T_{ab} 的关系为

$$T_{ab}=S_{ab}+\partial^c F_{cab}, \tag{H-2-12}$$

其中 F_{cab} 由式(H-2-11)定义. 借用最小替代法则(见§7.2)可得它在弯曲时空的表达式，这正是应该出现在爱因斯坦方程右边的 T_{ab} . ①

现在就可以回答前面提出的问题①. 先讨论能(动)量. 设 ξ^a 为平移 Killing 场，即 $\xi^a=\xi^\mu(\partial/\partial x^\mu)^a$ (ξ^μ 为常数). 令 $L^a\equiv -T^{ab}\xi_b$, $J^a\equiv -S^{ab}\xi_b$. 由式(H-2-12)得

$$L^a=J^a-\partial_c(\xi_b F^{cab}). \tag{H-2-13}$$

注意到 $F^{cab}=F^{[ca]b}$，可知两个守恒荷密度 L^0 和 J^0 的关系为

$$L^0=J^0-\partial_i(\xi_\nu F^{i0\nu}).\ (i\text{ 从1到3取和}) \tag{H-2-14}$$

时刻 t 的全空间 Σ_t 的相应守恒量(能量或动量分量)是守恒荷密度在 Σ_t 上的体积分，由于式(H-2-14)右边第二项是 3 维散度，其体积分可化为 Σ_t 的 2 维边界面(无限远面)的面积分，而有关物理量在趋于无限远时趋于零的速率保证这一积分为零，因此

$$\int_{\Sigma_t}L^0\,\mathrm{d}^3x=\int_{\Sigma_t}J^0\,\mathrm{d}^3x, \tag{H-2-15}$$

可见由 L^a 和 J^a 定义的守恒能(动)量一样. 再讨论角动量. 利用式(H-2-12)、(H-2-6)、(H-2-8)、(H-2-10)和(H-2-3)经计算得

$$L^a{}_{\mu\nu}=J^a{}_{\mu\nu}-\partial_c(\xi_{b\mu\nu}F^{cab}), \tag{H-2-13$'$}$$

其中

① 也可用物质场作用量对度规的泛函导数给 T_{ab} 下定义，结果与此处的 T_{ab} 等价，证明见 Zhang(2005).

$$L^a{}_{\mu\nu} \equiv -T^{ab}\xi_{b\mu\nu}\,,$$

$J^a{}_{\mu\nu}$ 则由式(H-2-4)定义(请注意 $J^a{}_{\mu\nu} \neq -S^{ab}\xi_{b\mu\nu}$). 仿照上面的讨论得

$$L^0{}_{\mu\nu} = J^0{}_{\mu\nu} + \partial_i(x_\mu F^{i0}{}_\nu - x_\nu F^{i0}{}_\mu)\,, \tag{H-2-14'}$$

故

$$\int_{\Sigma_t} L^0{}_{\mu\nu}\,\mathrm{d}^3x = \int_{\Sigma_t} J^0{}_{\mu\nu}\,\mathrm{d}^3x\,, \tag{H-2-16}$$

可见由 $L^a{}_{\mu\nu}$ 和 $J^a{}_{\mu\nu}$ 定义的守恒角动量也一样.

§H.3　关于用坐标语言的证明

在介绍 Noether 定理的坐标语言证明之前, 有必要说明坐标语言对张量场的描述. 从标量场谈起. 设 ϕ 是 $\mathbb{R}^4$ 上的标量场, 即 $\phi:\ \mathbb{R}^4 \to \mathbb{R}^4$, 则它与任一坐标系 $\{x^\mu\}$ 相结合便诱导出一个 4 元函数, 记作 $\Phi(x)$, 括号内的 x 是 x^μ 的简写. 应特别注意同一标量场 ϕ 与不同坐标系结合给出不同的 4 元函数. 以 $\Phi'(x')$ 代表 ϕ 与坐标系 $\{x'^\mu\}$ 结合所得的 4 元函数, 则

$$\Phi'(x'|_p) = \phi|_p = \Phi(x|_p)\,, \tag{H-3-1}$$

去掉下标 p, 但记住 x^μ 和 x'^μ 是同一点在不同系的坐标值, 便有 $\Phi'(x') = \Phi(x)$. 我们特别用大写字母 Φ 和 Φ' 代表同一标量场 ϕ 与不同坐标系结合而得的函数关系, 是为了对概念做出明确区分. 从现在起取消这种符号上的区别, 即把 $\Phi'(x') = \Phi(x)$ 改写为

$$\phi'(x') = \phi(x)\,. \tag{H-3-2}$$

上式就是坐标语言中标量场的基本特征. 下面讨论矢量场. 设矢量场 u^a 在 $\{x^\mu\}$ 系和 $\{x'^\mu\}$ 系的分量依次为 u^ν 和 u'^μ [看作两个(坐标依赖)的标量场], 它们在同一点 p 的值当然满足

$$u'^\mu|_p = \left.\frac{\partial x'^\mu}{\partial x^\nu}\right|_p u^\nu|_p\,. \tag{H-3-3}$$

标量场 u^ν 与 $\{x^\mu\}$ 系结合得函数 $u^\nu(x)$ [请注意 $u^\nu(x)$ 中的 u^ν 代表函数关系而不代表标量场 u^ν], u'^μ 与 $\{x'^\mu\}$ 系结合得函数 $u'^\mu(x')$. 仍设 p 点的老、新坐标分别为 x^μ 和 x'^μ, 则函数值 $u^\nu(x) \equiv u^\nu|_p$, $u'^\mu(x') \equiv u'^\mu|_p$, 所以式(H-3-3)给出两个函数的如下联系:

$$u'^{\mu}(x') = \frac{\partial x'^{\mu}(x)}{\partial x^{\nu}} u^{\nu}(x). \tag{H-3-4}$$

上式就是坐标语言中矢量场的基本特征. 类似地可讨论任意型张量场.

坐标语言与几何语言本质上等价, 只要使用得当, 都给出正确结果. 由于某些微妙原因, 在用坐标语言的多数教材中的某些概念(量)同几何语言中的相应概念(量)存在某些微妙区别(不完全是几何语言的忠实翻译), 如不注意就会带来混淆. 下面将适当指出.

在几何语言中, $\mathscr{L}$ 是 ψ, $\partial_a\psi$ 和 η_{ab} 的局域函数, 即 $\mathscr{L} = \mathscr{L}(\psi, \partial_a\psi, \eta_{ab})$. 在 η_{ab} 固定时 $\mathscr{L} = \mathscr{L}(\psi, \partial_a\psi)$, 给定场 ψ 后 $\mathscr{L}$ 是标量场. 在坐标语言中经常出现场的坐标分量, 并把每一分量看作坐标的函数. 设 ψ 是 (k,l) 型张量场, 则它有 $N \equiv 4^{k+l}$ 个分量, 但在场论中通常只用一个指标去作区分, 即把分量记作 $\psi^i(x)$ (括号内的 x 是 x^μ 的简写), 其中 $i = 1, \cdots, N$. 拉氏密度也被看作坐标的函数, 记作 $\mathscr{L}(x)$, 是由若干中间函数构成的复合 4 元函数:

$$\mathscr{L}(x) \equiv \mathscr{L}(\psi^i(x), \nabla_\mu \psi^i(x), g_{\mu\nu}(x)). \tag{H-3-5}$$

说明:①右边的函数关系 $\mathscr{L}$ 由局域函数 $\mathscr{L}(\psi, \partial_a\psi, \eta_{ab})$ 的函数关系 $\mathscr{L}$ 自然诱导而得; 左边的 $\mathscr{L}$ 则代表拉氏密度作为 x^μ 的函数的函数关系, 与右边的 $\mathscr{L}$ 显然不是同一函数关系(宗量就不同). ② $g_{\mu\nu}(x)$ 是 η_{ab} 的坐标分量, 只当所用坐标系是洛伦兹系时才等于 $\eta_{\mu\nu}$. ③ $\nabla_\mu \psi^i(x)$ 是 $\nabla_a \psi$ 的坐标分量, 其中 ∇_a 满足 $\nabla_a \eta_{bc} = 0$ (故意不记作 ∂_a, 理由稍后自明.) 以 $(\mathbb{R}^4, \eta_{ab})$ 上的电磁场为例, 其场量 ψ 是 4 势 A_a, 其拉氏密度在几何语言中为[见式(15-1-22)]

$$\mathscr{L} = -\frac{1}{4\pi} \eta^{ac} \eta^{bd} (\nabla_a A_b) \nabla_{[c} A_{d]}, \tag{H-3-6}$$

它显然是标量场. 在坐标语言中相应的 $\mathscr{L}(x)$ 应为

$$\mathscr{L}(x) = -\frac{1}{4\pi} g^{\mu\rho}(x) g^{\nu\sigma}(x) (\nabla_\mu A_\nu(x)) \nabla_{[\rho} A_{\sigma]}(x), \tag{H-3-7}$$

其中 $\nabla_\mu A_\nu \equiv (\nabla_a A_b)(\partial/\partial x^\mu)^a (\partial/\partial x^\mu)^b$. 再回到式(H-3-5), 若选另一坐标系 $\{x'^\mu\}$, 则函数 $\mathscr{L}(x)$ 变为

$$\mathscr{L}'(x') \equiv \mathscr{L}(\psi'^i(x'), \nabla'_\mu \psi'^i(x), g'_{\mu\nu}(x')). \tag{H-3-5$'$}$$

上式和式(H-3-5)都是几何语言的 $\mathscr{L}$ 的忠实翻译, 当然有 $\mathscr{L}'(x') = \mathscr{L}(x)$, 所以可把函数 $\mathscr{L}(x)$ 称为坐标语言的标量场[请对比式(H-3-2)]. 然而许多教材把 $\mathscr{L}(x)$ 的表达式简化为

$$\mathscr{L}(x)=\mathscr{L}(\psi^i(x),\nabla_\mu\psi^i(x)) \quad 甚至 \quad \mathscr{L}(x)=\mathscr{L}(\psi^i(x),\partial_\mu\psi^i(x)), \tag{H-3-8}$$

即略去式(H-3-5)中的第三组宗量, 暗示凡 $g_{\mu\nu}(x)$ 都写为 $\eta_{\mu\nu}$, 对电磁场而言就是把式(H-3-7)简化为

$$\mathscr{L}(x)=-\frac{1}{4\pi}\eta^{\mu\rho}\eta^{\nu\sigma}(\nabla_\mu A_\nu(x))\nabla_{[\rho}A_{\sigma]}(x) \tag{H-3-7$'$}$$

甚至

$$\mathscr{L}(x)=-\frac{1}{4\pi}\eta^{\mu\rho}\eta^{\nu\sigma}(\partial_\mu A_\nu(x))\partial_{[\rho}A_{\sigma]}(x), \tag{H-3-7$''$}$$

这种 $\mathscr{L}(x)$ 就不是几何语言的 $\mathscr{L}$ 的忠实翻译, 就只对洛伦兹系正确.① 于是便出现以下提法: 拉氏密度 $\mathscr{L}(x)$ 只是"Poincaré 标量场"[只敢保证在 Poincaré 变换下有 $\mathscr{L}'(x')=\mathscr{L}(x)$]. 所幸的是, 尽管式(H-3-8)及其后果[即"$\mathscr{L}(x)$ 只是 Poincaré 标量场"]不是几何语言的忠实翻译, 但就推证 Noether 定理(以及讨论许多其他问题)而言也已足够[因为定理的条件(在几何语言中就是"ξ^a 为 Killing 场")保证 $\{x^\mu\}\mapsto\{x'^\mu\}$ 是 Poincaré 变换], 所以也给出正确结果.

下面介绍用坐标语言对 Noether 定理的推证[默认从式(H-3-8)出发]. 我们将看到它比用几何语言的推证长得多, 而且, 为了把各种不够清晰和容易误导的问题解释清楚, 讨论更是长上加长. 设 $\{x^\mu\}$ 是洛伦兹坐标系, $\{x^\mu\}\mapsto\{x'^\mu\}$ 是"无限小"Poincaré 变换, 则 $\mathscr{L}'(x')=\mathscr{L}(x)$. 函数 $\mathscr{L}(x)\equiv\mathscr{L}(\psi^i(x),\partial_\mu\psi^i(x))$ 可看作复合函数, 坐标变换既导致自变量 x^μ 的改变(变为 x'^μ)又导致中间函数关系的改变(从 ψ^i 变为 ψ'^i, 通常说"场也跟着变"), 于是坐标变换 $\{x^\mu\}\mapsto\{x'^\mu\}$ 所导致的 $\mathscr{L}$ 值的改变 $\delta\mathscr{L}$② 可表为两部分之和:

$$\mathscr{L}'(x')-\mathscr{L}(x)\equiv\mathscr{L}(\psi'^i(x'),\ \partial'_\mu\psi'^i(x'))-\mathscr{L}(\psi^i(x),\ \partial_\mu\psi^i(x))\equiv\delta_1\mathscr{L}+\delta_2\mathscr{L}, \tag{H-3-9}$$

其中

$$\delta_1\mathscr{L}\equiv\mathscr{L}(\psi'^i(x'),\ \partial'_\mu\psi'^i(x'))-\mathscr{L}(\psi'^i(x),\ \partial'_\mu\psi'^i(x)), \tag{H-3-10}$$

$$\delta_2\mathscr{L}\equiv\mathscr{L}(\psi'^i(x),\ \partial'_\mu\psi'^i(x))-\mathscr{L}(\psi^i(x),\ \partial_\mu\psi^i(x)). \tag{H-3-11}$$

---

① ∇_μ 与 ∂_μ 的区别对电磁场的 $\mathscr{L}$ 其实不带来后果, 因为 $\mathscr{L}$ 中反称号的存在保证 $\nabla_{[\rho}A_{\sigma]}=\partial_{[\rho}A_{\sigma]}$. 但一般而言在原则上存在正文指出的问题.

② 为与用坐标语言证明定理的教材一致, 此处变分 $\delta\mathscr{L}$ 的定义与 §H.1 略有不同, 差别见式(15-1-3)所在页的脚注.

式(H-3-11)右边两项中的坐标值都是 x^μ，两项之所以不等只是因为中间函数关系不同. 令

$$\delta\psi^i(x) \equiv \psi'^i(x) - \psi^i(x)\,, \tag{H-3-12}$$

$$\delta\,\partial_\mu\psi^i(x) \equiv \partial'_\mu\psi'^i(x) - \partial_\mu\psi^i(x)\,, \tag{H-3-13}$$

则

$$\delta_2\mathscr{L} = \frac{\partial\mathscr{L}}{\partial\,\psi^i(x)}\delta\psi^i(x) + \frac{\partial\mathscr{L}}{\partial\,\partial_\mu\psi^i(x)}\delta\,\partial_\mu\psi^i(x) = \frac{\partial}{\partial x^\mu}\left[\frac{\partial\mathscr{L}}{\partial\,\partial_\mu\psi^i(x)}\delta\psi^i(x)\right], \tag{H-3-14}$$

其中最末一步用到拉氏方程 $\dfrac{\partial\mathscr{L}}{\partial\psi^i} = \partial_\mu\left[\dfrac{\partial\mathscr{L}}{\partial\,\partial_\mu\psi^i}\right]$ 以及

$$\delta\,\partial_\mu\psi^i(x) = \partial_\mu\delta\psi^i(x)\,.\text{[①]} \tag{H-3-15}$$

另一方面，式(H-3-10)右边两项中的中间函数关系一样，两项之所以不等只是因为自变量 x^μ 的取值不同. 式(H-3-10)在一阶近似下给出

$$\delta_1\mathscr{L} = \frac{\partial\mathscr{L}(x)}{\partial x^\mu}\delta x^\mu\,, \tag{H-3-16}$$

其中 $\delta x^\mu \equiv x'^\mu - x^\mu$，$\partial\mathscr{L}(x)/\partial x^\mu \equiv \partial\mathscr{L}(\psi^i(x), \partial_\mu\psi^i(x))/\partial x^\mu$.

现在来证明式(H-3-16). 设 $\{x^\mu\} \mapsto \{x'^\mu\}$ 是 Killing 场生成的单参微分同胚族 $\{f_\lambda : \mathbb{R}^4 \to \mathbb{R}^4\}$ 中参数为 $\delta\lambda$ 的那个 $f_{\delta\lambda}$ 所诱发的坐标变换. 每个 f_λ 通过诱发坐标变换又诱发一个中间函数的变换，即 $\psi^i(x) \mapsto \psi'^i(x')$，故有单参函数族 $\{\Psi^i(\lambda; x)\}$，满足 $\Psi^i(0; x) = \psi^i(x)$，$\Psi^i(\delta\lambda; x) = \psi'^i(x)$，因而式(H-3-10)给出

$$\begin{aligned}
\delta_1\mathscr{L} &= \mathscr{L}(\Psi^i(\delta\lambda; x'), \partial_\mu\Psi^i(\delta\lambda; x')) - \mathscr{L}(\Psi^i(\delta\lambda; x), \partial_\mu\Psi^i(\delta\lambda; x)) \\
&= \left\{\frac{\partial\mathscr{L}}{\partial\Psi^i}\left[\frac{\partial\Psi^i}{\partial\lambda} + \frac{\partial\Psi^i}{\partial x^\mu}\frac{\delta x^\mu}{\delta\lambda}\right] + \frac{\partial\mathscr{L}}{\partial(\partial_\mu\Psi^i)}\left[\frac{\partial(\partial_\mu\Psi^i)}{\partial\lambda} + \frac{\partial(\partial_\mu\Psi^i)}{\partial x^\nu}\frac{\delta x^\nu}{\delta\lambda}\right]\right. \\
&\quad \left.\left. - \frac{\partial\mathscr{L}}{\partial\Psi^i}\frac{\partial\Psi^i}{\partial\lambda} - \frac{\partial\mathscr{L}}{\partial(\partial_\mu\Psi^i)}\frac{\partial(\partial_\mu\Psi^i)}{\partial\lambda}\right\}\right|_{\lambda=0}\delta\lambda
\end{aligned}$$

---

① 式(H-3-15)的证明颇长(见选读 H-3-2)，但从几何角度不难理解：$\partial_\mu\psi_i(x)$ 是 $\partial_a\psi$ 的坐标分量，而 δ 代表李导数 L_ξ (最多差一个常系数). Killing 场 ξ^a 生成的微分同胚不改变度规，从而也不改变与之适配的导数算符，所以 L_ξ 与导数算符可交换[见式(H-1-12)]，此即式(H-3-15).

$$=\left[\frac{\partial \mathscr{L}}{\partial \Psi^i}\frac{\partial \Psi^i(0;x)}{\partial x^\mu}+\frac{\partial \mathscr{L}}{\partial(\partial_\nu \Psi^i)}\frac{\partial(\partial_\nu \Psi^i(0;x))}{\partial x^\mu}\right]\delta x^\mu$$

$$=\frac{\partial \mathscr{L}(\psi^i(x),\partial_\nu \psi^i(x))}{\partial x^\mu}\delta x^\mu=\frac{\partial \mathscr{L}(x)}{\partial x^\mu}\delta x^\mu .$$

故得待证等式(H-3-16). 于是等式 $0=\mathscr{L}'(x')-\mathscr{L}(x)=\delta_2\mathscr{L}+\delta_1\mathscr{L}$ 可表为

$$\frac{\partial}{\partial x^\mu}\left[\frac{\partial \mathscr{L}}{\partial\, \partial_\mu \psi^i(x)}\delta\psi^i(x)\right]+\frac{\partial \mathscr{L}(x)}{\partial x^\mu}\delta x^\mu=0 . \qquad \text{(H-3-17)}$$

设 $q\equiv f_{\delta\lambda}(p)$, 把 $\xi^a\delta\lambda$ 直观地看作从 p 到 q 的箭头, 则 q, p 点的坐标差

$$x^\mu(q)-x^\mu(p)=\xi^\mu\delta\lambda .$$

另一方面, δx^μ 的准确含义是

$$\delta x^\mu\equiv x'^\mu(p)-x^\mu(p)=x^\mu(q)-x^\mu(p) ,$$

所以[①]

$$\delta x^\mu=\xi^\mu\delta\lambda . \qquad \text{(H-3-18)}$$

注意到 Killing 性导致 $\partial_\mu\xi^\mu=0$ [见式(H-1-13)前一行], 便得

$$\frac{\partial \mathscr{L}}{\partial x^\mu}\delta x^\mu=\frac{\partial \mathscr{L}}{\partial x^\mu}(\xi^\mu\delta\lambda)=\frac{\partial}{\partial x^\mu}(\mathscr{L}\xi^\mu\delta\lambda) , \qquad \text{(H-3-19)}$$

代入式(H-3-17)得

$$\frac{\partial}{\partial x^\mu}\left[\frac{\partial \mathscr{L}}{\partial\, \partial_\mu \psi^i(x)}\frac{\delta\psi^i(x)}{\delta\lambda}+\mathscr{L}\xi^\mu\right]=0 . \qquad \text{(H-3-20)}$$

可见

$$\tilde{J}^\mu\equiv-\left[\frac{\partial \mathscr{L}}{\partial\, \partial_\mu \psi^i(x)}\frac{\delta\psi^i(x)}{\delta\lambda}+\mathscr{L}\xi^\mu\right]$$

是守恒流. 其实 $\tilde{J}^\mu$ 正是式(H-1-14)的 J^a 的坐标分量. 要确信这点, 只须证明(见选读 H-3-1)

$$\delta\psi^i(x)=-(L_\xi\psi)^i\delta\lambda . \qquad \text{(H-3-21)}$$

---

① 正式的证明可借用选读 2-3-1 末的公式, 其中的 f, α 和 υ 分别是现在的 x^μ, $\delta\lambda$ 和 ξ^a.

以上从$\mathscr{L}(x)$的 Poincaré 不变性出发证明了Noether定理. 也有许多书从作用量S出发做证明. S是$\mathscr{L}(x)$在某时空区域上的积分, 利用S的 Poincaré 不变性以及积分区域的任意性同样可得到Noether守恒流. 书中指出, 之所以要求S有 Poincaré 不变性(亦称相对论不变性), 是因为由$\delta S=0$所导出的演化方程必须 Poincaré 不变. 这种讲法已默认S在坐标变换下可能要变(否则"在 Poincaré 变换下S不变"就无从谈起). 然而, 在几何语言中, 给定场量后S就是一个确定的实数, 与坐标系无关, 是绝对的(因而是不变量). 结论的这种差异同样源于非忠实翻译. 此外, 许多书把S表为

$$S=\int \mathscr{L}(x)\,\mathrm{d}^4x=\int \mathscr{L}(\psi^i(x),\,\partial_\mu\psi^i(x))\,\mathrm{d}^4x\,, \tag{H-3-22}$$

这也不是忠实翻译, 因为, ①如前所述, 此处的$\mathscr{L}(x)=\mathscr{L}(\psi^i(x),\partial_\mu\psi^i(x))$本来就不是忠实翻译, ②几何语言的$S=\int\mathscr{L}\boldsymbol{\varepsilon}$中的$\boldsymbol{\varepsilon}$是与度规适配的体元, 未必等于坐标体元$\mathrm{d}^4x$. 然而这两个问题对洛伦兹系都不存在, 而证明Noether定理时可以只限于洛伦兹系, 所以从式(H-3-22)出发同样能给出正确的Noether守恒流.

[选读 H-3-1]

式(H-3-21)的证明　设点p是点r在映射$f_{\delta\lambda}$下的像, 即$p=f_{\delta\lambda}(r)$. 为清晰起见, 暂以不同符号代表活动的坐标和具体的坐标值: 分别以y^μ和y'^μ代表老、新活动坐标(坐标变换改记为$\{y^\mu\}\mapsto\{y'^\mu\}$), 而$x^\mu$则代表$\{y^\mu\}$系在$p$点的坐标值, 即$x^\mu\equiv y^\mu|_p$. 这样, $\delta\psi^i(x)\equiv\psi'^i(x)-\psi^i(x)$中的$\psi^i(x)$可看作函数$\psi^i(y)$在自变量$y^\mu$取值$x^\mu$时的函数值, 所以$\psi^i(x)=\psi^i|_p$. 同理, $\psi'^i(x)$可看作函数$\psi'^i(y')$在自变量y'^μ取值x^μ时的函数值, 而r点的新坐标$y'^\mu|_r$按定义等于p点的老坐标, 即$y'^\mu|_r=x^\mu$, 故$\psi'^i(x)=\psi'^i|_r$. 于是

$$\delta\psi^i(x)=\psi'^i|_r-\psi^i|_p=(f_{\delta\lambda*}\psi)^i|_p-\psi^i|_p\,,$$

其中第二步用到上册定理 4-1-3(即"新新老＝老老新"). 注意到

$$-(\mathsf{L}_\xi\psi)^i|_p=(\mathsf{L}_{-\xi}\psi)^i|_p\,,$$

设ξ^a产生的单参微分同胚族为$\{\bar{f}_\lambda:\mathbb{R}^4\to\mathbb{R}^4\}$, 则$\bar{f}_{\delta\lambda}{}^*=f_{\delta\lambda*}$, 故近似有

$$-(\mathsf{L}_\xi\psi)^i|_p\,\delta\lambda=(\mathsf{L}_{-\xi}\psi)^i|_p\,\delta\lambda=(\bar{f}_{\delta\lambda}{}^*\psi)^i|_p-\psi^i|_p=(f_{\delta\lambda*}\psi)^i|_p-\psi^i|_p=\delta\psi^i(x)\,.$$

此即待证的式(H-3-21). □

[选读 H-3-1 完]

[选读 H-3-2]

本选读首先用坐标语言补证式(H-3-15), 然后介绍用坐标语言得出正则能动

张量$S_{\mu\nu}$、守恒流$J^{\sigma}{}_{\mu\nu}$和对称化能动张量(Belinfante 张量)$T_{\mu\nu}$的推导过程.

把固有 Poincaré 变换$\{x^\mu\}\mapsto\{x'^\mu\}$表示为$x'^\mu=b^\mu+\Lambda^\mu{}_\nu x^\nu$的形式，其中$b^\mu(\mu=0,1,2,3)$为常数，$\Lambda^\mu{}_\nu$是洛伦兹群元(看作常数矩阵). 对于由小量$\delta\lambda$描述的无限小变换，$b^\mu=a^\mu\delta\lambda$(其中$a^\mu$为常数)，$\Lambda^\mu{}_\nu$则可表为

$$\Lambda^\mu{}_\nu=\mathrm{Exp}(\omega^\mu{}_\nu\delta\lambda)\cong\delta^\mu{}_\nu+\omega^\mu{}_\nu\delta\lambda\,, \tag{H-3-23}$$

其中第一步用到式(G-4-10)($\omega^\mu{}_\nu$是生成$\Lambda^\mu{}_\nu$所在的单参子群的洛伦兹代数元)，第二步用到式(G-5-3)，$\cong$号代表保留至一阶小项.(以下各式都如此，并常用等号代替$\cong$号.) 于是

$$x'^\mu=x^\mu+\delta x^\mu,\ \text{其中}\ \delta x^\mu\equiv(a^\mu+\omega^\mu{}_\nu x^\nu)\delta\lambda\,, \tag{H-3-24}$$

$$x^\mu=x'^\mu-\delta x^\mu=x'^\mu-(a^\mu+\omega^\mu{}_\nu x'^\nu)\delta\lambda\,, \tag{H-3-25}$$

$$\partial x'^\mu/\partial x^\nu=\delta^\mu{}_\nu+\omega^\mu{}_\nu\,\delta\lambda,\qquad \partial x^\mu/\partial x'^\nu=\delta^\mu{}_\nu-\omega^\mu{}_\nu\,\delta\lambda\,. \tag{H-3-26}$$

用$\eta^{\mu\nu}$和$\eta_{\mu\nu}$升降指标(例如$\omega^{\mu\nu}\equiv\omega^\mu{}_\rho\eta^{\rho\nu}$，$x_\nu\equiv x^\mu\eta_{\mu\nu}$)，则洛伦兹群元$\Lambda^\mu{}_\nu$所满足的条件$\eta_{\mu\nu}=\Lambda^\rho{}_\mu\Lambda^\sigma{}_\nu\eta_{\rho\sigma}$[式(G-5-23)]与式(H-3-23)结合导致$\omega_{\mu\nu}=-\omega_{\nu\mu}$，从而又有$\omega^\mu{}_\mu=0$.

以$\mathscr{P}$代表固有 Poincaré 李群P的李代数(10 维). 由定理 G.7.1 可知$(\mathbb{R}^4,\eta_{ab})$上全体 Killing 矢量场的集合(记作$\mathscr{K}$)是与$\mathscr{P}$同构的李代数，

$$\{(\partial/\partial x^\mu)^a,\ \xi^a{}_{\mu\nu}\mid\mu,\nu=0,1,2,3\}$$

是$\mathscr{K}$的一个基底. $\forall\xi^a\in\mathscr{K}$，由式(H-3-18)和(H-3-24)得$\xi^\mu=a^\mu+\omega^\mu{}_\nu x^\nu$，[①]与式(H-2-3)结合得

$$\xi^a=a^\mu\left(\frac{\partial}{\partial x^\mu}\right)^a-\frac{1}{2}\omega^{\mu\nu}\xi^a{}_{\mu\nu}\,, \tag{H-3-27}$$

这就是ξ^a用基底的线性展开式(其中a^μ和$\omega^{\mu\nu}$现在充当展开系数). 由ξ^a生成的 Poincaré 变换$\{x^\mu\}\mapsto\{x'^\mu\}$所诱发的场变换$\{\psi^i(x)\}\mapsto\{\psi'^i(x')\}$可借群表示论求得. Poincaré 群$P$的平移子群$T$是正规子群，故可构造商群$G\equiv P/T$，而且$G$与洛伦兹群有李群同构关系[②](证略). 存在自然的投影映射(而且是群同态)$\pi:P\to G$，满足

① 场论书通常不提 Killing 场而称$\omega^\mu{}_\nu$为无限小生成元. 由$\xi^\mu=a^\mu+\omega^\mu{}_\nu x^\nu$易见$\partial_\mu\xi^\mu=\omega^\mu{}_\mu$，故前面用过的$\partial_\mu\xi^\mu=0$其实就是$\omega^\mu{}_\mu=0$.

② 由$x'^\mu=b^\mu+\Lambda^\mu{}_\nu x^\nu$可知一个 Poincaré 群元由一组$(b^\mu,\Lambda^\mu{}_\nu)$决定. 两个群元称为**等价的**，若它们有一样的$\Lambda^\mu{}_\nu$. 可以证明，Poincaré 群所有等价类的集合是李群，即P与T的商群P/T.

$\pi(b^\mu,\Lambda^\mu{}_\nu)=\Lambda^\mu{}_\nu\in G$，所以 Poincaré 群的每一群元$(b^\mu,\Lambda^\mu{}_\nu)$都给出一个洛伦兹群的群元$\Lambda^\mu{}_\nu$. 设$\psi$是$(k,l)$型张量场，则$\psi^i(x)$的$i$应从1取到$N\equiv 4^{k+l}$. 设$\hat{G}$是$G$的$N$维表示，就是说，存在同态映射$\rho: G\to\hat{G}$，而且表示空间$V$是$N$维矢量空间，则每组$\psi^i(x)\in V$可以看作一个$N\times 1$矩阵. 以$\mathscr{G}$和$\hat{\mathscr{G}}$分别代表$G$和$\hat{G}$的李代数，则$\rho: G\to\hat{G}$在恒等元$e\in G$诱导的推前映射$\rho_*: \mathscr{G}\to\hat{\mathscr{G}}$就是李代数同态. 再令$\sigma=\rho\circ\pi$，则$\sigma: P\to\hat{G}$和$\sigma_*: \mathscr{P}\to\hat{\mathscr{G}}$分别是群同态和李代数同态. $\forall(b^\mu,\Lambda^\mu{}_\nu)\in P$，$\exists\omega^\mu{}_\nu\in\mathscr{G}$, $\delta\lambda\in\mathbb{R}$使

$$(b^\mu,\Lambda^\mu{}_\nu)=(a^\mu\delta\lambda, \mathrm{Exp}(\omega^\mu{}_\nu\delta\lambda)).$$

令$\hat{\Lambda}^i_j\equiv\rho(\Lambda^\mu{}_\nu)\in\hat{G}$, $\hat{\omega}^i_j\equiv\rho_*(\omega^\mu{}_\nu)\in\hat{\mathscr{G}}$(都是$N\times N$矩阵)，则

$$\hat{\Lambda}^i{}_j=\rho[\mathrm{Exp}(\omega^\mu{}_\nu\delta\lambda)]=\mathrm{Exp}[\rho_*(\omega^\mu{}_\nu)\delta\lambda]=\mathrm{Exp}(\hat{\omega}^i{}_j\delta\lambda)=\delta^i{}_j+\hat{\omega}^i{}_j\delta\lambda,$$

[其中第二步见附录G 习题10.] 另一方面，

$$\rho(\Lambda^\mu{}_\nu)=\rho[\pi(b^\mu,\Lambda^\mu{}_\nu)]=\sigma(b^\mu,\Lambda^\mu{}_\nu),$$

于是$\sigma(b^\mu,\Lambda^\mu{}_\nu)=\hat{\Lambda}^i_j=\delta^i{}_j+\hat{\omega}^i_j\delta\lambda$，所以由 Poincaré 变换$x'^\mu=b^\mu+\Lambda^\mu{}_\nu x^\nu$诱发的场变换为

$$\psi^i(x)\mapsto\psi'^i(x')=(\delta^i{}_j+\hat{\omega}^i{}_j\delta\lambda)\psi^j(x)=\psi^i(x)+\hat{\omega}^i{}_j\psi^j(x)\delta\lambda. \quad \text{(H-3-28)}$$

下面来找$\hat{\omega}^i{}_j$的表达式. 利用$\mathscr{P}$与$\mathscr{K}$的李代数同构关系可把两者的对应元素认同，对应标准就是式(H-3-27). 就是说，$(a^\mu,\omega^\mu{}_\nu)\in\mathscr{P}$认同于$\xi^a\in\mathscr{K}$当且仅当两者满足式(H-3-27). 于是有

$$\begin{aligned}\hat{\omega}^i_j&\equiv\rho_*(\omega^\mu{}_\nu)=\rho_*[\pi_*(a^\mu,\omega^\mu{}_\nu)]=(\rho_*\circ\pi_*)(\xi^a)\\&=\sigma_*[a^\mu(\partial/\partial x^\mu)^a-\frac{1}{2}\omega^{\mu\nu}\ \xi^a{}_{\mu\nu}]=\frac{1}{2}\omega^{\mu\nu}\sigma_*(-\xi^a{}_{\mu\nu}),\end{aligned}$$

其中第二步用到$\pi_*(a^\mu,\omega^\mu{}_\nu)=\omega^\mu{}_\nu$，最末一步用到$\sigma_*[a^\mu(\partial/\partial x^\mu)^a]=0$(均请读者自证). 令

$$(l_{\mu\nu})^i{}_j\equiv\rho_*(-\xi^a{}_{\mu\nu}), \quad \text{(H-3-29)}$$

则

$$\hat{\omega}^i_j=\frac{1}{2}\omega^{\mu\nu}(l_{\mu\nu})^i{}_j, \quad \text{(H-3-30)}$$

代入式(H-3-28)便得

$$\psi'^i(x') = \psi^i(x) + \frac{1}{2}\omega^{\mu\nu}(l_{\mu\nu})^i{}_j\psi^j(x)\,\delta\lambda\,. \tag{H-3-31}$$

把右边的 $\psi^i(x)$ 和 $\psi^j(x)$ 改写为 $\psi^i(x) = \psi^i(x' - \delta x)$ 和 $\psi^j(x) = \psi^j(x' - \delta x)$，在 x' 处作泰勒展开后代回式(H-3-31)并保留至一阶项得

$$\psi'^i(x') = \psi^i(x') + [-a^\nu\partial_\nu\psi^i(x') - \omega^\nu{}_\sigma x^\sigma\partial_\nu\psi^i(x') + \frac{1}{2}\omega^{\mu\nu}(l_{\mu\nu})^i{}_j\psi^j(x')]\,\delta\lambda\,.$$

上式左边是函数 $\psi'^i(y)$ 在 $y = x'$ 处的值，右边也如此，x' 的任意性保证两函数相等，故

$$\psi'^i(x) = \psi^i(x) + [-a^\nu\partial_\nu\psi^i(x) - \omega^\nu{}_\sigma x^\sigma\partial_\nu\psi^i(x) + \frac{1}{2}\omega^{\mu\nu}(l_{\mu\nu})^i{}_j\psi^j(x)]\,\delta\lambda\,. \tag{H-3-32}$$

注意到 $\delta\psi^i(x) \equiv \psi'^i(x) - \psi^i(x)$，便有

$$\delta\psi^i(x) = [-a^\nu\partial_\nu\psi^i(x) - \omega^\nu{}_\sigma x^\sigma\partial_\nu\psi^i(x) + \frac{1}{2}\omega^{\mu\nu}(l_{\mu\nu})^i{}_j\psi^j(x)]\,\delta\lambda\,, \tag{H-3-33}$$

求导得

$$\partial_\mu\delta\psi^i(x) = [-a^\nu\partial_\mu\partial_\nu\psi^i(x) - \omega^\nu{}_\mu\partial_\nu\psi^i(x) - \omega^\nu{}_\sigma x^\sigma\partial_\mu\partial_\nu\psi^i(x) + \frac{1}{2}\omega^{\rho\sigma}(l_{\rho\sigma})^i{}_j\partial_\mu\psi^i(x)]\delta\lambda\,, \tag{H-3-34}$$

下面再求 $\delta\partial_\mu\psi^i(x) \equiv \partial'_\mu\psi'^i(x) - \partial_\mu\psi^i(x)$，为此可先求 $\partial'_\mu\psi'^i(x')$：

$$\begin{aligned}\partial'_\mu\psi'^i(x') &= \frac{\partial x^\nu}{\partial x'^\mu}\partial_\nu\psi'^i(x') \\ &= \partial_\mu\psi^i(x) - \omega^\nu{}_\mu\partial_\nu\psi^i(x)\delta\lambda + \frac{1}{2}\omega^{\rho\sigma}(l_{\rho\sigma})^i{}_j\partial_\mu\psi^j(x)\delta\lambda\,,\end{aligned} \tag{H-3-35}$$

其中第一步用到复合函数微分法，第二步用到式(H-3-26)和(H-3-31)并保留至 $\delta\lambda$ 的一阶项. 把函数 $\partial_\nu\psi^i(x)$ 和 $\partial_\nu\psi^j(x)$ 写成 $\partial_\nu\psi^i(x' - \delta x)$ 和 $\partial_\nu\psi^j(x' - \delta x)$，作泰勒展开后代回式(H-3-35)，保留至一阶项得

$$\begin{aligned}&\partial'_\mu\psi'^i(x') = \partial_\mu\psi^i(x') \\ &+[-a^\nu\partial_\nu\partial_\mu\psi^i(x') - \omega^\nu{}_\sigma x^\sigma\partial_\mu\partial_\nu\psi^i(x') - \omega^\nu{}_\mu\partial_\nu\psi^i(x') + \frac{1}{2}\omega^{\rho\sigma}(l_{\rho\sigma})^i{}_j\partial_\mu\psi^j(x')]\,\delta\lambda\,,\end{aligned}$$

把上式中所有 (x') 改为 (x)，便可求得 $\delta\partial_\mu\psi^i(x) \equiv \partial'_\mu\psi'^i(x) - \partial_\mu\psi^i(x)$ 的表达式，发现与式(H-3-34)右边无异，于是式(H-3-15)得证.

以上讨论也为用坐标语言得出正则能动张量 $S_{\mu\nu}$、守恒流 $J^\sigma{}_{\mu\nu}$ 和对称化能动张量(Belinfante 张量) $T_{\mu\nu}$ 奠定基础. 由式(H-3-17)~ (H-3-19)得

$$\frac{\partial}{\partial x^\sigma}\left[\frac{\partial \mathscr{L}}{\partial\, \partial_\sigma \psi^i(x)}\delta\psi^i(x)+\mathscr{L}\,\delta x^\sigma\right]=0. \tag{H-3-36}$$

把式(H-3-33)代入上式得

$$\partial_\sigma S^\sigma{}_\nu=0 \quad 和 \quad \partial_\sigma J^\sigma{}_{\mu\nu}=0,\ \mu,\nu=0,1,2,3, \tag{H-3-37}$$

其中

$$S^\sigma{}_\nu \equiv -\frac{\partial\mathscr{L}}{\partial\partial_\sigma\psi^i(x)}\frac{\partial\psi^i(x)}{\partial x^\nu}+\mathscr{L}\delta^\sigma{}_\nu, \tag{H-3-38}$$

$$J^\sigma{}_{\mu\nu}\equiv\frac{\partial\mathscr{L}}{\partial\partial_\sigma\psi^i(x)}[2x_{[\mu}\partial_{\nu]}\psi^i(x)+(l_{\mu\nu})^i{}_j\psi^j(x)]+2\mathscr{L}\delta^\sigma{}_{[\mu}x_{\nu]}. \tag{H-3-39}$$

不难验证

$$J^\sigma{}_{\mu\nu}=2S^\sigma{}_{[\mu}x_{\nu]}+\frac{\partial\mathscr{L}}{\partial\partial_\sigma\psi^i(x)}(l_{\mu\nu})^i{}_j\psi^j(x), \tag{H-3-40}$$

以 ∂_σ 作用上式, 利用式(H-3-37)便知 $S_{\mu\nu}$ 的反称部分满足

$$2S_{[\mu\nu]}=\partial_\sigma N^\sigma{}_{\mu\nu}, \tag{H-3-41}$$

其中

$$N^\sigma{}_{\mu\nu}\equiv\frac{\partial\mathscr{L}}{\partial\,\partial_\sigma\psi^i(x)}(l_{\mu\nu})^i{}_j\psi^j(x). \tag{H-3-42}$$

以下仿照几何语言的做法便得对称化能动张量 $T_{\mu\nu}$.

以上各式使人猜想 $S^\sigma{}_\nu$, $J^\sigma{}_{\mu\nu}$ 和 $N^\sigma{}_{\mu\nu}$ 分别是§H.2 的 $S^a{}_b$, $J^a{}_{\mu\nu}$ 和 $N^c{}_{ab}$ 的坐标分量. 证实这一结论的关键有二:①证明式(H-3-29)引入的矩阵 $(l_{\mu\nu})^i{}_j$ 是式(H-2-5)引入的 $l_{\mu\nu}$ 的坐标分量; ②证明 $\partial\mathscr{L}/\partial(\partial_\mu\psi)$ 是 $\partial\mathscr{L}/\partial(\partial_a\psi)$ 的坐标分量. 证明②的关键是弄清 $\partial\mathscr{L}/\partial(\partial_a\psi)$ 的准确含义, 已详于选读15-4-1中; 下面给出①的证明.

点 $p\in\mathbb{R}^4$ 的全体 (k,l) 型张量的集合 $\mathscr{T}_p(k,l)$ 是 4^{k+l} 维矢量空间, 因此 (k,l) 型张量场 ψ 在 p 点的值 $\psi|_p$ 既可称为张量(V_p 上的张量)又可称为矢量[矢量空间 $\mathscr{T}_p(k,l)$ 的元素]. 作为矢量, $\psi|_p$ 只有一个指标, 所以前面用 ψ^i 代表分量(略去下标 p). 下面以 $A, B, \cdots$ 作为矢量空间 $\mathscr{T}_p(k,l)$ 的抽象指标, 则 ψ 应记作 ψ^A. 再以 $\{(E_i)^A\}$ 代表 $\mathscr{T}_p(k,l)$ 的坐标基底, 便有 $\psi^A=\psi^i(E_i)^A$. 设 f 是 $\mathbb{R}^4$ 上的光滑函数, 则由式(H-2-5)易证 $l_{\mu\nu}(f\psi)=fl_{\mu\nu}\psi$, 所以 $l_{\mu\nu}$ 在每点 p 的功用是把该点的矢量 ψ^A 变为矢量 $(l_{\mu\nu}\psi)^A$, 可见 $l_{\mu\nu}$ 是 $\mathscr{T}_p(k,l)$ 上的 (1,1) 型张量, 于是可写

$$(l_{\mu\nu}\psi)^A = (l_{\mu\nu})^A{}_B \psi^B .$$

$a^\nu = 0$ 的式(H-3-33)与(H-2-3)结合给出

$$\frac{\delta\psi^i}{\delta\lambda} = \frac{1}{2}\omega^{\mu\nu}[\xi^a{}_{\mu\nu}\partial_a\psi^i + (l_{\mu\nu})^i{}_j\psi^j]. \tag{H-3-43}$$

由式(H-3-21)及 $a^\mu = 0$ 的(H-3-27)又得

$$\frac{\delta\psi^i}{\delta\lambda} = (\mathcal{L}_{\omega^{\mu\nu}\xi_{\mu\nu}/2}\psi)^i = \frac{1}{2}\omega^{\mu\nu}(\mathcal{L}_{\xi_{\mu\nu}}\psi)^i , \tag{H-3-44}$$

用等号连接以上两式，利用 $\omega^{\mu\nu}$ 的任意性得 $(\mathcal{L}_{\xi_{\mu\nu}}\psi)^i = \xi^a{}_{\mu\nu}\partial_a\psi^i + (l_{\mu\nv})^i{}_j\psi^j$，配上基矢 $(E_i)^A$ 后成为

$$(\mathcal{L}_{\xi_{\mu\nu}}\psi)^A = \xi^a{}_{\mu\nu}\partial_a\psi^A + (E_i)^A(l_{\mu\nu})^i{}_j\psi^j , \tag{H-3-45}$$

另一方面，把式(H-2-5)写成 $(l_{\mu\nu})^A{}_B\psi^B \equiv \mathcal{L}_{\xi_{\mu\nu}}\psi^A - \xi^a{}_{\mu\nu}\partial_b\psi^A$，与式(H-3-45)对比便知 $(l_{\mu\nu})^i{}_j$ 无非是 $(l_{\mu\nu})^A{}_B$ 的坐标分量.　　　　**[选读 H-3-2 完]**

附录 I　纤维丛及其在规范场论的应用

小节15.3.1开头一小段曾简略介绍过切丛和余切丛, 它们都是纤维丛的特例. 本附录将较为详细地介绍主纤维丛(主丛)和伴纤维丛(伴丛)及其在规范场论的应用. 阅读本附录前请先读该小段.

本附录大量用到李群和李代数的知识, 阅读前最好先读中册附录G. 由于种种原因, 本附录(及附录G)的某些符号与本书他处的习惯不尽相同, 例如, ①除少数地方外不用抽象指标, 以减轻表达式的外观复杂度. ②曲线 $\eta(t)$ 的切矢用 $\dfrac{\mathrm{d}\eta(t)}{\mathrm{d}t}$ [或 $\mathrm{d}\eta(t)/\mathrm{d}t$, 或 $(\mathrm{d}/\mathrm{d}t)\eta(t)$] (只在少数情况用 $\partial/\partial t$)代表. 此外, 本附录经常涉及丛流形 P 和底流形 M, 它们的点分别用 $p\in P$ 和 $x\in M$ 代表; $p\in P$ 的切空间在本书他处都记作 V_p, 但在本附录中 V_p 另有含义, 代表 p 点切空间的竖直(vertical)子空间. 因此本附录把 $p\in P$ 的切空间记作 T_pP. 类似地, $x\in M$ 的切空间记作 T_xM. 这不但符合大多数文献的习惯, 而且也合理, 因为 M 的切丛在文献中统一记作 $\mathrm{T}M$, 点 $x\in M$ 的切空间既然对应于 x 上方的纤维, 就对应于 $\mathrm{T}M$ 的一个子集, 自然应记作 T_xM (见图 I-1).

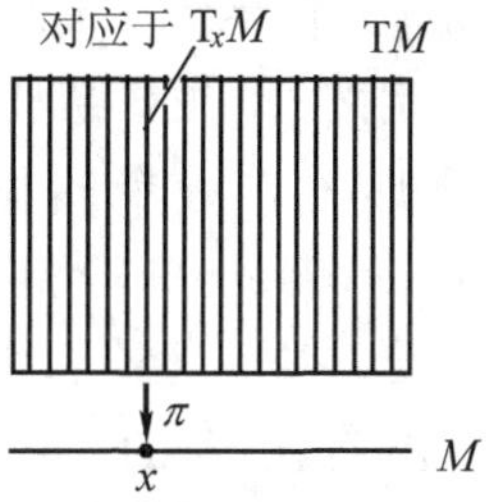

图 I-1　切丛 TM 示意. 每一竖直线(纤维)对应于某点 $x\in M$ 的切空间

§I.1　主 纤 维 丛

I.1.1　主丛的定义和例子

定义 1　李群 G 在流形 K 上的一个**左作用**(left action)是一个 C^∞ 映射 L: $G\times K\to K$, 满足:

(a) $L_g: K\to K$ 是微分同胚 $\forall g\in G$;　　(b) $L_{gh}=L_g\circ L_h$,　$\forall g,h\in G$.

注 1　与§G.7 定义 1 比较可知李变换群 $G\times M\to M$ 就是 G 在 M 上的左作用.

定义 1′　李群 G 在流形 K 上的一个**右作用**(right action)是一个 C^∞ 映射 R: $K\times G\to K$, 满足:

(a) $R_g: K\to K$ 是微分同胚 $\forall g\in G$；　　(b) $R_{gh}=R_h\circ R_g$，　$\forall g,h\in G$.

注 2　仿照李变换群，也可以证明 L_e 及 R_e (其中 e 是 G 的恒等元)是恒等映射.

下面大量用到李群 G 在某流形(主丛流形) P 上的右作用，即 $R: P\times G\to P$. 我们将把 $R_g(p)$ (其中 $g\in G,\ p\in P$)简记作 pg.

定义 2　子集 $\{pg\,|\,g\in G\}\subset P$ 称为右作用 $R: P\times G\to P$ 过点 $p\in P$ 的**轨道**. 右作用 $R: P\times G\to P$ 称为**自由的**(free), 若 $g\neq e\Rightarrow pg\neq p\ \ \forall g\in G, p\in P$. 左作用的自由性和轨道妨此定义.

现在介绍主纤维丛的定义. 这一定义对初学者有一定难度, 我们先给出定义, 再以加注的方式详加解释.

定义 3　**主纤维丛**(principal fiber bundle)由一个叫做**丛流形**(bundle manifold)的流形 P、一个叫做**底流形**(base manifold)的流形 M 和一个叫做**结构群**(structure group)的李群 G 组成, 满足以下要求:

(a) G 在 P 上有自由右作用 $R: P\times G\to P$；

(b)存在 C^∞ 的、到上的投影映射 $\pi: P\to M$，满足

$$\pi^{-1}[\pi(p)]=\{pg\,|\,g\in G\},\quad \forall p\in P;\qquad (见图 I-2)\tag{I-1-1}$$

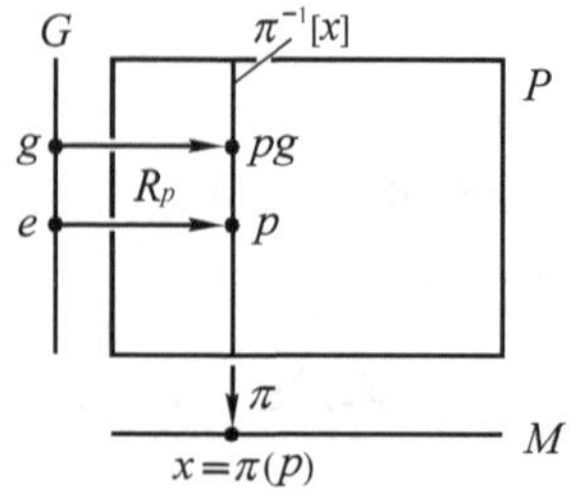

图 I-2　主丛的简单图示

(c)每一 $x\in M$ 有开邻域 $U\subset M$ 及微分同胚 $T_U: \pi^{-1}[U]\to U\times G$，且 T_U 取如下形式:

$$T_U(p)=(\pi(p),\ S_U(p)),\quad \forall p\in\pi^{-1}[U],\tag{I-1-2}$$

其中映射 $S_U: \pi^{-1}[U]\to G$ 满足

$$S_U(pg)=S_U(p)\,g,\quad \forall g\in G.\tag{I-1-3}$$

注 3　今后把主纤维丛简称主丛, 并简记为 $P(M,G)$, 甚至简记为 P.

注 4　投影映射 $\pi: P\to M$ 一般不是一一映射, 故逆映射 $\pi^{-1}: M\to P$ 一般不存在. 但对子集 $U\subset M$ 而言, $\pi^{-1}[U]\equiv\{p\in P\,|\,\pi(p)\in U\}$ 有明确含义. 同理, 把 $x\in M$ 看作 M 的独点子集 $\{x\}\subset M$，则 $\pi^{-1}[\{x\}]$ 有意义(简记作 $\pi^{-1}[x]$), 称为点 $x\in M$ 上方的**纤维**(fiber). 注意到定义 2, 式(I-1-1)实际上就是要求任一点 $p\in P$ 的投影 $\pi(p)\in M$ 上方的纤维 $\pi^{-1}[\pi(p)]$ 等于右作用 R 过点 p 的轨道.

注 5　映射 $R: P\times G\to P$ 在给定 $p\in P$ 后诱导出映射 $R_p: G\to P$. 既然 $\pi^{-1}[\pi(p)]$ 是 R 过 p 的轨道, 映射 R_p 的值域就只能是 $\pi^{-1}[\pi(p)]\subset P$，故也可把 R_p 更明确地写成 $R_p: G\to\pi^{-1}[\pi(p)]$. 令 $x\equiv\pi(p)$ 以便把 $R_p: G\to\pi^{-1}[\pi(p)]$ 简记为 $R_p: G\to\pi^{-1}[x]$ (图 I-2). 可以证明 $R_p: G\to P$ 是个嵌入映射(见上册§4.4 定义

1), 所以 G 的流形结构可被带到 $\pi^{-1}[x]$ 上, 使 $\pi^{-1}[x]$ 成为 P 中的嵌入子流形,[①] 而且 $R_p: G \to \pi^{-1}[x]$ 成为微分同胚. 进一步自然要问: G 的群结构是否也可被带到 $\pi^{-1}[x]$ 上?答案是肯定的. 首先, $R_p(e)=p$ 使我们想到可选 p 作为待定义李群 $\pi^{-1}[x]$ 的恒等元. 其次, 每一 $p' \in \pi^{-1}[x]$ 对应于 G 的一个元素 $g \equiv R_p^{-1}(p')$, 故

$$p' = R_p(g) = R_g(p) = pg\,,$$

因而可借用 G 的群乘法给 $\pi^{-1}[x]$ 定义群乘法:

$$(pg)\cdot(ph) := p(gh)\,, \qquad \forall pg, ph \in \pi^{-1}[x]\,.$$

于是每一纤维都可看作 G 的一个李群同构版本. 但必须注意: 由于 p 点在 $\pi^{-1}[x]$ 上可以任取($\pi^{-1}[x]$ 中没有一点是天生与众不同的), 在把 $\pi^{-1}[x]$ 定义为李群时不存在一种自然的定义方式(取任一 $p \in \pi^{-1}[x]$ 作为恒等元均可). 所以, 与 G 不同, $\pi^{-1}[x]$ 不是一个自然的李群, 或说它不存在天生的群结构. 它与 G 之间的李群同构映射 R_p 是 p 点依赖的.

注 6　条件(c)保证每一 $x \in M$ 都有开邻域 U, 其逆像 $\pi^{-1}[U]$ 与乘积流形 $U \times G$ 微分同胚. 在特殊情况下, 这个 U 可能"大"到等于 M, 这时 $\pi^{-1}[U]=P$, 于是 P 与乘积流形 $M \times G$ 微分同胚, 不妨写 $P = M \times G$. 这种可表为乘积流形的主丛称为**平凡**(trivial)**主丛**. 一般主丛并不平凡, 但条件(c)保证 $\pi^{-1}[U]$ 总与 $U \times G$ 微分同胚, 所以说任何主丛都是**局域平凡的**(locally trivial). 由于微分同胚映射 T_U 在此起关键作用, 所以把 T_U 称为一个**局域平凡化**(local trivialization), 简称**局域平凡**.

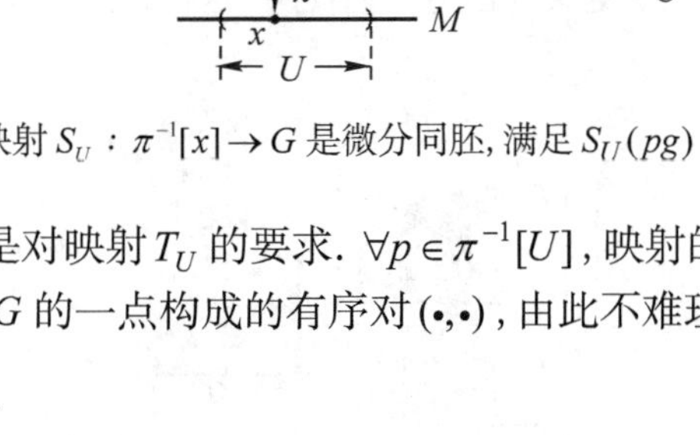

图 I-3　映射 $S_U: \pi^{-1}[x] \to G$ 是微分同胚, 满足 $S_U(pg) = S_U(p)g$

注 7　式(I-1-2)是对映射 T_U 的要求. $\forall p \in \pi^{-1}[U]$, 映射的像 $T_U(p)$ 是 $U \times G$ 的一点, 即 U 的一点与 G 的一点构成的有序对 $(\bullet,\bullet)$, 由此不难理解式(I-1-2)右边写成

① 不难证明 $\pi^{-1}[x]$ 由此得到的微分(流形)结构与点 $p \in \pi^{-1}[x]$ 的选择无关. 还可证明 $\pi^{-1}[x]$ 是正则嵌入子流形(定义见上册选读 4-4-1).

$(\pi(p), S_U(p))$ 的原因. 括号中第一槽 $\pi(p)$ 表明 $T_U(p)$ 的第一要素等于 p 的投影 $\pi(p)$ [$p\in\pi^{-1}[U]$ 保证 $\pi(p)$ 的确是 U 的元素], 第二槽则要灵活得多, 它只规定第二要素是 p 在映射 S_U 下的像, 而对映射 S_U 的唯一要求是满足式(I-1-3)(见图 I-3).

注 8 $\forall x\in U$, 把 S_U 的定义域限制为 $\pi^{-1}[U]$ 的子集 $\pi^{-1}[x]$, 便有微分同胚 S_U : $\pi^{-1}[x]\to G$ (以保证 T_U 是微分同胚). 可见, 选定一个局域平凡 T_U 就选定了 $\pi^{-1}[x]$ 与 G 之间的一个微分同胚映射, 因而在 $\pi^{-1}[x]$ 上确定了一个“特殊点” $\breve{p}_U$, 满足 $S_U(\breve{p}_U)=e\in G$. 相应于这个 $\breve{p}_U$ 又有微分同胚 $R_{\breve{p}_U}$: $G\to\pi^{-1}[x]$, 不难证明(习题)映射 $R_{\breve{p}_U}$ 与 S_U : $\pi^{-1}[x]\to G$ 互逆, 即

$$S_U\circ R_{\breve{p}_U}:G\to G \text{ 是恒等映射.} \tag{I-1-4}$$

注 9 设 $P(M,G)$ 是主丛, 则不难证明(习题)如下的有用公式:

$$R_g\circ R_p=R_{pg}\circ I_{g^{-1}}, \quad \forall p\in P, g\in G. \tag{I-1-5}$$

其中 $I_{g^{-1}}$: $G\to G$ 是由 $g^{-1}\in G$ 构造的伴随同构(见中册 §G.1).

例1 对任给的李群 G 和流形 M 总可按如下三步构造一个主丛:

(1)选 $P\equiv M\times G$ 为丛流形, 则 P 的任一点都可表为 $p=(x,g)$, 其中 $x\in M$, $g\in G$.

(2)定义自由右作用 R : $P\times G\to P$ 为

$$R_h(x,g):=(x,gh),\quad \forall x\in M,\ h,g\in G.$$

$$[\text{也可表为}\,(x,g)h:=(x,gh).]$$

(3)定义投影映射为

$$\pi(x,g):=x,\qquad \forall x\in M, g\in G.$$

以上三步足以保证 $P(M,G)$ 是个主丛, 定义 3 的条件(c)自动满足, 具体说, $\forall x\in M$ 都选 M 为条件(c)中的开邻域 U, 从而 $\pi^{-1}[U]=\pi^{-1}[M]=M\times G$, 再把局域平凡 T_U : $\pi^{-1}[U]\to U\times G$ 定义为恒等映射便可. 这样构造的主丛显然是平凡的.

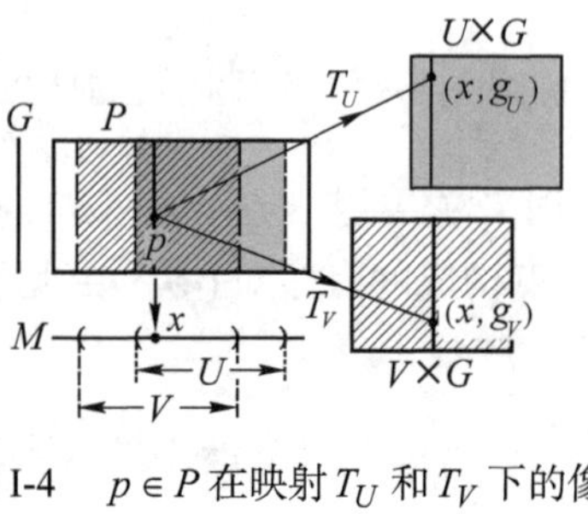

图 I-4 $p\in P$ 在映射 T_U 和 T_V 下的像

设$P(M,G)$是主丛，$T_U: \pi^{-1}[U]\to U\times G$和$T_V: \pi^{-1}[V]\to V\times G$是两个局域平凡，且$U\cap V\neq\varnothing$，则每一$p\in\pi^{-1}[U\cap V]$在$G$中有两个像点，即$g_U\equiv S_U(p)$和$g_V\equiv S_V(p)$，故$T_U(p)=(x,g_U)$，$T_V(p)=(x,g_V)$(图I-4). 设$\{U,V,\cdots\}$是$M$的一个开覆盖，以$\Sigma$代表$U\times G, V\times G,\cdots$的非交并集["非交"是指$(x,g_U)\in U\times G$和$(x,g_V)\in V\times G$即使在$g_U=g_V$时也看作不同点]，则$\Sigma$比$P$要"大"，因为每一$p\in P$在$\Sigma$中对应于不止一个像点[例如图I-4的$p$至少对应于两点$(x,g_U)$和$(x,g_V)$]. 但只要把每点$p\in P$在$\Sigma$的所有像点认同为一点，$\Sigma$就可代表$P$. 由于$g_U=S_U(p)$，$g_V=S_V(p)$，且$g_U$和$g_V$都是群元，所以

$$g_U=g_U{g_V}^{-1}g_V=S_U(p)\,S_V(p)^{-1}\,g_V\,. \tag{I-1-6}$$

[其中$S_V(p)^{-1}$代表群元$S_V(p)$的逆元.] 由此便引出如下定义.

定义4 设$T_U: \pi^{-1}[U]\to U\times G$和$T_V: \pi^{-1}[V]\to V\times G$是主丛$P(M,G)$的两个局域平凡，$U\cap V\neq\varnothing$. 映射$g_{UV}: U\cap V\to G$称为由$T_U$到$T_V$的**转换函数**(transition function)，若

$$g_{UV}(x)=S_U(p)\,S_V(p)^{-1},\quad \forall x\in U\cap V.\ \ [\text{其中}\ p\ \text{满足}\ \pi(p)=x\,] \tag{I-1-7}$$

注10 条件$\pi(p)=x$表明$p\in\pi^{-1}[x]$. 在$\pi^{-1}[x]$上取另一点$p'(\neq p)$，它自然也满足$\pi(p')=x$. 如果用p'代替式(I-1-7)的p后竟给出不同的$g_{UV}(x)$，则式(I-1-7)不能充当g_{UV}的合法定义. 因此应验证由式(I-1-7)定义的$g_{UV}(x)$的确与p的选择无关. 设p'是$\pi^{-1}[x]$的另一点，则因$p, p'\in\pi^{-1}[x]$，必有$g\in G$使$p'=pg$. 故

$$\begin{aligned}S_U(p')\,S_V(p')^{-1} &= S_U(pg)\,S_V(pg)^{-1} = S_U(p)g\,[S_V(p)\,g]^{-1}\\ &= S_U(p)g\,g^{-1}\,S_V(p)^{-1} = S_U(p)e\,S_V(p)^{-1} = S_U(p)\,S_V(p)^{-1},\end{aligned}$$

[其中第三步用到群元乘积之逆的计算法则，即$(hg)^{-1}=g^{-1}h^{-1}$.] 可见式(I-1-7)是g_{UV}的合法定义.

定理I-1-1 g_{UV}满足

(a) $g_{UU}(x)=e,\quad \forall x\in U$;

(b) $g_{VU}(x)=g_{UV}(x)^{-1},\quad \forall x\in U\cap V$;

(c) $g_{UV}(x)g_{VW}(x)g_{WU}(x)=e,\quad \forall x\in U\cap V\cap W$.

证明 甚易，留作习题. □

刚才讲过，要使非交并集Σ等于P，应把Σ中由每点$p\in P$"裂变"出来的各点(分别属于Σ的各项$U\times G, V\times G,\cdots$)认同. 更准确地可以定义一个等价关系$\sim$：设$(x,g)\in U\times G$，$(x',g')\in V\times G$，当且仅当

$$x = x', \quad g = g_{UV}(x)g' \tag{I-1-8}$$

时就说 (x,g) 等价于 (x',g')，记作 $(x,g)\sim(x',g')$．将 Σ 中所有等价的点认同，结果便是 P，记作 $P=\Sigma/\sim$．数学上的等价关系必须具备三个性质，以现在的例子陈述就是：

(a) 反身性，即 $(x,g)\sim(x,g)$；

(b) 对称性，即 $(x,g)\sim(x',g')\Leftrightarrow(x',g')\sim(x,g)$；

(c) 传递性，即 $(x,g)\sim(x',g')$，$(x',g')\sim(x'',g'')\Rightarrow(x,g)\sim(x'',g'')$．

作为习题，请读者借定理 I-1-1 验证由式(I-1-8)定义的 $\sim$ 的确是等价关系．

定理 I-1-2 设 g_{UV} 是从局域平凡 T_U 到 T_V 的转换函数，$x\in U\cap V$．以 $\breve{p}_U$ 和 $\breve{p}_V$ 分别代表由 T_U 和 T_V 在 $\pi^{-1}[x]$ 上确定的"特殊点"，即

$$S_U(\breve{p}_U)=S_V(\breve{p}_V)=e\in G,$$

则

$$\breve{p}_V=\breve{p}_U\, g_{UV}(x). \tag{I-1-9}$$

证明 $\breve{p}_U, \breve{p}_V\in\pi^{-1}[x]$ 保证 $\exists\, g\in G$ 使

$$\breve{p}_V=\breve{p}_U\, g. \tag{I-1-10}$$

取 $\breve{p}_V$ 作为式(I-1-7)的 p，则

$$g_{UV}(x)=S_U(\breve{p}_V)\,S_V(\breve{p}_V)^{-1}=S_U(\breve{p}_V)e=S_U(\breve{p}_U g)=S_U(\breve{p}_U)\,g=eg=g,$$

[其中第三步用到式(I-1-10)，第四步用到式(I-1-3)．] 代入式(I-1-10)便得式(I-1-9)．

□

定义 5 设 $P(M,G)$ 是主丛，U 是 M 的开子集．C^∞ 映射 $\sigma: U\to P$ 称为一个**局域截面**[local (cross) section]，若

$$\pi(\sigma(x))=x, \quad \forall x\in U. \tag{I-1-11}$$

注 11 上式保证每点 $x\in U$ 在 σ 映射下的像都在纤维 $\pi^{-1}[x]$ 内．

定理 I-1-3 局域截面与局域平凡之间存在自然的一一对应关系．

证明 给定 $T_U:\pi^{-1}[U]\to U\times G$ 后每一 $x\in U$ 的纤维有一个特殊点 $\breve{p}_U$，满足 $S_U(\breve{p}_U)=e\in G$．把 $\breve{p}_U$ 定义为 $\sigma(x)$ 便自然得到一个局域截面 $\sigma: U\to P$（光滑性显见）．反之，给定 $\sigma: U\to P$ 后，把每一 $x\in U$ 的像点 $\sigma(x)$ 作为待定义的 T_U 的特殊点便可定义 $T_U:\pi^{-1}[U]\to U\times G$．具体说，$\forall p\in\pi^{-1}[U]$ 令 $x\equiv\pi(p)$，则 p 与 $\sigma(x)$ 属于同一纤维 $\pi^{-1}[x]$，故存在唯一的 $g\in G$ 使 $p=\sigma(x)g$，把 $T_U(p)$ 定义为 (x,g) 便可． □

设 $T_U: \pi^{-1}[U]\to U\times G$ 和 $T_V: \pi^{-1}[V]\to V\times G$ 是局域平凡, $U\cap V\neq\varnothing$, g_{UV} 是由 T_U 到 T_V 的转换函数, $\sigma_U: U\to P$ 和 $\sigma_V: V\to P$ 依次是与 T_U 和 T_V 对应的局域截面, 则由式(I-1-9)得

$$\sigma_V(x)=\sigma_U(x)g_{UV}(x),\quad \forall x\in U\cap V. \tag{I-1-12}$$

定义 6　局域截面 $\sigma: U\to P$ 称为**整体截面**(global　section), 若 $U=M$.

设主丛 $P(M,G)$ 存在整体截面 $\sigma: M\to P$, 则由定理 I-1-3 可知它对应于一个整体平凡 $T_M: \pi^{-1}[M]\to M\times G$, 而这意味着 $P(M,G)$ 是平凡主丛. 可见非平凡的主丛不存在整体截面.

下面两例涉及李群 $Z_2\equiv\{e,h\}$, 它除恒等元 e 外只含一个元素, 群乘法定义为 $hh=e$, 可看作 0 维李群.

例 2　设 $M=S^1, G=Z_2$, 则可按例 1 的三步构造一个主丛, 其丛流形为 $P=S^1\times Z_2$. 读者熟知 $S^1\times\mathbb{R}$ 是 2 维柱面, 仿此不难理解 $S^1\times Z_2$ 是两个互不连通的圆周之并(图 I-5). 这是个平凡主丛, 但略加修改就变成非平凡主丛(见下例).

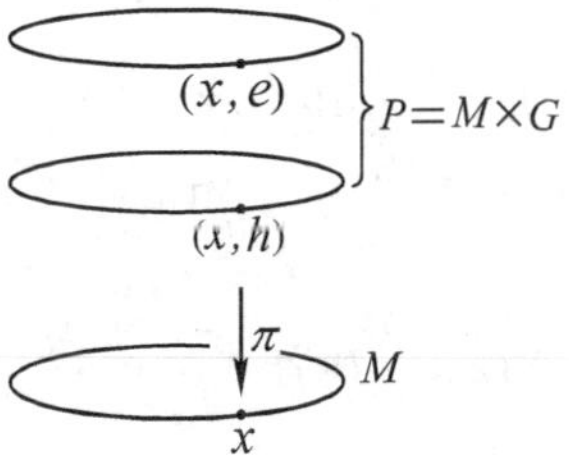

图 I-5　平凡主丛一例

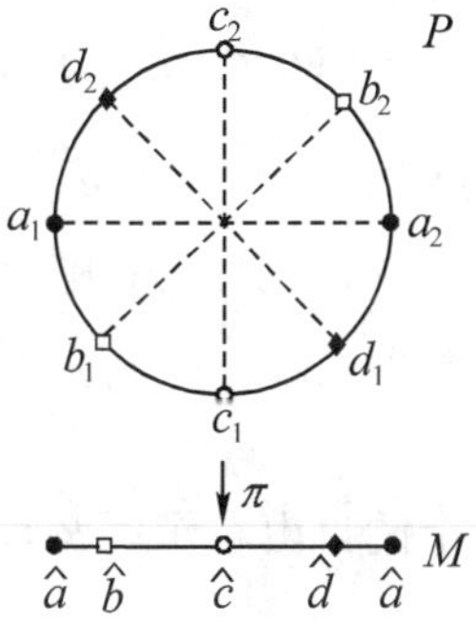

图 I-6　把 Z_2 在 P 的每条轨道(只含两点)看成一个元素便得底流形 M

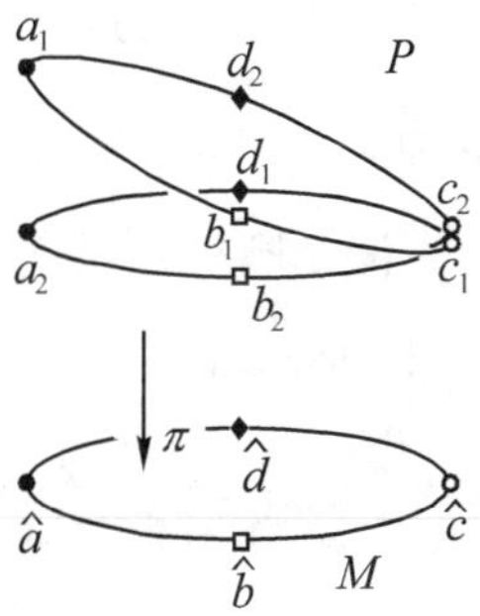

图 I-7　非平凡主丛一例

例 3　设 $P=S^1, G=Z_2$. 以 θ 代表 $P=S^1$ 上的角度坐标(并以 p_θ 代表坐标为 θ 的点). 定义 Z_2 在 P 上的自由右作用为 $p_\theta e:=p_\theta$, $p_\theta h:=p_{\theta+\pi}$, 则 Z_2 的每一轨道由两个点组成, 它们是 S^1 的一条直径的两个端点(例如图 I-6 的 a_1, a_2). 把每一轨道看作一条纤维便可构造一个主丛, 其底流形 M 无非是把每条纤维(两个点)看作一个元素所得的集合(可以证明它有流形结构). 图 I-6 示出 4 条纤维 $\{a_1,a_2\}$, $\{b_1,b_2\}$, $\{c_1,c_2\}$ 和 $\{d_1,d_2\}$ 在底流形 M 中(下方的直线段)对应的 4 个点 $\hat{a},\hat{b},\hat{c}$ 和 $\hat{d}$, 而且直线段的两个端点(都记作 $\hat{a}$)要认同. 因此 M 有 S^1 的拓扑结构. 还可证明投影映射 $\pi: P\to M$ 是 C^∞ 的. 读者不难定义局域平凡

$$T_U: \pi^{-1}[U] \to U \times G$$

以使 $P(M,G)$ 成为主丛. 请特别注意现在 P 与 $M \times G$ 并不同胚. (后者是两个互不连通的圆周, 前者实质上是一个圆周.) 图 I-6 的缺点是底流形 M 的一点(如 $\hat{b}$)上方的纤维(由 b_1, b_2 两点组成)未被画成该点上方的一条竖直线, 克服的办法是改画成图 I-7.

例 4　设 M 是 n 维流形, 以 $\mathrm{T}_x M$ 代表 $x \in M$ 的切空间. 令

$$P \equiv \{(x, e_\mu) \mid x \in M,\ \{e_\mu\} 是 \mathrm{T}_x M 的一个基底\}.$$

[其中 (x, e_μ) 是 $(x, \{e_\mu\})$ 的简写.] 首先证明 P 可以被自然地定义为 $n + n^2$ 维流形. 设 (O, ψ) 是 M 的一个坐标系, 坐标为 $\{x^\mu\}$, 则每个 e_μ (作为点 $x \in M$ 的矢量)可用坐标基矢展开:

$$e_\mu = e^\nu{}_\mu \frac{\partial}{\partial x^\nu},$$

且系数矩阵满足 $\det(e^\nu{}_\mu) \neq 0$. 令

$$\tilde{O} \equiv \{(x, e_\mu) \in P \mid x \in O,\ e_\mu 是 \mathrm{T}_x M 的任一基底\},$$

定义同胚映射 $\tilde{\psi}: \tilde{O} \to \mathbb{R}^{n+n^2}$ 为 $\tilde{\psi}(x, e_\mu) := (x^\sigma, e^\nu{}_\mu)$, [第一槽有 n 个数(x 点的 n 个坐标), 第二槽有 n^2 个数, 故 $(x^\sigma, e^\nu{}_\mu) \in \mathbb{R}^{n+n^2}$.] 则可以证明 $\{(\tilde{O}, \tilde{\psi})\}$ 构成 P 的一个图册, 因而 P 成为 $n + n^2$ 维流形. 选 $\mathrm{GL}(n)$ 为结构群 G, 通过下列三步构造一个主丛:

(1)定义矩阵群 $\mathrm{GL}(n)$ 在 P 上的自由右作用 $R: P \times \mathrm{GL}(n) \to P$ 为

$$R_g(x, e_\mu) := (x,\ e_\nu g^\nu{}_\mu),\ \forall g \in \mathrm{GL}(n),\ g^\nu{}_\mu 代表 g 的矩阵元. \qquad \text{(I-1-13)}$$

$\mathrm{GL}(n)$ 的群元是可逆映射保证它能把基底 $\{e_\mu\}$ 变为基底 $\{e_\nu g^\nu{}_\mu\}$, (这是线性代数的结论, 建议读者作为习题自我证明.) 所以 $(x, e_\nu g^\nu{}_\mu) \in P$;

(2)定义投影映射 $\pi: P \to M$ 为 $\pi(x, e_\mu) := x,\ \forall (x, e_\mu) \in P$;

(3) $\forall x \in M$, 总有 M 的坐标系 $\{x^\mu\}$, 其坐标域 U 含 x. 定义局域平凡 $T_U: \pi^{-1}[U] \to U \times G$ 为 $T_U(x, e_\mu) := (x, h)$, 其中 $h \equiv S_U(x, e_\mu) \in G$ 作用于 $\partial/\partial x^\nu|_x$ 得 e_μ, 即 $\partial/\partial x^\nu|_x\, h^\nu{}_\mu = e_\mu$.① 不难验证(习题) S_U 满足 $S_U(pg) = S_U(p)g\ \forall g \in G$, 还可证明 T_U 是微分同胚.

① 当 $e_\mu = \partial/\partial x^\nu|_x$ 时 $h = e$, 可见 T_U 对应的局域截面就是 U 上的坐标基矢场.

既然基底也称为标架，由以上三步构造的主丛 $P(M,\mathrm{GL}(n))$ 就称为**标架丛**(frame bundle)，记作 $\mathrm{F}(M)$ 或 $\mathrm{F}M$，有重要意义. 对某些底流形(如 $M=\mathbb{R}^n$)，$\mathrm{F}M$ 是平凡的，但对许多底流形(如 $M=\mathrm{S}^2$)，$\mathrm{F}M$ 为非平凡主丛.

例 5 若 M 上有度规场，对标架场便可谈及正交归一的问题. 设 M 的维数 $n=4$，上面有洛伦兹度规场，令 $P\equiv\{(x,\hat{e}_\mu)\,|\,x\in M,\ \hat{e}_\mu$ 代表 T_xM 的一个正交归一基底$\}$，并选矩阵群 $\mathrm{O}(1,3)$ 为结构群(其群元可把一个正交归一标架变为另一正交归一标架)，所得的主丛称为**正交归一标架丛**(orthonormal frame bundle).

I.1.2 主丛上的基本矢量场

主丛的定义保证丛流形 P 的每点 p 的切空间 T_pP 存在一个天生的子空间，记作 V_p，定义为

$$\mathrm{V}_p := \{X\in\mathrm{T}_pP\,|\,\pi_*(X)=0\}.$$

由推前映射 π_* 的线性性可知 V_p 确是 T_pP 的子空间. 设 $X\in\mathrm{T}_pP$ 切于 p 点所在的纤维 $\pi^{-1}[\pi(p)]$，即切于一条过 p 点并躺在 $\pi^{-1}[\pi(p)]$ 上的曲线，因 π 把整条纤维映为一点 $\pi(p)$，显然有 $\pi_*(X)=0$. 反之也可以证明，若 $\pi_*(X)=0$，则 X 切于纤维 $\pi^{-1}[\pi(p)]$. 可见 $\mathrm{V}_p=\mathrm{T}_p\pi^{-1}[\pi(p)]$. 由于示意图习惯于把投影映射 π 画成竖直向下，所以把满足 $\pi_*(X)=0$ 的 X 称为**竖直矢量**，把 V_p 称为**竖直子空间**(vertical subspace).

定理 I-1-4 设 $P(M,G)$ 是主丛，V_p 是点 $p\in P$ 的切空间 T_pP 的竖直子空间，$\mathscr{G}$ 是 G 的李代数，则 V_p 与 $\mathscr{G}$ (作为两个矢量空间)之间有自然的同构映射.

证明 右作用 $R:\ P\times G\to P$ 对每一点 $p\in P$ 诱导出一个微分同胚 R_p：$G\to\pi^{-1}[\pi(p)]$，而且 $R_p(e)=p$，所以 R_p 在恒等元 $e\in G$ 的推前映射为 R_{p*}：$\mathrm{T}_eG\to\mathrm{T}_p\pi^{-1}[\pi(p)]$. 又因 T_eG 可看作 G 的李代数 $\mathscr{G}$，而 $\mathrm{T}_p\pi^{-1}[\pi(p)]=\mathrm{V}_p$，上式可改写为 R_{p*}：$\mathscr{G}\to\mathrm{V}_p$. 于是由上册第 4 章习题 4 便知 R_{p*} 是同构映射. □

定义 7 给定 $A\in\mathscr{G}$ 后，每点 $p\in P$ 按下式获得一个竖直矢量 A^*_p：

$$A^*_p := R_{p*}A,\quad \forall p\in P, \tag{I-1-14}$$

因而每一 $A\in\mathscr{G}$ 在 P 上生出一个竖直矢量场 A^*，称为由 $A\in\mathscr{G}$ 诱导的**基本矢量场**(fundamental vector field).

定理 I-1-5 设 T_U 是局域平凡，$x\in U$，则微分同胚 S_U：$\pi^{-1}[x]\to G$ 的推前映射 S_{U*} 把 $\pi^{-1}[x]$ 上的基本矢量场 A^* 映为 G 上由 $A\in\mathscr{G}$ 生成的左不变矢量场 $\bar{A}$，即

$S_{U*}A^* = \overline{A}$.

证 明 $\forall p \in \pi^{-1}[x]$，令 $g \equiv S_U(p) \in G$，只须证明推前映射 $S_{U*}:\ \mathrm{T}_p\pi^{-1}[x] \to \mathrm{T}_eG$ 把 A_p^* 变为 $\overline{A}_g$，即 $S_{U*}A_p^* = \overline{A}_g$.

设 $L_g:\ G \to G$ 是由 $g \in G$ 生成的左平移，则易证(习题)

$$R_{pg} = R_p \circ L_g, \quad \forall p \in P. \tag{I-1-15}$$

以 $\breve{p}_U$ 代表 S_U 在 $\pi^{-1}[x]$ 的"特殊点"，即 $S_U(\breve{p}_U) = e$，则由 $g \equiv S_U(p)$ 得

$$p = S_U^{-1}(g) = R_{\breve{p}_U}(g) = \breve{p}_U g,$$

故

$$S_{U*}A_p^* = S_{U*}R_{p*}A = S_{U*}R_{\breve{p}_U g*}A = S_{U*}(R_{\breve{p}_U} \circ L_g)_*A = (S_U \circ R_{\breve{p}_U})_*L_{g*}A = \overline{A}_g, \tag{I-1-16}$$

其中第三步用到式(I-1-15)，第五步用到式(I-1-4)及式(G-2-2). □

矢量 $A \in \mathrm{T}_eG$ 决定 G 的一个单参子群 $\exp(tA)$. 对每一 t 值，$\exp(tA)$ 是 G 的一个群元，它对 $p \in P$ 右作用的结果是 p 所在纤维的一点 $p\exp(tA)$. 当 t 活动时 $p\exp(tA)$ 就是纤维上的一条曲线，其在 p 点的切矢正是 A_p^*，即

$$A_p^* = \left.\frac{\mathrm{d}}{\mathrm{d}t}\right|_{t=0}[p\exp(tA)], \tag{I-1-17}$$

这是因为

$$A_p^* = R_{p*}A = R_{p*}\left[\left.\frac{\mathrm{d}}{\mathrm{d}t}\right|_{t=0}\exp(tA)\right] = \left.\frac{\mathrm{d}}{\mathrm{d}t}\right|_{t=0}[R_p\exp(tA)] = \left.\frac{\mathrm{d}}{\mathrm{d}t}\right|_{t=0}[p\exp(tA)].$$

[其中第二步是因为 $\exp(tA)$ 是由 $A \in \mathrm{T}_eG$ 决定的单参子群，第三步用到"曲线像的切矢等于切矢的像".] 进一步还有如下定理.

定理 I-1-6 设 $P(M,G)$ 是主丛，$A \in \mathrm{T}_eG,\ t \in \mathbb{R}$，定义 $\phi_t:\ P \to P$ 为

$$\phi_t(p) := p\exp(tA), \qquad \forall p \in P, \tag{I-1-18}$$

则 $\{\phi_t \mid t \in \mathbb{R}\}$ 是由矢量场 A^* 产生的单参微分同胚群.

证明 因为 $\forall p \in P$ 有 $\phi_t(p) = p\exp(tA) = R_{\exp(tA)}(p)$，所以右作用(定义 1′)的条件(a)保证 $\phi_t:\ P \to P$ 是微分同胚. 由 $\phi_t(p) = p\exp(tA)$ 易证 $\phi_t \circ \phi_s = \phi_{t+s}\ \forall t, s \in \mathbb{R}$，加上右作用 R 的 C^∞ 性，便知 $\{\phi_t \mid t \in \mathbb{R}\}$ 是单参微分同胚群. 为证明它由 A^* 产生，只须补证(习题) $p\exp(tA)$ 是 A^* 的积分曲线. 提示：利用式(I-1-17). □

定理 I-1-7 竖直矢量场 A^* 服从如下公式：

$$R_{g*}A^*_p = (\mathscr{Ad}_{g^{-1}}A)^*_{pg}\,,\quad \forall p\in P, g\in G, A\in\mathscr{G}\,,\tag{I-1-19}$$

其中 $\mathscr{Ad}_{g^{-1}}$ 是由群元 g^{-1} 定义的伴随同构 $I_{g^{-1}}$ 所诱导的从 $\mathscr{G}$ 到 $\mathscr{G}$ 的推前映射, 详见中册§G.8 定义 1 后第一自然段.

证明

$$R_{g*}A^*_p = R_{g*}\left.\frac{\mathrm{d}}{\mathrm{d}t}\right|_{t=0} p(\exp tA) = \left.\frac{\mathrm{d}}{\mathrm{d}t}\right|_{t=0} R_g[p(\exp tA)] = \left.\frac{\mathrm{d}}{\mathrm{d}t}\right|_{t=0} p(\exp tA)g$$

$$= \left.\frac{\mathrm{d}}{\mathrm{d}t}\right|_{t=0} pgg^{-1}(\exp tA)g = \left.\frac{\mathrm{d}}{\mathrm{d}t}\right|_{t=0} R_{pg}[g^{-1}(\exp tA)g] = \left.\frac{\mathrm{d}}{\mathrm{d}t}\right|_{t=0} R_{pg}[I_{g^{-1}}(\exp tA)]$$

$$= R_{pg*}[I_{g^{-1}*}\left.\frac{\mathrm{d}}{\mathrm{d}t}\right|_{t=0}(\exp tA)] = R_{pg*}(\mathscr{Ad}_{g^{-1}}A) = (\mathscr{Ad}_{g^{-1}}A)^*_{pg}\,,$$

其中第一步用到式(I-1-17), 第二、七步用到“曲线切矢的像等于曲线像的切矢”, 第六步用到伴随同构 $I_{g^{-1}}$ 的定义(见中册§G.1), 第八步用到 $\mathscr{Ad}_{g^{-1}}$ 的定义(见§G.8 定义 1 后第一自然段), 末步用到 $\mathscr{Ad}_{g^{-1}}\in\mathscr{G}$ 及式(I-1-14). □

定理 I-1-8　设 $[A,B]\in\mathscr{G}$ 是 $A\in\mathscr{G}$ 与 $B\in\mathscr{G}$ 的李括号, $[A^*,B^*]$ 是矢量场 A^* 和 B^* 的对易子, 则 P 上有矢量场等式

$$[A^*,B^*]=[A,B]^*\,.\tag{I-1-20}$$

证明　借助于右作用 $R: P\times G\to P$ 可定义李变换群(G 对 P 的左作用) $\sigma: G\times P\to P$ 如下: $\forall g\in G, p\in P$ 定义 $\sigma(g,p):=R_{g^{-1}}(p)$. 这样便有

$$\sigma_p(g)=R_{g^{-1}}(p)=R_p(g^{-1})\,.$$

由§G.7 可知存在映射 $\chi: \mathscr{G}\to\mathscr{K}$ (含义见该节), 而且 $\forall A\in\mathscr{G}$ 有

$$\bar{\xi}_p = \left.\frac{\mathrm{d}}{\mathrm{d}t}\right|_{t=0}\sigma_p(\exp tA) = \left.\frac{\mathrm{d}}{\mathrm{d}t}\right|_{t=0} R_p(\exp(-tA)) = R_{p*}\left.\frac{\mathrm{d}}{\mathrm{d}t}\right|_{t=0}(\exp(-tA)) = R_{p*}(-A) = -A^*_p\,,$$

故 $\chi(A)=-A^*$, 因而§G.7 的李代数同构 $\psi: \mathscr{G}\to\mathscr{K}$ 满足 $\psi(A)=A^*$. 于是

$$[A^*,B^*]=[\psi(A),\psi(B)]=\psi([A,B])=[A,B]^*\,.$$ □

§I.2　主丛上的联络

既然 T_pP 有竖直子空间, 自然要问它是否也有水平子空间. 答案是: 如果讨论的是无附加结构的主丛, 则“ $X\in\mathrm{T}_pP$ 是否水平”的问题并无意义. 然而, 如果在丛

流形 P 上定义一个称为联络的附加结构，就可谈及 $X \in \mathrm{T}_p P$ 是否水平的问题. 读者不免要问：从流形上的联络与第 3 章的联络(导数算符)有什么关系?本节最后将回答这个问题(定理 I-2-8).

I.2.1 主丛联络的三个等价定义

在介绍联络定义前先补充一点代数知识. 矢量空间 V 称为其子空间 V_1 和 V_2 的**直和**(direct sum)，并记作 $V = V_1 \oplus V_2$，若 $\forall \upsilon \in V$ 有唯一的 $\upsilon_1 \in V_1$ 和 $\upsilon_2 \in V_2$ 使 $\upsilon = \upsilon_1 + \upsilon_2$. 不难证明① $\dim(V_1 \oplus V_2) = \dim V_1 + \dim V_2$；② $V_1 \cap V_2 = \{0\} \subset V$.

定义 1 主丛 $P(M,G)$ 上的一个**联络**(connection)是对每点 $p \in P$ 指定一个**水平子空间**(horizontal subspace) $\mathrm{H}_p \subset \mathrm{T}_p P$，满足

(a) $\mathrm{T}_p P = \mathrm{V}_p \oplus \mathrm{H}_p, \quad \forall p \in P$,

(b) $R_{g*}[\mathrm{H}_p] = \mathrm{H}_{pg}, \quad \forall p \in P,\ g \in G$,

(c) H_p 光滑地依赖于 p.

注 1 因 $R_g(p) = pg$，故有 $R_{g*}: \mathrm{T}_p P \to \mathrm{T}_{pg} P$. 条件(b)要求 $\mathrm{T}_p P$ 的水平子空间 H_p 在 R_{g*} 作用下的像等于 $\mathrm{T}_{pg} P$ 的水平子空间 H_{pg}. 条件(c)的准确含义是：每一 $p \in P$ 有邻域 N，其上存在 n 个光滑矢量场($n = \dim M$)，它们在任一 $q \in N$ 的值可充当 H_q 的基底. 用附录 F 的语言来说，对每点 $p \in P$ 的水平子空间 H_p 的这种指定就是给出了 P 上的一个 C^∞ 的 n 维分布.

注 2 $\pi: P \to M$ 在点 $p \in P$ 的推前映射为 $\pi_*: \mathrm{T}_p P \to \mathrm{T}_x M$，其中 $x \equiv \pi(p)$. 把 π_* 的定义域限制在子空间 $\mathrm{H}_p \subset \mathrm{T}_p P$ 得 $\pi_*: \mathrm{H}_p \to \mathrm{T}_x M$. 我们来证明这是个同构映射. 首先，下式表明 H_p 与 $\mathrm{T}_x M$ 维数相同：

$$\dim \mathrm{H}_p = \dim \mathrm{T}_p P - \dim \mathrm{V}_p = \dim P - \dim \mathscr{G} = \dim(M \times G) - \dim G = \dim M = \dim \mathrm{T}_x M .$$

[其中第一步用到 $\mathrm{T}_p P = \mathrm{V}_p \oplus \mathrm{H}_p$，第二步用到 V_p 与 $\mathscr{G}$ 同构(定理 I-1-4).] 于是，考虑到 π_* 的线性性，为证明 $\pi_*: \mathrm{H}_p \to \mathrm{T}_x M$ 是同构只须证明它是一一映射. 设存在 $X, X' \in \mathrm{H}_p$ 使 $\pi_* X = \pi_* X'$，则 $\pi_*(X - X') = 0$，可见 $X - X' \in \mathrm{V}_p$. 所以

$$X - X' \in \mathrm{V}_p \cap \mathrm{H}_p = \{0\},$$

因而 $X = X'$，一一性由此得证.

主丛的联络还有两个重要的等价定义. (三个定义各有用处，都很常用.) 在介绍它们之前，请读者复习中册 §C.1 关于“$\mathscr{V}$ 值 k 形式场”的概念.

定义 2 主丛 $P(M,G)$ 上的一个**联络**是 P 上的一个 C^∞ 的 $\mathscr{G}$ 值 1 形式场 $\tilde{\omega}$，满足

(a) $\tilde{\boldsymbol{\omega}}_p(A_p^*)=A,\quad \forall A\in\mathscr{G},\ p\in P,$　(I-2-1)

(b) $\tilde{\boldsymbol{\omega}}_{pg}(R_{g*}X)=\mathscr{Ad}_{g^{-1}}\tilde{\boldsymbol{\omega}}_p(X),\quad \forall p\in P, g\in G, X\in \mathrm{T}_pP.$　(I-2-2)

注3　条件(b)可等价地表述为(后面要用, 证明留作习题)

(b′) $\forall x\in M,\exists\, p\in\pi^{-1}[x]$使

$$\tilde{\boldsymbol{\omega}}_{pg}(R_{g*}X)=\mathscr{Ad}_{g^{-1}}\tilde{\boldsymbol{\omega}}_p(X),\quad \forall\, g\in G,\ X\in \mathrm{T}_pP.\tag{I-2-2′}$$

注4　$\mathscr{G}$ 的每一元素 A 对应于 p 点的一个竖直矢量 A_p^*, 条件(a)要求 $\tilde{\boldsymbol{\omega}}_p$(作为 p 点的一个 $\mathscr{G}$ 值1形式)作用于 A_p^* 的结果恰为 A.

注5　设 $X\in\mathrm{T}_pP$, 则 $\tilde{\boldsymbol{\omega}}_p(X)\in\mathscr{G}$. 另一方面, $R_g(p)=pg$ 导致 R_{g*} 是从 T_pP 到 $\mathrm{T}_{pg}P$ 的映射, 故 $R_{g*}X\in\mathrm{T}_{pg}P$, 因而 $\tilde{\boldsymbol{\omega}}_{pg}(R_{g*}X)\in\mathscr{G}$. 条件(b)规定了 $\mathscr{G}$ 的这两个元素的关系, 其中 $\mathscr{Ad}_{g^{-1}}$ 是由群元 g^{-1} 定义的伴随同构 $I_{g^{-1}}$ 诱导的从 $\mathscr{G}$ 到 $\mathscr{G}$ 的推前映射. 此处出现一个问题: 如果取条件(b)中的 $X=A_p^*$, 则式(I-2-2)应为

$$\tilde{\boldsymbol{\omega}}_{pg}(R_{g*}A_p^*)=\mathscr{Ad}_{g^{-1}}\tilde{\boldsymbol{\omega}}_p(A_p^*).\tag{I-2-2″}$$

根据条件(a), 上式右边等于 $\mathscr{Ad}_{g^{-1}}A$. 假若上式左边竟然不等于 $\mathscr{Ad}_{g^{-1}}A$, 就意味着条件(a)和(b)相矛盾. 幸好这一问题不存在, 因为由式(I-1-19)易见式(I-2-2″)左边也等于 $\mathscr{Ad}_{g^{-1}}A$.

定理 I-2-1　定义1与定义2等价.

证明　(A)设 $\tilde{\boldsymbol{\omega}}$ 是定义2的联络(P 上的 $\mathscr{G}$ 值1形式场), 就可给每一 $p\in P$ 的切空间 T_pP 定义如下的线性子空间:

$$\mathrm{H}_p:=\{X\in\mathrm{T}_pP\,|\,\tilde{\boldsymbol{\omega}}_p(X)=0\}.\tag{I-2-3}$$

下面验证它是水平子空间, 即满足定义1对水平子空间的全部要求.

(a) $\forall X\in\mathrm{T}_pP$, 令 $A\equiv\tilde{\boldsymbol{\omega}}_p(X)\in\mathscr{G}$, $X_1\equiv A_p^*\in\mathrm{V}_p$, $X_2\equiv X-A_p^*$, 则

$$\tilde{\boldsymbol{\omega}}_p(X_2)=\tilde{\boldsymbol{\omega}}_p(X)-\tilde{\boldsymbol{\omega}}_p(A_p^*)=A-A=0,$$

[第二步用到定义2条件(a).] 故 $X_2\in\mathrm{H}_p$. 可见 $\exists X_1\in\mathrm{V}_p, X_2\in\mathrm{H}_p$ 使 $X=X_1+X_2$. 分解唯一性的证明留作习题.

(b)设 $X\in\mathrm{H}_p$, 则由定义2条件(b)及式(I-2-3)可知 $\forall g\in G$ 有

$$\tilde{\boldsymbol{\omega}}_{pg}(R_{g*}X)=\mathscr{Ad}_{g^{-1}}\tilde{\boldsymbol{\omega}}_p(X)=\mathscr{Ad}_{g^{-1}}(0)=0\in\mathscr{G},$$

再次利用式(I-2-3)便知上式给出 $R_{g*}X\in\mathrm{H}_{pg}$, 故 $R_{g*}[\mathrm{H}_p]\subset\mathrm{H}_{pg}$. 同理还可证明 $\forall Y\in\mathrm{H}_{pg}$ 有 $R_{g^{-1}*}Y\in\mathrm{H}_p$, 因而 $R_{g*}(R_{g^{-1}*}Y)\in R_{g*}[\mathrm{H}_p]$. 但

$$R_{g*}(R_{g^{-1}*}Y)=(R_g\circ R_{g^{-1}})_*Y=Y\,,$$

可见 $\mathrm{H}_{pg}\subset R_{g*}[\mathrm{H}_p]$. 于是 $R_{g*}[\mathrm{H}_p]=\mathrm{H}_{pg}$.

(c) H_p 光滑地依赖于 p 的证明从略.

(B)设 $p\mapsto \mathrm{H}_p$ 是定义1的联络, 欲证它给出一个定义2的联络. 为此, 先定义 P 上的一个 $\mathscr{G}$ 值1形式场 $\tilde{\omega}$, 再证明它满足定义2的条件. $\mathrm{T}_pP=\mathrm{V}_p\oplus\mathrm{H}_p\ \forall p\in P$ 保证 $\forall X\in\mathrm{T}_pP$ 存在唯一的 $X_1\in\mathrm{V}_p$, $X_2\in\mathrm{H}_p$ 使 $X=X_1+X_2$. 由同构 R_{p*} : $\mathscr{G}\to\mathrm{V}_p$ (见定理I-1-4)又知有唯一的 $A\in\mathscr{G}$ 使 $X_1=A^*_p$, 故 $X=A^*_p+X_2$, $X_2\in\mathrm{H}_p$, 因而可用下式在 P 上定义 $\mathscr{G}$ 值1形式场 $\tilde{\omega}$:

$$\tilde{\omega}(X)=\tilde{\omega}(A^*_p+X_2):=A,\quad \forall p\in P,\ X\in\mathrm{T}_pP. \tag{I-2-4}$$

下面验证这 $\tilde{\omega}$ 满足定义2的条件. 定义1条件(c)保证了 $\tilde{\omega}$ 的 C^∞ 性, 所以只须验证 $\tilde{\omega}$ 满足定义2的条件(a)和(b).

(a) $\forall A\in\mathscr{G}$, $p\in P$, 由式(I-2-4)得 $\tilde{\omega}_p(A^*_p)=\tilde{\omega}_p(A^*_p+0)=A$. 故 $\tilde{\omega}$ 满足式(I-2-1).

(b)任一 $X\in\mathrm{T}_pP$ 可表为 $X=X_1+X_2$, $X_1\in\mathrm{V}_p$, $X_2\in\mathrm{H}_p$, 为证 X 满足式(I-2-2)只须分别证 X_1 和 X_2 满足该式(因该式有线性性). 由定义1条件(b)知 $R_{g*}X_2\in\mathrm{H}_{pg}$, 即 X_2 和 $R_{g*}X_2$ 的竖直分量都为零, 故由(I-2-4)得 $\tilde{\omega}_p(X_2)=0$, $\tilde{\omega}_{pg}(R_{g*}X_2)=0$, 前者又给出 $\mathscr{Ad}_{g^{-1}}\omega_p(X_2)=0$, 故 $\tilde{\omega}_{pg}(R_{g*}X_2)=\mathscr{Ad}_{g^{-1}}\tilde{\omega}_p(X_2)$. 再证 X_1 也满足式(I-2-2). $X_1\in\mathrm{V}_p$ 保证存在唯一的 $A\in\mathscr{G}$ 使 $X_1=A^*_p$, 故

$$\tilde{\omega}_{pg}(R_{g*}X_1)=\tilde{\omega}_{pg}(R_{g*}A^*_p)=\tilde{\omega}_{pg}[(\mathscr{Ad}_{g^{-1}}A)^*_{pg}]=\mathscr{Ad}_{g^{-1}}A=\mathscr{Ad}_{g^{-1}}\tilde{\omega}_p(A^*_p)=\mathscr{Ad}_{g^{-1}}\tilde{\omega}_p(X_1)\,,$$

其中首末两步都用到 $X_1=A^*_p$, 第二步用到式(I-1-19), 第三、四步都用到定义2条件(a). □

设 $\tilde{\omega}$ 是 P 上的联络, σ_U : $U\to P$ 是局域截面, 则 $\omega_U\equiv\sigma_U{}^*\tilde{\omega}$ 便是 U 上的 $\mathscr{G}$ 值1形式场. 这一想法导致联络的第三个定义:

定义3　主丛 $P(M,G)$ 的一个**联络**是对每个局域平凡 T_U : $\pi^{-1}[U]\to U\times G$ 指定 U 上的一个 C^∞ 的 $\mathscr{G}$ 值1形式场 ω_U (也称为 $U\subset M$ 上的一个联络). 如果 T_V : $\pi^{-1}[V]\to V\times G$ 是另一局域平凡, $U\cap V\neq\varnothing$, 从 T_U 到 T_V 的转换函数为 g_{UV}, 则还要求

$$\omega_V(Y)=\mathscr{Ad}_{g_{UV}(x)^{-1}}\omega_U(Y)+L^{-1}_{g_{UV}(x)*}g_{UV*}(Y),\quad \forall x\in U\cap V,\ Y\in\mathrm{T}_xM\,, \tag{I-2-5}$$

其中 $L^{-1}_{g_{UV}(x)}$ 是由 $g_{UV}(x)\in G$ 生成的左平移 $L_{g_{UV}(x)}$ 的逆映射, $L^{-1}_{g_{UV}(x)*}$ 是 $(L^{-1}_{g_{UV}(x)})_*$ 的简写.

注6 ① g_{UV} 是从 $U\cap V$ 到 G 的映射，它把 $x\in U\cap V$ 映为 $g_{UV}(x)\in G$，故 g_{UV} 在 x 点的推前映射 g_{UV*} 是从 $\mathrm{T}_x M$ 到 $\mathrm{T}_{g_{UV}(x)}G$ 的映射. 又因 Y 是点 $x\in U\cap V$ 的矢量，故 $g_{UV*}(Y)$ 是点 $g_{UV}(x)\in G$ 的矢量(见图 I-8). ②不难验证(见附录G 习题6) $L^{-1}_{g_{UV}(x)}=L_{g_{UV}(x)^{-1}}$，故

$$L^{-1}_{g_{UV}(x)}(g_{UV}(x))=g_{UV}(x)^{-1}g_{UV}(x)=e\in G,$$

因而 $L^{-1}_{g_{UV}(x)}$ 在点 $g_{UV}(x)\in G$ 诱导的推前映射为 $L^{-1}_{g_{UV}(x)*}$: $\mathrm{T}_{g_{UV}(x)}G\to \mathrm{T}_e G$ (见图 I-8).

定理 I-2-2 定义2与定义3等价.

证明 (A)(定义 2 $\Rightarrow$ 定义3) 设 $\tilde{\omega}$ 是定义2的联络，T_U : $\pi^{-1}[U]\to U\times G$ 是任一局域平凡，σ_U : $U\to P$ 是与 T_U 对应的局域截面，则 $\omega_U\equiv\sigma_U^*\tilde{\omega}$ 便是 U 上的一个 C^∞ 的 $\mathscr{G}$ 值1形式场(σ_U^* 是 σ_U 的拉回映射). 为证明它的确是定义3的联络，只须验证式(I-2-5)成立.

$$\text{式(I-2-5)左边}=\omega_V(Y)=(\sigma_V^*\,\tilde{\omega})(Y)=\tilde{\omega}(\sigma_{V*}Y)\,. \tag{I-2-6}$$

设 I 是 $\mathbb{R}$ 的一个含0的区间(以下的 $I\subset\mathbb{R}$ 在不加声明时都如此)，η : $I\to U\cap V$ 是 C^∞ 曲线且 $\eta(0)=x$, $\mathrm{d}/\mathrm{d}t|_{t=0}\,\eta(t)=Y$ (见图 I-8)，则

$$\sigma_{V*}Y=\sigma_{V*}\left.\frac{\mathrm{d}}{\mathrm{d}t}\right|_{t=0}\eta(t)=\left.\frac{\mathrm{d}}{\mathrm{d}t}\right|_{t=0}\sigma_V(\eta(t))=\left.\frac{\mathrm{d}}{\mathrm{d}t}\right|_{t=0}[\sigma_U(\eta(t))g_{UV}(\eta(t))]$$

$$=\left.\frac{\mathrm{d}}{\mathrm{d}t}\right|_{t=0}[\sigma_U(\eta(t))g_{UV}(x)]+\left.\frac{\mathrm{d}}{\mathrm{d}t}\right|_{t=0}[\sigma_U(x)g_{UV}(\eta(t))], \tag{I-2-7}$$

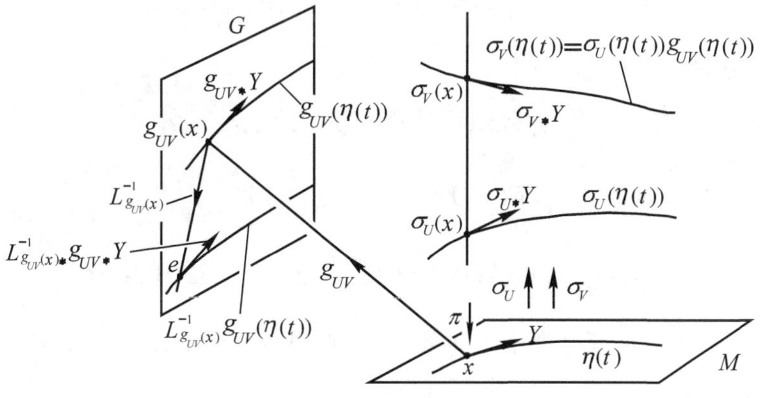

图 I-8 本图有助于弄清公式中每个符号代表哪个流形中的什么量

其中第二步用到“曲线切矢的像等于曲线像的切矢”，第三步用到式(I-1-12), 第四步用到的“莱布尼茨律”的证明见注7. 右边第一项方括号内是群元 $g_{UV}(x)$ 对 P 的

点$\sigma_U(\eta(t))$(若t固定)右作用的结果,可改写为$R_{g_{UV}(x)}\sigma_U(\eta(t))$,故

$$\text{式(I-2-7)右边第一项} = \left.\frac{\mathrm{d}}{\mathrm{d}t}\right|_{t=0}[R_{g_{UV}(x)}\sigma_U(\eta(t))]$$

$$= R_{g_{UV}(x)*}\sigma_{U*}\left.\frac{\mathrm{d}}{\mathrm{d}t}\right|_{t=0}\eta(t) = R_{g_{UV}(x)*}\sigma_{U*}(Y)\,.$$

再次用式(I-1-12)可把式(I-2-7)右边第二项方括号内改为$\sigma_V(x)g_{UV}(x)^{-1}g_{UV}(\eta(t))$,其中$g_{UV}(x)^{-1}$是$g_{UV}(x)$的逆元,它对群元$g_{UV}(\eta(t))$左乘相当于对后者作左平移,故

$$g_{UV}(x)^{-1}g_{UV}(\eta(t)) = L_{g_{UV}(x)^{-1}}g_{UV}(\eta(t)) = L^{-1}_{g_{UV}(x)}g_{UV}(\eta(t))\,,$$

于是

$$\text{式(I-2-7)右边第二项} = \left.\frac{\mathrm{d}}{\mathrm{d}t}\right|_{t=0}[\sigma_V(x)L^{-1}_{g_{UV}(x)}g_{UV}(\eta(t))] = \left.\frac{\mathrm{d}}{\mathrm{d}t}\right|_{t=0}[R_{\sigma_V(x)}L^{-1}_{g_{UV}(x)}g_{UV}(\eta(t))]$$

$$= R_{\sigma_V(x)*}\left[L^{-1}_{g_{UV}(x)*}g_{UV*}\left.\frac{\mathrm{d}}{\mathrm{d}t}\right|_{t=0}\eta(t)\right] = R_{\sigma_V(x)*}[L^{-1}_{g_{UV}(x)*}g_{UV*}(Y)] = [L^{-1}_{g_{UV}(x)*}g_{UV*}(Y)]^*_{\sigma_V(x)}\,,$$

其中第二个等号后面的$R_{\sigma_V(x)}$是§I.1注5的映射R_p的特例[$\sigma_V(x)$可看作某点$p\in P$],最末一步用到$A^*_p \equiv R_{p*}A$.[由图I-8可知$L^{-1}_{g_{UV}(x)*}g_{UV*}(Y)$是点$e\in G$的矢量,可看作$A\in\mathscr{G}$.] 于是式(I-2-7)给出

$$\sigma_{V*}Y = R_{g_{UV}(x)*}\sigma_{U*}(Y) + [L^{-1}_{g_{UV}(x)*}g_{UV*}(Y)]^*_{\sigma_V(x)}\,. \tag{I-2-8}$$

代入式(I-2-6)得

$$\text{式(I-2-5)左边} = \tilde{\omega}\,[R_{g_{UV}(x)*}\sigma_{U*}(Y)] + \tilde{\omega}\,[(L^{-1}_{g_{UV}(x)*}g_{UV*}Y)^*_{\sigma_V(x)}]$$

$$= \mathscr{Ad}_{g_{UV}(x)^{-1}}\tilde{\omega}\,(\sigma_{U*}Y) + L^{-1}_{g_{UV}(x)*}g_{UV*}(Y)$$

$$= \mathscr{Ad}_{g_{UV}(x)^{-1}}(\sigma_U^*\,\tilde{\omega})\,(Y) + L^{-1}_{g_{UV}(x)*}g_{UV*}(Y) = \text{式(I-2-5)右边},$$

其中第二步用到定义2条件(b)(对第一项)和(a)(对第二项),最末一步用到$\sigma_U^*\,\tilde{\omega} = \omega_U$.

(B) (定义3$\Rightarrow$定义2)设$T_U \mapsto \omega_U$是定义3的联络,$\sigma_U: U\to P$是与T_U对应的局域截面.

(B1) 在$\pi^{-1}[U]$上定义一个$\mathscr{G}$值1形式场$\tilde{\omega}^U$.[请注意$\tilde{\omega}^U$不同于ω_U,后者是

定义3意义下的联络；前者实质上是定义2意义下的联络(只不过定义域不是全 P).] 为此应对 $\pi^{-1}[U]$ 的任一点定义一个 $\tilde{\omega}^U$ 值. 这些点可分两类：在截面(指 $\sigma_U[U]$)上的点(记作 p)和不在截面上的点(记作 p'). 对 p 的任一矢量 X，令 $Y\equiv\pi_*X$，$Z\equiv X-\sigma_{U*}Y$，则

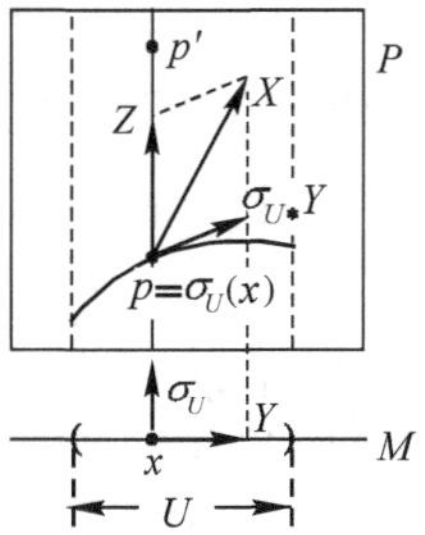

图 I-9　把 $X\in \mathrm{T}_pP$ 分解为 $Z\in \mathrm{V}_p$ 和切于截面的分量 $\sigma_{U*}Y$

$$\pi_*Z=\pi_*X-\pi_*\sigma_{U*}Y=Y-(\pi\circ\sigma_U)_*Y=Y-Y=0,$$

所以 $Z\in \mathrm{V}_p$ (见图 I-9)，因而有唯一的 $A\in\mathscr{G}$ 使 $Z=A^*_p$. 于是

$$X=A^*_p+\sigma_{U*}Y. \tag{I-2-9}$$

请注意在这种分解中分量 A^*_p 依赖于截面 σ_U. 现在就可用下式定义 p 点的 $\tilde{\omega}^U$：

$$\tilde{\omega}^U|_p\ (X)=\tilde{\omega}^U|_p\ (A^*_p+\sigma_{U*}Y):=\ A+\omega_U|_x\ (Y),\ \ x\equiv\pi(p). \tag{I-2-10}$$

对不在截面上的点 $p'\in\pi^{-1}[U]$，令 $p\equiv\sigma_U(\pi(p'))$，则有唯一的 $g\in G$ 使 $p'=pg$. 用下式定义 p' 点的 $\tilde{\omega}^U$：

$$\tilde{\omega}^U|_{p'}\ (X'):=\ \mathscr{Ad}_{g^{-1}}\ \tilde{\omega}^U|_p\ (R_{g^{-1}*}X'),\ \ \forall X'\in \mathrm{T}_{p'}P. \tag{I-2-11}$$

(B2)把 $\pi^{-1}[U]$ 看作平凡主丛 $\pi^{-1}[U](U,G)$ 的丛流形，我们来证明上面定义的 $\tilde{\omega}^U$ 是 $\pi^{-1}[U]$ 上的满足定义2的联络. 为此应验证它是 C^∞ 的，并且满足定义2条件(a)和(b). C^∞ 性的证明颇长，从略. 下面验证条件(a)和(b).

(a)设 $A\in\mathscr{G}$. 对截面上的点 p，把 A^*_p 看作 X，有 $Y\equiv\pi_*X=0$，故由式(I-2-10)得 $\tilde{\omega}^U|_p(A^*_p)=A+\omega_U|_{\pi(p)}(0)=A$. 对不是截面上的点 $p'=pg$，由式(I-2-11)得

$$\tilde{\omega}^U|_{p'}\ (A^*_{p'})=\mathscr{Ad}_{g^{-1}}\tilde{\omega}^U|_p\ (R_{g^{-1}*}A^*_{p'}). \tag{I-2-12}$$

而由式(I-1-19)得 $R_{g^{-1}*}A^*_{p'}=(\mathscr{Ad}_gA)^*_p$，代入式(I-2-12)便有

$$\tilde{\omega}^U|_{p'}\ (A^*_{p'})=\mathscr{Ad}_{g^{-1}}\ \tilde{\omega}^U|_p\ [(\mathscr{Ad}_gA)^*_p]=\mathscr{Ad}_{g^{-1}}(\mathscr{Ad}_gA)=A.$$

[其中第二步用到式(I-2-10).] 可见 $\tilde{\omega}^U$ 满足定义2条件(a).

(b)点 $p\equiv\sigma_U(x)$ 可充当定义2条件(b′)中所要的点，而式(I-2-11)表明对 p 而言式(I-2-2′)的确成立.

于是我们证明了按(B1)的做法由 ω_U 定义的 $\tilde{\omega}^U$ 的确是 $\pi^{-1}[U]$ 上的、满足定义2的联络. 既然如此，这 $\tilde{\omega}^U$ 又可按(A)的做法在 U 上诱导一个按定义3意义的联络，不难证明两者一样：

$$(\sigma_U^* \tilde{\omega}^U)(Y) = \tilde{\omega}^U(\sigma_{U*}Y) = \omega_U(Y), \quad \forall x \in U, Y \in \mathrm{T}_x U, \tag{I-2-13}$$

[其中第二步用到式(I-2-10).] 所以 $\sigma_U^* \tilde{\omega}^U = \omega_U$.

(B3)设 $U \cap V \neq \varnothing$, 则在 $\pi^{-1}[U \cap V]$ 上既有由 T_U 定义的 $\tilde{\omega}^U$ 又有由 T_V 定义的 $\tilde{\omega}^V$, 只有 $\tilde{\omega}^V = \tilde{\omega}^U$ 在交域上成立才能在 P 上得到一个统一的、满足定义 2 的联络. 注意到式(I-2-11), 只须验证 $\tilde{\omega}^V = \tilde{\omega}^U$ 在截面 $\sigma_V[V]$ 上成立. 每一纤维

$$\pi^{-1}[x] \subset \pi^{-1}[U \cap V]$$

含有两个"特殊点" $p \equiv \sigma_U(x)$ 和 $p' \equiv \sigma_V(x)$. 把式(I-1-11)中的 $g_{UV}(x)$ 简记为 g, 便有

$$\sigma_V(x) = \sigma_U(x)g, \quad \text{即 } p' = pg. \tag{I-2-14}$$

为验证 $\tilde{\omega}^V = \tilde{\omega}^U$ 在 pg 点成立只须证明 $\tilde{\omega}^V(X') = \tilde{\omega}^U(X')\ \forall X' \in \mathrm{T}_{pg}P$. 把式(I-2-9)用于 pg 点得 $X' = A^*_{pg} + \sigma_{V*}Y$, 其中 $Y \equiv \pi_* X'$, 所以只须证明

$$\tilde{\omega}^V(A^*_{pg} + \sigma_{V*}Y) = \tilde{\omega}^U(A^*_{pg} + \sigma_{V*}Y),$$

注意到 $\tilde{\omega}^V(A^*_{pg}) = A = \tilde{\omega}^U(A^*_{pg})$, 便知只须证明

$$\tilde{\omega}^V_{pg}(\sigma_{V*}Y) = \tilde{\omega}^U_{pg}(\sigma_{V*}Y). \tag{I-2-15}$$

(为明确起见, $\tilde{\omega}^V$ 和 $\tilde{\omega}^U$ 都已加下标 pg.) 利用 $\sigma_{V*}Y$ 的表达式(I-2-8)得

$$\begin{aligned}\tilde{\omega}^U_{pg}(\sigma_{V*}Y) &= \tilde{\omega}^U_{pg}(R_{g_{UV}(x)*}\sigma_{U*}Y) + \tilde{\omega}^U_{pg}[(L^{-1}_{g_{UV}(x)*}g_{UV*}Y)^*_{pg}] \\ &= \mathscr{Ad}_{g_{UV}(x)^{-1}}\tilde{\omega}^U_p(\sigma_{U*}Y) + L^{-1}_{g_{UV}(x)*}g_{UV*}(Y) \\ &= \mathscr{Ad}_{g_{UV}(x)^{-1}}\omega_U(Y) + L^{-1}_{g_{UV}(x)*}g_{UV*}(Y) = \omega_V(Y) = \tilde{\omega}^V_{pg}(\sigma_{V*}Y),\end{aligned}$$

其中第二步用到定义 2 条件(b)及(a), 第三、五步用到 $\sigma_U^* \tilde{\omega}^U = \omega_U$ [式(I-2-13)下行]及 $\sigma_V^* \tilde{\omega}^V = \omega_V$, 第四步用到定义 3 的条件[式(I-2-5)]. 于是式(I-2-15)得证. □

注 7　现在补证式(I-2-7)最末一个等号. 令 $p(t) \equiv \sigma_U(\eta(t))$, $g(t) \equiv g_{UV}(\eta(t))$, 则曲线 $C(t) \equiv \sigma_U(\eta(t))g_{UV}(\eta(t))$ 可简记为 $C(t) = p(t)g(t)$. 由于 P 至少是局域平凡的, 而且我们只关心 $C(t)$ 在点 $C(0) = \sigma_V(x)$ 的切矢, 所以可用坐标语言. 设 $U \subset M$ 上有坐标系 $\{x^\mu(\mu = 1, \cdots, \dim M)\}$, $O \subset G$ 上有坐标系 $\{y^\alpha(\alpha = 1, \cdots, \dim G)\}$, 则

$$T_U: \pi^{-1}[U] \to U \times G$$

便在 $T_U{}^{-1}[U \times O]$ 上诱导出坐标系 $\{x^\mu, y^\alpha\}$. 不妨认为 $C(t)$ 位于坐标域 $T_U{}^{-1}[U \times O]$ 中. 再考虑域内的如下两条曲线: $C_1(t) \equiv p(t)g(0)$, $C_2(t) = p(0)g(t)$, 则 $C(t)$, $C_1(t)$

和 $C_2(t)$ 的参数式可分别表为 $(x^\mu(t), y^\alpha(t))$，$(x^\mu(t), y^\alpha(0))$ 和 $(x^\mu(0), y^\alpha(t))$. 于是它们在点 $p(0)g(0)$ 的切矢分别为

$$\left.\frac{\mathrm{d}}{\mathrm{d}t}\right|_{t=0} C(t) = \left.\frac{\mathrm{d}x^\mu}{\mathrm{d}t}\right|_{t=0} \left(\frac{\partial}{\partial x^\mu}\right)_{\sigma_V(x)} + \left.\frac{\mathrm{d}y^\alpha}{\mathrm{d}t}\right|_{t=0} \left(\frac{\partial}{\partial y^\alpha}\right)_{\sigma_V(x)},$$

$$\left.\frac{\mathrm{d}}{\mathrm{d}t}\right|_{t=0} C_1(t) = \left.\frac{\mathrm{d}x^\mu}{\mathrm{d}t}\right|_{t=0} \left.\frac{\partial}{\partial x^\mu}\right|_{\sigma_V(x)}, \qquad \left.\frac{\mathrm{d}}{\mathrm{d}t}\right|_{t=0} C_2(t) = \left.\frac{\mathrm{d}y^\alpha}{\mathrm{d}t}\right|_{t=0} \left.\frac{\partial}{\partial y^\alpha}\right|_{\sigma_V(x)},$$

从而有 $\mathrm{d}/\mathrm{d}t\,|_{t=0}\, C(t) = \mathrm{d}/\mathrm{d}t\,|_{t=0}\, C_1(t) + \mathrm{d}/\mathrm{d}t\,|_{t=0}\, C_2(t)$. 这就是所要证明的.

定理 I-2-3　若结构群 G 是矩阵群, 则式(I-2-5)可表为如下简化形式:

$$\boldsymbol{\omega}_V = g_{UV}^{-1} \boldsymbol{\omega}_U g_{UV} + g_{UV}^{-1} \mathrm{d} g_{UV}, \tag{I-2-16}$$

注 8　对上式应有正确理解. G 是矩阵群意指它的元素是 $N \times N$ 矩阵, 故其李代数元也是 $N \times N$ 矩阵. 令 $\mathscr{V} \equiv \{N \times N$ 矩阵$\}$, 则 $\mathscr{V}$ 为矢量空间, 而且 $G \subset \mathscr{V}$，$\mathscr{G} \subset \mathscr{V}$. 既然 $\boldsymbol{\omega}_U$ 和 $\boldsymbol{\omega}_V$ 都是 $U \cap V$ 上的 $\mathscr{G}$ 值 1 形式场, 便有 $\boldsymbol{\omega}_U, \boldsymbol{\omega}_V \in \Lambda_{U\cap V}(1, \mathscr{V})$ (见§C.1 定义 1 至 3), 所以式(I-2-16)是 $\mathscr{V}$ 值 1 形式场等式. 另一方面, 因为

$$g_{UV}: U \cap V \to G \subset \mathscr{V},$$

所以 $g_{UV} \in \Lambda_{U\cap V}(0, \mathscr{V})$，而式(I-2-16)右边的 g_{UV}^{-1} 则是 $U \cap V$ 上按如下要求定义的 $\mathscr{V}$ 值 0 形式场: $\forall x \in U \cap V$，$g_{UV}^{-1}(x)$ 是 $g_{UV}(x)$ 的逆矩阵. 于是式(I-2-16)右边第一项是 3 个 $\mathscr{V}$ 值形式场的连乘积(楔积), 暂记作 $\boldsymbol{\Phi} = g_{UV}^{-1} \boldsymbol{\omega}_U g_{UV}$，它是 $U \cap V$ 上的 $\mathscr{V}$ 值 1 形式场, 在指定 $x \in U \cap V$ 及 $Y \in \mathrm{T}_x M$ 后给出一个 $N \times N$ 矩阵, 即

$$\boldsymbol{\Phi}_x(Y) \equiv g_{UV}^{-1}(x) \boldsymbol{\omega}_U(Y) g_{UV}(x).$$

再看式(I-2-16)右边第二项(暂记作 $\boldsymbol{\Psi}$). $g_{UV} \in \Lambda_{U\cap V}(0, \mathscr{V})$ 导致 $\mathrm{d}g_{UV} \in \Lambda_{U\cap V}(1, \mathscr{V})$, 故

$$\boldsymbol{\Psi} \equiv g_{UV}^{-1} \mathrm{d} g_{UV} \in \Lambda_{U\cap V}(1, \mathscr{V}),$$

准确含义是

$$\boldsymbol{\Psi}_x(Y) \equiv g_{UV}^{-1}(x)\, \mathrm{d} g_{UV}(Y), \quad \forall x \in U \cap V,\ Y \in \mathrm{T}_x M.$$

证明　把式(I-2-5)的 $g_{UV}(x)$ 及 $\boldsymbol{\omega}_U(Y)$ 分别简记为 g 和 A, 则

$$g \in G \subset \mathscr{V}, \qquad A \in \mathscr{G} \subset \mathscr{V},$$

故由公式 $\mathscr{Ad}_g A = gAg^{-1}$ (见附录 G 习题 19)可知

$$\text{式(I-2-5)右边第一项} = g_{UV}(x)^{-1} \boldsymbol{\omega}_U(Y) g_{UV}(x). \tag{I-2-17}$$

另一方面, 令曲线 $\eta: I \to U \cap V$ 满足 $\eta(0) = x,\ \mathrm{d}/\mathrm{d}t\,|_{t=0}\, \eta(t) = Y$, 则

$$式(\text{I-2-5})右边第二项 = L_{g_{UV}(x)^{-1}*}g_{UV*}\left.\frac{\mathrm{d}}{\mathrm{d}t}\right|_{t=0}\eta(t) = \left.\frac{\mathrm{d}}{\mathrm{d}t}\right|_{t=0}[L_{g_{UV}(x)^{-1}}g_{UV}(\eta(t))]$$

$$= \left.\frac{\mathrm{d}}{\mathrm{d}t}\right|_{t=0}[g_{UV}(x)^{-1}g_{UV}(\eta(t))] = g_{UV}(x)^{-1}\left.\frac{\mathrm{d}}{\mathrm{d}t}\right|_{t=0}g_{UV}(\eta(t)) . \qquad (\text{I-2-18})$$

以 $\{e_r\}$ 代表 $\mathscr{V}$ 的一组基矢，$g_{UV}\in \varLambda_{U\cap V}(0,\mathscr{V})$ 表明 g_{UV} 可用基矢展开：$g_{UV}=f^r e_r$，其中 $f^r\in \varLambda_{U\cap V}(0,\mathbb{R})$ (对复矩阵群则把 $\mathbb{R}$ 改为 $\mathbb{C}$)，即 f^r 是 $U\cap V$ 上的实(复)标量场. 于是式(I-2-18)右边的第二因子又可表为

$$\left.\frac{\mathrm{d}}{\mathrm{d}t}\right|_{t=0}g_{UV}(\eta(t)) = e_r\left.\frac{\mathrm{d}}{\mathrm{d}t}\right|_{t=0}f^r(\eta(t)) . \qquad (\text{I-2-19})$$

$\forall t\in I$，$\eta(t)$ 是 $U\cap V$ 的一点，$f^r(\eta(t))$ 是实(复)数[即实(复)标量场 f^r 在点 $\eta(t)$ 的值]，于是由曲线切矢的定义式(2-2-6′)得

$$\left.\frac{\mathrm{d}}{\mathrm{d}t}\right|_{t=0}f^r(\eta(t)) = Y(f^r) = (\mathrm{d}f^r)(Y) , \qquad (\text{I-2-20})$$

其中末步用到函数 f 的外微分 $\mathrm{d}f$ 的定义式(2-3-7). 所以式(I-2-19)又可表为

$$\left.\frac{\mathrm{d}}{\mathrm{d}t}\right|_{t=0}g_{UV}(\eta(t)) = e_r(\mathrm{d}f^r)(Y) = (\mathrm{d}g_{UV})(Y) .$$

代入式(I-2-18)得

$$式(\text{I-2-5})右边第二项 = g_{UV}(x)^{-1}(\mathrm{d}g_{UV})(Y) ,$$

故式(I-2-5)在 G 为矩阵群时可以表为

$$\omega_V(Y) = g_{UV}(x)^{-1}\omega_U(Y)g_{UV}(x) + g_{UV}(x)^{-1}\mathrm{d}g_{UV}(Y), \quad \forall x\in U\cap V, \; Y\in \mathrm{T}_x M , \qquad (\text{I-2-21})$$

式(I-2-16)于是得证. □

I.2.2 水平提升矢量场和水平提升曲线

设在主丛 P 上给定联络，则 $\forall x\in M$, $p\in \pi^{-1}[x]$，推前映射 π_* : $\mathrm{H}_p\to \mathrm{T}_x M$ 是同构映射(见注 2)，因此 $\forall Y\in \mathrm{T}_x M$ 有唯一的 $\pi_*{}^{-1}(Y)\in \mathrm{H}_p$，称为矢量 Y 在 p 点的**水平提升** (horizontal lift)**矢量**. 既然任一 $p\in \pi^{-1}[x]$ 都有 Y 的一个水平提升矢量，全纤维 $\pi^{-1}[x]$ 上便有 Y 的一个水平提升矢量场. 进一步，设 $\bar{Y}$ 是 M 上的 C^∞ 矢量场，则 P 上便有唯一的 C^∞ 矢量场 $\tilde{Y}$，满足

$$\tilde{Y}_p\in \mathrm{H}_p \quad 及 \quad \pi_*(\tilde{Y}_p) = \bar{Y}_{\pi(p)}, \qquad \forall p\in P .$$

这个 $\tilde{Y}$ 称为矢量场 $\bar{Y}$ 的**水平提升矢量场**.

定理 I-2-4　设 $\tilde{Y}$ 是水平提升矢量场, 则 $\forall p\in P, g\in G$ 有

$$R_{g*}(\tilde{Y}_p)=\tilde{Y}_{pg}\,. \tag{I-2-22}$$

证明　注意到 $R_{g*}\tilde{Y}_p-\tilde{Y}_{pg}\in \mathrm{H}_{pg}$, 欲证 $R_{g*}\tilde{Y}_p-\tilde{Y}_{pg}=0$ 只须证明

$$R_{g*}\tilde{Y}_p-\tilde{Y}_{pg}\in \mathrm{V}_{pg}\,,$$

而这是显然的, 因为

$$\pi_*(R_{g*}\tilde{Y}_p-\tilde{Y}_{pg})=(\pi\circ R_g)_*\tilde{Y}_p-\pi_*\tilde{Y}_{pg}=\pi_*\tilde{Y}_p-\pi_*\tilde{Y}_{pg}=\bar{Y}_{\pi(p)}-\bar{Y}_{\pi(p)}=0\,.\qquad\square$$

注 9　因 $R_g: P\to P$ 是微分同胚, 故 R_{g*} 把 P 上的任一矢量场映为 P 上的矢量场. 上式表明 R_{g*} 把矢量场 $\tilde{Y}$ 映为自身, 即

$$R_{g*}\tilde{Y}=\tilde{Y}\,. \tag{I-2-22$'$}$$

定理 I-2-5　设 $A\in\mathscr{G}$, $\tilde{Y}$ 是 M 上矢量场 $\bar{Y}$ 的水平提升, 则 P 上矢量场 A^* 与 $\tilde{Y}$ 的对易子为零: $[A^*,\tilde{Y}]=0$.

证明　由矢量场的李导数公式(4-2-6)及李导数定义式(4-2-1)得

$$[A^*,\tilde{Y}]_p=(\mathscr{L}_{A^*}\tilde{Y})_p=\lim_{t\to 0}\frac{1}{t}[(\phi_{-t*}\tilde{Y})_p-\tilde{Y}_p]\,, \tag{I-2-23}$$

其中 $\{\phi_t: P\to P\}$ 是矢量场 A^* 产生的单参微分同胚群. 令 $g=\exp(tA)$, 则由式(I-1-18) 知 $\forall p\in P$ 有 $\phi_t(p)=pg=R_g(p)$, 故 $\phi_t=R_g$. 而 $g\equiv\exp(tA)$ 又导致 $g^{-1}\equiv\exp(-tA)$, 所以 $\phi_{-t}=R_{g^{-1}}$, 于是 $(\phi_{-t*}\tilde{Y})_p=(R_{g^{-1}*}\tilde{Y})_p=\tilde{Y}_p$ [第二步用到式(I-2-22$'$)]. 代入式(I-2-23)便得 $[A^*,\tilde{Y}]_p=0$. $\square$

设 I 是 $\mathbb{R}$ 的区间, $\tilde{\eta}: I\to P$ 称为曲线 $\eta: I\to M$ 的**水平提升曲线**, 若 $\tilde{\eta}(t)$ 每点的切矢都是水平矢量, 且 $\pi(\tilde{\eta}(t))=\eta(t)\ \forall t\in I$.

定理 I-2-6　设 $\eta:[0,1]\to M$ 是曲线, $x\equiv\eta(0)$, 则 $\forall p\in\pi^{-1}[x]\subset P$, $\exists\eta(t)$ 的唯一水平提升曲线 $\tilde{\eta}: I\to P$, 满足 $\tilde{\eta}(0)=p$.

证明　先讨论较简单的情况, 即 $\eta(t)$ 不是自相交曲线且点点切矢都非零. 这时 $\eta(t)$ 可看作 M 中某非零矢量场 $\bar{Y}$ 的积分曲线, 其水平提升矢量场 $\tilde{Y}$ 过 p 的积分曲线便是所要的 $\tilde{\eta}(t)$. 然而, 当 $\eta(t)$ 是自相交曲线或(和)存在切矢为零的点时证明不再如此简单, 见 Spivak(1979)Vol. 2, P. 363-365. $\square$

定理 I-2-7　设 $P(M,G)$ 是主丛, $\tilde{\eta}: I\to P$ 是曲线 $\eta: I\to M$ 的水平提升, 则

$$\tilde{\eta}': I\to P \text{ 是曲线 } \eta \text{ 的水平提升} \Leftrightarrow \exists g\in G \text{ 使 } \tilde{\eta}'(t)=\tilde{\eta}(t)g\,.$$

证明　习题. 提示:利用定理I-2-6. □

本书第3章早已讲过流形 M 上联络的概念——M 的一个联络就是一个导数算符 ∇. 现在又讲了主丛上的联络. 自然要问:这两种联络有什么关系?答案是:第3章的联络是一个特殊主丛[标架丛 $\mathrm{F}M(M,\mathrm{GL}(n))$]上的联络在底流形 M 上诱导的结果(可以是有挠联络). 准确说来有如下定理.

定理 I-2-8　标架丛 $\mathrm{F}M$ 的底流形 M 上的一个导数算符 ∇ 给出 $\mathrm{F}M$ 上的一个联络, 反之亦然.

证明

(A) M 上的给定导数算符 ∇ 决定一个(曲线依赖的)平移法则. 设 $\eta: I\to M$ 是曲线, $x\equiv\eta(0)$. 在 T_xM 中指定一个标架 $\{e_\mu\}$, 便得 $\mathrm{F}M$ 的一点 $p=(x,e_\mu)$. 把 $\{e_\mu\}$ 沿 $\eta(t)$ 平移便得 $\eta(t)$ 上的一个标架场 $\{\overline{e}_\mu\}$. $\forall t\in I$, $(\eta(t),\overline{e}_\mu|_{\eta(t)})$ 是 $\mathrm{F}M$ 的一点, 当 t 活动时就成为 $\mathrm{F}M$ 上的一条曲线 $\tilde{\eta}(t)$, 满足 $\tilde{\eta}(0)=p$ 及 $\pi(\tilde{\eta}(t))=\eta(t)$. 借此便可对每点 $p\in\mathrm{F}M$ 的切空间 $\mathrm{T}_p\mathrm{F}M$ 指定一个子集 H_p, 具体说, $\forall p=(x,e_\mu)$ 定义

$$\mathrm{H}_p := \{X\in\mathrm{T}_p\mathrm{F}M \mid M\text{ 上有曲线 }\eta(t)\text{ 满足 }x=\eta(0),\ X=\mathrm{d}/\mathrm{d}t|_{t=0}\,\tilde{\eta}(t),$$

$$\text{其中 }\tilde{\eta}(t)\text{ 是由 }\{e_\mu\}\text{ 沿 }\eta(t)\text{ 平移在 FM 上诱导的曲线}\}. \qquad \text{(I-2-24)}$$

为证明这样定义的 H_p 的确是 $\mathrm{T}_p\mathrm{F}M$ 的水平子空间, 应先证 H_p 是 $\mathrm{T}_p\mathrm{F}M$ 的子空间(证明见选读I-2-2), 再证 H_p 满足定义1对 H_p 的三项要求, 证明如下.

(a)欲证 $\mathrm{T}_p\mathrm{F}M=\mathrm{V}_p\oplus\mathrm{H}_p$. $\forall X\in\mathrm{T}_p\mathrm{F}M$, 令 $Y\equiv\pi_*X$, 则有曲线 $\eta: I\to M$ 使 $x=\eta(0)$, $Y=\mathrm{d}/\mathrm{d}t|_{t=0}\,\eta(t)$. 令 $X_2\equiv\mathrm{d}/\mathrm{d}t|_{t=0}\,\tilde{\eta}(t)$, 则 $X_2\in\mathrm{H}_p$. 再令 $X_1\equiv X-X_2$, 则

$$\pi_*X_1\equiv\pi_*X-\pi_*X_2=Y-\pi_*\left.\frac{\mathrm{d}}{\mathrm{d}t}\right|_{t=0}\tilde{\eta}(t)$$

$$=Y-\left.\frac{\mathrm{d}}{\mathrm{d}t}\right|_{t=0}\pi(\tilde{\eta}(t))=Y-\left.\frac{\mathrm{d}}{\mathrm{d}t}\right|_{t=0}\eta(t)=Y-Y=0,$$

故 $X_1\in\mathrm{V}_p$. 这就证明了任一 $X\in\mathrm{T}_p\mathrm{F}M$ 总可分解为水平和竖直分量. 分解唯一性的证明留做练习.

(b)欲证 $R_{g*}[\mathrm{H}_p]=\mathrm{H}_{pg}$ 只须证明 $R_{g*}[\mathrm{H}_p]\subset\mathrm{H}_{pg}$ [由此出发证明 $R_{g*}[\mathrm{H}_p]\supset\mathrm{H}_{pg}$ 的方法可参看定理I-2-1的证明(A)], 为此只须证明 $R_{g*}X\in\mathrm{H}_{pg}$ $\forall X\in\mathrm{H}_p$. 因为 $p=(x,e_\mu)$, 所以 $pg=(x,e_\nu g^\nu{}_\mu)$. 根据式(I-2-24), $X\in\mathrm{H}_p$ 说明 M 上有曲线 $\eta(t)$ 满足 $x=\eta(0)$, $X=\mathrm{d}/\mathrm{d}t|_{t=0}\,\tilde{\eta}(t)$, 其中 $\tilde{\eta}(t)$ 是 $\eta(t)$ 在 $\mathrm{F}M$ 上诱导的曲线. 就是说, 若以 $\{\overline{e}_\mu\}$ 代表把 x 点的标架 $\{e_\mu\}$ 沿 $\eta(t)$ 平移所得的标架场, 则 $\tilde{\eta}(t)=(\eta(t),\overline{e}_\mu|_{\eta(t)})$. 因

$g^{\nu}{}_{\mu}$ 与 t 无关, 从 $\overline{e}_{\mu}$ 满足平移方程(§3.2 定义 1 的 $T^b\nabla_b v^a=0$)可知 $\overline{e}_{\nu}g^{\nu}{}_{\mu}$ 满足平移方程, 故 $\{\overline{e}_{\nu}g^{\nu}{}_{\mu}\}$ 是把 x 的新标架 $\{e_{\nu}g^{\nu}{}_{\mu}\}$ 沿 $\eta(t)$ 平移而得的新标架场, 它在 FM 上诱导出曲线

$$\tilde{\eta}'(t)=(\eta(t),\ \overline{e}_{\nu}|_{\eta(t)}\ g^{\nu}{}_{\mu})=R_g(\tilde{\eta}(t)),$$

于是

$$R_{g*}X=R_{g*}\left.\frac{\mathrm{d}}{\mathrm{d}t}\right|_{t=0}\tilde{\eta}(t)=\left.\frac{\mathrm{d}}{\mathrm{d}t}\right|_{t=0}R_g\tilde{\eta}(t)=\left.\frac{\mathrm{d}}{\mathrm{d}t}\right|_{t=0}\tilde{\eta}'(t)\in \mathrm{H}_{pg}.$$

(c)因基底场 $\{\partial/\partial x^{\mu}-\Gamma^{\nu}{}_{\mu\sigma}y^{\sigma}{}_{\tau}\partial/\partial y^{\nu}{}_{\tau}\}$ (见选读 I-2-2)是 n 个光滑的局域矢量场, 故 H_p 光滑地依赖于 p.

(B)现在证明逆命题, 即 FM 上的一个联络 $\tilde{\omega}$ 在 M 上给出一个导数算符 ∇. 先对 M 上任一光滑矢量场 v 定义它沿任一点 $x_0\in M$ 的任一矢量 T^b 的协变导数 $T^b\nabla_b v^a$. 为简化公式, 去掉抽象指标而把 $T^b\nabla_b v^a$ 简记作 $\nabla_T v$. 我们借用一条曲线 $\eta: I\to M$, 要求它满足 $\eta(0)=x_0$, $\mathrm{d}/\mathrm{d}t|_{t=0}\ \eta(t)=T$. 设 $\tilde{\eta}$ 是 η 在 FM 上的任一水平提升线, 则从现在起把基矢场 $\overline{e}_{\mu}$ 简记作 e_{μ}

$$\tilde{\eta}(t)=(\eta(t),e_{\mu}|_{\eta(t)}),\quad \forall t\in I.$$

故 $v|_{\eta(t)}$ 可用标架场展开为

$$v|_{\eta(t)}=e_{\mu}(t)v^{\mu}(t),\ \text{其中}\ e_{\mu}(t)\ \text{和}\ v^{\mu}(t)\ \text{分别是}\ e_{\mu}|_{\eta(t)}\ \text{和}\ v^{\mu}(\eta(t))\ \text{的简写}. \tag{I-2-25}$$

借此就可定义 $\nabla_T v$ 为

$$\nabla_T v:=e_{\mu}(0)\left.\frac{\mathrm{d}}{\mathrm{d}t}\right|_{t=0}v^{\mu}(t). \tag{I-2-26}$$

此定义借助了两个人为选择的因素: ① $\eta(t)$ [满足 $\eta(0)=x_0$, $\mathrm{d}/\mathrm{d}t|_{t=0}\ \eta(t)=T$ 的 $\eta(t)$ 很多]; ② $\eta(t)$ 的水平提升线 $\tilde{\eta}(t)$ (也很多). 为保证式(I-2-26)的合法性, 必须证明 $\nabla_T v$ 不依赖于 $\eta(t)$ 及 $\tilde{\eta}(t)$ 的选择. 选定 $\eta(t)$ 后, 不难证明 $\nabla_T v$ 与 $\tilde{\eta}(t)$ 的选择无关. [留作习题. 提示: 利用定理 I-2-7 和式(I-1-13).] $\nabla_T v$ 不依赖于 $\eta(t)$ 的证明则比较迂回, 我们将在下个定理证明后补证. 一旦做了补证, 利用 x_0 和 $T\in \mathrm{T}_{x_0}M$ 的任意性就定义了 ∇_b 对矢量场 v^a 的作用结果 $\nabla_b v^a$. 再把 ∇_b 对标量场 f 的作用定义为 $\nabla_b f:=(\mathrm{d}f)_b$, 并进一步规定 ∇_b 对张量积的作用满足 Leibnitz 律而且与缩并可交换, 便得到 M 上的一个(未必无挠的)导数算符. 不难验证, 若首先在 M 上给定这个 ∇_b 再按(A)的做法决定 FM 上的联络, 则它必定是(B)开头时的联络 $\tilde{\omega}$.

鉴于目前尚未证明式(I-2-26)的 $\nabla_T v$ 的曲线无关性, 暂时还不能说 ∇ 是导数算

符, 所以将它暂时记作 $\breve{\nabla}$, 即把式(I-2-26)暂时写成

$$\breve{\nabla}_T v := e_\mu(0)\frac{\mathrm{d}}{\mathrm{d}t}\bigg|_{t=0} v^\mu(t)\,. \tag{I-2-26'}$$

定理 I-2-9　设在 FM 上给定联络 $\tilde{\omega}$, 在 $U\subset M$ 上给定截面 $\sigma: U\to FM$, 令 $\omega\equiv\sigma^*\tilde{\omega}$, 则

$$\breve{\nabla}_b(e_\mu)^a = \omega^\nu{}_{\mu b}(e_\nu)^a\,, \tag{I-2-27}$$

其中 $\{(e_\mu)^a\}$ 是 σ 在 U 上给出的标架场, $\breve{\nabla}_b$ 是定理 I-2-8 证明(B)中定义的"导数算符", $\omega^\nu{}_{\mu b}$ 的意义见注10.

注 10　截面 $\sigma: U\to FM$ 给出 U 上的标架场 $\{e_\mu\}$, 与 $\omega\equiv\sigma^*\tilde{\omega}$ 结合又给出 U 上的一组 $\mathscr{G}$ 值 0 形式场 $\omega_\tau\equiv\omega(e_\tau)$, $\tau=1,\cdots,n$. 于是 $\forall x\in U$ 有 $\omega_\tau(x)\in\mathscr{G}$, 将其矩阵元记作 $\omega^\nu{}_{\mu\tau}(x)$($\nu$ 为行 μ 为列), 再以 $\{(e^\mu)_b\}$ 代表 $\{(e_\mu)^b\}$ 的对偶标架场, 便有 $\omega^\nu{}_{\mu b}\equiv\omega^\nu{}_{\mu\tau}(e^\tau)_b$, 此即式(I-2-27)右边的 $\omega^\nu{}_{\mu b}$.

证明　$\forall x_0\in U, T\in T_{x_0}M$, 令 $\eta: I\to U$ 为曲线, 满足

$$\eta(0)=x_0, \qquad \mathrm{d}/\mathrm{d}t\,|_{t=0}\,\eta(t)=T\,.$$

再令 $V=U$, 另选截面 $\sigma': V\to FM$ 使满足 $\sigma'[(\eta(t))]=\tilde{\eta}(t)$ [代表 $\eta(t)$ 的任一水平提升线], 即 $\tilde{\eta}=\sigma'\circ\eta$. 记 $\omega'\equiv\sigma'^*\tilde{\omega}$, 则

$$0=\tilde{\omega}\left[\frac{\mathrm{d}}{\mathrm{d}t}\tilde{\eta}(t)\right]=\tilde{\omega}\left[\sigma'_*\frac{\mathrm{d}}{\mathrm{d}t}\eta(t)\right]=(\sigma'^*\tilde{\omega})\left[\frac{\mathrm{d}}{\mathrm{d}t}\eta(t)\right]=\omega'\left[\frac{\mathrm{d}}{\mathrm{d}t}\eta(t)\right],\quad \forall t\in I\,,$$

特别地, 当 $t=0$ 时有 $\omega'(T)=0$. 把式(I-2-16)(即定理 I-2-3)用于现在得

$$\omega'=g^{-1}\omega g+g^{-1}\mathrm{d}g\,,\quad \text{其中 } g \text{ 是 } g_{UV} \text{ 的简写.} \tag{I-2-28}$$

上式作用于 T 得

$$0=g(x_0)^{-1}\omega(T)g(x_0)+g(x_0)^{-1}\mathrm{d}g(T)\,. \tag{I-2-29}$$

以 $g(x_0)$ 左乘上式后再以 $g(x_0)^{-1}$ 右乘得

$$[\mathrm{d}g(T)]g(x_0)^{-1}=-\,\omega(T)\in\mathscr{G}\,. \tag{I-2-30}$$

另一方面, 把式(I-1-12)用于现在得

$$\sigma'(x)=\sigma(x)g(x)\,,\qquad \forall x\in U\,,$$

利用 $\sigma(x)=(x,e_\mu|_x)$, $\sigma'(x)=(x,e'_\mu|_x)$ 及式(I-1-13)又得

$$e'_\mu|_x=e_\nu|_x\, g^\nu{}_\mu(x)\,,\quad \text{其中 } g^\nu{}_\mu(x) \text{ 是 } g(x)\in G \text{ 的矩阵元.} \tag{I-2-31}$$

记 $h^{\mu}{}_{\sigma} \equiv (g^{-1})^{\mu}{}_{\sigma}$，即 $g^{\nu}{}_{\mu}(x)h^{\mu}{}_{\sigma}(x) = \delta^{\nu}{}_{\sigma}$，以 $h^{\mu}{}_{\sigma}(x)$ 乘式(I-2-31)得

$$e_{\nu}|_{x} = e'_{\mu}|_{x}\, h^{\mu}{}_{\nu}(x)\,. \tag{I-2-32}$$

将上式的 x 用于曲线 $\eta(t)$ 上的点，并把 $e_{\nu}|_{\eta(t)}$ 及 $h^{\mu}{}_{\nu}(\eta(t))$ 分别简记为 $e_{\nu}(t)$ 及 $h^{\mu}{}_{\nu}(t)$，则上式给出

$$e_{\nu}(t) = e'_{\mu}(t)h^{\mu}{}_{\nu}(t)\,, \tag{I-2-32$'$}$$

故由式(I-2-26′)得

$$\breve{\nabla}_{T} e_{\nu} = e'_{\mu}(0)\frac{\mathrm{d}}{\mathrm{d}t}\bigg|_{t=0} h^{\mu}{}_{\nu}(t)\,. \tag{I-2-33}$$

上式右边的导数可借用 $h^{\mu}{}_{\sigma}(t)g^{\sigma}{}_{\rho}(t) = \delta^{\mu}{}_{\rho}$ 计算：对此式求导得

$$0 = \frac{\mathrm{d}}{\mathrm{d}t}\bigg|_{t=0}[h^{\mu}{}_{\sigma}(t)g^{\sigma}{}_{\rho}(t)] = \left[\frac{\mathrm{d}}{\mathrm{d}t}\bigg|_{t=0} h^{\mu}{}_{\sigma}(t)\right]g^{\sigma}{}_{\rho}(0) + h^{\mu}{}_{\sigma}(0)\frac{\mathrm{d}}{\mathrm{d}t}\bigg|_{t=0} g^{\sigma}{}_{\rho}(t)\,.$$

两边同乘 $h^{\rho}{}_{\nu}(0)$ 得

$$\frac{\mathrm{d}}{\mathrm{d}t}\bigg|_{t=0} h^{\mu}{}_{\nu}(t) = -\,h^{\mu}{}_{\sigma}(0)\left[\frac{\mathrm{d}}{\mathrm{d}t}\bigg|_{t=0} g^{\sigma}{}_{\rho}(t)\right]h^{\rho}{}_{\nu}(0)\,. \tag{I-2-34}$$

另一方面，由注 8 可知 $g \equiv g_{UV} \in \Lambda_{U}(0,\mathscr{V})$，$\mathrm{d}g \in \Lambda_{U}(1,\mathscr{V})$，故

$$\mathrm{d}g(T) = T(g) = \frac{\mathrm{d}}{\mathrm{d}t}\bigg|_{t=0} g(t) \in \mathscr{V}\,,$$

补上矩阵元指标则为

$$[\mathrm{d}g(T)]^{\sigma}{}_{\rho} = \left[\frac{\mathrm{d}}{\mathrm{d}t}\bigg|_{t=0} g(t)\right]^{\sigma}{}_{\rho} = \frac{\mathrm{d}}{\mathrm{d}t}\bigg|_{t=0} g^{\sigma}{}_{\rho}(t)\,,$$

所以式(I-2-34)右边后两个因子之积为

$$\left[\frac{\mathrm{d}}{\mathrm{d}t}\bigg|_{t=0} g^{\sigma}{}_{\rho}(t)\right]h^{\rho}{}_{\nu}(0) = [\mathrm{d}g(T)]^{\sigma}{}_{\rho}h^{\rho}{}_{\nu}(0) = [\mathrm{d}g(T)h(0)]^{\sigma}{}_{\nu}\,. \tag{I-2-35}$$

于是式(I-2-33)就可表为

$$\breve{\nabla}_{T} e_{\nu} = -\,e'_{\mu}(0)h^{\mu}{}_{\sigma}(0)\left[\frac{\mathrm{d}}{\mathrm{d}t}\bigg|_{t=0} g^{\sigma}{}_{\rho}(t)\right]h^{\rho}{}_{\nu}(0) = -\,e_{\sigma}(0)[\mathrm{d}g(T)h(0)]^{\sigma}{}_{\nu} = e_{\sigma}(0)\omega^{\sigma}{}_{\nu}(T)\,, \tag{I-2-36}$$

[其中第一步用到式(I-2-34)，第二步用到式(I-2-32′)及(I-2-35)，第三步用到式

(I-2-30).] 上式又可用抽象指标表为

$$T^b\breve{\nabla}_b(e_\nu)^a=(e_\sigma)^a|_{x_0}\ \omega^\sigma{}_{\nu b}T^b\,, \tag{I-2-37}$$

再由 x_0 及 T^b 的任意性便得待证等式(I-2-27). □

注 11 式(I-2-27)表明 $\breve{\nabla}_b(e_\mu)^a$ 与曲线 $\eta(t)$ 无关, 所以 $\breve{\nabla}_b$ 对任一矢量场 v^a 的作用 $\breve{\nabla}_b v^a$ (因而 $T^b\breve{\nabla}_b v^a$, 即 $\breve{\nabla}_T v^a$)也与曲线无关. 于是定理 I-2-8 证明(B)中遗留的待证问题自然得到补证, 可见 $\breve{\nabla}_b$ 的确就是导数算符 ∇_b (只是未必无挠). 从此就可给 $\breve{\nabla}_b$ "摘掉帽子", 并把定理 I-2-9 的结论改写为

$$\nabla_b(e_\mu)^a=\omega^\nu{}_{\mu b}(e_\nu)^a\,. \tag{I-2-27$'$}$$

[选读 I-2-1]

让我们从标架丛的观点"居高临下"地重新审视§5.7 开头的一段(那时根本不知道有纤维丛). 该段首先给定:①流形 M 上的一个导数算符 ∇_a ;②开集 $U\subset M$ 上的一个基底场 $\{(e_\mu)^a\}$. 现在, 这两点用丛语言可以表述如下:①在标架丛 FM 上指定了一个联络 $\tilde{\omega}$ (因而 M 上有 ∇_a); ②在 U 上选定了一个截面 $\sigma: U\to \mathrm{FM}$ (因而 U 上有标架场 $\{(e_\mu)^a\}$). §5.7 该段接着又用 $(e_\tau)^b\nabla_b(e_\mu)^a=\gamma^\sigma{}_{\mu\tau}(e_\sigma)^a$ [式(5-7-1)]引入一组联络系数 $\gamma^\sigma{}_{\mu\tau}$, 再用它定义一组联络 1 形式场 $\omega_\mu{}^\nu{}_a := -\gamma^\nu{}_{\mu\tau}(e^\tau)_a$ [式(5-7-4)]. 与此对应, 在丛语言中 $\tilde{\omega}$ 同 σ 结合给出联络 1 形式场 $\boldsymbol{\omega}\equiv\sigma^*\tilde{\omega}$, 与§5.7 的那组联络 1 形式场 $\omega_\mu{}^\nu{}_a$ 的区别在于现在虽然只有一个 $\boldsymbol{\omega}$, 但却是个 $\mathscr{G}$ 值 1 形式场, 它在任一 $x_0\in U$ 的值作用于标架 $\{e_\mu|_{x_0}\}$ 的第 τ 基矢 $e_\tau|_{x_0}$ 给出 $\mathscr{G}$ 的一个元素 $\omega_\tau(x_0)$. 因 FM 的结构群 $G=\mathrm{GL}(n)$, 故 $\omega_\tau(x_0)\in\mathscr{G}$ 是 $n\times n$ 矩阵, 其矩阵元可记作 $\omega^\nu{}_{\mu\tau}(x_0)$ (ν 为行 μ 为列), 配上对偶基矢便有 $\omega^\nu{}_{\mu a}|_{x_0}=\omega^\nu{}_{\mu\tau}(x_0)(e^\tau)_a|_{x_0}$, 与式(5-7-4)的 $\omega_\mu{}^\nu{}_a$ 在 x_0 的值对应. 这可看作是用丛语言对§5.7 第一段的重新表述.

然而应该提出这样的问题: 在 FM 上指定联络 $\tilde{\omega}$ 以及在 $U\subset M$ 上选定截面 $\sigma: U\to\mathrm{FM}$ 后, 原则上可以通过以下两条途径分别给每一 $x_0\in U$ 生出一组数来. 途径(a): 令 $\boldsymbol{\omega}\equiv\sigma^*\tilde{\omega}$, 与由 $\sigma: U\to\mathrm{FM}$ 决定的 $\{e_\mu\}$ 结合便给每一 $x_0\in U$ 生出一组数 $\omega^\nu{}_{\mu\tau}(x_0)$, 这里根本不涉及 M 上的导数算符 ∇; 途径(b): $\tilde{\omega}$ 在 M 上按定理 I-2-8 诱导一个导数算符 ∇, 它按照§5.7 与 $\{e_\mu\}$ 结合后给每一 $x_0\in U$ 生出一组数 $\gamma^\nu{}_{\mu\tau}(x_0)$. 自然要问: 从 $\tilde{\omega}$ 出发经由这两条途径得到的两组数[即 $\omega^\nu{}_{\mu\tau}(x_0)$ 和 $\gamma^\nu{}_{\mu\tau}(x_0)$]是否相等(是否"殊途同归")?答案是肯定的, 证明如下. 以 $(e^\tau)_c$ 缩并式(5-7-1)给出

$$\nabla_c(e_\mu)^a=\gamma^\sigma{}_{\mu\tau}(e^\tau)_c(e_\sigma)^a\,. \tag{I-2-38}$$

下一步有些微妙：§5.7 曾借 $\gamma^{\sigma}{}_{\mu\tau}$ 定义一组联络 1 形式场 $\omega_{\mu}{}^{\nu}{}_{a} \equiv -\gamma^{\nu}{}_{\mu\tau}(e^{\tau})_a$ [式(5-7-4)]，右边负号的引入出于某种微妙的考虑(稍后将做说明)．暂时去掉负号而用下式定义一组 $\omega(\nabla)^{\nu}{}_{\mu a}$ (加 ∇ 旨在强调这一 ω 实质上是用 ∇ 定义的)：

$$\omega(\nabla)^{\nu}{}_{\mu a} := \gamma^{\nu}{}_{\mu\tau}(e^{\tau})_a, \tag{I-2-39}$$

再利用由 $\tilde{\omega}$ 经 $\omega \equiv \sigma^*\tilde{\omega}$ (而不经 ∇)定义的 $\omega^{\nu}{}_{\mu\tau}$ 构造一组 $\omega^{\nu}{}_{\mu a} \equiv \omega^{\nu}{}_{\mu\tau}(e^{\tau})_a$ (见注 10)，则欲证殊途同归只须证明 $\omega(\nabla)^{\nu}{}_{\mu a} = \omega^{\nu}{}_{\mu a}$．而这是水到渠成的：式(I-2-38)同(I-2-39)结合给出

$$\nabla_b(e_{\mu})^a = \omega(\nabla)^{\nu}{}_{\mu b}(e_{\nu})^a, \tag{I-2-40}$$

与式(I-2-27′)对比便知 $\omega(\nabla)^{\nu}{}_{\mu a} = \omega^{\nu}{}_{\mu a}$，因而的确是殊途同归．

最后说明在§5.7 中添加一个“别扭”的负号来引入一个“别扭”的 $\omega_{\mu}{}^{\nu}{}_{a}$ [现在应记作 $\omega(\nabla)_{\mu}{}^{\nu}{}_{a}$]的原因．关键只有一点：本书把黎曼张量写成 $R_{abc}{}^{d}$ [上标排在最后而非最前，与 Wald(1984) 同，但有别于许多文献]，对应于一组 2 形式场

$$\boldsymbol{R}_{\mu}{}^{\nu} \equiv R_{ab\mu}{}^{\nu} \equiv R_{abc}{}^{d}(e_{\mu})^c(e^{\nu})_d,$$

为使嘉当第二方程中的 $\boldsymbol{R}_{\mu}{}^{\nu}$ 与 $\boldsymbol{\omega}(\nabla)_{\mu}{}^{\nu}$ 指标对应，本书从一开始定义 1 形式场 $\omega(\nabla)_{\mu}{}^{\nu}{}_{a}$ 时就不得不补个负号，即 $\omega_{\mu}{}^{\nu}{}_{a} := -\gamma^{\nu}{}_{\mu\tau}(e^{\tau})_a$ [式(5-7-4)]，于是殊途同归性就体现为“别扭”等式 $\omega^{\nu}{}_{\mu a} = -\omega(\nabla)_{\mu}{}^{\nu}{}_{a}$．不过，当底流形 M 上有度规时，用度规(在刚性标架的分量)降指标可得

$$\omega_{\nu\mu a} = -\omega(\nabla)_{\mu\nu a} = \omega(\nabla)_{\nu\mu a},$$

“别扭”性就被消除．　**[选读 I-2-1 完]**

[选读 I-2-2]

现在补证由式(I-2-24)定义的子集 H_p 是矢量空间 $\mathrm{T}_p FM$ 的子空间．设 (O, x^{μ}) 是 M 上的坐标系，$\eta(t) \subset O$．以 $\bar{e}^{\nu}{}_{\mu}$ 代表 $\bar{e}_{\mu}$ 的坐标分量，即 $\bar{e}_{\mu} = \bar{e}^{\nu}{}_{\mu}\partial/\partial x^{\nu}$，则 $\{\bar{e}_{\mu}\}$ 沿 $\eta(t)$ 平移对应于[见上册式(3-2-5)]

$$\frac{\mathrm{d}\bar{e}^{\nu}{}_{\mu}}{\mathrm{d}t} + \Gamma^{\nu}{}_{\rho\sigma}(\eta(t))\frac{\mathrm{d}x^{\rho}(\eta(t))}{\mathrm{d}t}\bar{e}^{\sigma}{}_{\mu}(\eta(t)) = 0. \tag{I-2-41}$$

由§I.1 例 4 可知 $\{x^{\mu}\}$ 在 $\pi^{-1}[O]$ 上自然诱导坐标系 $\{x^{\mu}, y^{\nu}{}_{\mu}\}$，其中 $y^{\nu}{}_{\mu}$ 就是展开式 $\bar{e}_{\mu} = \bar{e}^{\nu}{}_{\mu}\partial/\partial x^{\nu}$ 中的 $\bar{e}^{\nu}{}_{\mu}$．曲线 $\tilde{\eta}(t)$ 的切矢可用此坐标系表为

$$\frac{\mathrm{d}}{\mathrm{d}t}\tilde{\eta}(t) = \frac{\mathrm{d}x^{\mu}(\eta(t))}{\mathrm{d}t}\frac{\partial}{\partial x^{\mu}} + \frac{\mathrm{d}y^{\nu}{}_{\mu}(\eta(t))}{\mathrm{d}t}\frac{\partial}{\partial y^{\nu}{}_{\mu}} = \frac{\mathrm{d}x^{\mu}(\eta(t))}{\mathrm{d}t}\left(\frac{\partial}{\partial x^{\mu}} - \Gamma^{\nu}{}_{\mu\sigma}y^{\sigma}{}_{\tau}\frac{\partial}{\partial y^{\nu}{}_{\tau}}\right), \tag{I-2-42}$$

其中第二步用到式(I-2-41). 令

$$E_\mu \equiv \left(\frac{\partial}{\partial x^\mu} - \Gamma^\nu{}_{\mu\sigma} y^\sigma{}_\tau \frac{\partial}{\partial y^\nu{}_\tau} \right)\bigg|_p ,$$

则由式(I-2-42)得

$$\frac{\mathrm{d}}{\mathrm{d}t}\bigg|_{t=0} \tilde{\eta}(t) = \frac{\mathrm{d}x^\mu(\eta(t))}{\mathrm{d}t}\bigg|_{t=0} E_\mu . \tag{I-2-43}$$

以 π_* 作用于两边, 注意到 $\pi_*(\partial/\partial x^\mu) = \partial/\partial x^\mu$ 和 $\pi_*(\partial/\partial y^\nu{}_\tau) = 0$, 得

$$\frac{\mathrm{d}}{\mathrm{d}t}\bigg|_{t=0} \eta(t) = \frac{\mathrm{d}x^\mu(\eta(t))}{\mathrm{d}t}\bigg|_{t=0} \frac{\partial}{\partial x^\mu} . \tag{I-2-44}$$

这是自然的, 因为 $[\mathrm{d}x^\mu(\eta(t))/\mathrm{d}t]_{t=0}$ 本来就是矢量 $\mathrm{d}/\mathrm{d}t|_{t=0}\ \eta(t)$ 的坐标分量. 若取 x^ν 坐标线为 $\eta(t)$ (这时 $t = x^\nu$), 则式(I-2-43)给出 $\mathrm{d}/\mathrm{d}t|_{t=0}\ \tilde{\eta}(t) = \delta^\mu{}_\nu E_\mu = E_\nu$, 故 $E_\nu \in H_p$, 于是式(I-2-24)同(I-2-43)结合表明任一 $X \in \mathrm{H}_p$ 都可用 $\{E_\mu \mid \mu = 1, \cdots, n\}$ 线性展开, 与式(I-2-44)对比还知

$$\frac{\mathrm{d}}{\mathrm{d}t}\bigg|_{t=0} \tilde{\eta}(t) \text{ 用 } \{E_\mu\} \text{ 的展开系数} = \frac{\mathrm{d}}{\mathrm{d}t}\bigg|_{t=0} \eta(t) \text{ 的坐标分量}. \tag{I-2-45}$$

如果还能反过来证明 $\{E_\mu\}$ 的任一线性组合 $\alpha^\mu E_\mu$(其中 $\alpha^\mu \in \mathbb{R}$) 都在 H_p 之内, 即 $\alpha^\mu E_\mu \in \mathrm{H}_p$, 便可肯定 H_p 是矢量空间 $\mathrm{T}_p FM$ 的子空间, 而且 $\{E_\mu\}$ 是 H_p 的一个基底. 为此, 选曲线 $\gamma: I \to M$ 使 $\gamma(0) = x_0$ 且 $\gamma(t)$ 在 x_0 的切矢为 $\pi_*(\alpha^\mu E_\mu)$, 即

$$\frac{\mathrm{d}}{\mathrm{d}t}\bigg|_{t=0} \gamma(t) = \pi_*(\alpha^\mu E_\mu) = \alpha^\mu \pi_* E_\mu = \alpha^\mu \frac{\partial}{\partial x^\mu} . \tag{I-2-46}$$

所以 α^μ 是 $\mathrm{d}/\mathrm{d}t|_{t=0}\ \gamma(t)$ 的坐标分量. 以 $\tilde{\gamma}(t)$ 代表由 $\{e_\mu\}$ 沿 $\gamma(t)$ 平移所诱导的曲线, 则

$$\mathrm{d}/\mathrm{d}t|_{t=0}\ \tilde{\gamma}(t) \text{ 用 } \{E_\mu\} \text{ 的展开系数} = \mathrm{d}/\mathrm{d}t|_{t=0}\ \gamma(t) \text{ 的坐标分量} = \alpha^\mu ,$$

故 $\mathrm{d}/\mathrm{d}t|_{t=0}\ \tilde{\gamma}(t) = \alpha^\mu E_\mu$, 由式(I-2-24)便可断言 $\alpha^\mu E_\mu \in \mathrm{H}_p$. **[选读 I-2-2 完]**

§I.3 与主丛相伴的纤维丛(伴丛)

设 $P(M,G)$ 是主丛, F 是流形, 且 G 对 F 有左作用 $\chi: G \times F \to F$ (不要求 χ 为自由作用). 对 $g \in G$, $f \in F$, 把 $\chi_g(f)$ 简记作 gf. 群 G 对 P 的自由右作用 R 以

及 G 对 F 的左作用 χ 联合诱导出 G 对 $P\times F$ 的自由右作用

$$\xi:(P\times F)\times G\to P\times F,$$

定义为

$$\xi_g(p,f):=(pg,g^{-1}f)\in P\times F,\quad \forall g\in G, p\in P, f\in F. \tag{I-3-1}$$

以 $\tau: P\times F\to P$ 代表自然的投影映射, 即

$$\tau(p,f):=p,\quad \forall p\in P,\ f\in F,$$

把 ξ 在 $P\times F$ 上的每一轨道看作一个元素便得集合 $Q\equiv(P\times F)/\sim$, 其中 $\sim$ 代表等价关系($P\times F$ 的两点称为等价的当且仅当它们属于同一轨道), 于是任一元素 $q\in Q$ 都是 $P\times F$ 上的一条轨道. 下面将逐步地证明 Q 是个流形, 并指出它正是本节的主角　　件丛.

既然 $q\in Q$ 是一条轨道, 就可借用这条轨道的任一点 (p,f) 作为 q 的代表点并把 q 简记为 $q\equiv p\cdot f$. 若 (p',f') 是轨道 q 的另一点, 则又有 $q=p'\cdot f'$. 由轨道定义可知 $\exists\, g\in G$ 使 $p'=pg,\ f'=g^{-1}f$. 另一方面又有 $q=p\cdot f=p\cdot gg^{-1}f$, 可见

$$pg\cdot g^{-1}f=p\cdot gg^{-1}f,\quad 即\quad pg\cdot\bar f=p\cdot g\bar f,\ (其中\ \bar f\equiv g^{-1}f)$$

就是说, 点乘号紧左边的 g 可移至紧右边. 在 q 给定时, 由于右作用 R 的自由性, 指定 p 后就有唯一的 f 使 $q=p\cdot f$. 但左作用 χ 不一定自由, 故指定 f 后可能有不止一个 p 使 $q=p\cdot f$.

存在下列两个同 Q 有关的自然的投影映射(图 I-10):

(1) $\hat\tau: P\times F\to Q$, 定义为 $\hat\tau(p,f):=p\cdot f\in Q$. 由此便可给 Q 自然地定义拓扑: $\Phi\subset Q$ 为开当且仅当 $\hat\tau^{-1}[\Phi]\subset P\times F$ 为开. 于是 Q 是拓扑空间, $\hat\tau$ 是连续映射.

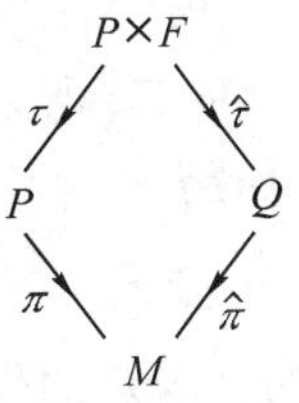

图 I-10　各个投影映射示意

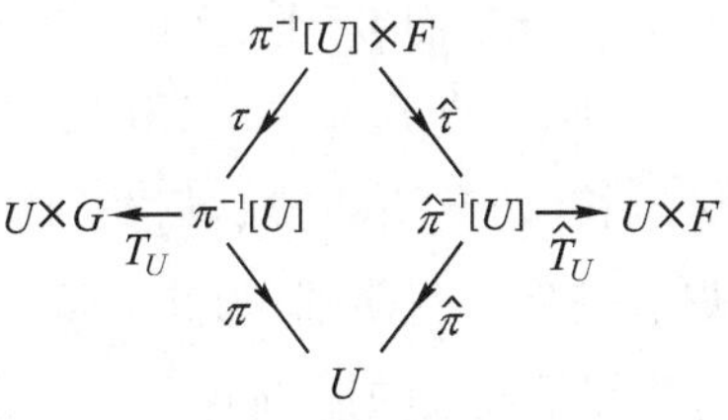

图 I-11　对平凡主丛的图 I-10

(2) $\hat\pi: Q\to M$, 定义为

$$\hat\pi(q):=\pi(p)\in M,\qquad \forall q=p\cdot f\in Q, \tag{I-3-2}$$

若取同一轨道的另一代表点 (p',f'), 即把 q 表为 $q=p'\cdot f'$, 则不难证明由式(I-3-2)求得的 $\hat\pi(q)$ 仍等于 $\pi(p)$, 可见式(I-3-2)与代表点的选择无关, 上述定义合法.

注 1 $\hat{\pi}: Q \to M$ 的上述定义保证：给定 $p \in P$ 后有 $p \cdot f \in \hat{\pi}^{-1}[x]$ $\forall f \in F$，其中 $x \equiv \pi(p)$，可见每点 $p \in P$ 决定 Q 的一条纤维 $\hat{\pi}^{-1}[x]$ (于是 P 的纤维一一对应于 Q 的纤维)，作为结果，映射 $\hat{\tau}: P \times F \to Q$ 在 p 给定后所诱导的映射 $\hat{\tau}_p: F \to Q$ 也可更明确地写成 $\hat{\tau}_p: F \to \hat{\pi}^{-1}[x]$. 在证明完 Q 是流形之后，还可进一步证明(略) $\hat{\tau}_p: F \to \hat{\pi}^{-1}[x] \subset Q$ 是个嵌入映射，所以 F 的流形结构可被带到 $\hat{\pi}^{-1}[x]$ 上，[①] 并使 $\hat{\pi}^{-1}[x]$ 成为 Q 的嵌入子流形，而且 $\hat{\tau}_p: F \to \hat{\pi}^{-1}[x]$ 成为微分同胚.

设 $T_U: \pi^{-1}[U] \to U \times G$ 是主丛 $P(M,G)$ 的一个局域平凡，则 $\pi^{-1}[U]$ 配以底流形 U 和结构群 G 便是一个平凡主丛. 在此情况下图 I-10 成为图 I-11. 该图还提供如下暗示：正如存在微分同胚 $T_U: \pi^{-1}[U] \to U \times G$ 那样，也存在微分同胚(证明见稍后) $\hat{T}_U: \hat{\pi}^{-1}[U] \to U \times F$ (也称此映射为局域平凡)，它是由 T_U 诱导的映射，定义为

$$\hat{T}_U(q) := (\hat{\pi}(q), \breve{f}_U), \quad \forall q \in \hat{\pi}^{-1}[U], \tag{I-3-3}$$

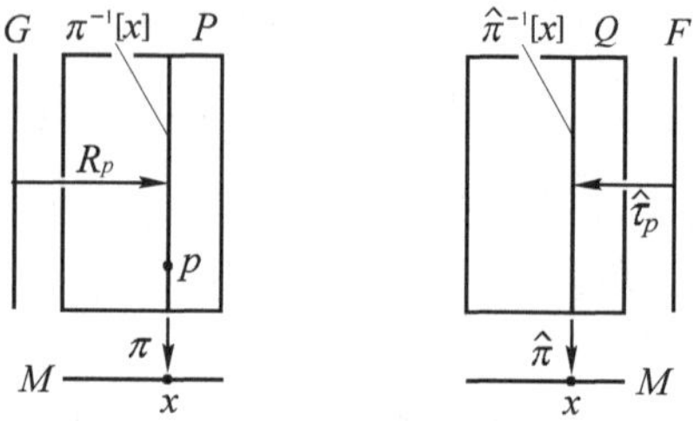

图 I-12 主丛 P 及其伴丛 Q 示意. 映射 $\hat{\tau}_p: F \to \hat{\pi}^{-1}[x]$ 使 $\hat{\pi}^{-1}[x]$ 成为 Q 的嵌入子流形

其中 $\breve{f}_U$ 满足 $q = \breve{p}_U \cdot \breve{f}_U$，而 $\breve{p}_U$ 则是由 T_U 在纤维 $\pi^{-1}[\hat{\pi}(q)]$ 上决定的“特殊点”(刚才已指出 $\breve{p}_U$ 决定唯一的 $\breve{f}_U$). 不难证明 $\hat{\tau}^{-1}[\hat{\pi}^{-1}[U]] = \pi^{-1}[U] \times F$，所以 $\hat{\pi}^{-1}[U] \subset Q$ 是 Q 的开子集，配以诱导拓扑就是拓扑空间，于是很想知道 $\hat{T}_U: \hat{\pi}^{-1}[U] \to U \times F$ 是否为同胚映射. 答案是肯定的，为此只须证明：① $\hat{T}_U$ 是一一到上映射(读者不难验证)；② $\hat{T}_U$ 及 $\hat{T}_U^{-1}$ 都是连续映射(证略). 利用这一同胚就可把 $U \times F$ 的坐标系诱导到 $\hat{\pi}^{-1}[U] \subset Q$ 上并使之成为流形，而且 $\hat{T}_U$ 成为微分同胚. 再借助于足够多的局域平凡就可在 Q 上生成唯一的微分结构，从而使 Q 成为流形，而且容易验证 $\hat{\tau}: P \times F \to Q$ 和 $\hat{\pi}: Q \to M$ 都是光滑映射. 与 P 类似，Q 也是以 M 为底流形、以 G

---

① $\hat{\pi}^{-1}[x]$ 由此获得的流形结构与 p 的选取无关，因为若改用 $p' \in \pi^{-1}[x]$，则有 $g \in G$ 使 $p' = pg$，易见 $\hat{\tau}_{p'} = \hat{\tau}_p \circ \chi_g$，而 χ_g 是 F 上的微分同胚，所以 $\hat{\tau}_{p'}$ 与 $\hat{\tau}_p$ 给 $\hat{\pi}^{-1}[x]$ 赋予同一微分结构.

为结构群的纤维丛(图 I-12). ① 任一 $x\in M$ 既对应于 P 的一条纤维 $\pi^{-1}[x]$ (与 G 微分同胚), 又对应于 Q 的一条纤维 $\hat{\pi}^{-1}[x]$ (与 F 微分同胚). 流形 Q 配以由 P, M, G, R, F, χ 所决定的上述结构称为**与主丛 $P(M, G)$ 相伴的纤维丛**[fiber bundle associated to principal fiber bundle $P(M, G)$], 简称为主丛 P 的**伴丛**, 简记作 $Q=(P\times F)/\sim$. 流形 F 称为伴丛 Q 的**典型纤维**(typical fiber). 主丛 P 的一个局域平凡 T_U : $\pi^{-1}[U]\to U\times G$ 自然给出伴丛 Q 的一个局域平凡 $\hat{T}_U$: $\hat{\pi}^{-1}[U]\to U\times F$. 设 T_V : $\pi^{-1}[V]\to V\times G$ 是另一局域平凡, $x\in U\cap V$, $q\in\hat{\pi}^{-1}[x]$, 则由 $\hat{T}_U(q)=(x,\breve{f}_U)$, $\hat{T}_V(q)=(x,\breve{f}_V)$ 及式(I-1-9)易见

$$\breve{f}_U=g_{UV}(x)\breve{f}_V\,. \tag{I-3-4}$$

仿照主丛 P 的局域截面也可定义其伴丛 Q 的局域截面, 它是 C^∞ 映射 $\hat{\sigma}$: $U\to Q$, 满足 $\hat{\pi}(\hat{\sigma}(x))=x\ \ \forall x\in U$.

例 1　对任一主丛 $P(M,G)$, 可取 $F=G$ 并定义左作用 χ : $G\times F\to F$ (即 $G\times G\to G$)为左平移, [即 $\chi_g(h):=gh\ \ \forall g,h\in G$.] 这时任一 $q\in Q$ 都可表为 $q=p\cdot g$ (其中 $p\in P, g\in G$), 用下式定义映射 ν : $Q\to P$:

$$\nu(q):=pg\in P,\qquad \forall q=p\cdot g\in Q,$$

则不难证明 ν : $Q\to P$ 是微分同胚, 可见任一主丛都可被看作自己的伴丛.

例 2　把§I.1 例 3 的非平凡主丛记作 $S^1(S^1,Z_2)$. 令 $F=\mathbb{R}$, 定义 Z_2 对 $\mathbb{R}$ 的左作用 χ : $Z_2\times\mathbb{R}\to\mathbb{R}$ 为平凡作用, 即 $\chi_e(f)=\chi_h(f):=f\ \ \forall f\in\mathbb{R}$ (这是非自由左作用的一例), 则右作用 ξ : $(S^1\times\mathbb{R})\times Z_2\to S^1\times\mathbb{R}$ 满足

$$\xi_e(p_\theta,f):=(p_\theta,f),\qquad \xi_h(p_\theta,f):=(p_{\theta+\pi},f).$$

过 (p_θ,f) 的轨道只含两点, 即 (p_θ,f) 和 $(p_{\theta+\pi},f)$ (图 I-13), 认同后便得 Q 的一点 q. 图 I-13 的另一对点 (p_θ,f') 和 $(p_{\theta+\pi},f')$ 对应于 Q 的另一点 q'. 圆周的每一对“对径点”认同的结果在拓扑上仍是 S^1 (见图 I-6 或 I-7), 所以 Q 的拓扑结构是 $S^1\times\mathbb{R}$, 与 $M\times F$ 一样(现在的 M 也是 S^1). 事实上, 存在从 Q 到 $M\times F$ 的微分同胚 $\hat{T}_M$: $Q\to M\times F$, 定义为

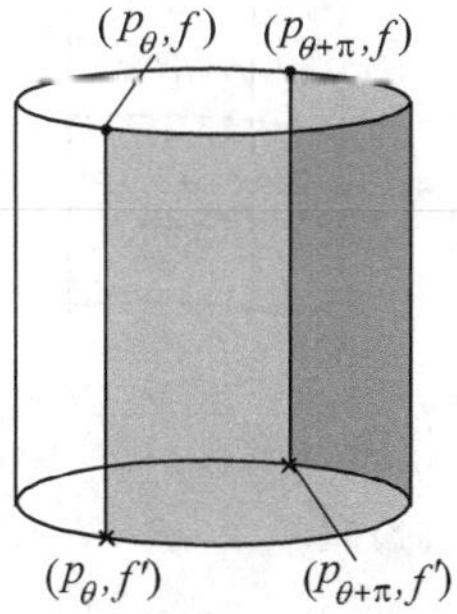

图 I-13　圆柱面代表 $P\times F$. 上面两点认同得 q, 下面两点认同得 q', 以此类推. 灰色的半个圆柱面(两竖直边线要认同)可代表 Q, 其拓扑也是 $S^1\times\mathbb{R}$

① 我们并未介绍纤维丛的准确定义(该定义包含对局域平凡及转换函数的要求, 可在适当参考书查到). 可以验证正文构造的 Q 满足纤维丛的准确定义.

$$\hat{T}_M(q) := (\pi(p_\theta), f), \quad \forall q = p_\theta \cdot f .$$

可见这样得到的伴丛 $Q = M \times F$ 是平凡伴丛.

上例还可推广. 对任一主丛 $P(M, G)$, 取 F 为任意流形并定义 $\chi: G \times F \to F$ 为平凡作用, 即

$$\chi_g(f) := f, \quad \forall g \in G, f \in F ,$$

则 $\forall q \in Q$ 有 $p \in P, f \in F$ 使 $q = \{(pg, f) \mid g \in G\} \subset P \times F$. 这时可自然地定义映射 $\hat{T}_M: Q \to M \times F$ 为 $\hat{T}_M(q) := (\pi(p), f)$ $\forall q = p \cdot f$, 而且可验证 $\hat{T}_M$ 是微分同胚. 可见这种程序给出的伴丛 Q 是平凡伴丛.

例 3　主丛仍是上例的 $S^1(S^1, Z_2)$, 并仍取 $F = \mathbb{R}$, 但左作用 $\chi: Z_2 \times \mathbb{R} \to \mathbb{R}$ 改定义为

$$\chi_e(f) := f , \quad \chi_h(f) := -f, \quad \forall f \in \mathbb{R} ,$$

于是过 (p_θ, f) 点的轨道所含的两个点现在是 (p_θ, f) 和 $(p_{\theta+\pi}, -f)$ [图 I-14(a)]. 这种“颠倒头尾”式的认同结果(伴丛 Q)就是莫比乌斯带, 它局域地像(微分同胚于)柱面 $S^1 \times \mathbb{R}$, 但整体上不像. 只要转满一圈, 就会发现那条 $\mathbb{R}$ 纤维出现一个“底朝天”的变换. 为帮助想像, 不妨用一个开区间代替 $\mathbb{R}$ 并画出图 I-14(b).

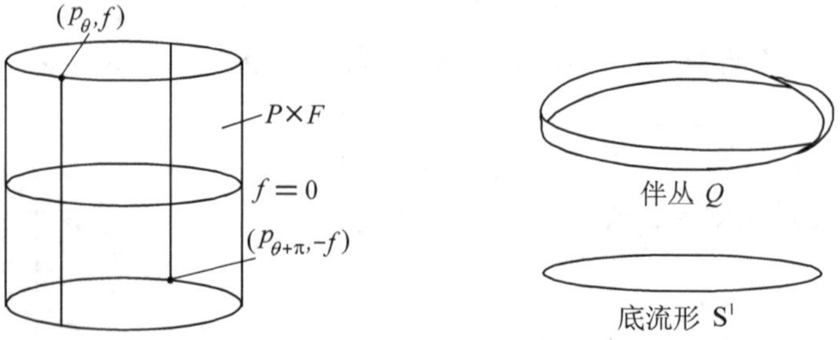

(a) 圆柱面代表 $P \times F$. 现在要认同的点是 (p_θ, f) 和 $(p_{\theta+\pi}, -f)$, 结果是一条莫比乌斯带

(b) 为便于想像, 不妨用一个开区间代替 $\mathbb{R}$, 从而画出本图的莫比乌斯带

图 I-14　例 3 用图

例 4(切丛)　维数是 n 的底流形 M 的标架丛 FM 的结构群 $G = GL(n)$. 取流形 $F = \mathbb{R}^n$, 则 F 是矢量空间, $f \in F$ 可表为由 n 个实数 $f^1, \cdots, f^n$ 排成的列矩阵. 定义左作用 $\chi: G \times F \to F$ 为

$$(\chi_g(f))^\mu := g^\mu{}_\nu f^\nu, \quad \forall g \in GL(n), f \in F , \tag{I-3-5}$$

则 $Q \equiv (FM \times F) / \sim$ 是 FM 的伴丛, 其中右作用 $\xi: (FM \times F) \times G \to FM \times F$ 按式(I-1-13)和(I-3-1)应为

$$\xi_g(x, e_\mu; f^\rho) = (x, e_\nu g^\nu{}_\mu; (g^{-1})^\rho{}_\sigma f^\sigma), \quad \forall g \in G. \tag{I-3-6}$$

每点 $(x, e_\mu; f^\rho) \in \mathrm{F}M \times F$ 自然伴随着点 $x \in M$ 的一个矢量

$$v \equiv e_\mu f^\mu \in \mathrm{T}_x M, \tag{I-3-7}$$

设 $v' \equiv e'_\mu f'^\mu$ 是伴随于另一点 $(x, e'_\mu; f'^\rho) \in \mathrm{F}M \times F$ 的矢量, 则不难证明(习题) $v' = v$ 当且仅当 $(x,e'_\mu; f'^\rho)$ 与 $(x,e_\mu; f^\rho)$ 属于同一轨道, 即

$$(x,e'_\mu) \cdot f'^\rho = (x,e_\mu) \cdot f^\rho,$$

因而对应于同一 $q \in Q$. 这表明 $\hat{\pi}^{-1}[x]$ 与 $\mathrm{T}_x M$ 存在一一对应关系: 每一 $q \in \hat{\pi}^{-1}[x]$ 是 $\mathrm{F}M \times F$ 中的一条轨道, 任取此轨道的一点 $(x,e_\mu; f^\rho)$ 便可构造 x 点的矢量 $v \equiv e_\mu f^\mu$; 反之, 每一 $v \in \mathrm{T}_x M$ 可用 $\mathrm{T}_x M$ 的任一基底 $\{e_\mu\}$ 展开, 即 $v \equiv e_\mu f^\mu$, 由此得 $\mathrm{F}M \times F$ 的一点 $(x,e_\mu; f^\rho)$, 它所在的轨道就是 v 在 $\hat{\pi}^{-1}[x]$ 中的对应点 q. 索性用等号表示这种对应关系, 把 $q \leftrightarrow v$ 改写为 $q = v$, 即

$$(x,e_\mu) \cdot f^\mu = e_\mu f^\mu, \tag{I-3-8}$$

于是 Q 就可看作 M 的切丛 $\mathrm{T}M$, 从而任一截面 $\hat{\sigma}: U \to Q$ 就是 $U \subset M$ 上的一个矢量场.

例 5 (余切丛)　仍令 $P = \mathrm{F}M$. 把 $\mathbb{R}^n$ 看作矢量空间, 选 F 为其对偶空间, 即

$$F = (\mathbb{R}^n)^* = \{\text{线性映射 } f: \mathbb{R}^n \to \mathbb{R}\}, \tag{I-3-9}$$

则 $f \in F$ 是 $\mathbb{R}^n$ 上的对偶矢量, 可记作 $(f_1, \cdots, f_n)$, 其中 f_μ 是 f 在 $\mathbb{R}^n$ 的自然坐标基的分量. 定义 $\chi: G \times F \to F$ 为

$$(\chi_g(f))_\mu := (g^{-1})^\nu{}_\mu f_\nu, \quad \forall g \in \mathrm{GL}(n), f \in F, \tag{I-3-10}$$

现在每点 $(x,e_\mu; f_\rho) \in \mathrm{F}M \times F$ 自然伴随着点 $x \in M$ 的一个对偶矢量

$$\beta \equiv e^\mu f_\mu \in \mathrm{T}^*_x M, \quad \text{其中 } \{e^\mu\} \text{ 是 } \{e_\mu\} \text{ 的对偶基底.} \tag{I-3-11}$$

上式中的 $\mathrm{T}^*_x M$ 代表 $\mathrm{T}_x M$ 的对偶空间. 设 $\beta' \equiv e'^\mu f'_\mu$ 是伴随于另一点 $(x, e'_\mu; f'_\rho) \in \mathrm{F}M \times F$ 的矢量, 则不难证明 $\beta' = \beta$ 当且仅当 $(x, e'_\mu; f'_\rho)$ 与 $(x, e_\mu; f_\rho)$ 属于同一轨道, 可见所得伴丛 Q 就是 M 上的余切丛(对偶矢量丛) T^*M, 任一截面 $\hat{\sigma}: U \to Q$ 就是 $U \subset M$ 上的一个对偶矢量场.

余切丛的左作用为什么用式(I-3-10)定义?为便于讲解, 先把式(I-3-5)和(I-3-10)中的 f 分别改记作 v 和 β, 即 $(\chi_g v)^\mu = g^\mu{}_\nu v^\nu$, $(\chi_g \beta)_\mu = (g^{-1})^\nu{}_\mu \beta_\nu$. 再把式(I-3-7)

和(I-3-11)改写为 $v^a=(e_\mu)^a v^\mu$ 和 $\beta_a=(e^\mu)_a\beta_\mu$，其中 v^a 和 β_a 是点 $x\in M$ 的矢量和对偶矢量. g 对 $(x,e_\mu)\in \mathrm{F}M$ 的作用无非是 x 点的一个基底变换, 为保证 $v^a\beta_a$ 不变, 在 v^μ 变为 $g^\mu{}_\nu v^\nu$ 的前提下就必须令 β_μ 变为 $(g^{-1})^\nu{}_\mu\beta_\nu$.

例 6　[(1,1) 型张量丛]　仍以标架丛 $\mathrm{F}M$ 为主丛, 令

$$F=\{\mathbb{R}^n\text{上(1,1)型张量}\}\equiv\{\text{双线性映射 } f: (\mathbb{R}^n)^*\times\mathbb{R}^n\to\mathbb{R}\}. \tag{I-3-12}$$

以 $f^\mu{}_\nu$ 代表 f 在 $\mathbb{R}^n$ 的自然坐标基的分量, 定义 $\chi: G\times F\to F$ 为

$$(\chi_g(f))^\mu{}_\nu := g^\mu{}_\alpha(g^{-1})^\beta{}_\nu f^\alpha{}_\beta,\quad \forall g\in \mathrm{GL}(n), f\in F. \tag{I-3-13}$$

现在每点 $(x,e_\mu;f^\rho{}_\sigma)\in \mathrm{F}M\times F$ 自然伴随着点 $x\in M$ 的一个 (1,1) 型张量(加上抽象指标更易识别)

$$T^a{}_b\equiv f^\mu{}_\nu(e_\mu)^a(e^\nu)_b,\quad \text{其中}\{(e^\nu)_b\}\text{是}\{(e_\mu)^a\}\text{的对偶基底}, \tag{I-3-14}$$

而且, 设 $T'^a{}_b\equiv f'^\mu{}_\nu(e'_\mu)^a(e'^\nu)_b$ 是伴随于另一点 $(x,e'_\mu;f'^\rho{}_\sigma)\in \mathrm{F}M\times F$ 的张量, 则不难证明 $T'^a{}_b=T^a{}_b$ 当且仅当 $(x,e'_\mu;f'^\rho{}_\sigma)$ 与 $(x,e_\mu;f^\rho{}_\sigma)$ 属于同一轨道, 可见所得伴丛 Q 就是 M 上的 (1,1) 型张量丛, 任一截面 $\hat\sigma: U\to Q$ 就是 $U\subset M$ 上的一个 (1,1) 型张量场.

给定主丛 $P(M,G)$ 后, 定义伴丛的关键一步是选择 F 以及 G 在 F 上的左作用 χ. 令 $\hat G\equiv\{\chi_g: F\to F\,|\,g\in G\}$, 则 $\hat G$ 其实就是 F 上的李变换群, 而且由 $g\mapsto\chi_g$ 定义的映射 $\rho: G\to\hat G$ 是同态(见 §G.7). 当流形 F 是(实或复)矢量空间而且 χ_g: $F\to F$ $(\forall g\in G)$ 是线性变换时(这时 $\hat G\equiv\{\chi_g\}$ 是 G 的一个表示, F 是表示空间), 相应的伴丛 Q 称为**伴矢丛**(associated vector bundle), 也简称为**矢丛**.[①] 就是说, 伴矢丛是满足以下条件的伴丛: ①其典型纤维 F 是矢量空间; ②其 $\chi_g: F\to F$ 是线性变换 $\forall g\in G$. 切丛、余切丛以及所有 (k,l) 型张量丛都是伴矢丛.

矢丛的定义要求其典型纤维 F 是矢量空间, 这就保证每一纤维 $\hat\pi^{-1}[x]$ 都是矢量空间, 这是因为: 任选 $p\in\pi^{-1}[x]$ 后, $\forall q_1,q_2\in\hat\pi^{-1}[x]$ 便有唯一的 $f_1,f_2\in F$ 使 $q_1=p\cdot f_1$ 及 $q_2=p\cdot f_2$, 故可定义加法和数乘为

$$q_1+q_2:=p\cdot(f_1+f_2),\quad \alpha q_1:=p\cdot\alpha f_1,\quad \forall\alpha\in\mathbb{R}(\text{或}\mathbb{C}). \tag{I-3-15}$$

$\hat\pi^{-1}[x]$ 的零元(也记作 0)就是 $p\cdot 0$(其中 0 是 F 的零元). 不难验证这些定义与所选的 $p\in\pi^{-1}[x]$ 无关, 所以每一纤维 $\hat\pi^{-1}[x]$ 都是矢量空间, 而且都与矢量空间 F 同

---

① 矢丛是这样的纤维丛, 其每一纤维都是一个矢量空间. 对任一矢丛 Q 总有主丛 P 使 Q 是 P 的伴矢丛.

构.① 可见 Q 的每一纤维都有一个特殊元素，即零元.(请注意与主丛的区别，主丛的一条纤维不存在可以自然充当恒等元 e 的点.) 非平凡主丛不存在整体截面，但任意矢丛都有一个整体截面 $\hat{\sigma}$，称为**零截面**，定义为 $\hat{\sigma}(x) \equiv 0 \in \hat{\pi}^{-1}[x] \ \ \forall x \in M$.

§I.4　物理场的整体规范不变性

I.4.1　阿贝尔情况下的整体规范不变性

设 ϕ_1 和 ϕ_2 是闵氏时空 $(\mathbb{R}^4, \eta_{ab})$ 中两个互相独立的、有相同质量参数 m 的实标量场，则两者分别服从 Klein-Gordon 方程：

$$\partial^a \partial_a \phi_1 - m^2 \phi_1 = 0, \quad \partial^a \partial_a \phi_2 - m^2 \phi_2 = 0 . \tag{I-4-1}$$

两者的总拉氏密度为

$$\mathscr{L} = \mathscr{L}_1 + \mathscr{L}_2 = -\frac{1}{2}[(\partial^a \phi_1)\partial_a \phi_1 + m^2 \phi_1{}^2 + (\partial^a \phi_2)\partial_a \phi_2 + m^2 \phi_2{}^2]. \tag{I-4-2}$$

引入复标量场

$$\phi = \frac{1}{\sqrt{2}}(\phi_1 + \mathrm{i}\phi_2) \text{ 及其复数共轭 } \overline{\phi} = \frac{1}{\sqrt{2}}(\phi_1 - \mathrm{i}\phi_2), \tag{I-4-3}$$

便可用独立变量组 $\{\phi, \overline{\phi}\}$ 代替 $\{\phi_1, \phi_2\}$，这时 Klein-Gordon 方程成为

$$\partial^a \partial_a \phi - m^2 \phi = 0, \quad \partial^a \partial_a \overline{\phi} - m^2 \overline{\phi} = 0 . \tag{I-4-1'}$$

式(I-4-2)则可改写为

$$\mathscr{L} = -[(\partial^a \overline{\phi})\partial_a \phi + m^2 \phi \overline{\phi}]. \tag{I-4-2'}$$

如果对复标量场 $\{\phi, \overline{\phi}\}$ 按下式做“场变换” $\phi \mapsto \phi'$：

$$\phi' = \mathrm{e}^{-\mathrm{i}q\theta}\phi, \qquad \overline{\phi}' = \mathrm{e}^{\mathrm{i}q\theta}\overline{\phi}, \tag{I-4-4}$$

(其中 θ 是常实数，q 是整数.) 则

$$\partial_a \phi' = \mathrm{e}^{-\mathrm{i}q\theta}\partial_a \phi, \qquad \partial_a \overline{\phi}' = \mathrm{e}^{\mathrm{i}q\theta}\partial_a \overline{\phi}, \tag{I-4-5}$$

故

$$-[(\partial^a \overline{\phi}')\partial_a \phi' + m^2 \phi' \overline{\phi}'] = -[(\partial^a \overline{\phi})\partial_a \phi + m^2 \phi \overline{\phi}],$$

---

① 这也就是由映射 $\hat{\tau}_p$ ： $F \to \hat{\pi}^{-1}[x]$ [见 282 页的脚注①]给 $\hat{\pi}^{-1}[x]$ 诱导的线性结构.

可见拉氏密度 $\mathscr{L}$ 在式(I-4-4)的场变换下不变. 这种不变性称为场的**内部对称性**(internal symmetry), 以区别于由 Killing 矢量场所代表的**时空对称性**(spacetime symmetry). 相应地, 场变换(I-4-4)也称为**内部变换**. 根据 Noether 定理(见附录H), 时空对称性和内部对称性都会导致守恒律. 具体说, 对现在的情况有如下定理.

定理 I-4-1　复标量场 ϕ 的拉氏密度 $\mathscr{L}$ 在式(I-4-4)的内部变换下的不变性导致一个守恒律(物理上解释为电荷守恒律).

证明　以 ϕ_0 代表我们关心的复标量场, 即式(I-4-4)中的 ϕ, 则该式的全体 ϕ' 的集合是一个单参复标量场族 $\{\phi(\theta): \mathbb{R}^4 \to \mathbb{C}$, 其中 $\phi(\theta) \equiv e^{-iq\theta}\phi_0$. 由式(I-4-2′)可知 $\mathscr{L}$ 是 $\phi, \partial_a\phi, \bar{\phi}, \partial_a\bar{\phi}$ 的局域函数, 现在因 ϕ 依赖于 θ 又可表为 θ 的一元函数:

$$\mathscr{L}(\theta) = \mathscr{L}(\phi(\theta), \partial_a\phi(\theta); \bar{\phi}(\theta), \partial_a\bar{\phi}(\theta)), \tag{I-4-6}$$

其中 $\partial_a\phi(\theta)$ 代表标量场 $\phi(\theta)$ 被导数算符 ∂_a 作用而得的余矢场. 于是 $\mathscr{L}$ 在式(I-4-4)的内部变换下的不变性就是指 $\mathrm{d}\mathscr{L}(\theta)/\mathrm{d}\theta = 0$, 特别地,

$$0 = \left.\frac{\mathrm{d}}{\mathrm{d}\theta}\right|_{\theta=0} \mathscr{L}(\theta)$$

$$= \left[\frac{\partial\mathscr{L}}{\partial\phi(\theta)}\frac{\mathrm{d}\phi(\theta)}{\mathrm{d}\theta} + \frac{\partial\mathscr{L}}{\partial(\partial_a\phi(\theta))}\frac{\mathrm{d}(\partial_a\phi(\theta))}{\mathrm{d}\theta} + \frac{\partial\mathscr{L}}{\partial\bar{\phi}(\theta)}\frac{\mathrm{d}\bar{\phi}(\theta)}{\mathrm{d}\theta} + \frac{\partial\mathscr{L}}{\partial(\partial_a\bar{\phi}(\theta))}\frac{\mathrm{d}(\partial_a\bar{\phi}(\theta))}{\mathrm{d}\theta}\right]_{\theta=0}. \tag{I-4-7}$$

上式右边第一项的第二因子显然为

$$\left.\frac{\mathrm{d}\phi(\theta)}{\mathrm{d}\theta}\right|_{\theta=0} = \left.\frac{\mathrm{d}}{\mathrm{d}\theta}\right|_{\theta=0}(e^{-iq\theta}\phi_0) = -iqe^{-iq\theta}|_{\theta=0}\,\phi_0 = -iq\phi_0. \tag{I-4-8}$$

另一方面, $\partial\mathscr{L}/\partial\phi(\theta)$ 是 $\mathscr{L}(\phi(\theta), \partial_a\phi(\theta); \bar{\phi}(\theta), \partial_a\bar{\phi}(\theta))$ 对第一宗量 $\phi(\theta)$ 求偏导, 故 $\partial\mathscr{L}/\partial\phi(\theta)|_{\theta=0}$ 就是 $\mathscr{L}(\phi_0, \partial_a\phi_0; \bar{\phi}_0, \partial_a\bar{\phi}_0)$ 对第一宗量求偏导, 即 $\partial\mathscr{L}/\partial\phi_0$, 因而 $\partial\mathscr{L}/\partial\phi(\theta)|_{\theta=0} = \partial\mathscr{L}/\partial\phi_0$, 与式(I-4-8)结合便得

$$\left[\frac{\partial\mathscr{L}}{\partial\phi(\theta)}\frac{\mathrm{d}\phi(\theta)}{\mathrm{d}\theta}\right]_{\theta=0} = -iq\phi_0\frac{\partial\mathscr{L}}{\partial\phi_0} = -iq\phi_0\,\partial_a\frac{\partial\mathscr{L}}{\partial(\partial_a\phi_0)}, \tag{I-4-9}$$

其中末步用到拉氏方程(15-1-19). 式(I-4-7)右边后三项可类似求得, 所以式(I-4-7)成为

$$0 = \left.\frac{\mathrm{d}\mathscr{L}(\theta)}{\mathrm{d}\theta}\right|_{\theta=0} = -iq\left[\phi_0\partial_a\frac{\partial\mathscr{L}}{\partial(\partial_a\phi_0)} + (\partial_a\phi_0)\frac{\partial\mathscr{L}}{\partial(\partial_a\phi_0)} - \bar{\phi}_0\partial_a\frac{\partial\mathscr{L}}{\partial(\partial_a\bar{\phi}_0)} - (\partial_a\bar{\phi}_0)\frac{\partial\mathscr{L}}{\partial(\partial_a\bar{\phi}_0)}\right]$$

$$= -\mathrm{i}q\,\partial_a\left[\phi_0\frac{\partial\mathscr{L}}{\partial(\partial_a\phi_0)} - \bar{\phi}_0\frac{\partial\mathscr{L}}{\partial(\partial_a\bar{\phi}_0)}\right] = \mathrm{i}q\,\partial_a(\phi\,\partial^a\bar{\phi} - \bar{\phi}\,\partial^a\phi), \tag{I-4-10}$$

其中末步用到式(I-4-2′)并把ϕ_0简记为ϕ. 令

$$J^a \equiv \mathrm{i}eq(\phi\partial^a\bar{\phi} - \bar{\phi}\partial^a\phi), \quad \text{(其中e代表基本电荷)} \tag{I-4-11}$$

则式(I-4-10)给出$0 = \partial_a J^a$, 故J^a代表某种守恒流密度. □

注1　①物理上把J^0解释为场(系统)的电荷密度, 因而$\partial_\mu J^\mu = 0$反映电荷守恒. ②量子化后的复标量场可看作大量量子组成的系统, m是每个量子的质量, q是每个量子的电荷与基本电荷e的比值. ③式(I-4-4)代表的场变换叫做**规范变换**(gauge transformation). 因为式(I-4-4)中的θ不随时空点而变(不是时空坐标x的函数), 式(I-4-4)的变换又称为**整体**(global)**规范变换**, 以区别于后面要讲的局域规范变换.

上述整体规范变换还可推广. 考虑含有N个复分量的复场$\{\phi_n, n=1,\cdots,N\}$, 其$\mathscr{L}$满足: 每一含ϕ_n的项必含$\bar{\phi}_n$, 且该项所含ϕ_n和$\bar{\phi}_n$的形式为$\phi_n\bar{\phi}_n$(不对n取和); 每一含$\partial_a\phi_n$的项必含$\partial^a\bar{\phi}_n$, 且所含$\partial_a\phi_n$和$\partial^a\bar{\phi}_n$的形式为$(\partial_a\phi_n)\partial^a\bar{\phi}_n$, 则不难证明

(1) $\mathscr{L}$在如下的整体规范变换下不变:

$$\phi'_n = \mathrm{e}^{-\mathrm{i}q_n\theta}\phi_n, \quad \bar{\phi}'_n = \mathrm{e}^{\mathrm{i}q_n\theta}\bar{\phi}_n, \quad n=1,\cdots,N \ \text{(不对n取和)}; \tag{I-4-12}$$

(其中θ是常实数, $q_1,\cdots,q_N$是整数.)

(2)也给出守恒律, 守恒流密度为

$$J^a \equiv -\mathrm{i}\,e\sum_{n=1}^{N}q_n\left[\phi_n\frac{\partial\mathscr{L}}{\partial(\partial_a\phi_n)} - \bar{\phi}_n\frac{\partial\mathscr{L}}{\partial(\partial_a\bar{\phi}_n)}\right]. \tag{I-4-13}$$

守恒荷密度J^0仍解释为电荷密度.

式(I-4-12)也可表为如下的矩阵等式:

$$\begin{bmatrix}\phi'_1\\ \vdots\\ \phi'_N\end{bmatrix} = \begin{bmatrix}\mathrm{e}^{-\mathrm{i}q_1\theta} & & 0\\ & \ddots & \\ 0 & & \mathrm{e}^{-\mathrm{i}q_N\theta}\end{bmatrix}\begin{bmatrix}\phi_1\\ \vdots\\ \phi_N\end{bmatrix}, \tag{I-4-14a}$$

$$[\bar{\phi}'_1,\cdots,\bar{\phi}'_N] = [\bar{\phi}_1,\cdots,\bar{\phi}_N]\begin{bmatrix}\mathrm{e}^{\mathrm{i}q_1\theta} & & 0\\ & \ddots & \\ 0 & & \mathrm{e}^{\mathrm{i}q_N\theta}\end{bmatrix}, \tag{I-4-14b}$$

即变换矩阵是对角矩阵, 可简记为$\mathrm{diag}(\mathrm{e}^{-\mathrm{i}q_1\theta},\cdots,\mathrm{e}^{-\mathrm{i}q_N\theta})$和$\mathrm{diag}(\mathrm{e}^{\mathrm{i}q_1\theta},\cdots,\mathrm{e}^{\mathrm{i}q_N\theta})$.

从群论角度看, 全体形如式(I-4-4)的内部变换的集合$\{\mathrm{e}^{-\mathrm{i}q\theta}\,|\,\theta\in\mathbb{R}\}$在$q\neq 0$时

是酉群 U(1) (见小节 G.5.4 例 1), 因此说式(I-4-4)的内部变换群在 $q \neq 0$ 时是 U(1). 事实上, 变换(I-4-14)的内部变换群在 $q_1, \cdots, q_N$ 不全为零时也是 U(1), 因为不难证明(习题)集合

$$\hat{G} \equiv \{\mathrm{diag}(\mathrm{e}^{-\mathrm{i}q_1\theta}, \cdots, \mathrm{e}^{-\mathrm{i}q_N\theta}) \mid \theta \in \mathbb{R}\} \tag{I-4-15}$$

是群, 而且同态映射

$$\rho: \mathrm{U}(1) \to \hat{G}, \quad \mathrm{e}^{-\mathrm{i}\theta} \mapsto \mathrm{diag}(\mathrm{e}^{-\mathrm{i}q_1\theta}, \cdots, \mathrm{e}^{-\mathrm{i}q_N\theta})$$

是 U(1) 群的表示(当 $q_1, \cdots, q_N$ 的最大公约数为 1 时 ρ 还是忠实表示). $\hat{G}$ 的群元是 $N \times N$ 复矩阵, 所以是复矩阵群, 因而是 U(1) 群的复 N 维表示群(指表示空间的维数). 请注意分清李群的维数及其表示的维数, 对本例, 前者是 1 [因 $\dim \mathrm{U}(1) = 1$], 后者的复维数是 N.

I.4.2 非阿贝尔情况下的整体规范不变性

上小节的整体规范变换只涉及阿贝尔群 U(1), 比较简单. 物理上还遇到许多涉及非阿贝尔群的规范变换. 例如, 注意到核力(强力)与粒子所带电荷的无关性, 海森伯(Heisenberg)于 1932 年提出质子和中子可看作同一粒子——核子(nucleon)——的两种不同状态(同位旋态). 与电子的自旋波函数类似, 核子的同位旋态也可用波函数 $\phi = \begin{bmatrix} \phi_1 \\ \phi_2 \end{bmatrix}$ 描述. 核力在任意两个同位旋态之间的变换 $\phi \mapsto \phi' = \begin{bmatrix} \phi'_1 \\ \phi'_2 \end{bmatrix}$ 下保持不变, 这种波函数变换由一个 2×2 复矩阵描写, 变换的一般形式为

$$\begin{bmatrix} \phi'_1 \\ \phi'_2 \end{bmatrix} = \begin{bmatrix} U_{11} & U_{12} \\ U_{21} & U_{22} \end{bmatrix} \begin{bmatrix} \phi_1 \\ \phi_2 \end{bmatrix}, \quad U_{11}, U_{12}, U_{21}, U_{22} \in \mathbb{C}. \tag{I-4-16}$$

以 U 代表变换矩阵, 则 $\phi' = U\phi$. 由概率的归一化条件得

$$(\phi, \phi) = 1 = (\phi', \phi') = (U\phi, U\phi) = (U^\dagger U\phi, \phi),$$

表明 $U^\dagger U = I$ (单位矩阵), 所以 $U \in \mathrm{U}(2)$ (见小节 G.5.4). 再由

$$1 = \det I = \det(U^\dagger U) = \overline{\det U}\, \det U = |\det U|^2$$

得 $\det U = \mathrm{e}^{\mathrm{i}\alpha}$, $\alpha \in \mathbb{R}$. 令 $U = U_1 U_2$, 其中 $U_2 \equiv \mathrm{diag}(\mathrm{e}^{\mathrm{i}\alpha/2}, \mathrm{e}^{\mathrm{i}\alpha/2})$. 因 $\det U_2 = \mathrm{e}^{\mathrm{i}\alpha}$, 故 $\det U_1 = 1$. 由于 $U_2\phi = \mathrm{e}^{\mathrm{i}\alpha}\phi$ 与 ϕ 代表同一量子态(见小节 B.1.5), 所以可把 $\phi' = U\phi = U_1 U_2 \phi$ 理解为 $\phi' = U_1\phi$, 即以 U_1 代替 U 作为波函数的变换矩阵, 但仍记

作U, 即仍写$\phi'=U\phi$, 只是现在$\det U=1$, 因而$U\in \mathrm{SU}(2)$.[①]

ϕ在量子力学中代表波函数而在经典场论中代表场量(在量子场论中则成为场算符), 因此$\phi'=U\phi$是场变换(内部变换). 核子系统的拉氏密度$\mathscr{L}$在这一内部变换[其中$U\in \mathrm{SU}(2)$]下不变, 相应的守恒律就是同位旋守恒.[②] 守恒流表达式的推导与式(I-4-10)相仿. 李群SU(2)的李代数$\mathscr{SU}(2)$有如下一组基矢[见式(G-6-13)]:

$$E_1=-\frac{\mathrm{i}}{2}\begin{bmatrix}0&1\\1&0\end{bmatrix}=-\frac{\mathrm{i}}{2}\tau_1,\ E_2=-\frac{\mathrm{i}}{2}\begin{bmatrix}0&-\mathrm{i}\\\mathrm{i}&0\end{bmatrix}=-\frac{\mathrm{i}}{2}\tau_2,\ E_3=-\frac{\mathrm{i}}{2}\begin{bmatrix}1&0\\0&-1\end{bmatrix}=-\frac{\mathrm{i}}{2}\tau_3, \tag{I-4-17}$$

(其中τ_1, τ_2, τ_3是泡利矩阵.) 故任一李代数元$A\in\mathscr{SU}(2)$可表为

$$A=-\frac{\mathrm{i}}{2}(\theta^1\tau_1+\theta^2\tau_2+\theta^3\tau_3)\equiv-\frac{\mathrm{i}}{2}\vec{\tau}\cdot\vec{\theta}, \tag{I-4-18}$$

[其中$\theta^1,\theta^2,\theta^3\in\mathbb{R}$, 式(I-4-18)最右边是常用的简记法.] 因此SU(2)的任一群元可表为

$$U(\vec{\theta})=\mathrm{Exp}(A)=\mathrm{e}^{-\mathrm{i}\vec{\tau}\cdot\vec{\theta}/2}\in \mathrm{SU}(2). \tag{I-4-19}$$

因τ_1,τ_2,τ_3是2×2复矩阵, 故$\mathrm{e}^{-\mathrm{i}\vec{\tau}\cdot\vec{\theta}/2}$也是, 把群元写成$\mathrm{e}^{-\mathrm{i}\vec{\tau}\cdot\vec{\theta}/2}$其实是采用了3维李群SU(2)的(复)2维表示(自身表示). 根据不同的物理需要, 还会用到SU(2)[或SU(3), SU(4), …等]的其他维表示. 一般地说, 规范场论涉及一个李群(内部变换群)G和一个(或多个)矩阵李群$\hat{G}$, 而且存在同态$\rho: G\to\hat{G}$, 因而$\hat{G}$是G的表示. 设$R\equiv\dim G$, 以$\{e_1,\cdots,e_R\}$代表李群G的李代数$\mathscr{G}$的一组基矢, 则任一$A\in\mathscr{G}$可表为

$$A=\theta^1e_1+\cdots+\theta^Re_R=\theta^re_r\equiv\vec{\theta}\cdot\vec{e},\quad \theta^1,\ \cdots,\ \theta^R\in\mathbb{R}, \tag{I-4-20}$$

故群元$g\in G$可表为$g=\exp(\theta^re_r)$. (即使g不可表为这种指数形式, 以下讨论的实质性内容及结论仍成立.) 以V代表$\rho: G\to\hat{G}$的表示空间, 设$N\equiv\dim V$, 默认在V中已选定基底, 则$\hat{G}$的元素可表为$N\times N$矩阵. 以$\hat{\mathscr{G}}$代表$\hat{G}$的李代数, 则同态$\rho: G\to\hat{G}$在恒等元$e\in G$的推前映射$\rho_*: \mathscr{G}\to\hat{\mathscr{G}}$是李代数同态(定理G-3-2). 令$U(\vec{\theta})\equiv\rho(g)\in\hat{G}$, 则

---

① 在把ϕ看作量子场(而不是量子力学的量子态)的情况下, 这个论证是缺乏说服力的. 不过, 引入本例的主旨是要把规范变换推广至非阿贝尔群, U究竟是否属于SU(2)在这里并不重要, 而SU(2)比U(2)更简单, 所以就把U按SU(2)群元处理.

② 严格说, 只当考虑纯的强相互作用(电磁作用被"关掉")时质子和中子才完全一样, 所以这种"同位旋对称性"天生就是近似的.

$$U(\vec{\theta}) = \mathrm{E\,xp}[\rho_*(\theta^r e_r)] = \mathrm{E\,xp}(\theta^r \rho_* e_r)\,, \tag{I-4-21}$$

其中第一步是因为由 $g = \exp(\theta^r e_r)$ 可得 $\rho(g) = \mathrm{E\,xp}[\rho_*(\theta^r e_r)]$ (见附录G 习题10),第二步用到推前映射的线性性. 引入符号

$$-\mathrm{i}L_r \equiv \rho_* e_r \in \hat{\mathscr{G}}\,, \tag{I-4-22}$$

则 $-\mathrm{i}L_r$ 可表为 $N \times N$ 矩阵, 于是式(I-4-21)又可改写为(但 $\{-\mathrm{i}L_r \mid r = 1,\cdots,R\}$ 未必线性独立)

$$U(\vec{\theta}) = \mathrm{Exp}(-\mathrm{i}L_r\theta^r) \equiv \mathrm{e}^{-\mathrm{i}\vec{L}\cdot\vec{\theta}}\,,\quad (N \times N \text{ 矩阵等式}) \tag{I-4-21$'$}$$

相应的整体规范变换可以表为(第二式的证明见选读 I-5-2 末)

$$\phi' = U(\vec{\theta})\,\phi = \mathrm{e}^{-\mathrm{i}\,\vec{L}\cdot\vec{\theta}}\phi, \qquad \overline{\phi}' = \overline{\phi}\,U(\vec{\theta})^{-1} = \overline{\phi}\,\mathrm{e}^{\mathrm{i}\,\vec{L}\cdot\vec{\theta}}\,, \tag{I-4-23}$$

其中 $\phi \in V$ 代表有 N 个复分量的场量(场算符), 可看作由 $\phi_1,\cdots,\phi_N$ 排成的列阵; 而 $\overline{\phi}$ 则是由 $\overline{\phi}_1,\cdots,\overline{\phi}_N$ 排成的行阵(默认 $\hat{G}$ 是酉群, 非酉群的情形见选读 I-5-2).

注 2 ①在同位旋守恒的特例中 G 和 $\hat{G}$ 相同, 都是李群 $\mathrm{SU}(2)$. ②式(I-4-4)也可作为式(I-4-23)的特例被纳入, 这时 $G = \mathrm{U}(1)$, $\hat{G} = \{\mathrm{e}^{-\mathrm{i}q\theta} \mid \theta \in \mathbb{R}\}$, 故 $R = N = 1$, $\vec{L}\cdot\vec{\theta} = L_1\theta^1$, 而且 L_1 是 1×1 实矩阵, 可与 q 认同, 即 $L_1 = q$.

注 3 本节和下节专为讲授纤维丛理论在规范场论的应用而设, 只打算介绍为此而必备的物理知识, 对若干虽然重要但在此不直接用到的物理内容(例如各种内部对称性所给出的守恒量)只能是点到为止.

§I.5 物理场的局域规范不变性

在量子力学中, 波函数 $\psi(x)$ 的整体规范变换 $\psi'(x) = \mathrm{e}^{-\mathrm{i}q\theta}\psi(x)$ 无非是使波函数整体改变一个相位("整体"是指 θ 与时空点无关), 这种变换不会导致任何物理效应, 或者说, 量子力学系统在这种变换下是不变的. 自然要问: 如果 θ 依赖于时空点(局域规范变换), 结果又会如何?还有不变性吗?这一问题远不如整体规范变换那样简单. 首先, 整体规范变换不导致物理效应是哥本哈根阐释的必然结果, 然而却没有任何依据足以保证系统在局域规范变换下也没有物理效应(也具有不变性); 其次, 时间和空间的地位在非相对论量子力学中截然不同, 波函数 $\psi(x) \equiv \psi(t,\vec{x})$ 实际上只是抽象的态矢量 $|\psi(t)\rangle$ 在坐标表象中的表达式, 如果改用别的表象, 空间坐标 $\vec{x}$ 就不一定出现. 例如, 动量表象中的波函数 $\tilde{\psi}(t,\vec{p}) = \langle \vec{p}|\psi(t)\rangle$ 就不含空间坐标. 所以, 如果一定要在非相对论量子力学中引入局域规范变换, 那么比较自然的想法应该是变换参数 θ 只依赖于时间(而不是时空点).

不过，量子力学建立后物理学的发展过程早就给局域规范变换的出场作好了铺垫. 因此，尽管存在着上述问题，局域规范变换的观念甫一出现就还是立刻被物理学界所接受. 下面对这个背景作一简介.

电动力学具有 Poincaré 变换(时空变换)和规范变换(内部变换)下的不变性，前者被爱因斯坦发展为相对论，但是人们对后者的认识则较为迟滞[见 Gross(1992)和 <http://en.wikipedia.org/wiki/Gauge_transformation>]. 大数学家和物理学家 Weyl 在对广义相对论作尝试性突破时，认为标准钟和标准尺的选择应当是局域的[见泡利(1979)]，并在1918 年给出了一个理论，该理论认为，当 g_{ab} 是一个物理上有意义的度规时，对它作共形变换而得到的 $g'_{ab}=\Omega^2 g_{ab}$ 也是一个物理上有意义的度规. Weyl 把对 Ω 的选择的改变叫做规范(gauge)或尺度(scale)的改变，这就是规范变换一词的最初来历. 从这一想法出发，Weyl 的理论竟能神奇地把电磁场和引力场统一到一起，详见泡利(1979). 然而，爱因斯坦指出 Weyl 理论具有一个在实验上不可接受的推论[见泡利(1979)]，这成了该理论的一大难题. 量子力学建立起来之后，Fock(1926)，London(1927) 和 Weyl (1928, 1929)等随即注意到了量子力学中的 $\partial_\mu-\mathrm{i}(qe/h)A_\mu$ [即式(I-5-5)]与 Weyl 理论的无限小平移算符非常像，区别只在于一个虚单位 i . 他们把现代意义的局域规范变换引进了量子力学[见 Gross(1992)，泡利 (1979)，Jackson and Okun(2001)]，而且这一做法还可以被原封不动地推广到量子场论中. 从此，局域规范变换的观念成为现代物理学的基石之一. 泡利在这些方面起了巨大的作用. 以上就是 U(1) 局域规范理论的大概由来，小节 I.5.1 将介绍这一理论.

杨振宁(简称 Yang)和 Mills 在1954 年进一步把这一思想推广到同位旋空间[见 Yang and Mills (1954)]. 从物理上看来，海森伯提出的同位旋空间内的变换相当于在一个时空点上规定了质子和中子的区分标准之后其他时空点的区分标准也就随之而定，但 Yang 和 Mills 觉得这有悖于局域场的概念，而局域场概念是物理理论的基础. 他们认为不同时空点的同位旋轴的取向不应该相互关联，即认为 $\phi(x)$ 与 $\phi'(x)=\mathrm{e}^{-\mathrm{i}\vec{\tau}\cdot\vec{\theta}_{GO/2}}\phi(x)$ (现在的 $\vec{\theta}$ 依赖于时空点的坐标 x)在物理上等价(前提是配以适当的称为规范势的场，见小节 I.5.2)，这就把局域规范变换从阿贝尔情况[U(1) 群]推广到了非阿贝尔情况[SU(2)群].

本节默认已在 4 维闵氏时空中选定了一个洛伦兹坐标系 $\{x^\mu\}$，所有张量的坐标分量都是指在该系的分量.

I.5.1　阿贝尔情况下的局域规范不变性

以 $\phi(x)$ 代表复标量场 ϕ 与坐标系结合而得的 4 元函数. 前已看到 ϕ [因而 $\phi(x)$]的 $\mathscr{L}$ 在整体规范变换(I-4-4)下不变，现在要问它在如下的局域规范变换下是否改变：

$$\phi'(x)=\mathrm{e}^{-\mathrm{i}q\theta(x)}\phi(x),\quad \overline{\phi}'(x)=\mathrm{e}^{\mathrm{i}q\theta(x)}\overline{\phi}(x)\,.\text{(请特别注意现在的}\theta\text{是}x\text{的函数)}\tag{I-5-1}$$

$\mathscr{L}$ 表达式(I-4-2′)中的 $m^2\phi\overline{\phi}$ 项的不变性是显然的, 问题出在该式的另一项 $[\partial^\mu\overline{\phi}(x)]\partial_\mu\phi(x)$, 因为当 θ 依赖于 x 时 $\partial_\mu\phi'(x)$ 及 $\partial^\mu\overline{\phi}'(x)$ 会出现含 $\partial_\mu\theta(x)$ 及 $\partial^\mu\theta(x)$ 的附加项, 由此导致不变性的丢失:

$$[\partial^\mu\overline{\phi}'(x)]\,\partial_\mu\phi'(x)=[\partial^\mu\overline{\phi}(x)]\,\partial_\mu\phi(x)+\cdots\neq[\partial^\mu\overline{\phi}(x)]\,\partial_\mu\phi(x)\,.\tag{I-5-2}$$

物理上这是可以理解的, 因为复标量粒子既然带电, 就必然伴有电磁场, 所以应期待的是两场耦合系统的总拉氏密度在式(I-5-1)下不变. 以下改用 $\mathscr{L}_0$ 代表复标量场 $\phi(x)$ 自身(自由复标量场)的拉氏密度, 即 $\mathscr{L}_0=-[(\partial^\mu\overline{\phi})\partial_\mu\phi+m^2\phi\overline{\phi}]$, 而总拉氏密度 $\mathscr{L}$ 则应为三项之和:

$$\mathscr{L}=\mathscr{L}_0+\mathscr{L}_{\text{int}}+\mathscr{L}_{\text{EM}}\,,\tag{I-5-3}$$

其中 $\mathscr{L}_{\text{EM}}=-(16\pi)^{-1}F_{\mu\nu}F^{\mu\nu}$ 是电磁场 F_{ab} 的拉氏密度[见式(15-1-22)], $\mathscr{L}_{\text{int}}$ 代表 ϕ 与 F_{ab} 的相互作用(interaction)对 $\mathscr{L}$ 的贡献. 令 $\mathscr{L}_1\equiv\mathscr{L}_0+\mathscr{L}_{\text{int}}$, 为找到 $\mathscr{L}_1$ 的合理表达式可从如下讨论获得启发. 在非相对论量子力学中, 为求得电磁场中带电粒子的运动方程只须从自由粒子的薛定谔方程出发做如下替代(式中的 φ 和 $\vec{A}$ 分别是电磁场的标势和矢势):

$$\text{(a)}\ \partial/\partial t\mapsto\partial/\partial t+\mathrm{i}\hbar^{-1}eq\varphi,\qquad\text{(b)}\ \vec{\nabla}\mapsto\vec{\nabla}-\mathrm{i}\hbar^{-1}eq\vec{A}\,.\tag{I-5-4}$$

把这一做法推广到相对论性场论并用 4 维语言改写, 便得到 4 维闵氏时空中 $\partial_\mu=(\partial_0,\vec{\nabla})$ 的如下替代法则:

$$\partial_\mu\mapsto\partial_\mu-\mathrm{i}eqA_\mu\,.\ \text{(已改用自然单位制, 其中}\hbar=1\text{)}\tag{I-5-5}$$

于是伴有电磁场的复标量场的拉氏密度 $\mathscr{L}_1$ 应是自由复标量场拉氏密度 $\mathscr{L}_0$ 按上式做替代的结果, 准确地说就是

$$\mathscr{L}_1=-[(\mathrm{D}^\mu\overline{\phi})\mathrm{D}_\mu\phi+m^2\phi\overline{\phi}]\,,\tag{I-5-6}$$

其中 D_μ 叫**协变导数**(covariant derivative)**算符**(理由见§I.9 例 4 末), 由下式定义:

$$\mathrm{D}_\mu\phi(x)\equiv(\partial_\mu-\mathrm{i}eqA_\mu)\phi(x),\quad \mathrm{D}_\mu\overline{\phi}(x)\equiv(\partial_\mu+\mathrm{i}eqA_\mu)\overline{\phi}(x)\,.\tag{I-5-7}$$

所以

$$\mathscr{L}=\mathscr{L}_1+\mathscr{L}_{\text{EM}}=-[(\mathrm{D}^\mu\overline{\phi})\mathrm{D}_\mu\phi+m^2\phi\overline{\phi}]-(16\pi)^{-1}F_{\mu\nu}F^{\mu\nu}\,.\tag{I-5-8}$$

如果 $\mathscr{L}_1$ 和 $\mathscr{L}_{\text{EM}}$ 各自在式(I-5-1)下不变, $\mathscr{L}$ 自然不变. 有这等好事吗?有的. $\mathscr{L}_1$ 是把 $\mathscr{L}_0$ 中的 $\partial_\mu\phi$ 和 $\partial_\mu\overline{\phi}$ 换为 $\mathrm{D}_\mu\phi$ 和 $\mathrm{D}_\mu\overline{\phi}$ 的结果, 虽然 $(\partial^\mu\overline{\phi}')\partial_\mu\phi'\neq(\partial^\mu\overline{\phi})\partial_\mu\phi$, 但如果

$\mathrm{D}_\mu\phi(x)$ 和 $\mathrm{D}_\mu\overline{\phi}(x)$ 在式(I-5-1)的变换下按下式变换:

$$\text{(a) } \mathrm{D}'_\mu\phi'(x)=\mathrm{e}^{-\mathrm{i}q\theta(x)}\mathrm{D}_\mu\phi(x), \qquad \text{(b) } \mathrm{D}'^\mu\overline{\phi}'(x)=\mathrm{e}^{\mathrm{i}q\theta(x)}\mathrm{D}^\mu\overline{\phi}(x), \tag{I-5-9}$$

便有 $(\mathrm{D}'^\mu\overline{\phi}')\mathrm{D}'_\mu\phi'=(\mathrm{D}^\mu\overline{\phi})\mathrm{D}_\mu\phi$，从而 $\mathscr{L}_1'=\mathscr{L}_1$. 而 $\mathrm{D}_\mu\phi(x)$ 之所以可能按上式变换，是因为 D_μ 中含有 A_μ [式(I-5-7)]. 令 A_μ 在式(I-5-1)下按适当方式变换就可保证式(I-5-9)成立. 具体说, 因为

$$\begin{aligned}\text{式(I-5-9a)左边}&=[\partial_\mu-\mathrm{i}eqA'_\mu(x)]\,\phi'(x)=[\partial_\mu-\mathrm{i}eqA'_\mu(x)]\,\mathrm{e}^{-\mathrm{i}q\theta(x)}\phi(x)\\&=\mathrm{e}^{-\mathrm{i}q\theta(x)}\partial_\mu\phi(x)-\mathrm{i}q\,[\partial_\mu\theta(x)]\,\mathrm{e}^{-\mathrm{i}q\theta(x)}\phi(x)-\mathrm{i}\,eqA'_\mu(x)\,\mathrm{e}^{-\mathrm{i}q\theta(x)}\phi(x),\end{aligned}$$

$$\text{式(I-5-9a)右边}=\mathrm{e}^{-\mathrm{i}q\theta(x)}\partial_\mu\phi(x)-\mathrm{i}eqA_\mu(x)\,\mathrm{e}^{-\mathrm{i}q\theta(x)}\phi(x),$$

[类似的讨论也适用于式(I-5-9b).] 所以为使式(I-5-9)成立只须下式成立:

$$A'_\mu(x)=A_\mu(x)-e^{-1}\partial_\mu\theta(x). \tag{I-5-10}$$

上式起到“一箭双雕”的作用: 首先, 它保证 $\mathscr{L}_1$ 在式(I-5-1)的变换下不变; 其次, 因为它无非是熟知的电磁4势的规范变换式(与小节6.6.5的 $\tilde{\boldsymbol{A}}\equiv\boldsymbol{A}+\mathrm{d}\chi$ 实质一样), $A_\mu(x)$ 按此式变换时自然有 $F'_{\mu\nu}=F_{\mu\nu}$，于是 $\mathscr{L}'_{\mathrm{EM}}=\mathscr{L}_{\mathrm{EM}}$. 可见, 只要 $A_\mu(x)$ 在式(I-5-1)的变换下按式(I-5-10)变换, 就可保证 $\mathscr{L}_1$ 和 $\mathscr{L}_{\mathrm{EM}}$ (从而 $\mathscr{L}$)不变.

以上虽然以复标量场为例讨论, 但其结论适用于所有带电粒子场与电磁场的耦合系统, 包括人们最熟悉的电子、质子(Dirac场)与电磁场的耦合系统.① 关键结论是: 当以下三个条件满足时, 系统的总拉氏密度 $\mathscr{L}=\mathscr{L}_1+\mathscr{L}_{\mathrm{EM}}$ 在局域规范变换(I-5-1)下不变:

(1)自由带电粒子场 $\phi(x)$ 的拉氏密度 $\mathscr{L}_0$ 在整体规范变换(I-4-4)下不变;

(2)与带电粒子场相应的电磁4势 $A_\mu(x)$ 在局域规范变换下按式(I-5-10)变换;

(3) $\mathscr{L}_1$ 是用 D_μ 取代自由带电粒子场的 $\mathscr{L}_0$ 中的 ∂_μ 的结果. 例如, 设

$$\mathscr{L}_0=\mathscr{L}_0(\phi(x),\partial_\mu\phi(x);\ \overline{\phi}(x),\partial_\mu\overline{\phi}(x)),$$

则

$$\mathscr{L}_1=\mathscr{L}_0(\phi(x),\mathrm{D}_\mu\phi(x);\ \overline{\phi}(x),\mathrm{D}_\mu\overline{\phi}(x)).$$

这种由 $\mathscr{L}_0$ 求 $\mathscr{L}_1$ 的做法称为**最小替代**(minimal replacement)**法则**或**最小耦合原理**(principle of minimal coupling).

其实这种讨论可以说是对我们熟悉的电磁理论的一种“倒装式”的讨论. 我们

① 在粒子物理学的早期, 人们认为质子(及中子)场也是Dirac场.

熟悉的理论是:设闵氏时空中存在带电粒子流(4电流密度为 J^a)(最常见的是电子、质子流),则它们激发电磁场 F_{ab}. 如果用4势 A_a 描述,则对同一 F_{ab} 而言 A_a 并不唯一,两个4势 A_a 和 A'_a 对应于同一 F_{ab} 当且仅当 A_a 和 A'_a 满足规范变换条件 $A'_a = A_a + (\mathrm{d}\chi)_a$ [即式(I-5-10)]. 在电磁理论的这种"正装式"讲法中,我们早已知道一旦存在带电粒子场就必然存在电磁场,两者之间有相互作用(总体的能、动量守恒而各自的能、动量不守恒). 反之,在现在这种"倒装式"的讨论中,我们暂时(假装不懂得"正装式"的理论)只知道有带电粒子场而不知道它伴有电磁场,并发现其 $\mathscr{L}_0$ 在局域规范变换下不可能不变;然而从物理角度考虑, $\mathscr{L}$ 应有局域规范变换下的不变性,正是这种局域规范不变性"逼"出了电磁场的存在性,同时还"逼"出其4势 A_μ 必须按式(I-5-10)变换. 这种思考对于推广到更复杂的情况(内部变换群为非阿贝尔群)大有裨益. 这一讨论方式还有一个副产品. 自由复标量场的 $\mathscr{L}_0$ 含有两项,第一项 $-(\partial^\mu\overline{\phi})\partial_\mu\phi$ 是场量的一阶导数的平方项,可称为"动能项",第二项 $-m^2\phi\overline{\phi}$ 可称为"质量项". 与此不同,电磁场的

$$\mathscr{L}_{\mathrm{EM}} = -\frac{1}{16\pi}F^{\mu\nu}F_{\mu\nu} = -\frac{1}{4\pi}(\partial_\mu A_\nu)\,\partial^{[\mu}A^{\nu]}$$

只含动能项而不含质量项,这意味着其相应的量子(光子)的静质量为零. 正是因为 $\mathscr{L}_{\mathrm{EM}}$ 只含动能项才使 $\mathscr{L}_{\mathrm{EM}}$ 在 A_μ 的规范变换[式(I-5-10)]下不变,只要补上与 $m_\gamma^2 A_\mu A^\mu$ 成正比的非零质量项,这种不变性便告消失. 可见,局域规范不变性还"逼"出了光子静质量为零这一重要结论.

[选读 I-5-1]

从经典场的拉氏密度 $\mathscr{L}$ 出发用变分原理可求得该场的运动方程,小节15.1.2曾分别对自由实标量场和无源电磁场导出过运动方程 $\partial^\mu\partial_\mu\phi - m^2\phi = 0$ (KG方程)和 $\partial^\nu\partial_\nu A_\mu = 0$. 现在关心复标量场. 既然复标量粒子带电,其所在空间就有电磁场,因此更实际的情况不是自由复标量场而是复标量场与电磁场并存的耦合系统. 式(I-5-8)的 $\mathscr{L}$ 正是这个系统的总拉氏密度. 从这个 $\mathscr{L}$ 出发对 ϕ 和 $\overline{\phi}$ 做变分得

$$[(\partial^\mu - \mathrm{i}eqA^\mu)(\partial_\mu - \mathrm{i}eqA_\mu) - m^2]\phi = 0 \quad \text{和} \quad [(\partial^\mu + \mathrm{i}eqA^\mu)(\partial_\mu + \mathrm{i}eqA_\mu) - m^2]\overline{\phi} = 0. \qquad \text{(I-5-11)}$$

这就是与电磁场耦合的复标量场的运动方程,当 $A_\mu = 0$ 时回到KG方程. 从式(I-5-8)的 $\mathscr{L}$ 出发对 A_μ 做变分(并利用洛伦兹条件 $\partial^\mu A_\mu = 0$)则得 A_μ 的运动方程

$$\partial^\nu\partial_\nu A^\mu = 4\pi[-\mathrm{i}eq(\phi\partial^\mu\overline{\phi} - \overline{\phi}\partial^\mu\phi) + 2e^2q^2\phi\overline{\phi}A^\mu]. \qquad \text{(I-5-12)}$$

与有源电磁场的运动方程 $\partial^\nu\partial_\nu A^\mu = -4\pi J^\mu$ [式(6-6-31)]对比可知上式右边扮演电磁场源的角色,相应的4电流密度为

$$J^{\mu}=\mathrm{i}eq(\phi\partial^{\mu}\overline{\phi}-\overline{\phi}\partial^{\mu}\phi)-2e^{2}q^{2}\phi\overline{\phi}A^{\mu}, \tag{I-5-13}$$

当 $A_{\mu}=0$ 时回到式(I-4-11). 既然电磁场与复标量场组成耦合系统, 物理上不难相信这电磁场的源就是复标量粒子的电荷及其相应的电流, 所以对式(I-5-13)右边第一大项不难理解. 比较费解的是第二大项, 它除了含有 ϕ 和 $\overline{\phi}$ 外还涉及 A^{μ} 自身. 不过此项非有不可, 因为缺少它就不能保证 ① J^{μ} 的规范不变性; ②电荷的守恒性($\partial_{\mu}J^{\mu}=0$). 事实上, 由 $\partial^{\mu}A_{\mu}=0$ 可知 ∂_{μ} 作用于式(I-5-12)左边得零, 但借式(I-5-11)可知 ∂_{μ} 作用于式(I-5-12)左边第一项不为零, 补上第二项才有 $\partial_{\mu}J^{\mu}=0$. 不难验证式(I-5-13)可改写为

$$J^{\mu}=\mathrm{i}eq(\phi\mathrm{D}^{\mu}\overline{\phi}-\overline{\phi}\mathrm{D}^{\mu}\phi), \tag{I-5-13$'$}$$

这正是对无电磁场时的式(I-4-11)做替代 $\partial_{\mu}\mapsto\mathrm{D}_{\mu}$ 的结果. **[选读 I-5-1 完]**

I.5.2 非阿贝尔情况下的局域规范不变性(Yang-Mills 理论)

现在把上小节的复标量场推广为小节 I. 4. 2 中的多分量粒子场 $\phi(x)$, 并仍假定它的自由拉氏密度 $\mathscr{L}_0$ 在整体规范变换(I-4-23)下不变, 然后关心系统在局域规范变换

$$\phi'(x)=U(\vec{\theta}(x))\phi(x)=\mathrm{e}^{-\mathrm{i}\vec{L}\cdot\vec{\theta}(x)}\phi(x),\quad \overline{\phi'}(x)=\overline{\phi}(x)U(\vec{\theta}(x))^{-1}=\overline{\phi}(x)\mathrm{e}^{\mathrm{i}\vec{L}\cdot\vec{\theta}(x)} \tag{I-5-14}$$

下是否还有不变性, 其中 $U(\vec{\theta}(x))=\mathrm{e}^{-\mathrm{i}\vec{L}\cdot\vec{\theta}(x)}$ 是式(I-4-21′)的局域化, 内部变换群及其表示群仍分别记作 G 和 $\hat{G}$. 上小节的复标量场 $\phi(x)$ 是现在情况的特例, 在那里, 为了保证系统在局域规范变换下的不变性, 必须认为 $\phi(x)$ 场伴有一个附加场(电磁场), 其 4 势 A_a 以适当方式变换. 受此启发, 我们做如下猜想:

(1)多分量复粒子场 $\phi(x)$ 也伴有 $R(\equiv\dim G)$ 个附加场, 称为**规范场**(gauge field) 或 YM **场**(Yang-Mills **场**的简称), 相应地也有 R 个 4 势(叫**规范势**), 这是闵氏时空中的 R 个余矢场 $\{A_a^r\,|\,r=1,\cdots,R\}$, 其坐标分量记作 $A_{\mu}^r(x)$.

(2)全系统的总拉氏密度 $\mathscr{L}$ 也可以表为

$$\mathscr{L}=\mathscr{L}_1+\mathscr{L}_{\mathrm{YM}}, \tag{I-5-15}$$

其中 $\mathscr{L}_{\mathrm{YM}}$ 是 YM 场的拉氏密度(稍后将给出表达式), $\mathscr{L}_1$ 则取如下形式:

$$\mathscr{L}_1=\mathscr{L}_0(\phi(x),\ \mathrm{D}_{\mu}\phi(x);\ \overline{\phi}(x),\ \mathrm{D}_{\mu}\overline{\phi}(x)), \tag{I-5-16}$$

即是以 $\mathrm{D}_{\mu}\phi(x)$ 和 $\mathrm{D}^{\mu}\overline{\phi}(x)$ 分别代替 $\mathscr{L}_0$ 中的 $\partial_{\mu}\phi(x)$ 和 $\partial_{\mu}\overline{\phi}(x)$ (最小替代)的结果, 式中协变导数算符 D_{μ} 对 $\phi(x)$ 和 $\overline{\phi}(x)$ 的作用分别定义为

$$\mathrm{D}_{\mu}\phi(x)\equiv\partial_{\mu}\phi(x)-\mathrm{i}k\vec{L}\cdot\vec{A}_{\mu}(x)\phi(x), \tag{I-5-17a}$$

$$\mathrm{D}_\mu\bar{\phi}(x) \equiv \partial_\mu\bar{\phi}(x) + \mathrm{i}k\bar{\phi}(x)\vec{L}\cdot\vec{A}_\mu(x) , \tag{I-5-17b}$$

其中 k 为耦合常数①[当 $G=\mathrm{U}(1)$ 时 $k=e$],

$$\vec{L}\cdot\vec{A}_\mu(x) \equiv L_1A_\mu^1(x)+\cdots+L_RA_\mu^R(x) \equiv L_rA_\mu^r(x) . \tag{I-5-18}$$

于是, 如果 $\mathrm{D}_\mu\phi(x)$ 和 $\mathrm{D}^\mu\bar{\phi}(x)$ 在式(I-5-14)的变换下按

$$\text{(a) } \mathrm{D}'_\mu\phi'(x) = U(\vec{\theta}(x))\,\mathrm{D}_\mu\phi(x) , \quad \text{(b) } \mathrm{D}'_\mu\bar{\phi}'(x) = [\mathrm{D}_\mu\bar{\phi}(x)]\,U(\vec{\theta}(x))^{-1} \tag{I-5-19}$$

变换, 则 $\mathscr{L}_1$ 在式(I-5-14)的变换下不变. 现在的问题仍然是: 为保证式(I-5-19)成立, $A_\mu^r(x)$ 应以怎样的方式变换?

式(I-5-19a)左边 $=\partial_\mu[U(\vec{\theta}(x))\phi(x)] - \mathrm{i}k\vec{L}\cdot\vec{A}'_\mu(x)U(\vec{\theta}(x))\phi(x)$

$$= U(\vec{\theta}(x))\partial_\mu\phi(x) + [\partial_\mu U(\vec{\theta}(x))]\phi(x) - \mathrm{i}k\vec{L}\cdot\vec{A}'_\mu(x)U(\vec{\theta}(x))\phi(x) ,$$

式(I-5-19a)右边 $= U(\vec{\theta}(x))\partial_\mu\phi(x) - \mathrm{i}kU(\vec{\theta}(x))\vec{L}\cdot\vec{A}_\mu(x)\phi(x)$,

所以, 要使式(I-5-19a)成立只须下式成立: ②

$$-\mathrm{i}\vec{L}\cdot\vec{A}'_\mu(x) = U(\vec{\theta}(x))\,(-\mathrm{i}\vec{L}\cdot\vec{A}_\mu(x))\,U(\vec{\theta}(x))^{-1} - k^{-1}[\partial_\mu U(\vec{\theta}(x))]\,U(\vec{\theta}(x))^{-1} . \tag{I-5-20}$$

引入简化记号

$$\hat{A}_\mu(x) \equiv -\mathrm{i}\vec{L}\cdot\vec{A}_\mu(x) \equiv -\mathrm{i}L_rA_\mu^r(x) \in \hat{\mathscr{G}} , \tag{I-5-21}$$

则式(I-5-20)成为

$$\hat{A}'_\mu(x) = U(\vec{\theta}(x))\hat{A}_\mu(x)U(\vec{\theta}(x))^{-1} - k^{-1}[\partial_\mu U(\vec{\theta}(x))]\,U(\vec{\theta}(x))^{-1} . \tag{I-5-20′}$$

可见式(I-5-20′)成立保证式(I-5-19a)成立. 不难验证它也保证式(I-5-19b)成立, 因而保证 $\mathscr{L}_1' = \mathscr{L}_1$. 当 $G=\mathrm{U}(1)$, $\hat{G} \equiv \{\mathrm{e}^{-\mathrm{i}q\theta} \mid \theta\in\mathbb{R}\}$ 时

$$U(\vec{\theta}(x)) = \mathrm{e}^{-\mathrm{i}q\theta(x)} , \quad \hat{A}_\mu(x) = -\mathrm{i}L_1A_\mu^1(x) = -\mathrm{i}qA_\mu^1(x) , \quad k=e ,$$

故式(I-5-20′)归结为 $A'^1_\mu(x) = A_\mu^1(x) - e^{-1}\partial_\mu\theta(x)$, 这就是式(I-5-10).

最后, 为保证 $\mathscr{L} = \mathscr{L}_1 + \mathscr{L}_{\mathrm{YM}}$ 在变换(I-5-20′)下不变, 还要找到 $\mathscr{L}_{\mathrm{YM}}$ 的适当定

---

① 对 $G=G_1\times G_2$ 的情况, D_μ 可以是 $\mathrm{D}_\mu \equiv \partial_\mu - \mathrm{i}k_1\vec{L}^{(1)}\cdot\vec{A}_\mu^{(1)} - \mathrm{i}k_2\vec{L}^{(2)}\cdot\vec{A}_\mu^{(2)}$, 即可以存在两个耦合常数, 详见戴元本(2005).

② 式(I-5-20)左边是 $\hat{\mathscr{G}}$ 的元素, 右边第一项也是. (它可简记为 gBg^{-1} , 其中 $B\equiv -\mathrm{i}\vec{L}\cdot\vec{A}_\mu(x)\in\hat{\mathscr{G}}$, 而由附录G习题19知 $gBg^{-1} = \mathscr{A}d_gB \in \hat{\mathscr{G}}$.) 为保证式(I-5-20)有意义, 右边第二项也应是 $\hat{\mathscr{G}}$ 的元素. 可证(略)的确如此.

义. 这可从电磁场的 $\mathscr{L}_{\text{EM}} = -(16\pi)^{-1} F_{\mu\nu} F^{\mu\nu}$ 得到启发. 既然在 YM 场的情况下已引入 R 个规范势 $A_\mu^r(x)$, 相应地就应有 R 个规范场强 $F_{\mu\nu}^r (r=1,\cdots,R)$, 定义它们为

$$F_{\mu\nu}^r(x) \equiv \partial_\mu A_\nu^r(x) - \partial_\nu A_\mu^r(x) + k\sum_{s,t=1}^{R} C^r{}_{st} A_\mu^s(x) A_\nu^t(x), \quad r=1,\cdots,R, \qquad \text{(I-5-22)}$$

其中 $C^r{}_{st}$ 是 G 的李代数 $\mathscr{G}$ 在基底 $\{e_r\}$ 下的结构常数. [当 $G=\text{U}(1), \mathscr{G}=\mathscr{U}(1)$ 时 $R=1$, $C^r{}_{st}=0$, 上式退化为电磁场强 $F_{\mu\nu}$ 与 4 势的熟知关系式 $F_{\mu\nu} = \partial_\mu A_\nu - \partial_\nu A_\mu$.] 再把 $\mathscr{L}_{\text{EM}} = -(16\pi)^{-1} F_{\mu\nu} F^{\mu\nu}$ 作自然推广便得 $\mathscr{L}_{\text{YM}}$ 的定义:

$$\mathscr{L}_{\text{YM}} = -\frac{1}{16\pi}\sum_{r=1}^{R} F_{\mu\nu}^r F^{r\mu\nu}\,,^{①} \quad (\text{对 } \mu,\nu \text{ 的取和已默认}) \qquad \text{(I-5-23)}$$

其中 $F^{r\mu\nu} \equiv \eta^{\mu\alpha}\eta^{\nu\beta} F_{\alpha\beta}^r$. 所余任务就是证明 $\mathscr{L}_{\text{YM}}$ 在变换(I-5-20)下不变. 引入简化记号

$$\hat{F}_{\mu\nu}(x) \equiv -\mathrm{i} L_r F_{\mu\nu}^r(x) \in \hat{\mathscr{G}}\,, \qquad \text{(I-5-24)}$$

则式(I-5-22)可改写为(证明留作习题)

$$\hat{F}_{\mu\nu}(x) = \partial_\mu \hat{A}_\nu(x) - \partial_\nu \hat{A}_\mu(x) + k[\hat{A}_\mu(x), \hat{A}_\nu(x)], \qquad \text{(I-5-25)}$$

其中 $[\hat{A}_\mu(x), \hat{A}_\nu(x)]$ 是李代数元 $\hat{A}_\mu(x)$ 与 $\hat{A}_\nu(x)$ 的李括号, 意义明确. 由此可证(习题) $\hat{F}_{\mu\nu}(x)$ 在式(I-5-14)及(I-5-20′)的联合变换下的变换关系为

$$\hat{F}_{\mu\nu}(x) \mapsto \hat{F}'_{\mu\nu}(x) = U(\vec{\theta}(x))\hat{F}_{\mu\nu}(x)U(\vec{\theta}(x))^{-1}, \qquad \text{(I-5-26)}$$

不妨简写为

$$\hat{F}'_{\mu\nu} = U\hat{F}_{\mu\nu}U^{-1}. \qquad \text{(I-5-26′)}$$

由此就可证明 $\mathscr{L}_{\text{YM}}$ 在变换(I-5-20′)下不变, 即 $\mathscr{L}'_{\text{YM}}(x) = \mathscr{L}_{\text{YM}}(x)$. 见选读 I-5-3.

注 1[选读]　如前所述, 一般的规范场论涉及一个内部变换群 G 及其一个或数个(设为 I 个)表示群 $\hat{G}_i\ (i=1,\cdots,I)$, 即存在 I 个同态映射 $\rho_i : G \to \hat{G}_i$. 小节 I.4.1 末提供了一个简单的例子, 其中 $G=\text{U}(1)$, 表示群只有一个, 即

$$\hat{G} = \{\text{diag}(\mathrm{e}^{-\mathrm{i}q_1\theta}, \cdots, \mathrm{e}^{-\mathrm{i}q_N\theta} \mid \theta \in \mathbb{R}\}.$$

这一例子又可分为两种情况: ① $q_1,\cdots,q_N$ 不全为零, 这时 $\rho : \text{U}(1) \to \hat{G}$ 是同构($\hat{G}$

① 因 $C^r{}_{st}$ 依赖于 $\mathscr{G}$ 的基底 $\{e_r\}$, 故由式(I-5-22)定义的 $F_{\mu\nu}^r$ 也依赖于基底. 定义式(I-5-23)中的 $F_{\mu\nu}^r$ 应为正交归一基底 $\{e_r\}$ (含义及理由见选读 I-5-3)所定义的 $F_{\mu\nu}^r$.

是忠实表示); ② $q_1 = \cdots = q_N = 0$, 这时 $\hat{G}$ 只含恒等元 $\hat{e} = \mathrm{diag}(1,\cdots,1)$, ρ 是同态而非同构. 情况②虽然没有什么实用意义, 但可作为一个最简单、最极端的例子帮助读者想像 $\rho: G \to \hat{G}$ 不是同构的情况. 现在回到本注记开头的最一般情况. 虽然无法保证所有 $\rho_i: G \to \hat{G}_i$ 都是同构(甚至无法保证至少有一个 ρ_i 是同构), 但不妨认为规范场论是在如下默认前提下讨论的:

默认前提 若 $g \in G$ 满足 $\rho_i(g) = \hat{e}_i \in \hat{G}_i$, $i = 1,\cdots,I$, 则 $g = e \in G$.

下面说明默认这一前提的理由. 假定这一前提不成立, 即 G 包含满足如下条件的非独点子集 $N \subset G$:

$$g \in N \Leftrightarrow \rho_i(g) = \hat{e}_i \in \hat{G}_i, \quad i = 1,\cdots,I,$$

则易证 N 是 G 的正规子群(定义见§G.1). 由于真正用来作用于粒子场 $\phi(x)$ 的群元都是表示群(而非 G 本身)的元素, 所以, 假定 G 包含了满足上述条件的正规子群 N, 就应认为当初把 G 选为内部变换群时取得“太大”了, 完全可以用“较小”的商群 $G' \equiv G/N$ 代替(用正规子群构造商群的做法类似于用理想构造商代数的做法, 后者见选读 G-3-1), 相应地可以自然定义同态映射 $\rho_i': G' \to \hat{G}_i$. 此举即可保证 G' 和全部的 ρ_i' 满足上面的默认前提. 由此, 利用正规子群与理想的对应关系(见选读 G-3-1 注 2), 就可保证

$$\rho_{i*}'(A) = 0, \quad i = 1,\cdots,I \Rightarrow A = 0 \in \mathscr{G}, \quad \text{其中 } \mathscr{G} \text{ 是 } G \text{ 的李代数.} \qquad \text{(I-5-27)}$$

此式在不少情况下都很有用, 例如, 见式(I-7-8)后第一行.

[选读 I-5-2]

为帮助读者更好地理解正文的内容, 本选读介绍笔者对与规范场论有关的部分数学问题的认识, 特别是, 例如, 对 $\overline{\phi}(x)$ 的理解. 规范场论总要涉及内部变换李群 G 及其表示群 $\hat{G}$ (一个或多个). 所谓“$\hat{G}$ 的表示空间是 N 维复矢量空间 V”, 是指任一 $\hat{g} \in \hat{G}$ 都是从 V 到 V 的可逆线性映射, 即 $\hat{g} \in \mathrm{GL}(N,\mathbb{C})$ (见中册小节 G.5.4 开头). 为适应规范场论的需要, 还须对 V 和 $\hat{G}$ 提出某些要求. 通常要求 V 是(复)内积空间(见中册 §B.1 定义 1), 而且 $\hat{g}$ 的作用保内积, 于是 $\hat{G}$ 就是酉群 $\mathrm{U}(N)$ 或其李子群. 然而, 某些物理场(如 Dirac 场)的规范理论不满足这一要求, 为了把这些物理场也纳入我们的理论框架, 本附录把对 V 的要求略加放宽: 保留 §B.1 定义 1 的条件 (a), (b), (c)而把条件(d)弱化为只要求内积非退化而不要求内积正定, 对 $\hat{g}$ 则仍要求保内积. 以 $\tilde{\mathrm{U}}(V)$ 代表 V 上全体这样的保内积映射构成的群[也是 $\mathrm{GL}(N,\mathbb{C})$ 的李子群], 则我们要求 $\hat{G}$ 是 $\tilde{\mathrm{U}}(V)$ 或其李子群. 一个微妙的问题是 $\overline{\phi}(x)$ 的含义. $\dim V = 1$ 时 $\phi(x)$ 是复数, $\overline{\phi}(x)$ 自然定义为 $\phi(x)$ 的共轭复数. 但在 $\dim V > 1$ 时尚未给 $\overline{\phi}(x)$ 下过定义. 既然 $\phi(x) \in V$, 我们就规定 $\overline{\phi}(x) \in V^*$ (其中 V^* 是 V 的对偶空间), 其定义是

[以下把$\phi(x)$和$\overline{\phi}(x)$简记作ϕ和$\overline{\phi}$]

$$\overline{\phi}(\psi) := (\phi,\psi),\ \forall\psi\in V. \quad [(\phi,\psi)\text{代表}\phi\text{与}\psi\text{的内积}] \tag{I-5-28}$$

根据中册命题B-1-1(用于有限维的V), 式(I-5-28)定义了一个从V到V^*的一一到上映射, 即$\phi\mapsto\overline{\phi}$ ($\overline{\phi}$与ϕ的关系就是左、右矢的关系), 故V^*的任一元素都可表为$\overline{\phi}$, 其中$\phi\in V$. 于是V上的内积自然在V^*上诱导一个内积, 定义为

$$(\overline{\phi},\overline{\psi}) := (\psi,\phi)\ \forall\overline{\phi},\overline{\psi}\in V^*.$$

因为G的表示群$\hat{G}$是$\tilde{\mathrm{U}}(V)$或其李子群, 所以存在同态$\rho: G\to\tilde{\mathrm{U}}(V)$. 这$\rho$又自然诱导出映射$\overline{\rho}: G\to\mathscr{L}(V^*)$, 定义为

$$\overline{\rho}(g)\overline{\phi} := \overline{\rho(g)\phi},\quad \forall g\in G,\ \overline{\phi}\in V^*. \tag{I-5-29}$$

其中$\overline{\rho}(g)\overline{\phi}$代表$\overline{\rho}(g)\in\mathscr{L}(V^*)$对$\overline{\phi}\in V^*$的作用结果, $\overline{\rho(g)\phi}$代表$\rho(g)\in\tilde{\mathrm{U}}(V)$对$\phi\in V$的作用结果所对应的左矢[读者不难验证$\overline{\rho}(g)$对$\overline{\phi}$的作用的确是线性的]. $\rho(g)$保内积导致$\overline{\rho}(g)$也保内积, 因为$\forall\overline{\phi},\overline{\psi}\in V^*$有

$$(\overline{\rho}(g)\overline{\phi},\overline{\rho}(g)\overline{\psi}) = (\overline{\rho(g)\phi},\overline{\rho(g)\psi}) = (\rho(g)\psi,\rho(g)\phi) = (\psi,\phi) = (\overline{\phi},\overline{\psi}),$$

[其中第一步用到式(I-5-29), 第二、四步用到$(\overline{\phi},\overline{\psi})\equiv(\psi,\phi)$, 第三步是因为$\rho(g)$保内积.] 于是$\overline{\rho}(g)\in\tilde{\mathrm{U}}(V^*)$, 故可写$\overline{\rho}: G\to\tilde{\mathrm{U}}(V^*)$.

命题 I-5-1　$\overline{\rho}: G\to\tilde{\mathrm{U}}(V^*)$是同态, 因而也是$G$的表示.

证明　因$\forall\phi,\psi\in V$有

$$\begin{aligned}[\overline{\rho}(g)\overline{\phi}](\psi) &= \overline{\rho(g)\phi}\,(\psi) = (\rho(g)\phi,\psi) = (\rho(g)^{-1}\rho(g)\phi,\ \rho(g)^{-1}\psi)\\ &= (\phi,\rho(g)^{-1}\psi) = \overline{\phi}(\rho(g)^{-1}\psi) = [\overline{\phi}\circ\rho(g)^{-1}](\psi),\end{aligned} \tag{I-5-30}$$

[其中第一步用到式(I-5-29), 第二、五步用到式(I-5-28), 第三步用到$\rho(g)$保内积.] 所以

$$\overline{\rho}(g)\overline{\phi} = \overline{\phi}\circ\rho(g)^{-1}. \tag{I-5-31}$$

于是$\forall g_1, g_2\in G, \overline{\phi}\in V^*$有

$$\begin{aligned}\overline{\rho}(g_1)[\overline{\rho}(g_2)\overline{\varphi}] &= [\overline{\rho}(g_2)\overline{\varphi}]\circ\rho(g_1)^{-1} = [\overline{\varphi}\circ\rho(g_2)^{-1}]\circ\rho(g_1)^{-1}\\ &= \overline{\varphi}\circ[\rho(g_2)^{-1}\circ\rho(g_1)^{-1}] = \overline{\varphi}\circ[\rho(g_1)\circ\rho(g_2)]^{-1} = \overline{\varphi}\circ\rho(g_1g_2)^{-1} = \overline{\rho}(g_1g_2)\overline{\varphi},\end{aligned}$$

[其中第一、二、六步用到式(I-5-31), 第五步用到ρ的同态性.] 可见

$$\overline{\rho}(g_1g_2) = \overline{\rho}(g_1)\overline{\rho}(g_2).$$ □

在表示空间V中选定基底$\{\varepsilon_n\}$后, $\phi \in V$就可表为列阵, 故$\overline{\phi} \in V^*$是行阵(参见§2.3例1), 而且似乎应有$\overline{\phi} = [\overline{\phi}_1, \cdots, \overline{\phi}_N]$. 然而应强调此式只在满足一定条件时成立. 令$\phi^\dagger \equiv [\overline{\phi}_1, \cdots, \overline{\phi}_N]$, 我们来看在什么条件下有$\overline{\phi} = \phi^\dagger$. 把$\phi$和$\psi$用基矢展开:

$$\phi = \sum_{n=1}^N \phi_n \varepsilon_n, \ \psi = \sum_{m=1}^N \psi_m \varepsilon_m ,$$

则

$$\overline{\phi}(\psi) = (\sum_{n=1}^N \phi_n \varepsilon_n, \sum_{m=1}^N \psi_m \varepsilon_m) = \sum_{n,m=1}^N \overline{\phi}_n \psi_m (\varepsilon_n, \varepsilon_m) = \sum_{n,m=1}^N \overline{\phi}_n \psi_m H_{nm} , \qquad \text{(I-5-32)}$$

其中$H_{nm} \equiv (\varepsilon_n, \varepsilon_m)$. 如果内积正定, 则可选正交归一基底$\{\varepsilon_n\}$使$H_{nm} = \delta_{nm}$, 这时式(I-5-32)简化为$\overline{\phi}(\psi) = \sum_{n=1}^N \overline{\phi}_n \psi_n = \phi^\dagger(\psi)$, 因而$\overline{\phi} = \phi^\dagger$. 然而, 如果内积非正定, 则对任何基底都不会有$H_{nm} = \delta_{nm}$. 把ψ和$\phi^\dagger$分别看作列阵和行阵, 即

$$\psi = \begin{bmatrix} \psi_1 \\ \vdots \\ \psi_N \end{bmatrix}, \qquad \phi^\dagger = [\overline{\phi}_1, \cdots, \overline{\phi}_N],$$

便知ψ和$\phi^\dagger$的矩阵元(复数)可分别表为$\psi_{m1} = \psi_m$, ${\phi^\dagger}_{1n} = \overline{\phi}_n$, 故式(I-5-32)可改写为

$$\overline{\phi}(\psi) = \sum_{n,m=1}^N {\phi^\dagger}_{1n} H_{nm} \psi_{m1} = \sum_{m=1}^N (\phi^\dagger H)_{1m} \psi_{m1} = (\phi^\dagger H)\psi , \qquad \text{(I-5-33)}$$

所以

$$\overline{\phi} = \phi^\dagger H . \qquad \text{(行阵等式)} \qquad \text{(I-5-34)}$$

当内积正定且基底正交归一时$H = I$(单位阵), 上式才回到$\overline{\phi} = \phi^\dagger$. 仿照

$$(\phi, \psi) = \overline{\phi}(\psi) = \phi^\dagger H \psi$$

可写出

$$(\rho(g)\phi, \rho(g)\psi) = [\rho(g)\phi]^\dagger H \rho(g)\psi = \phi^\dagger \rho(g)^\dagger H \rho(g)\psi , \qquad \text{(I-5-35)}$$

[第一个等号左边的$\rho(g)$是线性变换, 右边的$\rho(g)$是该变换的矩阵.] 故保内积条件$(\phi, \psi) = (\rho(g)\phi, \rho(g)\psi)$可改写为

$$\phi^\dagger H \psi = \phi^\dagger \rho(g)^\dagger H \rho(g) \psi , \qquad \text{(I-5-36)}$$

因而$H = \rho(g)^\dagger H \rho(g)$, 于是

$$\rho(g)^{-1} = H^{-1} \rho(g)^\dagger H, \quad \forall g \in G . \qquad \text{(I-5-37)}$$

这就是保内积条件的矩阵表述. 当内积正定而且基底正交归一时上式回到$\rho(g)^{-1} = \rho(g)^\dagger$, 即$\rho(g)$是酉矩阵. 这是当然的, 因为这时$\hat{G}$是酉群$\mathrm{U}(V)$或其李

子群.

我们曾用式(I-5-14)定义局域规范变换$\phi' = U\phi$, $\overline{\phi'} = \overline{\phi}U^{-1}$. 现在可看出第二式其实是第一式的产物, 因为

$$\overline{\phi'} = \phi'^{\dagger}H = (U\phi)^{\dagger}H = \phi^{\dagger}U^{\dagger}H = (\phi^{\dagger}H)(H^{-1}U^{\dagger}H) = \overline{\phi}U^{-1}, \qquad \text{(I-5-38)}$$

其中第一步用到式(I-5-34), 最末一步用到式(I-5-34)和(I-5-37)[式(I-5-37)中的$\rho(g)$就是U]. 式(I-5-38)其实就是(I-5-31)的矩阵形式[用式(I-5-29)把(I-5-31)改写为$\overline{\rho(g)\phi} = \overline{\phi}\circ\rho(g)^{-1}$就易于看出]. **[选读 I-5-2 完]**

[选读 I-5-3]

本选读补证$\mathscr{L}'_{\text{YM}} = \mathscr{L}_{\text{YM}}$. 物理学中常见的内部变换群$G$通常可分为简单的和复杂的两种, 前者指$G$为U(1)或单紧李群, 后者指$G$为若干个U(1)和(或)若干个单紧李群的直积. 规范场论教材(含本书)通常只介绍简单情况下$\mathscr{L}'_{\text{YM}} = \mathscr{L}_{\text{YM}}$的证明, 据此, 原则上可"组装"出复杂情况的证明(但还需要进一步的知识). $G = \text{U}(1)$的情况已在小节I.5.1中解决, 现在要对G为单紧李群的情况给出证明. 场论中遇到的单紧李群G的李代数$\mathscr{G}$通常有负定的嘉当度规K(见中册§G.8), 即$\mathscr{G}$有正交归一基$\{e_r\}$使$K(e_r, e_s) = -\delta_{rs}$. 规范场论可以涉及不止一个物质场(记作A,B,⋯), 每个场(例如A)相应于一个表示, 即$\rho_{\text{A}}: G \to \hat{G}_{\text{A}}$, 总拉氏密度$\mathscr{L}$等于物质场的拉氏密度$\mathscr{L}_{\text{A}}, \mathscr{L}_{\text{B}}, \cdots$以及YM场的拉氏密度$\mathscr{L}_{\text{YM}}$之和. 由定义式(I-5-23)可知$\mathscr{L}_{\text{YM}}$与表示无关, 故可任选一个表示以助证明. 由$G$是单李群可证上述表示要么是忠实的要么是平凡的[指$\rho(g) = \hat{e} \in \hat{G}\ \forall g \in G$], 而所有表示中必有非平凡者(否则"这个场论的内部变换群是G"的提法就毫无意义), 因此总可选一个忠实表示, 就记作$\rho: G \to \hat{G}$. 但$\hat{G}$是矩阵群保证$\hat{G} = \text{GL}(V)$[即附录G的GL(m)], 故也可写$\rho: G \to \text{GL}(V)$, 于是$\rho_*: \mathscr{G} \to \mathscr{GL}(V) = \mathscr{L}(V)$就是$\mathscr{G}$的一个表示, 而且$\rho$为忠实表示导致$\rho_*$为忠实表示. 可以证明, 单李群$G$的李代数$\mathscr{G}$的忠实表示的广义嘉当度规(见中册§G.8末)$\tilde{K}$满足$\tilde{K} = \lambda_\rho K$, 其中$K$为$\mathscr{G}$的嘉当度规, λ_ρ是非零实数. 设$\{e_r\}$是正交归一基底, 令$F_{\mu\nu}(x) \equiv e_r F^r_{\mu\nu}(x) \in \mathscr{G}$并简记作$F_{\mu\nu}$, 则$\rho_* F_{\mu\nu} = \hat{F}_{\mu\nu} \in \hat{\mathscr{G}}$. 为证$\mathscr{L}'_{\text{YM}} = \mathscr{L}_{\text{YM}}$可先证下式(稍后补证):

$$16\pi\lambda_\rho \mathscr{L}_{\text{YM}} = \text{tr}(\hat{F}_{\mu\nu}\hat{F}^{\mu\nu}), \quad (\text{右边是矩阵}\ \hat{F}_{\mu\nu}\hat{F}^{\mu\nu}\ \text{的迹}) \qquad \text{(I-5-39)}$$

然后再证$\text{tr}(\hat{F}'_{\mu\nu}\hat{F}'^{\mu\nu}) = \text{tr}(\hat{F}_{\mu\nu}\hat{F}^{\mu\nu})$. 这很容易, 因为

$$\text{tr}(\hat{F}'_{\mu\nu}\hat{F}'^{\mu\nu}) = \text{tr}(U\hat{F}_{\mu\nu}U^{-1}U\hat{F}^{\mu\nu}U^{-1}) = \text{tr}(U^{-1}U\hat{F}_{\mu\nu}\hat{F}^{\mu\nu}) = \text{tr}(\hat{F}_{\mu\nu}\hat{F}^{\mu\nu}),$$

其中第一步用到式(I-5-26′), 第二步用到tr号下矩阵的轮换性.

最后补证式(I-5-39):

$$\begin{aligned}\mathrm{tr}(\hat{F}_{\mu\nu}\hat{F}^{\mu\nu}) &= \mathrm{tr}[(\rho_* F_{\mu\nu})(\rho_* F^{\mu\nu})] = \mathrm{tr}[(\rho_* \textstyle\sum_{r=1}^R F^r_{\mu\nu} e_r)(\rho_* \textstyle\sum_{s=1}^R F^{s\mu\nu} e_s)] \\ &= \textstyle\sum_{r,s=1}^R F^r_{\mu\nu} F^{s\mu\nu} \mathrm{tr}[(\rho_* e_r)(\rho_* e_s)] = \textstyle\sum_{r,s=1}^R F^r_{\mu\nu} F^{s\mu\nu} \tilde{K}(e_r, e_s) \\ &= \lambda_\rho \textstyle\sum_{r,s=1}^R F^r_{\mu\nu} F^{s\mu\nu} K(e_r, e_s) = -\lambda_\rho \textstyle\sum_{r,s=1}^R F^r_{\mu\nu} F^{s\mu\nu} \delta_{rs} = 16\pi\lambda_\rho \mathscr{L}_{\mathrm{YM}} ,\end{aligned}$$

其中第四步用到式(G-8-20)[请注意 $\rho_*(e_r) = \beta(e_r)$], 第五步用到 $\tilde{K} = \lambda_\rho K$, 第六步用到 $K(e_r, e_s) = -\delta_{rs}$. 第七步用到式(I-5-23).

以上证明过程对内部变换群的范围作了限制, 其实取消这种限制也能证明 $\mathscr{L}'_{\mathrm{YM}} = \mathscr{L}_{\mathrm{YM}}$, 不过 $\mathscr{L}_{\mathrm{YM}}$ 不再用式(I-5-23)定义, 略. **[选读 I-5-3 完]**

§I.6 截面的物理意义

本节(及下两节)要用丛语言重新表述 4 维闵氏时空的规范场论. 设理论的内部变换群为 G, 其表示群为 $\hat{G}$ (存在同态映射 $\rho: G \to \hat{G}$), 表示空间是复 N 维矢量空间 V (默认 V 中已选基底, 故可用矩阵语言). 为了用丛语言表述这一理论, 先以 $\mathbb{R}^4$ 为底流形、G 为结构群构造平凡主丛 $P = \mathbb{R}^4 \times G$, 其中 G 对 P 的自由右作用

$$R: (\mathbb{R}^4 \times G) \times G \to \mathbb{R}^4 \times G$$

由下式定义: $\forall g_1 \in G$, 定义 $R_{g_1}: \mathbb{R}^4 \times G \to \mathbb{R}^4 \times G$ 为

$$R_{g_1}(x, g_2) := (x, g_2 g_1), \quad \forall (x, g_1) \in \mathbb{R}^4 \times G .$$

设 $\sigma: \mathbb{R}^4 \to P$ 和 $\sigma': \mathbb{R}^4 \to P$ 是 P 的两个(整体)截面, 则 $\forall x \in \mathbb{R}^4$ 存在唯一的 $g(x) \in G$ 使

$$\sigma'(x) = \sigma(x) g(x)^{-1} . \tag{I-6-1}$$

这表明主丛的一个截面变换 $\sigma \mapsto \sigma'$ 给出 $\mathbb{R}^4$ 上的一个"群元场" g, 即映射 g: $\mathbb{R}^4 \to G$. 自然想到用群元 $g(x)$ 构造一个局域规范变换, 从而在丛理论与规范场论之间架起桥梁. 具体说, 令 $U(x) \equiv \rho(g(x)) \in \hat{G}$, 以 $U(x)$ 充当式(I-5-14)的 $U(\vec{\theta}(x))$ 作用于粒子场 $\phi(x) \in V$, 便得局域规范变换

$$\phi'(x) = U(x)\phi(x) = \rho(g(x))\phi(x) \text{ (方阵乘列阵)}. \tag{I-6-2}$$

可见主丛的一个截面变换 $\sigma \mapsto \sigma'$ 给出 $\mathbb{R}^4$ 上的粒子场 $\phi(x)$ 的一个局域规范变换 $\phi \mapsto \phi'$, 反之亦然. 为了得到进一步的物理结果, 再给 P 配上一个伴丛. 令 $F = V$ (ρ 的表示空间), 则任一 $f_1 \in F$ 都可看作一个 $N \times 1$ 的列阵. 再定义左作用 χ: $G \times F \to F$ 为

$$\chi_{g_1}(f_1) := \rho(g_1)(f_1)\ [\text{方阵}\ \rho(g_1)\ \text{乘以列阵}\ f_1],\quad \forall g_1 \in G, f_1 \in F, \qquad \text{(I-6-3)}$$

便得到一个伴矢丛 Q．因为 $\sigma(x) \in \pi^{-1}[x] \subset P$，所以对 $\mathbb{R}^4$ 上的任一 F 值函数 f：$\mathbb{R}^4 \to F$ 有 $\sigma(x)\cdot f(x) \in \hat{\pi}^{-1}[x] \subset Q$．我们记

$$\Phi(x) \equiv \sigma(x)\cdot f(x) \in Q .$$

既然 P 上的一个截面变换 $\sigma \mapsto \sigma'$ 给出一个群元场 g：$\mathbb{R}^4 \to G$，而 $g(x)$ 又诱导出一个 $f'(x) \equiv \chi_{g(x)} f(x)$，所以又可构造出另一个 $\Phi'(x) \equiv \sigma'(x)\cdot f'(x) \in Q$．不过下式表明 $\Phi'(x) = \Phi(x)$：

$$\begin{aligned}\Phi'(x) &\equiv \sigma'(x)\cdot f'(x) = \sigma(x) g(x)^{-1}\cdot \chi_{g(x)} f(x)\\ &= \sigma(x)\cdot g(x)^{-1}\chi_{g(x)} f(x) \equiv \sigma(x)\cdot g(x)^{-1} g(x) f(x) \equiv \Phi(x),\end{aligned}$$

其中第四步用到§I.3 开头关于"把 $\chi_{g_1}(f_1)$ 简记作 $g_1 f_1$"的约定. 可能会提出质疑：难道不用此简化记号就没有结论 $\Phi'(x) = \Phi(x)$ 吗?当然不是. 在上式的推导中除了这一简化记号外还用了另一简化记号, 即§I.3 所说的"点乘号紧左边的 g_1 可移至紧右边"，而这一结论的得出是以"把 $\chi_{g_1}(f_1)$ 简记作 $g_1 f_1$"为前提的. 同时使用这两个简化记号就会得出正确结果. 不用这些简化记号当然也可证明 $\Phi'(x) = \Phi(x)$，为此只须证明 $\Phi'(x)$ 与 $\Phi(x)$ (作为 $P \times F$ 上的轨道)是同一轨道.

以上讨论说明 $\Phi(x)$ 与式(I-3-7)中的 υ 的非常类似性. 前面已经指出该式可改写为 $\upsilon(x) \equiv (x, e_\mu|_x)\cdot f^\mu(x)$，再把 (x, e_μ) 看作 x 点在某个截面映射下的像 $\sigma(x)$，则 $\upsilon(x) = \sigma(x)\cdot f(x)$ 非常类似于现在的 $\Phi(x) = \sigma(x)\cdot f(x)$．符号 $\upsilon(x)$ 代表 x 点的一个切矢(时空矢量), $f^\mu(x)$ 是 $\upsilon(x)$ 在标架 $e_\mu|_x$ 的分量, 当标架变为 $e'_\mu|_x$ 时分量相应地变为 $f'^\mu(x)$，但矢量 $\upsilon(x)$ 不变(是绝对的). 类似地, 不妨把 $\Phi(x) = \sigma(x)\cdot f(x)$ 看作 x 点的一个"内部矢量"，把 $\sigma(x)$ 看作 x 点的一个"**内部标架**(internal frame)"，再把 $f(x) \in F = V$ 自然地改写为 $\phi(x) \in V$ 并把 $\phi(x)$ 看作 $\Phi(x)$ 在此标架的分量, 则当内部标架变为 $\sigma'(x)$ 时分量变为 $\phi'(x)$，但内部矢量 $\Phi(x)$ 不变(因而是绝对的). 前已讲过, $\phi(x)$ 场[配以相应的规范势 $A_\mu(x)$]的总 $\mathscr{L}$ 在局域规范变换

$$\phi(x) \mapsto \phi'(x) = U(x)\phi(x) \qquad [\text{配以相应的变换}\ \hat{A}_\mu(x) \mapsto \hat{A}'_\mu(x)]$$

下不变, 也可以说粒子场的状态在这一变换下不变, 现在看到 $\Phi(x)$ 正好描述这一状态, 因此最好把 $\Phi(x)$ 称为粒子场. 规范变换 $\phi(x) \mapsto \phi'(x)$ 所改变的只是粒子场的分量 $\phi(x)$ 而不是粒子场 $\Phi(x)$ 本身. 事实上, 在 $\phi(x)$ 变换为 $\phi'(x)$ 的同时内部标架也从 $\sigma(x)$ 变为 $\sigma'(x) = \sigma(x) g(x)^{-1}$，而且这两种变换的搭配是如此适当, 以致于(绝对的)粒子场 $\Phi(x)$ 不变. 我们在§I.5 中已经看到, 为了保证总拉氏密度 $\mathscr{L}$ 在局域规范

变换(现在也可说主丛 P 的截面变换)下的不变性, 必须引入规范势 $A_\mu(x)$, 而且它在规范变换下必须按适当方式从 $A_\mu(x)$ 变为 $A'_\mu(x)$. 既然刚才已认识到 $\phi(x)$ 的规范变换 $\phi(x)\mapsto\phi'(x)$ 对应于一个绝对的(不变的)事物 $\Phi(x)$, 自然要问: 规范势的变换 $A_\mu(x)\mapsto A'_\mu(x)$ 是否也对应于一个绝对的事物?答案是肯定的, 详见下节(那里将证明规范势对应于主丛的联络). 进一步说, 为了保证总 $\mathscr{L}$ 不变, $\mathscr{L}_1$ 中涉及的、对 $\phi(x)$ 的导数应为协变导数 $\mathrm{D}_\mu\phi(x)$ [而不是偏导数 $\partial_\mu\phi(x)$], 它在规范变换下也要按适当方式变换, 所以还应追问: $\mathrm{D}_\mu\phi(x)$ 的变换是否也对应于一个绝对的事物?答案也是肯定的, 详见§I.9.

可见, 当 $P=\mathbb{R}^4\times G$ 中的 G 代表物理上的内部变换群时, 主丛 P 及其相应伴丛 Q 的截面有如下简单而重要的物理意义: 伴丛的一个截面 $\hat\sigma:\mathbb{R}^4\to Q$ 代表底流形上的一个粒子场, 主丛的一个截面 $\sigma:\mathbb{R}^4\to P$ 则代表对规范(体现为对内部标架)的一种选择, 见图 I-15. 其实这一结论也适用于非平凡主丛 $P(M,G)$ (其中 M 是 4 维流形)及其相应伴丛, 只不过截面前应加"局域"一词.

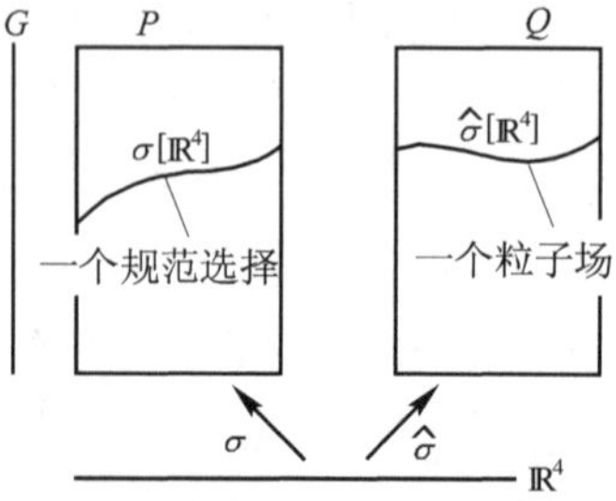

图 I-15 主丛 P 的截面是规范选择, 伴丛 Q 的截面是粒子场

§I.7 规范势与联络

本节在上节的基础上说明 Yang-Mills 规范势对应于主丛的联络. 先讨论平凡主丛 $P=\mathbb{R}^4\times G$, 即是用丛语言重新审视小节 I.5.2 的物理问题. 以 $\{e_r\}$ 代表内部变换群 G 的李代数 $\mathscr{G}$ 的基底, 令

$$\omega_\mu(x)\equiv k\,e_r A^r_\mu(x),\ \ (k\text{ 为耦合常数})\quad \forall x\in\mathbb{R}^4, \tag{I-7-1}$$

则由 $A^r_\mu(x)\in\mathbb{R}$ 及 $e_r\in\mathscr{G}$ 可知 $\omega_\mu(x)\in\mathscr{G}$, 因而 $\omega_\mu\in\Lambda_{\mathbb{R}^4}(0,\mathscr{G})$. 设 $\{x^\mu\}$ 是 $(\mathbb{R}^4,\eta_{ab})$ 的洛伦兹系, 则 $\boldsymbol{\omega}\equiv\omega_\mu\mathrm{d}x^\mu\in\Lambda_{\mathbb{R}^4}(1,\mathscr{G})$. 设 $\tilde{\boldsymbol{\omega}}$ 是 P 上的联络, $U\subset\mathbb{R}^4$ 和 $V\subset\mathbb{R}^4$ 都是开子集, $U\cap V\neq\varnothing$, $\sigma_U:U\to P$ 和 $\sigma_V:V\to P$ 都是截面, 则由§I.2 知 $\boldsymbol{\omega}_U\equiv\sigma_U{}^*\tilde{\boldsymbol{\omega}}$ 和 $\boldsymbol{\omega}_V\equiv\sigma_V{}^*\tilde{\boldsymbol{\omega}}$ 构成 $U\cup V$ 上的联络(按§I.2 定义 3), 两者间的变换关系就是式(I-2-5). 以 σ 和 σ' 分别代表 σ_U 和 σ_V, 则 $\forall x\in U\cap V$ 存在唯一的 $g(x)\in G$ 使

$$\sigma'(x) = \sigma(x)g(x)^{-1}. \qquad [式(\text{I-6-1})]$$

这个 $g(x)$ 又自然给出一个规范变换 $\phi'(x) = \rho(g(x))\phi(x)$ [式(I-6-2)], 从而导致 4 势变换 $A^r_\mu(x) \mapsto A'^r_\mu(x)$, 再由式(I-7-1)及 $\boldsymbol{\omega} = \omega_\mu \mathrm{d}x^\mu$ 便知这又导致从 $\boldsymbol{\omega}$ 到 $\boldsymbol{\omega}'$ 的变换. 如能证明这一变换满足联络的变换式(I-2-5)(以 $\boldsymbol{\omega}$ 和 $\boldsymbol{\omega}'$ 分别充当该式的 $\boldsymbol{\omega}_U$ 和 $\boldsymbol{\omega}_V$), 便可证明 $\boldsymbol{\omega}$ 的确是联络. 对比式(I-6-1)与(I-1-12)可知式(I-2-5)的 g_{UV} 相当于现在的 g^{-1} [是指由 $g^{-1}(x) := (g(x))^{-1} \in G \ \ \forall x \in \mathbb{R}^4$ 定义的映射 $g^{-1}: \mathbb{R}^4 \to G$], 故式(I-2-5)现在可以表为

$$\boldsymbol{\omega}'(Y) = \mathscr{Ad}_{g(x_0)}\boldsymbol{\omega}(Y) + L_{g(x_0)*}\, g^{-1}{}_*(Y), \quad \forall x_0 \in \mathbb{R}^4, Y \in \mathrm{T}_{x_0}\mathbb{R}^4. \qquad (\text{I-7-2})$$

若 $Y = \partial/\partial x^\mu|_{x_0}$, 则上式成为

$$\omega'_\mu(x_0) = \mathscr{Ad}_{g(x_0)}\omega_\mu(x_0) + L_{g(x_0)*}\, g^{-1}{}_*(\partial/\partial x^\mu|_{x_0}), \quad \forall x_0 \in \mathbb{R}^4. \qquad (\text{I-7-2}')$$

反之, 如能验证上式对任一 μ 成立, 则式(I-7-2)成立. 既然 $\omega_\mu(x) = k e_r A^r_\mu(x)$, 为验证式(I-7-2′)自然要用规范 4 势 A^r_μ 的变换式(I-5-20), 式中的 $U(\vec{\theta}(x))$ [简记作 $U(x)$]应理解为 $U(x) = \rho(g(x))$ (见上节). 令

$$\hat{\omega}_\mu(x) \equiv k\hat{A}_\mu(x) \equiv -\mathrm{i}kL_r A^r_\mu(x) \in \hat{\mathscr{G}}, \quad \hat{\omega}'_\mu(x) \equiv k\hat{A}'_\mu(x) \in \hat{\mathscr{G}}, \qquad (\text{I-7-3})$$

则由式(I-5-20′)得

$$\hat{\omega}'_\mu(x) = U(x)\hat{\omega}_\mu(x)U(x)^{-1} - [\partial_\mu U(x)]U(x)^{-1}. \qquad (\text{I-7-4})$$

因 $U(x)U(x)^{-1} = I$ (单位矩阵), 故由 $\partial_\mu I = 0$ 得 $U(x)\partial_\mu U(x)^{-1} = -[\partial_\mu U(x)]U(x)^{-1}$, 于是式(I-7-4)可改写为

$$\hat{\omega}'_\mu(x) = U(x)\hat{\omega}_\mu(x)U(x)^{-1} + U(x)\partial_\mu U(x)^{-1}. \qquad (\text{I-7-4}')$$

把上式用于点 $x_0 \in \mathbb{R}^4$ 并以 $\rho(g(x_0))$ 代替 $U(x_0)$ 得

$$\hat{\omega}'_\mu(x_0) = \rho(g(x_0))\hat{\omega}_\mu(x_0)\rho(g(x_0))^{-1} + \rho(g(x_0))\left.\frac{\partial}{\partial x^\mu}\right|_{x_0} \rho(g(x))^{-1}, \qquad (\text{I-7-4}'')$$

其中 $\partial/\partial x^\mu|_{x_0}\ \rho(g(x))^{-1}$ 代表对矩阵 $\rho(g(x))^{-1}$ 沿 $\partial/\partial x^\mu|_{x_0}$ 求导. 把过 x_0 点的 x^μ 坐标线记作 $\eta(t)$ (其中 $t \equiv x^\mu$), 则 $\partial/\partial x^\mu|_{x_0} = \mathrm{d}/\mathrm{d}t|_{t=0}\ \eta(t)$. 再令 $g(t) \equiv g(\eta(t))$, 则

$$式(\text{I-7-4}'')右边第二项 = \rho(g(x_0))\left.\frac{\mathrm{d}}{\mathrm{d}t}\right|_{t=0} \rho(g(t))^{-1} = \left.\frac{\mathrm{d}}{\mathrm{d}t}\right|_{t=0} [\rho(g(x_0))\rho(g(t))^{-1}]$$

$$=\frac{\mathrm{d}}{\mathrm{d}t}\bigg|_{t=0}[L_{\rho(g(x_0))}\rho(g(t)^{-1})]=L_{\rho(g(x_0))*}\frac{\mathrm{d}}{\mathrm{d}t}\bigg|_{t=0}\rho(g(t)^{-1})=L_{\rho(g(x_0))*}\frac{\mathrm{d}}{\mathrm{d}t}\bigg|_{t=0}\rho[g^{-1}(\eta(t))]$$

$$=L_{\rho(g(x_0))*}\rho_* g^{-1}{}_*\frac{\mathrm{d}}{\mathrm{d}t}\bigg|_{t=0}\eta(t)=L_{\rho(g(x_0))*}\rho_* g^{-1}{}_*\left(\frac{\partial}{\partial x^\mu}\bigg|_{x_0}\right)=\rho_*\left[L_{g(x_0)*}g^{-1}{}_*\left(\frac{\partial}{\partial x^\mu}\bigg|_{x_0}\right)\right], \quad \text{(I-7-5)}$$

其中第二步是因为矩阵 $\rho(g(x_0))$ 不含 t，第三步用到左平移的定义及 ρ 的同态性，第四步是把求导 $\mathrm{d}/\mathrm{d}t\,|_{t=0}$ 看作求切矢，第八步用到附录 G 习题 20(b)．另一方面，由式(I-7-3)得

$$\hat{\omega}_\mu \equiv k\hat{A}_\mu = k(-\mathrm{i}L_r)A^r_\mu = k\rho_*(e_r)A^r_\mu = \rho_*(ke_r A^r_\mu), \quad \text{(I-7-6)}$$

与式(I-7-1)结合得 $\hat{\omega}_\mu=\rho_*(\omega_\mu)$，类似地还有 $\hat{\omega}'_\mu=\rho_*(\omega'_\mu)$．于是

$$\text{式(I-7-4}''\text{)右边第一项}=\mathscr{Ad}_{\rho(g(x_0))}\hat{\omega}_\mu(x_0)=\mathscr{Ad}_{\rho(g(x_0))}\rho_*[\omega_\mu(x_0)]=\rho_*[\mathscr{Ad}_{g(x_0)}\omega_\mu(x_0)], \quad \text{(I-7-7)}$$

其中第一步用到中册附录 G 习题 19，第三步用到附录 G 习题 20(a)．把式(I-7-7)和(I-7-5)代入式(I-7-4″)得

$$\hat{\omega}'_\mu(x_0)=\rho_*[\mathscr{Ad}_{g(x_0)}\omega_\mu(x_0)+L_{g(x_0)*}g^{-1}{}_*(\partial/\partial x^\mu\,|_{x_0})], \quad \text{(I-7-8)}$$

与 $\hat{\omega}'_\mu=\rho_*(\omega'_\mu)$ 比较[并注意到式(I-5-27)]便得到待验证的式(I-7-2′)．可见 $\boldsymbol{\omega}$ 的确是联络．令 $\boldsymbol{A}\equiv e_r A^r_\mu \mathrm{d}x^\mu$，便有 $\boldsymbol{\omega}=k\boldsymbol{A}$，故言 YM 规范势对应于联络．多数物理学家喜欢说 $\{A^r_\mu(x)\}$ 代表 R 个规范势 $A^1_\mu(x),\cdots,A^R_\mu(x)$，数学家则更常说它是一个规范势(一个联络)(的 R 个分量)．又因从 $\boldsymbol{\omega}$ 可构造 P 上的、与规范选择无关的联络 $\tilde{\boldsymbol{\omega}}$ (满足 $\boldsymbol{\omega}\equiv\sigma^*\tilde{\boldsymbol{\omega}},\ \boldsymbol{\omega}'=\sigma'^*\tilde{\boldsymbol{\omega}}$)，所以索性就把 $\tilde{\boldsymbol{\omega}}$ 称为**规范势**．于是得出结论：P 上的联络 $\tilde{\boldsymbol{\omega}}$ 在物理上可解释为规范势．虽然规范势 $A^1_\mu(x),\cdots,A^R_\mu(x)$ 在规范变换下要变，但万变不离其宗，这个“宗”就是 P 上的联络 $\tilde{\boldsymbol{\omega}}$．这就回答了§I.6 倒数第二段之末所提出的“规范势的变换是否也对应于一个绝对的事物”这一问题，这个事物就是 $\tilde{\boldsymbol{\omega}}$．

刚才的讨论还可推广到非平凡主丛 $P(M,G)$ (其中 M 是 4 维流形)，关键差别是现在不存在整体截面，因此规范势只能局域地定义．设 $\{U,V,\cdots\}$ 是 M 的一个开覆盖，而且其中的每一个开集都可以定义局域平凡(如 T_U, T_V)，则在 $U,V,\cdots$ 上可以定义 $\boldsymbol{\omega}_U,\boldsymbol{\omega}_V,\cdots$，合起来便给出 P 上的一个联络 $\tilde{\boldsymbol{\omega}}$．

以上只讨论了规范势 $\boldsymbol{A}$，还应进一步讨论规范场强．对电磁场来说，规范势 $\boldsymbol{A}$ 对应的规范场强就是电磁场张量(亦称电磁场强) $\boldsymbol{F}=\mathrm{d}\boldsymbol{A}$．我们早已熟知电磁场强 $\boldsymbol{F}$ 在 4 势 $\boldsymbol{A}$ 的规范变换下不变．既然电磁 4 势 $\boldsymbol{A}$ 对应于联络 $\tilde{\boldsymbol{\omega}}$，这一事实也可用底流形 $\mathbb{R}^4$ 上的联络 $\boldsymbol{\omega}$ 在截面变换下的变换关系[式(I-7-2)]再次验证．电磁场涉及

的是阿贝尔群 U(1)，其群元的乘法可交换，由此可知式(I-2-16)可简化为

$$\omega' = \omega + g^{-1}\mathrm{d}g, \quad 其中\ g \equiv g_{UV}$$

ω 和 ω' 分别与 $\boldsymbol{A}$ 和 $\boldsymbol{A}'$ 成正比，且比例系数相同，故由 $\boldsymbol{F} = \mathrm{d}\boldsymbol{A}$ 和 $\boldsymbol{F}' = \mathrm{d}\boldsymbol{A}'$ 可知为了证明 $\boldsymbol{F}' = \boldsymbol{F}$ 只须证明 $\mathrm{d}\omega' = \mathrm{d}\omega$，为此又只须证明 $\mathrm{d}(g^{-1}\mathrm{d}g) = 0$．由 $g(x)^{-1}g(x) = I$ 得

$$(\mathrm{d}g^{-1})|_x\, g(x) = -g^{-1}(x)\,\mathrm{d}g|_x,$$

以 $g^{-1}(x)$ 乘两边并利用乘法可交换性便得 $\mathrm{d}g^{-1} = -g^{-1}g^{-1}\mathrm{d}g$，因而

$$\mathrm{d}(g^{-1}\mathrm{d}g) = \mathrm{d}g^{-1} \wedge \mathrm{d}g = -g^{-1}g^{-1}\mathrm{d}g \wedge \mathrm{d}g = 0 .$$

但情况对非阿贝尔群的 YM 场却不如此简单. 从式(I-5-22)已经看到当内部变换群的结构常数 $C^r{}_{st} \neq 0$ 时 $F'^r_{\mu\nu} \neq F^r_{\mu\nu}$，即 $\boldsymbol{F}'^r \neq \boldsymbol{F}^r$．既然规范势在丛语言中对应于联络，那么规范场强也对应于某种几何对象吗?答案是肯定的:规范场强对应于主丛上的曲率(而且它是规范不变的). 详见下节.

§I.8 规范场强与曲率

设 K 是流形，$\mathscr{G}$ 是李代数，则 $\Lambda_K(i,\mathscr{G})$ (i 为正整数或零)是矢量空间[$\Lambda_K(i,\mathscr{G})$ 的定义见中册§C.1 定义 2].

定义 1 $\forall \varphi \in \Lambda_K(i,\mathscr{G}),\ \psi \in \Lambda_K(j,\mathscr{G})$，定义括号 $[\varphi,\psi] \in \Lambda_K(i+j,\mathscr{G})$ 为

$$[\varphi,\psi](X_1,\cdots,X_{i+j}) := \frac{1}{i!\,j!}\sum_\pi \delta_\pi[\varphi(X_{\pi(1)},\cdots,X_{\pi(i)}),\ \psi(X_{\pi(i+1)},\cdots,X_{\pi(i+j)})], \tag{I-8-1}$$

其中 $X_1,\cdots,X_{i+j}$ 是 K 上的任意矢量场，π 代表 $(1,\cdots,i+j)$ 的排列，$\delta_\pi = \pm 1$，(偶排列取 +1，奇排列取 −1．) 右边的方括号代表 $\mathscr{G}$ 的李括号.

例 1 设 $\varphi \in \Lambda_K(2,\mathscr{G})$，$\psi \in \Lambda_K(1,\mathscr{G})$，则

$$\begin{aligned}&[\varphi,\psi](X_1,X_2,X_3)\\ &= \frac{1}{2!1!}\{[\varphi(X_1,X_2),\ \psi(X_3)] - [\varphi(X_2,X_1),\psi(X_3)] + [\varphi(X_2,X_3),\psi(X_1)]\\ &\quad - [\varphi(X_3,X_2),\psi(X_1)] + [\varphi(X_3,X_1),\psi(X_2)] - [\varphi(X_1,X_3),\psi(X_2)]\}.\end{aligned} \tag{I-8-2}$$

注 1 设 $\omega \in \Lambda_K(1,\mathscr{G})$，则 $[\omega,\omega] \in \Lambda_K(2,\mathscr{G})$ 按式(I-8-1)应满足

$$[\omega,\omega](X_1,X_2) = [\omega(X_1),\omega(X_2)] - [\omega(X_2),\omega(X_1)] = 2[\omega(X_1),\omega(X_2)], \tag{I-8-3}$$

可见$[\omega,\omega]$一般非零.

按照§C.1 定义 2, 任何$\varphi\in\Lambda_K(i,\mathscr{G})$都可表为$\varphi=e_r\varphi^r$, 其中$\{e_r\,|\,r=1,\cdots,R\}$是$\mathscr{G}$的基底, $\varphi^r\in\Lambda_K(i,\mathbb{R}或\mathbb{C})$. 就是说, 设$\dim\mathscr{G}=R$, 则$\varphi$可表为$R$项之和, 每项都取$A\alpha$的形式, 其中$A\in\mathscr{G}$, $\alpha\in\Lambda_K(i,\mathbb{R}或\mathbb{C})$.

定理 I-8-1 设$A,B\in\mathscr{G}$, $\alpha\in\Lambda_K(i,\mathbb{R}或\mathbb{C})$, $\beta\in\Lambda_K(j,\mathbb{R}或\mathbb{C})$, 则

$$[A\alpha,B\beta]=[A,B](\alpha\wedge\beta), \tag{I-8-4}$$

式中左边的$[\,,\,]$是按式(I-8-1)定义的括号, 右边的$[A,B]$是$A,B\in\mathscr{G}$的李括号.

证明 习题. □

流形K上全体$\mathscr{G}$值形式场的集合配以定义 1 的括号运算称为一个**阶化李代数**(graded Lie algebra), 此括号有两个与李括号相似但不同的性质, 关键差别在于它要关心参与运算的对象的“阶数”i,j,k, 见如下定理.

定理 I-8-2 $\forall\varphi\in\Lambda_K(i,\mathscr{G}),\ \psi\in\Lambda_K(j,\mathscr{G}),\ \rho\in\Lambda_K(k,\mathscr{G})$, 有

(a) $[\varphi,\psi]=-(-1)^{ij}[\psi,\varphi]$, (I-8-5a)

(b) $(-1)^{ik}[[\varphi,\psi],\rho]+(-1)^{kj}[[\rho,\varphi],\psi]+(-1)^{ji}[[\psi,\rho],\varphi]=0$. (I-8-5b)

证明 留作习题. 提示: 把φ和ψ分别写成R项之和, 每项取$A\alpha$和$B\beta$的形式, 再用式(I-8-4)、(5-1-3)、(G-3-2)(雅可比恒等式)以及楔积所满足的结合律. □

引理 I-8-3 设M,N是流形, $\mathscr{G}$是李代数, $A\in\mathscr{G}$, $f: M\to N$是C^∞映射, $\alpha\in\Lambda_N(i,\mathbb{R}或\mathbb{C})$, 则

(a) $\mathrm{d}(A\alpha)=A\mathrm{d}\alpha$, (b) $f^*(A\alpha)=Af^*\alpha$, (c) $f^*(\mathrm{d}\alpha)=\mathrm{d}(f^*\alpha)$, (I-8-6)

其中$f^*(A\alpha)$是$A\alpha$的拉回, 其定义仿照上册§4.1 定义 3.

证明 由§C.1 定义 3 及$f^*(A\alpha)$的定义易证(a)和(b). 再仿照命题16-3-1的证明又可证明(c). □

定理 I-8-4 设$\varphi\in\Lambda_K(i,\mathscr{G}),\ \psi\in\Lambda_K(j,\mathscr{G})$, 则

$$\mathrm{d}[\varphi,\psi]=[\mathrm{d}\varphi,\psi]+(-1)^i[\varphi,\mathrm{d}\psi]. \tag{I-8-7}$$

证明 留作习题. 提示: 把φ和ψ分别写成R项之和, 注意到式(I-8-4)及(I-8-6a), 可知只须证$\mathrm{d}(\alpha\wedge\beta)=\mathrm{d}\alpha\wedge\beta+(-1)^i\alpha\wedge\mathrm{d}\beta$, 而这不难从式(5-1-12)出发证实. □

定理 I-8-5 设$f: M\to N$是C^∞映射, $\varphi\in\Lambda_N(i,\mathscr{G}),\ \psi\in\Lambda_N(j,\mathscr{G})$, 则

(a) $f^*[\varphi,\psi]=[f^*\varphi,f^*\psi]$, (b) $\mathrm{d}(f^*\varphi)=f^*(\mathrm{d}\varphi)$. (I-8-8)

证明 留作练习. 提示: (a)由式(I-8-6b)可知只须证$f^*(\alpha\wedge\beta)=f^*\alpha\wedge f^*\beta$. (b)

利用式(I-8-6). □

定义 2　设$P(M,G)$是带联络$\tilde{\omega}$的主丛.

(a) $\forall \varphi \in \Lambda_P(i,\mathscr{G})$，定义$\varphi^{\mathrm{H}} \in \Lambda_P(i,\mathscr{G})$为

$$\varphi^{\mathrm{H}}(X_1,\cdots,X_i) := \varphi(X_1{}^{\mathrm{H}},\cdots,X_i{}^{\mathrm{H}}), \tag{I-8-9}$$

其中$X_1,\cdots,X_i$是P上任意矢量场，$X_1^{\mathrm{H}},\cdots,X_i^{\mathrm{H}}$是$X_1,\cdots,X_i$(用$\tilde{\omega}$判断)的水平分量.

(b) $\varphi \in \Lambda_P(i,\mathscr{G})$的**协变外微分**(exterior covariant differential) $\mathrm{D}\varphi$定义为

$$\mathrm{D}\varphi := (\mathrm{d}\varphi)^{\mathrm{H}} \in \Lambda_P(i+1,\mathscr{G}). \tag{I-8-10}$$

(c)联络$\tilde{\omega} \in \Lambda_P(1,\mathscr{G})$的**曲率**$\tilde{\boldsymbol{\Omega}}$定义为

$$\tilde{\boldsymbol{\Omega}} := \mathrm{D}\tilde{\omega} \equiv (\mathrm{d}\tilde{\omega})^{\mathrm{H}} \in \Lambda_P(2,\mathscr{G}). \tag{I-8-11}$$

定理 I-8-6 (嘉当第二结构方程)

$$\tilde{\boldsymbol{\Omega}} = \mathrm{d}\tilde{\omega} + \frac{1}{2}[\tilde{\omega},\tilde{\omega}]. \tag{I-8-12}$$

证明[选读]

注意到场的等式$[\tilde{\omega},\tilde{\omega}](X_1,X_2)/2 = [\tilde{\omega}(X_1),\ \tilde{\omega}(X_2)]$ [式(I-8-3)]及

$$\tilde{\boldsymbol{\Omega}}(X_1,X_2) = (\mathrm{d}\tilde{\omega})^{\mathrm{H}}(X_1,X_2) = \mathrm{d}\tilde{\omega}(X_1{}^{\mathrm{H}},X_2{}^{\mathrm{H}}),$$

只须证明$\forall p \in P$及$X,Y \in \mathrm{T}_pP$有

$$\mathrm{d}\tilde{\omega}|_p(X^{\mathrm{H}},Y^{\mathrm{H}}) = \mathrm{d}\tilde{\omega}|_p(X,Y) + [\tilde{\omega}_p(X),\ \tilde{\omega}_p(Y)]. \tag{I-8-13}$$

利用上式对X和Y的双线性性，只须就以下三种情况给出证明.

情况 A（X和Y都水平，即$X,Y \in \mathrm{H}_p$）这时$\tilde{\omega}_p(X) = 0 = \tilde{\omega}_p(Y)$，故式(I-8-13)右边第二项为零. 又因现在$Y^{\mathrm{H}} = Y,\ X^{\mathrm{H}} = X$，式(I-8-13)显然成立.

情况 B（X和Y都竖直，即$X,Y \in \mathrm{V}_p$）这时$X^{\mathrm{H}} = Y^{\mathrm{H}} = 0$，故$\mathrm{d}\tilde{\omega}|_p(X^{\mathrm{H}},Y^{\mathrm{H}}) = 0$. 此外，$X,Y \in \mathrm{V}_p$保证$\exists A,B \in \mathscr{G}$使$X = A_p^*,\ Y = B_p^*$，所以为证式(I-8-13)只须证明

$$\mathrm{d}\tilde{\omega}|_p(A_p^*,B_p^*) = -[\tilde{\omega}_p(A_p^*),\ \tilde{\omega}_p(B_p^*)]. \tag{I-8-14}$$

作为P上的$\mathscr{G}$值形式场，$\tilde{\omega}$及$\mathrm{d}\tilde{\omega}$都可用$\mathscr{G}$的基底$\{e_r\}$展为$\tilde{\omega} = e_r\tilde{\omega}^r$及$\mathrm{d}\tilde{\omega} = e_r\mathrm{d}\tilde{\omega}^r$，其中分量$\tilde{\omega}^r$及$\mathrm{d}\tilde{\omega}^r$都是$P$上的实值形式场，把第5章习题5的结论用于现在便有

$$\mathrm{d}\tilde{\omega}^r(A^*,B^*) = A^*(\tilde{\omega}^r(B^*)) - B^*(\tilde{\omega}^r(A^*)) - \tilde{\omega}^r([A^*,B^*]). \tag{I-8-15}$$

这是P上的实值标量场等式，乘以e_r后给出P上的$\mathscr{G}$值标量场等式

$$\mathrm{d}\tilde{\omega}(A^*,B^*) = e_rA^*(\tilde{\omega}^r(B^*)) - e_rB^*(\tilde{\omega}^r(A^*)) - \tilde{\omega}([A^*,B^*]). \tag{I-8-15′}$$

上式右边第一项可改写为

$$e_r A^*(\tilde{\omega}^r(B^*)) = A^*(\tilde{\omega}(B^*)), \tag{I-8-16}$$

其中 $A^*(\tilde{\omega}(B^*))$ 代表 P 上矢量场 A^* 对 P 上 $\mathscr{G}$ 值标量场 $\tilde{\omega}(B^*)$ 的作用结果, 此处应先补上这种作用的定义: 流形 K 上任一矢量场 X 对任一 $\mathscr{G}$ 值标量场 F 的作用定义为

$$X(F) := \mathrm{d}F(X) \in \Lambda_K(0, \mathscr{G}). \tag{I-8-17}$$

借此定义便不难证明式(I-8-16). 于是式(I-8-15′)又可改写为

$$\mathrm{d}\tilde{\omega}(A^*, B^*) = A^*(\tilde{\omega}(B^*)) - B^*(\tilde{\omega}(A^*)) - \tilde{\omega}([A^*, B^*]). \tag{I-8-15″}$$

由联络定义 2 条件(a)可知上式右边第一项括号内的 $\tilde{\omega}(B^*)$ 在 P 上每点的值都是 $B \in \mathscr{G}$ [常 $\mathscr{G}$ 值标量场], 故由式(I-8-17)便得 $A^*(\tilde{\omega}(B^*)) = 0$. 同理还有 $B^*(\tilde{\omega}(A^*)) = 0$. 于是式(I-8-15″)最终简化为

$$\mathrm{d}\tilde{\omega}(A^*, B^*) = -\tilde{\omega}([A^*, B^*]) = -\tilde{\omega}([A, B]^*) = -[A, B], \tag{I-8-18}$$

其中第二步用到定理 I-1-8. 把上式在 p 点取值, 注意到 $A = \tilde{\omega}_p(A_p^*), B = \tilde{\omega}_p(B_p^*)$, 便得待证的式(I-8-14).

情况 C $(X \in \mathrm{V}_p, Y \in \mathrm{H}_p)$ 这时 $\exists A \in \mathscr{G}$ 使 $X = A_p^*$. 设 $\tilde{Z}$ 是点 $\pi(p)$ 的某邻域上的某矢量场 Z 的水平提升, 且 $Y = \tilde{Z}_p$, 则

$$\mathrm{d}\tilde{\omega}(A^*, \tilde{Z}) = A^*(\tilde{\omega}(\tilde{Z})) - \tilde{Z}(\tilde{\omega}(A^*)) - \tilde{\omega}([A^*, \tilde{Z}]) = A^*(0) - \tilde{Z}(A) - \tilde{\omega}(0) = 0,$$

[其中第一步的推导类似于式(I-8-15″), 第二步依次用到 $\tilde{Z}$ 的水平性、联络定义 2 条件(a)及定理 I-2-5.] 于是

$$\text{式(I-8-13)右边} = \mathrm{d}\tilde{\omega}|_p (A_p^*, \tilde{Z}_p) + [\tilde{\omega}_p(A_p^*),\ \tilde{\omega}_p(\tilde{Z}_p)] = 0 + [A, 0] = 0,$$

$$\text{式(I-8-13)左边} = \mathrm{d}\tilde{\omega}|_p (X^{\mathrm{H}}, Y^{\mathrm{H}}) = \mathrm{d}\tilde{\omega}|_p (0, Y^{\mathrm{H}}) = 0,$$

可见式(I-8-13)成立. □

定理 I-8-7 (Bianchi 恒等式)

$$\mathrm{D}\tilde{\Omega} = 0. \tag{I-8-19}$$

证明 $\mathrm{D}\tilde{\Omega} \equiv (\mathrm{d}\tilde{\Omega})^{\mathrm{H}}$, 而由定理 I-8-6、I-8-4 及 I-8-2(a)可知

$$\mathrm{d}\tilde{\Omega} = \mathrm{d}(\mathrm{d}\tilde{\omega} + \frac{1}{2}[\tilde{\omega}, \tilde{\omega}]) = 0 + \frac{1}{2}\mathrm{d}[\tilde{\omega}, \tilde{\omega}] = \frac{1}{2}\{[\mathrm{d}\tilde{\omega}, \tilde{\omega}] + (-1)^1[\tilde{\omega}, \mathrm{d}\tilde{\omega}]\}$$

$$= \frac{1}{2}\{[\mathrm{d}\tilde{\omega}, \tilde{\omega}] + (-1)^{1\times 2}[\mathrm{d}\tilde{\omega}, \tilde{\omega}]\} = [\mathrm{d}\tilde{\omega}, \tilde{\omega}], \tag{I-8-20}$$

故对 P 上任意矢量场 X, Y, Z 有

$$\mathrm{D}\tilde{\boldsymbol{\Omega}}(X,Y,Z)=(\mathrm{d}\tilde{\boldsymbol{\Omega}})^{\mathrm{H}}(X,Y,Z)=\mathrm{d}\tilde{\boldsymbol{\Omega}}(X^{\mathrm{H}},Y^{\mathrm{H}},Z^{\mathrm{H}})\,. \tag{I-8-21}$$

由式(I-8-20)及(I-8-2)可知上式右边是 6 个李括号(如 $[\mathrm{d}\tilde{\boldsymbol{\omega}}(X^{\mathrm{H}},Y^{\mathrm{H}}),\ \tilde{\boldsymbol{\omega}}(Z^{\mathrm{H}})]$)的代数和, 而 $\tilde{\boldsymbol{\omega}}(Z^{\mathrm{H}})=\tilde{\boldsymbol{\omega}}(X^{\mathrm{H}})=\tilde{\boldsymbol{\omega}}(Y^{\mathrm{H}})=0$, 故 $\mathrm{D}\tilde{\boldsymbol{\Omega}}(X, Y, Z)=0$, 因而 $\mathrm{D}\tilde{\boldsymbol{\Omega}}=0$. □

定理 I-8-8

$$\mathrm{d}\tilde{\boldsymbol{\Omega}}=[\tilde{\boldsymbol{\Omega}},\tilde{\boldsymbol{\omega}}]\,. \tag{I-8-22}$$

证明　$[\tilde{\boldsymbol{\Omega}},\tilde{\boldsymbol{\omega}}]=[\mathrm{d}\tilde{\boldsymbol{\omega}}+\frac{1}{2}[\tilde{\boldsymbol{\omega}},\tilde{\boldsymbol{\omega}}],\ \tilde{\boldsymbol{\omega}}]=[\mathrm{d}\tilde{\boldsymbol{\omega}},\tilde{\boldsymbol{\omega}}]+\frac{1}{2}[[\tilde{\boldsymbol{\omega}},\tilde{\boldsymbol{\omega}}],\tilde{\boldsymbol{\omega}}]=[\mathrm{d}\tilde{\boldsymbol{\omega}},\tilde{\boldsymbol{\omega}}]=\mathrm{d}\tilde{\boldsymbol{\Omega}}$,

其中第一步用到式(I-8-12), 第三步是因为由定理 I-8-2(b) 可得 $[[\tilde{\boldsymbol{\omega}},\tilde{\boldsymbol{\omega}}],\tilde{\boldsymbol{\omega}}]=0$, 第四步用到式(I-8-20). □

定理 I-8-9　$R_g^*\,\tilde{\boldsymbol{\omega}}=\mathscr{Ad}_{g^{-1}}\circ\tilde{\boldsymbol{\omega}}$, $\forall g\in G$. (P 上 $\mathscr{G}$ 值 1 形式场等式)　　(I-8-23)

注 2　等号右边也常简写作 $\mathscr{Ad}_{g^{-1}}\tilde{\boldsymbol{\omega}}$.

证明　$\forall\, g\in G,\ p\in P,\ X\in \mathrm{T}_pP$ 有

$$(R_g^*\,\tilde{\boldsymbol{\omega}}_{pg})(X)=\tilde{\boldsymbol{\omega}}_{pg}(R_{g*}X)=\mathscr{Ad}_{g^{-1}}\tilde{\boldsymbol{\omega}}_p(X)=(\mathscr{Ad}_{g^{-1}}\circ\tilde{\boldsymbol{\omega}}_p)(X)\,,$$

[其中第二步用到联络 $\tilde{\boldsymbol{\omega}}$ 定义 2 条件(b).] 故有式(I-8-23). □

定理 I-8-10　$R_g^*\,\tilde{\boldsymbol{\Omega}}=\mathscr{Ad}_{g^{-1}}\circ\tilde{\boldsymbol{\Omega}}$, $\forall g\in G$. (P 上 $\mathscr{G}$ 值 2 形式场等式)　(I-8-24)

证明　$R_g^*\,\tilde{\boldsymbol{\Omega}}=R_g^*\,(\mathrm{d}\tilde{\boldsymbol{\omega}}+\frac{1}{2}[\tilde{\boldsymbol{\omega}},\tilde{\boldsymbol{\omega}}])=\mathrm{d}(R_g^*\,\tilde{\boldsymbol{\omega}})+\frac{1}{2}[R_g^*\,\tilde{\boldsymbol{\omega}},R_g^*\,\tilde{\boldsymbol{\omega}}]$

$$=\mathrm{d}(\mathscr{Ad}_{g^{-1}}\tilde{\boldsymbol{\omega}})+\frac{1}{2}[\mathscr{Ad}_{g^{-1}}\tilde{\boldsymbol{\omega}},\mathscr{Ad}_{g^{-1}}\tilde{\boldsymbol{\omega}}]=\mathscr{Ad}_{g^{-1}}(\mathrm{d}\tilde{\boldsymbol{\omega}}+\frac{1}{2}[\tilde{\boldsymbol{\omega}},\tilde{\boldsymbol{\omega}}])=\mathscr{Ad}_{g^{-1}}\tilde{\boldsymbol{\Omega}}\,,$$

其中第一、五步用到定理 I-8-6, 第二步用到定理 I-8-5, 第三步用到定理 I-8-9, 第四步用到等式

$$\mathrm{d}(\mathscr{Ad}_{g^{-1}}\tilde{\boldsymbol{\omega}})=\mathscr{Ad}_{g^{-1}}\mathrm{d}\tilde{\boldsymbol{\omega}}\qquad 和\qquad [\mathscr{Ad}_{g^{-1}}\tilde{\boldsymbol{\omega}},\ \mathscr{Ad}_{g^{-1}}\tilde{\boldsymbol{\omega}}]=\mathscr{Ad}_{g^{-1}}[\tilde{\boldsymbol{\omega}},\tilde{\boldsymbol{\omega}}]\,,$$

以上两式的证明留做练习. 提示:用 $\mathscr{G}$ 的基矢 $\{e_\mu\}$ 把 $\tilde{\boldsymbol{\omega}}$ 展为 $\tilde{\boldsymbol{\omega}}=e_r\tilde{\boldsymbol{\omega}}^r$ ；证第二个等式时还要用到 $\mathscr{Ad}_g:\mathscr{G}\to\mathscr{G}$ 是李代数同构(附录 G 习题 23). □

设 U 是 M 的开子集, $\sigma_U: U\to P$ 是局域截面, 则如前所述, $\boldsymbol{\omega}_U\equiv\sigma_U^*\,\tilde{\boldsymbol{\omega}}$ 在物理上代表规范势. 类似地, 若令 $\boldsymbol{\Omega}_U\equiv\sigma_U^*\,\tilde{\boldsymbol{\Omega}}$, 则下面将证明 $\boldsymbol{\Omega}_U$ 在物理上代表规范场强(gauge field strength).

定理 I-8-11

$$\boldsymbol{\Omega}_U=\mathrm{d}\boldsymbol{\omega}_U+\frac{1}{2}[\boldsymbol{\omega}_U,\boldsymbol{\omega}_U]\,. \tag{I-8-25}$$

证明

$$\boldsymbol{\Omega}_U \equiv \sigma_U{}^*\tilde{\boldsymbol{\Omega}} = \sigma_U{}^*(\mathrm{d}\tilde{\boldsymbol{\omega}} + \frac{1}{2}[\tilde{\boldsymbol{\omega}}, \tilde{\boldsymbol{\omega}}]) = \mathrm{d}(\sigma_U{}^*\tilde{\boldsymbol{\omega}}) + \frac{1}{2}[\sigma_U{}^*\tilde{\boldsymbol{\omega}}, \sigma_U{}^*\tilde{\boldsymbol{\omega}}] = \mathrm{d}\boldsymbol{\omega}_U + \frac{1}{2}[\boldsymbol{\omega}_U, \boldsymbol{\omega}_U],$$

其中第二步用到定理 I-8-6, 第三步用到定理 I-8-5. □

定理 I-8-12 式(I-8-25)对应于式(I-5-22).

证明 以 $\boldsymbol{\Omega}$ 和 $\boldsymbol{\omega}$ 简记 $\boldsymbol{\Omega}_U$ 和 $\boldsymbol{\omega}_U$, 由式(I-7-1)得 $\boldsymbol{\omega} = ke_r A^r_\mu \mathrm{d}x^\mu$, 代入式(I-8-25)给出

$$\begin{aligned}\boldsymbol{\Omega} &= \mathrm{d}(ke_r A^r_\mu \mathrm{d}x^\mu) + \frac{1}{2}[ke_s A^s_\mu \mathrm{d}x^\mu, ke_t A^t_\nu \mathrm{d}x^\nu] \\ &= ke_r \mathrm{d}(A^r_\mu \mathrm{d}x^\mu) + \frac{1}{2}[e_s, e_t]\, k^2 A^s_\mu A^t_\nu \mathrm{d}x^\mu \wedge \mathrm{d}x^\nu \\ &= ke_r (\mathrm{d}A^r_\mu) \wedge \mathrm{d}x^\mu + \frac{1}{2} C^r{}_{st} e_r k^2 A^s_\mu A^t_\nu \mathrm{d}x^\mu \wedge \mathrm{d}x^\nu \\ &= ke_r [(\partial_\nu A^r_\mu)\mathrm{d}x^\nu \wedge \mathrm{d}x^\mu + \frac{1}{2} k C^r{}_{st} A^s_\mu A^t_\nu\, \mathrm{d}x^\mu \wedge \mathrm{d}x^\nu] \\ &= \frac{1}{2} ke_r (\partial_\mu A^r_\nu - \partial_\nu A^r_\mu + kC^r{}_{st} A^s_\mu A^t_\nu)\, \mathrm{d}x^\mu \wedge \mathrm{d}x^\nu,\end{aligned} \tag{I-8-26}$$

其中第二步用到定理 I-8-1. 只要令 $F^r_{\mu\nu}$ 与 $\boldsymbol{\Omega}$ 以如下公式相联系:

$$\boldsymbol{\Omega} = \frac{1}{2} k e_r F^r_{\mu\nu}\, \mathrm{d}x^\mu \wedge \mathrm{d}x^\nu, \tag{I-8-27}$$

则显然就有

$$F^r_{\mu\nu} = \partial_\mu A^r_\nu - \partial_\nu A^r_\mu + k\, C^r{}_{st} A^s_\mu A^t_\nu,$$

此即式(I-5-22). □

注 3 用 $\mathscr{G}$ 的基底 $\{e_r\}$ 把 $\boldsymbol{\omega}$ 和 $\boldsymbol{\Omega}$ 分别展为 $\boldsymbol{\omega} = e_r \boldsymbol{\omega}^r$ 和 $\boldsymbol{\Omega} = e_r \boldsymbol{\Omega}^r$, 则 $\boldsymbol{\omega}^r$ 和 $\boldsymbol{\Omega}^r$ 依次是 U 上的(实值) 1 形式场和 2 形式场. 再以 ω^r_μ 和 $\Omega^r_{\mu\nu}$ 分别代表 $\boldsymbol{\omega}^r$ 和 $\boldsymbol{\Omega}^r$ 在坐标基底 $\{\partial/\partial x^\mu\}$ 的分量, 即

$$\omega^r_\mu \equiv \boldsymbol{\omega}^r(\partial/\partial x^\mu), \qquad \Omega^r_{\mu\nu} \equiv \boldsymbol{\Omega}^r(\partial/\partial x^\mu, \partial/\partial x^\nu),$$

则由式(I-7-1)及(I-8-27)不难验证

$$\omega^r_\mu = k A^r_\mu, \qquad \Omega^r_{\mu\nu} = k F^r_{\mu\nu}, \tag{I-8-28}$$

可见 ω^r_μ 和 $\Omega^r_{\mu\nu}$ 分别是规范势 A^r_μ 和规范场强 $F^r_{\mu\nu}$ 的 k 倍, 因此 $\boldsymbol{\omega}$ 和 $\boldsymbol{\Omega}$ 在物理上的确分别代表规范势和规范场强.

物理中用到的李群大多是矩阵群, 所以有必要找出在矩阵群情况下括号运算

[,] 的表达式. 设 $\mathscr{G}$ 的元素是 $N\times N$ 实(复)矩阵, $\boldsymbol{\varphi}\in\Lambda_K(i,\mathscr{G})$, $\boldsymbol{\psi}\in\Lambda_K(j,\mathscr{G})$, 则 $\boldsymbol{\varphi}(X_1,\cdots,X_i)$ 和 $\boldsymbol{\psi}(X_1,\cdots,X_j)$ 都是 $N\times N$ 实(复)矩阵. 以 $N=2$ 为例, 有

$$\boldsymbol{\varphi}(X_1,\cdots,X_i)=\begin{bmatrix}\boldsymbol{\varphi}(X_1,\cdots,X_i)^1{}_1 & \boldsymbol{\varphi}(X_1,\cdots,X_i)^1{}_2\\ \boldsymbol{\varphi}(X_1,\cdots,X_i)^2{}_1 & \boldsymbol{\varphi}(X_1,\cdots,X_i)^2{}_2\end{bmatrix}\in\mathscr{G}. \tag{I-8-29}$$

定义 $\boldsymbol{\varphi}^\mu{}_\nu\in\Lambda_K(i,\mathbb{R}\text{ 或 }\mathbb{C})$ 为

$$\boldsymbol{\varphi}^\mu{}_\nu(X_1,\cdots,X_i):=\boldsymbol{\varphi}(X_1,\cdots,X_i)^\mu{}_\nu\quad[\text{指式(I-8-29)中的矩阵元}], \tag{I-8-30}$$

则在 $N=2$ 的情况下 $\boldsymbol{\varphi}$ 可表为一个以实(复)值 i 形式为矩阵元的矩阵:

$$\boldsymbol{\varphi}=\begin{bmatrix}\boldsymbol{\varphi}^1{}_1 & \boldsymbol{\varphi}^1{}_2\\ \boldsymbol{\varphi}^2{}_1 & \boldsymbol{\varphi}^2{}_2\end{bmatrix}\in\Lambda_K(i,\mathscr{G}), \tag{I-8-31}$$

此式的自然含义是

$$\boldsymbol{\varphi}(X_1,\cdots,X_i)=\begin{bmatrix}\boldsymbol{\varphi}^1{}_1(X_1,\cdots,X_i) & \boldsymbol{\varphi}^1{}_2(X_1,\cdots,X_i)\\ \boldsymbol{\varphi}^2{}_1(X_1,\cdots,X_i) & \boldsymbol{\varphi}^2{}_2(X_1,\cdots,X_i)\end{bmatrix}\in\mathscr{G}. \tag{I-8-32}$$

上面以 $N=2$ 为例的讨论可推广至 N 为任意非零自然数的情况, **结论**: $\mathscr{G}$ 值 i 形式 $\boldsymbol{\varphi}$ 也可表为矩阵, 不过矩阵元是实(复)值 i 形式 $\boldsymbol{\varphi}^\mu{}_\nu$. 于是有如下定义:

定义 3a　设 $\mathscr{G}$ 是矩阵李代数. $\mathscr{G}$ 值形式 $\boldsymbol{\varphi}\in\Lambda_K(i,\mathscr{G})$, $\boldsymbol{\psi}\in\Lambda_K(j,\mathscr{G})$ 的楔积 $\boldsymbol{\varphi}\wedge\boldsymbol{\psi}$ 定义为矩阵"乘积", 只是其中矩阵元的"乘积"是楔积.

例如, 在 $N=2$ 的情况下有

$$\boldsymbol{\varphi}\wedge\boldsymbol{\psi}\equiv\begin{bmatrix}\boldsymbol{\varphi}^1{}_1 & \boldsymbol{\varphi}^1{}_2\\ \boldsymbol{\varphi}^2{}_1 & \boldsymbol{\varphi}^2{}_2\end{bmatrix}\wedge\begin{bmatrix}\boldsymbol{\psi}^1{}_1 & \boldsymbol{\psi}^1{}_2\\ \boldsymbol{\psi}^2{}_1 & \boldsymbol{\psi}^2{}_2\end{bmatrix}$$

$$\equiv\begin{bmatrix}\boldsymbol{\varphi}^1{}_1\wedge\boldsymbol{\psi}^1{}_1+\boldsymbol{\varphi}^1{}_2\wedge\boldsymbol{\psi}^2{}_1 & \boldsymbol{\varphi}^1{}_1\wedge\boldsymbol{\psi}^1{}_2+\boldsymbol{\varphi}^1{}_2\wedge\boldsymbol{\psi}^2{}_2\\ \boldsymbol{\varphi}^2{}_1\wedge\boldsymbol{\psi}^1{}_1+\boldsymbol{\varphi}^2{}_2\wedge\boldsymbol{\psi}^2{}_1 & \boldsymbol{\varphi}^2{}_1\wedge\boldsymbol{\psi}^1{}_2+\boldsymbol{\varphi}^2{}_2\wedge\boldsymbol{\psi}^2{}_2\end{bmatrix}\in\Lambda_K(i+j,\mathscr{GL}(2)).$$

下面是 $\boldsymbol{\varphi}\wedge\boldsymbol{\psi}$ 的等价定义:

定义 3b　设 $\{e_r\,|\,r=1,\cdots,R\}$ 是 $\mathscr{G}$ 的基底, 把 $\boldsymbol{\varphi}$ 和 $\boldsymbol{\psi}$ 分别写成 $\boldsymbol{\varphi}=e_r\boldsymbol{\varphi}^r$ 和 $\boldsymbol{\psi}=e_s\boldsymbol{\psi}^s$ (对 r 和 s 都从 1 到 R 取和), 其中 $\boldsymbol{\varphi}^r\in\Lambda_K(i,\mathbb{R}\text{或}\mathbb{C})$, $\boldsymbol{\psi}^s\in\Lambda_K(j,\mathbb{R}\text{或}\mathbb{C})$, 则 $\boldsymbol{\varphi}\wedge\boldsymbol{\psi}$ 又可定义为

$$\boldsymbol{\varphi}\wedge\boldsymbol{\psi}:=e_r e_s(\boldsymbol{\varphi}^r\wedge\boldsymbol{\psi}^s).\quad(\text{其中 }e_r e_s\text{ 代表矩阵 }e_r\text{ 与 }e_s\text{ 之积}) \tag{I-8-33}$$

作为练习, 请读者补证 $\boldsymbol{\varphi}\wedge\boldsymbol{\psi}$ 的这两个定义的等价性.

定理 I-8-13　设 $\mathscr{G}$ 是矩阵李代数, $\boldsymbol{\varphi}\in\Lambda_K(i,\mathscr{G})$, $\boldsymbol{\psi}\in\Lambda_K(j,\mathscr{G})$, 则

$$[\boldsymbol{\varphi},\boldsymbol{\psi}]=\boldsymbol{\varphi}\wedge\boldsymbol{\psi}-(-1)^{ij}\boldsymbol{\psi}\wedge\boldsymbol{\varphi}. \tag{I-8-34}$$

注 4　请注意与普通矩阵 φ,ψ 的对易子 $[\varphi,\psi]=\varphi\psi-\psi\varphi$ 的类似性和区别.

证明　把 $\boldsymbol{\varphi}$ 和 $\boldsymbol{\psi}$ 分别写成 $\boldsymbol{\varphi}=e_r\boldsymbol{\varphi}^r$ 和 $\boldsymbol{\psi}=e_s\boldsymbol{\psi}^s$, 由式(I-8-33)得

$$式(I\text{-}8\text{-}34)右边=e_re_s(\boldsymbol{\varphi}^r\wedge\boldsymbol{\psi}^s)-(-1)^{ij}e_se_r(\boldsymbol{\psi}^s\wedge\boldsymbol{\varphi}^r)=(e_re_s-e_se_r)(\boldsymbol{\varphi}^r\wedge\boldsymbol{\psi}^s)$$

$$=[e_r,e_s](\boldsymbol{\varphi}^r\wedge\boldsymbol{\psi}^s)=[e_r\boldsymbol{\varphi}^r,e_s\boldsymbol{\psi}^s]=[\boldsymbol{\varphi},\boldsymbol{\psi}],$$

其中第二步用到式(5-1-3), 第四步用到式(I-8-4). □

定理 I-8-14　设 G 是矩阵李群, 则

$$\tilde{\boldsymbol{\Omega}}=\mathrm{d}\tilde{\boldsymbol{\omega}}+\tilde{\boldsymbol{\omega}}\wedge\tilde{\boldsymbol{\omega}}, \tag{I-8-35}$$

$$\boldsymbol{\Omega}_U=\mathrm{d}\boldsymbol{\omega}_U+\boldsymbol{\omega}_U\wedge\boldsymbol{\omega}_U. \tag{I-8-36}$$

证明　由定理 I-8-6 知 $\tilde{\boldsymbol{\Omega}}=\mathrm{d}\tilde{\boldsymbol{\omega}}+[\tilde{\boldsymbol{\omega}},\tilde{\boldsymbol{\omega}}]/2$. 注意到 $\tilde{\boldsymbol{\omega}}\in\Lambda_P(1,\mathscr{G})$, 由定理 I-8-13 得

$$\frac{1}{2}[\tilde{\boldsymbol{\omega}},\tilde{\boldsymbol{\omega}}]=\frac{1}{2}(\tilde{\boldsymbol{\omega}}\wedge\tilde{\boldsymbol{\omega}}-(-1)^{1\times1}\tilde{\boldsymbol{\omega}}\wedge\tilde{\boldsymbol{\omega}})=\tilde{\boldsymbol{\omega}}\wedge\tilde{\boldsymbol{\omega}},$$

故得式(I-8-35). 同理可证式(I-8-36). □

定理 I-8-15　设 $g_{UV}: U\cap V\to G$ 是局域平凡 T_U 与 T_V 之间的转换函数, 则在 $U\cap V$ 上有

$$\boldsymbol{\Omega}_V=\mathscr{Ad}_{g_{UV}^{-1}}\boldsymbol{\Omega}_U, \tag{I-8-37}$$

含义是

$$\boldsymbol{\Omega}_V(X,Y)=\mathscr{Ad}_{g_{UV}^{-1}(x)}\boldsymbol{\Omega}_U(X,Y),\quad \forall x\in U\cap V,\ X,Y\in \mathrm{T}_xM. \tag{I-8-38}$$

证明　以 σ_U 和 σ_V 分别代表与 T_U 和 T_V 相应的局域截面, 则

$$\boldsymbol{\Omega}_V(X,Y)\equiv(\sigma_V{}^*\tilde{\boldsymbol{\Omega}})(X,Y)=\tilde{\boldsymbol{\Omega}}(\sigma_{V*}X,\sigma_{V*}Y). \tag{I-8-39}$$

而 $\sigma_{V*}X$ 和 $\sigma_{V*}Y$ 可借式(I-2-8)分别用 $\sigma_{U*}X$ 和 $\sigma_{U*}Y$ 表出:

$$\sigma_{V*}X=R_{g_{UV}(x)*}\sigma_{U*}X+[L^{-1}_{g_{UV}(x)*}g_{UV*}(X)]^*_{\sigma_V(x)}, \tag{I-8-40a}$$

$$\sigma_{V*}Y=R_{g_{UV}(x)*}\sigma_{U*}Y+[L^{-1}_{g_{UV}(x)*}g_{UV*}(Y)]^*_{\sigma_V(x)}. \tag{I-8-40b}$$

把式(I-8-40a)右边一、二项依次记作 Z_1,Z_2, 式(I-8-40 b)一、二项记作 W_1,W_2, 则

$$\boldsymbol{\Omega}_V(X,Y)=\tilde{\boldsymbol{\Omega}}(Z_1+Z_2,W_1+W_2)=\tilde{\boldsymbol{\Omega}}(Z_1,W_1)+\tilde{\boldsymbol{\Omega}}(Z_1,W_2)+\tilde{\boldsymbol{\Omega}}(Z_2,W_1)+\tilde{\boldsymbol{\Omega}}(Z_2,W_2).$$

上式右边后三项的作用对象中都有一个竖直矢量(Z_2 或 W_2), 故每项都为零, 例如

$$\tilde{\boldsymbol{\Omega}}(Z_1, W_2) \equiv (\mathrm{d}\tilde{\boldsymbol{\omega}})^{\mathrm{H}}(Z_1, W_2) \equiv (\mathrm{d}\tilde{\boldsymbol{\omega}})(Z_1{}^{\mathrm{H}}, W_2{}^{\mathrm{H}}) = (\mathrm{d}\tilde{\boldsymbol{\omega}})(Z_1{}^{\mathrm{H}}, 0) = 0 .$$

令 $g \equiv g_{UV}(x)$，便有

$$\begin{aligned}\boldsymbol{\Omega}_V(X,Y) &= \tilde{\boldsymbol{\Omega}}(Z_1,W_1) = \tilde{\boldsymbol{\Omega}}(R_{g*}\sigma_{U*}X, R_{g*}\sigma_{U*}Y) = (R_g{}^*\tilde{\boldsymbol{\Omega}})(\sigma_{U*}X, \sigma_{U*}Y) \\ &= (\mathscr{Ad}_{g^{-1}} \circ \tilde{\boldsymbol{\Omega}})(\sigma_{U*}X, \sigma_{U*}Y) = \mathscr{Ad}_{g^{-1}}(\sigma_U{}^*\tilde{\boldsymbol{\Omega}})(X\,Y) = \mathscr{Ad}_{g^{-1}}\boldsymbol{\Omega}_U(X,Y) .\end{aligned}$$

此即式(I-8-38). □

定理 I-8-16 当结构群为矩阵群时，式(I-8-37)又可表为

$$\boldsymbol{\Omega}_V = g_{UV}^{-1}\boldsymbol{\Omega}_U g_{UV} . \tag{I-8-41}$$

证明 由式(I-8-37)得

$$\boldsymbol{\Omega}_V(X,Y) - \mathscr{Ad}_{g_{UV}^{-1}(x)}\boldsymbol{\Omega}_U(X,Y) - g_{UV}^{-1}(x)\boldsymbol{\Omega}_U(X,Y)g_{UV}(x) ,$$

其中第二步用到附录G 习题19．于是式(I-8-41)得证. □

注 5 式(I-8-41)对应于式(I-5-26′).

[选读 I-8-1]

标架丛上的联络称为**线性**(linear)**联络**. 我们重点关心两个问题，即线性联络的曲率和挠率，并与上册§3.1、§3.4 及§5.7 相呼应.

把带联络主丛的曲率定义 $\tilde{\boldsymbol{\Omega}} = \mathrm{D}\tilde{\boldsymbol{\omega}}$ 用于标架丛就得到线性联络的曲率，与§3.4 定义的曲率实质相同. 如定理I-2-8 所述，标架丛 FM 上的联络 $\tilde{\boldsymbol{\omega}}$ 对应于底流形 M 上的导数算符 ∇，而根据§5.7，∇_a 配以 $U \subset M$ 上的一个标架场 $\{(e_\mu)^a\}$ 给出 U 上的一组联络 1 形式场 $\{\boldsymbol{\omega}(\nabla)_\beta{}^\mu\}$ (此符号见选读 I-2-1). 其实这很自然：选定 $U \subset M$ 上的标架场相当于选定局域截面 $\sigma : U \to \mathrm{F}M$，因而可从 F$M$ 的联络 $\tilde{\boldsymbol{\omega}}$ 得到 U 上的联络 $\boldsymbol{\omega} = \sigma^* \tilde{\boldsymbol{\omega}}$ ($\boldsymbol{\omega}$ 是 $\boldsymbol{\omega}_U$ 的简写). 但是仍然存在一个问题：$\boldsymbol{\omega}$ 是 U 上的 $\mathscr{G}$ 值 1 形式场，而§5.7 的 $\boldsymbol{\omega}(\nabla)_\beta{}^\mu$ 却是 U 上的实值 1 形式场. 要使两者完全"对得上号"，只须注意标架丛的结构群 GL(n) 是矩阵群，式(I-8-32)下一行的结论成立，即联络 1 形式 $\boldsymbol{\omega}$ 可表为矩阵，因而与一组实值 1 形式 $\{\boldsymbol{\omega}(\nabla)_\beta{}^\mu\}$ 实质一致，只是由于选读 I-2-1 末所提到的微妙原因(即本书的黎曼张量写成 $R_{abc}{}^d$ 而非 $R^d{}_{abc}$)，才导致等式 $\boldsymbol{\omega}^\mu{}_\beta = -\boldsymbol{\omega}(\nabla)_\beta{}^\mu$. 同理可知§5.7 的曲率 2 形式 $\boldsymbol{R}_\mu{}^\nu$ 与现在的 $\boldsymbol{\Omega}_U \equiv \sigma_U{}^* \tilde{\boldsymbol{\Omega}}$ (简写为 $\boldsymbol{\Omega} \equiv \sigma^* \boldsymbol{\Omega}$)实质一致，体现为 $\boldsymbol{\Omega}^\nu{}_\mu = -\boldsymbol{R}_\mu{}^\nu$. 因此，§5.7 的嘉当第二结构方程(5-7-8)无非就是方程(I-8-36)的特例. 自然要问：嘉当第一结构方程(5-7-6)对应于现在的什么方程?要回答这个问题就要介绍线性联络的挠率. FM 的任一点 $p = (x, e_\mu)$ 可以看作一个映射 $p : \mathbb{R}^n \to \mathrm{T}_x M$，定义为

$$p(v^1, \cdots, v^n) := e_\mu v^\mu, \ \ \forall (v^1, \cdots, v^n) \in \mathbb{R}^n .$$

定义 4　FM 上的**正则形式**(canonical form) $\tilde{\theta}$ 是 FM 上的 $\mathbb{R}^n$ 值 1 形式场，定义为

$$\tilde{\theta}_p(X) := p^{-1}(\pi_* X) \in \mathbb{R}^n, \ \forall p \in \mathrm{F}M, \ X \in \mathrm{T}_p\mathrm{F}M,$$

其中 p^{-1} 是映射 $p: \mathbb{R}^n \to \mathrm{T}_x M$ 之逆.

设 $\sigma: U \to \mathrm{F}M$ 是局域截面，则 $\theta \equiv \sigma^* \tilde{\theta}$ 是 U 上的 $\mathbb{R}^n$ 值 1 形式场，有非常直观的意义. $\forall x \in U$，令 $p = (x, e_\mu) = \sigma(x)$，则 $\forall v \in \mathrm{T}_x M$ 有

$$\theta_x(v) = (\sigma^* \tilde{\theta}_p)(v) = \tilde{\theta}_p(\sigma_* v) = p^{-1}(\pi_* \sigma_* v) = p^{-1}(v) = (v^1, \cdots, v^n), \quad \text{(I-8-42)}$$

其中 $v^1, \cdots, v^n$ 是 v 在标架 $\{e_\mu\}$ 的分量. 以 $\{E_\mu \mid \mu = 1, \cdots, n\}$ 代表 $\mathbb{R}^n$ 的自然坐标基底，即 $E_\mu = (0, \cdots, 1, \cdots, 0)$ (唯一的非零元素 1 在第 μ 槽)，由 $\theta \equiv E_\mu \theta^\mu$ 定义的 θ^μ 是 U 上的实值 1 形式场)，满足 $\theta(v) = (\theta^1(v), \cdots, \theta^n(v))$，与式(I-8-42)对比得

$$\theta^\mu(v) = v^\mu = \boldsymbol{e}^\mu(v) \ \forall \mu = 1, \cdots, n,$$

因而 $\theta^\mu = \boldsymbol{e}^\mu$. 可见 θ 代表 x 点的与标架 $\{e_\mu\}$ 对偶的标架 $\{\boldsymbol{e}^\mu\}$.

定义 5　FM 上的联络 $\tilde{\omega}$ 的**挠率形式**(torsion form) $\tilde{\Theta}$ 定义为 $\tilde{\Theta} := \mathrm{D}\tilde{\theta}$，其中 D 是联络 $\tilde{\omega}$ 的协变外微分.

注 6　正则形式和挠率形式只对标架丛才可定义，而且是在丛上整体定义的.

定理 I-8-17(嘉当第一结构方程)　设 $\tilde{\omega}, \tilde{\theta}$ 和 $\tilde{\Theta}$ 分别是 FM 的联络形式、正则形式和挠率形式，则

$$\mathrm{d}\tilde{\theta}(X,Y) = -\{\tilde{\omega}(X)\tilde{\theta}(Y) - \tilde{\omega}(Y)\tilde{\theta}(X)\} + \tilde{\Theta}(X,Y), \quad \forall X, Y \ (\mathrm{F}M \text{ 上矢量场}), \quad \text{(I-8-43)}$$

其中 $\tilde{\omega}(X)\tilde{\theta}(Y)$ 代表方阵 $\tilde{\omega}(X) \in \mathscr{G}$ 乘以列阵 $\tilde{\theta}(Y) \in \mathbb{R}^n$ 所得的列阵.

证明　见，例如，Spivak(1979)Vol.II, P.376. □

设 $\sigma: U \to \mathrm{F}M$ 是局域截面，则 $\Theta \equiv \sigma^* \tilde{\Theta}$ 称为 $U \subset M$ 上的挠率形式. 不难证明对 U 上的 ω，θ 和 Θ 也有类似于式(I-8-43)的等式，即

$$\mathrm{d}\theta(v,u) = -\{\omega(v)\theta(u) - \omega(u)\theta(v)\} + \Theta(v,u), \quad \forall v, u \ (U \subset M \text{ 上矢量场}), \quad \text{(I-8-44)}$$

上式每项都是 $n \times 1$ 的列阵，其 ν 行 1 列矩阵元等式为

$$\mathrm{d}\theta^\nu(v,u) = -\{\omega^\nu{}_\mu(v)\theta^\mu(u) - \omega^\nu{}_\mu(u)\theta^\mu(v)\} + \Theta^\nu(v,u) = -(\omega^\nu{}_\mu \wedge \theta^\mu)(v,u) + \Theta^\nu(v,u).$$

上式对任意 v, u 成立，故

$$\mathrm{d}\theta^\nu = -\omega^\nu{}_\mu \wedge \theta^\mu + \Theta^\nu. \quad \text{(I-8-45)}$$

对无挠联络($\Theta = 0$)有 $\mathrm{d}\theta^\nu = -\omega^\nu{}_\mu \wedge \theta^\mu$，改用本书的记号则为 $\mathrm{d}\theta^\nu = -\theta^\mu \wedge \omega_\mu{}^\nu$.

注意到$\theta^{\mu}=\boldsymbol{e}^{\mu}$，便有$\mathrm{d}\boldsymbol{e}^{\nu}=-\boldsymbol{e}^{\mu}\wedge\boldsymbol{\omega}_{\mu}{}^{\nu}$，此即§5.7的嘉当第一结构方程(5-7-6).

[选读 I-8-1 完]

§I.9　矢丛上的联络和协变导数

与主丛P类似，矢丛Q的任意点q的切空间T_qQ也存在一个天生的竖直子空间$\mathrm{V}_q\subset\mathrm{T}_qQ$，定义为$\mathrm{V}_q:=\{X\in\mathrm{T}_qQ\,|\,\hat{\pi}_*(X)=0\}$. 但若还要问及$X\in\mathrm{T}_qQ$是否水平，就要引入矢丛$Q$上的联络. 矢丛的每一纤维$\hat{\pi}^{-1}[x]$都是实(或复)矢量空间，用实(或复)数$c$对$\hat{\pi}^{-1}[x]$任一点$q$的数乘结果$cq$仍是$\hat{\pi}^{-1}[x]$的点. 设$c\neq 0$，定义映射$\zeta_c$为$\zeta_c(q):=cq\ \ \forall q\in Q$，则$\zeta_c:Q\to Q$是同胚.

定义1　矢丛Q上的一个**联络**是对每点$q\in Q$指定一个**水平子空间**$\mathrm{H}_q\subset\mathrm{T}_qQ$，满足

(a) $\mathrm{T}_qQ=\mathrm{V}_q\oplus\mathrm{H}_q,\ \ \forall q\in Q$，

(b) $\zeta_{c*}[\mathrm{H}_q]=\mathrm{H}_{\zeta_c(q)}=\mathrm{H}_{cq},\ \ \forall q\in Q,\ c\in\mathbb{R}(\text{或}\mathbb{C}),\ c\neq 0$，

(c) H_q光滑地依赖于q.

定理 I-9-1　设Q为带联络矢丛，$q\in Q$，以X^{V}代表$X\in\mathrm{T}_qQ$的竖直分量，则

$$(c_1X_1+c_2X_2)^{\mathrm{V}}=c_1X_1{}^{\mathrm{V}}+c_2X_2{}^{\mathrm{V}},\ \ \forall X_1,X_2\in\mathrm{T}_qQ,\ c_1,c_2\in\mathbb{R}(\text{或}\mathbb{C}).\qquad(\text{I-9-1})$$

证明　这是线性代数中直和分解理论的一个结论，建议读者作为习题自我证明.　□

带联络的矢丛Q上的曲线$\hat{\eta}:I\to Q$称为底流形M上的曲线$\eta:I\to M$的**水平提升曲线**，若$\hat{\eta}(t)$每点的切矢都是水平矢量，且$\hat{\pi}(\hat{\eta}(t))=\eta(t)\ \ \forall t\in I$.

定理 I-9-2　设Q是带联络的矢丛，$\eta:I\to M$是底流形上的曲线，$x_0\equiv\eta(0)$，则$\forall q\in\hat{\pi}^{-1}[x_0]\subset Q,\ \exists\eta(t)$的唯一水平提升曲线$\hat{\eta}(t)$，满足$\hat{\eta}(0)=q$.

证明　类似于定理I-2-6的证明.　□

上册第3章早已讲过矢量场的协变导数. 设M是流形，∇_a是M上的导数算符，v^a是开集$U\subset M$上的矢量场，则v^a在任一$x_0\in U$沿任一矢量$T^a\in\mathrm{T}_{x_0}M$的协变导数$T^b\nabla_bv^a$有意义. 具体说，设I是$\mathbb{R}$的含0的开区间，$\eta:I\to U$是曲线，$x_0\equiv\eta(0)$，$T\equiv\mathrm{d}\eta(t)/\mathrm{d}t\,|_{t=0}$，则$T^b\nabla_bv^a$(也记作$\nabla_T v^a$)可表为[见式(3-2-14)]

$$\nabla_Tv^a\equiv T^b\nabla_bv^a=\lim_{s\to 0}\frac{1}{s}(\tilde{v}^a\,|_{x_0}-v^a\,|_{x_0}),\qquad(\text{I-9-2})$$

其中$\tilde{v}^a\,|_{x_0}$是$v^a\,|_{\eta(s)}$沿曲线$\eta(t)$平移至x_0点的结果. 这里的关键是矢量场沿曲线平

移的概念. 如果 M 上给定 ∇_a, 自然就有平移法则; 如果 M 上没给 ∇_a, 但 M 的切丛 $\mathrm{T}M$ (作为一个矢丛)上给了联络, 则也可借此给 M 自然地定义一个沿曲线的平移法则. 首先, $U\subset M$ 上的一个矢量场 v^a 是一个截面 $\hat{\sigma}: U\to \mathrm{T}M$ (见 §I.3 例 4), $\hat{\sigma}[\eta(t)]$ [简记作 $\hat{\sigma}(t)$]则代表该矢量场在曲线 $\eta(t)$ 上的取值, 故 $\hat{\sigma}(s)$ $(\forall s\in I)$ 就是 $v^a|_{\eta(s)}$, 再以 $\hat{\eta}_s(t)$ 代表曲线 $\eta(t)$ 过点 $\hat{\sigma}(s)$ 的水平提升(图 I-16 ①), 便可把 $\hat{\eta}_s(0)$ 自然地解释为 $v^a|_{\eta(s)}$ 沿 $\eta(t)$ 平移至 x_0 点的结果, 即式(I-9-2)中的 $\tilde{v}^a|_{x_0}$, 而 $\hat{\eta}_0(0)=\hat{\sigma}(0)$ 则对应于 $v^a|_{x_0}$. 于是式(I-9-2)在去掉抽象指标后可改写为

$$\nabla_T v=\lim_{s\to 0}\frac{1}{s}[\hat{\eta}_s(0)-\hat{\eta}_0(0)]. \tag{I-9-3}$$

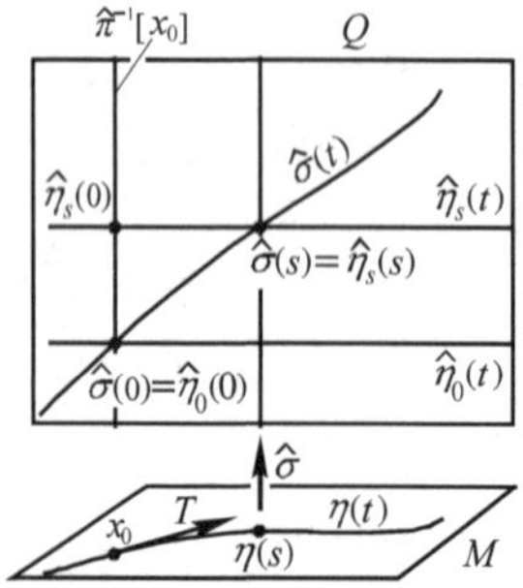

图 I-16　矢丛截面的协变导数

任何矢丛 Q 的每一纤维 $\hat{\pi}^{-1}[x]$ 都是一个矢量空间, 其中两个元素 $q_1,q_2\in\hat{\pi}^{-1}[x]$ 之和(差) $(q_1\pm q_2)\in\hat{\pi}^{-1}[x]$ 有意义, 因而上式右边对任意带联络的矢丛都有意义. 至于左边的 v, 它无非是截面映射 $\hat{\sigma}: U\to Q$, 当 $Q=\mathrm{T}M$ (切丛)时是 U 上的矢量场, 当 Q 是 M 上的 (k,l) 型张量丛时是 U 上的 (k,l) 型张量场, 当 Q 是 M 上的任一矢丛时, 不妨认为 $\hat{\sigma}$ 也代表 U 上的某种场, 因而也可推广式(I-9-3)以定义"截面场" $\hat{\sigma}$ 的协变导数 $\nabla_T\hat{\sigma}$:

定义 2　设 Q 是带联络的矢丛, $\hat{\sigma}: U\to Q$ 是局域截面. 为定义 $\hat{\sigma}$ 沿点 $x_0\in U$ 的矢量 $T\in \mathrm{T}_{x_0}U$ 的协变导数 $\nabla_T\hat{\sigma}$, 取曲线 $\eta: I\to U$ 使 $x_0\equiv\eta(0)$, $T\equiv \mathrm{d}\eta(t)/\mathrm{d}t|_{t=0}$, 把曲线 $\eta(t)$ 过点 $\hat{\sigma}(\eta(s))$ 的水平提升记作 $\hat{\eta}_s(t)$, 则

$$\nabla_T\hat{\sigma}:=\lim_{s\to 0}\frac{1}{s}[\hat{\eta}_s(0)-\hat{\eta}_0(0)]. \tag{I-9-4}$$

注 1　由上式可知 $\nabla_T\hat{\sigma}$ 是纤维 $\hat{\pi}^{-1}[x_0]$ 的一点, 但因 $\hat{\pi}^{-1}[x_0]$ 是矢量空间, 也可把 $\nabla_T\hat{\sigma}$ 认同为点 $\hat{\sigma}(\eta_0)\in\hat{\pi}^{-1}[x_0]$ 的一个切于 $\hat{\pi}^{-1}[x_0]$ 的矢量. 为此, 先做如下复习. 设 V 是 n 维矢量空间, $\{e_\mu\}$ 是 V 的选定基底, 则每一 $v\in V$ 有 n 个分量 $\{v^\mu\}$, 故 V 可看作流形 $\mathbb{R}^n$, 而 v^μ 则充当坐标(改记作 x^μ). 坐标系 $\{x^\mu\}$ 在流形 V 上有坐标基底场 $\{\partial/\partial x^\mu\}$. 给定流形 V 的一点 v_0, 有切空间 $\mathrm{T}_{v_0}V$, 把 $\mathrm{T}_{v_0}V$ 的 $\partial/\partial x^\mu|_{v_0}$ 与 V 的 e_μ 相对应(认同)可建立同构关系 $\mathrm{T}_{v_0}V\leftrightarrow V$, 因而可把点 $v_0\in V$ 的切矢量与 V 的点自

① 图 I-16 和 I-17 的优点是直观, 但要防止它可能的误导. 例如, 当 $\eta(t)$ 是自相交曲线时 $\hat{\eta}_s(t)$ 与一条纤维可能交于不止一点, 而图中却看不出这种可能性.

然认同(还可证明这一认同与基底 $\{e_\mu\}$ 的选择无关). 设 $\gamma(t)$ 是 V 中曲线, 其在坐标系 $\{x^\mu\}$ 的参数式为 $x^\mu(t)$, 则它在点 $\gamma(0)$ 的切矢

$$\left.\frac{\mathrm{d}}{\mathrm{d}t}\right|_{t=0}\gamma(t)=\left.\frac{\partial}{\partial x^\mu}\right|_{\gamma(0)}\left.\frac{\mathrm{d}x^\mu(t)}{\mathrm{d}t}\right|_{t=0}. \tag{I-9-5}$$

上式中的 d/dt 是求切矢记号. 但矢量空间有加法又保证以下的求导公式有意义:

$$\left.\frac{\mathrm{d}}{\mathrm{d}t}\right|_{t=0}\gamma(t)\equiv\lim_{t\to0}\frac{1}{t}[\gamma(t)-\gamma(0)]=\lim_{t\to0}\frac{1}{t}[e_\mu x^\mu(t)-e_\mu x^\mu(0)]$$

$$=e_\mu\lim_{t\to0}\frac{1}{t}[x^\mu(t)-x^\mu(0)]=e_\mu\left.\frac{\mathrm{d}x^\mu(t)}{\mathrm{d}t}\right|_{t=0}, \tag{I-9-6}$$

请注意上式左端的 $\mathrm{d}/\mathrm{d}t\,|_{t=0}\,\gamma(t)$ 代表对 t 求导. 然而, 式(I-9-5)和(I-9-6)右边的基矢 $(\partial/\partial x^\mu)\,|_{\gamma(0)}$ 和 $e_\mu\in V$ 可以认同, 所以式(I-9-5)和(I-9-6)左边相等, 就是说, 在矢量空间的情况下对记号 d/dt 既可理解为求切矢又可理解为求导, 两种理解可交替使用.

注 2　为了给截面 $\hat{\sigma}$ 沿 x_0 点的矢量 T 的协变导数 $\nabla_T\hat{\sigma}$ 下定义(即定义 2), 刚才曾借助于一条切于 T 的曲线 $\eta(t)$. 虽然这样的曲线很多, 但是下面的定理I-9-3保证由定义 2 给出的 $\nabla_T\hat{\sigma}$ 与曲线的选择无关, 因而合法.

定理 I-9-3　　$\nabla_T\hat{\sigma}=(\hat{\sigma}_*T)^{\mathrm{V}}$.　(右边代表 $\hat{\sigma}_*T$ 的竖直分量)　(I-9-7)

注 3　$\nabla_T\hat{\sigma}$ 本是 $\hat{\pi}^{-1}[x_0]$ 的一点, 但可认同为点 $\hat{\sigma}(x_0)$ 的一个矢量, 定理断言它等于点 $\hat{\sigma}(x_0)$ 的竖直矢量 $(\hat{\sigma}_*T)^{\mathrm{V}}$.

证明[选读]　设 $\eta: I\to U$ 是含 x_0 的开集 $U\subset M$ 中的曲线, 满足 $\eta(0)=x_0$, $\mathrm{d}\eta(t)/\mathrm{d}t\,|_{t=0}=T$. 定义映射 $\phi: I\times I\,(\subset\mathbb{R}^2)\to\hat{\pi}^{-1}[U]$ 如下:

$$\phi(t,s):=\hat{\eta}_s(t),\quad\forall(t,s)\in I\times I.\ \ [\hat{\eta}_s(t)\text{ 的含义同前}]$$

令 $\nu(s)\equiv\hat{\eta}_s(0)=\phi(0,s)$, 则 $\nu(s)$ 是 $\hat{\pi}^{-1}[x_0]$ 中的曲线, 由式(I-9-4)得

$$\nabla_T\hat{\sigma}=\lim_{s\to0}\frac{1}{s}[\nu(s)-\nu(0)]=\left.\frac{\mathrm{d}}{\mathrm{d}s}\right|_{s=0}\nu(s)=\left.\frac{\mathrm{d}}{\mathrm{d}s}\right|_{s=0}\phi(0,s)=\phi_*\left[\left.\frac{\mathrm{d}}{\mathrm{d}s}\right|_{s=0}(0,s)\right]. \tag{I-9-8}$$

以 $\lambda(t)$ 代表正方形 $I\times I$ 的一条对角线, 即 $\lambda(t)\equiv(t,t)$, 则它在原点 $(0,0)$ 的切矢可用自然坐标系 $\{t,s\}$ 的基矢展开为[其中 $(t,0)$ 和 $(0,s)$ 分别代表横纵轴]

$$\left.\frac{\mathrm{d}}{\mathrm{d}t}\right|_{t=0}\lambda(t)=\left.\frac{\mathrm{d}}{\mathrm{d}t}\right|_{t=0}(t,0)+\left.\frac{\mathrm{d}}{\mathrm{d}s}\right|_{s=0}(0,s)\in\mathrm{T}_{(0,0)}\mathbb{R}^2, \tag{I-9-9}$$

故

$$\phi_*\left[\frac{\mathrm{d}}{\mathrm{d}t}\bigg|_{t=0}\lambda(t)\right]=\phi_*\left[\frac{\mathrm{d}}{\mathrm{d}t}\bigg|_{t=0}(t,0)\right]+\phi_*\left[\frac{\mathrm{d}}{\mathrm{d}s}\bigg|_{s=0}(0,s)\right]$$

$$=\frac{\mathrm{d}}{\mathrm{d}t}\bigg|_{t=0}\phi(t,0)+\nabla_T\hat{\sigma}=\frac{\mathrm{d}}{\mathrm{d}t}\bigg|_{t=0}\hat{\eta}_0(t)+\nabla_T\hat{\sigma}\,, \qquad \text{(I-9-10)}$$

其中第二步用到式(I-9-8), 第三步用到ϕ的定义. 另一方面又有

$$\phi_*\left[\frac{\mathrm{d}}{\mathrm{d}t}\bigg|_{t=0}\lambda(t)\right]=\frac{\mathrm{d}}{\mathrm{d}t}\bigg|_{t=0}\phi(\lambda(t))=\frac{\mathrm{d}}{\mathrm{d}t}\bigg|_{t=0}\hat{\sigma}(\eta(t))=\hat{\sigma}_*\left(\frac{\mathrm{d}}{\mathrm{d}t}\bigg|_{t=0}\eta(t)\right)=\hat{\sigma}_*T\,, \qquad \text{(I-9-11)}$$

其中第二步是因为$\phi(\lambda(t))\equiv\phi(t,t)\equiv\hat{\eta}_t(t)=\hat{\sigma}(t)\equiv\hat{\sigma}(\eta(t))$. 式(I-9-10)右边第一、二项分别属于$\mathrm{H}_{\hat{\sigma}(0)}$和$\mathrm{V}_{\hat{\sigma}(0)}$, 所以式(I-9-11)和(I-9-10)联立导致式(I-9-7). □

注 4 虽然用式(I-9-4)给$\nabla_T\hat{\sigma}$下定义时借用过曲线$\eta(t)$, 但定理 I-9-3 表明$\nabla_T\hat{\sigma}$只取决于$T\in\mathrm{T}_{x_0}M$而与曲线$\eta(t)$无关.

定理 I-9-4 设Q是带联络的矢丛, $\eta: I\to M$是曲线, $x_1\equiv\eta(t_1)$, $x_2\equiv\eta(t_2)$, 则矢量空间$\hat{\pi}^{-1}[x_1]$与$\hat{\pi}^{-1}[x_2]$之间存在同构映射$\beta_{12}: \hat{\pi}^{-1}[x_1]\to\hat{\pi}^{-1}[x_2]$, 定义如下:

$\forall q\in\hat{\pi}^{-1}[x_1]$, 以$\hat{\eta}(t)$代表$\eta(t)$满足$\hat{\eta}(t_1)=q$的水平提升, 则$\beta_{12}(q):=\hat{\eta}(t_2)$.

证明 见 Spivak(1979)vol.II, P.399 . 难点是证明映射的线性性, 该书有高招. □

设Y是$U\subset M$上的矢量场, 则还可把$\nabla_T\hat{\sigma}$推广而得到截面$\hat{\sigma}$沿Y的协变导数$\nabla_Y\hat{\sigma}$, 它也是U上的一个局域截面, 即$\nabla_Y\hat{\sigma}: U\to Q$(容易看出此映射满足截面定义), 含义是: $(\nabla_Y\hat{\sigma})(x)\equiv\nabla_T\hat{\sigma}\ \ \forall x\in U$, 其中$T\equiv Y|_x$. 进一步说, 设$\hat{\sigma}: U\to Q$和$\hat{\sigma}': U\to Q$都是截面, λ是U上的函数, 则$\hat{\sigma}+\hat{\sigma}'$和$\lambda\hat{\sigma}$也都是$U$上的截面, 即$\hat{\sigma}+\hat{\sigma}': U\to Q$, $\lambda\hat{\sigma}: U\to Q$, 定义为

$$(\hat{\sigma}+\hat{\sigma}')(x):=\hat{\sigma}(x)+\hat{\sigma}'(x)\ (\text{右边是矢量空间}\ \hat{\pi}^{-1}[x]\ \text{中的加法}),\ \forall x\in U\,, \qquad \text{(I-9-12)}$$

$$(\lambda\hat{\sigma})(x):=\lambda(x)\hat{\sigma}(x)\ (\text{右边是矢量空间}\ \hat{\pi}^{-1}[x]\ \text{中的数乘}),\ \forall x\in U\,. \qquad \text{(I-9-13)}$$

定理 I-9-5 设$\hat{\sigma}: U\to Q$和$\hat{\sigma}': U\to Q$都是截面, λ是U上的函数, Y和Y'都是U上的矢量场, 则

(a) $\nabla_{Y+Y'}\hat{\sigma}=\nabla_Y\hat{\sigma}+\nabla_{Y'}\hat{\sigma}$; (I-9-14a)

(b) $\nabla_Y(\hat{\sigma}+\hat{\sigma}')=\nabla_Y\hat{\sigma}+\nabla_Y\hat{\sigma}'$; (I-9-14b)

(c) $\nabla_{\lambda Y}\hat{\sigma}=\lambda\nabla_Y\hat{\sigma}$; (I-9-14c)

(d) $\nabla_Y(\lambda\hat{\sigma})=\lambda\nabla_Y\hat{\sigma}+Y(\lambda)\hat{\sigma}$, $Y(\lambda)$代表Y作用于λ所得的函数. (I-9-14d)

证明 留作习题. 提示:①只须证明各式对任一$x\in U$成立. ②为证(a)和(c)可

用式(I-9-7)和(I-9-1)；为证(b)和(d)可利用定理 I-9-4.

定理 I-9-6　主丛 P 上的任一联络在其伴矢丛 Q 上自然诱导一个联络.

证明　每一 $f\in F$ 自然伴有一个映射 $\psi_f: P\to Q$，定义为 $\psi_f(p):=p\cdot f\in Q$. 利用这一映射就可借助于 $p\in P$ 的水平子空间 H_p 定义 $q\equiv p\cdot f\in Q$ 的水平子空间：$\mathrm{H}_q:=\psi_{f*}[\mathrm{H}_p]$. 然而，若取轨道 q 的另一点 (p',f')，则又有 $q=\psi_{f'}(p')$. 仿照上式，岂非又可给 q 点定义另一水平子空间 $\mathrm{H}_q{}':=\psi_{f'*}[\mathrm{H}_{p'}]$？好在 p, p' 同纤维保证 $\exists g\in G$ 使 $p'=pg$ 以及 $\psi_f=\psi_{f'}\circ R_g$，从而不难证明 $\mathrm{H}_q{}'=\mathrm{H}_q$：

$$\mathrm{H}_q{}'=\psi_{f'*}[R_{g*}\mathrm{H}_p]=(\psi_{f'*}\circ R_{g*})[\mathrm{H}_p]=(\psi_{f'}\circ R_g)_*[\mathrm{H}_p]=\psi_{f*}[\mathrm{H}_p]=\mathrm{H}_q\,.$$

可见 H_q 与 f 的选择无关，$\mathrm{H}_q:=\psi_{f*}[\mathrm{H}_p]$ 是 H_q 的合法定义. 下面验证这一定义满足定义 1 的各条件. 设 $q=p\cdot f=\psi_f(p)$，则

(a) $\forall X\in \mathrm{T}_qQ$，令 $Y\equiv\hat{\pi}_*X$，以 $\tilde{Y}$ 代表 Y 在 p 的水平提升，令 $X_2\equiv\psi_{f*}\tilde{Y}\in\mathrm{H}_q$，$X_1\equiv X-X_2$，则

$$\hat{\pi}_*X_1=\hat{\pi}_*X-\hat{\pi}_*X_2=Y-(\hat{\pi}_*\circ\psi_{f*})(\tilde{Y})=Y-(\hat{\pi}\circ\psi_f)_*(\tilde{Y})=Y-\pi_*\tilde{Y}=Y-Y=0,$$

故 $X_1\in\mathrm{V}_q$，即 X 可被表为竖直分量 X_1 和水平分量 X_2 之和. 不难验证分解的唯一性，为此只须证明 $\mathrm{H}_q\cap\mathrm{V}_q=0\in\mathrm{T}_qQ,\ \forall q\in Q$.

(b)由 $q=p\cdot f$ 得 $cq=p\cdot cf=\psi_{cf}(p)$，由 $\zeta_c(q)\equiv cq$ 又得 $\psi_{cf}=\varsigma_c\circ\psi_f$，故

$$\mathrm{H}_{cq}\equiv\psi_{cf*}[\mathrm{H}_p]=(\varsigma_c\circ\psi_f)_*[\mathrm{H}_p]=\varsigma_{c*}[\psi_{f*}[\mathrm{H}_p]]\equiv\varsigma_{c*}[\mathrm{H}_q].$$

(c)略. □

注 5　在任一矢丛 Q 上指定任一联络 H (按定义 1)后，必有带联络 $\tilde{\omega}$ 的主丛 P 使得 Q 是 P 的伴矢丛，而且 H 是由 $\tilde{\omega}$ 按定理 I-9-6 诱导的联络. 证明见 Spivak (1979) vol.II, P.397～401.

定理 I-9-7　设伴矢丛 Q 的联络由主丛 P 的联络诱导而得，$\tilde{\eta}(t)$ 是曲线 $\eta(t)$ 在 P 上的水平提升曲线，则

$$\hat{\eta}(t)\text{ 是 }\eta(t)\text{ 在 }Q\text{ 上的水平提升曲线}\Leftrightarrow\exists f\in F\text{ 使 }\hat{\eta}(t)=\tilde{\eta}(t)\cdot f\,.$$

证明　(A)($\Leftarrow$) 由 $\hat{\eta}(t)=\tilde{\eta}(t)\cdot f=\psi_f(\tilde{\eta}(t))$ 得 $\hat{\pi}(\hat{\eta}(t))=\pi(\tilde{\eta}(t))=\eta(t)$ 和

$$\frac{\mathrm{d}}{\mathrm{d}t}\hat{\eta}(t)=\frac{\mathrm{d}}{\mathrm{d}t}\psi_f(\tilde{\eta}(t))=\psi_{f*}\frac{\mathrm{d}}{\mathrm{d}t}\tilde{\eta}(t)\in\mathrm{H}_{\hat{\eta}(t)}\,,$$

[最末一步用到 $(\mathrm{d}/\mathrm{d}t)\tilde{\eta}(t)\in\mathrm{H}_{\tilde{\eta}(t)}$.] 可见 $\hat{\eta}(t)$ 是 $\eta(t)$ 在 Q 上的水平提升.

(B)($\Rightarrow$) 令 $q\equiv\hat{\eta}(0),\ p\equiv\tilde{\eta}(0)$，则 $\exists f\in F$ 使得 $q=p\cdot f$，于是由(A)可知

$\mu(t) \equiv \tilde{\eta}(t) \cdot f$ 是 $\eta(t)$ 在 Q 上的水平提升, 且 $\mu(0) = \tilde{\eta}(0) \cdot f = p \cdot f = q$. 由水平提升曲线的唯一性(定理 I-9-2)便可肯定 $\hat{\eta}(t) = \mu(t) = \tilde{\eta}(t) \cdot f$. □

协变导数 $\nabla_T \hat{\sigma}$ 还可表为更便于计算的形式. 设 Q 是主丛 P 的伴丛, Q 的联络由 P 的联络诱导而得. 在 P 上任取截面 σ 作为辅助, 不妨认为 σ 与 $\hat{\sigma}$ 有相同定义域, 即 $\hat{\sigma}: U \to Q$, $\sigma: U \to P$, 如此便有映射 $f: U \to F$ 使

$$\hat{\sigma}(x) = \sigma(x) \cdot f(x), \quad \forall x \in U . \tag{I-9-15}$$

[解释: $\forall x \in U$ 有 $\hat{\sigma}(x) \in \hat{\pi}^{-1}[x] \subset Q$ 和 $\sigma(x) \in \pi^{-1}[x] \subset P$, 因而有唯一的 $f(x) \in F$ 满足式(I-9-15).] 仍以 $\eta: I \to U$ 代表定义 $\nabla_T \hat{\sigma}$ 时借用的曲线, $\forall s \in I$, 以 $\tilde{\eta}_s(t)$ 代表曲线 $\eta(t)$ 过点 $\sigma(s) \equiv \sigma(\eta(s))$ 的水平提升线, 则 $\tilde{\eta}_s(s) = \sigma(s)$ (图 I-17). 把 $\eta(s)$ 看作式(I-9-15)的 x , 则该式给出

$$\hat{\sigma}(\eta(s)) = \sigma(\eta(s)) \cdot f(\eta(s)), \text{ 简写为 } \hat{\sigma}(s) = \sigma(s) \cdot f(s), \tag{I-9-15$'$}$$

令

$$\mu_s(t) \equiv \tilde{\eta}_s(t) \cdot f(s), \tag{I-9-16}$$

则定理 I-9-7 保证 $\mu_s(t)$ 是 $\eta(t)$ 在 Q 上的水平提升线. 又因

$$\mu_s(s) = \tilde{\eta}_s(s) \cdot f(s) = \sigma(s) \cdot f(s) = \hat{\sigma}(s), \quad \text{[末步用到式(I-9-15$'$)]}$$

故 $\mu_s(t)$ 是 $\eta(t)$ 过点 $\hat{\sigma}(s)$ 的水平提升线, 因而 $\mu_s(t) = \hat{\eta}_s(t)$, 与式(I-9-16)结合便得

$$\hat{\eta}_s(t) = \tilde{\eta}_s(t) \cdot f(s), \tag{I-9-16$'$}$$

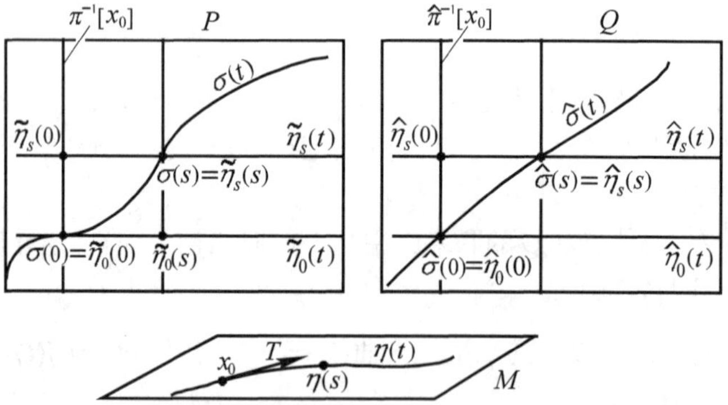

图 I-17　借助主丛的辅助截面 σ 计算伴矢丛截面 $\hat{\sigma}$ 的协变导数

特别地,

$$\hat{\eta}_s(0) = \tilde{\eta}_s(0) \cdot f(s) . \tag{I-9-17}$$

既然 $\tilde{\eta}_s(0)$ 与 $\sigma(0)$ 同属纤维 $\pi^{-1}[x_0]$, 就存在映射 $g: I \to G$ 使

$$\tilde{\eta}_s(0)=\sigma(0)g(s), \quad \forall s\in I, \tag{I-9-18}$$

而且 $g(0)=e$. 于是式(I-9-17)及式(I-9-18)导致 $\hat{\eta}_s(0)=\sigma(0)g(s)\cdot f(s)=\sigma(0)\cdot g(s)f(s)$, 因而式(I-9-4)现在可改写为

$$\nabla_T\hat{\sigma}=\sigma(0)\cdot\lim_{s\to 0}\frac{1}{s}[g(s)f(s)-g(0)f(0)]=\sigma(0)\cdot\left.\frac{\mathrm{d}}{\mathrm{d}s}\right|_{s=0}[g(s)f(s)].$$

[第一步用到由式(I-3-15)定义的加法.] 式中的 $g(s)f(s)$ 代表群元 $g(s)$ 对 $f(s)$ 的左作用, 即 $\chi_{g(s)}f(s)$, 故

$$\nabla_T\hat{\sigma}=\sigma(0)\cdot\left.\frac{\mathrm{d}}{\mathrm{d}t}\right|_{t=0}[\chi_{g(t)}f(t)]. \tag{I-9-19}$$

使用上式计算 $\nabla_T\hat{\sigma}$ 时首先要选定辅助截面 $\sigma: U\to P$ [式中的 $\sigma(0)$, $g(t)$ 及 $f(t)$ 都与 σ 有关]. 但式(I-9-4)表明 $\nabla_T\hat{\sigma}$ 不因 σ 的选择而变. 现在的 Q 不但是 $P(M,G)$ 的伴丛而且是伴矢丛, 所以全体 χ_g 的集合 $\hat{G}\equiv\{\chi_g: F\to F\,|\,g\in G\}$ 是群 G 的表示群(见 §I.3 倒数第二段), 即存在同态 $\rho: G\to\hat{G}$, 满足 $\rho(g)=\chi_g$, 因而式(I-9-19)又可改写为

$$\nabla_T\hat{\sigma}=\sigma(0)\cdot\left.\frac{\mathrm{d}}{\mathrm{d}t}\right|_{t=0}[\rho(g(t))f(t)]. \tag{I-9-19$'$}$$

在表示空间 F 中选定基底后, 每一 $f\in F$ 的全体分量可排成列阵, 而 $\hat{G}$ 的每个元素 $\rho(g)$ 都是方阵. 但刚才[式(I-9-18)上行]以 g 代表映射 $I\to G$ 而不是群元, 群元应记作 $g(t)$, 因此准确地应说每个 $\rho(g(t))$ 都是方阵. 式(I-9-19′)的求导可利用 $\rho(g(0))=\rho(e)=\hat{e}\in\hat{G}$ 而展开为

$$\left.\frac{\mathrm{d}}{\mathrm{d}t}\right|_{t=0}[\rho(g(t))f(t)]=\left.\frac{\mathrm{d}}{\mathrm{d}t}\right|_{t=0}f(t)+\left[\left.\frac{\mathrm{d}}{\mathrm{d}t}\right|_{t=0}\rho(g(t))\right]f(0). \tag{I-9-20}$$

令 $V=U$, 选另一截面 $\sigma': V\to P$ 使 $\sigma'[\eta(t)]=\tilde{\eta}_0(t)$. 以 $\tilde{\omega}$ 代表 P 上的联络, 则 $\omega\equiv\sigma^*\tilde{\omega}$ 和 $\omega'\equiv\sigma'^*\tilde{\omega}$ 分别是 U 和 V 上的联络, 两者的关系服从式(I-2-5), 用于曲线 η 的任一点 $\eta(t)$ 及该点切于 η 的切矢 $Y(t)$ 就是

$$\omega'(Y(t))=\mathscr{Ad}_{g_{UV}(\eta(t))^{-1}}\omega(Y(t))+L_{g_{UV}(\eta(t))^{-1}*}g_{UV*}(Y(t)), \tag{I-9-21}$$

式中的 $g_{UV}(\eta(t))$ 满足式(I-1-12), 即

$$\sigma'(\eta(t))=\sigma(\eta(t))g_{UV}(\eta(t)). \tag{I-9-22}$$

另一方面, 把式(I-9-18)改写为 $\tilde{\eta}_0(0)=\tilde{\eta}_s(0)g(s)^{-1}$, 由定理 I-2-7 可知这又导致

$$\tilde{\eta}_0(t)=\tilde{\eta}_s(t)g(s)^{-1},$$

故

$$\tilde{\eta}_0(s)=\tilde{\eta}_s(s)g(s)^{-1}=\sigma(s)g(s)^{-1},$$

也可写成

$\tilde{\eta}_0(t)=\sigma(t)g^{-1}(t)$，其中映射 $g^{-1}: I\to G$ 定义为 $g^{-1}(t):=g(t)^{-1}, \forall t\in I$. (I-9-22′)

注意到 $\sigma(t)=\sigma(\eta(t)), \tilde{\eta}_0(t)=\sigma'(\eta(t))$, 对比式(I-9-22′)与(I-9-22)可知 $g_{UV}(\eta(t))=g^{-1}(t)$. 于是式(I-9-21)成为

$$\omega'(Y(t))=\mathscr{Ad}_{g(t)}\omega(Y(t))+L_{g(t)*}g_{UV*}(Y(t)). \qquad \text{(I-9-21′)}$$

而 $\omega'(Y(t))=(\sigma'^*\tilde{\omega})(Y(t))=\tilde{\omega}(\sigma'_*Y(t))=0$ (因 σ'_*Y 水平), 故

$$0=\mathscr{Ad}_{g(t)}\omega(Y(t))+L_{g(t)*}g_{UV*}(Y(t)). \qquad \text{(I-9-21″)}$$

上式每项都是 $\mathscr{G}$ 的元素. 用 $\rho: G\to\hat{G}$ 在点 $e\in G$ 的推前映射 $\rho_*: \mathscr{G}\to\hat{\mathscr{G}}$ 作用于上式两边便得 $\hat{\mathscr{G}}$ 的元素等式

$$\rho_*[L_{g(t)*}g_{UV*}(Y(t))]=-\rho_*[\mathscr{Ad}_{g(t)}\omega(Y(t))]=-\mathscr{Ad}_{\rho(g(t))}[\rho_*(\omega(Y(t)))], \qquad \text{(I-9-23)}$$

其中第二步用到附录G 习题20(a). 而上式左边又可表为

$$\rho_*[L_{g(t)*}g_{UV*}(Y(t))]=\rho_*[L_{g(t)*}g_{UV*}\left.\frac{\mathrm{d}}{\mathrm{d}s}\right|_{s=0}\eta(t+s)]=\left.\frac{\mathrm{d}}{\mathrm{d}s}\right|_{s=0}\{\rho[L_{g(t)}g_{UV}(\eta(t+s))]\}$$

$$=\left.\frac{\mathrm{d}}{\mathrm{d}s}\right|_{s=0}\{\rho[g(t)g^{-1}(t+s)]\}=\left.\frac{\mathrm{d}}{\mathrm{d}s}\right|_{s=0}[\rho(g(t))\rho(g(t+s)^{-1})]$$

$$=\rho(g(t))\left.\frac{\mathrm{d}}{\mathrm{d}s}\right|_{s=0}\rho(g(t+s))^{-1}=\rho(g(t))\frac{\mathrm{d}}{\mathrm{d}t}\rho(g(t))^{-1}, \qquad \text{(I-9-24)}$$

其中第四、五步用到 ρ 的同态性, 第五步还用到 $\rho(g(t))$ 是矩阵(因而求切矢可归结为求导). 式(I-9-23)与(I-9-24)结合给出

$$\rho(g(t))\frac{\mathrm{d}}{\mathrm{d}t}[\rho(g(t))^{-1}]=-\mathscr{Ad}_{\rho(g(t))}[\rho_*(\omega(Y(t)))]=-\rho(g(t))[\rho_*(\omega(Y(t)))]\rho(g(t))^{-1},$$

其中第二步用到附录G 习题19. 于是

$$(\mathrm{d}/\mathrm{d}t)\rho(g(t))^{-1}=-[\rho_*(\omega(Y(t)))]\rho(g(t))^{-1},$$

特别地,

$$\mathrm{d}/\mathrm{d}t\,|_{t=0}\ \rho(g(t))^{-1}=-[\rho_*(\omega(T))].$$

而由 $\rho(g(t))^{-1}\rho(g(t))=I$ 可得

$$\left.\frac{\mathrm{d}}{\mathrm{d}t}\right|_{t=0}\rho(g(t))^{-1}=-\left.\frac{\mathrm{d}}{\mathrm{d}t}\right|_{t=0}\rho(g(t)),\tag{I-9-25}$$

故

$$\left.\frac{\mathrm{d}}{\mathrm{d}t}\right|_{t=0}\rho(g(t))=\rho_*(\omega(T)),\tag{I-9-26}$$

代入式(I-9-20)后再代入式(I-9-19′)便得

$$\nabla_T\hat{\sigma}=\sigma(0)\cdot\left\{\left.\frac{\mathrm{d}}{\mathrm{d}t}\right|_{t=0}f(t)+[\rho_*(\omega(T))]f(0)\right\}.\tag{I-9-27}$$

式(I-9-27)右边的 $f(t)$ 和 $f(0)$ 都是列阵, $\rho_*(\omega(T))$ 是方阵, 故花括号内第二项是由方阵乘列阵所得的列阵.

我们举五例说明上式的应用. 例1(及1′)至例3的主丛都是 $P=\mathrm{F}M$, 伴矢丛依次为 $Q_1=\mathrm{T}M$ (切丛), $Q_2=\mathrm{T}^*M$ (余切丛), $Q_3=(1,1)$ 型张量丛. 默认 P 上已指定联络 $\tilde{\omega}$, 因而各伴矢丛上都有相应的诱导联络.

例1 $P=\mathrm{F}M$, $Q_1=\mathrm{T}M$. 令 $\hat{\sigma}:U\to Q_1$ 为待求导的截面, 不妨设 U 也是 M 中某坐标系 $\{x^\mu\}$ 的坐标域. 选辅助截面 $\sigma:U\to P$ 使

$$\sigma(x)=(x,\partial/\partial x^\mu|_x),\ \forall x\in U.\ (\text{此截面就是}U\text{上的坐标基底场})\tag{I-9-28}$$

本例中 $G=\hat{G}_1=\mathrm{GL}(n)$, 同态 $\rho_1:G\to\hat{G}_1$ 是恒等映射. 把式(I-9-27)用于本例, 补上矩阵元编号指标 μ,ν 后成为

$$\nabla_T\hat{\sigma}=\left(x_0,\left.\frac{\partial}{\partial x^\mu}\right|_{x_0}\right)\cdot\left\{\left.\frac{\mathrm{d}}{\mathrm{d}t}\right|_{t=0}f^\mu(t)+[\rho_{1*}(\omega(T))]^\mu{}_\nu f^\nu(0)\right\},\tag{I-9-29}$$

上式的 $\omega(T)\in\mathscr{G}$ 可表为 $\omega_\sigma(x_0)T^\sigma$, 其中 T^σ 和 $\omega_\sigma(x_0)$ 分别是 T 和 ω 的坐标分量, 即

$$T^\sigma\equiv\mathrm{d}x^\sigma(T)\in\mathbb{R},\quad \omega_\sigma(x_0)\equiv\omega(\partial/\partial x^\sigma|_{x_0})\in\mathscr{G},$$

故

$$[\rho_{1*}(\omega(T))]^\mu{}_\nu=[\rho_{1*}(\omega_\sigma(x_0)T^\sigma)]^\mu{}_\nu=T^\sigma[\rho_{1*}(\omega_\sigma(x_0))]^\mu{}_\nu\in\hat{\mathscr{G}}_1.\tag{I-9-30}$$

上式右边是 n 项之和, 每项是实数 T^σ 与第 σ 个方阵(元) $[\rho_{1*}(\omega_\sigma(x_0))]^\mu{}_\nu$ 之积. $\rho_1:G\to\hat{G}_1$ 是恒等映射导致 $\rho_{1*}:\mathscr{G}\to\hat{\mathscr{G}}_1$ 是恒等映射, 故

$$[\rho_{1*}(\omega_\sigma(x_0))]^\mu{}_\nu=(\omega_\sigma(x_0))^\mu{}_\nu.$$

以 $\omega^{\mu}{}_{\nu\sigma}(x_0)$ 简记第 σ 个方阵元, 即

$$\omega^{\mu}{}_{\nu\sigma}(x_0) \equiv (\omega_\sigma(x_0))^{\mu}{}_{\nu} = [\rho_{1*}(\omega_\sigma(x_0))]^{\mu}{}_{\nu}\,, \tag{I-9-31}$$

则式(I-9-29)成为

$$\nabla_T \hat{\sigma} = \left(x_0,\ \frac{\partial}{\partial x^\mu}\bigg|_{x_0} \right) \cdot \left(\frac{\mathrm{d}f^\mu}{\mathrm{d}t} + \omega^{\mu}{}_{\nu\sigma} T^\sigma f^\nu \right)\bigg|_{x_0} = \left[\left(\frac{\partial}{\partial x^\mu} \right)^a \left(\frac{\mathrm{d}f^\mu}{\mathrm{d}t} + \omega^{\mu}{}_{\nu\sigma} T^\sigma f^\nu \right) \right]_{x_0}, \tag{I-9-32}$$

其中第二步用到式(I-3-8). 以 v^a 代表 $\hat{\sigma}$ 对应的矢量场, 则 $\nabla_T \hat{\sigma} = T^b \nabla_b v^a$, 再把式(I-9-32)中的 f 改记为 v, 便有

$$T^b \nabla_b v^a = \left[\left(\frac{\partial}{\partial x^\mu} \right)^a \left(\frac{\mathrm{d}v^\mu}{\mathrm{d}t} + \omega^{\mu}{}_{\nu\sigma} T^\sigma v^\nu \right) \right]_{x_0}. \tag{I-9-33}$$

把上式同式(3-2-1)对比就得到 $\omega^{\mu}{}_{\nu\sigma} T^\sigma v^\nu = \Gamma^{\mu}{}_{\nu\sigma} T^\sigma v^\nu$,[①] 再由 T^a 和 v^a 的任意性又得 $\omega^{\mu}{}_{\nu\sigma} = \Gamma^{\mu}{}_{\nu\sigma}$. 可见, 由主丛 FM 的联络 $\tilde{\omega}$ 经截面 $\sigma: U \to P$ 在 U 上诱导的 $\omega \equiv \sigma^* \tilde{\omega}$ 对应的那组数 $\omega^{\mu}{}_{\nu\sigma}$ 就是熟知的克氏符 $\Gamma^{\mu}{}_{\nu\sigma}$.

式(I-9-33)的 $\mathrm{d}v^\mu/\mathrm{d}t$ 还残留有曲线的痕迹, 但只要把 $\mathrm{d}v^\mu/\mathrm{d}t$ 改写为 $T^\sigma \partial v^\mu/\partial x^\sigma$, 全式就可改写为与所选曲线明显无关的形式:

$$T^b \nabla_b v^a = T^\sigma \left[\left(\frac{\partial}{\partial x^\mu} \right)^a \left(\frac{\partial v^\mu}{\partial x^\sigma} + \omega^{\mu}{}_{\nu\sigma} v^\nu \right) \right]_{x_0}. \tag{I-9-33$'$}$$

此外, 若开始时选另一坐标系 $\{x'^\mu\}$ 及其相应截面 $\sigma'(x) = (x, \partial/\partial x'^\mu|_x)$, 则式(I-9-33′)右边改为

$$T'^\sigma \left[\left(\frac{\partial}{\partial x'^\mu} \right)^a \left(\frac{\partial v'^\mu}{\partial x'^\sigma} + \omega'^{\mu}{}_{\nu\sigma} v'^\nu \right) \right]_{x_0},$$

这无非是同一矢量 $T^b \nabla_b v^a$ 在另一坐标系的分量表达式. 选截面 σ 无非是在 U 上选基底场(包括非坐标基底), 对 $T^b \nabla_b v^a$ 当然无实质性影响. 下面是一个用非坐标基底的例子.

例 1′ 上例讨论的是矢量场 v 沿 x_0 点的矢量 T 的协变导数. 作为一个有用的特例, 本例讨论 $U \subset M$ 上的任一标架场 $\{e_\alpha\}$ (可以不是坐标基底场)的第 μ 基矢场

---

① 只要从一开始就把 $C^c{}_{ab}$ 的定义式(3-1-5)右边改为 $C^c{}_{ba}\omega_c|_p$ (非实质性改动), 则式(3-2-1)右边末项就改为 $\Gamma^{\mu}{}_{\nu\sigma} T^\sigma v^\nu$, 故有正文中的 $\omega^{\mu}{}_{\nu\sigma} T^\sigma v^\nu = \Gamma^{\mu}{}_{\nu\sigma} T^\sigma v^\nu$.

e_μ 沿 x_0 点的第 τ 基矢 $e_\tau|_{x_0}$ 的协变导数. 就是说, 在任意指定截面 $\sigma: U \to \mathrm{F}M$ (因而 U 上有标架场 $\{e_\alpha\}$)后, 我们特意选

$$\text{(a)}\, v|_U = e_\mu|_U\,; \qquad \text{(b)} T = e_\tau|_{x_0}\,, \tag{I-9-34}$$

然后要找出 $\nabla_T v$ [即 $(\nabla_{e_\tau} e_\mu)|_{x_0}$]的表达式. 将式(I-9-27)用于本例并补上指标后给出

$$\nabla_T \hat{\sigma} = \sigma(0) \cdot \left\{ \left.\frac{\mathrm{d}}{\mathrm{d}t}\right|_{t=0} f^\nu(t) + [\rho_{1*}(\boldsymbol{\omega}(T))]^\nu{}_\lambda f^\lambda(0) \right\}, \tag{I-9-35}$$

其中的 $f^\nu(t) \equiv f^\nu(\eta(t))$ 应满足式(I-9-15′), 即

$$\hat{\sigma}(\eta(t)) = \sigma(\eta(t)) \cdot f(\eta(t)) = (\eta(t), e_\lambda|_{\eta(t)}) \cdot f^\lambda(\eta(t)) = e_\lambda|_{\eta(t)}\, f^\lambda(\eta(t))\,, \tag{I-9-36}$$

上式对任意截面 $\hat{\sigma}: U \to \mathrm{T}M$ 及 $\sigma: U \to \mathrm{F}M$ 都成立, $\hat{\sigma}[U]$ 无非是 U 上的某个矢量场 v. 由式(I-9-15)不难验证 v 满足式(I-9-34a)当且仅当 $f^\sigma\big|_U = \delta^\sigma{}_\mu$, 故式(I-9-35)右边花括号内第一项为零, 第二项则为

$$[\rho_{1*}(\boldsymbol{\omega}(T))]^\nu{}_\lambda f^\lambda(0) = [\rho_{1*}(\boldsymbol{\omega}(e_\tau|_{x_0}))]^\nu{}_\lambda \delta^\lambda{}_\mu = [\rho_{1*}(\omega_\tau(x_0))]^\nu{}_\mu = \omega^\nu{}_{\mu\tau}(x_0)\,,$$

所以式(I-9-35)具体化为

$$(\nabla_{e_\tau} e_\mu)|_{x_0} = (x_0, e_\nu|_{x_0}) \cdot \omega^\nu{}_{\mu\tau}(x_0) = [(e_\nu)^a \omega^\nu{}_{\mu\tau}]_{x_0}\,, \tag{I-9-37}$$

其中 $\omega^\nu{}_{\mu\tau}(x_0)$ 是 $\omega_\tau(x_0) \equiv \boldsymbol{\omega}(e_\tau|_{x_0}) \in \mathscr{G}$ 的第 ν, μ 矩阵元, 故 $\omega^\nu{}_{\mu\tau}$ 就是选读 I-2-1 的 $\omega^\nu{}_{\mu\tau}$. 另一方面,

$$(\nabla_{e_\tau} e_\mu)|_{x_0} = [(e_\tau)^b \nabla_b (e_\mu)^a]_{x_0} \equiv [(e_\nu)^a \gamma^\nu{}_{\mu\tau}]_{x_0}\,, \tag{I-9-37′}$$

其中含 $\equiv$ 的一步无非是用基矢把矢量 $[(e_\tau)^b \nabla_b (e_\mu)^a]_{x_0}$ 展开[见式(5-7-1)]. 对比式(I-9-37)和(I-9-37′)便得 $\omega^\nu{}_{\mu\tau} = \gamma^\nu{}_{\mu\tau}$. 严格说来, 式(I-9-37)第二步和式(I-9-37′)第一步都存在着抽象指标不平衡的问题. 后面的式(I-9-42)也有同样问题. 若要坚持平衡, 表达就会更复杂. 好在现在的写法其实并无实质性错误, 故此将就.

注 6　主丛 $P = \mathrm{F}M$ 上的联络 $\tilde{\omega}$ 可以通过下列两个途径在底流形 M 上诱导出导数算符. 途径①: $\mathrm{F}M$ 上的 $\tilde{\omega}$ 按定理 I-2-8 在 M 上诱导出一个导数算符; 途径②: $\mathrm{F}M$ 上的 $\tilde{\omega}$ 先按定理 I-9-6 在伴丛 $Q = \mathrm{T}M$ 上诱导一个联络, 此联络又按本节定义 2 [即式(I-9-4)]在 M 上定义一个导数算符. 于是出现另一个殊途同归问题(第一个殊途同归问题见选读 I-2-1): 这两个途径得到的导数算符是否相等?例 1′ 的结果 $\omega^\nu{}_{\mu\tau} = \gamma^\nu{}_{\mu\tau}$ 对此给出了肯定的答案.

例 2　$P = \mathrm{F}M$, $Q_2 = \mathrm{T}^*M$, 结构群 G 仍是 $\mathrm{GL}(n)$, 但表示群为[见式(I-3-10)]

$$\hat{G}_2 = \{方阵\ (g^{-1})^{\mu}{}_{\nu} \mid g \in \mathrm{GL}(n)\}. \tag{I-9-38}$$

由于 $(g^{-1})^{\mu}{}_{\nu}$ 也属于 $\mathrm{GL}(n)$，故 $\hat{G}_2 = \mathrm{GL}(n) = \hat{G}_1$. (作为集合，$\hat{G}_2$ 与 $\hat{G}_1$ 可认为相等.)

利用式(I-3-5)和(I-3-10)不难验证(前提是把被作用的 f_{μ} 排成列阵)

$$\rho_2(g) = \rho_1(g^{-1})^{\mathrm{T}}, \quad \forall g \in G. \quad (上标\ \mathrm{T}\ 代表矩阵的转置) \tag{I-9-39}$$

令 $\hat{\sigma}: U \to Q_2$ 为待求导的截面, 仍用例 1 的辅助截面 σ 和坐标系 $\{x^{\mu}\}$. 把式(I-9-27)用于本例, 补上 μ, ν 后成为

$$\nabla_T \hat{\sigma} = \sigma(0) \cdot \left\{ \left.\frac{\mathrm{d}}{\mathrm{d}t}\right|_{t=0} f_{\mu}(t) + [\rho_{2*}(\omega(T))]_{\mu}{}^{\nu} f_{\nu}(0) \right\}. \tag{I-9-40}$$

与式(I-9-27)后面的说明一样, 上式右边的 $f_{\mu}(t)$ 和 $f_{\nu}(0)$ 都是列阵, 花括号内第二项中 μ, ν, ν 的顺序(是 $\mu\nu\nu$ 而非 $\nu\mu\nu$)保证第二项的确代表方阵乘列阵. 简记 $B \equiv \omega(T) \in \mathscr{G}$, 则

$$\rho_{2*}B = \rho_{2*}\left[\left.\frac{\mathrm{d}}{\mathrm{d}s}\right|_{s=0} (\mathrm{Exp}\, sB) \right] = \left.\frac{\mathrm{d}}{\mathrm{d}s}\right|_{s=0} \rho_2(\mathrm{Exp}\, sB) = \left.\frac{\mathrm{d}}{\mathrm{d}s}\right|_{s=0} [\rho_1((\mathrm{Exp}\, sB)^{-1})]^{\mathrm{T}}$$

$$= \left[\rho_{1*} \left.\frac{\mathrm{d}}{\mathrm{d}s}\right|_{s=0} (-\mathrm{Exp}\, sB) \right]^{\mathrm{T}} = -(\rho_{1*}B)^{\mathrm{T}}, \tag{I-9-41}$$

[其中第三步用到式(I-9-39), 第四步用到中册式(G-5-5)下行的 $\mathrm{Exp}(A)\mathrm{Exp}(-A) = I$.] 所以

$$[\rho_{2*}(\omega(T))]_{\mu}{}^{\nu} = -[\rho_{1*}(\omega(T))]^{\nu}{}_{\mu} = -T^{\sigma}[\rho_{1*}(\omega_{\sigma}(x_0))]^{\nu}{}_{\mu} = -T^{\sigma}\omega^{\nu}{}_{\mu\sigma}(x_0), \tag{I-9-42}$$

其中第二、三步依次用到式(I-9-30)和(I-9-31). 于是式(I-9-40)成为

$$\nabla_T \hat{\sigma} = \left(x_0, \left.\frac{\partial}{\partial x^{\mu}}\right|_{x_0} \right) \cdot \left.\left(\frac{\mathrm{d}f_{\mu}}{\mathrm{d}t} - \omega^{\nu}{}_{\mu\sigma} T^{\sigma} f_{\nu} \right)\right|_{x_0} = \left[(\mathrm{d}x^{\mu})_a \left(\frac{\mathrm{d}f_{\mu}}{\mathrm{d}t} - \omega^{\nu}{}_{\mu\sigma} T^{\sigma} f_{\nu} \right) \right]_{x_0}, \tag{I-9-43}$$

其中第二步用到式(I-3-11). 故

$$T^b \nabla_b f_a = \left[(\mathrm{d}x^{\mu})_a \left(\frac{\mathrm{d}f_{\mu}}{\mathrm{d}t} - \Gamma^{\nu}{}_{\mu\sigma} T^{\sigma} f_{\nu} \right) \right]_{x_0}, \tag{I-9-44}$$

也可改写为与曲线明显无关的形式:

$$T^b \nabla_b f_a = T^{\sigma} \left[(\mathrm{d}x^{\mu})_a \left(\frac{\partial f_{\mu}}{\partial x^{\sigma}} - \Gamma^{\nu}{}_{\mu\sigma} f_{\nu} \right) \right]_{x_0}. \tag{I-9-44'}$$

式(I-9-44)与用第 3 章的初等方法求得的 $T^b \nabla_b f_a$ 表达式实质一致.

例 3[选读]　$P=\mathrm{F}M$, $Q_3=(1,1)$ 型张量丛(见§I.3 例 6). 这时的结构群 G 仍是 $\mathrm{GL}(n)$，但表示群为 $\hat{G}_3=\{g^\mu{}_\alpha(g^{-1})^\beta{}_\nu \mid g\in\mathrm{GL}(n)\}$. 以 F_3 代表 Q_3 的典型纤维, 仍把 $\mathbb{R}^n$ 记作 V，则 $F_3=\mathscr{T}_V(1,1)$ [见式(I-3-12)]. 以 ρ_1,ρ_2,ρ_3 依次代表从 G 到 $\hat{G}_1,\hat{G}_2,\hat{G}_3$ 的同态映射, 则 $\forall g\in G$ 有

$$\rho_1(g)\in\hat{G}_1,\quad \rho_2(g)\in\hat{G}_2,\quad \rho_3(g)\in\hat{G}_3. \tag{I-9-45}$$

$\rho_3(g)\in\hat{G}_3$ 的作用对象是 F_3 的元素, 而 $F_3=\mathscr{T}_V(1,1)$ 是 n^2 维矢量空间. 利用 $V\equiv\mathbb{R}^n$ 的自然坐标基底可构造 F_3 的一个自然基底, 任一 $f\in F_3$ 的 n^2 个分量可排成一个 $n^2\times 1$ 的列阵, $\rho_3(g)$ 对 f 的作用结果 $\rho_3(g)f$ 则可看作 $n^2\times n^2$ 的方阵 $\rho_3(g)$ 与 $n^2\times 1$ 的列阵 f 的矩阵乘积. 以 $n=2$ 为例, 令 $f\in F_3$，$\hat{g}\equiv\rho_3(g)\in\hat{G}_3$，则

$$f=\begin{bmatrix} f^1{}_1\\ f^1{}_2\\ f^2{}_1\\ f^2{}_2\end{bmatrix},\qquad \hat{g}\equiv\rho_3(g)=\begin{bmatrix} \hat{g}^1{}_{11}{}^1 & \hat{g}^1{}_{11}{}^2 & \hat{g}^1{}_{12}{}^1 & \hat{g}^1{}_{12}{}^2\\ \hat{g}^1{}_{21}{}^1 & \hat{g}^1{}_{21}{}^2 & \hat{g}^1{}_{22}{}^1 & \hat{g}^1{}_{22}{}^2\\ \hat{g}^2{}_{11}{}^1 & \hat{g}^2{}_{11}{}^2 & \hat{g}^2{}_{12}{}^1 & \hat{g}^2{}_{12}{}^2\\ \hat{g}^2{}_{21}{}^1 & \hat{g}^2{}_{21}{}^2 & \hat{g}^2{}_{22}{}^1 & \hat{g}^2{}_{22}{}^2\end{bmatrix}. \tag{I-9-46}$$

另一方面, 从 $\hat{G}_1,\hat{G}_2,\hat{G}_3$ 的定义式出发通过论证可知方阵 $\rho_3(g)$ 等于方阵 $\rho_1(g)$ 与 $\rho_2(g)$ 的张量积, 即

$$\rho_3(g)=\rho_1(g)\otimes\rho_2(g),\qquad \forall g\in G. \tag{I-9-47}$$

此处给出方阵张量积的计算公式: 设 P,Q 是同阶方阵, 则它们的张量积 $P\otimes Q$ 的矩阵元为

$$(P\otimes Q)^\mu{}_{\nu\alpha}{}^\beta=P^\mu{}_\alpha\,Q_\nu{}^\beta. \tag{I-9-48}$$

仍记 $B\equiv\omega(T)\in\mathscr{G}$，便有

$$\rho_{3*}B=\rho_{3*}\left.\frac{\mathrm{d}}{\mathrm{d}s}\right|_{s=0}(\exp sB)=\left.\frac{\mathrm{d}}{\mathrm{d}s}\right|_{s=0}\rho_3(\exp sB)=\left.\frac{\mathrm{d}}{\mathrm{d}s}\right|_{s=0}[\rho_1(\exp sB)\otimes\rho_2(\exp sB)]$$

$$=\rho_1(e)\otimes\left.\frac{\mathrm{d}}{\mathrm{d}s}\right|_{s=0}\rho_2(\exp sB)+\left[\left.\frac{\mathrm{d}}{\mathrm{d}s}\right|_{s=0}\rho_1(\exp sB)\right]\otimes\rho_2(e)$$

$$=\rho_1(e)\otimes\rho_{2*}B+\rho_{1*}B\otimes\rho_2(e)=-\rho_1(e)\otimes(\rho_{1*}B)^{\mathrm{T}}+\rho_{1*}B\otimes\rho_2(e), \tag{I-9-49}$$

其中第三步用到式(I-9-47), 第六步用到式(I-9-41). 于是由式(I-9-48)可得 $\rho_{3*}B$ 的矩阵元表达式

$$(\rho_{3*}B)^\mu{}_{\nu\alpha}{}^\beta=-\delta^\mu{}_\alpha(\rho_{1*}B)^\beta{}_\nu+(\rho_{1*}B)^\mu{}_\alpha\delta_\nu{}^\beta. \tag{I-9-50}$$

仍选辅助截面σ: $U\to P$ 使 $\sigma(x)=(x,\ \partial/\partial x^\mu|_x)$, 将式(I-9-27)用于本例得

$$\nabla_T\hat{\sigma}=\sigma(0)\cdot\left[\left.\frac{\mathrm{d}}{\mathrm{d}t}\right|_{t=0} f^\mu{}_\nu(t)+(\rho_{3*}B)^\mu{}_{\nu\alpha}{}^\beta f^\alpha{}_\beta(0)\right]$$

$$=\sigma(0)\cdot\left[\left.\frac{\mathrm{d}}{\mathrm{d}t}\right|_{t=0} f^\mu{}_\nu(t)-\delta^\mu{}_\alpha(\rho_{1*}B)^\beta{}_\nu f^\alpha{}_\beta(0)+(\rho_{1*}B)^\mu{}_\alpha\delta_\nu{}^\beta f^\alpha{}_\beta(0)\right]$$

$$=\sigma(0)\cdot\left[\left.\frac{\mathrm{d}}{\mathrm{d}t}\right|_{t=0} f^\mu{}_\nu(t)-(\rho_{1*}B)^\beta{}_\nu f^\mu{}_\beta(0)+(\rho_{1*}B)^\mu{}_\alpha f^\alpha{}_\nu(0)\right]$$

$$=\sigma(0)\cdot\left[\left.\frac{\mathrm{d}}{\mathrm{d}t}\right|_{t=0} f^\mu{}_\nu(t)-T^\sigma\omega^\beta{}_{\nu\sigma}(x_0)f^\mu{}_\beta(0)+T^\sigma\omega^\mu{}_{\alpha\sigma}(x_0)f^\alpha{}_\nu(0)\right]$$

$$=\left(x_0,\left.\frac{\partial}{\partial x^\mu}\right|_{x_0}\right)\cdot\left.\left(\frac{\mathrm{d}f^\mu{}_\nu}{\mathrm{d}t}+\omega^\mu{}_{\alpha\sigma}T^\sigma f^\alpha{}_\nu-\omega^\beta{}_{\nu\sigma}T^\sigma f^\mu{}_\beta\right)\right|_{x_0}$$

$$=\left[\left(\frac{\partial}{\partial x^\mu}\right)^a(\mathrm{d}x^\nu)_b\left(\frac{\mathrm{d}f^\mu{}_\nu}{\mathrm{d}t}+\Gamma^\mu{}_{\alpha\sigma}T^\sigma f^\alpha{}_\nu-\Gamma^\beta{}_{\nu\sigma}T^\sigma f^\mu{}_\beta\right)\right]_{x_0},\qquad \text{(I-9-51)}$$

其中第二步用到式(I-9-50), 第四步用到式(I-9-30)和(I-9-31).

上式也可改写为与曲线明显无关的形式:

$$\nabla_T\hat{\sigma}=T^\sigma\left[\left(\frac{\partial}{\partial x^\mu}\right)^a(\mathrm{d}x^\nu)_b\left(\frac{\partial f^\mu{}_\nu}{\partial x^\sigma}+\Gamma^\mu{}_{\alpha\sigma}f^\alpha{}_\nu-\Gamma^\beta{}_{\nu\sigma}f^\mu{}_\beta\right)\right]_{x_0}.\qquad \text{(I-9-51}'\text{)}$$

式(I-9-51)与用第3章的初等方法求得的$T^c\nabla_c f^a{}_b$表达式实质一致.

例 4　在平凡主丛 $P=\mathbb{R}^4\times \mathrm{U}(1)$ 上指定联络 $\tilde{\omega}$, 令 $F=\mathbb{C}$, 在 F 上定义左作用 χ : $\mathrm{U}(1)\times F\to F$ 为

$$\chi_g(\phi):=\mathrm{e}^{-\mathrm{i}q\theta}\phi\ \ (\text{其中}\ q\ \text{为整数}),\quad \forall g=\mathrm{e}^{-\mathrm{i}\theta}\in\mathrm{U}(1),\ \phi\in F,$$

所得的伴矢丛 Q 就是§I.6 的伴丛在 $G=\mathrm{U}(1)$, $N=1$ 时的特例. χ_g 的上述定义说明表示群 $\hat{G}=G=\mathrm{U}(1)$, 而且同态 ρ : $G\to\hat{G}$ 是同构 $\mathrm{e}^{-\mathrm{i}\theta}\mapsto\mathrm{e}^{-\mathrm{i}q\theta}$. 为求得截面 $\hat{\sigma}$: $\mathbb{R}^4\to Q$ 的协变导数可任选辅助截面 σ : $\mathbb{R}^4\to P$, 它与 $\hat{\sigma}$ 结合决定一个映射 ϕ : $\mathbb{R}^4\to F$, 满足[见式(I-9-15)]

$$\hat{\sigma}(x)=\sigma(x)\cdot\phi(x),\quad \forall x\in\mathbb{R}^4.\qquad \text{(I-9-52)}$$

依照§I. 6, 这 $\hat{\sigma}(x)$ 可改写为 $\Phi(x)$, 代表 $\mathbb{R}^4$ 上的一个(绝对的)复标量场(内部矢量

场), 而 $\phi(x)$ 则解释为 $\Phi(x)$ 在内部标架 $\sigma(x)$ 的分量. 把式(I-9-27)用于现在的情况得

$$\nabla_T \Phi = \sigma(0) \cdot \left\{ \left.\frac{\mathrm{d}}{\mathrm{d}t}\right|_{t=0} \phi(t) + [\rho_*(\omega(T))]\phi(0) \right\}, \tag{I-9-53}$$

借用 $\mathbb{R}^4$ 上的洛伦兹坐标系 $\{x^\mu\}$ 又得 $\omega(T) = \omega_\mu(x_0)T^\mu$ 及

$$\left.\frac{\mathrm{d}}{\mathrm{d}t}\right|_{t=0} \phi(t) = \left.\frac{\mathrm{d}}{\mathrm{d}t}\right|_{t=0} \phi(x^\mu(t)) = \left.\frac{\partial \phi}{\partial x^\mu}\right|_{x_0} \left.\frac{\mathrm{d}x^\mu(t)}{\mathrm{d}t}\right|_{t=0} = \left.\frac{\partial \phi}{\partial x^\mu}\right|_{x_0} T^\mu, \tag{I-9-54}$$

故

$$\nabla_T \Phi = \sigma(0) \cdot T^\mu [\partial_\mu \phi + \rho_*(\omega_\mu)\phi]_{x_0}.$$

再把联络 $\boldsymbol{\omega}$ 与规范势 $\boldsymbol{A}^r$ 的关系 $\omega_\mu(x) = k\epsilon_r A^r_\mu(x)$ [式(I-7-1)]及 $\rho_*(\epsilon_r) = \mathrm{i}L_r$ [式(I-4-22)]用于 $G = \hat{G} = \mathrm{U}(1)$ 的情况得 $\rho_*(\omega_\mu) = -\mathrm{i}eqA_\mu$ [因当 $\hat{G} = \mathrm{U}(1)$ 时 $k = e, L_1 = q$], 于是

$$\nabla_T \Phi = \sigma(0) \cdot T^\mu (\partial_\mu \phi - \mathrm{i}eqA_\mu \phi)_{x_0} = \sigma(0) \cdot T^\mu (\mathrm{D}_\mu \phi)_{x_0}. \text{ [} \mathrm{D}_\mu \text{ 由式(I-5-7)定义]} \tag{I-9-55}$$

因 $\sigma(0)$ 可解释为内部标架, 故 $T^\mu \mathrm{D}_\mu \phi$ 对应于 $\nabla_T \Phi$ 的内部分量, 于是

$$\text{复标量场}\, \Phi \,\text{的协变导数(的内部分量)} = T^\mu \mathrm{D}_\mu \phi. \tag{I-9-56}$$

这正是§I.5 中把 D_μ 称为“协变导数算符”的缘由. 在规范变换下, 虽然 ϕ, A_μ 和 $\mathrm{D}_\mu\phi$ 都要变, 但是由于 Φ 有规范不变性, ∇_T 也有规范不变性(它由主丛的联络 $\tilde{\omega}$ 决定, 而 $\tilde{\omega}$ 当然是规范不变的), 所以 $\nabla_T \Phi$ 是规范不变的. 这就回答了§I.6 倒数第二段之末所提出的“ $\mathrm{D}_\mu\phi$ 的变换是否也对应于一个绝对的事物” 的问题, 这个事物就是 $\nabla_T \Phi$.

例 5　与 ϕ 场共轭的 $\overline{\phi}$ 场应看作 $P \equiv \mathbb{R}^4 \times \mathrm{U}(1)$ 的另一伴矢丛 $\overline{Q}$ 的截面. 为定义 $\overline{Q}$, 选 $F = \mathbb{C}^*$, 但 $\chi: G \times F \to F$ 定义为

$$\chi_g(\overline{\phi}) := \overline{\phi}\mathrm{e}^{\mathrm{i}q\theta}, \quad \forall g = \mathrm{e}^{-\mathrm{i}\theta} \in \mathrm{U}(1), \overline{\phi} \in F,$$

仿照例 4 及例 2 便得

$$\text{复标量场}\, \overline{\Phi} \,\text{的协变导数(的分量)} = T^\mu (\partial_\mu \overline{\phi} + \mathrm{i}eqA_\mu \overline{\phi})_{x_0} = T^\mu \mathrm{D}_\mu \overline{\phi}. \tag{I-9-57}$$

[选读 I-9-1]

为适用于非阿贝尔规范理论, 本选读介绍例 4 和例 5 的推广. 设理论的内部变换群为 G, 涉及表示 $\rho: G \to \hat{G}$, 表示空间是复矢量空间 V (选定基底后 $\hat{G}$ 的元素是方阵), 便可构造主丛 $P = \mathbb{R}^4 \times G$, 并以 V 为典型纤维构造复伴矢丛 Q, 其中左作

用 χ 定义为

$$\chi_g(\phi) := \rho(g)\phi, \text{(方阵乘以列阵)} \qquad \forall g \in G, \phi \in V. \tag{I-9-58}$$

仍把截面 $\hat{\sigma}$ 改记作 $\varPhi$，从 $\nabla_T \hat{\sigma}$ 的一般表达式(I-9-27)出发，利用 $\omega_\mu(x) \equiv k e_r A^r_\mu(x)$ 及 $\rho_*(e_r) = -\mathrm{i}L_r$ 不难求得

$$\nabla_T \varPhi = \sigma(0) \cdot T^\mu (\partial_\mu \phi - \mathrm{i}k\vec{L} \cdot \vec{A}_\mu \phi)_{x_0} = \sigma(0) \cdot T^\mu (\mathrm{D}_\mu \phi)_{x_0}, \tag{I-9-59}$$

[其中 D_μ 由式(I-5-17a)定义.] 于是

$$\text{复场}\varPhi\text{的协变导数(的分量)} = T^\mu \mathrm{D}_\mu \phi. \tag{I-9-60}$$

这就是例4向非阿贝尔情况的推广. 为推广例5，应先复习选读I-5-2. 场论中通常要求表示空间 V 上有内积(但允许非正定)，而且 G (通过 $\hat{G}$)对 V 的作用要保内积. 所以 $\hat{G}$ 是群 $\tilde{\mathrm{U}}(V)$ 或其李子群. 同态 $\rho : G \to \tilde{\mathrm{U}}(V)$ 按式(I-5-29)自然诱导出保内积同态 $\overline{\rho} : G \to \tilde{\mathrm{U}}(V^*)$. 以 V^* 为典型纤维构造复伴矢丛 $\overline{Q}$，其中左作用 $\overline{\chi}_g : V^* \to V^*$ 定义为

$$\overline{\chi}_g(\overline{\phi}) := \overline{\rho}(g)\overline{\phi}, \quad \forall g \in G, \overline{\phi} \in V^*. \tag{I-9-61}$$

将式(I-9-19)用于现在的情况得

$$\begin{aligned}
\nabla_T \overline{\varPhi} &= \sigma(0) \cdot \left.\frac{\mathrm{d}}{\mathrm{d}t}\right|_{t=0} [\overline{\chi}_{g(t)} \overline{\phi}(t)] = \sigma(0) \cdot \left.\frac{\mathrm{d}}{\mathrm{d}t}\right|_{t=0} [\overline{\rho}(g(t))\overline{\phi}(t)] \\
&= \sigma(0) \cdot \left.\frac{\mathrm{d}}{\mathrm{d}t}\right|_{t=0} [\overline{\phi}(t)\rho(g(t))^{-1}] \\
&= \sigma(0) \cdot \left\{ \left[\left.\frac{\mathrm{d}}{\mathrm{d}t}\right|_{t=0} \overline{\phi}(t) \right] \rho(g(0))^{-1} + \overline{\phi}(0) \left.\frac{\mathrm{d}}{\mathrm{d}t}\right|_{t=0} \rho(g(t))^{-1} \right\} \\
&= \sigma(0) \cdot \left\{ \left.\frac{\mathrm{d}}{\mathrm{d}t}\right|_{t=0} \overline{\phi}(t) + \overline{\phi}(0) \left.\frac{\mathrm{d}}{\mathrm{d}t}\right|_{t=0} \rho(g(t))^{-1} \right\} \\
&= \sigma(0) \cdot \left\{ \left.\frac{\mathrm{d}}{\mathrm{d}t}\right|_{t=0} \overline{\phi}(t) - \overline{\phi}(0) \left.\frac{\mathrm{d}}{\mathrm{d}t}\right|_{t=0} \rho(g(t)) \right\},
\end{aligned} \tag{I-9-62}$$

其中第三步用到式(I-5-31)，末步用到 $\rho(g(t))\rho(g(t))^{-1} = I$.

另一方面，若把式(I-9-19)用于求 $\nabla_T \varPhi$，将有

$$\nabla_T \varPhi = \sigma(0) \cdot \left\{ \left.\frac{\mathrm{d}}{\mathrm{d}t}\right|_{t=0} \phi(t) + \left[\left.\frac{\mathrm{d}}{\mathrm{d}t}\right|_{t=0} \rho(g(t)) \right] \phi(0) \right\}, \tag{I-9-63}$$

与式(I-9-59)对比得

$$\left.\frac{\mathrm{d}}{\mathrm{d}t}\right|_{t=0}\rho(g(t)) = -\mathrm{i}kT^{\mu}\vec{L}\cdot\vec{A}_{\mu}(x_0)\,, \tag{I-9-64}$$

再代入式(I-9-62)便得

$$\nabla_T\overline{\varPhi} = \sigma(0)\cdot T^{\mu}(\partial_{\mu}\overline{\phi} + \mathrm{i}k\overline{\phi}\vec{L}\cdot\vec{A}_{\mu})\,|_{x_0} = \sigma(0)\cdot T^{\mu}(\mathrm{D}_{\mu}\overline{\phi})\,|_{x_0}\,, \tag{I-9-65}$$

[其中 D_{μ} 由式(I-5-17b)定义.] 于是

$$\text{复场}\ \overline{\varPhi}\ \text{的协变导数(的分量)} = T^{\mu}\mathrm{D}_{\mu}\overline{\phi}\,. \tag{I-9-66}$$

[选读 I-9-1 完]

习　　题

~1. 试证式(I-1-4), 即映射 $S_U:\pi^{-1}[x]\to G$ 与 $R_{\bar{p}_U}:G\to\pi^{-1}[x]$ 互逆.

~2. 试证式(I-1-5), 即 $R_g\circ R_p = R_{pg}\circ I_{g^{-1}}$, $\forall p\in P, g\in G$.

~3. 试证定理 I-1-1.

~4. 试证由式(I-1-7)定义的 ~ 的确是等价关系.

5. 完成§I.1 例 4 的(1)和(3)中的两道习题, 即证明: ① GL(n) 的群元把基底 $\{e_{\mu}\}$ 变为基底 $\{e_{\nu}g^{\nu}{}_{\mu}\}$; (这是线性代数的结论, 建议读者作为习题自我证明.) ② S_U 满足 $S_U(pg) = S_U(p)g\ \ \forall g\in G$.

~6. 试证式(I-1-15), 即 $R_{pg} = R_p\circ L_g\ \ \forall p\in P, g\in G$.

7. 试给定理 I-1-6 的证明补全.

8. 试证§I.2 定义 2 条件(b)可等价地表述为条件(b′), 亦即

(b′) $\forall x\in M, \exists\, p\in\pi^{-1}[x]$ 使

$$\tilde{\omega}_{pg}(R_{g*}X) = \mathscr{A}\!d_{g^{-1}}\tilde{\omega}_p(X),\quad \forall\, g\in G,\ X\in \mathrm{T}_pP\,.$$

9. 补证定理 I-2-1 证明(A)(a)中的分解 $X = X_1 + X_2$ 的唯一性.

10. 试证定理 I-2-7 .

~11. 定理 I-2-8 证明(B)中借用了一条曲线 $\eta(t)$ 及其水平提升线 $\tilde{\eta}(t)$. 试补证: 当 $\eta(t)$ 选定后, $\nabla_T v$ 与 $\tilde{\eta}(t)$ 的选择无关.

~12. 补证 §I.3 例 4 的待证命题: $v' = v$ 当且仅当 $(x, e'_{\mu}; f'^{\rho})$ 与 $(x, e_{\mu}; f^{\rho})$ 属于同一轨道.

13. 试证式(I-4-15)的 $\hat{G}\equiv\{\mathrm{diag}(\mathrm{e}^{-\mathrm{i}q_1\theta},\cdots,\mathrm{e}^{-\mathrm{i}q_N\theta})\,|\,\theta\in\mathbb{R}\}$ 是群, 而且同态映射

$$\rho:\mathrm{U}(1)\to\hat{G}\,,\qquad \mathrm{e}^{-\mathrm{i}\theta}\mapsto\mathrm{diag}(\mathrm{e}^{-\mathrm{i}q_1\theta},\cdots,\mathrm{e}^{-\mathrm{i}q_N\theta})$$

是 U(1) 群的表示(当 $q_1,\cdots,q_N$ 的最大公约数为 1 时 ρ 还是忠实表示).

~14. 试证式(I-5-25), 即 $\hat{F}_{\mu\nu}(x) = \partial_{\mu}\hat{A}_{\nu}(x) - \partial_{\nu}\hat{A}_{\mu}(x) + k[\hat{A}_{\mu}(x), \hat{A}_{\nu}(x)]$. 提示: 利用 $-\mathrm{i}L_r\equiv\rho_*(e_r)$, 而且 $\rho:\ G\to\hat{G}$ 为同态保证 $\rho_*:\mathscr{G}\to\hat{\mathscr{G}}$ 为同态.

15. 试证式(I-5-26), 即 $\hat{F}'_{\mu\nu}(x) = U(\vec{\theta}(x))\hat{F}_{\mu\nu}(x)U(\vec{\theta}(x))^{-1}$.

16. 试证定理 I-8-1、I-8-2 和 I-8-4.

17. 试证定理 I-9-1 和 I-9-5.

附录 J　德西特时空和反德西特时空

§J.1　常曲率空间

定义 1　度规 g_{ab} 称为**常曲率度规**, 若存在常数 K 使

$$R_{abcd} = 2K g_{c[a} g_{b]d}, \tag{J-1-1}$$

其中 $R_{abcd} = g_{de} R_{abc}{}^{e}$, 而 $R_{abc}{}^{e}$ 是 g_{ab} 的黎曼张量.

以 n 代表流形的维数, $R_{ac} \equiv R_{abc}{}^{b}$, $R \equiv g^{ac} R_{ac}$, 则由式(J-1-1)易证常曲率度规满足

$$\text{(a)}\ R_{ac} = K(n-1) g_{ac}, \qquad \text{(b)}\ R = Kn(n-1). \tag{J-1-2}$$

设 G_{ab} 是 $n=4$ 的、有洛伦兹号差的常曲率度规的爱因斯坦张量, 则由式(J-1-2)易得 $G_{ab} = -R g_{ab}/4$, 与带宇宙因子项的爱因斯坦方程 $G_{ab} + \Lambda g_{ab} = 8\pi T_{ab}$ 比较发现常曲率度规可看作宇宙因子 $\Lambda = R/4$ 的真空爱因斯坦方程 $G_{ab} + \Lambda g_{ab} = 0$ 的特解. 注意到式(J-1-2b)在 $n=4$ 时给出 $R = 12K$, 便得常曲率度规的 K 与相应的 Λ 的如下关系:

$$\Lambda = 3K. \tag{J-1-3}$$

命题 J-1-1　($n \geqslant 3$ 的)常曲率度规的 Weyl 张量 $C_{abcd} = 0$.

证明　练习. □

定义 2　广义黎曼空间 (M, g_{ab}) 称为**常曲率空间**(space of constant curvature), 若 g_{ab} 是常曲率度规.

定义 3　广义黎曼空间 (M, g_{ab}) 与 (M', g'_{ab}) 称为**有相同局域几何的**, 若① $\forall p \in M$, $\exists\, p$ 的邻域 $O \subset M$ 和开子集 $O' \subset M'$ 以及微分同胚 $\phi: O \to O'$, 满足 $\phi_*(g_{ab}|_O) = g'_{ab}|_{O'}$; ② $\forall p' \in M'$, $\exists\, p'$ 的邻域 $O' \subset M'$ 和开子集 $O \subset M$ 以及微分同胚 $\phi': O' \to O$, 满足 $\phi'_*(g'_{ab}|_{O'}) = g_{ab}|_O$.

注 1　由定义 3 易得如下结论(对本节的具体问题很有用): $\forall p \in M, q \in M'$, 若有 p 的邻域 $O \subset M$ 和 q 的邻域 $O' \subset M'$ 以及微分同胚 $\phi: O \to O'$, 满足

$$\phi_*(g_{ab}|_O) = g'_{ab}|_{O'},$$

则 (M, g_{ab}) 与 (M', g'_{ab}) 有相同的局域几何.

命题 J-1-2　(a)流形维数、度规号差及 K 值相同的两个常曲率空间有相同的

局域几何. (b)常曲率空间有最高对称性, 即其等度规群(可能只是局部群)的维数(亦即独立 Killing 矢量场的个数)是 $n(n+1)/2$, 其中 n 是空间的维数.

证明 见选读 J-1-1. □

命题 J-1-2(a)配以式(J-1-2b)表明, 维数及号差给定的常曲率度规可按其标量曲率 R 值分类. $R=0$ 的常曲率度规就是平直度规. 在 $n=4$ 的洛伦兹号差的前提下, $R>0$ 和 $R<0$ 的常曲率度规分别称为 **de Sitter(德西特)度规**和 **anti-de Sitter(反德西特)度规**. 这是两个有最高对称性但又不平直的度规, 对宇宙论、弯曲时空量子场论和量子引力论的研究都有重要意义.

[选读 J-1-1]

本选读的目的之一是证明命题 J-1-2. 这一证明颇有难度, 为便于理解, 先证明几个引理, 由此导出一个命题(命题 J-1-8), 在此基础上命题 J-1-2 的证明就变得容易.① 利用命题 J-1-8 还可方便地补证上册§3.4 (及中册§12.1)讲而未证的定理 3-4-9 (及命题 12-1-8).

由于证明中涉及多个几何量在两个不同坐标系的分量, 为清晰区分起见, 我们将使用两套具体(分量)指标, 即 $i, j, k, l, \cdots$ 和 $\mu, \nu, \sigma, \rho, \cdots$(都可从 1 取到 n), 只把 $a, b, c, d, \cdots$ 等少数最前面几个拉丁字母留作抽象指标.

引理 J-1-3 给定广义黎曼空间 (M, g_{ab}) 和 (M', g'_{ab}), 若存在微分同胚 ϕ: $M \to M'$ 使 $\phi_* g_{ab} = g'_{ab}$, 则存在"坐标变换"(加引号的含义见证明) $\{x^i\} \mapsto \{x'^\mu\}$ 使标量场

$$g_{ij} \equiv g_{ab}\left(\frac{\partial}{\partial x^i}\right)^a \left(\frac{\partial}{\partial x^j}\right)^b \quad 和 \quad g'_{\mu\nu} \equiv g'_{ab}\left(\frac{\partial}{\partial x'^\mu}\right)^a \left(\frac{\partial}{\partial x'^\nu}\right)^b \tag{J-1-4}$$

所对应的 n 元函数 $g_{ij}(x)$ 和 $g'_{\mu\nu}(x')$ 满足

$$g'_{\mu\nu}(x') = g_{ij}(x(x')) \frac{\partial x^i(x')}{\partial x'^\mu} \frac{\partial x^j(x')}{\partial x'^\nu}, \tag{J-1-5}$$

其中 $x^i(x')$ 代表与"坐标变换" $\{x^i\} \mapsto \{x'^\mu\}$ 相应的 n 个 n 元函数, 即 $x^i(x'^\mu)$, 但括号中的指标一律省略.

证明 以 (O, x^i) 和 (O', x'^i) 分别代表 M 和 M' 上的坐标系(O 和 O' 代表坐标域), 设 $O \cap \phi^{-1}[O'] \neq \varnothing$. 令 $z^\mu \equiv \phi^* x'^\mu$, 则 $O \cap \phi^{-1}[O']$ 上既有坐标 $\{x^i\}$ 又有坐标 $\{z^\mu\}$, 故有坐标变换 $\{x^i\} \mapsto \{z^\mu\}$. $\forall p \in O \cap \phi^{-1}[O']$, 令 $q \equiv \phi(p)$, 则

$$x^i(p) = x^i(z(p)) = x^i(x'(q)), \tag{J-1-6}$$

① 主要参考文献是 Eisenhart(1949). 感谢中科院数学所邝志全研究员帮助笔者彻底弄懂这一证明.

上式第二个等号两边的 $x^i(\ )$ 代表(相同的)函数关系，而且自变数 $z^\mu(p)$ 与自变数 $x'^\mu(q)$ 等值. 于是坐标变换 $\{x^i\}\mapsto\{z^\mu\}$ 诱导出 n 个 n 元函数 $x^i(x')$，不妨把变换 $\{x^i\}\mapsto\{x'^\mu\}$ 也称为"坐标变换"，虽然这两组坐标定义在不同的流形上. 式(J-1-6)给出

$$\left.\frac{\partial x^i(z)}{\partial z^\mu}\right|_p=\left.\frac{\partial x^i(x')}{\partial x'^\mu}\right|_q . \tag{J-1-7}$$

由式(J-1-4)及 $\phi_* g_{ab}=g'_{ab}$ 得

$$\begin{aligned}g'_{\mu\nu}|_q&=\left[(\phi_* g)_{ab}\left(\frac{\partial}{\partial x'^\mu}\right)^a\left(\frac{\partial}{\partial x'^\nu}\right)^b\right]_q=g_{ab}|_p\,\phi^{-1}{}_*\left[\left.\left(\frac{\partial}{\partial x'^\mu}\right)^a\right|_q\right]\phi^{-1}{}_*\left[\left.\left(\frac{\partial}{\partial x'^\nu}\right)^b\right|_q\right]\\&=\left[g_{ab}\left(\frac{\partial}{\partial z^\mu}\right)^a\left(\frac{\partial}{\partial z^\nu}\right)^b\right]_p=\left[g_{ab}\left(\frac{\partial}{\partial x^i}\right)^a\frac{\partial x^i}{\partial z^\mu}\left(\frac{\partial}{\partial x^j}\right)^b\frac{\partial x^j}{\partial z^\nu}\right]_p=\left[g_{ij}\frac{\partial x^i}{\partial z^\mu}\frac{\partial x^j}{\partial z^\nu}\right]_p ,\end{aligned} \tag{J-1-8}$$

其中第三步用到式(4-1-4). 以 $x:O\to\mathbb{R}^n$ 及 $x':O'\to\mathbb{R}^n$ 代表定义坐标 x^i 和 x'^μ 的同胚映射(即§2.1定义1中的 ψ_α)，$F_{ij}(x)$ 及 $F'_{\mu\nu}(x')$ 分别代表由标量场 $g_{ij}:O\to\mathbb{R}$ 及 $g'_{\mu\nu}:O'\to\mathbb{R}$ 自然诱导出的 n 元函数，即 $g_{ij}=F_{ij}\circ x$，$g'_{\mu\nu}=F'_{\mu\nu}\circ x'$，则

$$g'_{\mu\nu}|_q=F'_{\mu\nu}(x'(q)),\qquad g_{ij}|_p=F_{ij}(x(p))=F_{ij}(x(x'(q))),$$

其中第二式的第二步用到式(J-1-6). 为了清晰区分标量场 $g'_{\mu\nu}$ 与由它诱导出的 n 元函数，刚才特意引入符号 $F'_{\mu\nu}(x')$ 代表后者. 懂得这一区别后就不妨按惯例把 $F'_{\mu\nu}(x')$ 记作 $g'_{\mu\nu}(x')$. 于是

$$g'_{\mu\nu}|_q=g'_{\mu\nu}(x'(q)),\qquad g_{ij}|_p=g_{ij}(x(x'(q))). \tag{J-1-9}$$

去掉上式中的 (q) 并与式(J-1-7)一同代入式(J-1-8)便得式(J-1-5). □

反之，给定两个对称、非退化的二次型 $g_{ij}(x)$ 和 $g'_{\mu\nu}(x')$，如果存在坐标变换 $\{x^i\}\mapsto\{x'^\mu\}$ 使它们满足式(J-1-5)，则 $g_{ij}(x)$ 和 $g'_{\mu\nu}(x')$ 可看作两个度规场 g_{ab} 和 g'_{ab} 分别在 $\{x^i\}$ 和 $\{x'^\mu\}$ 系的分量，而且可构造局域微分同胚 ϕ 使 $\phi_* g_{ab}=g'_{ab}$，因而描述相同的局域几何. 所以称满足式(J-1-5)的 $g_{ij}(x)$ 和 $g'_{\mu\nu}(x')$ 是互相**等价的**. 给定两个对称二次型 $g_{ij}(x)$ 和 $g'_{\mu\nu}(x')$，当它们满足什么更具体的条件时两者等价? 出于证明命题J-1-2的需要，此处只讨论这一问题的一些特殊情况. 我们先证明，如果式(J-1-5)成立，则 g_{ij} 和 $g'_{\mu\nu}$ 相应的克氏符 $\Gamma^l{}_{ij}$ 和 $\Gamma'^\lambda{}_{\mu\nu}$ 满足如下关系式:

$$\Gamma'^\lambda{}_{\mu\nu}\frac{\partial x^l}{\partial x'^\lambda}=\Gamma^l{}_{ij}\frac{\partial x^i}{\partial x'^\mu}\frac{\partial x^j}{\partial x'^\nu}+\frac{\partial^2 x^l}{\partial x'^\mu\partial x'^\nu} . \tag{J-1-10}$$

(右边第二项的存在说明 $\Gamma^l{}_{ij}$ 和 $\Gamma'^\lambda{}_{\mu\nu}$ 不是同一张量在两个坐标系的分量.) 证明如下.

对式(J-1-5)求导给出

$$\frac{\partial g'_{\mu\nu}}{\partial x'^\sigma}=\frac{\partial g_{ij}}{\partial x^k}\frac{\partial x^k}{\partial x'^\sigma}\frac{\partial x^i}{\partial x'^\mu}\frac{\partial x^j}{\partial x'^\nu}+g_{ij}\left(\frac{\partial x^i}{\partial x'^\mu}\frac{\partial^2 x^j}{\partial x'^\nu\partial x'^\sigma}+\frac{\partial x^j}{\partial x'^\nu}\frac{\partial^2 x^i}{\partial x'^\mu\partial x'^\sigma}\right), \qquad \text{(J-1-11a)}$$

适当交换指标又得

$$\frac{\partial g'_{\sigma\nu}}{\partial x'^\mu}=\frac{\partial g_{kj}}{\partial x^i}\frac{\partial x^k}{\partial x'^\sigma}\frac{\partial x^i}{\partial x'^\mu}\frac{\partial x^j}{\partial x'^\nu}+g_{ij}\left(\frac{\partial x^i}{\partial x'^\sigma}\frac{\partial^2 x^j}{\partial x'^\mu\partial x'^\nu}+\frac{\partial x^j}{\partial x'^\nu}\frac{\partial^2 x^i}{\partial x'^\mu\partial x'^\sigma}\right), \qquad \text{(J-1-11b)}$$

及

$$\frac{\partial g'_{\mu\sigma}}{\partial x'^\nu}=\frac{\partial g_{ik}}{\partial x^j}\frac{\partial x^k}{\partial x'^\sigma}\frac{\partial x^i}{\partial x'^\mu}\frac{\partial x^j}{\partial x'^\nu}+g_{ij}\left(\frac{\partial x^i}{\partial x'^\mu}\frac{\partial^2 x^j}{\partial x'^\nu\partial x'^\sigma}+\frac{\partial x^j}{\partial x'^\sigma}\frac{\partial^2 x^i}{\partial x'^\mu\partial x'^\nu}\right). \qquad \text{(J-1-11c)}$$

从式(J-1-11b)、(J-1-11c)之和中减去(J-1-11a)并乘以 $g'^{\sigma\lambda}(\partial x^l/\partial x'^\lambda)/2$ (对重复指标还要求和), 经计算便得式(J-1-10).

对称二次型 g_{ij} 和 $g'_{\mu\nu}$ 等价的充要条件是存在坐标变换 $\{x^i\}\mapsto\{x'^\mu\}$ [即存在函数组 $\{x^i(x'), i=1,\cdots,n\}$]使式(J-1-5)成立. 寻找这一函数组的第一步是写出它应满足的偏微分方程组. 形式地以 p^i_μ 代表偏导数 $\partial x^i/\partial x'^\mu$ [因而 p^i_μ 是 x'^σ 的函数, 即 $p^i_\mu(x')$]:

$$\frac{\partial x^i}{\partial x'^\mu}=p^i_\mu, \qquad \text{(J-1-12)}$$

把 i 改为 l 并对 x'^σ 求导, 注意到式(J-1-10), 得

$$\frac{\partial p^l_\mu}{\partial x'^\sigma}=\Gamma'^\lambda{}_{\mu\sigma}p^l_\lambda-\Gamma^l{}_{ij}p^i_\mu p^j_\sigma. \qquad \text{(J-1-13)}$$

在 $g_{ij}(x)$ 及 $g'_{\mu\nu}(x')$ 给定后 $\Gamma^l{}_{ij}(x)$ 及 $\Gamma'^\lambda{}_{\mu\sigma}(x')$ 是已知函数, 因此式(J-1-12)、(J-1-13)是关于 $n+n^2$ 个待定 n 元函数 $x^i(x')\ (i=1,\cdots,n)$ 及 $p^i_\mu(x')\ (i,\mu=1,\cdots,n)$ 的偏微分方程组. g_{ij} 与 $g'_{\mu\nu}$ 的等价性同这个方程组的可积(有解)性密切相关, 于是想到 Frobenius 定理(见附录 F). 定理 F-2 对现在的讨论有重要帮助, 该定理只涉及两个自变量 x, y 的一个函数 $u(x,y)$, 但不难推广到涉及 n 个自变量 $x'^1,\cdots,x'^n$ 的 m 个函数 $u^1(x'),\cdots,u^m(x')$ 的情况, 其待解方程组为

$$\frac{\partial u^i}{\partial x'^\sigma}=F^i_\sigma(x',u),\quad i=1,\cdots,m,\quad \sigma=1,\cdots,n. \tag{J-1-14}$$

定理证明中用到的两个矢量场现在推广为n个矢量场：

$$(w_\sigma)^a=\left(\frac{\partial}{\partial x'^\sigma}\right)^a+F^i_\sigma\left(\frac{\partial}{\partial u^i}\right)^a,\qquad \sigma=1,\cdots,n. \tag{J-1-15}$$

用于我们关心的情况[式(J-1-12)和(J-1-13)], 则函数$u^i(x')$可分成两组, 一组是$x^i(x')$, 共n个, 其指标为i；一组是$p^i_\mu(x')$, 共n^2个, 其指标为${}^i_\mu$, 故$m=n+n^2$. 相应的F^i_σ也分成两组, 一组是$F^i_\sigma=p^i_\sigma$, 一组是

$$F^l_{\mu\sigma}=\Gamma'^\lambda{}_{\mu\sigma}p^l_\lambda-\Gamma^l{}_{ij}p^i_\mu p^j_\sigma. \tag{J-1-16}$$

于是方程组(J-1-14)具体化为{(J-1-12), (J-1-13)}, 式(J-1-15)则具体化为

$$(w_\sigma)^a=\left(\frac{\partial}{\partial x'^\sigma}\right)^a+p^i_\sigma\left(\frac{\partial}{\partial x^i}\right)^a+F^l_{\mu\sigma}\left(\frac{\partial}{\partial p^l_\mu}\right)^a. \tag{J-1-17}$$

这是定义在平凡流形$\mathbb{R}^{n+(n+n^2)}$的某个同维子流形U上的矢量场,① n个x'^μ, n个x^i和n^2个p^i_μ都看作独立的自然坐标. $\{(w_1)^a,\cdots,(w_n)^a\}$构成$U$上的一个$n$维分布, 记作$W$.

引理 J-1-4　若

$$[w_\sigma,w_\nu]^a=0,\qquad \sigma,\nu=1,\cdots,n, \tag{J-1-18}$$

则$\forall q_0=(x'^\mu{}_0,x^i{}_0,p^i_{\mu 0})\in U$存在方程组{(J-1-12), (J-1-13)}的一个解

$$\{x^i(x'),\ p^i_\mu(x')\},$$

满足$x^i(x'_0)=x^i{}_0$, $p^i_\mu(x'_0)=p^i_{\mu 0}$.

证明　只须把定理 F-2 的证明做自然推广. □

引理 J-1-4 表明$[w_\sigma,w_\nu]^a=0$是方程组{(J-1-12), (J-1-13)}的可积条件. 下面介绍这一条件的一个重要的等价表述.

引理 J-1-5　可积条件$[w_\sigma,w_\nu]^a=0$等价于

$$R'_{\nu\sigma\mu}{}^\lambda p^l_\lambda=R_{kji}{}^l p^k_\nu p^j_\sigma p^i_\mu, \tag{J-1-19}$$

---

① 把两个坐标域在$\mathbb{R}^n$中的像分别记作$\tilde{O}$和$\tilde{O}'$, 则$U=\tilde{O}'\times\tilde{O}\times \mathrm{GL}(n)$, U的点可写作(x'^μ,x^i,p^i_μ), 其中$p^i_\mu\in\mathrm{GL}(n)$保证p^i_μ为非退化矩阵.

其中 $R_{kji}{}^{l}$ 和 $R'_{\nu\sigma\mu}{}^{\lambda}$ 分别是与 $g_{ij}(x)$ 和 $g'_{\mu\nu}(x')$ 相应的黎曼张量分量，各自是 x^i 和 x'^{μ} 的函数.

证明　以 ∂_b 代表自然坐标系 $\{x'^{\mu}, x^i, p^i_{\mu}\}$ 的普通导数算符，注意到

$$\partial_b\left(\frac{\partial}{\partial x'^{\nu}}\right)^a=\partial_b\left(\frac{\partial}{\partial x^l}\right)^a=\partial_b\left(\frac{\partial}{\partial p^l_{\mu}}\right)^a=0\,,$$

$$\left(\frac{\partial}{\partial x'^{\sigma}}\right)^b\partial_b p^l_{\nu}=\left(\frac{\partial}{\partial x^i}\right)^b\partial_b p^l_{\nu}=0\quad(\text{各自然坐标互相独立})$$

以及

$$\left(\frac{\partial}{\partial p^k_{\rho}}\right)^b\partial_b p^l_{\nu}=\delta^l_k\delta^{\rho}_{\nu}\,,$$

由式(J-1-17)得

$$(w_{\sigma})^b\partial_b(w_{\nu})^a=\left(\frac{\partial}{\partial p^l_{\mu}}\right)^a\left(\frac{\partial}{\partial x'^{\sigma}}F^l_{\mu\nu}+p^i_{\sigma}\frac{\partial}{\partial x^i}F^l_{\mu\nu}+F^k_{\rho\sigma}\frac{\partial}{\partial p^k_{\rho}}F^l_{\mu\nu}\right)+\left(\frac{\partial}{\partial x^l}\right)^a F^k_{\rho\sigma}\delta^l{}_k\delta^{\rho}{}_{\nu}\,. \tag{J-1-20}$$

把式(J-1-16)代入上式求导，由 $[w_{\sigma},w_{\nu}]^a=(w_{\sigma})^b\partial_b(w_{\nu})^a-(w_{\nu})^b\partial_b(w_{\sigma})^a$ 得

$$\begin{aligned}[w_{\sigma},w_{\nu}]^a=(\partial/\partial p^l_{\mu})^a[&(\Gamma'^{\lambda}{}_{\mu\nu,\sigma}-\Gamma'^{\lambda}{}_{\mu\sigma,\nu})p^l_{\lambda}+\Gamma^l{}_{ij,k}p^i_{\mu}(-p^j_{\nu}p^k_{\sigma}+p^j_{\sigma}p^k_{\nu})\\&+(\Gamma'^{\tau}{}_{\lambda\sigma}\Gamma'^{\lambda}{}_{\mu\nu}-\Gamma'^{\tau}{}_{\lambda\nu}\Gamma'^{\lambda}{}_{\mu\sigma})p^l_{\tau}+\Gamma^i{}_{mn}\Gamma^l{}_{ij}p^m_{\mu}(p^n_{\sigma}p^j_{\nu}-p^n_{\nu}p^j_{\sigma})].\end{aligned} \tag{J-1-21}$$

另一方面，由式(3-4-20′)得

$$R'_{\nu\sigma\mu}{}^{\lambda}p^l_{\lambda}=(\Gamma'^{\lambda}{}_{\nu\mu,\sigma}-\Gamma'^{\lambda}{}_{\sigma\mu,\nu}+\Gamma'^{\rho}{}_{\mu\nu}\Gamma'^{\lambda}{}_{\sigma\rho}-\Gamma'^{\rho}{}_{\mu\sigma}\Gamma'^{\lambda}{}_{\nu\rho})p^l_{\lambda}\,, \tag{J-1-22}$$

$$R_{kji}{}^{l}p^k_{\nu}p^j_{\sigma}p^i_{\mu}=(\Gamma^l{}_{ki,j}-\Gamma^l{}_{ji,k}+\Gamma^m{}_{ik}\Gamma^l{}_{jm}-\Gamma^m{}_{ij}\Gamma^l{}_{km})p^k_{\nu}p^j_{\sigma}p^i_{\mu}\,. \tag{J-1-23}$$

适当改写参与求和的具体指标便可看出

$$R'_{\nu\sigma\mu}{}^{\lambda}p^l_{\lambda}-R_{kji}{}^{l}p^k_{\nu}p^j_{\sigma}p^i_{\mu}=[w_{\sigma},w_{\nu}]^a\text{ 在坐标基矢 }(\partial/\partial p^l_{\mu})^a\text{ 的分量},$$

因此 $[w_{\sigma},w_{\nu}]^a=0$ 等价于式(J-1-19).　□

因为我们所关心的是 g_{ij} 与 $g'_{\mu\nu}$ 等价的具体条件，而等价时存在坐标变换 $\{x^i\}\mapsto\{x'^{\mu}\}$ 使式(J-1-5)成立，因此可以只关心流形 U 中满足条件 $g'_{\mu\nu}=g_{ij}p^i_{\mu}p^j_{\nu}$ 的

点构成的子流形,记作S_H.具体说,令

$$H_{\mu\nu}(x',x,p)\equiv g'_{\mu\nu}(x')-g_{ij}(x)p^i_\mu p^j_\nu,\quad \mu,\nu=1,\cdots,n, \tag{J-1-24}$$

则由

$$H_{\mu\nu}=0,\quad \mu,\nu=1,\cdots,n \tag{J-1-25}$$

定义的子流形就是S_H.每给定一对μ,ν值,$H_{\mu\nu}=0$就给出U中的一张超曲面.因为$H_{\mu\nu}=H_{(\mu\nu)}$,而且利用矩阵p^i_μ的非退化性[见式(J-1-17)后的脚注]又可证明$\mathrm{d}H_{\mu\nu}(\mu\leqslant\nu)$在$U$的各点为线性独立,故式(J-1-25)给出$(n^2+n)/2$张超曲面,它们的交集就是$S_H\subset U$.可见

$$\dim S_H=(n+n+n^2)-\frac{1}{2}(n^2+n)=n+\frac{1}{2}(n^2+n)>n.$$

从现在起只限制在S_H上探讨方程组{(J-1-12), (J-1-13)}的可积条件.然而这种做法的可行性的必要前提是由式(J-1-17)定义的矢量场$(w_1)^a,\cdots,(w_n)^a$在U上所给出的n维分布W也给出S_H上的n维分布(n维子空间场),而这实质上就是要求每个$(w_\sigma)^a$都切于S_H.下面的引理表明情况的确如此.

引理 J-1-6　因为式(J-1-17)的n个矢量场中的每一个都与S_H相切,所以$\{(w_1)^a,\cdots,(w_n)^a\}$给出$S_H$上的一个$n$维子空间场($n$维分布).

证明　$\partial_a H_{\mu\nu}$是由$H_{\mu\nu}=0$定义的那张超曲面的法余矢.欲证每个$(w_\sigma)^a$切于S_H只须证每个$(w_\sigma)^a$都满足

$$[(w_\sigma)^a\partial_a H_{\mu\nu}]|_{S_H}=0,\quad \mu,\nu=1,\cdots,n. \tag{J-1-26}$$

由式(J-1-17)及(J-1-24)得

$$\begin{aligned}(w_\sigma)^a\partial_a H_{\mu\nu}&=\left(\frac{\partial}{\partial x'^\sigma}\right)^a\partial_a H_{\mu\nu}+p^i_\sigma\left(\frac{\partial}{\partial x^i}\right)^a\partial_a H_{\mu\nu}+F^l_{\rho\sigma}\left(\frac{\partial}{\partial p^l_\rho}\right)^a\partial_a H_{\mu\nu}\\&=\frac{\partial H_{\mu\nu}}{\partial x'^\sigma}+p^i_\sigma\frac{\partial H_{\mu\nu}}{\partial x^i}+F^l_{\rho\sigma}\frac{\partial H_{\mu\nu}}{\partial p^l_\rho}\\&=g'_{\mu\nu,\sigma}-p^i_\sigma g_{mn,i}p^m_\mu p^n_\nu-F^l_{\rho\sigma}g_{ij}(p^i_\mu\delta^j_l\delta^\rho_\nu+\delta^i_l\delta^\rho_\mu p^j_\nu).\end{aligned}$$

(再次提醒:x'^μ, x^i和p^i_μ被看作互相独立的坐标,对$H_{\mu\nu}$求偏导数时除一个坐标外的坐标都应看作常数.)

上式最右边末项$=-F^l_{\rho\sigma}g_{ij}\delta^i_l 2p^j_{(\mu}\delta^\rho_{\nu)}=-2g_{ij}(p^i_\lambda p^j_{(\mu}\Gamma'^\lambda{}_{\nu)\sigma}-\Gamma^i{}_{mn}p^n_\sigma p^j_{(\mu}p^m_{\nu)})$,

在 S_H 上 $H_{\mu\nu}=0$ 保证 $g_{ij}p^i_\lambda p^j_\mu = g'_{\lambda\mu}$，故

$$[(w_\sigma)^a \partial_a H_{\mu\nu}]|_{S_H} = g'_{\mu\nu,\sigma} - p^i_\sigma g_{mn,i} p^m_\mu p^n_\nu - 2g'_{\lambda(\mu}\Gamma'^\lambda{}_{\nu)\sigma} + 2g_{ij}\Gamma^i{}_{mn} p^n_\sigma p^j_{(\mu} p^m_{\nu)} .$$

上式右边第四项又可化为

$$2g_{ij}\Gamma^i{}_{mn} p^n_\sigma p^j_{(\mu} p^m_{\nu)} = g_{ij} g^{ik}(g_{km,n} + g_{nk,m} - g_{mn,k}) p^n_\sigma p^j_{(\mu} p^m_{\nu)}$$

$$= (g_{jm,n} + g_{nj,m} - g_{mn,j}) p^n_\sigma p^{(j}_\mu p^{m)}_\nu = g_{jm,n} p^n_\sigma p^j_\mu p^m_\nu .$$

类似的操作也适用于第三项，结果为 $-2g'_{\lambda(\mu}\Gamma'^\lambda{}_{\nu)\sigma} = -g'_{\mu\nu,\sigma}$，于是

$$[(w_\sigma)^a \partial_a H_{\mu\nu}]|_{S_H} = g'_{\mu\nu,\sigma} - g_{mn,i} p^m_\mu p^n_\nu p^i_\sigma - g'_{\mu\nu,\sigma} + g_{jm,n} p^n_\sigma p^j_\mu p^m_\nu = 0 .$$ □

引理 J-1-7　可积条件 $[w_\sigma, w_\nu]^a = 0$ 在 S_H 上等价于

$$R'_{\nu\sigma\mu\tau} = R_{kjih} p^k_\nu p^j_\sigma p^i_\mu p^h_\tau . \tag{J-1-27}$$

证明　注意到引理 J-1-5，只须证明式(J-1-27)与(J-1-19)在 S_H 上等价.

(A) 由式(J-1-24)、(J-1-25)可知在 S_H 上有

$$g'_{\lambda\tau} = g_{lh} p^l_\lambda p^h_\tau . \tag{J-1-28}$$

以 $g_{lh}p^h_\tau$ 乘式(J-1-19)并对 l 求和便得式(J-1-27). 故由式(J-1-19)可推得式(J-1-27).

(B) 把 p^i_μ 看作矩阵的第 i,μ 个元素，并改记作 $p^i{}_\mu$(上下指标左右错开). 则式(J-1-28)可改写为矩阵等式 $g' = p^{\mathrm{T}} g p$ (其中 p^{T} 代表 p 的转置矩阵). 由此又得 $g'^{-1} = p^{-1} g^{-1} (p^{\mathrm{T}})^{-1}$，因而 $pg'^{-1}p^{\mathrm{T}} = g^{-1}$，于是有

$$g^{ij} = g'^{\mu\nu} p^i{}_\mu p^j{}_\nu . \tag{J-1-29}$$

把上式改写为 $g^{lh} = g'^{\lambda\tau} p^l{}_\lambda p^h{}_\tau$，以 $g'^{\lambda\tau} p^l{}_\lambda$ 乘式(J-1-27)(并对 τ 求和)，便得式(J-1-19). 故由式(J-1-27)可推得式(J-1-19). □

在上述各引理的基础上并参考定理 F-2 的证明便可证明如下的重要命题：

命题 J-1-8　设式(J-1-27)在 S_H 上成立，则 $\forall q_0 = (x'^\mu{}_0, x^i{}_0, p^i_{\mu 0}) \in S_H$，存在 W 的含 q_0 的 n 维积分子流形 $S \subset S_H$，代表方程组{(J-1-12), (J-1-13)}的一个解 $\{x^i(x'), p^i_\mu(x')\}$，满足 $x^i(x'_0) = x^i{}_0$，$p^i_\mu(x'_0) = p^i_{\mu 0}$ 以及式(J-1-5).

注 2　①“式(J-1-27)在 S_H 上成立”是指 $\forall q_1 = (x'^\mu{}_1, x^i{}_1, p^i_{\mu 1}) \in S_H$，数值 $R_{kjih}(x_1)$，$R'_{\nu\sigma\mu\tau}(x'_1)$ 及 $p^i_{\mu 1}$ 满足式(J-1-27)，其中 $R_{kjih}(x_1)$ 是由 $g_{ij}(x)$ 求得的函数 $R_{kjih}(x)$ 当自变数 $x^i = x^i{}_1$ 时的函数值，$R'_{\nu\sigma\mu\tau}(x'_1)$ 意义仿此. ②命题 J-1-8 的一个重

要应用是证明命题 J-1-2 .

证明 引理 J-1-6 表明式(J-1-17)的 $(w_1)^a,\cdots,(w_n)^a$ 是 S_H 上的 n 维分布(记作 W_H), 而式(J-1-27)在 S_H 上成立时有(见引理 J-1-7) $[w_\sigma, w_\nu]^a|_{S_H}=0$, $\sigma,\nu=1,\cdots,n$, 所以 Frobenius 定理(见中册附录F)保证 $\forall q_0=(x'^\mu{}_0, x^i{}_0, p^i_{\mu 0})\in S_H$ 存在 W_H 的、含 q_0 的积分子流形 $S\subset S_H$. 此外, $[w_\sigma, w_\nu]^a|_{S_H}=0$ 还保证 S_H 上存在局域坐标系 $\{\alpha^1,\cdots,\alpha^n\}$ 使

$$w_\sigma|_S=\frac{\partial}{\partial\alpha^\sigma},\quad \sigma=1,\cdots,n.\ \text{(略去抽象指标)} \tag{J-1-30}$$

不妨约定该系的坐标域含 q_0, 而且 $\alpha^\sigma(q_0)=x'^\sigma{}_0$, $\sigma=1,\cdots,n$. 作为 S_H 的子流形, S 有“参数式”(但“参数”是 n 个 α^σ)

$$x'^\mu=x'^\mu(\alpha),\quad x^i=x^i(\alpha),\quad p^i{}_\mu=p^i{}_\mu(\alpha), \tag{J-1-31}$$

满足

$$H_{\mu\nu}(x'(\alpha),x(\alpha),p(\alpha))=g'_{\mu\nu}(x'(\alpha))-g_{ij}(x(\alpha))p^i{}_\mu(\alpha)p^j{}_\nu(\alpha)=0,\ \forall(\alpha^1,\cdots,\alpha^n)\in\Omega, \tag{J-1-32}$$

(其中 $\Omega\subset\mathbb{R}^n$ 是坐标系 $\{\alpha^\sigma\}$ 的值域.) 故

$$\frac{\partial}{\partial\alpha^\sigma}=\frac{\partial x'^\mu}{\partial\alpha^\sigma}\frac{\partial}{\partial x'^\mu}\bigg|_S+\frac{\partial x^i}{\partial\alpha^\sigma}\frac{\partial}{\partial x^i}\bigg|_S+\frac{\partial p^l{}_\mu}{\partial\alpha^\sigma}\frac{\partial}{\partial p^l{}_\mu}\bigg|_S. \tag{J-1-33}$$

将上式代入式(J-1-30)后再式(J-1-17)对比得

$$\frac{\partial x'^\mu}{\partial\alpha^\sigma}=\delta^\mu{}_\sigma,\quad \frac{\partial x^i}{\partial\alpha^\sigma}=p^i{}_\sigma(\alpha),\quad \frac{\partial p^l{}_\mu}{\partial\alpha^\sigma}=F^l{}_{\mu\sigma}(x'(\alpha),x(\alpha),p(\alpha)). \tag{J-1-34}$$

由第一式和 $\alpha^\sigma(q_0)=x'^\sigma{}_0$ 可知式(J-1-31)的第一式成为 $x'^\sigma=\alpha^\sigma$, 故其第二、三式可改写为

$$x^i=x^i(x'),\quad p^i{}_\mu=p^i{}_\mu(x')=\frac{\partial x^i}{\partial x'^\mu}, \tag{J-1-35}$$

它们刚好给出方程组{(J-1-12), (J-1-13)}在定解条件 $x^i(x'_0)=x^i{}_0$, $p^i_\mu(x'_0)=p^i_{\mu 0}$ 下的解. 把 $\alpha^\sigma=x'^\sigma$ 及式(J-1-35)代入式(J-1-32)便得式(J-1-5). □

命题 J-1-2(a)的证明 设 (M,g_{ab}) 与 (M',g'_{ab}) 有相同维数和号差, 而且两者的黎曼张量分别满足

$$\text{(a)}\ R_{abcd}=2Kg_{c[a}g_{b]d},\quad \text{(b)}\ R'_{abcd}=2Kg'_{c[a}g'_{b]d},\ \text{(两式中的}K\text{相同)} \tag{J-1-36}$$

欲证它们有相同局域几何. $\forall p\in M, q\in M'$, 选坐标系 (O,x^i) 和 (O',x'^μ) 使 $p\in O$, $q\in O'$, 则 g_{ab} 和 g'_{ab} 的坐标分量给出如下两组 n 元函数:

$$g_{ij}(x)=g_{ab}\left(\frac{\partial}{\partial x^i}\right)^a\left(\frac{\partial}{\partial x^j}\right)^b \quad 和 \quad g'_{\mu\nu}(x')=g'_{ab}\left(\frac{\partial}{\partial x'^\mu}\right)^a\left(\frac{\partial}{\partial x'^\nu}\right)^b,$$

取 $x^i{}_0\equiv x^i(p)$, $x'^\mu{}_0\equiv x'^\mu(q)$, 并任取满足 $g'_{\mu\nu}(x'_0)-g_{ij}(x_0)p^i_{\mu 0}p^j_{\nu 0}=0$ 的 $p^i_{\mu 0}$ 以保证 $(x'^\mu{}_0, x^i{}_0, p^i_{\mu 0})\in S_H$. 式(J-1-36)导致 R_{abcd} 和 R'_{abcd} 的坐标分量满足

$$R_{kjih}(x)=2Kg_{i[k}(x)g_{j]h}(x),\quad R'_{\nu\sigma\mu\tau}(x')=2Kg'_{\mu[\nu}(x')g'_{\sigma]\tau}(x'). \tag{J-1-37}$$

借式(J-1-28)不难证明满足上式的 R_{kjih} 和 $R'_{\nu\sigma\mu\tau}$ 在 S_H 上满足式(J-1-27), 于是命题 J-1-8 保证方程组{(J-1-12), (J-1-13)}有解 $\{x^i(x'), p^i_\mu(x')\}$, 满足 $x^i(x'(q))=x^i(p)$ 和 $\partial x^i(x')/\partial x'^\mu|_q=p^i_{\mu 0}$. 可见 $g_{ij}(x)$ 和 $g'_{\mu\nu}(x')$ 满足式(J-1-5), 因而等价. 具体说, 把引理 J-1-3 的证明反推便可得结论: 存在开邻域 $O_1\subset M$, $O'_1\subset M'$ (满足 $p\in O_1$, $q\in O'_1$)和微分同胚 $\phi: O_1\to O'_1$ 使 $\phi(p)=q$, $\phi_*(g_{ab}|_{O_1})=g'_{ab}|_{O'_1}$, 因此说 (M,g_{ab}) 与 (M',g'_{ab}) 有相同局域几何. □

命题 J-1-2(b)的证明　设 (M,g_{ab}) 是常曲率空间, 欲证它有最高对称性. 由命题 J-1-2(a) 的证明可知每一初值 $(x'^\mu{}_0, x^i{}_0, p^i_{\mu 0})\in S_H$ 确定一个解 $\{x^i(x'), p^i_\mu(x')\}$, 其前一部分代表 n 个 n 元函数 $x^i(x')$, 对应于一个局域微分同胚 $\phi: O_1\to O'_1$, 满足 $\phi_*(g_{ab}|_{O_1})=g'_{ab}|_{O'_1}$. 现在只有一个常曲率空间 (M,g_{ab}), 可以看作上述证明在 $M'=M$, $g'_{ab}=g_{ab}$ 情况下的特例, 因此有 $\phi_*(g_{ab}|_{O_1})=g_{ab}|_{O'_1}$, 可见 ϕ 是等度规映射. 而等度规群的维数等于决定方程组{(J-1-12), (J-1-13)}的一个解所需的独立参数的个数. 为了确定这一维数, 仍先看定理 F-2 这一简单例子. 该定理称: 若 $[w_1,w_2]^a=0$, 则 $\forall$ 初值 $q_0=(x_0,y_0,u_0)\in\mathbb{R}^3$ 存在分布 W 的含 q_0 的积分子流形, 代表方程组(F-2)的一个满足初值的解 $u(x,y)$. 若只给定 (x_0,y_0), 则任取实数 u_0 就有初值点 q_0, 从而有一个解. 可见方程组(F-2)存在一个单参解族(参数为 u). 把这一讨论推广到命题 J-1-2(a)证明之末, $\mathbb{R}^3$ 推广为 S_H, 自变数 (x,y) 推广为 $(x'^1,\cdots,x'^n)$. 注意到 $\dim S_H=n+(n^2+n)/2$, 可知给定 n 个自变数 $(x'^1_0,\cdots,x'^n_0)$ 后要决定一个初值点 $q_0=(x'^\mu{}_0, x^i{}_0, p^i_{\mu 0})$ 还须指定 $n(n+1)/2$ 个实数, 因此常曲率空间允许 $n(n+1)/2$ 个独立的等度规映射, 对应于一个 $n(n+1)/2$ 维等度规(局部)群, 故有最高对称性. □

若度规 g_{ab} 在某坐标系的分量为常数, 则由式(3-4-20′)易见 g_{ab} 的 $R_{abcd}=0$, 因而可看作 $K=0$ 的常曲率度规. 于是, 作为命题 J-1-2(a)在 $K=0$ 的特例, 我们有

如下推论:

推论 J-1-9　度规场 g_{ab} 是(局域)平直的(即其 $R_{abc}{}^{d}=0$)当且仅当存在坐标系使 g_{ab} 的坐标分量全部为常数.

注 3　这其实就是上册定理 3-4-9 .

命题 J-1-10　设 g_{ab} 为 $n=4$ 的洛伦兹号差的常曲率度规, 则存在坐标系 $\{t,x,y,z\}$ 使其线元可表为如下的标准形式[正名为黎曼形式(Riemannian form)]:

$$\mathrm{d}s^2=\left[1+\frac{K}{4}(-t^2+x^2+y^2+z^2)\right]^{-2}(-\mathrm{d}t^2+\mathrm{d}x^2+\mathrm{d}y^2+\mathrm{d}z^2)\,, \qquad \text{(J-1-38)}$$

注 4　对维数是 n 、号差任意的常曲率度规, 上式的一般形式为

$$\mathrm{d}s^2=\left[1+\frac{K}{4}(\varepsilon_1(x^1)^2+\cdots+\varepsilon_n(x^n)^2)\right]^{-2}[\varepsilon_1(\mathrm{d}x^1)^2+\cdots+\varepsilon_n(\mathrm{d}x^n)^2]\,, \qquad \text{(J-1-39)}$$

其中 $\varepsilon_1,\cdots,\varepsilon_n$ 代表 $+1$ 或 -1.

证明　由命题 J-1-1 可知常曲率度规必共形平直, 即存在共形因子 Ω 及坐标系 $\{x^\mu\}$ 使 g_{ab} 可表为

$$\mathrm{d}s^2=\Omega^2\eta_{\mu\nu}\mathrm{d}x^\mu\mathrm{d}x^\nu\,. \qquad \text{(J-1-40)}$$

上式与式(J-1-1)结合, 借助于式(12-1-7), 经一番推导得

$$\begin{aligned}K(\eta_{\sigma\mu}\delta^\rho{}_\nu-\eta_{\sigma\nu}\delta^\rho{}_\mu)=&-\delta^\rho{}_\mu\omega\omega_{,\nu\sigma}+\delta^\rho{}_\nu\omega\omega_{,\mu\sigma}+\eta^{\rho\lambda}\eta_{\sigma\mu}\omega\omega_{,\nu\lambda}\\&-\eta^{\rho\lambda}\eta_{\sigma\nu}\omega\omega_{,\mu\lambda}-(\eta_{\sigma\mu}\delta^\rho{}_\nu-\eta_{\sigma\nu}\delta^\rho{}_\mu)\eta^{\lambda\tau}\eta_{\sigma\mu}\omega_{,\lambda}\omega_{,\tau}\,,\end{aligned} \qquad \text{(J-1-41)}$$

其中 $\omega\equiv\Omega^{-1}$, $\omega_{,\nu}\equiv\partial\omega/\partial x^\nu$, $\omega_{,\nu\sigma}\equiv\partial^2\omega/\partial x^\nu\partial x^\sigma$. 取 $\rho=\nu$ 并对 ν 从 0 至 $n-1$ 求和得

$$K\eta_{\sigma\mu}=(n-2)(n-1)^{-1}\omega\omega_{,\mu\sigma}+(n-1)^{-1}\eta_{\mu\sigma}\eta^{\lambda\tau}\omega\omega_{,\lambda\tau}-\eta_{\mu\sigma}\eta^{\lambda\tau}\omega_{,\lambda}\omega_{,\tau}\,. \qquad \text{(J-1-42)}$$

用 $\eta^{\sigma\mu}$ 乘全式并对 σ 及 μ 求和得

$$\eta^{\lambda\tau}\omega_{,\lambda}\omega_{,\tau}=\frac{2}{n}\eta^{\lambda\tau}\omega\omega_{,\lambda\tau}-K\,, \qquad \text{(J-1-43)}$$

再代入式(J-1-42)便得

$$\omega_{,\mu\sigma}=\frac{1}{n}\eta_{\mu\sigma}\eta^{\lambda\tau}\omega_{,\lambda\tau}\,. \qquad \text{(J-1-44)}$$

上式表明当 $\mu\neq\sigma$ 时有 $\omega_{,\mu\sigma}=0$, 故 $\omega(x^1,\cdots,x^n)$ 可表为 n 个待定一元函数之和:

$$\omega(x^1,\cdots,x^n)=X^1(x^1)+\cdots+X^n(x^n)\,. \qquad \text{(J-1-45)}$$

由上式及式(J-1-44)又可得出

$$\omega_{,\mu\sigma} = a\eta_{\mu\sigma}, \qquad \text{(J-1-46)}$$

其中 a 为常数. 积分两次给出

$$\omega = \frac{1}{2}a\eta_{\mu\nu}x^\mu x^\nu + b_\mu x^\mu + c, \qquad \text{(J-1-47)}$$

其中 b_μ 及 c 为积分常数. 把式(J-1-47)代入式(J-1-43)得

$$K = 2ac - \eta^{\mu\nu}b_\mu b_\nu . \qquad \text{(J-1-48)}$$

这是 K 与常数 a, b_μ, c 之间的唯一关系式, 把式(J-1-47)代入(J-1-41)不会给出更多关系式. 从现在起取 $n=4$, 约定 g_{ab} 有洛伦兹号差, 并把 x^0, x^1, x^2, x^3 简记为 t, x, y, z. 根据已证命题 J-1-2(a), 只要 K 相同, 无论常数 a, b_μ, c 取何值, 给出的常曲率线元一定等价. 现在取 $b_\mu = 0$ 及 $c=1$, 则式(J-1-48)要求 $K = 2a$, 代入式(J-1-47)便得

$$\omega(t,x,y,z) = 1 + \frac{K}{4}(-t^2 + x^2 + y^2 + z^2), \qquad \text{(J-1-49)}$$

于是 g_{ab} 的线元就取式(J-1-38)的形式. 命题证毕. □

注 5 上面把众多积分常数一扫而空, 使复杂的线元化成只含 K 值的标准形式, 这自然要归功于命题 J-1-2(a). 然而该命题的证明颇难颇长, 可否不用该命题而在命题 J-1-10 的证明中通过坐标变换直接得出标准形式? 既然命题 J-1-2(a)成立, 答案自然是肯定的, 即必有坐标变换 $\{x^\mu\} \mapsto \{\hat{x}^\mu\}$ 把式(J-1-40)的 $\mathrm{d}s^2$ 改写为如下标准形式:

$$\mathrm{d}s^2 = \left[1 + \frac{K}{4}(-\hat{t}^2 + \hat{x}^2 + \hat{y}^2 + \hat{z}^2)\right]^{-2}(-\mathrm{d}\hat{t}^2 + \mathrm{d}\hat{x}^2 + \mathrm{d}\hat{y}^2 + \mathrm{d}\hat{z}^2). \qquad \text{(J-1-50)}$$

而一旦找出这一坐标变换, 命题 J-1-10 的地位便将大为提升, 因为从它所给出的标准形式一望而知 K 值相同的常曲率度规必然等价, 从而把命题 J-1-2(a)变成不证自明的推论. 通过努力, 笔者终于找到了这一非常复杂的坐标变换, 从而给出了命题 J-1-10 的独立证明(我们从未在任何文献中见过这一证明). 介绍如下.

命题 J-1-10 的不依赖于命题 J-1-2(a)的证明 由命题 J-1-10 证明的前半部分可知, 对任一常曲率度规 g_{ab} 总有局域坐标系 $\{x^\mu\}$ 把它表为式(J-1-40), 其中的 Ω 的倒数 ω 由式(J-1-47)及(J-1-48)给出. 现在要寻找一个坐标变换以得到式(J-1-50). 设 $(\mathbb{R}^6, G_{AB})$ 是 6 维平直流形, 度规场 G_{AB} 的号差为 $+2$, 即 $(-,+,+,+,+,-)$. 以 V_0 代

表 $\mathbb{R}^6$ 的自然原点 $0\in\mathbb{R}^6$ 的切空间，则它有度规 $G_{AB}|_0$. 当下式满足时 V_0 的 6 个元素 $\{(e_\mu)^A(\mu=0,1,2,3),(e_4)^A,(e_5)^A\}$ 构成 V_0 的一个正交归一基底：

$$G_{AB}|_0(e_\mu)^A(e_\nu)^B=\eta_{\mu\nu},\quad G_{AB}|_0(e_4)^A(e_4)^B=1,\quad G_{AB}|_0(e_4)^A(e_4)^B=1,$$
$$G_{AB}|_0(e_\mu)^A(e_4)^B=G_{AB}|_0(e_\mu)^A(e_5)^B=G_{AB}|_0(e_4)^A(e_5)^B=0.$$

设 $Z\equiv\{(e_\mu)^A,(e_4)^A,(e_5)^A\}$ 和 $Z'\equiv\{(e'_\mu)^A,(e'_4)^A,(e'_5)^A\}$ 是 $(V_0,G_{AB}|_0)$ 的两个正交归一基底. Z' 的对偶基底 $Z'^*\equiv\{(e'^\mu)_A,(e'^4)_A,(e'^5)_A\}$ 的每一元素可用 Z 的对偶基底 $Z^*\equiv\{(e^\mu)_A,(e^4)_A,(e^5)_A\}$ 展开为矩阵等式：

$$(e'^0,e'^1,e'^2,e'^3,e'^4,e'^5)=(e^0,e^1,e^2,e^3,e^4,e^5)\Lambda,\tag{J-1-51}$$

式中的 6×6 变换矩阵 $\Lambda\in SO(2,4)$ 满足矩阵等式 $\eta^{2,4}=\Lambda^{\mathrm{T}}\eta^{2,4}\Lambda$ [参见式(G-5-24)]，其中 Λ^{T} 代表 Λ 的转置，$\eta^{2,4}\equiv\mathrm{diag}(-1,1,1,1,1,-1)$. 令

$$(\varepsilon_+)^A\equiv\frac{1}{\sqrt{2}}[(e_5)^A+(e_4)^A],\ (\varepsilon_-)^A\equiv\frac{1}{\sqrt{2}}[(e_5)^A-(e_4)^A],\ (\varepsilon_\mu)^A\equiv(e_\mu)^A,\ \mu=0,1,2,3,\tag{J-1-52}$$

则 $Y\equiv\{(\varepsilon_\mu)^A,(\varepsilon_+)^A,(\varepsilon_-)^A\}$ 也是 V_0 的基底，称为**混合基底**，特点是：前 4 维相当于 4 维洛伦兹度规的正交归一基，后 2 维相当于 2 维洛伦兹度规的类光标架，即

$$G_{AB}|_0(\varepsilon_\mu)^A(\varepsilon_\nu)^B=\eta_{\mu\nu},\quad G_{AB}|_0(\varepsilon_+)^A(\varepsilon_-)^B=-1,$$

$$G_{AB}|_0(\varepsilon_\mu)^A(\varepsilon_+)^B=G_{AB}|_0(\varepsilon_\mu)^A(\varepsilon_-)^B=0,$$

$$G_{AB}|_0(\varepsilon_+)^A(\varepsilon_+)^B=G_{AB}|_0(\varepsilon_-)^A(\varepsilon_-)^B=0.$$

下面分别就 $K=0, K>0$ 和 $K<0$ 三种情况证明本命题.

(A) $K=0$ 的情况

任选混合基底 Y 及其对偶基底 Y^* 为

$$Y\equiv\{(\varepsilon_\mu)^A,(\varepsilon_+)^A,(\varepsilon_-)^A\},\quad Y^*\equiv\{(\varepsilon^\mu)_A,(\varepsilon^+)_A,(\varepsilon^-)_A\}.$$

设 l 是任一有长度量纲的非零常量，则不难验证用 l 及式(J-1-48)中的 6 个常数 a, b_μ, c 依下式构造的对偶矢量

$$k_A\equiv lb_\mu(\varepsilon^\mu)_A+l^2a(\varepsilon^+)_A+c(\varepsilon^-)_A\in V_0{}^*\tag{J-1-53}$$

是“类光”的($G^{AB}k_Ak_B=0$)，因而可发展出另一混合基底及其对偶基底

$$\hat{Y}\equiv\{(\hat{\varepsilon}_\mu)^A,(\hat{\varepsilon}_+)^A,(\hat{\varepsilon}_-)^A\},\quad \hat{Y}^*\equiv\{(\hat{\varepsilon}^\mu)_A,(\hat{\varepsilon}^+)_A,(\hat{\varepsilon}^-)_A\},$$

其中 $(\hat{\varepsilon}^-)_A = k_A$. 设 $\varsigma^A \in V_0$, 则 $\exp_0(\varsigma^A) \in \mathbb{R}^6$. ς^A 在基底 Y 的 6 个分量 $\varsigma^\mu, \varsigma^+, \varsigma^-$ 构成点 $\exp_0(\varsigma^A)$ 的一组(黎曼)法坐标, ς^A 跑遍 V_0 便给出 $\mathbb{R}^6$ 上的一个法坐标系 $\{\varsigma^\mu, \varsigma^+, \varsigma^-\}$. $\mathbb{R}^6$ 上的平直度规场 G_{AB} 在这一坐标系的线元为

$$\mathrm{d}\chi^2 = \eta_{\mu\nu}\mathrm{d}\varsigma^\mu \mathrm{d}\varsigma^\nu - 2\mathrm{d}\varsigma^+ \mathrm{d}\varsigma^- . \tag{J-1-54}$$

$(\mathbb{R}^6, G_{AB})$ 中的"类光"超曲面

$$\mathscr{N} \equiv \{\exp_0(\varsigma^A) \in \mathbb{R}^6 \mid G_{AB}|_0\, \varsigma^A \varsigma^B = 0,\ \varsigma^A \neq 0\} \tag{J-1-55}$$

是以 $0 \in \mathbb{R}^6$ 为顶点的"光锥"(但不含点 0), 在 $\mathscr{N}$ 上($\varsigma^- = 0$ 的点除外)定义 4 个函数

$$x^\mu \equiv l\,\frac{\varsigma^\mu}{\varsigma^-}, \tag{J-1-56}$$

则 $\mathscr{N}$ 的方程 $\eta_{\mu\nu}\varsigma^\mu\varsigma^\nu - 2\varsigma^+\varsigma^- = 0$ 可借 x^μ 表为

$$\eta_{\mu\nu}x^\mu x^\nu = 2\,l^2\,\frac{\varsigma^+}{\varsigma^-}. \tag{J-1-57}$$

以 H_{AB} 代表 G_{AB} 在 $\mathscr{N}$ 上的限制, 则由式(J-1-54)、(J-1-57)和(J-1-56)不难证明 H_{AB} 可用 $\mathrm{d}x^\mu$ 写成如下线元式:

$$\mathrm{d}\chi^2 = \left(\frac{\varsigma^-}{l}\right)^2 \eta_{\mu\nu}\mathrm{d}x^\mu \mathrm{d}x^\nu . \tag{J-1-58}$$

上式的导出是借基底 Y 进行的, 若改用基底 $\hat{Y}$, 自然得到

$$\mathrm{d}\chi^2 = \left(\frac{\hat{\varsigma}^-}{l}\right)^2 \eta_{\mu\nu}\mathrm{d}\hat{x}^\mu \mathrm{d}\hat{x}^\nu , \tag{J-1-58$'$}$$

其中 $\hat{x}^\mu \equiv l\,\hat{\varsigma}^\mu / \hat{\varsigma}^-$. 对比式(J-1-58)和(J-1-58′)得

$$\eta_{\mu\nu}\mathrm{d}\hat{x}^\mu \mathrm{d}\hat{x}^\nu = \left(\frac{\varsigma^-}{\hat{\varsigma}^-}\right)^2 \eta_{\mu\nu}\mathrm{d}x^\mu \mathrm{d}x^\nu . \tag{J-1-59}$$

注意到 $\hat{\varsigma}^- = \varsigma^A(\hat{\varepsilon}^-)_A$ 及 $(\hat{\varepsilon}^-)_A = k_A$, 由式(J-1-53)得

$$\hat{\varsigma}^- = l b_\mu \varsigma^\mu + l^2 a \varsigma^+ + c\varsigma^- . \tag{J-1-60}$$

再用式(J-1-47)、(J-1-56)、(J-1-57)及(J-1-60)便可证明 $\varsigma^- / \hat{\varsigma}^- = \omega^{-1} = \Omega$, 于是式(J-1-59)给出

$$\eta_{\mu\nu}\mathrm{d}\hat{x}^{\mu}\mathrm{d}\hat{x}^{\nu}=\Omega^{2}\eta_{\mu\nu}\mathrm{d}x^{\mu}\mathrm{d}x^{\nu}, \tag{J-1-61}$$

与式(J-1-40)比较便知存在坐标系 $\{\hat{x}^{\mu}\}$ 使 $K=0$ 的常曲率线元可表为

$$\mathrm{d}s^{2}=\eta_{\mu\nu}\mathrm{d}\hat{x}^{\mu}\mathrm{d}\hat{x}^{\nu},$$

再用 $K=0$ 便得

$$\mathrm{d}s^{2}=\left(1+\frac{K}{4}\eta_{\alpha\beta}\hat{x}^{\alpha}\hat{x}^{\beta}\right)^{-2}\eta_{\mu\nu}\mathrm{d}\hat{x}^{\mu}\mathrm{d}\hat{x}^{\nu},$$

此即待证的式(J-1-50). 证明的关键是用迂回手法引入了坐标变换 $\{x^{\mu}\}\mapsto\{\hat{x}^{\mu}\}$，下面找出这一变换的显表达式. $\hat{Y}^{*}$ 的每一基矢可用基底 Y^{*} 展开为矩阵等式:

$$(\hat{\varepsilon}^{0},\hat{\varepsilon}^{1},\hat{\varepsilon}^{2},\hat{\varepsilon}^{3},\hat{\varepsilon}^{+},\hat{\varepsilon}^{-})=(\varepsilon^{0},\varepsilon^{1},\varepsilon^{2},\varepsilon^{3},\varepsilon^{+},\varepsilon^{-})S, \tag{J-1-62}$$

其中的 6×6 变换矩阵 S 满足

$$S^{\mathrm{T}}\begin{bmatrix}\eta & 0 & 0\\ 0 & 0 & -1\\ 0 & -1 & 0\end{bmatrix}S=\begin{bmatrix}\eta & 0 & 0\\ 0 & 0 & -1\\ 0 & -1 & 0\end{bmatrix},\quad \text{其中 } \eta\equiv\mathrm{diag}(-1,1,1,1). \tag{J-1-63}$$

把矩阵等式(J-1-62)的第六列与式(J-1-53)比较可知 $S_{\mu}{}^{-}=lb_{\mu}, S_{+}{}^{-}=l^{2}a, S_{-}{}^{-}=c$. 利用 $\hat{x}^{\mu}\equiv l\varsigma^{\mu}/\varsigma^{-}$ 及式(J-1-62)、(J-1-60)、(J-1-56)、(J-1-57)、(J-1-47)不难写出坐标变换 $\{x^{\mu}\}\mapsto\{\hat{x}^{\mu}\}$ 的显表达式:

$$\hat{x}^{\mu}=\Omega\,[S_{\nu}{}^{\mu}x^{\nu}+\frac{1}{2l}S_{+}{}^{\mu}(\eta_{\rho\sigma}x^{\rho}x^{\sigma})+S_{-}{}^{\mu}l]. \tag{J-1-64}$$

(B) $K>0$ 的情况

设 $Z\equiv\{(e_{\mu})^{A},(e_{4})^{A},(e_{5})^{A}\}$ 是 V_{0} 的正交归一基底, 令 $l\equiv K^{-1/2}$,

$$(e'^{5})_{A}\equiv lb_{\mu}(e^{\mu})_{A}+\frac{1}{\sqrt{2}}[(l^{2}a-c)(e^{4})_{A}+(l^{2}a+c)(e^{5})_{A}], \tag{J-1-65}$$

则式(J-1-48)保证 $G^{AB}(e'^{5})_{A}(e'^{5})_{B}=-1$，因而可以发展出另外一个正交归一基底 $Z'\equiv\{(e'_{\mu})^{A},(e'_{4})^{A},(e'_{5})^{A}\}$ 及其对偶基底 $Z'^{*}\equiv\{(e'^{\mu})_{A},(e'^{4})_{A},(e'^{5})_{A}\}$. 式(J-1-51)反映 Z' 与 Z 的变换关系. $\varsigma^{A}\in V_{0}$ 在 Z' 的分量 $\varsigma'^{\mu},\varsigma'^{4}$ 和 ς'^{5} 也可看作 $\mathbb{R}^{6}$ 上的法坐标, $\mathscr{N}$ 在此坐标系的方程为

$$\eta_{\mu\nu}\varsigma'^{\mu}\varsigma'^{\nu}+(\varsigma'^{4})^{2}-(\varsigma'^{5})^{2}=0. \tag{J-1-66}$$

平直度规场 G_{AB} 在此坐标系的线元为

$$d\chi^2 = \eta_{\mu\nu} d\varsigma'^\mu d\varsigma'^\nu + (d\varsigma'^4)^2 - (d\varsigma'^5)^2 . \tag{J-1-67}$$

在 $\mathscr{N}$ 上($\varsigma'^4=0$ 的点除外)定义 4 个函数①

$$y'^\mu \equiv l\,\frac{\varsigma'^\mu}{\varsigma'^4}, \tag{J-1-68}$$

则由式(J-1-66) ~ (J-1-68)不难证明 H_{AB} 可用 dy'^μ 写成如下的线元式:

$$d\chi^2 = \left(\frac{\varsigma'^5}{l}\right)^2 d\hat{s}^2 , \tag{J-1-69}$$

$$d\hat{s}^2 \equiv \left\{\frac{1}{\sigma(y')}\eta_{\mu\nu} - \frac{1}{[\sigma(y')]^2} K\eta_{\mu\rho}\eta_{\nu\sigma} y'^\rho y'^\sigma\right\} dy'^\mu dy'^\nu , \tag{J-1-70}$$

其中 $\sigma(y') \equiv 1 + K\eta_{\mu\nu} y'^\mu y'^\nu$. 从正交归一基底 $Z \equiv \{(e_\mu)^A, (e_4)^A, (e_5)^A\}$ 出发用式(J-1-52)(所有 ε 改为 $\tilde{\varepsilon}$)构造混合基底 $\tilde{Y} \equiv \{(\tilde{\varepsilon}_\mu)^A, (\tilde{\varepsilon}_+)^A, (\tilde{\varepsilon}_-)^A\}$ 及其对偶基底 $\tilde{Y}^* \equiv \{(\tilde{\varepsilon}^\mu)_A, (\tilde{\varepsilon}^+)_A, (\tilde{\varepsilon}^-)_A\}$. 设 ς^A 在 Z 和 $\tilde{Y}$ 的分量分别为 $\varsigma^\mu, \varsigma^4, \varsigma^5$ 和 $\tilde{\varsigma}^\mu, \tilde{\varsigma}^+, \tilde{\varsigma}^-$, 则易证

$$\tilde{\varsigma}^\mu = \varsigma^\mu,\ \ \tilde{\varsigma}^+ = \frac{1}{\sqrt{2}}(\varsigma^5 + \varsigma^4),\ \ \tilde{\varsigma}^- = \frac{1}{\sqrt{2}}(\varsigma^5 - \varsigma^4). \tag{J-1-71}$$

定义

$$x^\mu \equiv l\,\frac{\tilde{\varsigma}^\mu}{\tilde{\varsigma}^-}, \tag{J-1-56$'$}$$

则 $\mathscr{N}$ 的方程可表为

$$\eta_{\mu\nu} x^\mu x^\nu = 2\,l^2 \frac{\tilde{\varsigma}^+}{\tilde{\varsigma}^-}. \tag{J-1-57$'$}$$

式(J-1-58)则应改写为 $d\chi^2 = (\tilde{\varsigma}^-/l)^2 \eta_{\mu\nu} dx^\mu dx^\nu$. 与式(J-1-69)对比得

$$d\hat{s}^2 = \left(\frac{\tilde{\varsigma}^-}{\varsigma'^5}\right)^2 \eta_{\mu\nu} dx^\mu dx^\nu . \tag{J-1-72}$$

由式(J-1-47)、(J-1-71)、(J-1-56′)、(J-1-57′)及(J-1-65)不难证明

① 可以证明 y'^μ 在"光锥" $\mathscr{N}$ 的每一"类光"母线上为常数. 设 $\mathscr{P} \equiv \{\exp_0(\varsigma^A) \in \mathbb{R}^6 | \varsigma'^4 = l\}$, 则 $\{y'^\mu\}$ 可看作 4 维子流形 $\mathscr{P} \cap \mathscr{N}$ 上的坐标系, 称为 Beltrami 坐标系, 见 Guo et al. (2004a, b).

$$\frac{\tilde{\varsigma}^-}{\varsigma'^5} = \frac{1}{\omega} = \Omega\,, \tag{J-1-73}$$

故式(J-1-72)成为 $\mathrm{d}\hat{s}^2 = \Omega^2 \eta_{\mu\nu} \mathrm{d}x^\mu \mathrm{d}x^\nu$，与式(J-1-40)相比较可知 $\mathrm{d}\hat{s}^2$ 就是 $\mathrm{d}s^2$，再由式(J-1-70)便得

$$\mathrm{d}s^2 = \left\{ \frac{1}{\sigma(y')} \eta_{\mu\nu} - \frac{1}{[\sigma(y')]^2} K \eta_{\mu\rho} \eta_{\nu\sigma} y'^\rho y'^\sigma \right\} \mathrm{d}y'^\mu \mathrm{d}y'^\nu\,. \tag{J-1-74}$$

由式(J-1-68)、(J-1-51)、(J-1-56′)、(J-1-71)及(J-1-57′)不难验证导出上式的关键坐标变换 $\{x^\mu\} \mapsto \{y'^\mu\}$ 是

$$y'^\mu = \frac{\Lambda_\nu{}^\mu x^\nu + \dfrac{1}{2\sqrt{2}\,l}(\Lambda_5{}^\mu + \Lambda_4{}^\mu)\,\eta_{\rho\sigma} x^\rho x^\sigma + \dfrac{1}{\sqrt{2}} l\,(\Lambda_5{}^\mu - \Lambda_4{}^\mu)}{\dfrac{\Lambda_\alpha{}^4 x^\alpha}{l} + \dfrac{1}{2\sqrt{2}\,l^2}(\Lambda_5{}^4 + \Lambda_4{}^4)\,\eta_{\alpha\beta} x^\alpha x^\beta + \dfrac{1}{\sqrt{2}}(\Lambda_5{}^4 - \Lambda_4{}^4)}\,. \tag{J-1-75}$$

再引入最后一个坐标变换 $\{y'^\mu\} \mapsto \{\hat{x}^\mu\}$，定义为

$$y'^\mu = \frac{\hat{x}^\mu}{1 - \dfrac{K}{4} \eta_{\rho\sigma} \hat{x}^\rho \hat{x}^\sigma}\,,$$

便可把式(J-1-74)化为式(J-1-50)的标准形式. 请读者完成这一颇长的验算.

(C) $K < 0$ 的情况

与 $K > 0$ 的情况非常类似，只须把 l^2 改为 $-l^2$，并把“4”与“5”互换. □

读过第12章(中册)选读12-1-1的读者知道命题12-1-8给出了共形平直线元为平直线元的充要条件，现在在命题J-1-9的基础上补证这一命题.

命题12-1-8(重述)　洛伦兹号差的共形平直4维线元

$$\mathrm{d}s^2 = \Omega^2(x^\mu)(-\mathrm{d}t^2 + \mathrm{d}x^2 + \mathrm{d}y^2 + \mathrm{d}z^2) \quad (\text{其中 } x^\mu \equiv t, x, y, z) \tag{J-1-76}$$

是平直线元的充要条件是 $\Omega(x^\mu)$ 可表为 $\Omega(x^\mu) = C / Q(x^\mu)$，其中 C 为常数，函数 $Q(x^\mu)$ 取以下三种形式中之任一：

(a) $Q(x^\mu) = -(t+\rho^0)^2 + (x+\rho^1)^2 + (y+\rho^2)^2 + (z+\rho^3)^2$，　(J-1-77)

其中 $\rho^0, \rho^i (i = 1,2,3)$ 为常数；

(b) $Q(x^\mu) = t + \gamma_1 x + \gamma_2 y + \gamma_3 z + \lambda$，　(J-1-78)

其中 $\gamma_i (i = 1,2,3)$ 及 λ 为常数且

$$\gamma_1{}^2 + \gamma_2{}^2 + \gamma_3{}^2 = 1\,. \tag{J-1-79}$$

(c) $Q(x^\mu)=$常数.

命题 12-1-8 补证 平直度规可看作$K=0$的常曲率度规, 因此命题 J-1-9 的证明适用. 分三种情况讨论如下.

(a)当$a\neq 0$时, 用a除式(J-1-48)两边后与式(J-1-47)联立得

$$\omega(t,x,y,z)=\frac{a}{2}[-(t+\rho^0)^2+(x+\rho^1)^2+(y+\rho^2)^2+(z+\rho^3)^2]. \qquad \text{(J-1-80)}$$

其中

$$\rho^\mu\equiv\frac{b^\mu}{a}\equiv\frac{\eta^{\mu\nu}b_\nu}{a}, \qquad \mu=0,1,2,3.$$

由$\omega\equiv\Omega^{-1}$可知式(J-1-76)的$\Omega(x^\mu)$可表为$\Omega(x^\mu)=C/Q(x^\mu)$, 其中

$$C\equiv\frac{2}{a}=\text{常数},\ Q(x^\mu)\equiv-(t+\rho^0)^2+(x+\rho^1)^2+(y+\rho^2)^2+(z+\rho^3)^2. \qquad \text{(J-1-81)}$$

当$a=0$时式(J-1-47)简化为

$$\omega(t,x,y,z)=-b^0t+b^1x+b^2y+b^3z+c. \qquad \text{(J-1-82)}$$

又分以下两种情况[记作(b)和(c)]:

(b)当$a=0$而$b^0\neq 0$时, 式(J-1-82)可改写为

$$\omega(t,x,y,z)=-b^0(t+\gamma_1x+\gamma_2y+\gamma_3z+\lambda), \qquad \text{(J-1-83)}$$

其中

$$\lambda\equiv-\frac{c}{b^0},\ \gamma_1\equiv-\frac{b^1}{b^0},\ \gamma_2\equiv-\frac{b^2}{b^0},\ \gamma_3\equiv-\frac{b^3}{b^0}\ \text{为常数}.$$

$K=0$及$a=0$使式(J-1-48)简化为

$${b_0}^2={b_1}^2+{b_2}^2+{b_3}^2, \qquad \text{(J-1-84)}$$

故$\gamma_1,\gamma_2,\gamma_3$满足式(J-1-79). 所以$\Omega(x^\mu)$可表为$\Omega(x^\mu)=C/Q(x^\mu)$, 其中

$$C\equiv-\frac{1}{b^0}=\text{常数},\quad Q(x^\mu)\equiv t+\gamma_1x+\gamma_2y+\gamma_3z+\lambda. \qquad \text{(J-1-85)}$$

(c)当$a=b^0=0$时, 由式(J-1-84)可知$b^0=0$导致$b^1=b^2=b^3=0$, 故式(J-1-82)进一步简化为$\omega=c=$常数, 所以$\Omega(x^\mu)=C/Q(x^\mu)$, 其中$Q(x^\mu)=$常数. □

既然在$Q(x^\mu)$满足式(J-1-77)及(J-1-78)时

$$\mathrm{d}s^2=\Omega^2(x^\mu)(-\mathrm{d}t^2+\mathrm{d}x^2+\mathrm{d}y^2+\mathrm{d}z^2)$$

是平直线元, 必定存在坐标系 $\{\hat{x}^\mu\}$ 使它取如下的明显平直形式:

$$ds^2 = -d\hat{t}^2 + d\hat{x}^2 + d\hat{y}^2 + d\hat{z}^2 .$$

下面给出这一坐标变换.

(a)当 $Q(x^\mu)$ 取式(J-1-77)的形式时, 令

$$\hat{t} = \frac{C(t+\rho^0)}{Q}, \quad \hat{x} = \frac{C(t+\rho^1)}{Q}, \quad \hat{y} = \frac{C(t+\rho^2)}{Q}, \quad \hat{z} = \frac{C(t+\rho^3)}{Q}, \qquad \text{(J-1-86)}$$

则不难验证

$$\begin{aligned} -d\hat{t}^2 + d\hat{x}^2 + d\hat{y}^2 + d\hat{z}^2 &= (C^2/Q^2)(-dt^2 + dx^2 + dy^2 + dz^2) \\ &= \Omega^2(x^\mu)(-dt^2 + dx^2 + dy^2 + dz^2) = ds^2 . \end{aligned}$$

坐标变换式(J-1-86)其实是(J-1-64)在 $S_\nu{}^\mu = \delta_\nu{}^\mu$, $S_+{}^\mu = 0$, $S_-{}^\mu l = \rho^\mu$ 情况下的特例.

(b) 当 $Q(x^\mu)$ 取式(J-1-78)的形式时, 用下式定义新坐标 $\tilde{t}, \tilde{x}, \tilde{y}, \tilde{z}$:

$$\tilde{t} = t, \qquad \begin{bmatrix} \tilde{x} \\ \tilde{y} \\ \tilde{z} \end{bmatrix} = \begin{bmatrix} \alpha_1 & \alpha_2 & \alpha_3 \\ \beta_1 & \beta_2 & \beta_3 \\ \gamma_1 & \gamma_2 & \gamma_3 \end{bmatrix} \begin{bmatrix} x \\ y \\ z \end{bmatrix}, \qquad \text{(J-1-87)}$$

其中 $\gamma_1, \gamma_2, \gamma_3$ 是式(J-1-83)中的 $\gamma_1, \gamma_2, \gamma_3$, 式(J-1-79)保证存在常数 $\alpha_1, \alpha_2, \alpha_3$ 及 $\beta_1, \beta_2, \beta_3$ 使式(J-1-87)的 3×3 矩阵为正交矩阵, 于是

$$\tilde{x}^2 + \tilde{y}^2 + \tilde{z}^2 = x^2 + y^2 + z^2, \quad Q = \tilde{t} + \tilde{z} + \tilde{\lambda},$$

$$ds^2 = C^2(\tilde{t} + \tilde{z} + \tilde{\lambda})^{-2}(-d\tilde{t}^2 + d\tilde{x}^2 + d\tilde{y}^2 + d\tilde{z}^2) .$$

再用下式定义坐标 $\hat{t}, \hat{x}, \hat{y}, \hat{z}$:

$$\hat{t} - \hat{z} = C[(\tilde{t} - \tilde{z}) - (\tilde{x}^2 + \tilde{y}^2)/Q], \quad \hat{t} + \hat{z} = -C/Q, \quad \hat{x} = C\tilde{x}/Q, \quad \hat{y} = C\tilde{y}/Q,$$

则不难验证

$$-d\hat{t}^2 + d\hat{x}^2 + d\hat{y}^2 + d\hat{z}^2 = (C^2/Q^2)(-dt^2 + dx^2 + dy^2 + dz^2) = ds^2 .$$

[选读 J-1-1 完]

§J.2　德西特时空

德西特(de Sitter)度规可用下法方便地求得. 上册小节10.1.2 曾证明, 以 $S_{\bar{\xi}}$ 代表由式(10-1-13)定义的类空超曲面, 则由 4 维闵氏度规在此面上诱导的 3 维度规 h_{ab}

是常曲率度规. 这 h_{ab} 与 de Sitter 度规的区别只在于:①前者是3维的而后者是4维的;②前者是正定的而后者是洛伦兹的. 为了得到 de Sitter 度规, 应该考虑5维闵氏时空 $(\mathbb{R}^5, \eta_{ab})$ 中的某个类时超曲面. 5维闵氏线元可用洛伦兹坐标 T, W, X, Y, Z 表为

$$ds^2 = -dT^2 + dW^2 + dX^2 + dY^2 + dZ^2. \tag{J-2-1}$$

设 $l > 0$ 为任一常实数, 则方程

$$-T^2 + W^2 + X^2 + Y^2 + Z^2 = l^2 \tag{J-2-2}$$

定义了 $(\mathbb{R}^5, \eta_{ab})$ 中的一个类时超曲面 M^4. (4维旋转双曲面, 压缩两维后所得的 M^2 见图 J-1.) 以 g_{ab} 代表由 η_{ab} 在 M^4 上的诱导度规, 借助于下面将要引入的坐标系不难证明其黎曼张量满足式(J-1-1)(其中 $K = l^{-2}$), 因而 g_{ab} 是常曲率度规. $K = l^{-2}$ 与式(J-1-3)结合得 $\Lambda = 3l^{-2}$, 可见参数为 l 的 de Sitter 度规可看作 $\Lambda = 3l^{-2}$ 的真空爱因斯坦方程的解. 通常把 (M^4, g_{ab}) 称为 **de Sitter 时空**. 任意指定实数 T_1 作为式(J-2-2)中的 T, 则该式给出

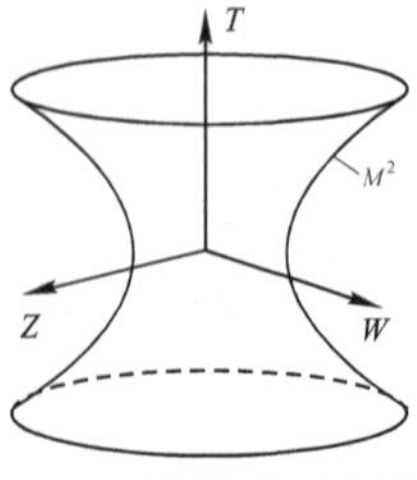

图 J-1　3维闵氏时空的类时超曲面 M^2 (M^4 压缩两维的产物)

$$W^2 + X^2 + Y^2 + Z^2 = l^2 + T_1^2 > 0,$$

这是由 $T = T_1$ 定义的4维超平面中的3维球面(S^3)方程, 可见这个超平面与超曲面 M^4 之交是个3维球面. 注意到 T 可取任意实数, 便知 de Sitter 时空的整体拓扑是 $\mathbb{R} \times S^3$, ① 其等度规群则是 $O(1,4)$.

在 M^4 上定义坐标系就可具体表出 de Sitter 度规 g_{ab}. 下面介绍四种坐标系, 其中第1, 2, 4种比较常用.

1. 全局坐标系 $\{\tau, \psi, \theta, \varphi\}$, 其中 $-\infty < \tau < \infty,\ 0 < \psi, \theta < \pi,\ 0 < \varphi < 2\pi$, 定义为

$$T = l\,\mathrm{sh}(l^{-1}\tau),\quad X = l\,\mathrm{ch}(l^{-1}\tau)\sin\psi\sin\theta\cos\varphi,\quad Y = l\,\mathrm{ch}(l^{-1}\tau)\sin\psi\sin\theta\sin\varphi,$$
$$Z = l\,\mathrm{ch}(l^{-1}\tau)\sin\psi\cos\theta,\quad W = l\,\mathrm{ch}(l^{-1}\tau)\cos\psi. \tag{J-2-3}$$

无论 $\tau, \psi, \theta, \varphi$ 各取何值, 超曲面方程(J-2-2)都被上式满足, 可见 $\{\tau, \psi, \theta, \varphi\}$ 的确是定义在超曲面 M^4 上的坐标系. 微分式(J-2-3)后代入式(J-2-1), 经过直接但冗长的计算, 便得 M^4 上的4维诱导线元

$$ds^2 = -d\tau^2 + l^2\mathrm{ch}^2(l^{-1}\tau)[d\psi^2 + \sin^2\psi\,(d\theta^2 + \sin^2\theta\,d\varphi^2)], \tag{J-2-4}$$

① 有些作者对 de Sitter 时空的背景流形采用不同定义, 他们的 de Sitter 时空的整体拓扑是 $\mathbb{R} \times \mathbb{RP}^3$ [其中 $\mathbb{RP}^3$ 的含义见式(G-5-16)所在段末], 可参阅, 例如, McInnes(2003).

这就是 de Sitter 度规在坐标系 $\{\tau,\psi,\theta,\varphi\}$ 的线元式. 由上式读出 g_{ab} 的坐标分量 $g_{\mu\nu}$ 并按小节 3.4.2 求得 $R_{\mu\nu\sigma\rho}$，便可验证 g_{ab} 果真是常曲率度规. 与式(10-1-23a)对比发现式(J-2-4)可被看作 $k=+1$ 的 RW 度规的一种特例，其中 $a(\tau)=l\,\mathrm{ch}(l^{-1}\tau)$. 可见 de Sitter 时空是这样一种特殊的、$k=+1$ 的 RW 宇宙，其中既无物质又无辐射(但宇宙常数 $\Lambda>0$). 这当然不是我们真实的宇宙.

上述坐标系 $\{\tau,\psi,\theta,\varphi\}$ 之所以被称为全局坐标系，是因为它可以覆盖整个 de Sitter 时空. 这句话并不确切，因为就连 S^2 也不能被一个坐标系所覆盖，何况 $\mathbb{R}\times\mathrm{S}^3$？所谓"$\{\tau,\psi,\theta,\varphi\}$ 覆盖全时空"，是指除了那些坐标奇点而言. 人们通过 2 维球面坐标的例子自信这些坐标奇点的一切尽在掌握之中，以至于坐标系虽不能覆盖全时空也无伤大雅. 下面谈到某坐标系能否覆盖全时空时都是这个含义.

既然 de Sitter 时空可看作 $k=+1$ 的某种 RW 宇宙，自然应关心它的均匀面(等 τ 面)以及各向同性观者的世界线. 为了便于想象和画图，先略去比较次要的 X, Y 维，或说先讨论 $\sin\theta=0$ 或 π 的"截面"，这时 $X=Y=0$，式(J-2-3)简化为

$$T=l\,\mathrm{sh}(l^{-1}\tau),\quad Z=\pm l\,\mathrm{ch}(l^{-1}\tau)\sin\psi,\quad W=l\,\mathrm{ch}(l^{-1}\tau)\cos\psi. \qquad \text{(J-2-3}'\text{)}$$

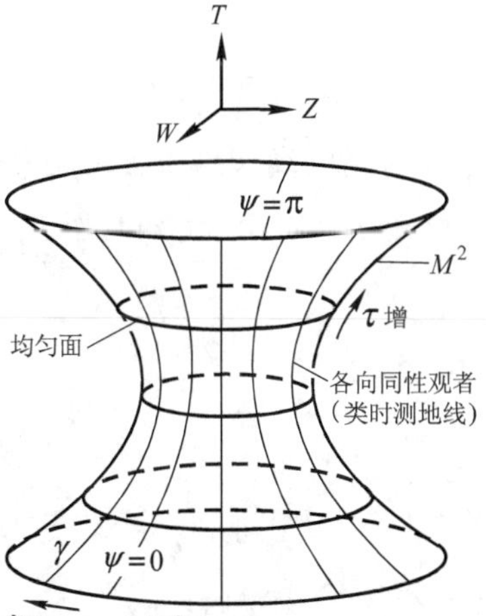

图 J-2　de Sitter 时空中与全局坐标系相应的均匀面(等 τ 面)和各向同性观者世界线(等 ψ 线). M^2 只是 M^4 的 2 维模拟物

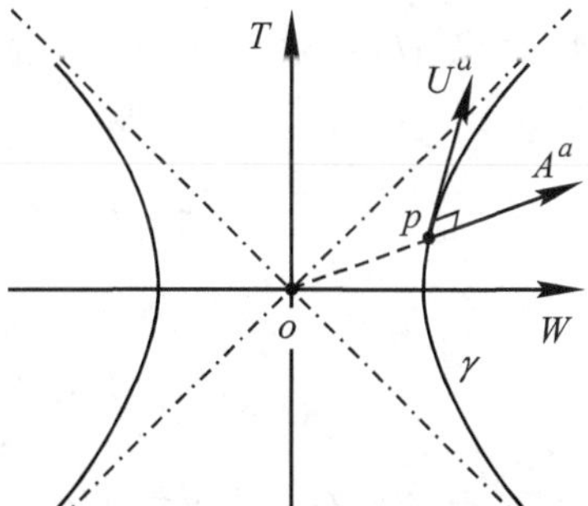

图 J-3　含 T 轴的任一平面(图中为 $T\sim W$ 面)与 M^2 的交线是 (M^2,g_{ab}) 的类时测地线

这其实是讨论 3 维空间 $\mathbb{R}^3$ 中的 2 维(旋转)双曲面，即 M^4 的 2 维模拟物 M^2，配以由 3 维闵氏度规 η_{ab} 诱导的度规 g_{ab}，就成为一个 2 维 de Sitter 时空 (M^2,g_{ab}). 作为 2 维 RW 宇宙，由式(J-2-3′)易见它的等 τ 线族(均匀线族)就是所有由 $T=$ 常数 定义的平面与 M^2 的交线，即图 J-2 中的所有水平圆周. 各向同性观者的世界线则无非

是 τ 坐标线(等 ψ 线). 由式(J-2-3′)可知 $Z/W = \tan\psi$, 所以等 ψ 线就是由 $Z/W=$ 常数 定义的平面(即含 T 轴的平面)与 M^2 的交线, 是背景空间 $\mathbb{R}^3$ 中的无数双曲线(图 J-2). 作为各向同性观者的世界线, 它们自然是类时测地线. 以上对 (M^2, g_{ab}) 所得结论在做如下修改后也适用于 (M^4, g_{ab}) : 图 J-2 的每一水平圆周代表一个 3 球面 S^3, 每一双曲线代表一个 3 维面(由坐标 τ, θ, φ 刻画), 其中每一 θ, φ 为常数的线才是 τ 坐标线.

[选读 J-2-1]

以上关于等 ψ 线是测地线的结论还可推广为如下命题: 过原点 o 的任一平面与 M^2 的交线一定是 (M^2, g_{ab}) 的测地线. 为证此命题, 先要对关于等 ψ 线的结论再从几何角度(脱离坐标系)给个证明. 设 Σ 是含 T 轴的任一平面, 则 $\Sigma \cap M^2$ 是一对等 ψ 线(图 J-2), 以 γ 代表其一, 则 γ 的单位切矢 U^a 满足

$$g_{ab}U^aU^b = \eta_{ab}U^aU^b < 0, \qquad \text{(等号用到诱导度规的定义)}$$

即 γ 用 g_{ab} 衡量也是类时线. 分别以 ∂_a 及 ∇_a 代表与 η_{ab} 及 g_{ab} 适配的导数算符, 以 A^a 和 $\hat{A}^a$ 代表 γ 作为 $(\mathbb{R}^3, \eta_{ab})$ 和 (M^2, g_{ab}) 的曲线的绝对加速度(依次为"3 加速"和"2 加速"), 则由中册式(14-4-18)得

$$\hat{A}^a \equiv U^b\nabla_b U^a = U^b g_b{}^d g^a{}_c \partial_d U^c = g^a{}_c U^d \partial_d U^c = g^a{}_c A^c,$$

可见 $\hat{A}^a$ 是 A^a 在 M^2 上的投影. 欲证 γ 是 (M^2, g_{ab}) 的测地线只须证明此投影为零, 即证明 $\hat{A}^a$ 沿 M^2 的法向. 不失一般性, 可认为 Σ 就是 $T \sim W$ 面, 故 γ (见图 J-3)的单位切矢为

$$U^a = l^{-1}[W(\partial/\partial T)^a + T(\partial/\partial W)^a],$$

因而

$$A^a \equiv U^b\partial_b U^a = l^{-2}[T(\partial/\partial T)^a + W(\partial/\partial W)^a]. \qquad \text{(J-2-5)}$$

另一方面, 由超曲面 M^2 的定义方程 $-T^2 + W^2 + Z^2 - l^2 = 0$ 可知

$$n_a \equiv \partial_a(-T^2 + W^2 + Z^2 - l^2) = 2[-T(\mathrm{d}T)_a + W(\mathrm{d}W)_a + Z(\mathrm{d}Z)_a] \qquad \text{(J-2-6)}$$

是 M^2 的法余矢. $\forall p \in \gamma \equiv \Sigma \cap M^2$ 有 $Z|_p = 0$, 故 $n_a|_p = 2[-T(\mathrm{d}T)_a + W(\mathrm{d}W)_a]_p$, 因而 M^2 在 γ 任一点的法矢可表为

$$n^a \equiv \eta^{ab}n_b = 2[T(\partial/\partial T)^a + W(\partial/\partial W)^a]. \qquad \text{(J-2-7)}$$

对比式(J-2-5)、(J-2-7)便知 A^a 沿 M^2 的法向. 可见 γ 是 (M^2, g_{ab}) 的测地线. 为证明本选读开头的推广命题, 可令 Σ' 代表含 o 点(但未必含 T 轴)的任一平面, 并证明

$\Sigma' \cap M^2$ 是(一条或两条)测地线. 不妨认为 Σ' 面含 W 轴(通过重选 W, Z 轴总可做到), 故 Σ' 的方程为 $Z=\alpha T$ (α 为常数), 与 M^2 的方程 $-T^2+W^2+Z^2=l^2$ 联立便得 $\Sigma' \cap M^2$ 的方程:

$$Z=\alpha T, \qquad (\alpha^2-1)T^2+W^2=l^2 . \tag{J-2-8}$$

当 $\alpha=1$ (或 $\alpha=-1$) 时上式成为 $Z=T, W=\pm l$ (或 $Z=-T, W=\pm l$), 所以 $\Sigma' \cap M^2$ 是两条 $45°$ 斜直线, 分别躺在平面 $W=+l$ 和 $W=-l$ 内. 它们(作为直线)自然是 η_{ab} 的测地线, 即 $A^a=0$, 故由 $\hat{A}^a=g^a{}_c A^c$ 得 $\hat{A}^a=0$, 可见它们是 (M^2, g_{ab}) 的类光测地线. (事实上, 它们还是 M^2 的类光测地母线, 即 M^2 可由所有这种类光测地线铺成.) 当 $\alpha^2 \neq 1$ 时, 用下式定义新坐标 T', Z':

$$Z' \equiv \lambda^{-1}(-\alpha T+Z), \quad T' \equiv \lambda^{-1}(T-\alpha Z), \quad \text{其中 } \lambda \equiv |1-\alpha^2|^{1/2}, \tag{J-2-9}$$

逆变换为

$$T=\lambda(1-\alpha^2)^{-1}(T'+\alpha Z'), \quad Z=\lambda(1-\alpha^2)^{-1}(\alpha T'+Z'), \tag{J-2-9'}$$

则 $\Sigma' \cap M^2$ 在新坐标下的方程为

$$Z'=0, \qquad \begin{cases} -T'^2+W^2=l^2 \ (\text{当 } \alpha^2<1), \\ +T'^2+W^2=l^2 \ (\text{当 } \alpha^2>1), \end{cases} \tag{J-2-10}$$

可见 $\Sigma' \cap M^2$ 是 $Z'=0$ 平面内的曲线, 而且当 $\alpha^2<1$ 时是(渐近线为 $45°$ 直线的)双曲线, 当 $\alpha^2>1$ 时是圆. $\{T', Z', W\}$ 也是 $(\mathbb{R}^3, \eta_{ab})$ 的洛伦兹系, 因为由式(J-2-9)得

$$\eta^{ab}(\mathrm{d}T')_a(\mathrm{d}T')_a=\lambda^{-2}(-1+\alpha^2)=\begin{cases} -1 \ (\text{当 } \alpha^2<1), \\ +1 \ (\text{当 } \alpha^2>1), \end{cases}$$

$$\eta^{ab}(\mathrm{d}Z')_a(\mathrm{d}Z')_a=\lambda^{-2}(1-\alpha^2)=\begin{cases} +1 \ (\text{当 } \alpha^2<1), \\ -1 \ (\text{当 } \alpha^2>1), \end{cases}$$

$$\eta^{ab}(\mathrm{d}T')_a(\mathrm{d}Z')_a=0 .$$

于是仿照本选读开头的证明可知 $\Sigma' \cap M^2$ 在 $\alpha^2<1$ 时是 (M^2, g_{ab}) 的两条类时测地线, 在 $\alpha^2>1$ 时是 (M^2, g_{ab}) 的类空测地线. **[选读 J-2-1 完]**

2. 暴涨坐标系 $\{\hat{\tau}, x, y, z\}$, 其中 $\hat{\tau}, x, y, z \in (-\infty, \infty)$, 定义为

$$X=\mathrm{e}^{l^{-1}\hat{\tau}}x, \qquad Y=\mathrm{e}^{l^{-1}\hat{\tau}}y, \qquad Z=\mathrm{e}^{l^{-1}\hat{\tau}}z,$$

$$T=l\,\mathrm{sh}(l^{-1}\hat{\tau})+l^{-1}\mathrm{e}^{l^{-1}\hat{\tau}}\rho^2/2, \quad W=l\,\mathrm{ch}(l^{-1}\hat{\tau})-l^{-1}\mathrm{e}^{l^{-1}\hat{\tau}}\rho^2/2, \quad \rho^2 \equiv x^2+y^2+z^2, \tag{J-2-11}$$

容易验证上式满足超曲面方程(J-2-2). 微分式(J-2-11)后代入式(J-2-1)便得4维诱导

线元

$$ds^2 = -d\hat{\tau}^2 + e^{2l^{-1}\hat{\tau}}(dx^2 + dy^2 + dz^2), \quad \text{(J-2-12)}$$

与上册式(10-1-23b)对比发现上式可被看作 $k=0$ 的 RW 度规的一种特例，其中 $a(\hat{\tau}) = e^{l^{-1}\hat{\tau}}$. 请注意式(J-2-12)和(J-2-4)是同一个 de Sitter 度规 g_{ab} 在不同坐标系的线元. 初学者常问:"为什么同一个 de Sitter 时空既可看作 $k=+1$ 的 RW 宇宙又可看作 $k=0$ 的 RW 宇宙?它的空间几何到底是弯曲的($k=+1$)还是平直的($k=0$)?" 回答时首先应该再次指出:时空是绝对的，而空间则是相对的，取决于你如何对时空作分层. 与式(J-2-4)相应的分层方式如图 J-2 的水平圆周(理解为 S^3)所示，每一层(每一时刻的"空间")的几何都是 3 球面，即 $k=+1$. 再看与式(J-2-12)相应的分层方式. 由式(J-2-11)得 $T+W = le^{l^{-1}\hat{\tau}}$，故等 $\hat{\tau}$ 面是 $T+W=$ 常数 的 4 维"平面"与 M^4 的 3 维交面，由图 J-4 中粗的非闭合曲线代表，每层(每一等 τ 面)的几何都是平直的，即 $k=0$. 重要的是两种情况下的"空间"本来就是指不同的分层面，因此"空间到底弯曲与否"的问题并无意义. 由 $T+W = le^{l^{-1}\hat{\tau}}$ 可知，无论 $\hat{\tau}$ 取何值，T 和 W 都必然满足 $T+W>0$，表明暴涨系只覆盖(几乎)半个 de Sitter 时空，因而不应说" de Sitter 时空可看作某种 $k=0$ 的宇宙". 以 $\mathscr{B}$ 代表暴涨坐标域的边界. 因为当 $\hat{\tau} \to -\infty$ 时 $T+W = le^{l^{-1}\hat{\tau}} \to 0$，所以 $\mathscr{B}$ 的方程由 $-T^2+W^2+X^2+Y^2+Z^2=l^2$ 和 $T+W=0$ 联立给出，即

$$X^2+Y^2+Z^2-l^2=0, \qquad T+W=0.$$

可见 $\mathscr{B}$ 同胚于 $\mathbb{R}\times S^2$. 在 $\mathscr{B}$ 上定义坐标系 $\{\tilde{\tau},\theta,\varphi\}$ 使

$$T=\tilde{\tau},\ W=-\tilde{\tau},\ X=l\sin\theta\cos\varphi,\ Y=l\sin\theta\sin\varphi,\ Z=l\cos\theta, \quad \text{(J-2-13)}$$

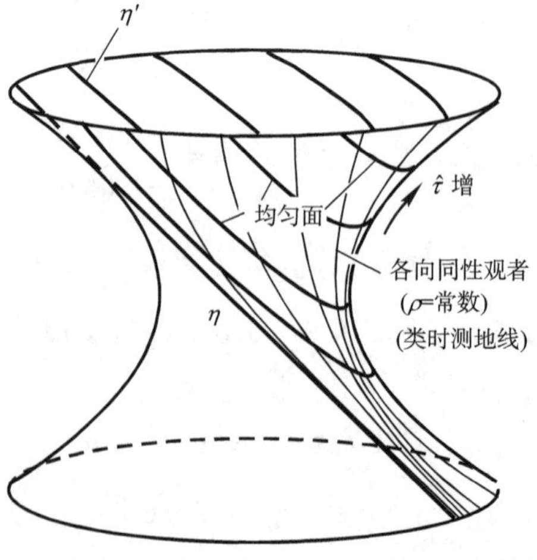

图 J-4　与暴涨坐标系相应的分层. 该系只覆盖"半个" de Sitter 时空. 每一均匀面(等 $\hat{\tau}$ 面，粗线)代表一个 3 维平直空间. 图为 M^4 在压掉 X, Y 维后所得的 M^2

则由式(J-2-1)可知η_{ab}在$\mathscr{B}$上诱导出退化“线元”：$ds^2|_{\mathscr{B}}=l^2(d\theta^2+\sin^2\theta d\varphi^2)$，因此$\mathscr{B}$是de Sitter时空中的一个类光超曲面. 把$\mathscr{B}$的法矢场$n^a$用基矢展开:

$$n^a=n^T(\partial/\partial T)^a+n^W(\partial/\partial W)^a+n^X(\partial/\partial X)^a+n^Y(\partial/\partial Y)^a+n^Z(\partial/\partial Z)^a, \quad \text{(J-2-14)}$$

则$n^a\partial_a(T+W)|_{\mathscr{B}}=0$给出$n^T+n^W=0$. 而$n^a$的类光性又导致

$$0=-(n^T+n^W)(n^T-n^W)+(n^X)^2+(n^Y)^2+(n^Z)^2=(n^X)^2+(n^Y)^2+(n^Z)^2.$$

其中第二步用到$n^T+n^W=0$. 故$n^X=n^Y=n^Z=0$，从而

$$n^a=n^T(\tilde{\tau},\theta,\varphi)[(\partial/\partial T)^a-(\partial/\partial W)^a]. \quad \text{(J-2-15)}$$

若取$n^T(\tilde{\tau},\theta,\varphi)=1$，则$n^a$的积分曲线是$(\mathbb{R}^5,\eta_{ab})$中的类光测地线, 它们刚好铺出$\mathscr{B}$. 为了画图, 只好压缩$X,Y$两维, 这时$\mathscr{B}$被压为同胚于$\mathbb{R}\times S^0$的流形, 即两条测地线, 这就是图J-4的$\eta$和$\eta'$. 压缩所得的$M^2$是由$-T^2+W^2+Z^2=l^2$定义的超曲面, 它与超平面$Z=l$之交满足$-T^2+W^2=0$，是两条互相正交(用欧氏度规衡量!)的45°斜直线, 其中$T+W=0$的那条就是η(可提前参看图J-6). 此外, M^2与超平面$Z=-l$之交是另外两条45°斜直线(与前面的两条斜直线关于$T\sim W$面为镜像对称), 其中$T+W=0$的那条就是η'.

前面讲过de Sitter时空并非真实的宇宙. 然而, 极早期宇宙的暴涨阶段可看作de Sitter时空的一个子时空. 此外, 如果真实宇宙的暗能量就是宇宙常数$\Lambda>0$(见上册§10.5), 则在足够长的时间后Ω_Λ将远大于$\Omega_{\rm M}$，宇宙将愈来愈接近于指数式膨胀[式(J-2-12)], 即愈来愈接近de Sitter宇宙, 直至永远. 这是人们重视de Sitter时空的一个原因.

在宇宙学研究的较早阶段(1948年)曾出现过宇宙的**稳恒态模型**(steady state model), 其出发点是: 宇宙不但在所有空间点和所有空间方向上, 而且在所有时刻都相同. 由此可推得宇宙的线元取式(J-2-12)的形式, 其中l^{-1}起哈勃常数H的作用. 这个H是真正意义下的常数, 即$H\equiv\dot{a}(\hat{\tau})/a(\hat{\tau})=l^{-1}$与$\hat{\tau}$无关. 为了保证物质密度$\rho$在宇宙膨胀[$\dot{a}(\hat{\tau})>0$]的情况下永为常数(不随$\hat{\tau}$变), 就要假定宇宙中不断有物质产生. 该模型不但能解释直到当时为止的一切观测事实(包括哈勃定律), 而且有许多优点(例如能对若干问题给出简单而明确的预言), 但终因无法解释后来出现的观测数据(微波背景辐射、类星体红移分布等)而退出历史舞台. 详见温伯格(1972).

3. 双曲坐标系$\{\overline{\tau},\overline{\psi},\theta,\varphi\}$，$-\infty<\overline{\tau}<\infty,\ 0<\overline{\psi}<\infty,\ 0<\theta<\pi,\ 0<\varphi<2\pi$，定义为

$$T = l\,\mathrm{sh}(l^{-1}\overline{\tau})\mathrm{ch}\overline{\psi}, \qquad W = l\,\mathrm{ch}(l^{-1}\overline{\tau}),$$
$$X = l\,\mathrm{sh}(l^{-1}\overline{\tau})\mathrm{sh}\overline{\psi}\sin\theta\cos\varphi, \quad Y = l\,\mathrm{sh}(l^{-1}\tau)\mathrm{sh}\overline{\psi}\sin\theta\sin\varphi, \quad Z = l\,\mathrm{sh}(l^{-1}\tau)\mathrm{sh}\overline{\psi}\cos\theta. \tag{J-2-16}$$

微分上式后代入式(J-2-1)便得 4 维诱导线元

$$\mathrm{d}s^2 = -\,\mathrm{d}\overline{\tau}^2 + l^2\mathrm{sh}^2(l^{-1}\overline{\tau})[\mathrm{d}\overline{\psi}^2 + \mathrm{sh}^2\overline{\psi}(\mathrm{d}\theta^2 + \sin^2\theta\,\mathrm{d}\varphi^2)], \tag{J-2-17}$$

与式 (10-1-23c) 对比就会发现上式可以看作 $k=-1$ 的 RW 度规的一种特例, 其中 $a(\overline{\tau}) = l\mathrm{sh}(l^{-1}\overline{\tau})$. 由式(J-2-16)可知双曲坐标系 $\{\overline{\tau},\overline{\psi},\theta,\varphi\}$ 也不能覆盖整个 de Sitter 时空. 此系不常用, 不再详述.

线元(J-2-4)、(J-2-12)和(J-2-17)的系数都含时间坐标, 初学者往往据此就认为 de Sitter 时空不是稳态时空. 其实问题并非如此简单. 稳态性取决于时空的内禀几何而与坐标系无关. 刚才那种简单判断正是“不识时空真面目, 只缘心在坐标中.” 在几何语言中, 时空 (M, g_{ab}) 是否稳态取决于它有无类时 Killing 矢量场(见§8.1 定义 1), 如果全时空存在类时 Killing 场, 它就是稳态时空; 如果每点 $p \in M$ 都有开邻域, 其上存在类时 Killing 场, 它就是局域稳态时空. 对 de Sitter 时空, 上述三种线元的“时间依赖性”只是表面现象, 是所选坐标系的第零坐标线与类时 Killing 场的积分曲线不重合的结果, 不说明类时 Killing 场不存在. 下面将介绍坐标系 $\{t,r,\theta,\varphi\}$ 并示明 de Sitter 度规 g_{ab} 在该系的分量不含时间坐标 t, 因而该坐标域就是一个稳态(子)时空. 又因为 de Sitter 时空点点平权, 它至少是局域稳态(而且静态)的. 自然要问: de Sitter 时空在整体上也稳态吗?笔者的研究证明: 该时空的任一 Killing 矢量场如果在某点类时, 则它必在另外某点类空或类光. 这说明不存在一个在全时空都类时的 Killing 矢量场. 结论: de Sitter 时空是局域地而非整体地稳态的.

4. 静态坐标系 $\{t,r,\theta,\varphi\}$, $-\infty < t < \infty, 0 < r < l$(或 $l < r < \infty$), $0 < \theta < \pi, 0 < \varphi < 2\pi$, 定义为

$$X = r\sin\theta\cos\varphi, \quad Y = r\sin\theta\sin\varphi, \quad Z = r\cos\theta, \quad r > 0,$$
$$(1)(r<l)\begin{cases} T = (l^2 - r^2)^{1/2}\mathrm{sh}(l^{-1}t), \\ W = (l^2 - r^2)^{1/2}\mathrm{ch}(l^{-1}t), \end{cases} \qquad (2)(r>l)\begin{cases} T = (r^2 - l^2)^{1/2}\mathrm{ch}(l^{-1}t), \\ W = (r^2 - l^2)^{1/2}\mathrm{sh}(l^{-1}t), \end{cases} \tag{J-2-18a}$$

上式同时定义了两个坐标系(1)和(2), 坐标域分别由 $r<l$ 和 $r>l$ 界定. 微分上式后代入式(J-2-1)便得诱导线元

$$\mathrm{d}s^2 = -(1 - l^{-2}r^2)\mathrm{d}t^2 + (1 - l^{-2}r^2)^{-1}\mathrm{d}r^2 + r^2(\mathrm{d}\theta^2 + \sin^2\theta\,\mathrm{d}\varphi^2). \tag{J-2-19}$$

上式与施瓦西线元

$$ds^2 = -(1-2M/r)dt^2 + (1-2M/r)^{-1}dr^2 + r^2(d\theta^2 + \sin^2\theta d\varphi^2) \quad \text{(J-2-20)}$$

有若干类似之处. 例如, 不难看出它们都是球对称的; 此外, 正如线元(J-2-20)在 $r>2M$ 的区域是静态的那样, 线元(J-2-19)在 $r<l$ 的区域[坐标域(1)]也是静态的. 但两个线元也有若干不同, 一个重要的区别就是式(J-2-19)的 r 不出现在分母中, 因而在 $r=0$ 处并不奇异. 然而它在 $r=l$ 处却存在奇性. de Sitter 时空的最高对称性保证任一时空点都不比其他点更特殊, 所以 $r=l$ 只能是坐标奇点. 由式(J-2-18a)得

$$T+W=\begin{cases}(l^2-r^2)^{1/2}e^{l^{-1}t}>0\ (\text{对 } r<l),\\(r^2-l^2)^{1/2}e^{l^{-1}t}>0\ (\text{对 } r>l),\end{cases} \quad \text{(J-2-21)}$$

所以无论 t 和 r 取何值都有 $T+W>0$, 可见由式(J-2-18a)定义的静态坐标系只能覆盖(几乎)半个 de Sitter 时空. 若要覆盖另一半(指 $T+W<0$ 的部分), 可改取如下定义:

$$X=r\sin\theta\cos\varphi,\quad Y=r\sin\theta\sin\varphi,\quad Z=r\cos\theta,\quad r>0,$$

$$(3)\ (r<l)\begin{cases}T=-(l^2-r^2)^{1/2}\mathrm{sh}(l^{-1}t),\\W=-(l^2-r^2)^{1/2}\mathrm{ch}(l^{-1}t),\end{cases}\qquad (4)\ (r>l)\begin{cases}T=-(r^2-l^2)^{1/2}\mathrm{ch}(l^{-1}t),\\W=-(r^2-l^2)^{1/2}\mathrm{sh}(l^{-1}t),\end{cases} \quad \text{(J-2-18b)}$$

图 J-5 示出式(J-2-18)定义的 4 个坐标域在 $T\sim W$ 面上的投影(4 个阴影区). 各坐标域之间的交界面都同胚于 $\mathbb{R}\times S^2$, 其定义方程分别为

域(1), (2)之间: $T=W>0,\quad X^2+Y^2+Z^2=l^2,$

域(3), (4)之间: $T=W<0,\quad X^2+Y^2+Z^2=l^2,$

域(2), (3)之间: $T=-W>0,\quad X^2+Y^2+Z^2=l^2,$

域(1), (4)之间: $T=-W<0,\quad X^2+Y^2+Z^2=l^2.$

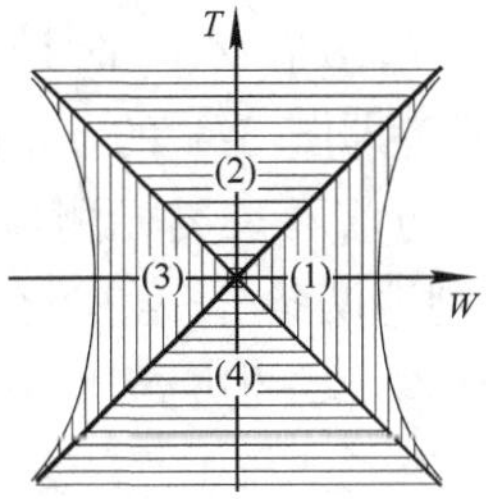

图 J-5　由式(J-2-18)定义的 4 个坐标域在 $T\sim W$ 面的投影

表面看来, 图 J-5 与施瓦西时空的图 9-13 很像, 但有许多重要区别. 其一是: 图 9-13 中的 A, A′, B, W 区由施瓦西几何内禀地决定, 而图 J-5 的(1), (2), (3), (4)区的划分却取决于人为选择. de Sitter 时空的最高对称性保证各时空点平权, 你完全可

以另选时空点作为静态坐标系的原点. 作为这一区别的后果, 施瓦西时空中内禀地存在着两个不是静态区的时空区, 即 B 和 W ; 而 de Sitter 时空则没有内禀的非静态区, 因为, 正如图 J-5 中(1)区的任一点 p_1 总有静态邻域[不妨就取(1)区]那样, (2)区的任一点 p_2 也总有静态邻域, 为此只须另选静态坐标系使其(1)区含 p_2 . 总之, de Sitter 时空是局域静态时空(前已指出), 而施瓦西时空则不是(只能说 A 和 A′ 区是静态区). 此外, 还应提及两图的一个次要区别: 图 9-13 是一个坐标系(Kruskal 系)的坐标域, A, A′, B, W 区都含于其中; 而图 J-5 则是把 4 个坐标系的坐标域画在一个图中. 只有坐标系(1)和(3)才配称为静态坐标系, 以下把相应的坐标域(1)和(3)称为静态区.

虽然在 l 值给定后 de Sitter 时空只有一个, 但使用不同坐标系可从不同角度更好地了解这一时空. 例如, 使用全局坐标系 $\{\tau,\psi,\theta,\varphi\}$ 时, 我们认识了 $k=+1$ 宇宙的空间均匀面(等 τ 面)及各向同性观者的世界线(见图 J-2). 现在, 在有了静态坐标系 $\{t,r,\theta,\varphi\}$ 后, 我们自然关心静态区(1)和(3)中静态参考系的同时面(等 t 面)和静态观者的世界线. 由式(J-2-18)的(1)和(3)得 $T/W=\text{th}(l^{-1}t)$, 故 $(\mathbb{R}^5,\eta_{ab})$ 中的 4 维“平面” $T/W=\alpha$ (常数)与 M^4 的交面(3 维)是有相同 t 值的两张等 t 面. 为便于想象和画图, 再次压缩两维, 即讨论 $(\mathbb{R}^3,\eta_{ab})$ 中由 $-T^2+W^2+Z^2=l^2$ 定义的 (M^2, g_{ab}). 也可这样理解: 取 $\sin\theta=0$ 或 π , 则式(J-2-18)的前三式简化为 $X=Y=0, Z=\pm r$. 以 S_t 代表 $(\mathbb{R}^3,\eta_{ab})$ 中 t 为常数的平面, 则 η_{ab} 在 S_t 诱导出 2 维欧氏度规 δ_{ab} . 我们所关心的同时面(等 t 线)就是 $S_t\cap M^2$, 由 $T=W\ \text{th}(l^{-1}t)$ 与 $-T^2+W^2+Z^2=l^2$ 联立可得其方程 $Z^2+W'^2=l^2$, 其中 $W'\equiv W\text{ch}^{-1}(l^{-1}t)$. 不难验证 Z,W' 是 δ_{ab} 的笛卡儿坐标, 故等 t 线是圆周(与圆心等距的点集), 虽然图 J-6 中 $t\neq 0$ 的等 t 线貌似椭圆. 另一方面, 平面 $Z=\pm r$ 与 M^2 的交线(记作 μ)满足 $-T^2+W^2=l^2-r^2$, 依 r 值的情况而分成三类: ①当 $r<l$ 时 μ 为 (M^2, g_{ab}) 的类时双曲线, 代表静态观者的世界线(例如图 J-6 中平面 $Z=0$ 与 M^2 的交线); ②当 $r>l$ 时 μ 为类空双曲线; ③当 $r=l$ 时平面 $Z=\pm r$ 就是 $Z=l$ 或 $Z=-l$, μ 在 $Z=l$ 时是 (M^2, g_{ab}) 的两条类光测地线, 方程分别为 $T=W$ 和 $T=-W$ (后者即图 J-4 的 η), 在 $Z=-l$ 时是另外两条类光测地线, 方程是 $T=W$ 和 $T=-W$, 与前两条类光测地线关于 $T\sim W$ 面为镜像对称, 图中未示出. 若回到 (M^4, g_{ab}) , 则这两条 $T=-W$ “线”其实是两张 3 维类光超曲面, 它们正是由式(J-2-18)定义的坐标域的边界.

线元(J-2-19)在 $r=l$ 处(平面 $Z=\pm l$ 与 M^2 之交)的奇性非常类似于施瓦西线元(J-2-20)在 $r=2M$ 处的奇性, 但也存在着重要的区别. 施瓦西线元中 r 的取值范围要么是 $2M<r<\infty$, 要么是 $0<r<2M$. 只有在找到更好的坐标系(例如 Kruskal 或 Eddington 系)之后才敢断言这两个区域其实只有“一膜($r=2M$)之隔”, 从而确证 $r=2M$ 只是坐标奇性. 与此不同, de Sitter 时空从一开始就被定义为 (M^4, g_{ab}) , 其中 M^4 是 5 维闵氏时空 $(\mathbb{R}^5,\eta_{ab})$ 中的类时超曲面, g_{ab} 则是定义在整个 M^4 上的

诱导度规,后来的讨论无非是寻找 M^4 上的适当坐标系以便具体写出 g_{ab} 的线元.因此,不妨认为由 $-T^2+W^2+X^2+Y^2+Z^2=l^2$ 定义的4维类时超曲面 M^4 对应于施瓦西情况下经Kruskal延拓而得的最大时空流形(天生就有的延拓). 不论选用什么坐标系,其奇性只能是坐标奇性.

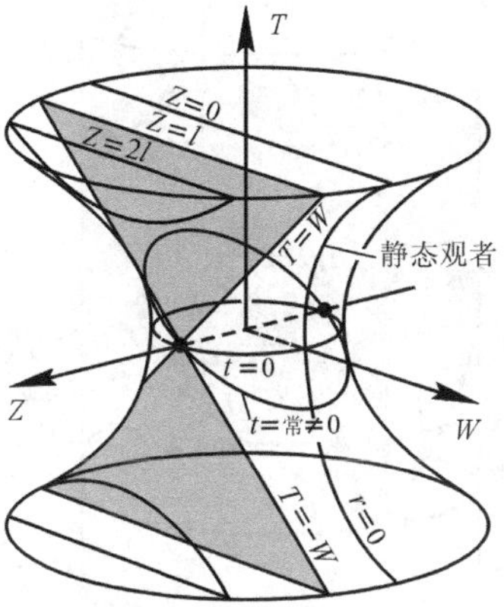

图 J-6 静态参考系的同时面(等 t 面)和静态观者世界线

§J.3 德西特时空的 Penrose 图

Penrose 图对研究时空的无限远行为有重要意义. de Sitter 时空的Penrose 图可以通过改写线元(J-2-4)而方便地求得. 从全局坐标系 $\{\tau,\psi,\theta,\varphi\}$ 的类时坐标 τ 出发引入新的类时坐标 t', 定义为

$$t' \equiv 2\arctan(e^{l^{-1}\tau})-\pi/2\,,\ (因-\infty<\tau<\infty, 故取-\pi/2<t'<\pi/2) \qquad \text{(J-3-1)}$$

则 $l^2\text{ch}^2(l^{-1}\tau)\,dt'^2=d\tau^2$, 故线元(J-2-4)可改写为

$$ds^2=l^2\text{ch}^2(l^{-1}\tau)[-dt'^2+d\psi^2+\sin^2\psi\,(d\theta^2+\sin^2\theta\,d\varphi^2)]\,. \qquad \text{(J-3-2)}$$

与中册式(12-2-8)或上册式(10-2-43)对比可知上式右边方括号内正是爱因斯坦静态宇宙的线元, 可见 de Sitter 度规共形于爱因斯坦静态宇宙度规. 爱因斯坦静态宇宙的拓扑是 $\mathbb{R}\times S^3$, 整个时空在压缩两维后可用图12-3(b) 的圆柱面表示. de Sitter 时空的拓扑也是 $\mathbb{R}\times S^3$, 但因 t' 的取值范围只有 $-\pi/2<t'<\pi/2$, 所以它只共形嵌入到圆柱面中有限长的一段, 见图 J-7. 由此可得 de Sitter 时空的Penrose 图(图 J-8a), 它的确具有 Penrose 图的两个基本特征(见§12.2 末). 图中的共形无限远 $\mathscr{I}^-$ 和 $\mathscr{I}^+$ 应加说明. 我们在§12.2 首次引入 $\mathscr{I}^-$ 和 $\mathscr{I}^+$ 的符号, 它们代表闵氏时空的共形类光无限远, 是类光超曲面. 稍后, §12.2 在介绍渐近平直时空时再次引入 $\mathscr{I}^-$ 和 $\mathscr{I}^+$, 其定义为 $\mathscr{I}^{\pm}:=\dot{J}^{\pm}(i^0)-i^0$, 也是类光超曲面. 然而现在的 $\mathscr{I}^-$ 和 $\mathscr{I}^+$ (图 J-8a)却

是类空超曲面. 这不是什么矛盾, 因为 de Sitter 时空不是渐近平直时空. Penrose 在关于时空无限远的共形处理的文章[Penrose(1964)]中把 $\mathscr{I}$ 定义为时空流形的边界, 即 $\mathscr{I} \equiv \dot{M}$. 于是对闵氏时空有

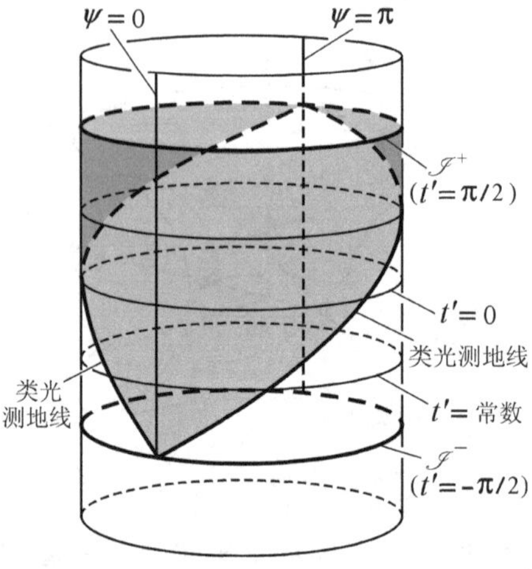

图 J-7　de Sitter 时空共形于爱因斯坦静态宇宙中由 $-\pi/2<t'<\pi/2$ 界定的区域. 竖直线是 t' 坐标线, 水平圆周(代表 S^3)是等 t' 面. 阴影部分代表暴涨坐标系的覆盖域

$$\mathscr{I}=\mathscr{I}^-\cup\mathscr{I}^+\cup\{i^0\}\cup\{i^-\}\cup\{i^+\}\neq\mathscr{I}^-\cup\mathscr{I}^+ .$$

按照这一定义, de Sitter 时空的 $\mathscr{I}$ 自然是图 J-7 的上、下两个水平圆周(分别记作 $\mathscr{I}^+$ 和 $\mathscr{I}^-$)之并, 为区分起见分别记作 $\mathscr{I}^+$ 和 $\mathscr{I}^-$. 也可这样理解: $\mathscr{I}$ 中有类光测地线发出(或终止)的所有点构成的子集称为 $\mathscr{I}^-$ (或 $\mathscr{I}^+$). 在发出(或终止)类光测地线这个意义上甚至可把 $\mathscr{I}^-$ 和 $\mathscr{I}^+$ 称为类光无限远, 虽然它们都是类空超曲面. $\mathscr{I}^-$ 和 $\mathscr{I}^+$ 为类空的这一特征与事件视界和粒子视界的存在性有密切联系, 见下节.

图 J-8(a) 中每条竖直线都是全局坐标系 $\{\tau,\psi,\theta,\varphi)$ 的一条 τ 坐标线, 代表 $k=+1$ 的 RW 宇宙的一个各向同性观者的世界线(都是类时测地线), 每一水平线代表该 RW 宇宙的一个均匀面($\tau=$ 常数). 为了表现与暴涨坐标系相应的分层和观者世界线(亦即稳恒态宇宙模型的均匀面和各向同性观者的世界线), 可利用式(J-2-11)和(J-2-3)找出等 $\hat{\tau}$ 线和等 ρ 线在 $\{\tau,\psi\}$ 系中的方程, 结果如图 J-8(b) 所示. 请注意这些线只在“半个”方块内(左上方)有意义(暴涨坐标系只覆盖“半个” de Sitter 时空). 由 $T+W=l\,e^{l^{-1}\hat{\tau}}$ 知 $\hat{\tau}=\infty$ 和 $\hat{\tau}=-\infty$ 分别对应于由顶端的水平直线和 45° 斜直线 $T+W=0$ 所代表的超曲面(依次记作 $\mathscr{I}^+$ 和 $\mathscr{I}^-$), 后者正是暴涨坐标域的边界. 图 J-8(b)也可看作稳恒态宇宙的 Penrose 图.

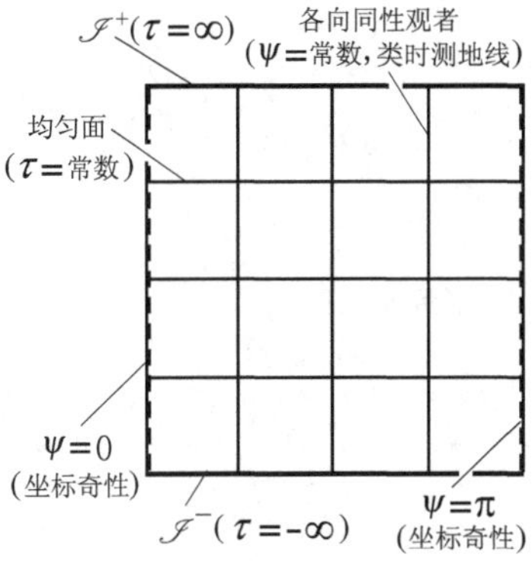

(a) de Sitter 时空

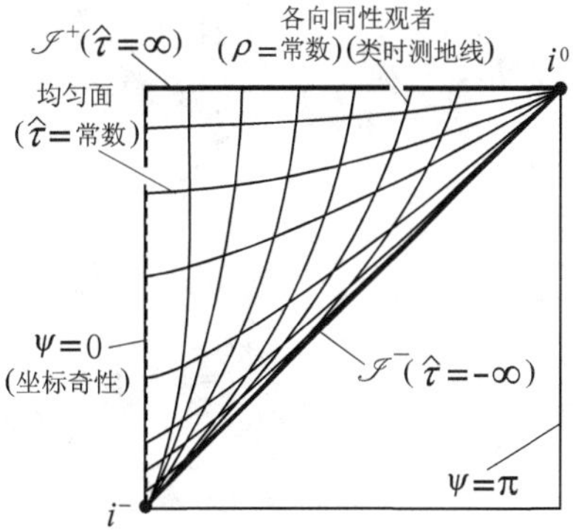

(b) 稳恒态宇宙

图 J-8　de Sitter 时空和稳恒态宇宙的 Penrose 图

图 J-8 的 Penrose 图便于表现全局坐标系 $\{\tau,\psi,\theta,\varphi\}$ 的等 τ 线和等 ψ 线以及暴涨坐标系 $\{\hat\tau,x,y,z\}$ (稳恒态宇宙)的等 $\hat\tau$ 线和等 ρ 线. 这些等 ψ 线和等 ρ 线都是测地观者(而不是稳态观者)的世界线. 为了便于表现稳态观者的世界线和同时面, 可仿照施瓦西时空的 Kruskal 延拓法从 de Sitter 度规的静态坐标系线元[式(J-2-19)]出发作 Penrose 图. 由于该线元在 $r=l$ 处奇异, r 的取值范围被限制在 $0<r<l$ 或 $l<r<\infty$, 我们以 $0<r<l$ 为出发区进行延拓. 式(J-2-19)的前 2 维可表为

$$\begin{aligned}\mathrm{d}\hat s^2 &= -(1-l^{-2}r^2)\,\mathrm{d}t^2+(1-l^{-2}r^2)^{-1}\,\mathrm{d}r^2\\ &=(1-l^{-2}r^2)[-\mathrm{d}t^2+(1-l^{-2}r^2)^{-2}\,\mathrm{d}r^2]=(1-l^{-2}r^2)[-\mathrm{d}t^2+\mathrm{d}r_*^{\,2}],\end{aligned} \tag{J-3-3}$$

其中

$$\mathrm{d}r_*\equiv(1-l^{-2}r^2)^{-1}\,\mathrm{d}r\,, \tag{J-3-4}$$

可取

$$r_*\equiv(l/2)\ln[(l+r)/(l-r)]\,. \tag{J-3-5}$$

令

$$v\equiv t+r_*,\quad u\equiv t-r_*,\quad -\infty<v,u<\infty\,, \tag{J-3-6}$$

则

$$\mathrm{d}\hat s^2=-(1-l^{-2}r^2)\,\mathrm{d}v\,\mathrm{d}u\,. \tag{J-3-7}$$

为消除 $r=l$ 处的奇性, 只须再引入

$$V\equiv-\mathrm{e}^{-l^{-1}v},\quad U\equiv\mathrm{e}^{l^{-1}u},\quad -\infty<V<0,\quad 0<U<\infty\,, \tag{J-3-8}$$

从而

$$\mathrm{d}\hat s^2=-(l+r)^2\,\mathrm{d}V\mathrm{d}U\,, \tag{J-3-9}$$

其中 r 应看作坐标 V 和 U 的函数, 由以上坐标变换得

$$r(V,U)=l(1+VU)/(1-VU)\,. \tag{J-3-10}$$

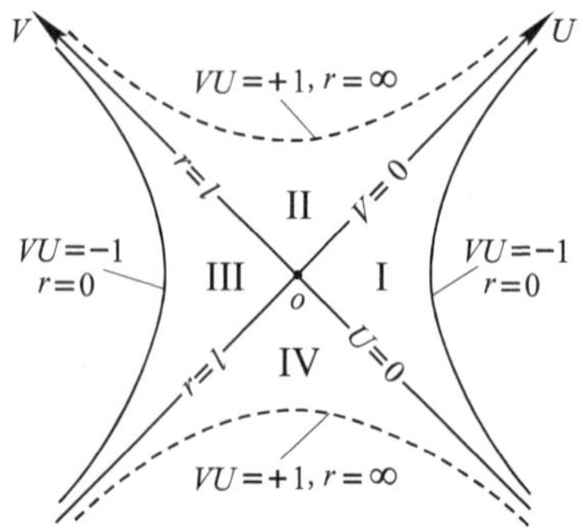

图 J-9　de Sitter 时空中 $t\sim x$ 面的类 Kruskal 图. 45° 斜直线代表类光方向

式(J-3-9)在 $r=l$ 处表现良好, 坐标奇性已被消除, 时空流形可以被延拓至满足 $-\infty<V,U<\infty$ 的任何点. 延拓后的流形包含如下四个区域(图 J-9):

I 区(出发区) $-\infty<V<0,\ 0<U<\infty$;　　II 区 $0<V<\infty,\ 0<U<\infty$;

III 区 $0<V<\infty,\ -\infty<U<0$;　　IV 区 $-\infty<V<0,\ -\infty<U<0$.

坐标 t,r 在 II, III, IV 区尚无定义. 注意到 I 区中坐标 V,U 与 t,r 的关系

$$V=-\mathrm{e}^{-l^{-1}(t+r_*)},\qquad U=\mathrm{e}^{l^{-1}(t-r_*)}\,, \tag{J-3-11a}$$

便可反过来用 V,U 依以下各式定义其他三区的 t,r 坐标:

II 区 $$V=\mathrm{e}^{-l^{-1}(t+r_*)},\qquad U=\mathrm{e}^{l^{-1}(t-r_*)}\,, \tag{J-3-11b}$$

III 区 $$V=\mathrm{e}^{-l^{-1}(t+r_*)},\qquad U=-\mathrm{e}^{l^{-1}(t-r_*)}\,, \tag{J-3-11c}$$

IV 区 $$V=-\mathrm{e}^{-l^{-1}(t+r_*)},\qquad U=-\mathrm{e}^{l^{-1}(t-r_*)}\,, \tag{J-3-11d}$$

其中 $$r_*\equiv\frac{l}{2}\ln\left|\frac{l+r}{l-r}\right|. \tag{J-3-12}$$

于是 r 在各区的取值范围是 $0<r<l$ (I, III 区), $l<r<\infty$ (II, IV 区), 且式(J-3-10)对各区都成立. 线元(J-3-9)适用于延拓所得的 2 维时空流形, 其相应的 4 维线元是

$$\mathrm{d}s^2=-(l+r)^2\mathrm{d}V\,\mathrm{d}U+r^2(\mathrm{d}\theta^2+\sin^2\theta\,\mathrm{d}\varphi^2),\quad 0<r<\infty\,, \tag{J-3-13}$$

借助于式(J-3-10)又可表为

$$\mathrm{d}s^2=l^2(1-VU)^{-2}[-4\mathrm{d}V\,\mathrm{d}U+(1+VU)^2(\mathrm{d}\theta^2+\sin^2\theta\,\mathrm{d}\varphi^2)]. \tag{J-3-14}$$

上式也可用 $\{t,r,\theta,\varphi\}$ 系表出, 其结果仍然是式(J-2-19), 不过现在对各区都成立.

$\{t,r,\theta,\varphi\}$ 系的第零坐标基矢 $(\partial/\partial t)^a$ 是 Killing 矢量场，可用 $\{V,U,\theta,\varphi\}$ 系的坐标基矢表为

$$(\partial/\partial t)^a = l^{-1}[U(\partial/\partial U)^a - V(\partial/\partial V)^a]. \tag{J-3-15}$$

虽然 $\{t,r,\theta,\varphi\}$ 系[因而 $(\partial/\partial t)^a$]在 $V=0$ 和 $U=0$ 这两个类光超曲面上无定义，但因 $(\partial/\partial V)^a$ 和 $(\partial/\partial U)^a$ 在全时空有定义，所以 Killing 场

$$\xi^a = l^{-1}[U(\partial/\partial U)^a - V(\partial/\partial V)^a] \tag{J-3-15$'$}$$

在全时空有定义，而且在 I, II, III, IV 区中都等于 $(\partial/\partial t)^a$. 易见 ξ^a 在 I, III 区类时(在 I 区指向未来而在 III 区指向过去)，在 II, IV 区类空，在类光超曲面 $V=0$ 及 $U=0$ 上类光. 这个"静态" Killing 矢量场与施瓦西时空的"静态" Killing 场有一重要区别：施瓦西时空有唯一的"静态" Killing 矢量场 $(\partial/\partial t)^a$ (至多差一常数因子)，而 de Sitter 时空的等度规群是10维的(有最高对称性)，"静态" Killing 场 $(\partial/\partial t)^a$ 并不唯一，取决于球坐标系 $\{t,r,\theta,\varphi\}$ 的选择. 任一类时测地线都可被选作空间坐标原点($r=0$)来定义一个球坐标系 $\{t,r,\theta,\varphi\}$，从而有该系的一个"静态"Killing 场 $(\partial/\partial t)^a$. 在 I, III 区内该系的空间有 S^3 的拓扑，空间坐标原点的"对径点"也有 $r=0$.

为绘制 Penrose 图还要进一步引入新的 2 维坐标 ξ 和 χ：

$$V \equiv \tan\left(\frac{\xi-\chi}{2}\right), \qquad U \equiv \tan\left(\frac{\xi+\chi}{2}\right), \tag{J-3-16}$$

ξ,χ 在各区的取值范围由一个仔细的分析给出，结果如图 J-10 所示，例如，对 I 区有 $\chi\in(0,\pi/2)$, $\xi\in(-\chi,\chi)$. 式(J-3-14)现在又可表为

$$\mathrm{d}s^2 = \frac{l^2}{(1-VU)^2\cos^2[(\xi-\chi)/2]\cos^2[(\xi+\chi)/2]}[-\mathrm{d}\xi^2+\mathrm{d}\chi^2+\cos^2\chi(\mathrm{d}\theta^2+\sin^2\theta\,\mathrm{d}\varphi^2)]. \tag{J-3-17}$$

由式(J-3-16)易得

$$1-VU = \frac{\cos\xi}{\cos[(\xi-\chi)/2]\cos[(\xi+\chi)/2]}, \tag{J-3-18}$$

再令 $\psi\equiv\pi/2-\chi$ (因而 $\psi\in[0,\pi]$)，便有

$$\mathrm{d}s^2 = l^2\cos^{-2}\xi[-\mathrm{d}\xi^2+\mathrm{d}\psi^2+\sin^2\psi(\mathrm{d}\theta^2+\sin^2\theta\,\mathrm{d}\varphi^2)], \tag{J-3-19}$$

其中的 $l^2\cos^{-2}\xi$ 是光滑函数，只在共形边界上为无穷，因而可充当共形因子. 可以验证它等于式(J-3-2)的共形因子 $l^2\mathrm{ch}^2(l^{-1}\tau)$. 图 J-11 是按这种途径求得的 Penrose 图，此图与图 J-8(a) 实质一样，只是强调的重点不同. 图 J-11 强调两条对角线把时

空分成 4 区, 并画出了 Killing 矢量场 ξ^a [式(J-3-15′)]在各区的不同表现. 在 I 区, $\xi^a = (\partial/\partial t)^a$ 是指向未来的类时 Killing 场, 其积分曲线代表静态观者的世界线. 与此不同, 图 J-8(a)强调的是类时测地线(各向同性观者的世界线). 图 J-11 中的两条对角线具有事件视界的物理意义, 详见下小节.

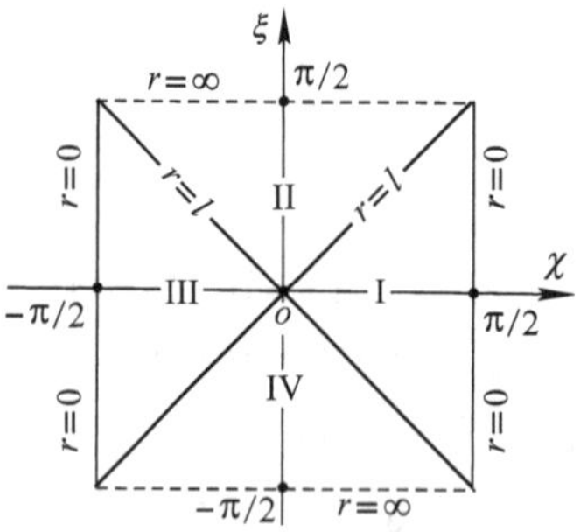

图 J-10　$\{\xi,\chi\}$ 系中的 de Sitter 时空图

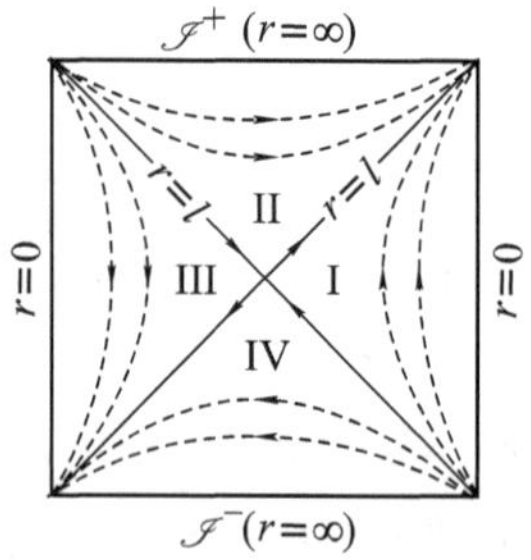

图 J-11　de Sitter 时空的 Penrose 图. 带箭头的曲线(含斜直线)是 Killing 场 ξ^a 的积分曲线. 类空超曲面 $\mathscr{I}^+$($\mathscr{I}^-$) 代表未来(过去)无限远. 两条 $r=0$ 线是所选球坐标系原点及其“对径点”的世界线

在§J.2 中, 我们从 $\mathbb{R}^5$ 上的坐标系 $\{T,W,X,Y,Z\}$ 出发在超曲面 M^4 (de Sitter 时空流形)上定义了 4 种坐标系, 刚才又从静态坐标系 $\{t,r,\theta,\varphi\}$ 出发仿 Kruskal 变换在 M^4 上定义了坐标系 $\{V,U,\theta,\varphi\}$. 其实此系也可从 $\mathbb{R}^5$ 上的 $\{T,W,X,Y,Z\}$ 系直接获得, 定义式为

$$T = l(U+V)/(1-VU), \quad W = l(U-V)/(1-VU),$$
$$X = l\frac{1+VU}{1-VU}\sin\theta\cos\varphi, \; Y = l\frac{1+VU}{1-VU}\sin\theta\sin\varphi, \; Z = l\frac{1+VU}{1-VU}\cos\theta. \qquad \text{(J-3-20)}$$

顺便一提, 现在的 I, II, III, IV 区依次对应于图 J-5 的(1), (2), (3), (4)区.

§J.4　再谈事件视界和粒子视界

广义相对论中存在着各种不同的视界概念, 本节以 de Sitter 时空为例再次讨论事件视界和粒子视界. 一般地说, 事件视界是对观者而言的. 如果所有时空点(事件)能被分成可被观者 G 看见和不可被 G 看见的两个子集, 它们的分界面就称为观者 G 的**(未来)事件视界**. 例如, 设 G 是 2 维闵氏时空的匀加速观者(称为 **Rindler 观者**, 其世界线是类时双曲线) , 则图 J-12 中的类光超曲面 H 就是 G 的事件视界. 闵氏时空中以类时测地线为世界线的观者(惯性观者)没有事件视界, 因为没有任何事件所发的光信号不能被该观者收到. 然而 de Sitter 时空的任何观者都存在事件视界, 这可从它的 Penrose 图[图 J-8(a) 或图 J-11]看出. 该图表明 de Sitter 时空的

$\mathscr{I}^+$ 是类空的, 于是任一观者 G 的世界线都与 $\mathscr{I}^+$ 有交. 设 $\tilde{p}$ 是 G 与 $\mathscr{I}^+$ 的交点, 则以 $\tilde{p}$ 为未来端点的类光测地线把时空分为两个子集, (其中 "外面的" 一个由 G 所看不见的事件组成, 见图 J-13 的阴影部分, 也可参看图 J-7.) 两者的分界面 H 便是 G 的事件视界.① 可见, $\mathscr{I}^+$ 的类空性保证任一观者都有事件视界. 这一结论也适用于其他有类空 $\mathscr{I}^+$ 的时空.

de Sitter 度规在静态坐标系的线元(J-2-19)使人联想到施瓦西线元(J-2-20), 并猜想 $r=l$ 是事件视界. 事实上, 正如 Penrose 图 J-11 所表明的, $r=l$ 的确是竖直线 $r=0$ 所代表的静态观者的事件视界, 也可说是一族静态观者(含 $r=0$)的共同事件视界, 这些观者的世界线是以竖直线 $r=0$ 为一条积分曲线的那个静态 Killing 矢量场 $(\partial/\partial t)^a$ 的积分曲线. 这与施瓦西时空的事件视界[图 9-13(a) 的 N_1^+]类似, 因为 N_1^+ 是 A 区中所有静态观者(世界线为双曲线的观者)的共同事件视界. 然而两者也有重要区别. N_1^+ 是施瓦西时空的黑洞区 B 的边界(的一部分), 是由时空的内禀几何完全决定的, (给定施瓦西时空后就有这一与众不同的边界, 无须人为指定.) 而 de Sitter 时空的视界 $r=l$ 却取决于静态参考系(观者族)的选择. 关键在于 de Sitter 时空的最高对称性保证存在无限多个静态观者族——任选一条类时测地线作为原点建球坐标系 $\{t,r,\theta,\varphi\}$, 该系的第零坐标基矢场 $(\partial/\partial t)^a$ 的积分曲线(在 I 区内)就是一个静态观者族. 可见, 与施瓦西时空存在绝对的事件视界不同, de Sitter 时空中静态观者族的事件视界是相对的. 也常把 de Sitter 时空中的这种事件视界称为**宇宙事件视界**(cosmological event horizon), 以区别于黑洞的事件视界.

鉴于事件视界会 "隐藏信息", 而信息与熵有密切联系, 不难想见事件视界对热力学研究的重要性. 人们早在 20 世纪 70 年代初就开始逐渐认识到黑洞的熵 S 可表为 $S=A/4$ (普朗克单位制), 其中 A 是黑洞视界(指 2 维面)的面积. 后来又证明了上式也适用于宇宙事件视界. 今天可以说 $S=A/4$ 是一个有高度普适性的公式, 见选读 16-1-1 前.

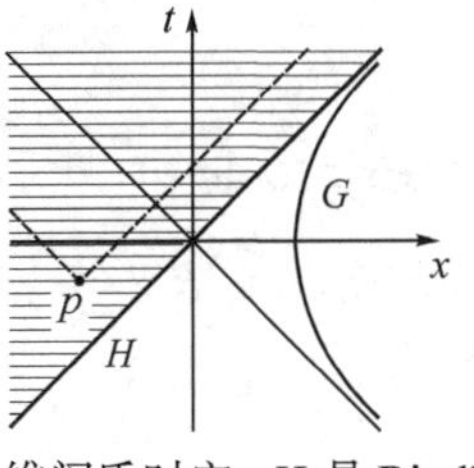

图 J-12　2 维闵氏时空. H 是 Rindler 观者 G 的事件视界, 阴影区内任一事件都不能被 G 看见

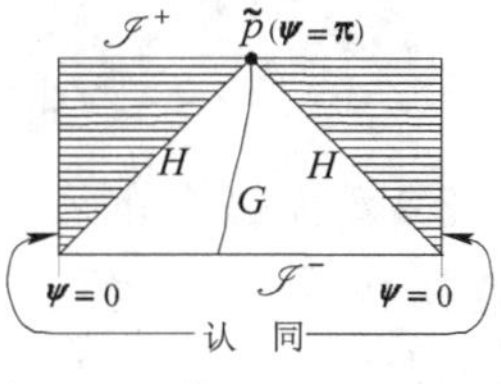

图 J-13　由于 $\mathscr{I}^+$ 类空, de Sitter 时空的任一观者 G 都有事件视界(阴影区内任一事件都不能被 G 看见). 仅为方便起见选 $\psi(\tilde{p})=\pi$

① 用第 11 章的语言来讲, $I^-(\tilde{p})=I^-(G)$ 的边界面 $\dot{I}^-(\tilde{p})$ 就是 G 的事件视界. $\mathscr{I}^+$ 的类空性保证 $M-I^-(\tilde{p})\neq\varnothing$, 所以存在事件视界.

再来简述粒子视界. 小节10.4.1已就RW时空介绍了粒子视界的概念和公式. 在推广至一般时空时, 最好遵从如下三步: ①选定一个自由下落观者族(类时测地线汇), 亦称粒子族; (例如, 小节10.4.1默默地选定了RW时空的各向同性观者族.) ②指定族内的一个观者 G 及其世界线上的一点 p; ③关心如下问题: 族内哪些粒子能被 G 在时刻 p 看见而哪些不能? 只要存在不能被 G 在时刻 p 看见的粒子, 就说存在粒子视界. 在4维语言中, 能被和不能被看见的粒子组成的两大子集的交界面称为**观者 G 在时刻 p 的粒子视界**. (小节10.4.1中的粒子视界概念是用3维语言陈述的, 由于早已用均匀面对时空作了分层, 3维语言也是清晰的.) 由图 J-14 看出, 只要时空的 $\mathscr{I}^-$ 是类空超曲面(de Sitter时空就是一例), 就必定存在粒子视界. 如果 $\mathscr{I}^-$ 类光(图 J-15), 粒子视界就不存在.

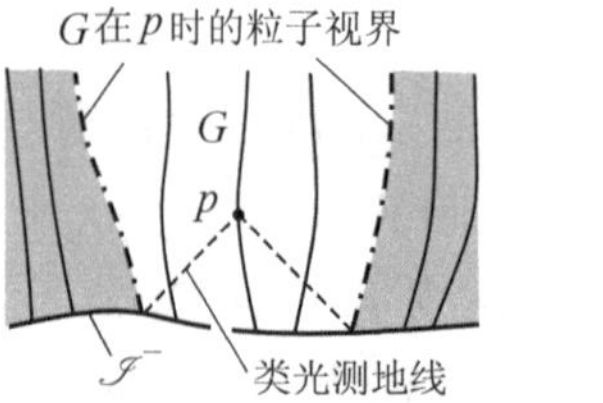

图 J-14　$\mathscr{I}^-$ 为类空的时空. 细曲线代表类时测地线. 粗点划线代表的3维面就是观者 G 在时刻 p 的粒子视界

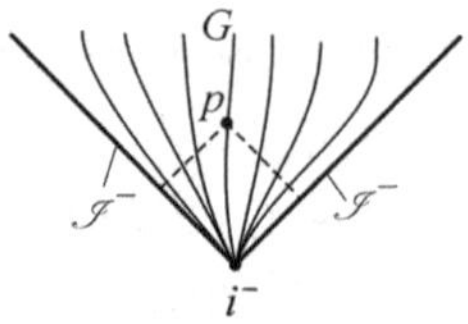

图 J-15　$\mathscr{I}^-$ 为类光的时空. 类时测地线族内的任一观者 G 在任一时刻 p 都没有粒子视界

§J.5　施瓦西-德西特时空

de Sitter 度规是 $\Lambda>0$ 的真空爱因斯坦方程的最高对称解. 把对称性减弱为只有静态球对称性并允许 Λ 取任意实数值(包括 $\Lambda>0, \Lambda=0, \Lambda<0$)将给出另一重要解. 对静态球对称度规总可选择适当坐标系 $\{t,r,\theta,\varphi\}$ 把线元表为式(8-3-2)那样的简单形式:

$$\mathrm{d}s^2=-\mathrm{e}^{2A(r)}\mathrm{d}t^2+\mathrm{e}^{2B(r)}\mathrm{d}r^2+r^2(\mathrm{d}\theta^2+\sin^2\theta\,\mathrm{d}\varphi^2). \tag{J-5-1}$$

仿照小节8.3.2对无 Λ 项的真空爱因斯坦方程 $G_{ab}=0$ (等价于 $R_{ab}=0$)的求解过程(其解为施瓦西线元)求解 $\Lambda\neq 0$ 的真空爱因斯坦方程 $G_{ab}+\Lambda g_{ab}=0$ (等价于 $R_{ab}=\Lambda g_{ab}$), 易得

$$\mathrm{e}^{2A(r)}=\mathrm{e}^{-2B(r)}=1-(2M/r)-\Lambda r^2/3,$$

其中 M 为积分常数. 代入式(J-5-1)便得

$$\mathrm{d}s^2=-\left(1-\frac{2M}{r}-\frac{\Lambda r^2}{3}\right)\mathrm{d}t^2+\left(1-\frac{2M}{r}-\frac{\Lambda r^2}{3}\right)^{-1}\mathrm{d}r^2+r^2(\mathrm{d}\theta^2+\sin^2\theta\,\mathrm{d}\varphi^2),$$

$$0 < r < \infty . \tag{J-5-2}$$

在 $\Lambda > 0$ 时令 $l \equiv (3/\Lambda)^{1/2}$，则上式可改写为

$$\mathrm{d}s^2 = -(1 - \frac{2M}{r} - \frac{r^2}{l^2})\mathrm{d}t^2 + (1 - \frac{2M}{r} - \frac{r^2}{l^2})^{-1}\mathrm{d}r^2 + r^2(\mathrm{d}\theta^2 + \sin^2\theta\,\mathrm{d}\varphi^2). \tag{J-5-3}$$
$$0 < r < \infty .$$

虽然 M (作为积分常数)也可为负，但我们(出于物理考虑)只讨论 $M \geqslant 0$ 的情形. de Sitter 线元(J-2-19)是上式在 $M = 0$ 时的特例. 上式在 $r \to \infty$ 时趋于 de Sitter 线元，所以是渐近 de Sitter 解而非渐近平直解，称为**施瓦西-德西特度规**(Schwarzschild-de Sitter metric). 这一线元在

$$r = 0 \quad \text{及} \quad 1 - \frac{2M}{r} - \frac{r^2}{l^2} = 0$$

处呈现奇性，前者是时空奇性(真奇性)，后者只是坐标奇性，而且事实上还是事件视界所在处(见稍后). 为了确定视界位置，注意到 r 的范围是 $0 < r < \infty$，应该寻求与方程 $1 - 2Mr^{-1} - l^{-2}r^2 = 0$ 对应的3次代数方程

$$r^3 - l^2 r + 2Ml^2 = 0 \tag{J-5-4}$$

的所有正(实)根. 令 $f(r) \equiv r^3 - l^2 r + 2Ml^2$，由 $\mathrm{d}f/\mathrm{d}r = 3r^2 - l^2$ 可知 $f(r)$ 在 $r > 0$ 的区间内只有一个极值点，即 $r_1 \equiv l/\sqrt{3} > 0$，而 $\mathrm{d}^2 f/\mathrm{d}r^2|_{r=r_1} = 6r_1 > 0$ 则表明

$$f(r_1) = 2l^2(M - l/3\sqrt{3})$$

是极小值. 函数 $f(r)$ 的曲线随 M 的增加而向上平移，当 $M = l/3\sqrt{3}$ (临界情况)时 $f(r_1) = 0$，曲线与 r 轴正半轴相切，$f(r)$ 有一个正根；当 $M > l/3\sqrt{3}$ 时曲线与 r 轴正半轴无交，$f(r)$ 无正根，当 $0 < M < l/3\sqrt{3}$ 时曲线与 r 轴正半轴交于两点，$f(r)$ 有两个正根，两者之差随 M 的增加而减小，当 M 增至 $l/3\sqrt{3}$ 时合而为一. 由卡尔丹公式(见数学手册)并用适当技巧(见选读 J-5-1)可求得这两个正根为

$$r_+ = (2l/\sqrt{3})\cos(\alpha/3), \quad r_{++} = (2l/\sqrt{3})\cos[(\alpha + 4\pi)/3], \quad 0 < r_+ < r_{++}, \tag{J-5-5}$$

其中 α 由下式定义：

$$\cos\alpha = -3\sqrt{3}\, l^{-1} M, \qquad \alpha \in (\pi, 3\pi/2). \text{①} \tag{J-5-6}$$

为了证明线元(J-5-3)在 r_{++} 和 r_+ 的奇性只是坐标奇性(而且是事件视界)，可以

① $\alpha \in (\pi/2, 3\pi/2)$ 能保证 $r_+ > 0$ 及 $r_{++} > 0$，但把范围缩窄为 $\alpha \in (\pi, 3\pi/2)$ 可保证 α 值由 M 唯一决定，且 $r_{++} > r_+$.

引入类Kruskal坐标并对时空进行延拓,最大延拓的Schwarzschild-de Sitter时空的Penrose图由一个冗长的计算(略)给出(图J-16). 图中包括由 $r=0$ 代表的时空奇性和由 $r=\infty$ 代表的(类空的)无限远($\mathscr{I}^{\pm}$)所构成的无限序列. 相应地就有由I, II, III, IV标明的四个区的无限序列. Killing矢量场 $(\partial/\partial t)^a$ 在I, III区中类时(在I区指向未来而在III区指向过去), 在II, IV区中类空. 无限多个II区又分为 II_B 和 II_C 两类, 每个 II_B 区可解释为一个黑洞区, 其类光边界(两条标明 $r=r_+$ 的45°斜直线代表的类光超曲面)可解释为相应的I(或III)区中所有静态观者的共同未来事件视界, 称为**黑洞事件视界**; 每个 II_C 区是这样一个时空区, 其类光边界($r=r_{++}$)也可解释为相应的I(或IV)区中所有静态观者的共同未来事件视界, 称为**宇宙事件视界**. 通常说施瓦西解代表渐近平直时空中的一个黑洞, 类似地也可说施瓦西-德西特解代表渐近德西特时空中的一个黑洞. 这一时空中两类事件视界的共同存在给黑洞热力学和弯曲时空量子场论带来若干有挑战性的问题.

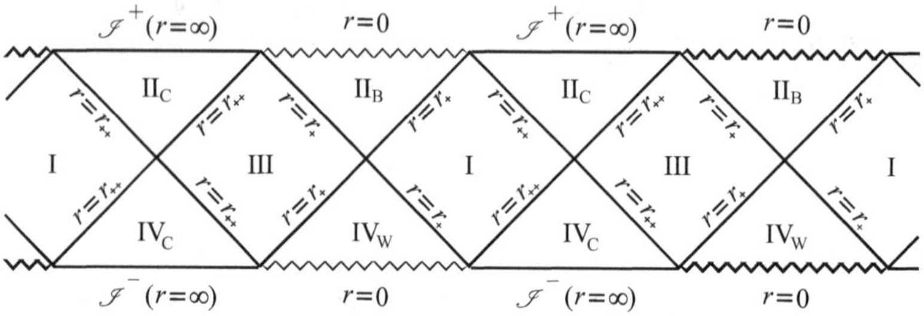

图 J-16　Schwarzschild-de Sitter最大延拓时空的Penrose图

[选读 J-5-1]

现在介绍代数方程(J-5-4)的正根的求法. 仅仅出于简化公式的考虑, 我们只讨论 $l=1$ 的情况(实质上是对该方程作量纲归一化), 这时方程简化为

$$r^3 - r + 2M = 0\,. \tag{J-5-7}$$

与标准形式 $r^3+pr+q=0$ 对比得 $p=-1, q=2M$, 由卡尔丹公式知其三根为

$$r_1 = a+b,\ r_2 = [-(a+b)+\mathrm{i}\sqrt{3}(a-b)]/2,\ r_3 = [-(a+b)-\mathrm{i}\sqrt{3}(a-b)]/2\,, \tag{J-5-8}$$

其中

$$\begin{gathered} a \equiv [-(q/2)+\sqrt{\lambda}]^{1/3} = (-M+\sqrt{\lambda})^{1/3}, \qquad b \equiv [-(q/2)-\sqrt{\lambda}]^{1/3} = (-M-\sqrt{\lambda})^{1/3}, \\ \lambda \equiv (q/2)^2 + (p/3)^3 = M^2 - 1/27. \end{gathered} \tag{J-5-9}$$

若 $\lambda>0$, 则 $a=\left(-M+\sqrt{M^2-1/27}\right)^{1/3}$ 及 $b=\left(-M-\sqrt{M^2-1/27}\right)^{1/3}$ 都为负数, 导致①r_2, r_3 为共轭复数, 应舍去; ②$r_1=a+b<0$, 亦应舍去. 可见, 当 $\lambda>0$ 时方程

(J-5-7)无正根. 再看 $\lambda \leqslant 0$ 的情况. 在三角公式

$$\cos\alpha = 4\cos^3(\alpha/3) - 3\cos(\alpha/3) \tag{J-5-10}$$

中令

$$\cos\alpha = -3\sqrt{3}\,M, \quad r' \equiv \cos(\alpha/3), \tag{J-5-11}$$

则

$$r'^3 - (3/4)\,r' + (3\sqrt{3}/4)\,M = 0, \tag{J-5-12}$$

与式(J-5-7)对比易见其三根为 $r_i' = (\sqrt{3}/2)\,r_i$, $i = 1,2,3$, 故欲求 r_i 只须求 r_i', 即只须求取方程(J-5-12)的正根. $r' \equiv \cos(\alpha/3)$ 表明 $\cos(\alpha/3)$ 是一个根, 记作 r_3', 即

$$r_3' = \cos(\alpha/3)\,. \tag{J-5-13}$$

注意到方程(J-5-12)来自式(J-5-10), 而后者左边的 $\cos\alpha$ 又可改写为

$$\cos\alpha = \cos(\alpha + 4\pi) = 4\cos^3[(\alpha + 4\pi)/3] - 3\cos[(\alpha + 4\pi)/3], \tag{J-5-14}$$

便可看出

$$r_2' = \cos[(\alpha + 4\pi)/3] \tag{J-5-15}$$

也是方程(J-5-12)的根. 为保证 $r_2' > r_3' > 0$, α 值应限于 $(\pi, 3\pi/2)$. 另一方面, 式(J-5-8)导致 $r_1 + r_2 + r_3 = 0$, 即 $r_1' + r_2' + r_3' = 0$, 故 $r_1' = -(r_2' + r_3')$ 在 $r_2' > 0$ 及 $r_3' > 0$ 时为负, 应舍去. 由此便得正文中关于方程(J-5-4)的正实根的结论. **[选读 J-5-1 完]**

§J.6　反德西特时空

$R<0$ 的4维洛伦兹常曲率度规称为**反德西特**(anti-de Sitter)**度规**, 可用下法方便地求得. 以 $(\mathbb{R}^5, \tilde{\eta}_{ab})$ 代表这样一个5维空间, 其中 $\tilde{\eta}_{ab}$ 是平直度规, 但号差为 +1 [即 $(-,-,+,+,+)$, 既非欧氏又非闵氏], 在适当坐标系 $\{T, W, X, Y, Z\}$ 下的线元为

$$\mathrm{d}s^2 = -\,\mathrm{d}T^2 - \mathrm{d}W^2 + \mathrm{d}X^2 + \mathrm{d}Y^2 + \mathrm{d}Z^2. \tag{J-6-1}$$

设 $l>0$ 为任一实常数, 则方程

$$-T^2 - W^2 + X^2 + Y^2 + Z^2 = -\,l^2 \tag{J-6-2}$$

定义了 $(\mathbb{R}^5, \tilde{\eta}_{ab})$ 中的一个(4维)超曲面 M^{4*}. 以 g^*_{ab} 代表由 $\tilde{\eta}_{ab}$ 在 M^{4*} 上的诱导度规, 借助于下面将要引入的坐标系不难证明其黎曼张量满足式(J-1-1)(其中 $K = -l^{-2}$), 因而 g^*_{ab} 是常曲率度规, 而且是 $\Lambda = -3l^{-2}$ 的真空爱因斯坦方程的解. (M^{4*}, g^*_{ab}) 称为**反德西特时空**, 简称 AdS 时空. 任意指定实数 X_1, Y_1, Z_1 作为式(J-6-2)的 X, Y, Z, 则该式给出

$$T^2+W^2=l^2+X_1{}^2+Y_1{}^2+Z_1{}^2>0\,,$$

这是由 $X=X_1, Y=Y_1, Z=Z_1$ 定义的 2 维平面上的圆方程, 可见这平面与 M^{4*} 之交是一个 S^1. 注意到 X, Y, Z 可取任意实数, 便知 AdS 时空的拓扑是 $\mathbb{R}^3\times S^1$.

为了具体表出 AdS 度规, 可在 M^{4*} 上引入坐标系. 下面介绍三种.

1. 静态球对称坐标系 $\{t,r,\theta,\varphi\}$, $0<t<2\pi l,\ 0<r<\infty,\ 0<\theta<\pi,\ 0<\varphi<2\pi$, 定义为

$$\begin{aligned}T&=(l^2+r^2)^{1/2}\sin(l^{-1}t), \quad W=(l^2+r^2)^{1/2}\cos(l^{-1}t),\\ X&=r\sin\theta\cos\varphi,\quad Y=r\sin\theta\sin\varphi,\quad Z=r\cos\theta.\end{aligned} \tag{J-6-3}$$

容易验证上式满足超曲面方程(J-6-2), 微分后代入式(J-6-1)便得 4 维诱导线元

$$(\mathrm{d}s^*)^2=-(1+l^{-2}r^2)\mathrm{d}t^2+(1+l^{-2}r^2)^{-1}\mathrm{d}r^2+r^2(\mathrm{d}\theta^2+\sin^2\theta\,\mathrm{d}\varphi^2)\,, \tag{J-6-4}$$

此即 AdS 度规在静态系 $\{t,r,\theta,\varphi\}$ 的线元式. 除坐标奇点外, 此坐标系覆盖整个 AdS 时空 (M^{4*}, g^*_{ab}). 对比式(J-6-4)与(J-2-19)可知, 只要用 $-l^{-2}$ 代替式(J-2-19)的 l^{-2} 便可得出线元(J-6-4), 可见 AdS 度规的 $K=-l^{-2}$.

2. 坐标系 $\{\hat{t},\chi,\theta,\varphi\}$, $0<\hat{t}<2\pi l,\ 0<\chi<\infty,\ 0<\theta<\pi,\ 0<\varphi<2\pi$, 定义为

$$\begin{aligned}T&=l\sin(l^{-1}\hat{t}),\quad X=l\cos(l^{-1}\hat{t})\,\mathrm{sh}\chi\sin\theta\cos\varphi,\quad Y=l\cos(l^{-1}\hat{t})\,\mathrm{sh}\chi\sin\theta\sin\varphi,\\ Z&=l\cos(l^{-1}\hat{t})\,\mathrm{sh}\chi\cos\theta,\quad W=l\cos(l^{-1}\hat{t})\,\mathrm{ch}\chi.\end{aligned} \tag{J-6-5}$$

微分后代入式(J-6-1)给出 4 维诱导线元

$$(\mathrm{d}s^*)^2=-\mathrm{d}\hat{t}^2+l^2\cos^2(l^{-1}\hat{t})[\mathrm{d}\chi^2+\mathrm{sh}^2\chi(\mathrm{d}\theta^2+\sin^2\theta\,\mathrm{d}\varphi^2)], \tag{J-6-6}$$

在 $l^{-1}\hat{t}=\pm\pi/2$ 处存在坐标奇性. 后面还将证明这一坐标系只覆盖 AdS 时空的一部分. 式(J-6-6)表明这一时空区域可看作 $k=-1$ 的 RW 宇宙. 作为该宇宙的各向同性观者的世界线, $\hat{t}$ 坐标线自然是类时测地线[见式(10-2-5)后的结论].

3. 坐标系 $\{\tilde{t},\psi,\theta,\varphi\}$, $0<\tilde{t}<2\pi l,\ 0<\psi<\infty,\ 0<\theta<\pi,\ 0<\varphi<2\pi$, 定义为

$$\begin{aligned}T&=l\sin(l^{-1}\tilde{t})\,\mathrm{ch}\psi,\qquad W=l\cos(l^{-1}\tilde{t})\,\mathrm{ch}\psi,\\ X&=l\,\mathrm{sh}\psi\sin\theta\cos\varphi,\ Y=l\,\mathrm{sh}\psi\sin\theta\sin\varphi,\ Z=l\,\mathrm{sh}\psi\cos\theta,\ 0<\psi<\infty.\end{aligned} \tag{J-6-7}$$

微分后代入式(J-6-1)给出 4 维诱导线元

$$(\mathrm{d}s^*)^2=-\mathrm{ch}^2\psi\,\mathrm{d}\tilde{t}^2+l^2[\mathrm{d}\psi^2+\mathrm{sh}^2\psi(\mathrm{d}\theta^2+\sin^2\theta\,\mathrm{d}\varphi^2)]. \tag{J-6-8}$$

这一坐标系可覆盖整个 AdS 时空.

为形象起见仍压缩 X, Y 维, 所得的 2 维 AdS 时空记作 (M^{2*}, g^*_{ab}). 这时式(J-6-3)简化为

$$T=(l^2+r^2)^{1/2}\sin(l^{-1}t),\quad W=(l^2+r^2)^{1/2}\cos(l^{-1}t),\quad Z=\pm r\,. \tag{J-6-3′}$$

与 2 维 de Sitter 时空 (M^2, g_{ab}) 对比, 发现 (M^{2*}, g^*_{ab}) 有一个奇怪性质. 流形 M^2 和 M^{2*} 可看作 $\mathbb{R}^3$ 中分别由

$$\text{(a)}\ T^2+W^2-Z^2=l^2\quad 和\quad \text{(b)}\ -T^2+W^2+Z^2=l^2 \tag{J-6-9}$$

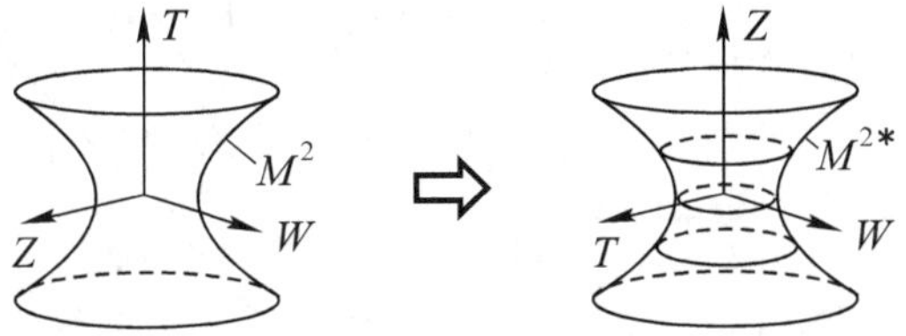

图 J-17　左图的 T, Z 互换得右图. 水平圆周是 (M^{4*}, g^*_{ab}) 的闭合类时线

定义的超曲面. 把上式(a)中的 T, Z 互换便得(b), 所以把图 J-6 的 T, Z 轴互换便得图 J-17 的右图, 其中的旋转双曲面可代表 M^{2*}, 配以 g^*_{ab} 就成为 2 维 AdS 时空. 由式(J-6-9b)可知任一 $Z=\pm r=$常数 的平面与 M^{2*} 之交都是由 $T^2+W^2=l^2+r^2$ 定义的水平圆周(图 J-17 右), 而且式(J-6-3′)的前二式表明这些圆周可用 t 为参数, 圆周上的动点每当 t 值增加 $2\pi l$ 后回到原位. 但式(J-6-4)表明 t 是类时坐标, 可见这些圆周(t 坐标线)都是闭合类时线.

为了研究无限远行为(以获得 Penrose 图), 定义新坐标 t', ψ' 如下:

$$t'\equiv l^{-1}\tilde{t},\quad \psi'\equiv\arctan(\mathrm{sh}\,\psi),\quad (0<\psi'<\pi/2) \tag{J-6-10}$$

其中的 $t'\equiv l^{-1}\tilde{t}$ 无非是对 $\tilde{t}$ 无量纲化. 由式(J-6-10)易得

$$\mathrm{d}\psi'=\mathrm{d}\psi/\mathrm{ch}\,\psi,\quad \mathrm{ch}\,\psi\cos\psi'=1,\quad \mathrm{sh}\,\psi=\mathrm{ch}\,\psi\sin\psi', \tag{J-6-11}$$

故式(J-6-8)成为

$$(\mathrm{d}s^*)^2=l^2\mathrm{ch}^2\psi\,[-\mathrm{d}t'^2+\mathrm{d}\psi'^2+\sin^2\psi'(\mathrm{d}\theta^2+\sin^2\theta\,\mathrm{d}\varphi^2)]\,. \tag{J-6-12}$$

可见 AdS 度规共形于爱因斯坦静态度规. 度规虽然互相共形, 但两时空却有不同拓扑: 爱因斯坦宇宙的拓扑为 $\mathbb{R}$(时间)$\times S^3$(空间), 而 AdS 时空的拓扑为 S^1(时间)$\times\mathbb{R}^3$(空间). 在压缩两维空间后分别成为 $\mathbb{R}$(时间)$\times S^1$(空间)和 S^1(时间)$\times\mathbb{R}$(空间). 因为 AdS 时空的空间坐标 ψ' 满足 $0<\psi'<\pi/2$, 所以代表爱因斯坦宇宙的圆柱面上的每个横截圆周(以 ψ' 为坐标)只有一半(半圆)代表 AdS 时空在某时刻 t' 的空间. 另一方面, 因为 t' 在每增加 2π 后 T, W, Z 值都复原, 所以同一 t' 坐标线上 t' 值相差为 2π 的两点代表同一时空点, 由此可得 AdS 时空的 Penrose 图(图 J-18 左), 其中带双箭头的上下两条水平直线要认同, 这正是 AdS 时空存在闭合类时线的根源. 鉴于

闭合类时线会带来因果疑难(见§11.3), 通常取消这一认同, 即把代表时间的那个 S^1 剪开(使成 $\mathbb{R}$), 更准确地说就是用 S^1 的泛覆盖流形(定义见选读 J-6-2) $\mathbb{R}$代替 S^1,

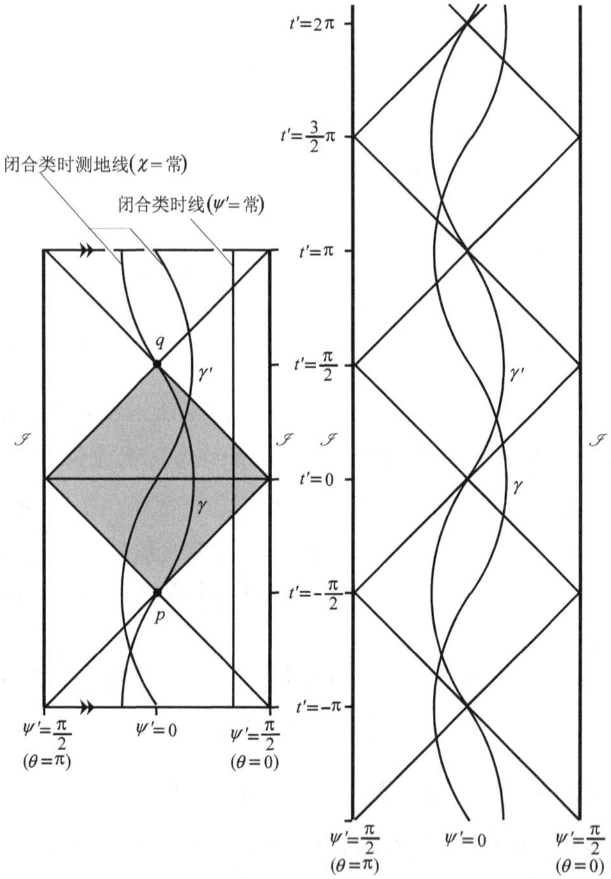

图 J-18 AdS 时空(左)和 CAdS 时空(右)的 Penrose 图. 左图标有双箭头的两条水平直线要认同. γ 和 γ' 是两条类时测地线(γ' 是 γ 的时间平移)

于是 4 维 AdS 时空 (M^{4*}, g^*_{ab}) 的流形从 $M^{4*}=\mathbb{R}^3\times S^1$ 变为 $\mathbb{R}^4$, 所得时空 $(\mathbb{R}^4, g^*_{ab})$ 通常记作 CAdS (其中 C 代表 Covering , 即覆盖). 图 J-18 右图就是 CAdS 时空的 Penrose 图, 图 J-19 则是图 J-18 的“立体化”. 取消认同的后果是剪断了所有闭合类时线, 包括 $t, \hat{t}, t'$ (即 $\tilde{t}$) 坐标线. (图 J-18 的竖直线代表 t' 坐标线, γ 和 γ' 代表两条 $\hat{t}$ 坐标线.)

下面再讨论坐标系 $\{\hat{t},\chi,\theta,\varphi\}$ 的覆盖范围. 在 $l=1$ 及 $X=Y=0$ 情况下式(J-6-5)及(J-6-7)分别简化为[后者要用到式(J-6-11)]

$$T=\sin\hat{t},\quad W=\cos\hat{t}\ \mathrm{ch}\chi,\quad Z=\pm\cos\hat{t}\ \mathrm{sh}\chi\,, \tag{J-6-5'}$$

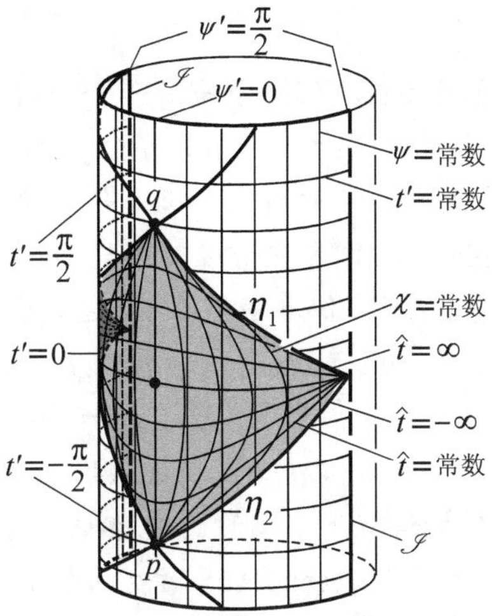

图 J-19　CAdS 时空共形于半个爱因斯坦静态宇宙, 其边界是标有 $\mathscr{I}$ 的两条竖直粗线(其实是连通流形 $\mathbb{R}\times S^2$). 坐标系 $\{t',\psi,\theta,\varphi\}$ 覆盖整个时空, 而 $\{\hat{t},\chi,\theta,\varphi\}$ 只覆盖部分时空, 其坐标域是某个钻石形(阴影区). 类时测地线(χ 为常数)与等 $\hat{t}$ 面正交, 它们汇聚于 p,q 点后再散开进入相邻钻石形

及

$$T=\sin t'\sec\psi',\quad W=\cos t'\sec\psi',\quad Z=\pm\tan\psi', \tag{J-6-7$'$}$$

故有 $\cos\hat{t}\ \mathrm{ch}\chi=\cos t'\sec\psi'$, $\cos\hat{t}\ \mathrm{sh}\chi=\tan\psi'$, 两式相除得

$$\sin\psi'=\mathrm{th}\chi\cos t'. \tag{J-6-13}$$

上式在 χ 为常数时代表一条等 χ 线(类时测地线, 例如图 J-18 中的 γ 或 γ'), 当该线的参数 t' 增至 $\pi/2$ 时

$$\sin\psi'=\mathrm{th}\chi\cos\frac{\pi}{2}=0, \tag{J-6-14}$$

故 $\psi'=0$. 可见所有指向未来的等 χ 线都汇聚于图 J-18 和图 J-19 中的 q 点, 同理可证它们都发自 p 点. 当 $\chi=0$ 时式(J-6-13)给出 $\psi'=0$, 这就是图中从 p 到 q 的竖直线. 随着 χ 的增大, 类时测地线虽然两端仍在 p,q, 但中部向两侧外移, 直至如下极限情况: 当 $\chi=\infty$ 时 $\mathrm{th}\chi=1$, 式(J-6-13)成为 $\sin\psi'=\cos t'$, 所以线上的坐标 t',ψ' 有 $t'=\psi'\pm\pi/2$ 的关系. 注意到在 $\{t',\psi'\}$ 系中 45° 斜直线代表类光方向, 便可知道 $t'=\psi'\pm\pi/2$ 代表类光测地线, 即图中的 η_1 和 η_2. 这 η_1,η_2 以及相应的类光测地线 η_3,η_4 (图中未标出)围成一个 2 维时空区域 Ω (有阴影的钻石形). 不难证明, $\forall\, a\in\Omega$ 总有一条从 p 到 q 的类时测地线经过 a 点; 而只要从 Ω 的边界(例如 η_1)上的任一点向 Ω 外移出一点点, 则其 $\mathrm{th}\chi$ 必大于1, 因此不存在相应的 χ 值. 可见 Ω 就是 $\{\hat{t},\chi\}$ 系的一个最大坐标域.

[选读 J-6-1]

虽然近年来的天文观测表明我们的宇宙有一个小的、正的宇宙常数Λ，但超引力理论和弦理论的数学进展倾向于相信在超引力中的自然“基态”是AdS时空(其$\Lambda<0$)，因而关于渐近AdS时空的研究一直是热门课题. 这里首先出现的问题是如何定义渐近AdS时空. 早期的文献通过对度规的坐标分量提出条件来定义，这些条件虽然直观看来是自然的，但却不够准确. 选择坐标系时总要涉及(虽然有时只是暗中)一个充当背景的AdS度规，并认为物理度规应趋于这一度规. 不幸，给定一个将要被称为渐近AdS时空的时空(M, g_{ab})后，在选择一个可供g_{ab}趋于的AdS度规时却存在若干含糊性. 作为结果，渐近AdS时空的守恒量的定义自然也有含糊之处. 为了克服用坐标语言下定义的困难，Ashtekar等又在渐近平直时空的几何定义(见§12.4)的基础上提出了渐近AdS时空的如下几何定义：

定义1 4维时空(M, g_{ab})称为**渐近AdS时空**，如果存在“非物理时空”$(\tilde{M}, \tilde{g}_{ab})$使$M\subset\tilde{M}$，而且

(a) $\tilde{M}$上有C^∞函数Ω，在M上满足$\tilde{g}_{ab}=\Omega^2 g_{ab}$.

(b) $\tilde{M}$是带边流形，满足：(b1) $\tilde{M}$的边界$\mathscr{I}$与$S^2\times\mathbb{R}$同胚；(b2) Ω的梯度$\tilde{\nabla}_a\Omega$在$\mathscr{I}$上处处非零.

(c)时空(M, g_{ab})的能动张量T_{ab}满足：(c1) $R_{ab}-Rg_{ab}/2+\Lambda g_{ab}=8\pi T_{ab}$，其中$\Lambda<0$是常数；(c2) $\Omega^{-2}T_{ab}$在趋于$\mathscr{I}$时有C^∞极限(记$\bar{T}_{ab}\equiv\lim_{\to\mathscr{I}}\Omega^{-2}T_{ab}$).

不难看出上述定义与渐近平直时空的定义有不少相似之处，但还应注意两者的若干重要不同. 例如，渐近平直时空的$\mathscr{I}$是两个类光超曲面$\mathscr{I}^+$和$\mathscr{I}^-$的并集，而渐近AdS时空的$\mathscr{I}$却是类时的，在某些意义上它更类似于渐近平直时空的i^0的切空间V_{i^0}的3维子集K(见选读12-5-2). 事实上，渐近AdS时空的“守恒”量的定义方式非常类似于借助i^0及K给渐近平直时空定义守恒量的方式.

闵氏时空与AdS时空都有最高对称性，因此其对称性群(等度规群)都是10维李群，前者就是Poincaré群，后者称为**AdS群**. 正如渐近平直时空的渐近对称群SPI是无限维李群那样，从定义1出发的研究表明渐近AdS时空的渐近对称群也是无限维李群. 为了给渐近平直时空定义全部(10个)守恒量，应先对物理时空提附加要求来把渐近对称群从无限维的SPI群约化为10维的Poincaré群(见选读12-5-2)；类似地，为了给渐近AdS时空定义10个“守恒”量，也应先对物理时空提附加要求以使其无限多维渐近对称群约化为10维AdS群. 以C代表$\mathscr{I}$的任一截面(是个拓扑2球面，代表一个“时刻”)，ξ^a代表约化后的渐近对称群的任一生成元(独立的ξ^a共10个)，E_{ab}代表渐近外尔张量的“电”部分，则与ξ^a相应的那个“守恒”量在“时刻”C的数值$Q_\xi[C]$由下式定义：

$$Q_\xi[C] := -\frac{1}{8\pi}\sqrt{\frac{-3}{\Lambda}}\int_C E_{ab}\xi^a \mathrm{d}S^b. \quad (\mathrm{d}S^b \text{ 代表面元}) \tag{J-6-15}$$

由爱因斯坦方程可以证明 Q_ξ 满足一个平衡方程：给定 $\mathscr{I}$ 的两个截面 C_1 和 C_2，把 $\mathscr{I}$ 介于它们之间的3维域记作 $\Delta\mathscr{I}$，有

$$Q_\xi[C_2] - Q_\xi[C_1] = \int_{\Delta\mathscr{I}} \bar{T}_{ab}\xi^a \mathrm{d}V^b. \quad (\mathrm{d}V^b \text{ 代表体元}) \tag{J-6-16}$$

上式表明，当右边非零时量 Q_ξ 并不守恒(所以守恒一词加引号). 然而，上式积分号内的 $\bar{T}_{ab}\xi^a$ 加负号后类似于式(12-6-26)的 L_b，可解释为在"时刻" C_1 与 C_2 之间的"时间"内 "流走"的该量，可见在这个意义上该量是守恒的. 详见 Ashtekar and Das(2000). **[选读 J-6-1 完]**

[选读 J-6-2]

设 M 是连通流形，N 是流形，$\pi: M \to N$ 称为 M 对 N 的一个**覆盖(covering)映射**，M 称为 N 的**覆盖流形**，若(a) π 是到上的，(b)任一 $q \in N$ 有邻域 U，满足：$\pi^{-1}[U]$ 是可数个开子集 U_i 的无交并集且 $\pi: U_i \to U$ (对任一 i)是同胚. 若 M 是单连通流形，则覆盖映射 $\pi: M \to N$ 称为**泛(universal)覆盖映射**，M 称为 N 的**泛覆盖流形**.

例1 令 $M = \mathbb{R}$，$N = S^1$，以 x 和 φ 分别代表 $\mathbb{R}$ 和 S^1 的自然坐标和角坐标，则由下式定义的映射 $\pi: \mathbb{R} \to S^1$ 是 $\mathbb{R}$ 对 S^1 的泛覆盖映射：$\varphi(\pi(p)) := x(p) \ \forall p \in \mathbb{R}$.

下面介绍一个定理而略去证明：

定理 J-6-1 任一连通流形都有唯一的泛覆盖流形. **[选读 J-6-2 完]**

参 考 文 献

陈省身, 陈维桓. 1983. 微分几何讲义. 北京: 北京大学出版社.

戴元本. 2005. 相互作用的规范理论. 第二版. 北京: 科学出版社, 1.4 节: 16.

侯伯元, 侯伯宇. 1995. 物理学家用微分几何. 北京: 科学出版社.

李子平. 1993. 经典和量子约束系统及其对称性质. 北京: 北京工业大学出版社.

李子平. 1999. 约束哈密顿系统及其对称性质. 北京: 北京工业大学出版社.

泡利. 1979. 相对论. 凌德洪, 周万生译. 上海: 上海科学技术出版社.

伍鸿熙, 吕以辇, 陈志华. 1981. 紧黎曼曲面引论. 北京: 科学出版社.

Ashtekar A and Bojowald M. 2005. Black Hole Evaporation: A Paradigm. Class.Quant.Grav. **22**: 3349-3362.

Ashtekar A and Bojowald M. 2006. Quantum Geometry and the Schwarzschild Singularity. Class. Quant. Grav., **23**: 391-411.

Ashtekar A and Das S. 2000. Asymptotically Anti-de Sitter Space-times: Conserved Quantities. Class. Quantum Grav., **17**: L17-L30.

Ashtekar A and Krishnan B. 2003. Dynamical Horizons and Their Properties. arXiv: gr-qc/0308033.

Ashtekar A and Krishnan B. 2004. Isolated and Dynamical Horizons and Their Applications. Living Reviews in Relativity, http://www.livingreviews.org/lrr-2004-10.

Ashtekar A and Lewandowski J. 2004. Background Independent Quantum Gravity: A Status Report. Class. Quantum Grav., **21**: R53-R152.

Ashtekar A, Beetle C, and Lewandowski J. 2002. Geometry of Generic Isolated Horizons. Class. Quantum Grav. **19**: 1195-1225. arXiv:gr-qc/0111067.

Ashtekar A, Fairhurst S, and Krishnan B. 2000. Isolated Horizons: Hamiltonian Evolution and the First Law. arXiv:gr-qc/0005083.

Ashtekar A, Pawlowski T and Singh P. 2006a. Quantum Nature of the Big Bang. Phys. Rev. Lett., **96**: 141301.

Ashtekar A, Pawlowski T and Singh P. 2006b. Quantum Nature of the Big Bang: Improved Dynamics. Phys. Rev., D., **96**: 084003.

Ashtekar A. 1986. New Variables for Classical and Quantum Gravity. Phys. Rev. Lett., **57**: 2244-2247.

Ashtekar A. 1987a. New Hamiltonian Formulation of General Relativity. Phys. Rev., D**36**: 1587-1602.

Ashtekar A. 1987b. New Perspectives in Canonical Gravity (Bibliopolis).

Ashtekar A. 1991. Lectures On Non-perturbative Canonical Gravity. Singapore: World Scientific.

Ashtekar A. 1999. Quantum Mechanics of Geometry: arXiv: gr-qc/9901023.

Ashtekar A. Beetle C, and Lewandowski J. 2001. Mechanics of Rotating Isolated Horizons. Phys. Rev., D**64**: 044016-1-17. arXiv:gr-qc/0103026.

Avis S J, Isham D and Storey D. 1978. Quantum Field Theory in Anti-de Sitter Space-time. Phys. Rev. D, **18**: 3565-3576.

Barbero J F. 1994. Real Ashtekar Variables for Lorentzian Signature Space-times. arXiv: gr-qc/9410014.

Bardeen J, Carter B and Hawking S. 1973. The Four Laws of Black Hole Mechanics. Commun. Math. Phys., **31**: 161-170.

Bekenstein J D. 1973. Black Holes and Entropy. Phys. Rev., D7: 2333-2346.

Bekenstein J D. 1974. Generalized Second Law of Thermodynamics in Black-Hole Phys. Rev., D**9**: 3292-3300.

Bekenstein J D. 1981. Universal Upper Bound on the Entropy-to-Energy Ratio for Bounded Systems. Phys. Rev., D**23**:

287-298.

Bleecker D. 1981. Gauge Theory and Variational Principles. London: Addison-Wesley Publishing Company, INC.

Bojowald M. 2001. Absence of Singularity in Loop Quantum Cosmology. Phys. Rev. Lett., **86**: 5227-5230.

Bojowald M. 2005. Loop Quantum Cosmology. Living Rev. Rel., **8**: 11.

Chen C M and Nester J M. 2000. A Symplectic Hamiltonian Derivation of Quasilocal Energy-Momentum for GR. arXiv: gr-qc/0001088.

Dirac P. 1964. Lectures on Quantum Mechanics. New York: Academic Press. 中译本: 狄拉克量子力学演讲集. 袁卡佳, 刘耀阳译, 刘耀阳校. 1986. 北京: 科学出版社.

Eisenhart L P. 1949. Riemannian Geometry. Princeton: Princeton University Press.

Fock V A. 1926. Über die invariante Form der Wellen-und der Bewegungsgleichungen für einen geladenen Massenpunkt. Z. Phys., **39**: 226-232.

Forster O. 1981. Lectures on Riemann Surfaces. New York: Springer-Verlag.

Gotay M, Isenberg J, Marsden J E, Montgomery R. 1998. Momentum Maps and Classical Relativistic Fields. Part I: Covariant Field Theory. arXiv:physics/9801019.

Gotay M, Nester J and Hinds G. 1978. Presymplectic Manifolds and the Dirac-Bergmann Theory of Constraints. J. Math. Phys., **19**: 2388-2399.

Gross D J. 1992. Gauge Theory Past, Present, and Future. Chinese Journal of Physics, 30: 955-972.

Guo H Y, Huang C G, Xu Z and Zhou B. 2004. On Beltrami Model of de Sitter Spacetime. Modern Phys. Lett., **A**19: 1701-1709.

Guo H Y, Huang C G, Xu Z and Zhou B. 2004. On Special Relativity with Cosmological Constant. Phys. Lett., **A**331: 1-7.

Han Muxin, Ma Yongge and Huang Weiming. 2005. Fundamental Structure of Loop Quantum Gravity. arXiv: gr-qc/0509064; Int. J. Mod. Phys. D., **16** (2007), Issue: 9, 1397-1474.

Hawking S W, and Ellis G F R. 1973. The Large Scale Structure of Space-Time. Cambridge: Cambridge University Press.

Hawking S W. 1968. Gravitational Radiation in an Expanding Universe. J. Math. Phys., **9**: 598.

Hayward S A. 1994. General Laws of Black-hole Dynamics. Phys. Rev., D**49**: 6467-6474.

Jackson J D, and Okun L B. 2001. Historical Roots of Gauge Invariance. Rev. Mod. Phys., **73**: 663-680.

Jacobson T A and Kang G. 1993. Conformal Invariance of Black Hole Temperature. Class. Quantum Grav., **10,** L1. arXiv:gr-qc/9307002.

Kramer D, Stephani H, Lerlt E and MacCallum M. 1980. Exact Solutions of Einstein's Field Equations. Cambridge: Cambridge University Press.

Lee J and Wald R. 1990. Local Symmetries and Constraints. J. Math. Phys., **31**: 725-743.

Lewandowski J. 2000. Spacetimes Admitting Isolated Horizons. Class. Quantum Grav. **17**: L53-L59.

Liu C C M and Yau S T. Positivity of Quasilocal Mass II. arxiv: math. DG/0412292.

Liu C C M, and Yau S T. 2003. Positivity of Quasilocal Mass. Phys. Rev. Lett., 11**90**: 231102.

London F. 1927a. Die Theorie von Weyl und die Quantenmechanik. Naturwissenschaften, **15**: 187

London F. 1927b. Quantenmechanische Deutung der Theorie von Weyl. Z. Phys. **42**: 375-389

Marsden J E and Ratiu T S. 1994. Introduction to Mechanics and Symmetry. 北京: 世界图书出版公司.

Mclnnes B. 2003. de Sitter and Schwarzschild-de Sitter According to Schwarzschild and de Sitter arXiv: hep-th/0308022.

Nakahara M. 1990. Geometry, Topology and Physics. Bristol and New York: Adam Hilger.

Okubo T. 1987. Differential Geometry. New York and Basel: Marcel Dekker, Inc.

Regge T and Teitelboim C. 1974. Role of Surface Integrals in the Hamiltonian Formulation of General Relativity. Ann.

Phys., 88: 276-318.

Spivak M. 1970, 1979. A Comprehensive Introduction to Differential Geometry. vol. **1,2.**

Unruh W G, and Wald R M. 1982. Acceleration Radiation and the Generalized Second Law of Thermodynamics. Phys. Rev., D**25**: 942-958.

Wald R M, and Iyer. 1991. Trapped Surfaces in the Schwarzschild Geometry and Cosmic Censorship. Phys. Rev., D**44**, R3719-R3722.

Wald R M. 1974. Gedanken Experiments to Destroy a Black Hole. Ann.Phys., **82**: 548-556.

Wald R M. 1984. General Relativity. Chicago: The University of Chicago Press.

Wald R M. 1994. Quantum Field Theory in Curved Spacetime and Black Hole Thermodynamics. Chicago: The University of Chicago Press.

Wald R M. 2000. The Thermodynamics of Black Holes. arXiv:gr-qc/9912119.

Warner F W. 1983. Foundations of Differentiable Manifolds and Lie Groups. New York: Springer-Verlag.

Weinberg S. 1995. The Quantum Theory of Fields. Vol.1. New York: Cambridge University Press.

Weyl H. 1928. Gruppentheorie und Quantenmechanik. Leipzig: S. Hirzel, Verlag, 87-88; Robertson H P. 1931. The Theory of Groups and Quantum Mechanics. New York: Dover Publications, Inc.

Weyl H. 1929. Elektron und Gravitation. Z. Phys., **56**: 330-352.

Woodhouse N. 1980. Geometric Quantization. Oxford: Clarendon Press.

Yang C N and Mills R L. 1954. Conservation of Isotopic Spin and Isotopic Gauge Invariance. Phys. Rev., **96**: 191-195.

Zhang Hong bao. 2005. Note on Energy-Momentum Tensor for General Mixed Tensor-Spinor Fields. Commun. Theor. Phys., **44**: 1007-1010.

下 册 索 引

T

W

X

Y

《现代物理基础丛书·典藏版》书目

1. 现代声学理论基础	马大猷　著
2. 物理学家用微分几何（第二版）	侯伯元　侯伯宇　著
3. 计算物理学	马文淦　编著
4. 相互作用的规范理论（第二版）	戴元本　著
5. 理论力学	张建树　等　编著
6. 微分几何入门与广义相对论（上册·第二版）	梁灿彬　周　彬　著
7. 微分几何入门与广义相对论（中册·第二版）	梁灿彬　周　彬　著
8. 微分几何入门与广义相对论（下册·第二版）	梁灿彬　周　彬　著
9. 辐射和光场的量子统计理论	曹昌祺　著
10. 实验物理中的概率和统计（第二版）	朱永生　著
11. 声学理论与工程应用	何　琳　等　编著
12. 高等原子分子物理学（第二版）	徐克尊　著
13. 大气声学（第二版）	杨训仁　陈　宇　著
14. 输运理论（第二版）	黄祖洽　丁鄂江　著
15. 量子统计力学（第二版）	张先蔚　编著
16. 凝聚态物理的格林函数理论	王怀玉　著
17. 激光光散射谱学	张明生　著
18. 量子非阿贝尔规范场论	曹昌祺　著
19. 狭义相对论（第二版）	刘　辽　等　编著
20. 经典黑洞和量子黑洞	王永久　著
21. 路径积分与量子物理导引	侯伯元　等　编著
22. 全息干涉计量——原理和方法	熊秉衡　李俊昌　编著
23. 实验数据多元统计分析	朱永生　编著
24. 工程电磁理论	张善杰　著
25. 经典电动力学	曹昌祺　著
26. 经典宇宙和量子宇宙	王永久　著
27. 高等结构动力学（第二版）	李东旭　编著
28. 粉末衍射法测定晶体结构（第二版·上、下册）	梁敬魁　编著
29. 量子计算与量子信息原理 ——第一卷：基本概念	Giuliano Benenti　等　著 王文阁　李保文　译

30. 近代晶体学（第二版） 张克从 著
31. 引力理论（上、下册） 王永久 著
32. 低温等离子体 B. M. 弗尔曼 И. M. 扎什京 编著
——等离子体的产生、工艺、问题及前景 邱励俭 译
33. 量子物理新进展 梁九卿 韦联福 著
34. 电磁波理论 葛德彪 魏 兵 著
35. 激光光谱学 W. 戴姆特瑞德 著
——第 1 卷：基础理论 姬 扬 译
36. 激光光谱学 W. 戴姆特瑞德 著
——第 2 卷：实验技术 姬 扬 译
37. 量子光学导论（第二版） 谭维翰 著
38. 中子衍射技术及其应用 姜传海 杨传铮 编著
39. 凝聚态、电磁学和引力中的多值场论 H. 克莱纳特 著 姜 颖 译
40. 反常统计动力学导论 包景东 著
41. 实验数据分析（上册） 朱永生 著
42. 实验数据分析（下册） 朱永生 著
43. 有机固体物理 解士杰 等 著
44. 磁性物理 金汉民 著
45. 自旋电子学 翟宏如 等 编著
46. 同步辐射光源及其应用（上册） 麦振洪 等 著
47. 同步辐射光源及其应用（下册） 麦振洪 等 著
48. 高等量子力学 汪克林 著
49. 量子多体理论与运动模式动力学 王顺金 著
50. 薄膜生长（第二版） 吴自勤 等 著
51. 物理学中的数学方法 王怀玉 著
52. 物理学前沿——问题与基础 王顺金 著
53. 弯曲时空量子场论与量子宇宙学 刘 辽 黄超光 编著
54. 经典电动力学 张锡珍 张焕乔 著
55. 内应力衍射分析 姜传海 杨传铮 编著
56. 宇宙学基本原理 龚云贵 编著
57. B介子物理学 肖振军 著